靳同红　王胜春　主　编

张瑞军　周海涛　副主编

工程机械构造与设计

GONGCHENG JIXIE GOUZAO YU SHEJI

化学工业出版社

·北京·

本书系统介绍了工程机械的构造和工作原理，包括工程机械用发动机（主要是柴油机）的构造与原理，工程机械底盘构造及设计，常用工程机械工作装置的构造和工作原理三大部分，主要分析了推土机、装载机、平地机、挖掘机等目前使用最为广泛的机种的构造和工作原理。内容紧密结合实际，实用性强。

本书可供工程机械的科研、设计、生产和使用单位的工程技术人员学习和参考，也可作为高等院校工程机械专业的教材和教学参考书。

图书在版编目（CIP）数据

工程机械构造与设计/靳同红，王胜春主编. —北京：化学工业出版社，2009.5（2023.8重印）
ISBN 978-7-122-05093-9

Ⅰ. 工… Ⅱ. ①靳…②王… Ⅲ. ①工程机械-构造②工程机械-机械设计 Ⅳ. TU6

中国版本图书馆 CIP 数据核字（2009）第 039271 号

责任编辑：张兴辉　　装帧设计：刘丽华
责任校对：宋　玮

出版发行：化学工业出版社（北京市东城区青年湖南街 13 号　邮政编码 100011）
印　　装：北京科印技术咨询服务有限公司数码印刷分部
787mm×1092mm　1/16　印张 19　字数 521 千字　　2023 年 8 月北京第 1 版第 14 次印刷

购书咨询：010-64518888　　售后服务：010-64518899
网　　址：http://www.cip.com.cn
凡购买本书，如有缺损质量问题，本社销售中心负责调换。

定　　价：59.00 元

前　言

工程机械在城市建设、交通运输、农田水利、能源开发和国防建设施工中，起着十分重要的作用。近年来，在国家宏观调控政策的影响下，我国工程机械产业进入了加速增长阶段，呈现出前所未有的繁荣态势。国内工程机械数量逐年增多，新型的、现代化的先进设备不断涌现。随着现代科学技术在工程机械上的广泛应用，工程机械的结构和控制有了很大的改进。为了推动现代工程机械技术的发展，反映工程机械近年来涌现的新技术、新设备、新结构，我们组织编写了《工程机械构造与设计》一书。

本书主要介绍了工程机械的构造和工作原理，包括发动机（主要是柴油机）、底盘、工作装置三大部分。由于工程机械品种繁多，本书主要介绍了推土机、装载机、平地机、挖掘机等使用最为广泛的机种。内容以我国生产的机型为主，也适当介绍了国外较先进的同类机型。

本书可供工程机械的科研、设计、生产和使用单位的工程技术人员学习和参考，也可作为高等院校工程机械专业的教材和教学参考书。

本书由山东建筑大学靳同红、王胜春主编，张瑞军、周海涛副主编；参加编写的还有郑德亮、张青、王晓伟、马爱梅、王玉玲、李艳、杨正凯、张岩、高嵩、伊长春等。全书由靳同红统稿，由山东建筑大学教授郑忠才主审。

由于编者水平有限，经验不足，书中难免有不妥之处，希望广大读者批评指正。

编者

前言

工程机械在城市建设、交通运输、农田水利、能源开发和国防建设施工中，起着十分重要的作用。近年来，在国家宏观调控政策的影响下，我国工程机械产业进入了加速增长阶段，呈现出前所未有的繁荣态势。国内工程机械数量逐年增多，新型的、现代化的先进设备不断涌现。随着现代科学技术在工程机械上的广泛应用，工程机械的结构和控制有了很大的改进。为了推动现代工程机械技术的发展，反映工程机械近年来涌现的新技术、新设备、新结构，我们组织编写了《工程机械构造与设计》一书。

本书主要介绍了工程机械的构造和工作原理，包括发动机（主要是柴油机）、底盘、工作装置三大部分。由于工程机械品种繁多，本书主要介绍了推土机、装载机、平地机、挖掘机等使用最为广泛的机种。内容以我国生产的机型为主，也适当介绍了国外较先进的同类机型。

本书可供工程机械的科研、设计、生产和使用单位的工程技术人员学习和参考，也可作为高等院校工程机械专业的教材和教学参考书。

本书由山东建筑大学师同红、王继春主编，张瑞军、周秀芳副主编；参加编写的还有郑德廷、张青、王晓伟、吕爱红、王玉玲、李艳、杨正凯、张岩、尚磊、伊长春等。全书由师同红统稿，由山东建筑大学教授郭忠才主审。

由于编者水平有限，经验不足，书中难免有不妥之处，希望广大读者批评指正。

编者

目　录

第1篇　工程机械发动机构造与原理

第1章　发动机基础知识 …………………… 1
1.1　发动机的分类 …………………… 1
1.2　发动机的总体构造…………………… 3
1.3　发动机的基本术语…………………… 7
1.4　发动机的工作原理…………………… 8
1.5　发动机的性能指标 ……………… 11
1.6　发动机的编号规则 ……………… 13
第2章　曲柄连杆机构 ……………… 15
2.1　概述 …………………………… 15
2.2　机体组 ………………………… 15
2.3　活塞连杆组 ……………………… 21
2.4　曲轴飞轮组 ……………………… 34
第3章　配 气 机 构 ……………… 41
3.1　配气机构的功用与形式 ………… 41
3.2　配气机构的主要零部件 ………… 44
3.3　配气相位和气门间隙 …………… 51
3.4　进排气系统 ……………………… 52
第4章　柴油机燃油供给系统………… 55
4.1　燃油供给系统的组成及燃油 …… 55
4.2　混合气的形成及燃烧过程 ……… 56
4.3　燃烧室 …………………………… 57
4.4　燃油的喷射装置 ………………… 60
4.5　调速器 …………………………… 67
4.6　喷油提前角调节装置 …………… 74
4.7　燃油供给系统辅助装置 ………… 76
4.8　PT燃油系统 …………………… 78
第5章　润滑系统 …………………… 91
5.1　概述…………………………… 91
5.2　典型油路分析 …………………… 92
5.3　润滑系统的主要部件 …………… 94
5.4　曲轴箱通风 ……………………… 98
第6章　冷却系统 ………………… 100
6.1　概述 ………………………… 100
6.2　水冷却系统 …………………… 101
6.3　风冷却系统 …………………… 108
第7章　发动机启动系统 ………… 109
7.1　概述 ………………………… 109
7.2　发动机的启动方式……………… 109
7.3　启动辅助装置 ………………… 112

第2篇　工程机械底盘构造

第8章　传动系统概述 ……………… 115
8.1　传动系统的功用和类型………… 115
8.2　传动系统中传动比的分配 ……… 119
第9章　液压与液力传动 ………… 121
9.1　液压传动 ……………………… 121
9.2　液力传动 ……………………… 128
第10章　主离合器 ……………… 140
10.1　主离合器的功用和类型 ……… 140
10.2　常接合式主离合器 ………… 141
10.3　非经常接合湿式主离合器 …… 146
第11章　变速箱 ………………… 152
11.1　变速箱的功用与类型 ……… 152
11.2　人力换挡变速箱 …………… 153
11.3　定轴式动力换挡变速箱 ……… 160
11.4　行星式动力换挡变速箱 ……… 163
第12章　万向传动装置………………… 170
12.1　概述 ……………………… 170
12.2　十字轴式万向节 …………… 171
12.3　等角速万向节 ……………… 173
12.4　传动轴 …………………… 176
第13章　驱动桥 ………………… 178
13.1　驱动桥的组成和功用 ……… 178
13.2　主传动器 ………………… 179
13.3　差速器 …………………… 183

13.4 转向离合器与转向制动器 …… 187
13.5 最终传动 …… 189
13.6 转向驱动桥 …… 192
13.7 半轴与驱动桥壳 …… 194
第 14 章 轮式行走系统 …… 196
14.1 轮式行走系统的功用和组成 …… 196
14.2 车架 …… 196
14.3 车桥 …… 199
14.4 车轮与轮胎 …… 202
14.5 典型悬架结构和工作原理 …… 206
第 15 章 履带式行走系统 …… 210
15.1 履带式行走系统的功用和组成 …… 210
15.2 机架和悬架 …… 211
15.3 履带和驱动链轮 …… 214
15.4 支重轮和托轮 …… 218
15.5 导向轮与张紧装置 …… 220
第 16 章 转向系统 …… 222
16.1 概述 …… 222
16.2 转向系统主要部件的构造 …… 225
16.3 液压动力转向系统 …… 229
第 17 章 制动系统 …… 237
17.1 概述 …… 237
17.2 制动器 …… 238
17.3 制动驱动系统 …… 247

第3篇 典型工程机械工作装置

第 18 章 推土机工作装置 …… 251
18.1 概述 …… 251
18.2 推土机工作装置 …… 252
18.3 推土机工作装置液压系统 …… 256
第 19 章 装载机工作装置 …… 260
19.1 概述 …… 260
19.2 装载机工作装置的构造 …… 261
19.3 装载机工作装置的作业 …… 265
19.4 装载机工作装置液压系统 …… 268
第 20 章 平地机工作装置 …… 271
20.1 概述 …… 271
20.2 平地机工作装置的组成与工作原理 …… 273
20.3 平地机作业方式 …… 279
20.4 平地机液压系统 …… 281
第 21 章 挖掘机工作装置 …… 285
21.1 液压单斗挖掘机反铲结构 …… 285
21.2 工作装置液压操纵回路 …… 288
21.3 液压破碎器 …… 291
参考文献 …… 295

第1篇

工程机械发动机构造与原理

第1章　发动机基础知识

1.1　发动机的分类

发动机是将其他形式的能转变为机械能的一种装置。把燃料燃烧的热能转变为机械能的发动机称为热力发动机。

热力发动机可分为内燃机和外燃机。燃料燃烧的热能通过其他介质转变为机械能的称为外燃机。燃料燃烧的热能直接转变为机械能的称为内燃机。内燃机与外燃机相比具有热效率高、结构紧凑、体积小、维修方便、启动性好等优点。

车用内燃机根据其将热能转变为机械能的主要构件的形式，可分为活塞式内燃机和燃气轮机两大类。前者又可按活塞运动方式分为往复活塞式内燃机和旋转活塞式（转子式）内燃机两种。往复活塞式内燃机应用最为广泛，是本书研究的重点，下面我们侧重介绍往复活塞式发动机的分类。按照不同的分类方法可以把发动机（主要指车用往复活塞式内燃机）分成不同的类型。

① 按所用燃料分类　发动机按照所使用燃料的不同可以分为汽油机、柴油机、多种燃料发动机。其中汽油机按其燃料供给方式又可分为化油器式和电控燃油喷射式两种。

汽油机与柴油机比较各有特点，汽油机转速高，质量小，噪声小，启动容易，制造成本低；柴油机压缩比大，热效率高，经济性能和排放性能都比汽油机好。

② 按混合气着火方式分类　不同的燃料具有不同的性能，发动机根据所用燃料的性能采用不同的着火方式。按混合气的着火方式，发动机可分为点燃式发动机和压燃式发动机。汽车上装用的汽油发动机即为点燃式，柴油发动机则为压燃式。

③ 按每循环活塞行程数分类　发动机按照完成一个工作循环所需的行程数可分为四冲程发动机和二冲程发动机。曲轴转两圈，活塞在汽缸内上下往复运动四个行程，完成一个工作循环的内燃机称为四冲程发动机；曲轴转一圈，活塞在汽缸内上下往复运动两个行程，完成一个工作循环的内燃机称为二冲程发动机。

④ 按冷却方式分类　发动机按照冷却方式不同可以分为水冷发动机和风冷发动机（图

1-1)。水冷发动机是利用在汽缸体和汽缸盖冷却水套中进行循环的冷却液作为冷却介质进行冷却的；而风冷发动机是利用流动于汽缸体与汽缸盖外表面散热片之间的空气作为冷却介质进行冷却的。水冷发动机冷却均匀，工作可靠，冷却效果好，被广泛地应用于现代工程机械用发动机上。

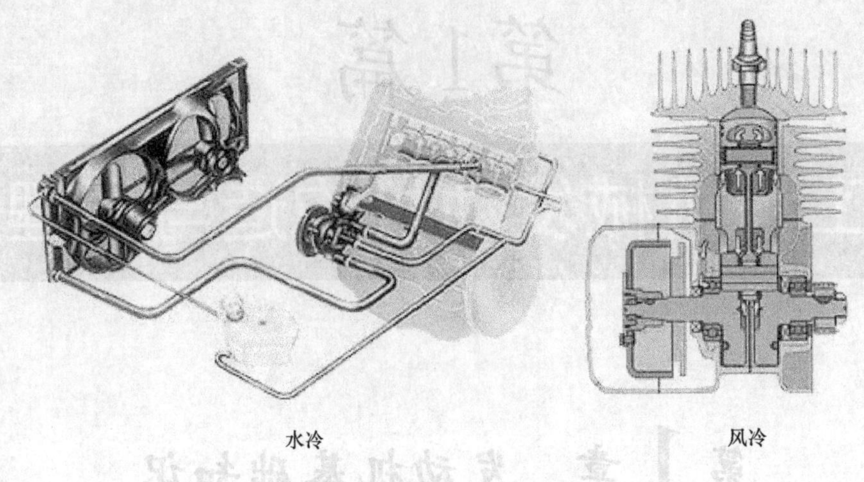

图 1-1　按照冷却方式分类

⑤ 按汽缸数目分类　发动机按照汽缸数目不同可以分为单缸发动机和多缸发动机（图 1-2)。仅有一个汽缸的发动机称为单缸发动机；有两个或两个以上汽缸的发动机称为多缸发动机。如两缸、三缸、四缸、五缸、六缸、八缸、十二缸等都是多缸发动机。现代车用发动机多采用四缸、六缸、八缸发动机。

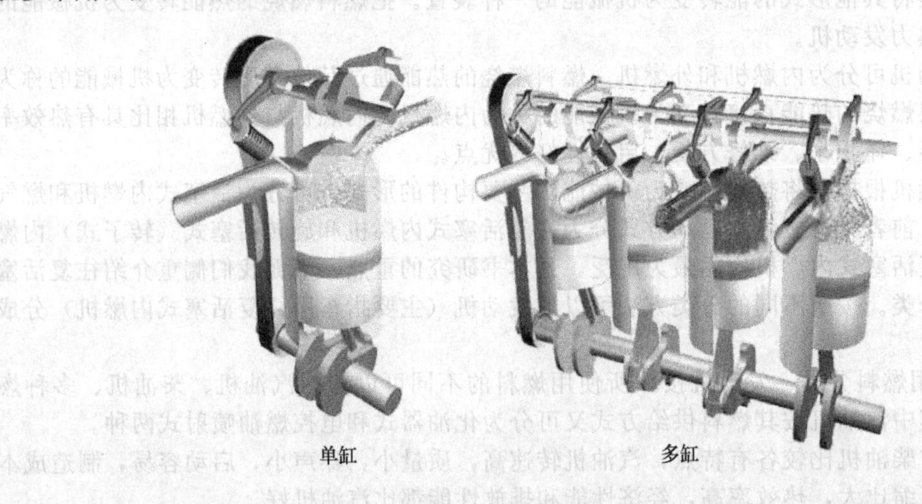

图 1-2　按照汽缸数目分类

⑥ 按照汽缸排列方式分类　发动机按照汽缸排列方式不同，可以分为直列式发动机、V形发动机、对置式发动机（图 1-3)。直列式发动机的各个汽缸排成一列，一般是垂直布置的，但为了降低高度，有时也把汽缸布置成倾斜的甚至水平的；V形发动机把汽缸排成两列，两列之间的夹角小于180°（一般为 90°）称为V形发动机，若两列之间的夹角等于180°称为对置式发动机，个别场合也有排列成X形或W形的。

⑦ 按进气系统是否采用增压方式分类　内燃机按照进气系统是否采用增压方式，可以分为自然吸气（非增压）式发动机和强制进气（增压）式发动机（图 1-4)。汽油机常采用

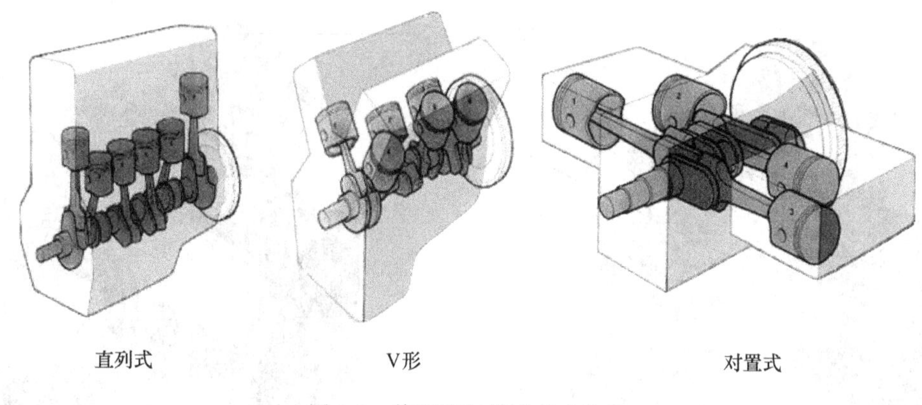

图 1-3 按照汽缸排列方式分类

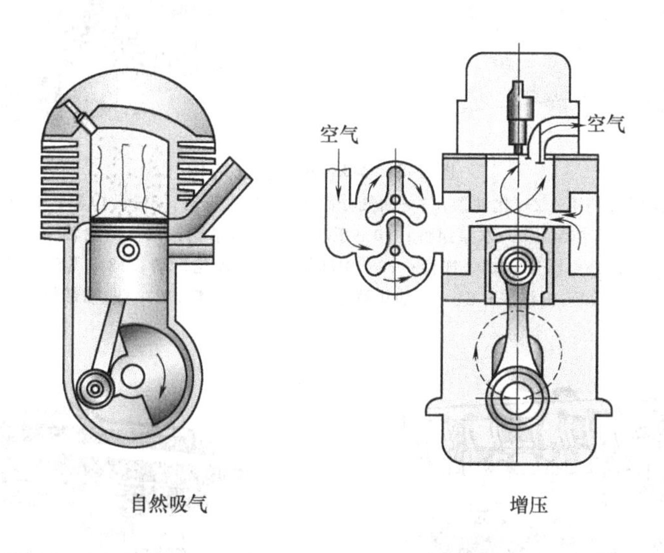

图 1-4 按照进气系统是否采用增压方式分类

自然吸气式；柴油机为了提高功率多采用增压式的。

1.2 发动机的总体构造

发动机是一种由许多机构和系统组成的复杂机器。现代车用发动机的形式很多，其具体结构也各种各样。但就其总体功能而言，基本上都是由如下的机构和系统组成：曲柄连杆机构、配气机构、燃料供给系统、冷却系统、润滑系统、点火系统和启动系统。可以通过一些典型发动机的结构实例来分析发动机的总体结构。

图 1-5、图 1-6、图 1-7、图 1-8 分别是桑塔纳发动机、485 型柴油机、6135 型柴油机的结构图。

① 曲柄连杆机构　曲柄连杆机构是实现热功能转换的核心机构。主要由机体组（汽缸体、汽缸盖、油底壳等）、活塞连杆组（活塞、连杆、活塞环等）、曲轴飞轮组（曲轴、飞轮等）组成。在做功行程中，活塞承受燃气压力在汽缸内作直线运动，通过连杆转换成曲轴的旋转运动，并从曲轴对外输出动力。而在进气、压缩和排气行程中，飞轮释放能量又把曲轴的旋转运动转化成活塞的直线运动。

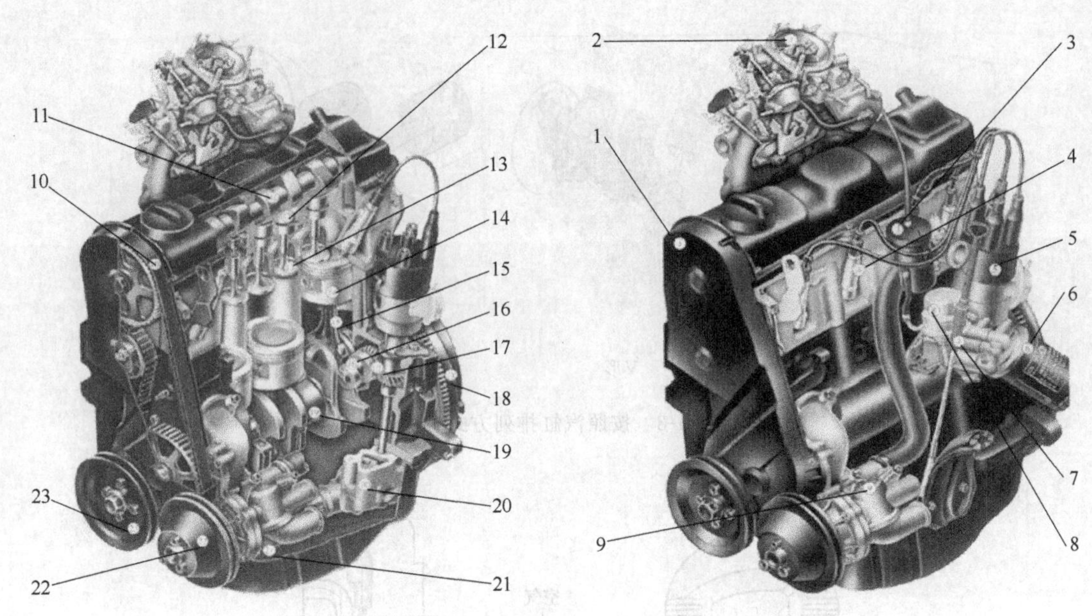

图 1-5 桑塔纳发动机结构

1—正时齿形带护罩；2—化油器；3—油气分离器；4—火花塞；5—分电器；6—机油滤清器；7—油尺；8—汽油泵；9—水泵组件；10—正时齿形带与带轮；11—凸轮轴；12—液压挺柱；13—气门；14—活塞；15—连杆；16—中间轴；17—齿轮传动；18—飞轮；19—曲轴；20—机油泵；21—机油集滤器；22—水泵带轮；23—曲轴带轮

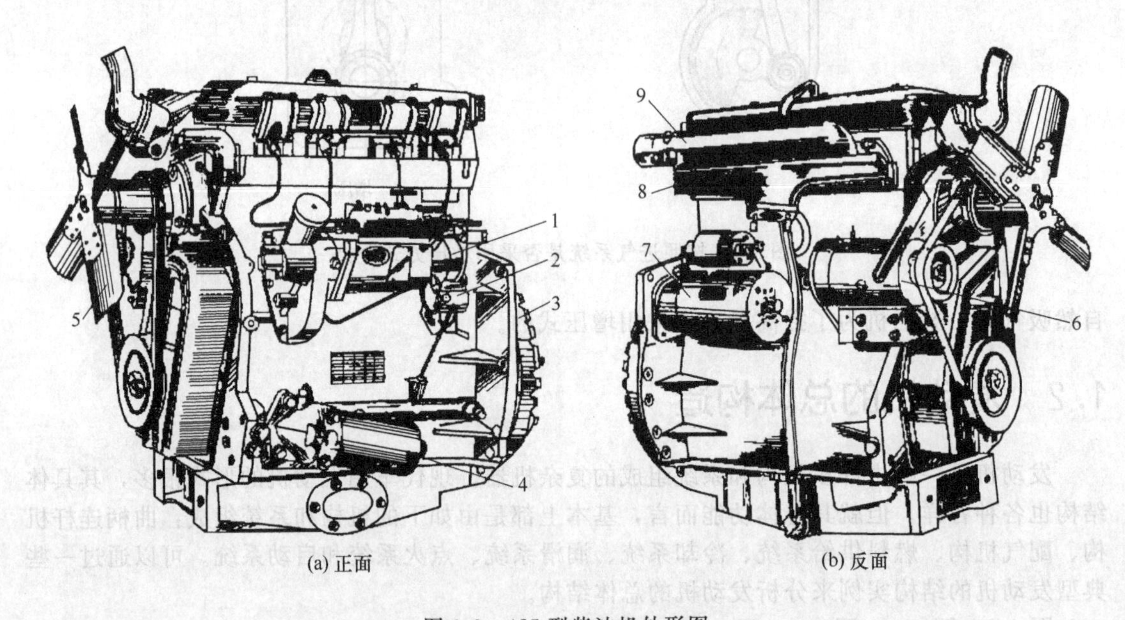

图 1-6 485 型柴油机外形图

1—喷油泵；2—输油泵；3—飞轮；4—机油滤清器；5—风扇；6—发电机；7—启动电动机；8—进气管；9—排气管

② 配气机构 为使发动机工作循环连续进行，必须定时开启和关闭进气门和排气门，以便向汽缸内充入新鲜气体和排出废气，为此，发动机设置了配气机构。配气机构主要由气门组（气门、气门弹簧等）、气门传动组（正时齿轮、凸轮轴、挺柱、推杆、摇臂等）组成。气门的开启和关闭受凸轮轴控制，而凸轮轴由曲轴驱动。

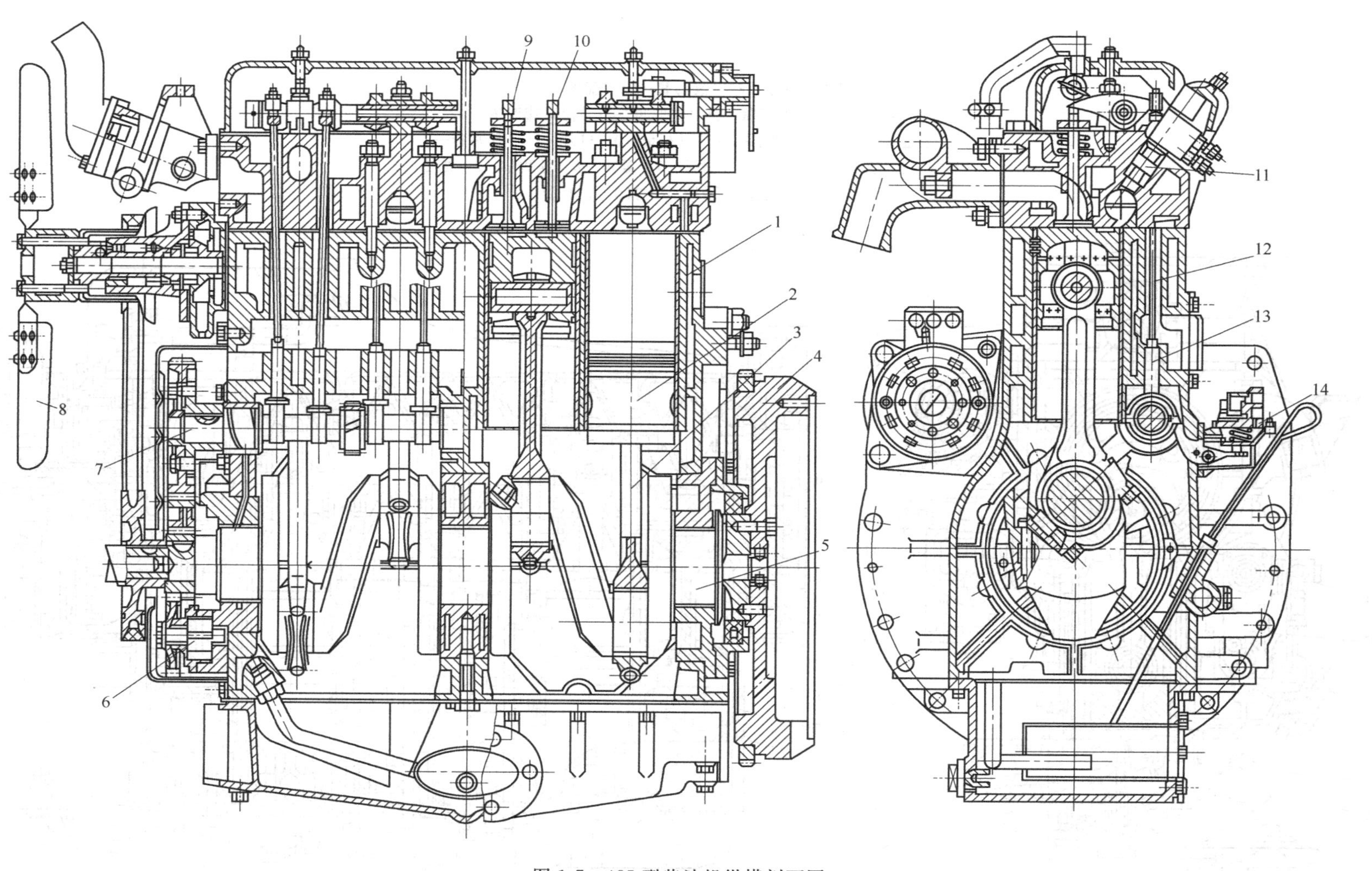

图 1-7 485型柴油机纵横剖面图

1—汽缸套；2—活塞；3—连杆；4—飞轮；5—曲轴；6—机油泵；7—凸轮轴；8—风扇；9—进气门；
10—排气门；11—喷油器；12—推杆；13—挺柱；14—输油泵

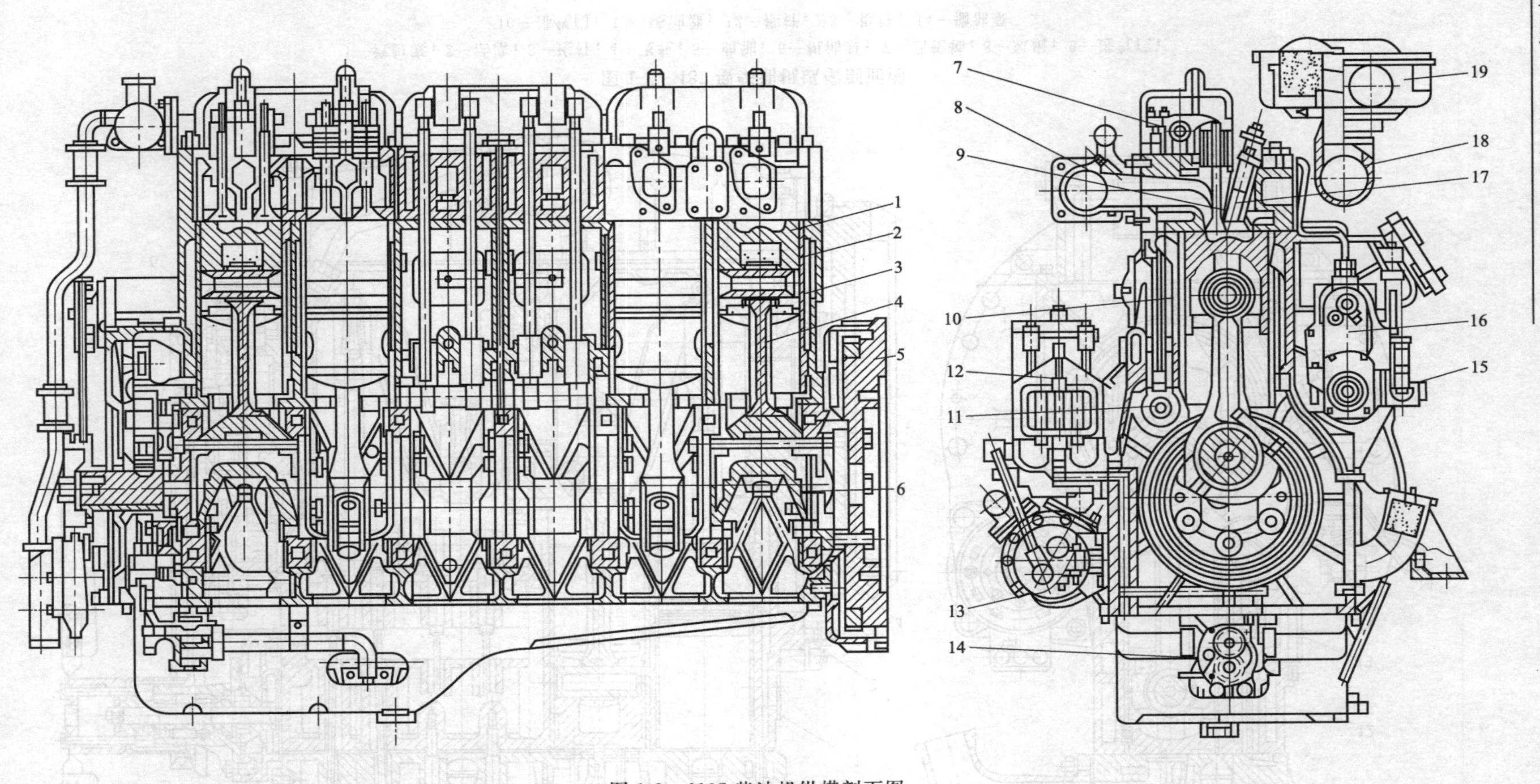

图 1-8 6135 柴油机纵横剖面图

1—活塞；2—汽缸套；3—水套；4—连杆；5—飞轮；6—曲轴；7—摇臂；
8—排气管；9—气门；10—推杆；11—凸轮轴；12—机油滤清器；
13—机油散热器；14—机油泵；15—输油泵；16—喷油泵；
17—喷油器；18—进气管；19—空气滤清器

③ 燃料供给系统　燃料供给系统是向发动机提供燃料和空气，并排出汽缸内燃烧废气的系统。燃料供给系统的基本组成包括燃料供给装置、进气装置和排气装置。

不同的发动机，其燃料供给装置有较大的差异。汽油发动机工作时，燃料供给装置将储存在汽油箱内的汽油经滤清器滤除杂质后，由汽油泵泵送到化油器或汽油喷射装置中，通过化油器或汽油喷射装置再将汽油喷入进气管与空气混合，混合气的形成是在汽缸外部完成，汽油喷射装置大都采用电脑控制。在柴油发动机的汽缸顶部装有喷油器，发动机工作时，输油泵将油箱内的柴油经滤清后首先泵送到高压油泵进行加压，然后再经喷油器将柴油直接喷入汽缸，柴油在汽缸内部与空气混合。

进气装置给发动机提供清洁的空气。发动机工作时，空气首先经空气滤清器滤清，再经过进气通道进入汽缸。

排气装置主要是将发动机汽缸内排出的燃烧废气排入大气。在排气通道中，装有排气消声器，以降低排气噪声。

④ 润滑系统　润滑系统的作用是将润滑油送到相对运动零件的摩擦表面，以减少摩擦损失，减轻零件磨损，同时也可对摩擦表面进行冷却和清洁。

润滑系统一般由机油泵、机油滤清器、润滑油道、限压阀等组成。发动机工作时，机油泵不断地将润滑油经润滑油道泵送到需润滑的部位，循环后的润滑油最后再回到贮存润滑油的油底壳。机油滤清器可使润滑油保持清洁，以便润滑油能反复使用。

⑤ 冷却系统　冷却系统的作用是把机件多余的热量散发出去，以保持发动机正常的工作温度。工程机械用发动机一般采用水冷却系统。

水冷发动机的冷却系统通常由冷却水套、水泵、风扇、散热器、节温器等组成。水套是设在汽缸和汽缸盖中的水流通道，水泵使冷却水在水套与散热器之间循环，在水套内吸收热量的冷却水流经散热器时，由风扇吹风使其冷却降温。

⑥ 点火系统　点火系统是汽油机用以点燃汽缸内混合气的系统。汽油机的每个汽缸顶部都装有一个火花塞，火花塞头部伸入燃烧室内。发动机工作时，点火系统将蓄电池或发电机提供的低压电转变成高压电，并按一定的顺序利用火花塞点燃各缸的混合气。点火系统通常由蓄电池、发电机、分电器、点火线圈和火花塞等组成。

⑦ 启动系统　要使发动机由静止状态过渡到工作状态，必须先用外力转动发动机的曲轴，使活塞作往复运动，汽缸内的可燃混合气燃烧膨胀做功，推动活塞向下运动使曲轴旋转，发动机才能自行运转，工作循环才能自动进行。因此，曲轴在外力作用下开始转动到发动机开始自动地怠速运转的全过程，称为发动机的启动。完成启动过程所需的装置，称为发动机的启动系统。启动系统基本组成包括启动机及其附属装置。

汽油机由以上两大机构和五大系统组成，即由曲柄连杆机构、配气机构、燃料供给系统、润滑系统、冷却系统、点火系统和启动系统组成；柴油机由以上两大机构和四大系统组成，即由曲柄连杆机构、配气机构、燃料供给系统、润滑系统、冷却系统和启动系统组成，柴油机是压燃的，不需要点火系统。

1.3 发动机的基本术语

为便于说明发动机工作原理，图 1-9 示出了发动机的一些基本术语。

活塞在汽缸里作往复直线运动时，当活塞向上运动到最高位置，即活塞顶部距离曲轴旋转中心最远的极限位置，称为上止点。

活塞在汽缸里作往复直线运动时，当活塞向下运动到最低位置，即活塞顶部距离曲轴旋转中心最近的极限位置，称为下止点。

上、下止点之间的距离称为活塞行程，一般用 S 表示。曲轴每转动半周（即 180°），相

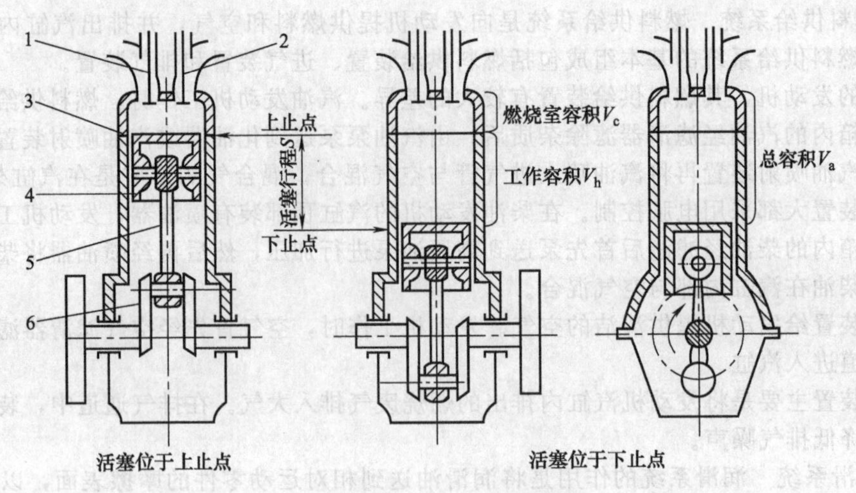

图 1-9 发动机的基本术语和参数

1—进气门；2—排气门；3—汽缸；4—活塞；5—连杆；6—曲轴

当于一个活塞行程。

曲轴旋转中心到曲柄销中心之间的距离称为曲柄半径，一般用 R 表示。通常活塞行程为曲柄半径的两倍，即 $S=2R$。

活塞位于上止点时，活塞顶部上方的容积，称为燃烧室容积（或余隙容积），一般用 V_c 表示。

活塞从一个止点运动到另一个止点所扫过的容积，称为汽缸工作容积，一般用 V_h（单位 L）表示

$$V_h=\frac{\pi D^2}{4\times10^6}S$$

式中 D——汽缸直径，mm；

S——活塞行程，mm。

活塞位于下止点时，其顶部与汽缸盖之间的容积称为汽缸总容积，一般用 V_a 表示。汽缸总容积就是汽缸工作容积和燃烧室容积之和，即

$$V_a=V_c+V_h$$

多缸发动机各汽缸工作容积的总和，称为发动机排量，一般用 V_l 表示：

$$V_l=i\cdot V_h$$

式中 i——汽缸数目。

汽缸总容积与燃烧室容积之比称为压缩比，一般用 ε 表示

$$\varepsilon=\frac{V_a}{V_c}=1+\frac{V_h}{V_c}$$

压缩比表示活塞由下止点运动到上止点时，汽缸内气体被压缩的程度。压缩比越大，压缩终了时汽缸内气体的压力和温度越高。通常汽油机的压缩比为 6～12，柴油机的压缩比较高，一般为 16～22。

每一个工作循环包括进气、压缩、做功和排气过程，即完成进气、压缩、做功和排气四个过程叫一个工作循环。

1.4 发动机的工作原理

发动机的作用就是将燃料燃烧的热能转换为机械能，从而输出动力。其能量的转换是通

过不断反复进行进气—压缩—做功—排气四个连续过程来实现的。

1.4.1 四冲程汽油机的工作原理

四冲程汽油机的工作循环包括进气、压缩、做功、排气四个冲程。图 1-10 所示为单缸四冲程汽油机工作循环示意图。

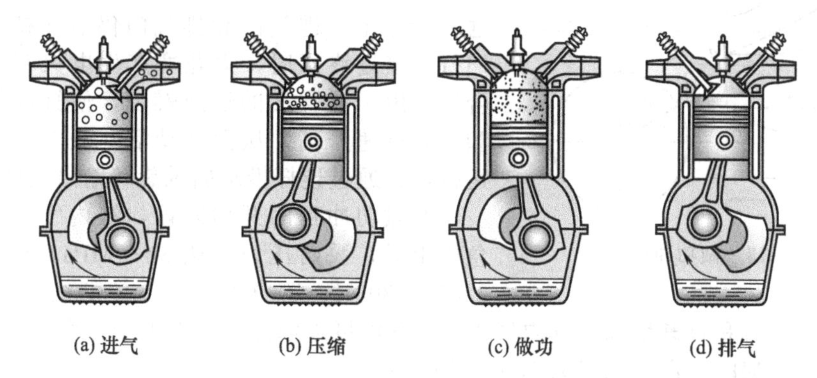

图 1-10 四冲程汽油机工作循环

① 进气行程 进气行程如图 1-10 (a) 所示，曲轴带动活塞从上止点向下止点运行，此时排气门关闭，进气门打开。活塞移动过程中，汽缸内容积逐渐增大，形成一定的真空度，将可燃混合气吸入汽缸。当活塞到达下止点时，整个汽缸内充满了新鲜混合气。

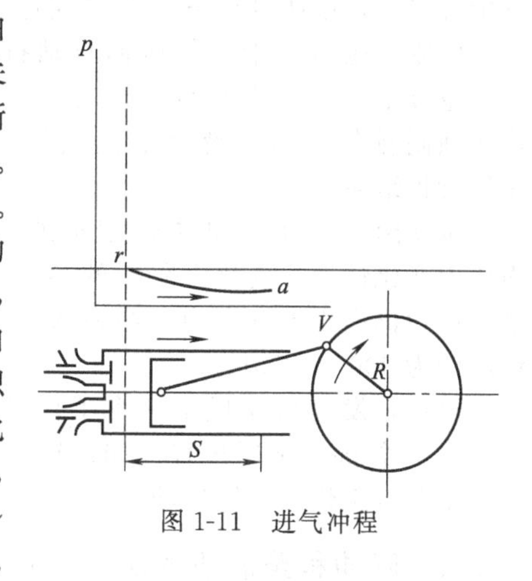

图 1-11 进气冲程

示功图 1-11 上，曲线 ra 表示进气行程混合气的压力变化情况，进气过程开始时，活塞位于上止点，汽缸内残存有上一循环未排净的废气，因此，汽缸内的压力稍高于大气压力，随着活塞下移，汽缸内容积增大，压力减小，在进气过程中，受空气滤清器、化油器、进气管道、进气门等阻力影响，进气终了时，汽缸内气体压力略低于大气压，约为 0.075～0.09MPa，同时受到残余废气和高温机件加热的影响，温度达到 370～400K。

② 压缩行程 压缩行程如图 1-10 (b) 所示，曲轴继续旋转，活塞从下止点向上止点运动，这时进气门和排气门都关闭，汽缸内成为封闭容积，可燃混合气受到压缩，压力和温度不断升高，当活塞到达上止点时压缩行程结束。

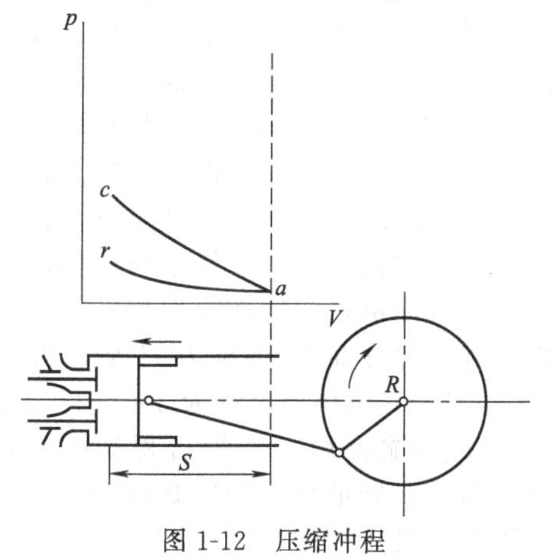

图 1-12 压缩冲程

示功图 1-12 上，曲线 ac 表示压缩行程混合气的压力变化情况。在压缩过程中，气体压力和温度升高，可燃混合气进一步均匀混合，当压缩终了时，汽缸内压力可达 0.6～1.2MPa，温度可达 600～700K。

压缩比越大，压缩终了时汽缸内的压力和温度越高，则燃烧速度越快，发动机功率也越大。但压缩比过大，会导致爆燃与表面点火异常燃烧现象的出现。所谓爆燃就是由于气体压力和温度过高，可燃混合气在没有点燃的情况下自行燃烧，且火焰以极高的速率向外传播，形成压力波撞击燃烧室壁，发出尖锐的敲缸声，同时引起发动机过热，功率下降，油耗增加，磨损加剧，甚至造成机件损坏。

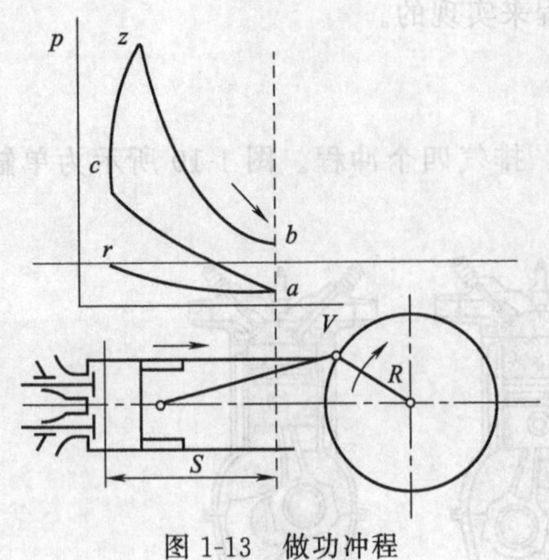

图 1-13 做功冲程

③ 做功行程 做功行程如图 1-10（c）所示，在这一行程中，进气门和排气门仍然保持关闭，当压缩行程接近终了时，火花塞产生电火花点燃可燃混合气，由于混合气的迅速燃烧，使缸内气体的温度和压力迅速升高，从而推动活塞从上止点向下止点运行，并通过连杆推动曲轴旋转输出机械功。

在做功冲程的开始阶段，缸内气体温度、压力急剧上升，瞬时压力可达 3～5MPa，最高温度可达 2200～2800K。示功图 1-13 上，曲线 zb 表示活塞向下移动时，汽缸容积逐渐增加，其内气体压力和温度逐渐降低，在做功行程终了的 b 点，压力降至0.3～0.5MPa，温度则降为 1300～1600K。

④ 排气行程 排气行程如图 1-10（d）所示，混合气在缸内燃烧后生成的废气必须从汽缸中排出去，以便进行下一个进气行程。当做功接近终了时，排气门开启，进气门仍然关闭，因废气压力高于大气压而自动排出，此外，当活塞越过下止点向上止点运动时，还靠活塞的推挤作用强制排气。活塞越过上止点后，排气门关闭，排气行程结束。

示功图 1-14 上，曲线 br 表示排气行程中，汽缸内压力变化情形。受排气阻力的影响，排气终止时，缸内压力仍高于大气压力，约为 0.105～0.115MPa，温度约为 900～1200K。

至此，发动机完成了一个工作循环，接着又开始了下一个新的循环过程。如此循环，发动机便可连续不断地工作，并输出动力。

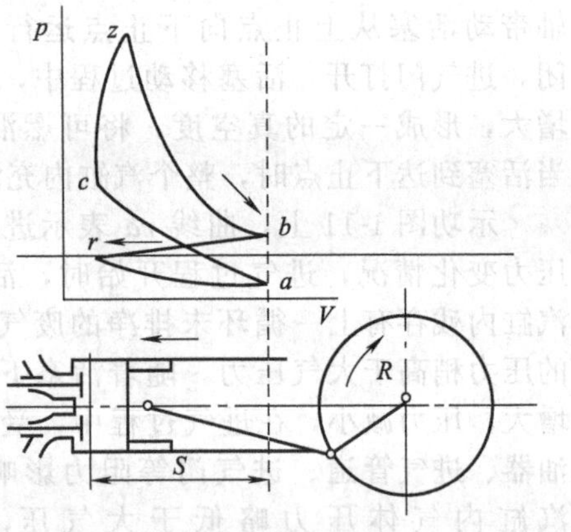

图 1-14 排气冲程

1.4.2 四冲程柴油机的工作原理

四冲程柴油机是压燃式内燃机，其每一工作循环也经历进气、压缩、做功、排气四个行程。与汽油机的不同之处在于柴油黏度较大，不易蒸发，自燃温度较汽油低，致使可燃混合气的形成、着火方式、燃烧过程以及气体温度压力的变化都和汽油机不同。

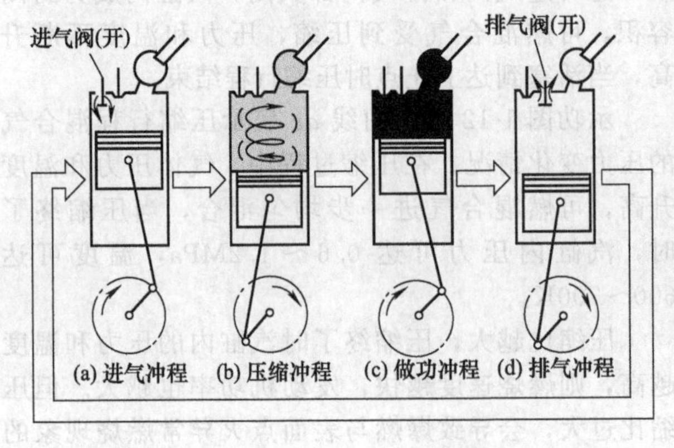

图 1-15 四冲程柴油机工作原理示意

① 进气行程 进气行程如图 1-15（a）所示。不同于汽油机的是进入汽缸的不是可燃混合气，而是纯空气。由于进气阻力比较小，进气终了时气体压力略高于汽油机，而气体温度略低于汽油机。进气终了时气体压力约为 0.08～0.095MPa，气体温度约为 300～370K。

② 压缩行程 压缩行程如图 1-15（b）所示。柴油机压缩的是纯空气，且由于柴油机压缩比大，压缩终了时汽缸

内的压力和温度均比汽油机高，压力可达 3～5MPa，温度可达 800～1000K。

③ 做功行程 做功行程如图 1-15（c）所示。此行程与汽油机差别较大，在柴油机压缩行程接近终了时，喷油泵将高压柴油经喷油器呈雾状喷入汽缸内的高温空气中，柴油在汽缸内便迅速蒸发并与空气混合形成混合气，由于此时汽缸内的温度远高于柴油的自燃温度（约500K），所以形成的混合气会立即自行着火燃烧，在此后的一段时间内边喷油边燃烧，汽缸内的压力和温度也急剧升高，瞬时压力可高达 5～10MPa，瞬时温度可达 1800～2200K。在高压气体推动下，活塞下行并带动曲轴旋转。做功行程终了时，气体压力约为 0.2～0.4MPa，气体温度约为 1200～1500K。

④ 排气行程 排气行程如图 1-15（d）所示。与汽油机排气行程基本相同。排气终了时，汽缸内气体压力约为 0.105～0.125MPa，气体温度约为 800～1000K。

通过上述四冲程发动机工作循环的分析可知，四冲程发动机具有以下工作特点。

a. 每个工作循环中曲轴旋转两周，活塞上下往复运行四个单程，进、排气门各开启一次。

b. 四个冲程中，只有做功行程产生动力，其余都是为做功行程作准备的辅助冲程，靠消耗飞轮储备的能量来完成。

c. 在发动机运转的第一循环，发动机启动必须有外力将曲轴转动，从而完成进气、压缩行程，着火后，完成做功行程，并依靠曲轴和飞轮储存的能量自行完成以后的行程。以后的工作循环发动机无需外力即可自行完成。

柴油机与汽油机工作循环的基本内容相似，但不完全相同，主要区别有：

a. 所用燃料不同。

b. 混合气形成方式不同。汽油机的燃油和空气在汽缸外混合，进气行程进入汽缸的是可燃混合气，而柴油机进气冲程进入汽缸的是纯空气，燃油是在做功冲程开始阶段喷入汽缸，在缸内形成可燃混合气。

c. 着火方式不同。汽油机靠电火花点燃可燃混合气，而柴油机则靠自燃。

d. 压缩比不同。

1.4.3 多缸四冲程发动机基本工作原理

由四冲程发动机的工作原理可知：四冲程发动机每一工作循环的四个行程中，只有一个行程是做功的，其余三个行程均是做功的准备行程。因此，在单缸四冲程发动机上，每一工作循环内曲轴转过的两圈中，只有半圈是靠汽缸内气体对活塞做功使曲轴旋转，而其余一圈半是依靠飞轮惯性在维持曲轴旋转。显然，曲轴转速是不均匀的，要使发动机运转平稳，就必须装用具有较大转动惯量的飞轮，这样又会增大发动机的质量和尺寸，因此，为了使曲轴运转平稳，可使用多缸四冲程发动机。多缸四冲程发动机的每一个汽缸内，所有的工作过程均与单缸发动机相同，且曲轴每转两圈每个汽缸均完成一个工作循环，但各个汽缸的做功行程并不同时进行，而是按一定的顺序和一定的间隔进行。汽缸数越多，发动机曲轴运转越平稳。但随汽缸数的增多，发动机的结构尺寸及质量增加，发动机的结构也更复杂。

1.5 发动机的性能指标

发动机的性能指标一般分为两种，一种是以工质在汽缸内对活塞做功为基础的性能指标，称为指示指标，用来评价工作循环质量的好坏；另一种是以发动机输出轴上得到的净功率为基础的性能指标，称为有效指标，用来评价发动机性能的好坏。

为了表征各种形式发动机的性能特点，比较其性能的优劣，一般以发动机的性能参数作为评价指标。发动机的主要性能指标有：动力性能指标、经济性能指标和排放性能指标。

1.5.1 指示指标

① 指示功 指示功 W_i表示汽缸内完成一个工作循环时工质对活塞所做的有用功，如图 1-16 所示。

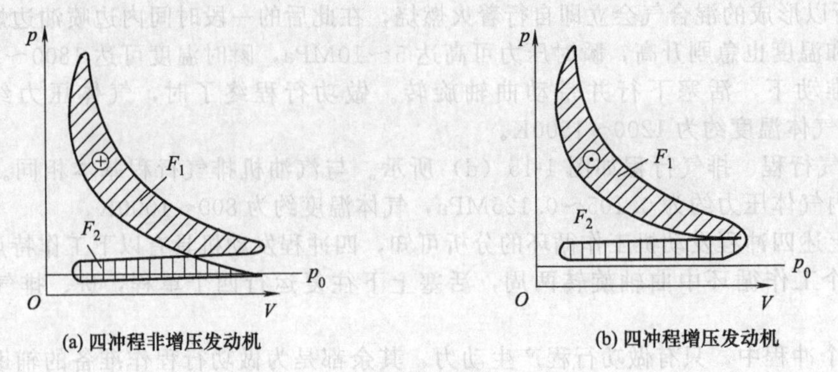

图 1-16 四冲程发动机示功图

即四冲程发动机的指示功可用示功图面积 F_i来衡量。

$$F_i = F_1 \pm F_2$$

图 1-16（a）中四冲程非增压发动机的指示功面积 F_i是由相当于压缩、燃烧、膨胀行程中所得到的有用功面积 F_1和相当于进气、排气行程中消耗的功的面积 F_2（即泵损失）相减而成。在四冲程增压发动机中［图 1-16（b）］，由于进气压力高于排气压力，在换气过程中，工质是对外做功的，因此，换气功的面积 F_2应与面积 F_1相加。

上述示功图面积可根据实测示功图通过计算求得，再用下式算出指示功的真实值。

$$W_i = F_i ab$$

式中 F_i——示功图面积，cm^2；

a——示功图纵坐标比例尺，kPa/cm；

b——示功图横坐标比例尺，L/cm。

② 平均指示压力 为了比较不同大小汽缸的做功能力，需要排除尺寸的影响，而引入平均指示压力 p_{mi}的概念。平均指示压力 p_{mi}是发动机单位汽缸工作容积的指示功。

$$p_{mi} = \frac{W_i}{V_s}$$

式中 p_{mi}——平均指示压力，kPa；

W_i——指示功，kJ；

V_s——汽缸工作容积，L。

循环指示功 W_i可以写成

$$W_i = p_{mi} V_s = p_{mi} \frac{\pi D^2 S}{4 \times 10^6}$$

假如以一个假想的、大小不变的压力 p_{mi}作用在活塞上，使活塞移动一个行程，其所做的功等于循环功，则此假想的压力即为平均指示压力。显然，平均指示压力 p_{mi}越大，同样大小的汽缸容积可以发出更大的指示功，表示发动机的工作循环进行得越好，汽缸工作容积利用程度越高。因此，p_{mi}是衡量实际循环动力性能的一个重要指标。

③ 指示功率 发动机单位时间所做的指示功，称为发动机的指示功率，用 P_i表示。

$$P_i = i W_i \frac{2n}{60\tau}$$

式中 P_i——指示功率，kW；

τ——冲程数；

i——缸数。

1.5.2 有效指标

发动机经济性和动力性指标是以曲轴对外输出的功率为基础，代表了发动机整机的性能，通常称它们为有效指标。

① 有效扭矩　发动机工作时，由功率输出轴输出的扭矩称为有效扭矩，通常用 T_{tq}表示，单位为 N·m。有效扭矩是作用在活塞顶部的气体压力通过连杆传给曲轴产生的扭矩，并克服了摩擦、驱动附件等损失之后从曲轴对外输出的净扭矩。

② 有效功率　发动机的指示功率 P_i并不能完全对外输出，功在发动机内部的传递过程中，不可避免有损失，这些损失包括：

a. 发动机内部运动零件的摩擦损失。如活塞、活塞环对缸壁的摩擦，曲柄连杆机构轴承的摩擦，气阀机构的摩擦等。这部分损失所占比例最大。

b. 驱动附属机构的损失，如驱动水泵、机油泵、喷油泵、风扇、电动机等。

c. 泵气损失，指进排气过程所消耗的功。

上述损失所消耗的功率称为机械损失功率。指示功率减去机械损失功率，才是发动机对外输出的功率，称为有效功率，即发动机通过曲轴或飞轮对外输出的功率，通常用 P_e表示，单位为 kW。有效功率同样是曲轴对外输出的净功率。它等于有效扭矩和曲轴转速的乘积。发动机的有效功率可以在专用的试验台上用测功器测定，测出有效扭矩和曲轴转速，然后用下面公式计算出有效功率

$$P_e=\frac{T_{tq}2\pi n}{60}\times10^{-3}$$

式中　T_{tq}——有效扭矩，单位为 N·m；

n——曲轴转速，单位为 r/min。

③ 有效燃油消耗率　通常用燃油消耗率来评价内燃机的经济性能。燃油消耗率是指单位有效功的燃油消耗量，也就是发动机每发出 1kW 有效功率在 1h 内所消耗的燃油质量，燃油消耗率通常用 b_e表示，其单位为 g/kW·h

$$b_e=\frac{B}{P_e}\times10^3\ (\text{g/kW}\cdot\text{h})$$

式中　B——每小时的燃油消耗量，kg/h；

P_e——有效功率，kW。

显然，有效燃油消耗率越小，表示发动机曲轴输出净功率所消耗的燃油越少，其经济性越好。

1.6 发动机的编号规则

为了便于内燃机的生产管理和使用，中国在 1982 年对发动机型号颁布了国家标准（GB 725—1982），在 1991 年对内燃机的名称和型号的编制方法重新进行了审定（GB 725—1991），2008 年再次修订并颁布了国家标准《内燃机产品名称和型号编制规则》（GB/T 725—2008）。该标准规定，内燃机型号由四部分组成。

第一部分：产品系列代号、换代代号和地方企业代号，由制造厂根据需要自选相应字母表示，但需主管部门或标准化机构核准。

第二部分：由缸数符号、汽缸布置形式符号、冲程符号和缸径符号等组成。

第三部分：结构特征和用途特征符号，以字母表示。

第四部分：区分符号。同一系列产品因改进等原因需要区分时，由制造厂选用适当符号表示。

内燃机型号的排列顺序及符号所代表的意义如图 1-17 所示。

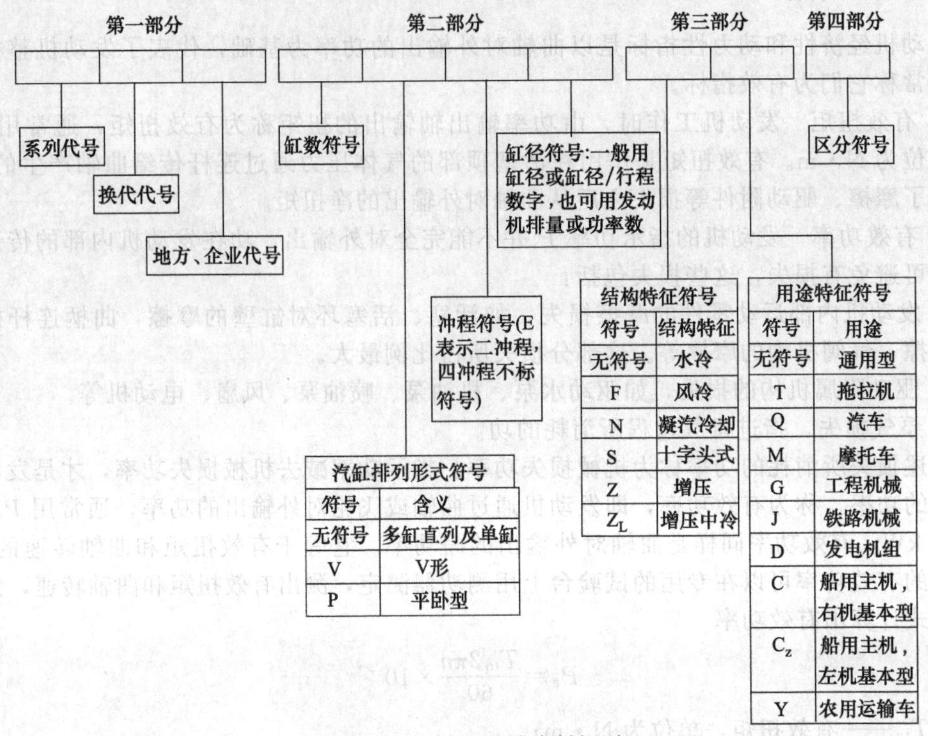

图 1-17 内燃机型号编制规则

发动机型号举例：

1E65F 汽油机：表示单缸，二行程，缸径 65mm，风冷通用型汽油机。

CA6102 汽油机：表示六缸，四行程，缸径 102mm，水冷通用型汽油机，CA 为第一汽车制造厂代号。

8V100 汽油机：表示八缸，四行程，缸径 100mm，V 形排列，水冷通用型汽油机。

195 柴油机：表示单缸，四行程，缸径 95mm，水冷通用型柴油机。

165F 柴油机：表示单缸，四行程，缸径 65mm，风冷通用型柴油机。

495Q 柴油机：表示四缸，四行程，缸径 95mm，水冷车用柴油机。

6135Q 柴油机：表示六缸，四行程，缸径 135mm，水冷车用柴油机。

X4105 柴油机：表示四缸，四行程，缸径 105mm，水冷通用型柴油机，X 表示系列代号。

6135ZG-3 柴油机：表示六缸，四行程，缸径 135mm，增压、水冷、工程机械用柴油机，第 3 种变型产品。

第2章　曲柄连杆机构

2.1　概述

曲柄连杆机构是发动机实现热功转换的主要机构。其主要功用是将汽缸内气体作用在活塞上的力转变为曲轴的旋转力矩，从而输出动力。

工作中，曲柄连杆机构在做功行程中把活塞的往复运动转变成曲轴的旋转运动，对外输出动力，而在其他三个行程中，即进气、压缩、排气行程中又把曲轴的旋转运动转变成活塞的往复直线运动。总的来说，曲柄连杆机构是发动机借以产生并传递动力的机构。

曲柄连杆机构主要包括机体组、活塞连杆组和曲轴飞轮组三部分（见图 2-1）。

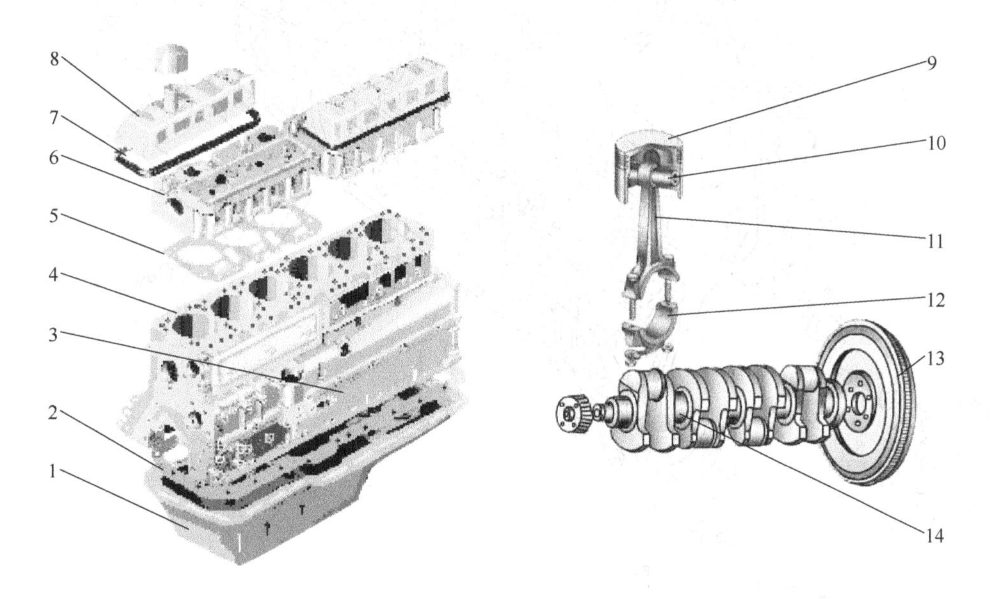

图 2-1　发动机曲柄连杆机构

1—油底壳；2—衬垫；3—曲轴箱；4—汽缸体；5—汽缸垫；6—汽缸盖；7—衬垫；8—汽缸盖罩；9—活塞；10—活塞销；11—连杆；12—连杆盖；13—飞轮；14—曲轴

发动机工作时，曲柄连杆机构直接与高温高压气体接触，曲轴的旋转速度又很高，活塞往复运动的线速度相当大，同时与可燃混合气和燃烧废气接触，曲柄连杆机构还受到化学腐蚀作用，并且润滑困难。可见，曲柄连杆机构的工作条件相当恶劣，它要承受高温、高压、高速和化学腐蚀作用。

2.2　机体组

机体组主要由汽缸体、汽缸套、汽缸盖、汽缸垫、曲轴箱、油底壳等零件组成。

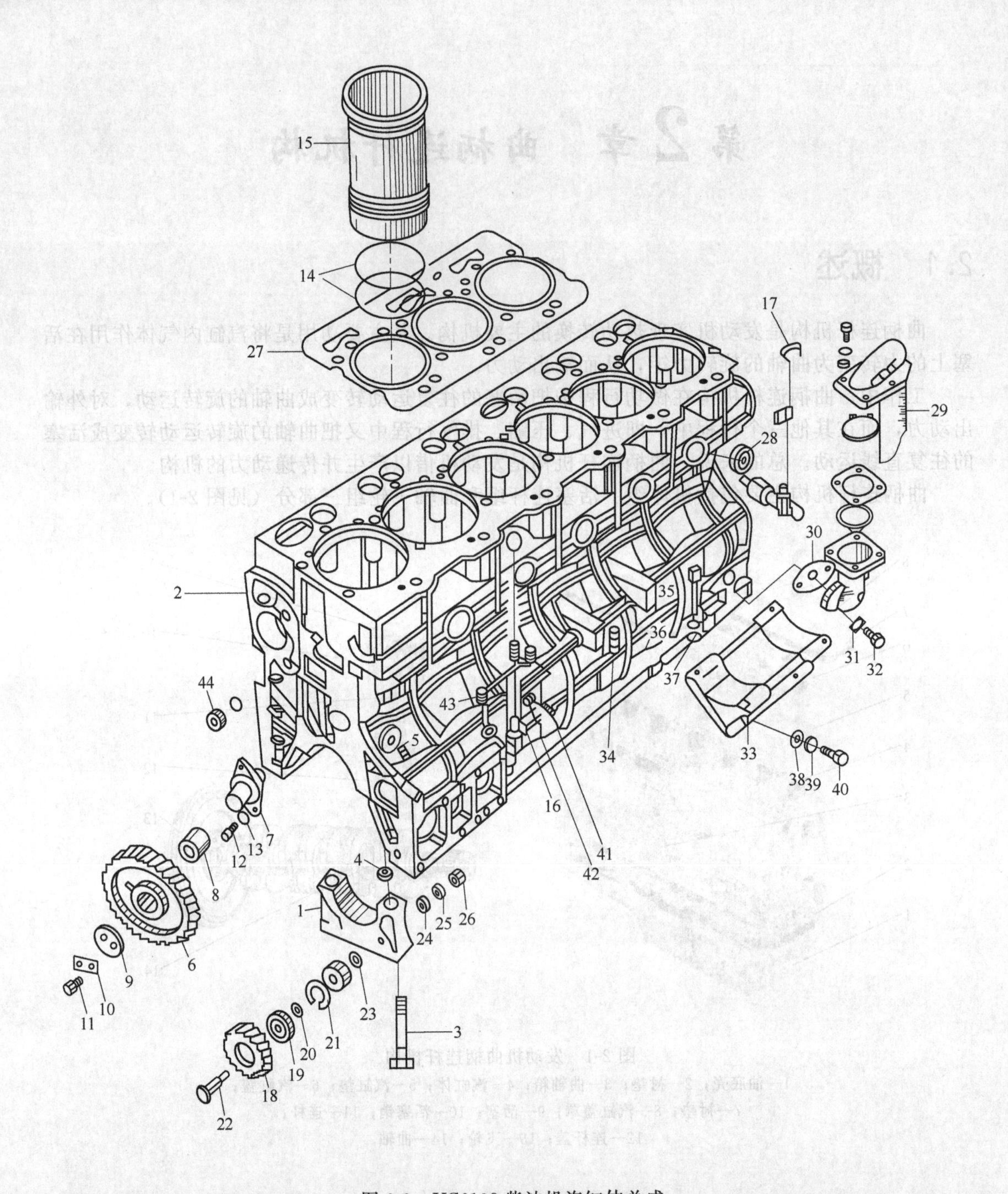

图 2-2 YC6108 柴油机汽缸体总成

1—前主轴承盖；2—汽缸体；3—前主轴承螺栓；4—主轴承盖定位销套；5—方头锥形螺塞；6—正时惰齿轮；7—惰齿轮轴；8—正时惰齿轮衬套；9—正时惰齿轮挡板；10—惰齿轮轴锁片；11—小六角头螺栓 M10×18；12—小六角头螺栓 M8×20；13,24,25,31,36—垫圈；14—汽缸套封水圈；15—汽缸套；16—油标尺组件；17—放水阀总成；18—机油泵中间传动齿轮；19—滚动轴承；20—间隔垫；21—挡圈；22—机油泵中间传动齿轮轴；23—垫圈（中间传动齿轮）；26—螺母；27—汽缸盖垫片；28—碗形塞片；29—呼吸器总成；30—呼吸器垫片；32—螺栓 M8×25；33—喷油泵托架；34—调整垫片；35—螺栓 M8×25；37—球面垫圈；38,39—垫圈；40—螺栓 M10×25；41—接头螺栓；42—垫圈 12；43—气泵油泵机油管组件；44—主油道密封圈

2.2.1　汽缸体

汽缸体是发动机各个机构和系统的装配基体，其结构复杂（图 2-2），一般采用高强度铸铁或铝合金材料铸造而成。

内燃机工作时，汽缸体要承受气体压力、曲柄连杆机构的离心力和惯性力、倾覆力矩以及螺栓预紧力等各种载荷，且受力情况极为复杂，同时，由于汽缸壁与高温燃气直接接触，汽缸体还承受很大的热载荷。因此，汽缸体必须具备以下性能：有足够的强度和刚度，工作时既不能发生裂纹和损坏，也不能出现过大的变形；有良好的导热性，高速、大负荷工作时发动机不过热；有良好的耐磨性以保证其工作寿命。

水冷式发动机的汽缸体和上曲轴箱常铸成一体，称为汽缸体-曲轴箱，也可称为汽缸体。汽缸体上部有一个或若干个圆柱形空腔，活塞在其内部作往复直线运动，此圆柱形空腔称为汽缸。汽缸体下半部为支撑曲轴的曲轴箱，其内腔为曲轴运动的空间。曲轴箱的主要功用是保护和安装曲轴，也可用于安装发动机附件。在汽缸体内部铸有许多加强筋、冷却水套和润滑油道等。

汽缸体有直列、V 形和对置式三种基本形式，如图 2-3 所示。

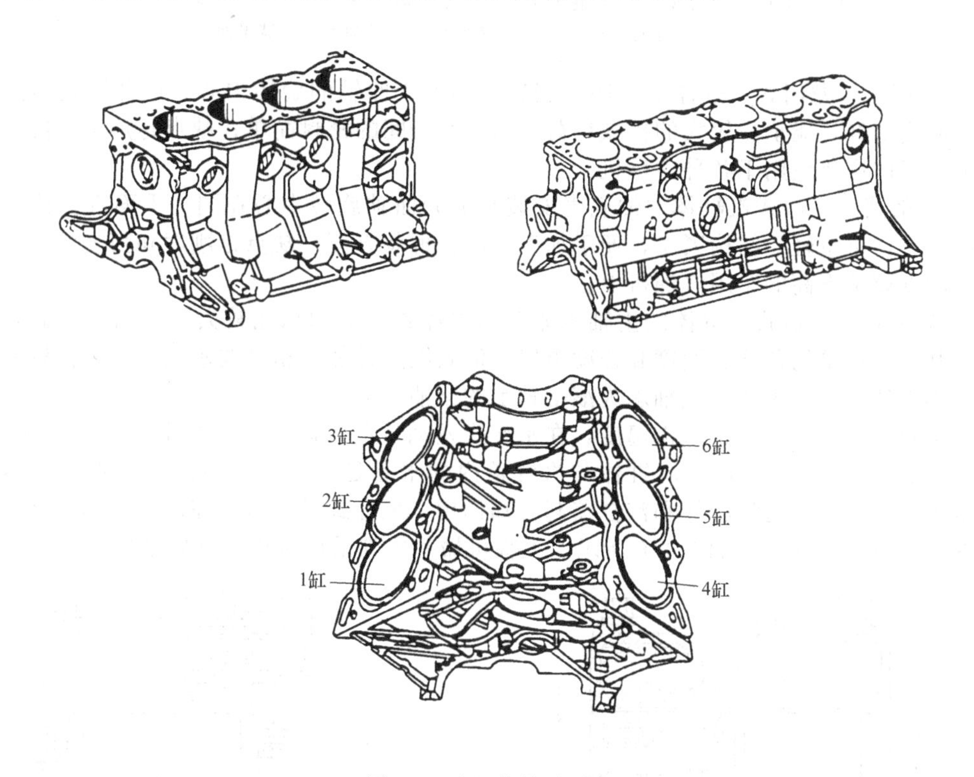

图 2-3　汽缸体排列形式

直列式汽缸体结构简单，加工容易，但发动机长度和高度较大。一般六缸以下发动机多采用直列式。

V 形汽缸体中的汽缸排成两列，左右两列汽缸中心线的夹角小于 180°。它的特点是缩短了机体的长度和高度，增加了汽缸体的刚度，重量也有所减轻，但加大了发动机的宽度，且形状复杂，加工困难。现在八缸以上的发动机多采用 V 形布置，六缸发动机也有采用这种形式的汽缸体。

对置式汽缸体的左右两列汽缸在同一水平面上。它的特点是高度小，总体布置方便。这种汽缸应用较少。

汽缸体下部曲轴箱的结构一般分为三种：龙门式、一般式、隧道式，如图 2-4 所示。

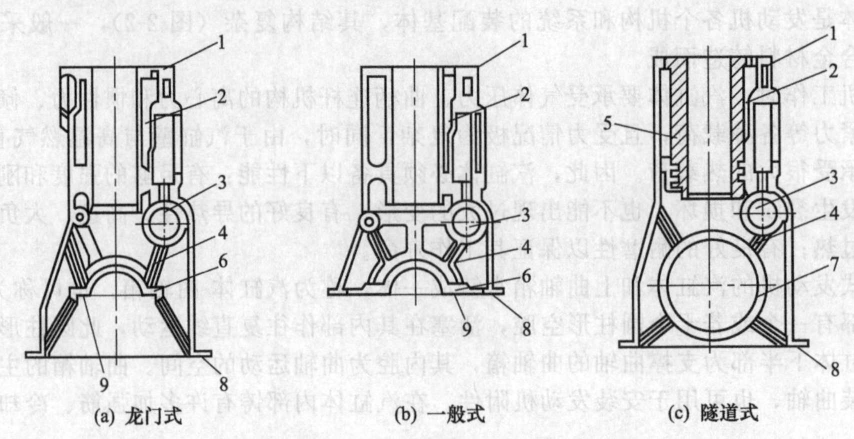

图 2-4 汽缸体（曲轴箱）的结构形式

1—汽缸体；2—水套；3—凸轮轴座孔；4—加强筋；5—湿缸套；6—主轴承座；7—主轴承座孔；8—油底壳安装平面；9—主轴承盖安装平面

① 龙门式 龙门式汽缸体的油底壳安装平面低于曲轴的旋转中心。这种形式的汽缸体强度和刚度都好，能承受较大的机械负荷，与油底壳间的密封简单；缺点是加工不便，工艺性较差。目前广泛应用于各种内燃机。

② 一般式 一般式汽缸体的油底壳安装平面和曲轴旋转中心在同一平面内。其优点是机体高度小，重量轻，结构紧凑，便于加工，曲轴拆装方便；缺点是刚度和强度较差。目前多用于刚度要求不高的车用汽油机上。

③ 隧道式 隧道式汽缸体的主轴承座孔为整体式，主轴承孔较大，曲轴从汽缸体后部装入。其优点是结构紧凑、刚度和强度更好，但其缺点是加工精度要求高，工艺性较差，曲轴拆装不方便。目前多用于主轴承为滚动轴承的柴油机上。

为了保证发动机的正常工作温度，在水冷式发动机的汽缸体和汽缸盖内设有水流通道，称之为水套，如图 2-5 所示，汽缸体与汽缸盖内的水套是连通的，冷却水在水套内不断循环，带走部分热量，对汽缸体和汽缸盖起冷却作用。风冷式发动机，在汽缸体和汽缸盖外面有散热片，以帮助散热，如图 2-6 所示。工程机械基本都采用水冷多缸发动机。

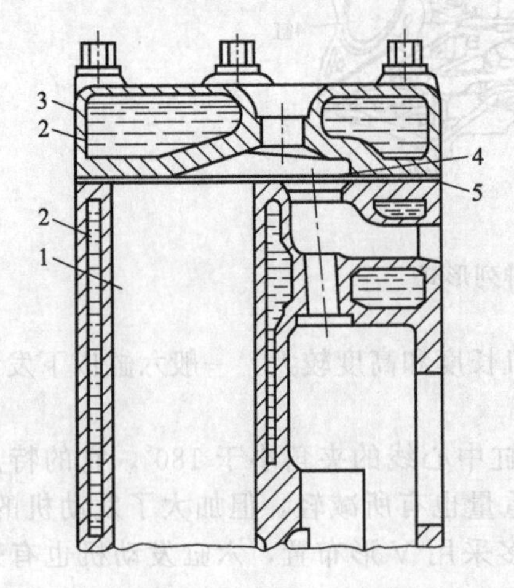

图 2-5 水冷发动机的汽缸体和汽缸盖

1—汽缸；2—水套；3—汽缸盖；4—燃烧室；5—汽缸垫

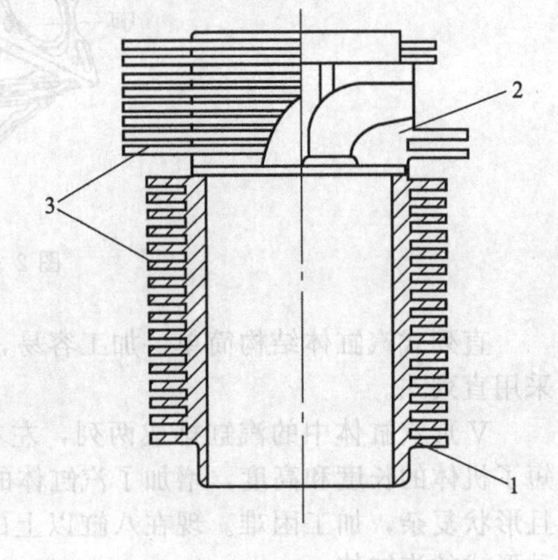

图 2-6 风冷发动机的汽缸体和汽缸盖

1—汽缸体；2—汽缸盖；3—散热片

2.2.2　汽缸套

活塞在汽缸内运动，缸壁工作表面要承受很大的侧压力，此外，汽缸工作表面直接与高温、高压的气体接触，因此，汽缸表面必须耐磨、耐高温。若汽缸体全部采用优质耐磨材料，则使成本增高。因为除了与活塞配合的汽缸壁要求较高外，其他部分的要求相对较低，所以，除一些小型发动机外，大、中型的发动机一般用价格较低的普通铸铁或铝合金等材料制造汽缸体，汽缸内镶嵌耐磨性好的汽缸套，形成汽缸的工作表面。采用铝合金缸体时，由于铝合金耐磨性不好，必须在汽缸体内镶入汽缸套。

汽缸套采用耐磨性好的合金铸铁或合金钢制造，以延长汽缸的使用寿命。同时，汽缸套可以从汽缸体中取出，便于修理和更换。

汽缸套有干式和湿式两种，如图 2-7 所示。

干式汽缸套的外壁不直接与冷却水接触，而是和汽缸体的壁面直接接触，壁厚较薄，一般为 1～3mm。它的散热性能较差，其内外壁均要加工，且拆装不便，故应用较少。

湿式汽缸套外壁直接与冷却水接触，壁厚一般为 5～9mm。汽缸套的上支撑定位带、下支撑密封带这两块圆环地带和汽缸体接触，汽缸套利用上端的凸缘 C 进行轴向定位。为了密封气体和冷却水，通常在缸套凸缘下面安装有紫铜垫片，在下密封带上安装橡胶密封圈。

缸套装入缸体后，其顶部应略高于汽缸体上平面 0.05～0.15mm，这样在拧紧汽缸盖螺栓后，汽缸衬垫会承受较大的压紧力，以保证汽缸的密封性，防止冷却水和汽缸内的高压气体窜漏。

湿式汽缸套散热良好，冷却均匀，加工容易，通常只需要精加工内表面，而与水接触的外表面不需要加工，拆装方便，但缺点是强度、刚度都不如干式汽缸套好，而且容易产生漏水现象。工程机械用的柴油发动机上多采用湿式缸套。

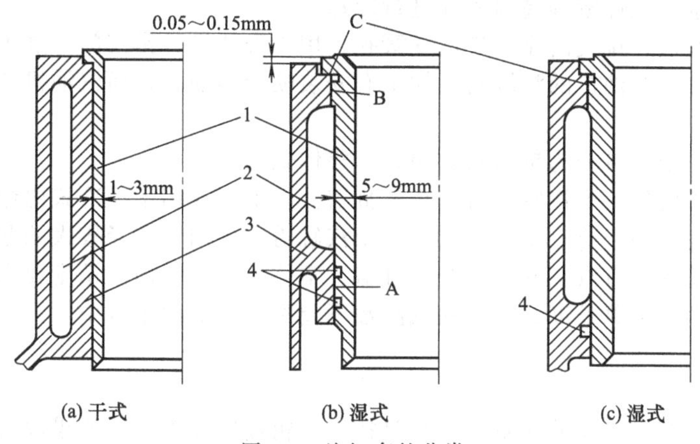

图 2-7　汽缸套的分类

1—汽缸套；2—水套；3—汽缸体；4—橡胶密封圈；
A—下支撑定位带；B—上支撑密封带；C—汽缸套凸缘

2.2.3　汽缸盖

汽缸盖的功用是封闭汽缸上部，并与活塞顶构成燃烧室。汽缸盖结构复杂，YC6108 系列柴油机汽缸盖总成如图 2-8 所示。

汽缸盖一般采用铸铁或合金铸铁铸成，铝合金的导热性好，有利于提高压缩比，所以近年来铝合金汽缸盖采用得越来越多。对具体发动机而言，汽缸盖的结构各异，但有许多共同点。

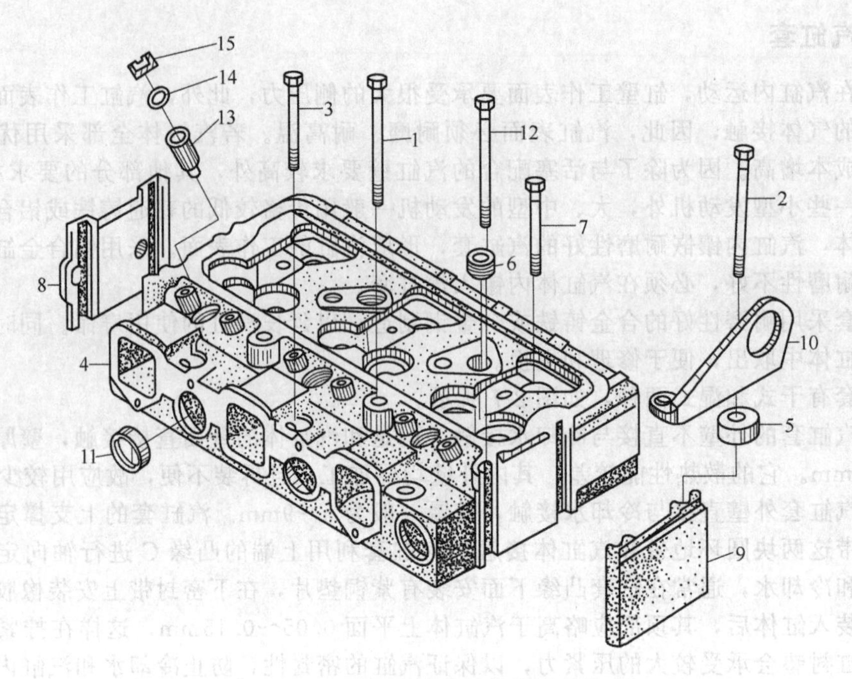

图 2-8 YC6108 系列柴油机汽缸盖总成

1,2,3,7,12—缸盖螺栓；4—汽缸盖；5—垫圈；6—方槽锥形螺塞；8—前支撑板；9—后支撑板；10—吊耳；11—水套堵塞；13—喷油器铜套；14—O 形密封圈；15—螺套

水冷发动机的汽缸盖内部有冷却水套，缸盖下端面的冷却水孔与缸体的冷却水孔相通，以便用循环冷却水对燃烧室等高温机件进行冷却。

缸盖上还装有进、排气门座，气门导管孔，用于安装进、排气门，缸盖内部还有进、排气道，润滑油道等。柴油机的汽缸盖上加工有安装喷油器的孔，而汽油机的汽缸盖上加工有安装火花塞的孔。

汽缸盖的整体结构可分为单体式、块式、整体式三种。

单体式汽缸盖的每一个汽缸均有一个汽缸盖。目前多应用于风冷式内燃机。

块式汽缸盖是每两个或三个汽缸共用一个汽缸盖。多用于缸径较大的柴油机中。

整体式汽缸盖是所有汽缸共用一个汽缸盖。整体式缸盖对加工精度要求较高，它可缩短汽缸中心距和发动机的总长度。多用在汽缸数不超过 6 个的内燃机中。

2.2.4 汽缸垫

汽缸盖与汽缸套和机体的接触面一般是按中等粗糙度加工的，如果没有特殊措施，不可避免地要出现漏水和漏气。另外在发动机工作时，还可能出现下列变形。

汽缸盖或其他零件的截面刚性不一致，在拧紧汽缸盖螺栓时出现静态不均匀变形。

燃烧室周围零部件受热时由于膨胀系数不同、几何形状不同、尺寸不同，其变形量不会一样。例如汽缸盖与汽缸盖螺栓在高温时有不同的伸长量，汽缸盖底板的弯曲会引起各部分密封间隙的变化。

发动机工况一定时，每循环中压缩和膨胀过程气体压力波动变化情况不同，也会引起有关零件的动态变形。

因此，在汽缸盖和汽缸套与机体之间，必须采取密封措施，否则即使少量的漏气也会引起汽缸盖螺栓过热而使预紧力下降，造成漏气和漏水。所以在汽缸盖下面一般都装有汽缸盖垫（见前汽缸体总成图），在螺栓预紧力的作用下，压紧而起密封作用。

汽缸垫片有时还有另外一个作用，即通过调整它的厚度来调整汽缸内的压缩间隙，使压缩比符合发动机设计的规定值。

汽缸垫的材料要有一定的弹性，能补偿结合面的不平度，以确保密封，同时要有好的耐热性和耐压性，在高温高压下不烧损、不变形。汽缸衬垫可分为金属—石棉衬垫、全金属衬垫、金属—复合材料衬垫等。

目前，中小型柴油机的汽缸垫多采用金属—石棉衬垫，衬垫用软金属薄片内包石棉制成，大型柴油机的汽缸垫片一般用软钢制成的全金属衬垫，近年来柴油机上开始广泛采用叠片钢制成的全金属衬垫。

2.2.5 油底壳

油底壳的主要作用是储存机油并封闭曲轴箱，同时也可起到机油散热的作用。油底壳受力很小，为了减轻重量，一般采用薄钢板冲压而成，见图 2-9，其形状大小取决于内燃机的机体和机油的容量。有些发动机上，为了加强油底壳内机油的散热，采用了铝合金铸造的油底壳，在壳的底部还铸有相应的散热肋片。

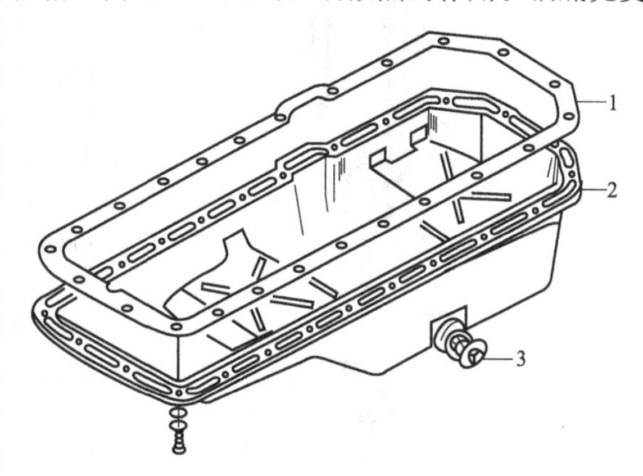

图 2-9 油底壳

1—密封衬垫；2—油底壳；3—放油螺塞

为保证发动机倾斜时机油泵能吸到机油，油底壳后部一般做得较深，并在最深处装有放油螺塞，通常放油螺塞上装有永久磁铁，以吸附润滑油中的金属屑，减少发动机运动零件的磨损。油底壳内装有稳油挡板，以防止车颠动时油面波动过大。油底壳与上曲轴箱接合面之间装有衬垫，防止润滑油泄漏。

2.3 活塞连杆组

活塞连杆组主要由活塞、活塞环、活塞销、连杆、连杆轴瓦等零件组成，如图 2-10 所示。它是活塞式内燃机中最重要的组件。

活塞连杆组的功用是与汽缸、汽缸盖构成工作容积和燃烧室，承受燃气压力并通过连杆传给曲轴；密封汽缸，以防止燃气漏入曲轴箱和机油进入汽缸。

由于活塞组在工作中要承受很大的燃气压力和惯性力，并受到高温燃气的加热作用，因此要求活塞组具有强度高、重量轻、导热性好和耐磨损等特性。

2.3.1 活塞

活塞的功用主要是承受汽缸中气体的压力，并将此压力传给连杆，以推动曲轴旋转，此外，活塞的顶部还与汽缸盖和汽缸体共同组成燃烧室。

(1) 活塞工作条件

① 高温 内燃机工作时，活塞顶部直接与高温气体接触，燃气的瞬时温度可达 2500K 以上，汽油机活塞顶部平均温度可达 470～530K，柴油机活塞可达 570～630K，且温度分布不均匀。高温一方面使活塞的强度下降，出现疲劳热裂现象，另一方面还会使活塞热膨胀量增大，从而破坏活塞与其相关零件的配合。因此，活塞应具有足够的耐热性、导热性，热膨胀系数要小。

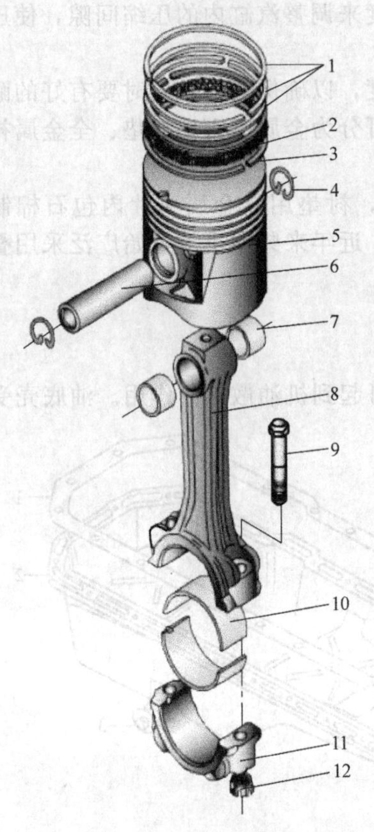

图 2-10 活塞连杆组

1—气环；2—油环衬簧；3—油环刮片；4—活塞销卡环；5—活塞；6—活塞销；7—连杆衬套；8—连杆；9—连杆螺栓；10—连杆轴瓦；11—连杆盖；12—连杆螺母

② 高压 活塞在做功过程中承受着高压燃气的冲击，汽油发动机燃气的最高爆发压力可达 3～5MPa，柴油发动机燃气的最高爆发压力可达 6～9MPa，增压柴油机则更高。高压气体使活塞侧压力加大，同时活塞又在汽缸内高速运动，从而加速了活塞外形的磨损，并引起活塞的变形。

③ 高速 一般柴油机的最高转速在 2500～3000r/min 左右，而汽油机则更高，可见活塞的运动速度极高，且运动方向不断发生变化，故会产生很大的惯性力，使曲柄连杆机构的各零件承受附加载荷。因此活塞的质量要轻，以减小惯性力。

④ 交变载荷的作用 活塞承受的气体压力和惯性力是呈周期性变化的，因此活塞的不同部位会受到交变的拉、压或弯曲载荷的作用。因此，要求活塞有足够的强度和刚度。

可见，活塞的工作条件恶劣，因此，对其材料的要求较高。

(2) 活塞材料

制造活塞的材料主要有三类：铝合金、铸铁和耐热钢。

铝合金的优点是导热性好，可使活塞顶部温度显著降低，减小热应力；密度小，可减小往复惯性力。它的缺点是线膨胀系数大，热变形大，容易在汽缸中卡死或拉伤汽缸。另外，铝合金在高温下的强度、刚度和耐磨性较低。为了克服这些缺点，一般用结构设计、热处理或调整材料配方等措施加以弥补。

铸铁也是制造活塞的材料。铸铁的优点是强度高、硬度大、耐磨、耐高温，可适应高速、高负荷柴油机的工作要求。它的主要缺点是密度大，使得活塞在高速运动时产生较大的惯性力，可以通过结构设计克服这一缺点。

耐热钢的最大优点是热强度高，能承受很高的热负荷，但是它的密度太大。通常采用耐热钢制造活塞顶部，承受高温、高压燃气的冲刷，而活塞的下部则采用铝合金以减轻重量，这种活塞称为钢顶铝裙组合式活塞。

当前工程机械用内燃机的活塞一般都用铝合金材料铸造或锻造而成。在个别的柴油机上也有采用优质灰铸铁或耐热钢制造的活塞。

(3) 活塞结构

活塞结构如图 2-11 所示，一般将活塞分为三部分：活塞顶部、活塞头部和活塞裙部。

① 活塞顶部 活塞顶部是燃烧室的组成部分，为适应发动机不同的要求，活塞顶部有各种不同的形状，其顶部形状可分为三大类：平顶活

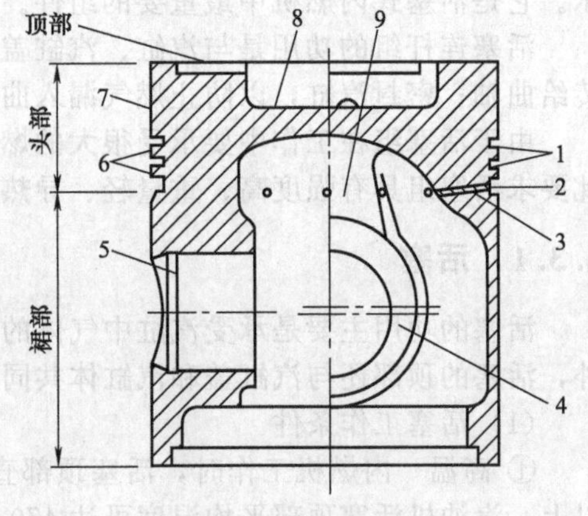

图 2-11 活塞结构

1—气环槽；2—油环槽；3—回油孔；4—活塞销座；5—挡圈槽；6—活塞环岸；7—活塞顶岸；8—燃烧室；9—加强筋

塞、凸顶活塞、凹顶活塞。如图 2-12 所示。

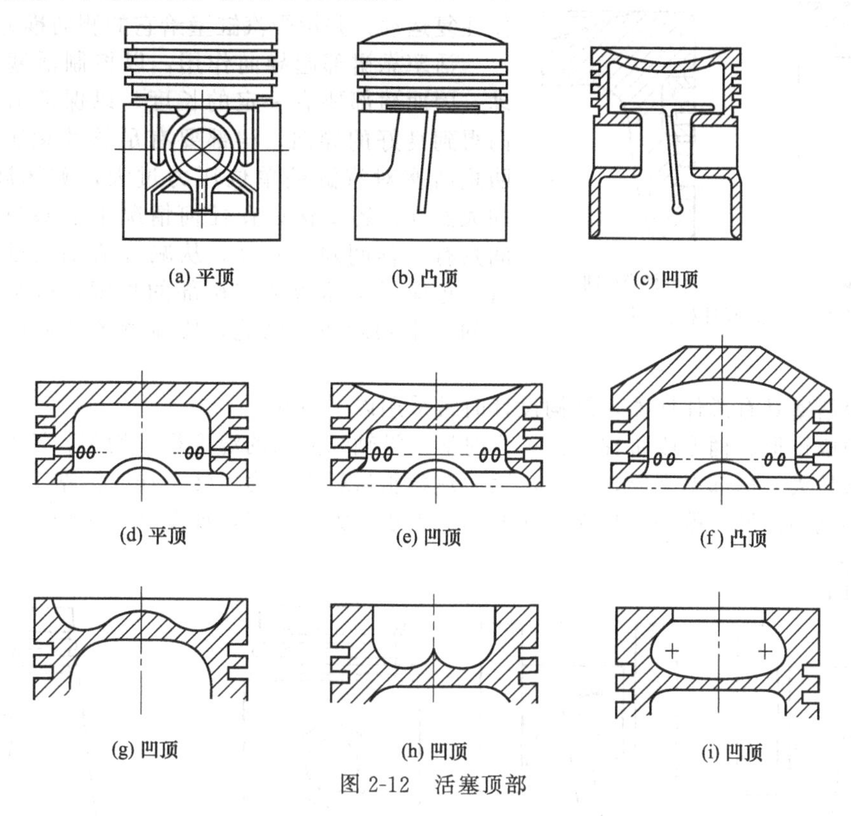

(a) 平顶　(b) 凸顶　(c) 凹顶

(d) 平顶　(e) 凹顶　(f) 凸顶

(g) 凹顶　(h) 凹顶　(i) 凹顶

图 2-12 活塞顶部

平顶活塞结构简单，受热面积小，制造容易，顶部应力分布较为均匀，一般用在汽油机上，柴油机很少采用。

凸顶活塞顶部强度高，起导向作用，有利于改善换气过程，二行程内燃机常采用凸顶活塞。

凹顶活塞常用于柴油机中，活塞的顶面一般有各种各样的凹坑，凹坑的形状是根据柴油机燃烧室的特点、混合气的形成方式、喷油器和气阀的位置等要求而设计的。常用的有 ω 形凹坑、深盆形凹坑、球形凹坑等。但少数汽油发动机上也采用凹顶活塞构成燃烧室。

活塞顶部加工应保证较高的精度，为减少活塞顶部的吸热，提高耐热性和耐腐蚀性，目前国外某些公司正致力于活塞顶部喷镀陶瓷的研究。

② 活塞头部　活塞头部是指活塞环槽以上的部分。活塞头部除了承受气体压力外，还有密封和传热的作用。

活塞头部上加工有数道环槽，用以安装气环和油环。活塞头部与活塞环一道构成汽缸的密封，防止可燃混合气漏到曲轴箱内，并通过活塞环，将活塞顶吸收的热量传给汽缸壁，再由冷却水传出去。

柴油机压缩比高，一般有四道环槽，上部三道安装气环，下部安装油环。汽油机一般有三道环槽，其中有两道气环槽和一道油环槽。在油环槽底面上钻有许多径向小孔，使被油环从汽缸壁上刮下的机油经过这些小孔流回油底壳。

由于活塞头部热负荷高，为了提高第一道活塞环工作的可靠性，即在运转过程中不致因温度过高出现早期磨损或造成活塞环卡死在环槽中，导致活塞环密封失效，从而引起燃气泄漏和润滑油上窜进入燃烧室造成燃烧过程恶化等不良现象，有时采用耐热性好、膨胀系数与铝合金接近的奥氏体钢镶铸在第一环槽部位，再加工出环槽，如图 2-13 所示。这样可提高第一环槽的耐磨性，延长活塞的使用寿命。

③ 活塞裙部　活塞裙部指从油环槽下端面起至活塞最下端的部分，它包括装活塞销的

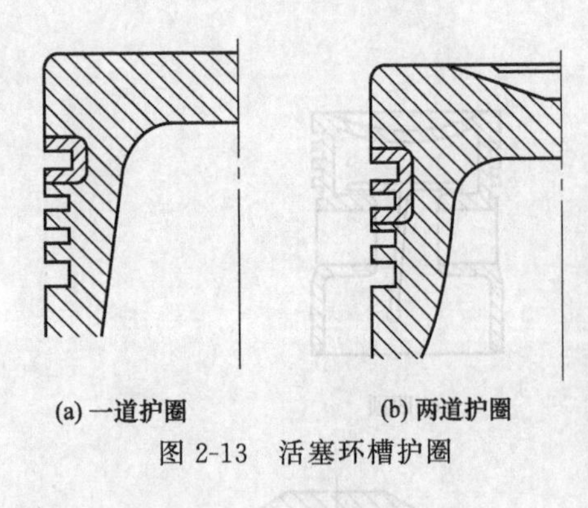

图 2-13 活塞环槽护圈

销座孔。活塞裙部与汽缸壁接触引导活塞在汽缸内作往复运动，并承受汽缸壁给它的侧向推力。

活塞靠裙部起导向作用，以控制活塞头部的摆动，因而裙部要有一定的长度，以保证活塞在汽缸内得到良好的导向；裙部要有足够的承压面积，以防止活塞对汽缸壁单位压力过大，破坏润滑油膜，加大磨损；还要保证在任何情况下活塞与汽缸壁之间具有最佳间隙。此外，从减轻活塞质量的要求来看，还应尽量缩短活塞裙部的长度，这又与保证导向的要求相矛盾，因此，要兼顾各方面的要求（见图 2-14）。

为了使活塞具有最佳性能，结构设计时常采用以下措施。

预先做成锥形、桶形或阶梯形：工作时活塞沿轴线方向的温度很不均匀，活塞的顶部温度高，膨胀量大，裙部温度低，壁薄，因而热膨胀量就小。为了使工作时活塞上下直径趋于相等，即接近圆柱形，就必须预先把活塞制成上小下大的形状，如图 2-15 所示。

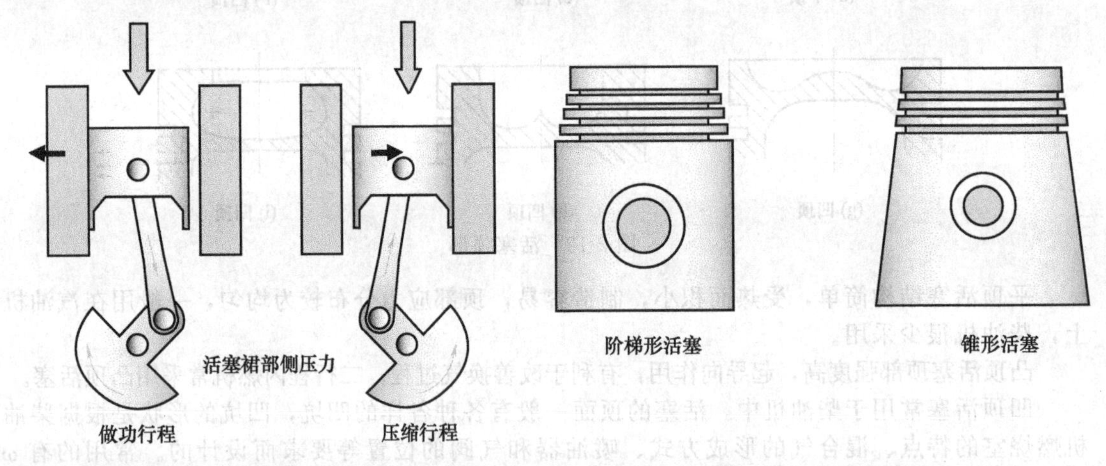

图 2-14 活塞裙部侧压力

图 2-15 活塞的外形

沿径向预先做成椭圆形：由于活塞裙部的厚度很不均匀，活塞销座孔部分的金属厚，受热膨胀量大，沿活塞销座轴线方向的变形量大于其他方向。另外，汽缸壁侧压力作用在垂直于销座中心线方向，也使活塞裙部在销座中心线方向凸出。如图 2-16 是活塞变形的几种情况。这样，如果活塞冷态时裙部为圆形，那么工作时活塞就会变成一个椭圆，使活塞与汽缸之间圆周间隙不相等，造成活塞在汽缸内卡住，发动机就无法正常工作。因此，在加工时预先把活塞裙部做成椭圆形状。椭圆的长轴方向与销座垂直，短轴方向沿销座方向。这样活塞工作时趋近正圆，如图 2-17 所示。

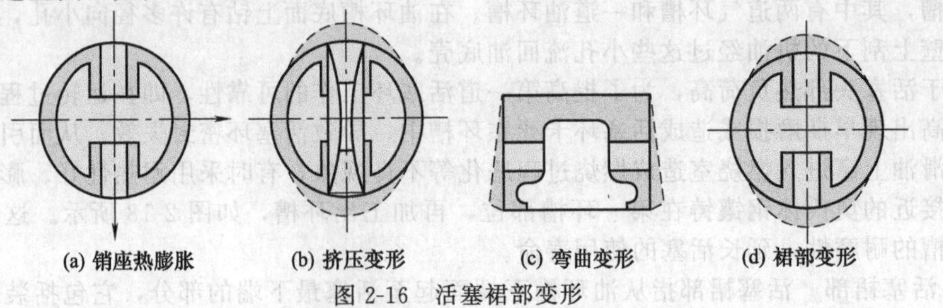

图 2-16 活塞裙部变形

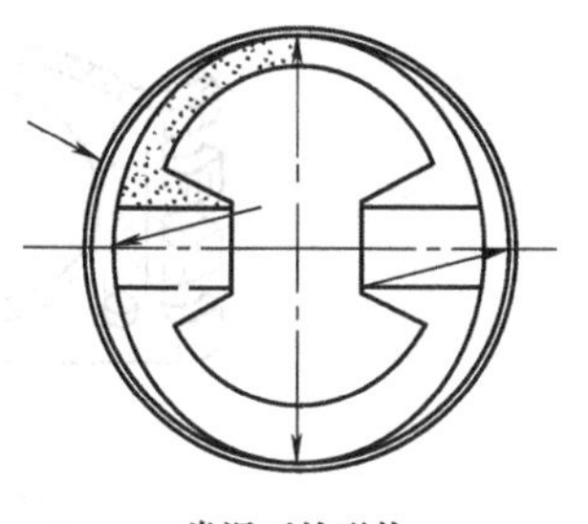

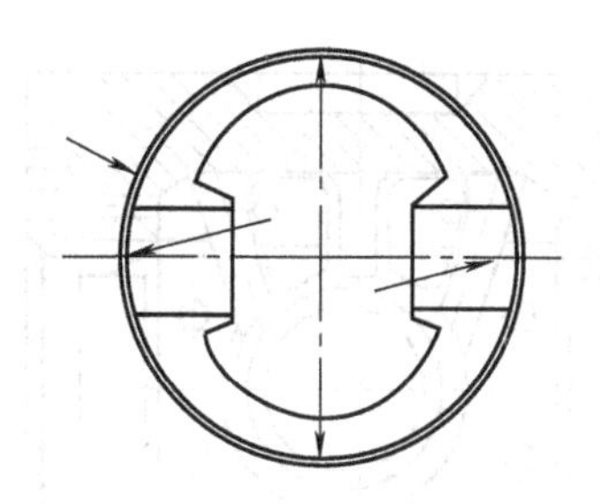

图 2-17　裙部做成椭圆形

活塞裙部开槽：为了减小活塞裙部的受热量，通常在裙部开横向的隔热槽，为了补偿裙部受热后的变形量，裙部开有纵向的膨胀槽。槽的形状有 T 形或 Π 形槽（见图 2-18）。竖槽会使裙部具有一定的弹性，从而使活塞装配时与汽缸间具有尽可能小的间隙，而在热态时又具有补偿作用，不致造成活塞在汽缸中卡死，故将竖槽称为膨胀槽。

为防止切槽处裂损，在隔热槽和膨胀槽的端部都必须加工止裂孔。竖槽与活塞底面不垂直，以防导致汽缸磨损不均匀。竖槽一般不开到裙底，以免过分削弱裙部刚度。

因裙部开竖槽的一侧刚度会变小，在装配时应使其位于做功行程中承受侧压力较小的一侧。活塞裙部开槽会降低其强度和刚度，一般只适用于负荷较小的发动机，柴油机活塞受力大，裙部一般不开槽。

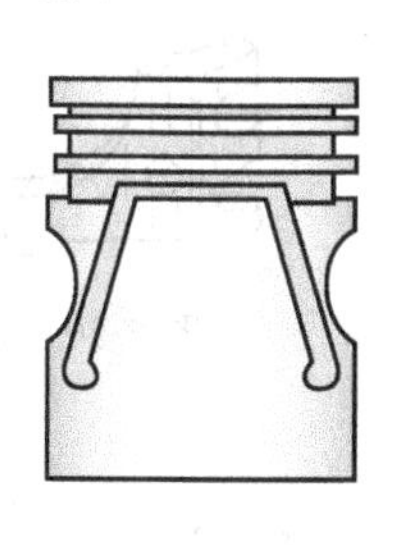

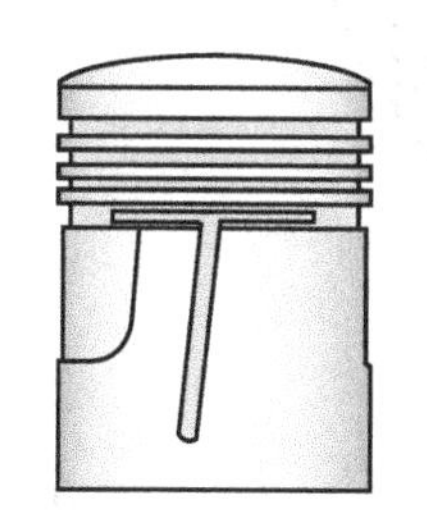

图 2-18　裙部开槽

为了减小铝合金活塞裙部的热膨胀量，有些发动机上采用双金属活塞。双金属活塞主要分为恒范钢片式、桶形钢片式。活塞在活塞裙部或销座内嵌入恒范钢片（图 2-19），由于恒范钢为含镍 33%～36%的低碳铁镍合金，其线膨胀系数仅为铝合金的 1/10，而销座通过恒范钢片与裙部相连，牵制了裙部的热膨胀变形量，图 2-20 为钢片的结构。柴油机铸铝活塞的裙部有的镶铸圆筒形钢片，如图 2-21 所示。浇铸时，将钢筒夹在铝合金中，由于铝合金的线膨胀系数大于钢，冷却后位于钢筒外的铝合金就紧压在钢筒上，同时产生预应力。钢筒内侧铝合金则可以无阻碍地向里收缩。当温度升高时，内层合金的膨胀先消除与钢筒间的缝隙，然后推动钢筒外胀，外层合金与钢筒的膨胀则要首先消除预应力，从而减小了活塞的膨胀量。

除了上述措施，为了改善磨合性，通常还对活塞裙部进行表面处理。汽油机铸铝活塞的裙部外表面镀锡，柴油机铸铝活塞的裙部外表面磷化等。

活塞销座是活塞上安装活塞销的座孔。它可以将作用于活塞顶部的气体压力经过活塞销传递给连杆。销座孔内接近外端面处车有安放弹性锁环的锁环槽，锁环用来防止活塞销在工作中发生轴向窜动。有些活塞销座上加工有油孔，以便飞溅的润滑油对活塞销与座孔进行润滑。在活塞内腔的活塞销座与活塞顶部之间一般铸有加强筋，以提高活塞的刚度。一些强化

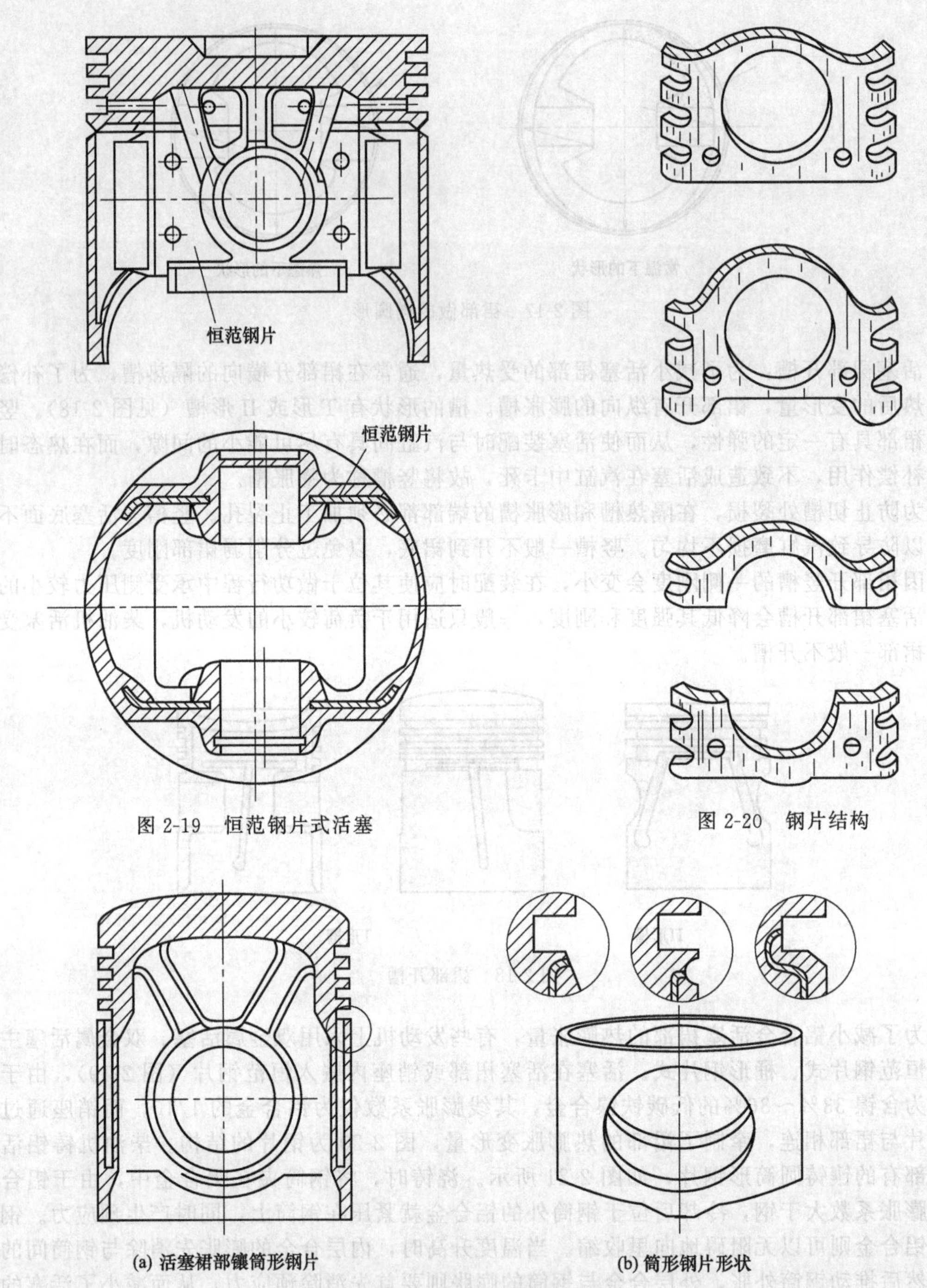

图 2-19 恒范钢片式活塞

图 2-20 钢片结构

图 2-21 镶筒形钢片的活塞

程度比较高的柴油机，由于作用于活塞顶部的燃气压力较大，销座孔上侧承受的压力比下侧的大，为减小销座孔上侧的比压，常把活塞销座做成一些特殊形状。如图 2-22 所示。

销座孔要求有很高的精度，以达到与活塞销高精度的配合。

2.3.2 活塞环

活塞环是具有一定弹性的开口环，自由状态下它的外径大于汽缸直径，装入汽缸后与汽

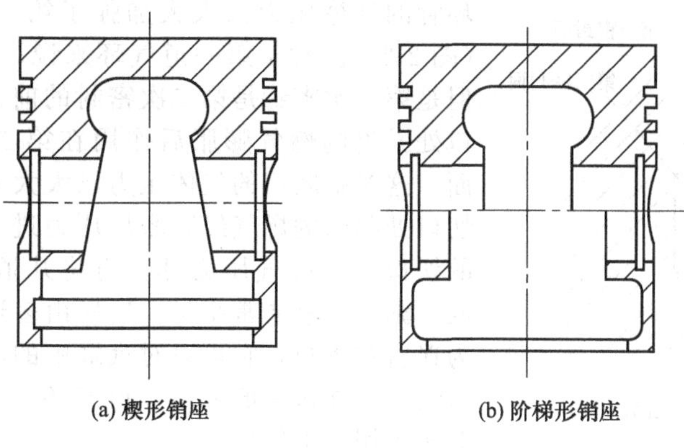

图 2-22 特殊形状销座

缸壁紧贴。按功用不同有气环和油环之分，如图 2-23 所示。

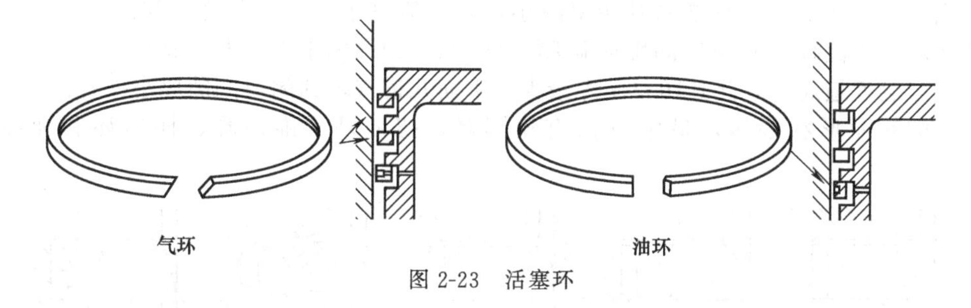

图 2-23 活塞环

(1) 活塞环的作用

气环的作用是保证活塞与汽缸壁间的密封，防止汽缸中的高温、高压燃气漏入曲轴箱，同时还将活塞顶部的大部分热量传导到汽缸壁，由冷却水带走，防止活塞过热。

油环的主要作用是布油和刮油，下行时刮除汽缸壁上多余的机油，上行时在汽缸壁上铺涂一层均匀的油膜。这样既可以防止机油窜入汽缸燃烧室而引起燃烧室积炭，又可以减少活塞、活塞环与汽缸壁的摩擦阻力，此外，油环还能起到封气的辅助作用。

(2) 活塞环的工作条件及材料

活塞环的工作条件十分恶劣，寿命往往是内燃机零件中最短的。气环直接受到高温燃气和高温活塞的加热，其温度较高，特别是第一道气环，高温下活塞环的弹力和耐磨性均降低，磨损加剧。磨损到一定程度会使燃气大量泄漏或润滑油窜入燃烧室。另外，气环在环槽中的运动十分复杂，除了随活塞上下轴向运动而使环在环槽内有轴向跳动外，环还有相对于环槽的径向运动和周向运动。剧烈的运动使气环受到交变的弯曲甚至扭转应力，严重时会使环折断。高压燃气对第一道气环的冲击也相当大，严重时也可能将气环折断。

与气环相比，油环的工作温度较低，润滑充分，因此工作条件较好。但若径向弹力过大，高速运动时会造成较快的磨损。

因此，要求活塞环弹性好、强度高、耐磨损。目前广泛采用的活塞环材料是合金铸铁(在优质灰铸铁中加入少量铜、铬、钼等合金元素)，第一道环镀铬，其余环一般镀锡或磷化。对于强化程度较高的柴油机，多采用冲击韧性更好一些的球墨铸铁或可锻铸铁制造第一道气环。油环也有采用钢片制造的，它能有效地提高刮油能力。

(3) 活塞环的构造

① 气环 气环开有切口，具有弹性，在自由状态下外径大于汽缸直径，它与活塞一起装入汽缸后，外表面紧贴在汽缸壁上，形成第一密封面，被封闭的气体不能通过环周与汽缸之间，便进入了环与环槽的空隙，一方面把环压到环槽端面形成第二密封面，同时，作用在

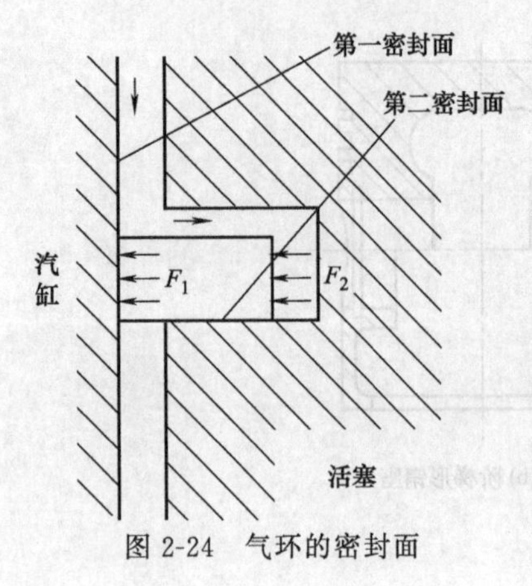

图 2-24 气环的密封面

环背的气体压力又大大加强了第一密封面的密封作用(图 2-24)。对于第一道气环来说，主要靠第二次密封，但是第一次密封是第二次密封的前提。从第一道气环切口处漏出的燃气膨胀后作用在第二道气环的上面和背面，这时膨胀后的气体压力已大大下降，从第二道气环切口处漏出的燃气经膨胀后压力进一步减小。由于气环的切口小，燃气压力低，再将几道气环的切口交错安放，漏气量就非常小了。这样由多道气环形成的密封称为迷宫式密封，它可以对汽缸中的高压燃气构成有效的密封。汽油机一般采用 2 道气环，柴油机压缩比高，一般多采用 3 道气环。

汽缸中燃气漏入曲轴箱的唯一通道是活塞环的切口，因此，切口的大小对漏气量有一定程度的影响。间隙值过大，漏气严重，导致柴油机功率减小，间隙值过小，活塞环受热膨胀后会卡死或折断。活塞环装入汽缸后的切口间隙叫做闭口间隙，气环的闭口间隙一般为 0.25～0.8mm。第一道气环温度最高，因此其闭口间隙最大，下面几道气环的闭口间隙要小一些。

气环的断面形状很多，最常见的有矩形环、扭曲环、锥面环、梯形环和桶面环见图2-25。

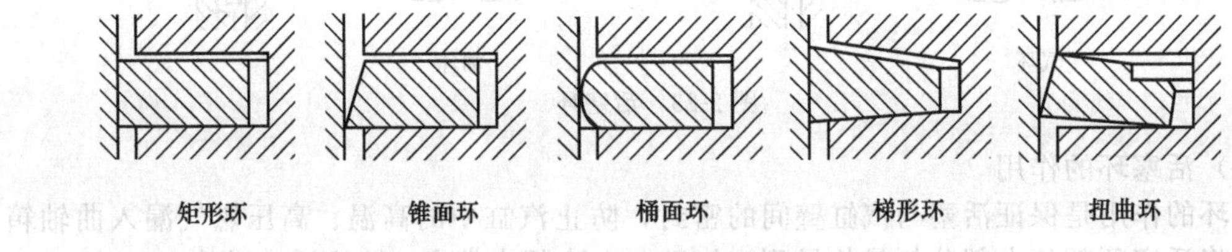

图 2-25 气环的断面形状

矩形环：矩形环的形状简单，加工方便，与汽缸壁接触面积大，有利于活塞头部的散热，但缺点是会产生“泵油作用”。泵油原理见图 2-26。

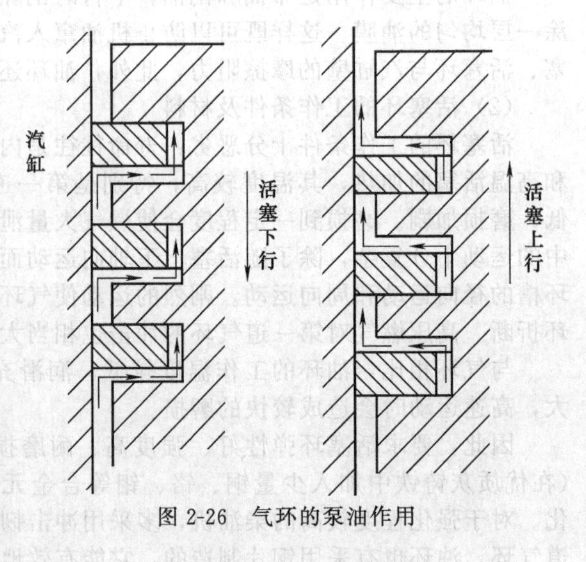

图 2-26 气环的泵油作用

活塞下行时，由于环与汽缸壁的摩擦阻力及环的惯性，环被压靠在环槽的上端面上，汽缸壁面上的油被刮入下边隙和内边隙；活塞上行时，环又被压靠在环槽的下端面。结果第一道环背隙里的机油就进入燃烧室，窜入燃烧室的机油，会在燃烧室内形成积炭，造成机油的消耗量增加，另外上窜的机油也可能在环槽内形成积炭，使环在环槽内卡死而失去密封作用，划伤汽缸壁，甚至使环折断，可见泵油作用是很有害的，必须设法消除。为了消除或减少有害的泵油作用，除了在气环的下面装有油环外，广泛采用了非矩形断面的环。

锥形环：锥形环外圆工作面上加工一个很小的锥面（0.5°～1.5°)，锥形环与缸壁间形成线接触，减小了环与汽缸壁的接触面，提高了表面接触压力，有利于磨合和密封。活塞下行时，便于刮油；活塞上行时，由于锥面的油楔作用，锥面环被浮起，减小磨损。锥形环传热性较差，故多用于二道、三道气环。安装时，不能装反，否则会引起机油上窜。

扭曲环：在矩形环的内圆上边缘或外圆下边缘切去一部分，在环的内圆部分切槽或倒角的称内切环，在环的外圆部分切槽或倒角的称外切环。扭曲环的特点是截面不对称，当它随活塞装入汽缸时，其在不均匀弹力的作用下产生扭曲变形。从而使环的边缘与环槽的上下端面接触，提高了表面接触压力，防止了活塞环在环槽中上下窜动而造成的泵油作用，同时增加了密封性。此外，扭曲环易于磨合，向下刮油性能好。目前被广泛地应用于第二道活塞环槽上，安装时必须注意断面形状和方向，内切口朝上，外切口朝下，不能装反。

梯形环：它的优点，一是工作时，梯形环在压缩行程和做功行程随着活塞受侧压力的方向不同而不断地改变位置，这样会把沉积在环槽中的积炭和胶状物挤出，更新侧隙中的润滑油，从而防止了环在环槽中结胶而卡死、折断。二是在做功行程中，作用在梯形环上端面上的燃气压力所产生的径向分力能够增强环的密封作用。因此，梯形环在自身弹力减弱的情况下，仍能与缸壁紧密贴合，故多用于柴油机第一道环。主要缺点是上、下端面的精磨工艺比较复杂。

桶面环：桶面环的外圆为凸圆弧形，当桶面环上下运动时，均能与汽缸壁形成楔形空间，有利于润滑油膜的形成；环面与缸壁呈弧面接触，能很好地适应活塞的摆动；且接触面较小，密封性能好。桶面形环用在强化柴油机上作为第一道环，但凸圆弧表面加工较困难。

② 油环　油环按结构形式又分为普通油环和组合油环两种，如图 2-27 所示。

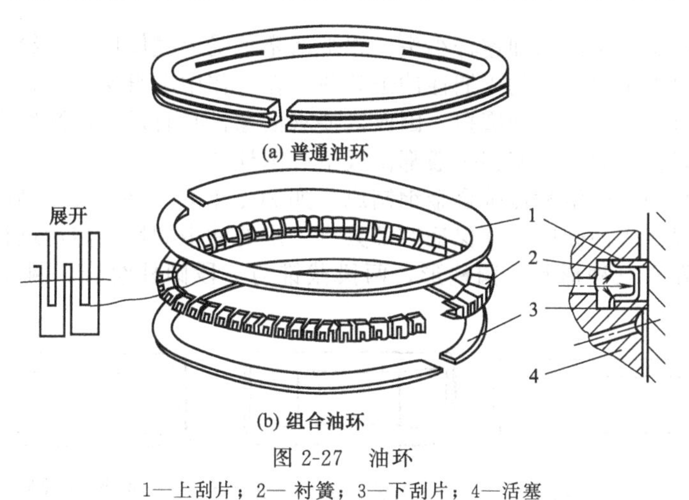

(a) 普通油环

(b) 组合油环

图 2-27　油环

1—上刮片；2— 衬簧；3—下刮片；4—活塞

普通油环又叫整体式油环。它的刮油能力主要依靠自身弹力，油环的外圆面中间加工有凹槽，槽中钻有小孔或开切槽。普通油环结构简单，加工容易，制造成本低。

组合式油环由上、下钢制刮片和中间的衬簧组成，衬簧主要有板形撑簧和螺旋撑簧两种。衬簧使刮片与汽缸壁及环槽侧面紧密接触，刮下来的润滑油经衬簧的小孔流回油底壳。这种油环与缸壁的接触压力高，对汽缸壁面适应性好，并能补偿环磨损后的弹性降低，而且回油通路大，不易积炭，刮油效果明显。缺点主要是制造成本高。

为了更好地实现布油和刮油作用，要对油环外圆面的上下唇进行倒角，常见截面形状见图 2-28。

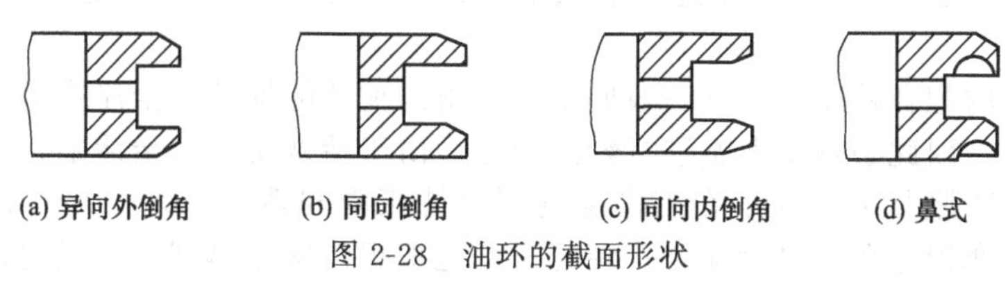

(a) 异向外倒角　(b) 同向倒角　(c) 同向内倒角　(d) 鼻式

图 2-28　油环的截面形状

油环的刮油作用如图 2-29 所示，无论活塞上行或下行，油环都能将汽缸壁上多余的机油刮下来经活塞上的回油孔流回油底壳。有些普通环还在其外侧上边制有倒角，使环在随活塞上行时形成油楔，可起均布润滑油的作用，下行刮油能力强，减少了润滑油的上窜。

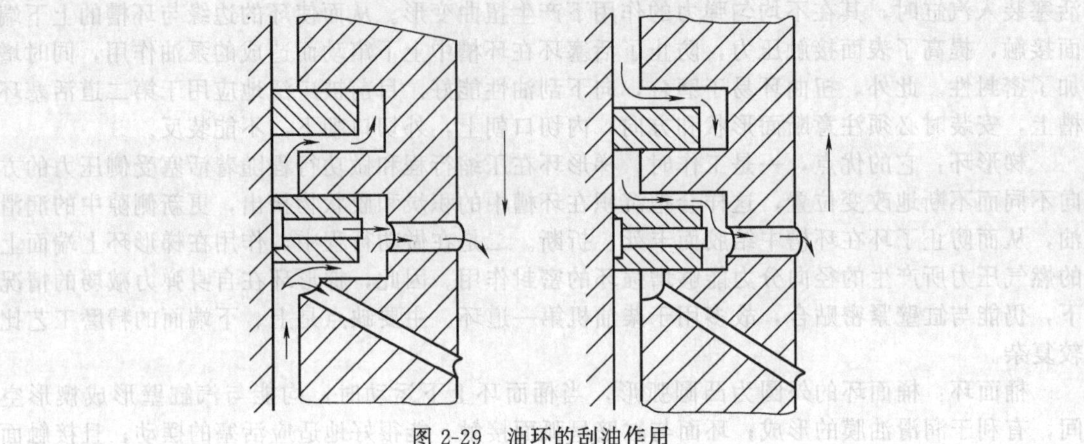

图 2-29 油环的刮油作用

2.3.3 活塞销

活塞销的功用是连接活塞和连杆小头，并把活塞承受的气体压力传给连杆。

活塞销在高温下承受很大的周期性冲击载荷，在工作中本身又作摆转运动，油膜不易建立，润滑条件较差，容易疲劳和磨损。因此，要求活塞销具有足够的强度和刚度，表面韧性好，耐磨，重量轻。为此，活塞销一般都做成空心圆柱体。

活塞销一般采用低碳钢和低碳合金钢制成，如 20、15Cr、20Cr、20MnV 等，表面经渗碳或渗氮处理以提高表面硬度，并保证芯部具有一定的冲击韧性，然后进行精磨和抛光。

活塞销的内孔有三种形状：圆柱形、两段截锥与一段圆柱组合、两段截锥形，如图 2-30 所示。

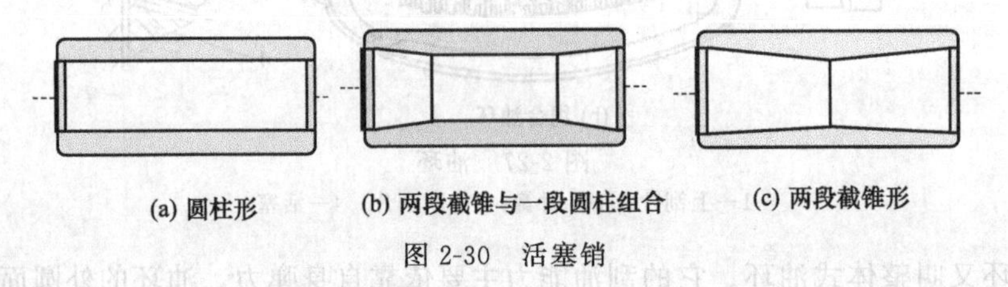

(a) 圆柱形　(b) 两段截锥与一段圆柱组合　(c) 两段截锥形

图 2-30 活塞销

圆柱形孔结构简单，加工容易，但结构质量较大，往复惯性力大；为了减小质量，减小往复惯性力，活塞销做成两段截锥形孔，接近等强度梁，但孔的加工较复杂；组合形孔的结构介于二者之间。

活塞销与活塞销座孔及连杆小头衬套孔的连接方式有两种：全浮式和半浮式，见图 2-31。

全浮式连接是指在发动机正常工作过程中，活塞销与连杆小头和活塞销座都有适量的配合间隙而能自转，这样，活塞销在连杆衬套和活塞销座中可以自身缓慢转动，使磨损均匀，使用寿命较长。

销与销座孔的配合精度很高，一般要采用分组选配才能保证。全浮式活塞销工作时可能会发生轴向移动，因此必须用卡簧进行轴向定位。由于活塞是铝合金活塞，而活塞销采用钢材料，铝比钢热膨胀量大。为了在工作温度下保持正常间隙（0.01～0.02mm），在冷态装配时活塞销与活塞销座孔为过渡配合。装配时，先把铝活塞加热到一定程度，然后再把活塞

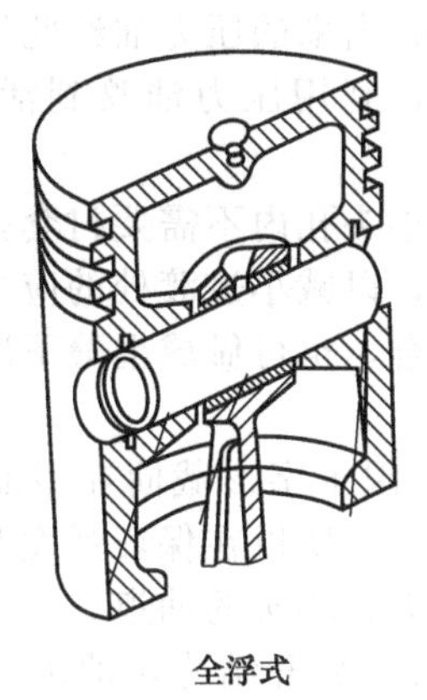

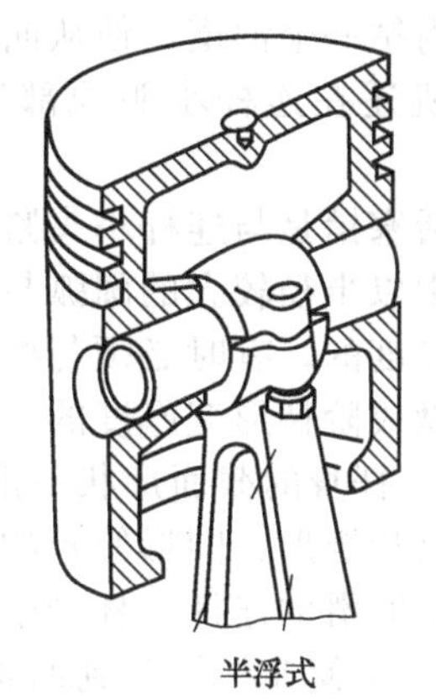

图 2-31 活塞销的连接

销装入，目前绝大多数发动机上都采用这种连接方式。

半浮式连接是销与销座孔和连杆小头两处，一处固定、一处浮动。其中大多数采用活塞销与连杆小头固定的方式。一般采用销与连杆小头紧固螺栓连接，这种连接方式连杆小头孔内无衬套，也无需轴向卡簧，连接方式简单，维修方便。适用于轻型高速发动机。

2.3.4 连杆

(1) 连杆的功用

连杆的功用是将活塞承受的力传给曲轴，推动曲轴转动，从而把活塞的往复运动转变成曲轴的旋转运动。

(2) 连杆的工作条件及材料

连杆在工作时承受活塞销传来的气体作用力、活塞连杆组往复运动以及连杆本身摆动所产生的复杂的惯性力，这些力的大小和方向都是周期性变化的。因此，连杆受到的是压缩、拉伸和弯曲等交变载荷。这就要求连杆强度高、刚度大、重量轻。若强度不足，会导致连杆断裂，打坏机体或其他零部件，造成严重事故。若刚度不足，会使连杆大头孔失圆；轴瓦的润滑油膜被破坏而使轴颈或轴瓦烧损；连杆弯曲，造成活塞与汽缸套偏磨、活塞环漏气窜油等。

连杆一般都采用优质中碳钢或合金钢（如 45、40Cr、42CrMn 等），经模锻或辊锻而成，并需要进行调质和喷丸处理。近年来，纤维增强铝合金以其质量轻、综合性能好等优点，成为一种优质的新型连杆材料。

(3) 连杆的构造

连杆分为三个部分：即连杆小头 1、连杆杆身 2 和连杆大头 3（包括连杆盖），见图 2-32。

① 连杆小头 连杆小头用以安装活塞销，以连接活塞。采用全浮式连接时，连杆小头孔内通常有一个压配的青铜衬套或铁基粉末冶金衬套，与活塞销构成一对摩擦副。其润滑方式有两种，一是飞溅润滑，即在衬套和连杆小头上钻孔或铣槽，来收集曲轴旋转时飞溅起的润滑油来润滑。二是强制润

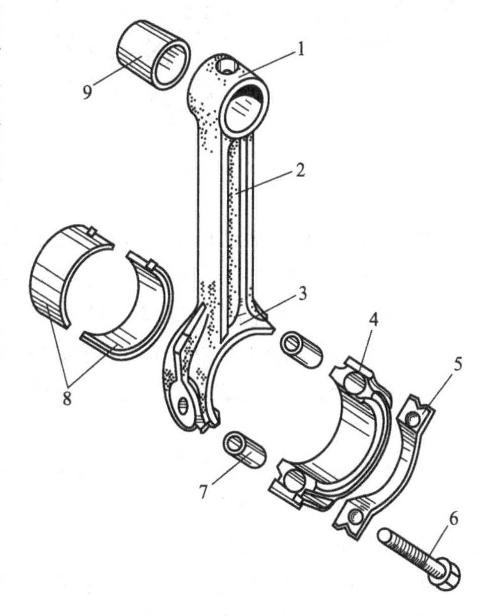

图 2-32 连杆结构

1—连杆小头；2—杆身；3—连杆大头；4—连杆盖；5—垫片；6—连杆螺栓；7—定位套筒；8—轴瓦；9—小头衬套

滑，在连杆杆身内钻一个油道，使从曲轴的曲柄销油孔内来的压力油经此油道进入连杆小头衬套。有的发动机还在连杆小头顶部装一个小喷嘴，利用压力油喷到活塞顶底面来冷却活塞。

采用半浮式活塞销是与连杆小头紧配合的，所以小头孔内不需要衬套，也不需要润滑。

连杆小头通常以半径较大的圆弧与杆身圆滑相接，以减小过渡处的应力。连杆小头在厚度方向可以是等厚度的，有时必须与楔形销座形状配合，也可做成上薄下厚的楔形，或与阶梯形销座配合，做成阶梯形变厚度的。

② 连杆杆身　杆身的截面形状一般采用工字形，因工字形截面在截面积相等的条件下比其他截面形状（如矩形、圆形等）的抗弯截面模量大，所以在保证强度和刚度的前提下重量最轻。采用强制润滑的连杆，杆身中部都制有连通大、小头的油道。

③ 连杆大头　为使连杆能装到曲轴上，连杆大头是分开结构，即由杆身大头部分（或称大头体）和连杆盖（或称大头盖）合成为一个圆，由螺栓或螺钉装配在一起。连杆大头要求有足够的刚度，否则，在交变载荷的作用下大头孔会失圆，大头体与大头盖不能很好贴合，造成轴颈或轴承磨损，甚至造成事故。所以连杆大头一般用大圆弧与杆身过渡，并用加强筋来增强大头部分的刚度。

连杆大头体与大头盖是组合在一起镗孔的，没有互换性。为了防止装配时弄错，在大头体与盖的同一侧刻有配对记号。连杆大头孔有很高的表面粗糙度要求和位置精度要求，目的是使大头孔内的轴瓦能良好地贴合与定位。

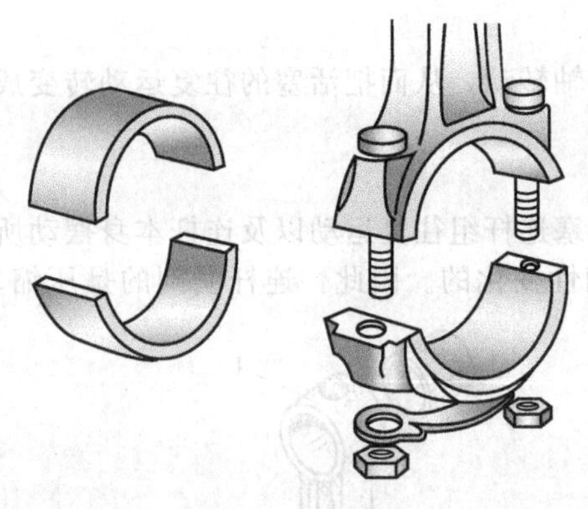

图 2-33　平切口

连杆大头按剖分面的方向可分为平切口和斜切口两种。

a. 平切口　剖切面与连杆杆身轴线垂直，见图 2-33。平切口连杆的受力条件好，变形小，从设计角度看，能采用平切口尽量用平切口。汽油机多采用这种连杆。

b. 斜切口　剖切面与连杆杆身轴线成 30°～60° 夹角，见图 2-32。柴油机多采用这种连杆，因为柴油机压缩比大，受力较大，曲轴的连杆轴颈较粗，相应的连杆大头尺寸往往超过了汽缸直径，为了使连杆大头能通过汽缸，便于拆装，一般都采用斜切口。

连杆与连杆盖配对加工，安装时不得互相调换或变更方向。为此，在结构上采取严格有效的定位措施。平切口连杆盖与连杆的定位多采用连杆螺栓定位，利用连杆螺栓中部精加工的圆柱凸台或光圆柱部分与经过精加工的螺栓孔来保证的。而斜切口连杆沿切口方向有比较大的切向分力，切向力使连杆大头体与盖有错开的趋势。因此斜切口连杆的剖分面处必须有能承受切向力的定位装置。常用的定位方法有锯齿定位、圆销定位、套筒定位和止口定位，见图 2-34。

c. 止口定位　这种定位方式的主要优点是工艺简单，缺点是连杆盖止口因受力而向外变形，或大头体止口因受力而向内变形时无法约束，从而可能引起大头孔失圆，所以止口定位只能起单向定位作用。

d. 套筒或定位销定位　依靠套筒或定位销与连杆体（或连杆盖）的孔紧配合定位。这种形式能多向定位，定位可靠。

e. 锯齿形定位　依靠结合面处的锯齿形状定位。定位可靠，结构紧凑，应用较多。

④ V形内燃机连杆　目前，V形内燃机在工程机械中广泛应用，特别是8缸以上的内燃机几乎都是V形排列。V形内燃机左右两列汽缸的连杆是安装在同一连杆轴颈上的，按

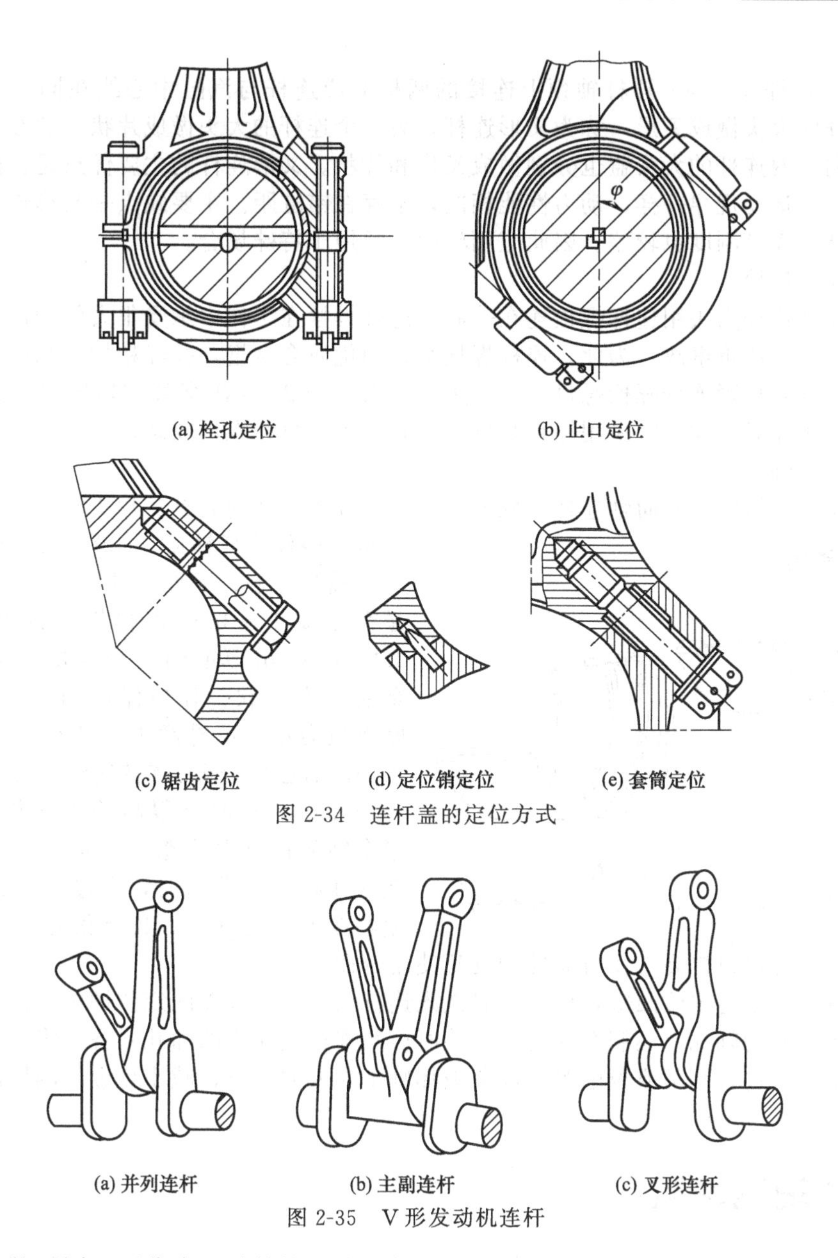

(a) 栓孔定位　(b) 止口定位

(c) 锯齿定位　(d) 定位销定位　(e) 套筒定位

图 2-34 连杆盖的定位方式

(a) 并列连杆　(b) 主副连杆　(c) 叉形连杆

图 2-35 V 形发动机连杆

照连接方式的不同，可分为三种结构形式，如图 2-35 所示。

a. 并列连杆式　并列连杆式是指左右两缸的连杆一前一后装在同一个连杆轴颈上。它的主要优点是两列汽缸的活塞连杆组运动规律相同，动力性能一样，连杆可以互换，因而便于生产和维修。并列连杆在 V 形柴油机中采用最为广泛。它的主要缺点是：两列汽缸的中心线沿曲轴轴向要错开一段距离，所以曲轴长度，机体长度要增加，刚度下降，机体的结构和受力不对称。

b. 主副连杆式　一列汽缸的每个连杆大头直接装在连杆轴颈上，称为主连杆，另一列汽缸的连杆装在对应的主连杆大头（或连杆盖）的凸耳上，通过圆柱形粗销（称为副连杆销或关节销）压入凸耳中连接起来，这种连杆称为副连杆。左右两列汽缸对应的主、副连杆与汽缸中心线在同一平面内，不存在错缸距。主副连杆的主要优点是：内燃机整体长度短，主连杆大头刚度大，轴承承压状况好。其缺点是：主副连杆不能互换，副连杆对主连杆要产生附加作用力，左、右两列汽缸的活塞连杆组运动规律不相同，故压缩比和燃烧过程也会有差异。

c. 叉形连杆式 同一连杆轴颈上连接的两根对应连杆与汽缸中心线在同一平面内。其中一个连杆的大头做成叉形，称为叉形连杆，另一个连杆的大头做成片状，插在叉形连杆的大头叉形内。两连杆的大头盖也分别做成叉形和片状。叉形连杆的主要优点是：两列汽缸中活塞连杆组的运动规律一样，动力性能相同，不存在错缸距。主要缺点是叉形连杆大头结构和工艺复杂，而且刚度也较差。因此应用较少，只用于特殊场合。

(4) 连杆螺栓

连杆盖和连杆大头用连杆螺栓连在一起，连杆螺栓在工作中承受很大的冲击力，若折断或松脱，将造成严重事故。为此，连杆螺栓都采用优质合金钢，并经精加工和热处理特制而成。安装连杆盖拧紧连杆螺栓螺母时，要用扭力扳手分 2～3 次交替均匀地拧紧到规定的扭矩。为防止工作时松动，常采用锁止装置，如开口销、自锁螺母或防松胶等。

(5) 连杆轴承

为了减小摩擦阻力和曲轴连杆轴颈的磨损，连杆大头孔内装有瓦片式滑动轴承，即连杆轴承，俗称连杆轴瓦，如图 2-36 所示。

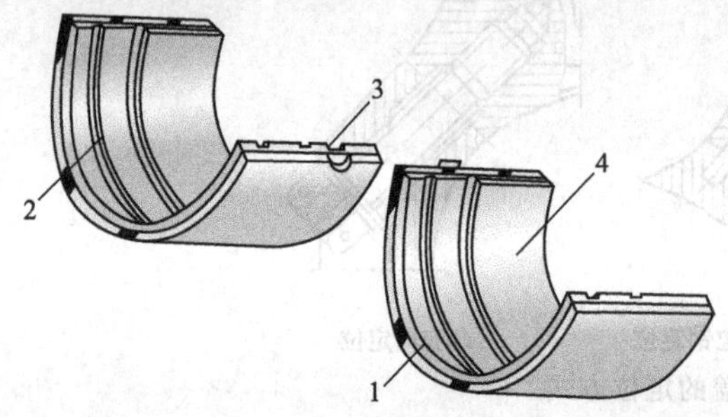

图 2-36 连杆轴承

1—钢背；2—油槽；3—定位凸键；4—耐磨合金

轴瓦分上、下两个半片，连杆轴瓦一般是在厚度 1～3mm 的薄钢背内圆面上浇铸 0.3～0.7mm 厚的耐磨合金层制成。耐磨合金层具有质软、容易保持油膜、磨合性好、摩擦阻力小、不易磨损等特点。耐磨合金常采用的有巴氏合金、铜铝合金、高锡铝合金。连杆轴瓦的背面有很高的表面粗糙度要求。半个轴瓦在自由状态下不是半圆形，当它们装入连杆大头孔内时，有过盈，故能均匀地紧贴在大头孔壁上，具有很好的承受载荷和导热的能力，并可以提高工作可靠性和延长使用寿命。

连杆轴瓦上制有定位凸键，供安装时嵌入连杆大头和连杆盖的定位槽中，以防轴瓦前后移动或转动，有的轴瓦上还制有油孔，安装时应与连杆上相应的油孔对齐。使用中不允许对轴承的合金表层进行刮削或镗削等，以免破坏轴承的表面质量，减小合金层的厚度，缩短其使用寿命。

2.4 曲轴飞轮组

曲轴飞轮组的主要组成部件是曲轴和飞轮，有些内燃机上还装有扭转减振器。此外，曲轴上还安装有驱动配气机构和喷油泵的正时齿轮以及冷却系统风扇和水泵的带轮等，如图 2-37 所示。

2.4.1 曲轴

(1) 曲轴的功用

曲轴是发动机最重要的机件之一。曲轴的功用是承受连杆传来的力，将其转变为旋转力矩对外输出，并驱动发动机的配气机构及其他辅助装置（如发电机、水泵、风扇、机油泵、喷油泵等）。

(2) 曲轴的工作条件和材料

曲轴在工作中受到周期性变化的气体压力、往复惯性力、离心惯性力及其力矩的联合作用，受力大而且受力复杂，它们使曲轴产生弯曲、扭转、剪切和拉压等，同时还造成轴系的

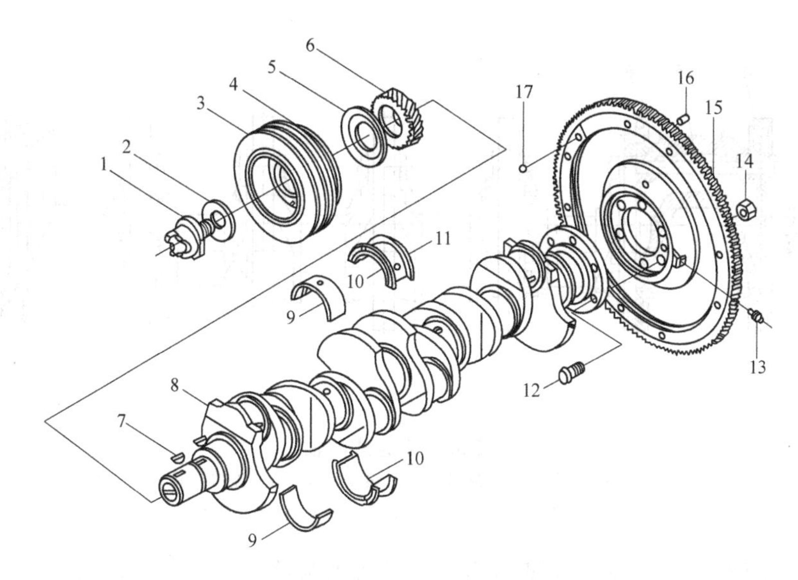

图 2-37 曲轴飞轮组

1—启动爪；2—销紧垫圈；3—扭转减振器总成；4—皮带轮；5—挡油片；6—正时齿轮；7—半圆键挡油片；8—曲轴；9,10—主轴瓦；11—止推片；12—飞轮螺栓；13—滑脂嘴；14—螺母；15—飞轮与齿圈；16—离合器盖定位销；17—上止点记号用钢球

扭转和弯曲振动，所以曲轴很容易产生疲劳破坏。为了保证工作可靠，曲轴必须具有足够的强度和刚度，具有良好的承受冲击载荷的能力，耐磨损且润滑良好。

曲轴一般用优质中碳钢或中碳合金钢模锻而成。为提高耐磨性和耐疲劳强度，轴颈表面经高频淬火或氮化处理，并经精磨加工，以达到较高的表面硬度和表面粗糙度的要求。

近年来，国产的发动机还采用了高强度球墨铸铁铸造曲轴，然后进行机加工和热处理。

(3) 曲轴的构造

发动机曲轴有整体式和组合式两种形式，如图 2-38、图 2-39 所示。曲轴的各组成部分铸造或锻造成为一根整体的为整体式曲轴。多缸发动机的曲轴一般做成整体式的。连杆大头为整体式的发动机或采用滚动轴承作为曲轴主轴承的发动机，必须采用组合式曲轴，即将曲轴的各部分分段加工，然后组合成整体。

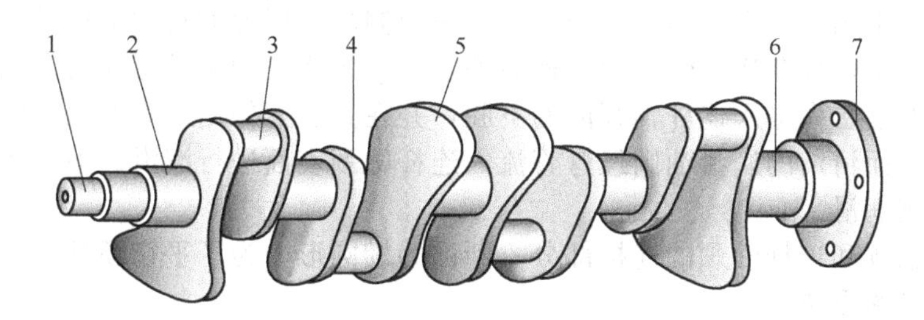

图 2-38 整体式曲轴

1—前端轴；2—主轴颈；3—连杆轴颈；4—曲柄；5—平衡块；6—后端轴；7—后凸缘盘

曲轴一般由主轴颈、连杆轴颈、曲柄、平衡块、前端和后端等组成。一个连杆轴颈和它两端的曲柄及主轴颈组成了一个曲拐。直列式发动机中曲轴的曲拐数目等于汽缸数，V 形发动机曲轴的曲拐数等于汽缸数的一半。

主轴颈是曲轴的支撑部分，曲轴通过主轴颈支撑在曲轴箱的主轴承座中。按照曲轴的主

图 2-39 组合式曲轴

1—启动爪；2—皮带轮；3—前端轴；4—滚动轴承；5—连接螺杆；6—曲柄；
7—齿圈；8—飞轮；9—后端凸缘；10—挡油圈

轴颈数，可以把曲轴分为全支撑曲轴和非全支撑曲轴两类（见图 2-40）。在相邻的两个曲柄之间都设置有主轴颈的曲轴为全支撑曲轴，否则为非全支撑曲轴。非全支撑曲轴整体长度短，但总体刚度差，易变形；全支撑曲轴的优点是刚度和抗弯强度高，且主轴承载较小，缺点是加工表面增多，曲轴长度大，目前在工程机械柴油机中广泛采用这种形式。直列式发动机的全支撑曲轴，主轴颈数比汽缸数目多一个。

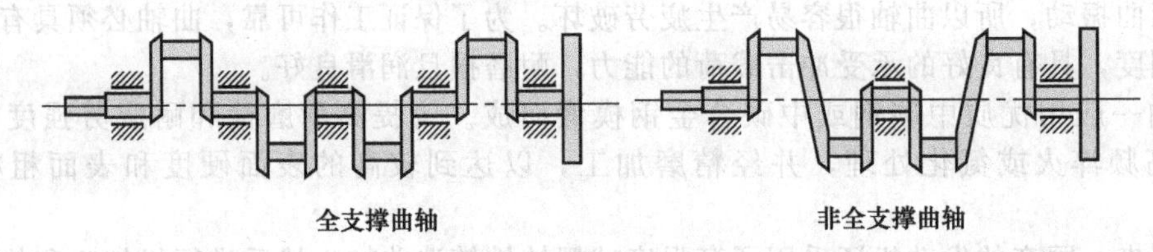

图 2-40 曲轴的支撑方式

连杆轴颈也叫曲柄销，与连杆大头装配在一起。直列发动机的连杆轴颈数和汽缸数相等，V 形发动机的连杆轴颈数等于汽缸数的一半。

主轴颈和连杆轴颈均为圆柱形，它们大多做成空心，这样既可以减轻旋转运动质量，又可以提高曲轴的疲劳强度，还可以利用空心作为润滑油道，如图 2-41 所示。

连杆轴颈及采用轴瓦支撑的主轴颈均采用压力润滑，压力油自主油道首先引入各主轴颈进行润滑，再经主轴颈和连杆轴颈间的连通油道进入各连杆轴颈进行润滑。曲轴转动时，从主轴颈来的润滑油首先进入连杆轴颈内的空腔，并在离心力作用下将润滑油的杂质甩向油腔壁并附着其上，而清洁的润滑油则经弯管流入连杆轴颈表面进行润滑。而支撑主轴颈的滚动轴承多采用飞溅润滑。

曲柄是主轴颈和连杆轴颈的连接部分，断面为椭圆形，为了平衡惯性力，在曲柄的背面铸有或紧固有平衡重块。

平衡重块用来平衡发动机不平衡的离心力矩，有时还用来平衡一部分往复惯性力，从而使曲轴旋转平稳。

曲轴的前端安装正时齿轮、风扇皮带轮、启动爪、挡油盘等。曲轴前端的正时齿轮带动配气机构、喷油装置的协调工作，风扇皮带轮用于带动冷却系统的风扇（对水冷系统还带动水泵）。启动爪用于小型柴油机的手摇启动或检修时摇转曲轴。挡油盘则借其旋转离心力阻止润滑油外流。在高速发动机的曲轴前端，还装有扭转减振器。

曲轴后端的凸缘用来安装飞轮，在曲轴后端通常切出回油螺纹或其他封油装置，以阻止

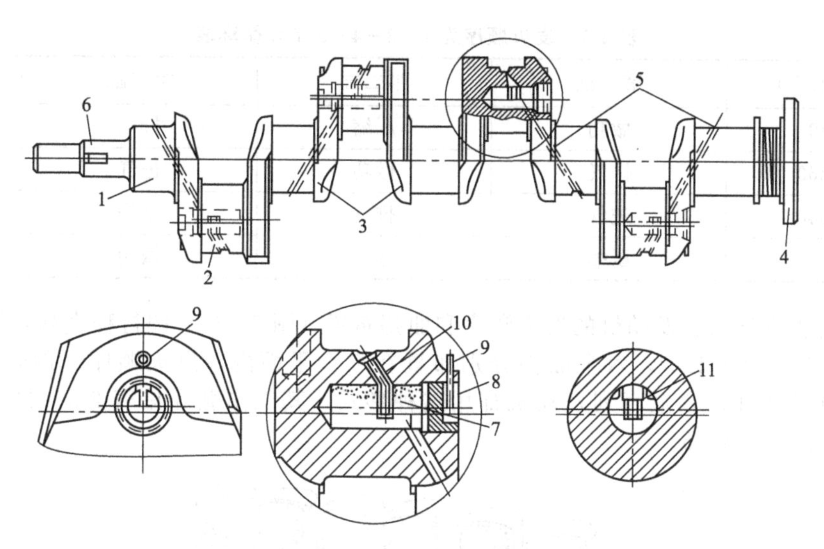

图 2-41　空心连杆轴颈的滤清作用

1—主轴颈；2—曲柄销；3—曲柄臂；4—飞轮连接凸缘；5—连杆轴承润滑油道
6—曲轴前端；7—滤油腔；8—螺塞；9—开口销；10—出油管；11—杂质

机油向后窜漏。

（4）曲轴的轴向定位

曲轴轴向窜动将破坏曲轴连杆机构各零件的正确相对位置，因此曲轴必须有轴向定位措施。曲轴的轴向定位一般采用止推片或翻边轴瓦。为了保证曲轴在受热膨胀时能够自由伸长，曲轴的轴向定位装置只能设置在一处。

（5）连杆轴颈的布置

曲轴的形状和曲拐的布置取决于汽缸数、汽缸排列和发动机的发火顺序。发动机各缸着火燃烧的顺序称为发火顺序。安排多缸发动机的发火顺序应注意使连续做功的两缸相距尽可能远，以减轻主轴承的载荷，同时避免可能发生的进气重叠现象。做功间隔应力求均匀，发动机在完成一个工作循环的曲轴转角内，每个汽缸都发火做功一次，而且各缸发火的间隔角要均匀，以保证发动机运转平稳。常见的几种发动机连杆轴颈布置和做功顺序如下。

① 直列四缸发动机　连杆轴颈夹角为180°，做功间隔角为720°/4＝180°，做功顺序有1—2—4—3和1—3—4—2两种。曲拐布置如图2-42所示，做功循环表见2-1、表2-2。

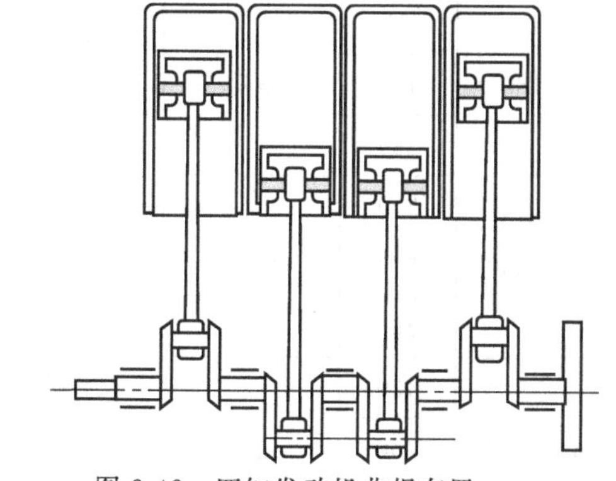

图 2-42　四缸发动机曲拐布置

表 2-1　发火顺序为 1—3—4—2 工作循环表

曲轴转角/(°)	第一缸	第二缸	第三缸	第四缸
0～180	做功	排气	压缩	进气
180～360	排气	进气	做功	压缩
360～540	进气	压缩	排气	做功
540～720	压缩	做功	进气	排气

表 2-2 发火顺序为 1—2—4—3 工作循环表

曲轴转角/(°)	第一缸	第二缸	第三缸	第四缸
0～180	做功	压缩	排气	进气
180～360	排气	做功	进气	压缩
360～540	进气	排气	压缩	做功
540～720	压缩	进气	做功	排气

② 四行程直列六缸发动机的发火顺序和曲拐布置（图 2-43） 四行程直列六缸发动机发火间隔角为 720°/6＝120°，六个曲拐分别布置在三个平面内，发火顺序一般是 1—5—3—6—2—4，国产汽车的六缸直列发动机都用这种形式，其工作循环见表 2-3。另一种发火顺序是 1—4—2—6—3—5。

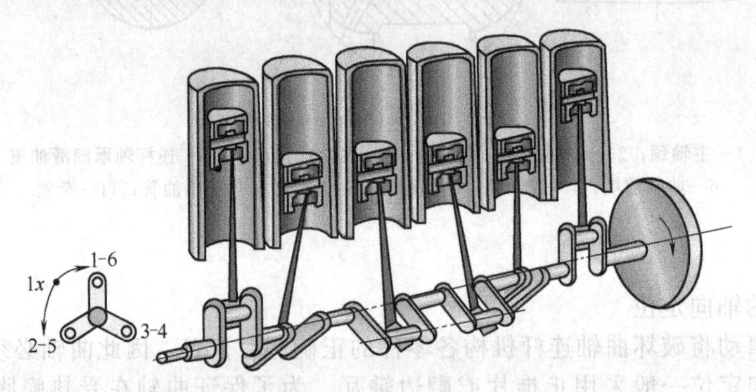

图 2-43 六缸发动机曲拐布置

表 2-3 发火顺序为 1—5—3—6—2—4 工作循环表

<table>
<tr><th colspan="2">曲轴转角/(°)</th><th>第一缸</th><th>第二缸</th><th>第三缸</th><th>第四缸</th><th>第五缸</th><th>第六缸</th></tr>
<tr><td rowspan="3">0～180</td><td>60</td><td rowspan="3">做功</td><td rowspan="2">排气</td><td>进气</td><td>做功</td><td rowspan="2">压缩</td><td rowspan="3">进气</td></tr>
<tr><td>120</td><td rowspan="3">压缩</td><td rowspan="3">排气</td></tr>
<tr><td>180</td><td rowspan="3">进气</td><td rowspan="3">做功</td></tr>
<tr><td rowspan="3">180～360</td><td>240</td><td rowspan="3">排气</td><td rowspan="3">压缩</td></tr>
<tr><td>300</td><td rowspan="3">做功</td><td rowspan="3">进气</td></tr>
<tr><td>360</td><td rowspan="3">压缩</td><td rowspan="3">排气</td></tr>
<tr><td rowspan="3">360～540</td><td>420</td><td rowspan="3">进气</td><td rowspan="3">做功</td></tr>
<tr><td>480</td><td rowspan="3">排气</td><td rowspan="3">压缩</td></tr>
<tr><td>540</td><td rowspan="3">做功</td><td rowspan="3">进气</td></tr>
<tr><td rowspan="3">540～720</td><td>600</td><td rowspan="3">压缩</td><td rowspan="3">排气</td></tr>
<tr><td>660</td><td rowspan="2">进气</td><td rowspan="2">做功</td></tr>
<tr><td>720</td><td>排气</td><td>压缩</td></tr>
</table>

③ 四行程 V 形八缸发动机的发火顺序 四行程 V 形八缸发动机的发火间隔角为 720°/8＝90°，V 形发动机左右两列中对应的一对连杆共用一个曲拐，所以 V 形八缸发动机只有

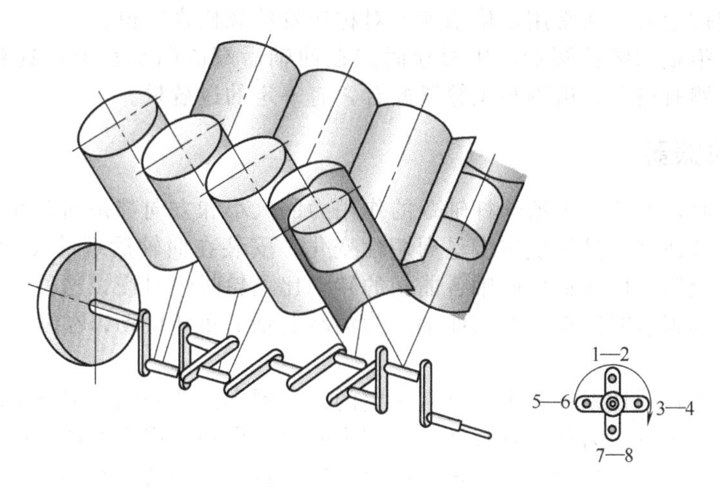

图 2-44 八缸发动机曲拐布置

四个曲拐（图 2-44）。

曲拐布置可以与四缸发动机相同，四个曲拐布置在同一平面内，也可以布置在两个互相错开 90°的平面内，使发动机更好地得到平衡。发火顺序为 1—8—4—3—6—5—7—2。其工作循环见表 2-4。

表 2-4 发火顺序为 1—8—4—3—6—5—7—2 V 形八缸四行程发动机循环表

<table>
<tr><th colspan="2">曲轴转角/(°)</th><th>第一缸</th><th>第二缸</th><th>第三缸</th><th>第四缸</th><th>第五缸</th><th>第六缸</th><th>第七缸</th><th>第八缸</th></tr>
<tr><td rowspan="2">0～180</td><td>90</td><td rowspan="2">做功</td><td>做功</td><td>进气</td><td rowspan="2">压缩</td><td>排气</td><td rowspan="2">进气</td><td rowspan="2">排气</td><td>压缩</td></tr>
<tr><td>180</td><td rowspan="2">排气</td><td rowspan="2">压缩</td><td rowspan="2">进气</td><td rowspan="2">做功</td></tr>
<tr><td rowspan="2">180～360</td><td>270</td><td rowspan="2">排气</td><td rowspan="2">做功</td><td rowspan="2">压缩</td><td rowspan="2">进气</td></tr>
<tr><td>360</td><td rowspan="2">进气</td><td rowspan="2">做功</td><td rowspan="2">压缩</td><td rowspan="2">排气</td></tr>
<tr><td rowspan="2">360～540</td><td>450</td><td rowspan="2">进气</td><td rowspan="2">排气</td><td rowspan="2">做功</td><td rowspan="2">压缩</td></tr>
<tr><td>540</td><td rowspan="2">压缩</td><td rowspan="2">排气</td><td rowspan="2">做功</td><td rowspan="2">进气</td></tr>
<tr><td rowspan="2">540～720</td><td>630</td><td rowspan="2">压缩</td><td rowspan="2">进气</td><td rowspan="2">排气</td><td rowspan="2">做功</td></tr>
<tr><td>720</td><td>做功</td><td>进气</td><td>排气</td><td>压缩</td></tr>
</table>

2.4.2 飞轮

飞轮的主要功用是储存做功行程中的能量，用于克服非做功行程的阻力和其他阻力，带动曲轴连杆机构越过上下止点，保证曲轴能均匀旋转，并使发动机能够克服短时间的超载荷。飞轮外缘的大齿圈和启动机小齿轮啮合，用于启动发动机，如图 2-45 所示。

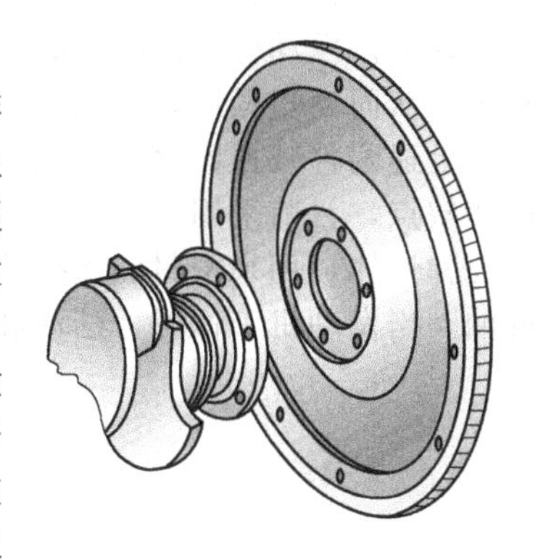

图 2-45 飞轮

飞轮外缘上一般刻有上止点、供油始点等记号，便于检查调整供油或点火时间及气门间隙时参照。当飞轮上的记号与外壳上的记号对正时，正好是压缩上止点。飞轮与曲轴在制造时一起进行过动平衡试验，在拆装时为了不破坏它们之间的平衡关系，飞轮与曲轴之间应有严格不变的相对位置，一般都有装配定位记号。通常用定位销和不对称布置的螺栓来定位。

飞轮是一个很重的铸铁圆盘，用螺栓固定在曲轴后端的凸缘盘上，具有很大的转动惯量。飞轮轮缘上镶有齿圈，齿圈与飞轮紧配合，有一定的过盈量。

2.4.3 扭转减振器

发动机工作时，经连杆传给连杆轴颈的作用力的大小和方向都是周期性变化的，所以曲轴各个曲拐的旋转速度也是忽快忽慢呈周期性变化。安装在曲轴后端的飞轮转动惯量最大，可以认为是匀速旋转，由此造成曲轴各曲拐的转动比飞轮时快时慢，这种现象称之为曲轴的扭转振动。当振动强烈时甚至会扭断曲轴。为消减曲轴的扭转振动，在发动机曲轴前端多装有扭转减振器。

曲轴是一个扭转弹性系统，本身具有一定的自振频率。曲轴的自振频率随着汽缸数的增加和曲轴的增长而降低。另外，缸数增加、着火间隔角变小，将使发动机扭振的频率和着火的频率很容易接近一致，从而引起共振。因而加装扭转减振器就很有必要。

扭转减振器的功用就是吸收曲轴扭转振动的能量，消减扭转振动，避免发生强烈的共振及其引起的严重恶果。一般低速发动机不易达到临界转速。但曲轴刚度小、旋转质量大、缸数多及转速高的发动机，由于自振频率低，强迫振动频率高，容易达到临界转速而发生强烈的共振。

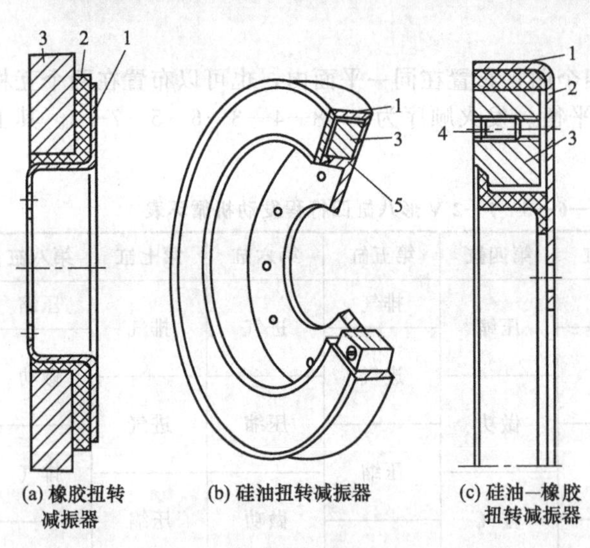

图 2-46 减振器

1—减振器壳；2—橡胶层；3—惯性块；4—注油螺塞；5—衬套

扭转减振器的结构形式很多，主要有橡胶扭转减振器、硅油扭转减振器和橡胶—硅油扭转减振器三种，见图2-46。

橡胶扭转减振器的惯性盘通过硫化橡胶层与减振器壳粘接在一起，当曲轴发生扭转振动时，通过皮带轮带动减振器壳一起振动，而惯性块的转动惯量较大，相当于一个小飞轮，瞬时角速度较均匀，所以橡胶层发生扭转变形，从而吸收扭转振动的能量，从而使曲轴的扭振得到消减。

硅油扭转减振器的工作原理与橡胶减振器基本相同，只不过是用硅油代替了橡胶。硅油是一种黏度很大且洁白透明的物质，受热时黏性稳定，不易变质，但渗透性很强，容易产生泄漏现象。发动机工作时，曲轴的振动能量被充满在减振器壳与惯性块间的硅油的摩擦阻尼吸收，从而使扭振得到消减。

上述两种减振器存在着质量大、硅油扭转减振器容易泄漏、不易密封等缺点。为了克服这些缺点，目前采用一种接近理想减振性能的硅油—橡胶减振器。这种减振器利用橡胶作为主要弹性体，用来密封和支撑惯性块，而在减振器壳和惯性块之间的密封腔内充满高黏度的硅油。当发动机工作时，硅油和橡胶共同产生内摩擦，使得扭振得以消减。

第3章 配气机构

3.1 配气机构的功用与形式

配气机构的功用是根据发动机各缸工作次序和工作循环的要求，定时开启和关闭各汽缸的进、排气门，使新鲜可燃混合气（汽油机）或空气（柴油机）及时进入汽缸，废气得以及时从汽缸排出。

新鲜空气或可燃混合气被吸入汽缸愈多，则发动机可能发出的功率愈大。新鲜空气或可燃混合气充满汽缸的程度，用充气效率表示。充气效率越高，表明进入汽缸的新鲜空气或可燃混合气越多，可燃混合气燃烧时可能放出的热量也就越大，发动机的功率越大。配气机构必须保证汽缸换气良好，并尽可能提高其充气效率。

四冲程发动机采用气门式配气机构。气门式配气机构由气门组和气门传动组组成，如图3-1所示。

配气机构的分类可从以下四方面进行。

① 按照气门的布置形式，可分为顶置式配气机构和侧置式配气机构。

② 按照凸轮轴的布置位置，可分为凸轮轴下置式、凸轮轴中置式和凸轮轴上置式。

③ 按照曲轴和凸轮轴的传动方式，可分为齿轮传动式、链条传动式和齿带传动式。

④ 按照每缸的气门数目，可分为二气门式、三气门式、四气门式和五气门式，每缸超过二气门的发动机称为多气门发动机。

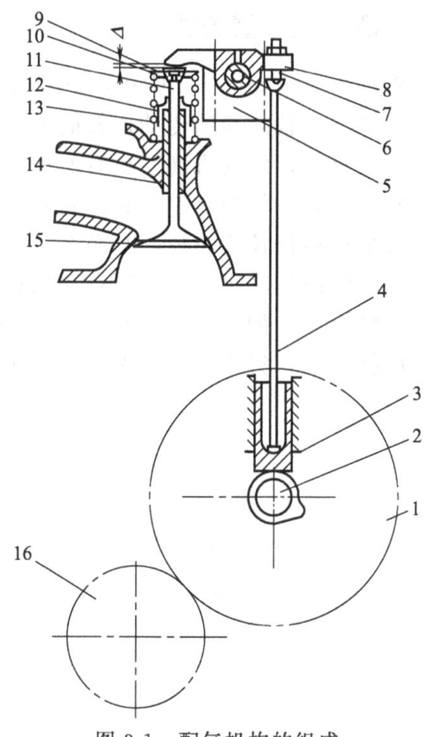

图3-1 配气机构的组成

1—凸轮轴正时齿轮；2—凸轮轴；3—挺柱；4—推杆；5—摇臂轴支架；6—摇臂轴；7—调整螺钉及锁紧螺母；8—摇臂；9—气门锁片；10—气门弹簧座；11—气门；12—防油罩；13—气门弹簧；14—气门导管；15—气门座；16—曲轴正时齿轮

3.1.1 气门布置形式

顶置式气门配气机构的进、排气门都装在汽缸盖上方。气门的开启和关闭过程如下（参见图3-1)：凸轮轴由曲轴通过齿轮带动旋转，凸轮的尖端顶起挺柱、推杆和调整螺钉，使杠杆式的摇臂压紧气门的杆端，压缩气门弹簧，使气门下行而开启。当凸轮继续旋转时，在气门弹簧恢复力的作用下，气门上升关闭，并推动摇臂反向转动压回推杆和挺柱。

气门顶置式（见图3-2）配气机构进气阻力小，燃烧室结构紧凑，气流搅动大，能达到较高的压缩比，现代内燃机上广泛采用气门顶置式配气机构。

气门侧置式（见图3-2）配气机构的动作过程与气门顶置式类似，但气门位于汽缸体侧面，由凸轮、挺柱、气门和气门弹簧等组成。

省去了推杆、摇臂等零件，简化了结构。因为它的进、排气门在汽缸的一侧，压缩比受到限制，进排气门阻力较大，发动机的动力性和高速性均较差，逐渐被淘汰。

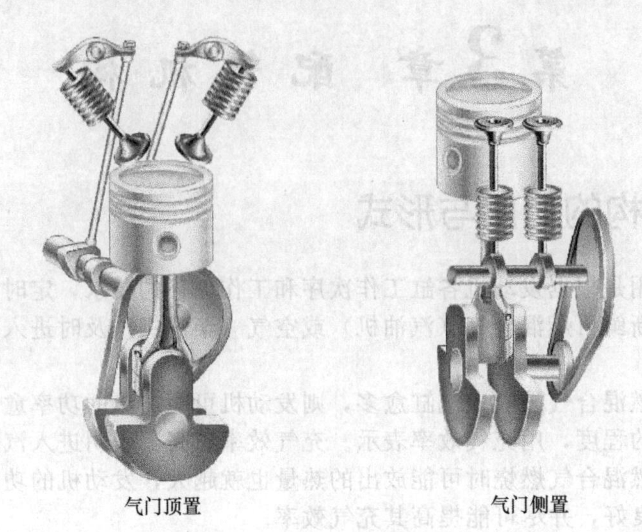

图 3-2 气门布置方式

3.1.2 凸轮轴布置方式

凸轮轴下置：如图 3-3 所示，下置式的凸轮轴布置在汽缸盖下方，一般装在机体内。下置式凸轮轴与曲轴之间的传动比较简单，但是气门和凸轮轴相距较远，因而气门传动零件较多，结构较复杂，发动机高度也有所增加。

凸轮轴中置：如图 3-3 所示，中置式的凸轮轴安装在汽缸体上部的汽缸一侧。中置式凸轮轴配气机构推杆长度较短，甚至有些发动机省去了推杆，而由凸轮轴经过挺杆直接驱动摇臂，减小了气门传动机构的往复运动质量。

凸轮轴上置：如图 3-3 所示，上置式凸轮轴布置在汽缸盖上，凸轮直接驱动或通过摇臂驱动气门杆上端，省去了作往复运动的挺柱和推杆，使凸轮轴到气门之间的传动组件大为简化。

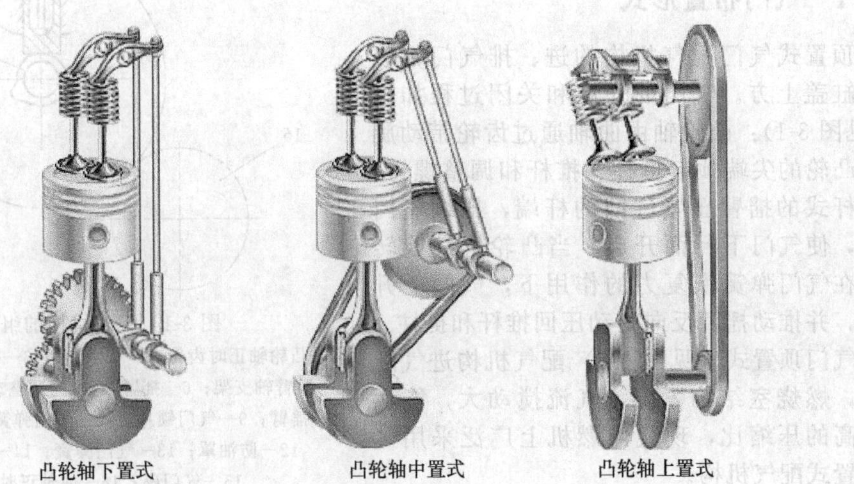

图 3-3 凸轮轴布置方式

3.1.3 凸轮轴传动方式

如图 3-4 所示，凸轮轴传动有如下方式。

① 齿轮驱动　凸轮轴下置、中置的配气机构大多采用正时齿轮传动，因为两轴距离较近，而且齿轮传动工作可靠，啮合平稳，噪声小。有时两轴距离稍远时，可加装中间惰轮。为了啮合平稳，减小噪声，正时齿轮多用斜齿。

② 链驱动　曲轴通过链条来驱动凸轮轴，链条与链轮的传动适用于凸轮轴上置的配气机构，但其工作可靠性和耐久性不如齿轮传动，且噪声较大。为使工作时链条具有一定的张力而不至于脱链，通常装有导链板、张紧装置等。

③ 齿形带驱动　这种驱动方式与链驱动的原理相同，只是将链轮改为齿轮，链条改为齿形带。近年来高速发动机上广泛采用齿形带来代替传动链，它弥补了链驱动的缺陷，噪声小、工作可靠、成本低。

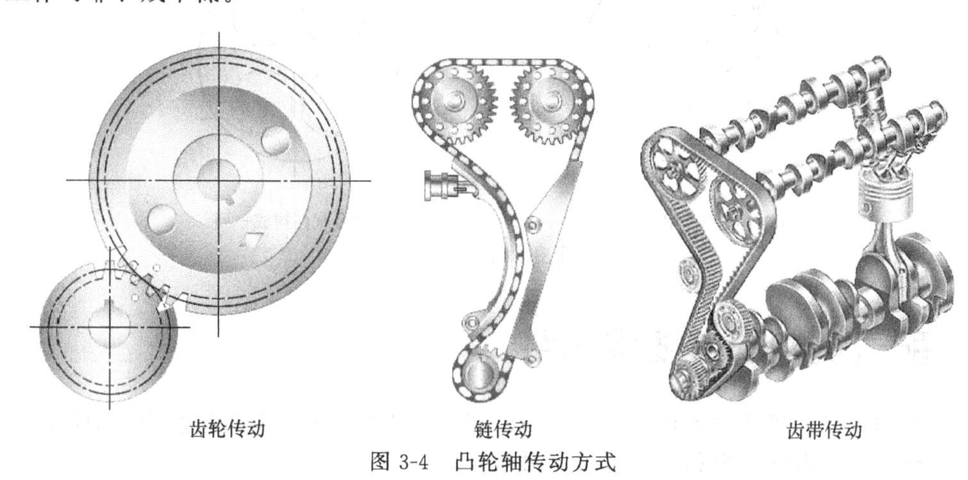

图 3-4　凸轮轴传动方式

3.1.4 气门数目及排列方式

一般发动机都采用每缸两个气门，即一个进气门和一个排气门。这种结构在可能的条件下，为了改善换气，应尽量加大气门的直径，特别是进气门的直径。但是由于燃烧室尺寸的限制，气门直径最大一般不能超过汽缸直径的一半。当汽缸直径较大，活塞平均速度较高时，每缸一进一排的气门结构就不能保证良好的换气质量。因此，在很多新型发动机上多采用每缸四个气门结构，见图 3-5，即两个进气门和两个排气门。

对于汽缸直径小于 135mm 的柴油机，一般每汽缸有两个气门，即一个进气门，一个排气门，汽缸直径大于 135mm 的柴油机，一般每汽缸有四个气门，即两个进气门、两个排气门。采用直喷式燃烧室或预燃式燃烧室的大功率高速柴油机，采用这种结构特别有利。它可以将喷油器或预热室布置在汽缸中央位置，使混合气形成并燃烧得更好，汽缸盖的结构布置更为合理。此外，四气门的汽油机也有利于排放。特大型柴油机也有采用三个进气门和三个排气门的，但配气机构复杂，应用较少。

气门的布置主要与汽缸盖内气道的布置形式有关，大致可分为下述几种。

当每缸用两气门时，为使结构简化，大多数采用所有气门沿机体纵向轴线排成一列的方式。这样，相邻两缸的同名气门就有可能合用一个气道，以使气道简化并得到较大的气道通过截面；另一种是进、排气门交替布置，每缸单独用一个气道，这样有助于汽缸盖冷却。柴油机的进、排气道一般分别置于机体的两侧，以免排气对进气加热。汽油机的进、排气道置于机体的同一侧，以便进气预热。

当每缸采用四气门时，排列方式主要有两种，如图 3-5 所示。

串联气道，同名气门排成两列，由一个凸轮通过T形驱动杆同时驱动，并且所有气门都可以由一根凸轮轴驱动。这种布置，同名气门在气道中的位置不同，因而会使两者的工作条件和工作效率不一样。

并联气道，同名气门排成一列，分别用进气凸轮轴和排气凸轮轴驱动。这样进、排气管一定要布置在柴油机的两侧，没有上述两同名气门充气效率和热负荷的差异。

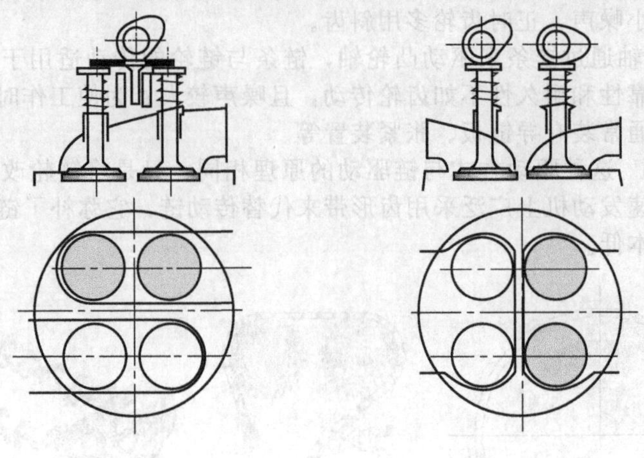

(a) 同名气门排成两列　　(b) 同名气门排成一列

图 3-5　四气门式

3.2　配气机构的主要零部件

配气机构是发动机的两大核心机构之一，其结构和性能的优劣直接影响发动机的总体性能。配气机构通常由气门组和气门传动组两部分组成。

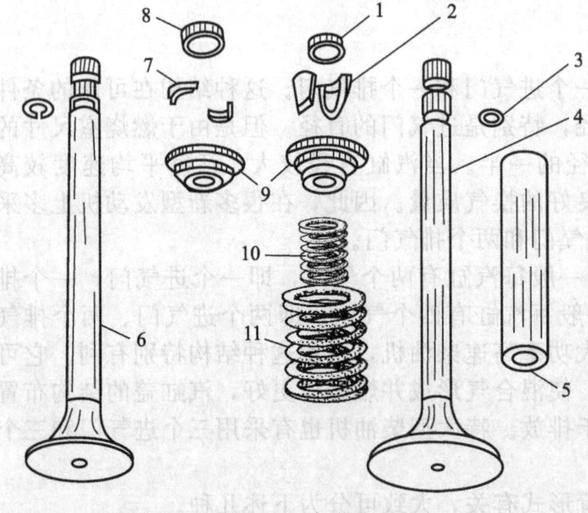

图 3-6　气门组

1—进气门顶帽；2—进气门锁片；3—挡圈；4—进气门；5—气门导杆；6—排气门；7—排气门锁片；8—排气门顶帽；9—气门弹簧座；10—内弹簧；11—外弹簧

3.2.1　气门组

气门组包括进、排气门，气门座，气门导管，气门弹簧等零件，见图 3-6。气门组的功用是保证气门与气门座的严密配合，实现汽缸的密封。

气门组为保证良好的密封，要求气门头部与气门座贴合严密；气门导管和气门杆上下运动有良好的导向；气门弹簧的两端面与气门杆中心线相垂直，以保证气门头在气门座上不偏斜；气门弹簧的弹力足以克服气门及其传动件的运动惯性力，使气门能迅速开闭，并保证气门紧压在气门座上。

(1) 气门

气门的功用是控制进、排气道的开启和关闭。

气门是燃烧室的组成部分，又是气体进出燃烧室的通道，在高温和冷却润滑困难的条件下工作，还受到气体压力、气门弹簧力和配气机构运动零件的惯性力作用，因此要求气门耐热、耐磨，气门与气门座密封性好，气门开启时对气流阻力小等。

进气门一般采用合金钢（铬钢或镍铬等），排气门采用耐热合金钢，也有些排气门头部采用耐热合金钢，杆部用普通合金钢，将两者焊在一起，以降低成本。

气门主要由头部和杆部组成，如图 3-7 所示。气门头部的作用是与气门座配合，对汽缸进行密封；杆部则与气门导管配合，为气门的运动起导向作用。

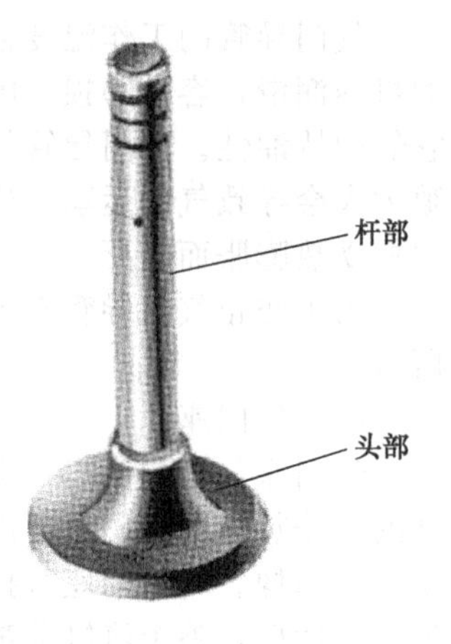

图 3-7 气门

气门头部形状有平顶、喇叭形顶和球面顶，如图 3-8 所示。平顶结构的气门具有结构简单、制造方便、受热面积小等优点，多数发动机的进、排气门均采用此结构的气门。喇叭顶气门的进气阻力小，但受热面积大，只适合作进气门。球面顶气门的排气阻力小，只适合作排气门，强度高，排气阻力小，废气的清除效果好。

气门头部与气门座接触的工作面称为气门密封锥面，该密封锥面与气门顶平面的夹角称为气门锥角，如图 3-9 所示，气门锥角一般为 45°，有些发动机的进气门锥角为 30°。

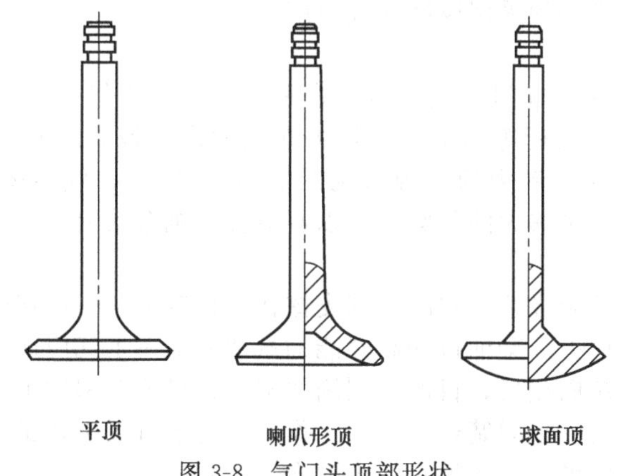

图 3-8 气门头顶部形状

气门头边缘应保持一定厚度，一般为 1～3mm，以防工作中冲击损坏和被高温烧蚀。气门密封锥面与气门座配对研磨。

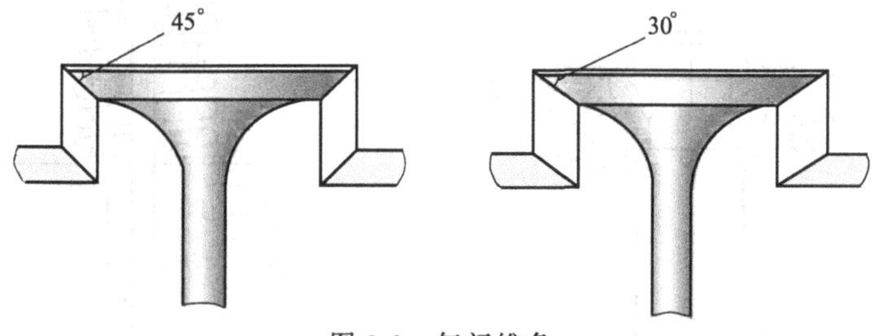

图 3-9 气门锥角

气门杆部为圆柱形截面，它在气门导管中高速往复运动，表面经过磨光，以提高耐磨性，其尾端的形状取决于弹簧座的固定方式。多数内燃机的气门在靠近尾部处加工有环形槽或锁销孔，以便用锁片或锁销固定弹簧座。

(2) 气门导管

气门导管的作用是在气门作往复直线运动时为其导向，使气门与气门座正确配合，并传导气门的部分热量到冷却介质。

气门导管的工作温度较高，约为200～300℃，润滑条件很差，仅靠配气机构飞溅出来的机油润滑，容易磨损。因此，常采用灰铸铁、球末铸铁或粉末冶金材料制造，目的是利用它们的持油性。气门导管的内表面与气门杆间隙配合，配合间隙一般为0.05～0.12mm，间隙太大会导致气门运动不稳定，气门头部与气门座密封不良；间隙太小则容易在工作时因气门杆受热膨胀而卡死。

为了防止气门导管在使用过程中松脱，有的发动机对气门导管用卡环定位，如图3-10所示。

(3) 气门座

气门座与气门头部一起配合构成对汽缸的密封，并传导气门头部的部分热量。气门座可以在缸盖或缸体上直接镗出，也可以采用镶嵌式结构。若气门座直接在汽缸盖上镗出，则气门座在被磨损丧失密封性后，整个汽缸盖都随之报废。采用镶嵌式气门座圈的方法则可避免这一缺陷，而且气门座可用更耐磨的材料制造。但是，若镶嵌式气门座与汽缸盖上的座圈孔配合不当，工作时有脱落的可能，会造成重大事故。因此，优质灰铸铁或合金铸铁缸盖多采用直接加工法，而铝合金汽缸盖则必须采用镶嵌式气门座。

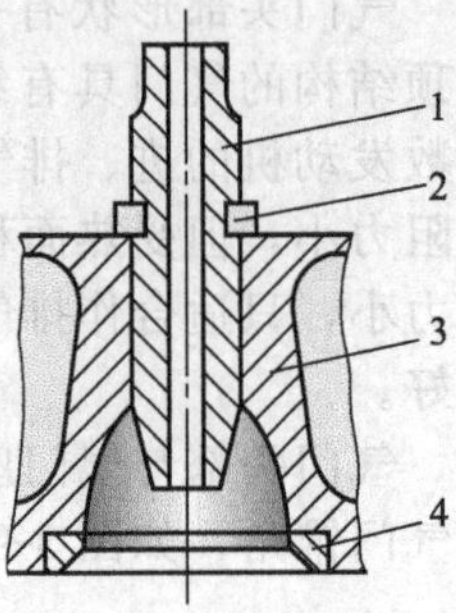

图3-10 气门导管的安装

1—气门导管；2—卡环；3—汽缸盖；4—气门座

(4) 气门弹簧

气门弹簧的功用是保证气门与气门座紧密配合，并防止气门在开闭过程中因气门、挺柱推杆等运动件惯性力作用而产生彼此脱开现象，它还是气门关闭时主动力的来源（见图3-11）。因此，气门弹簧应具有足够大的弹力，安装到机构上时应有足够大的预紧力，以避免发动机振动引起气门弹跳，破坏了气门的密封性。

气门弹簧为圆柱形螺旋弹簧，它的一端支撑在汽缸盖上，另一端通过气门杆尾端的气门弹簧盘和锁夹连接到气门上。柴油机和高性能的汽油机上一个气门通常有两根气门弹簧同心安装，并且粗细不同，旋向相反，目的是利用两根弹簧自振频率的不一致来防止共振，而且其中一根弹簧折断时，另一根弹簧还可继续工作，同时还可减小弹簧的总体高度。旋向相反是为了避免工作时折断的弹簧卡入另一弹簧圈内。

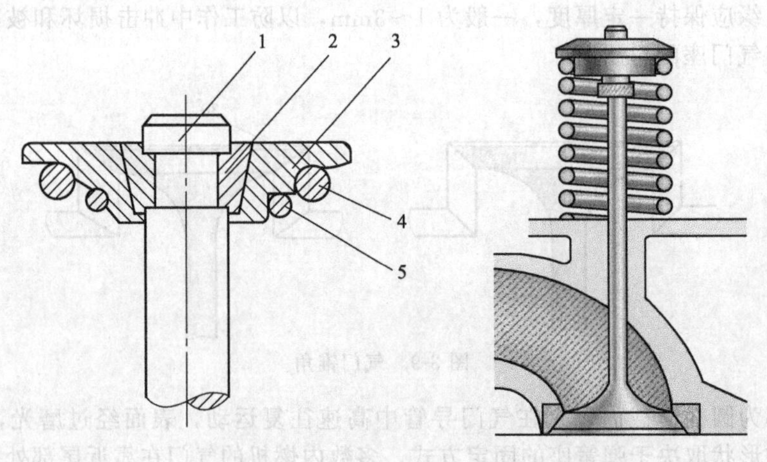

图3-11 气门弹簧及安装

1—气门；2—锁夹；3—弹簧座；4—外圈弹簧；5—内圈弹簧

(5) 气门旋转机构

为改善气门、气门座密封面的工作条件，有些发动机在气门上安装有气门旋转机构。它可以让气门在工作时头部缓慢地旋转，使气门头部温度均匀、磨损均匀，减少气门头部变形，使密封性能良好。气门的旋转还有一定的自洁作用，旋转过程中可清除沉积在座合面上的沉淀物。气门旋转机构如图 3-12 所示。

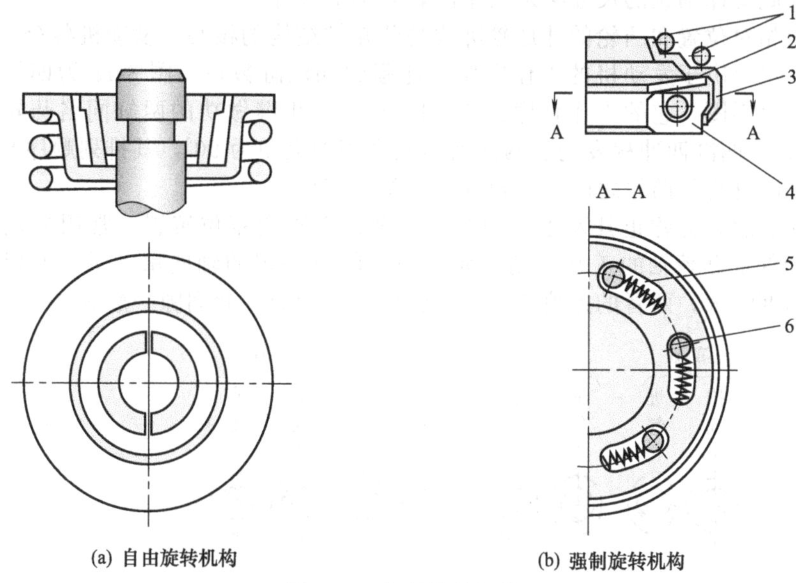

(a) 自由旋转机构　　(b) 强制旋转机构

图 3-12　气门旋转机构

1—气门弹簧；2—碟形弹簧；3—支撑板；4—壳体；5—复位弹簧；6—钢球

在自由旋转机构中，气门锁片并不直接与气门弹簧座接触，而是装在一个锥形套筒中，后者的下端支撑在弹簧座平面上，套筒端部与弹簧座接触面上的摩擦力不大，在发动机运转振动力作用下，就使得气门有可能自由地作不规则的转动。

有的发动机采用强制式旋转机构，使气门每开一次便转过一定角度。在壳体中有 6 个变深度的槽，槽中装有带复位弹簧的钢球。当气门关闭时，气门弹簧的力通过支撑板与碟形弹簧直接传到壳体上。当气门升起时，不断增大的气门弹簧力将碟形弹簧压平而迫使钢球沿着凹槽的斜面滚动，带着碟形弹簧、支撑板气门弹簧和它们一起转过一个角度。在气门关闭过程中，碟形弹簧的载荷减小而恢复原来的碟形，钢球即在复位弹簧的作用下回到原来的位置。

3.2.2　气门传动组

气门传动组是从正时齿轮开始至推动气门动作的所有零件，其组成视配气机构的形式不同而异。主要零件包括凸轮轴及其驱动装置、挺柱、推杆、摇臂总成等。

气门传动组的作用是使进排气门能按照配气相位规定的时刻开启和关闭，且保证有足够的开度。

(1) 凸轮轴

凸轮轴是气门传动组的主要部件。它的主要功用是根据内燃机各缸的工作顺序及时开启和关闭进排气门。

工作中，凸轮轴受到气门间歇性开启的周期性冲击载荷，因此凸轮轴表面要有一定的硬度，要耐磨；凸轮轴要有足够的强度和刚度，有足够的韧性。

凸轮轴一般采用优质碳素钢模锻而成，轴颈和凸轮工作表面要进行热处理，提高硬度后精磨，使工作表面有良好的耐磨性。

凸轮轴大多数做成整体式，凸轮与凸轮轴一般也做成一体，每个汽缸至少有一个进气凸轮，一个排气凸轮。但是大型柴油机机体较长，凸轮轴只能分段制造，然后用螺栓和定位销组装在一起。

凸轮轴以轴颈支撑在机体轴承上，一般每隔两个汽缸用一个轴颈支撑，四缸内燃机的凸轮轴则用三道轴颈来支撑。凸轮轴的轴承都采用不可分的，安装时，凸轮轴从机体的一端插入轴承内，因此支撑轴颈的尺寸必须大于凸轮外形的尺寸。

各凸轮的相对位置和凸轮的外形轮廓线是凸轮轴结构的核心。发动机各个汽缸的同名凸轮的相对角位置取决于发动机的工作顺序、冲程数和汽缸数目。图 3-13 为四缸柴油机上凸轮轴同名气门投影图，它的工作顺序为 1—3—4—2。相继做功的两缸同名凸轮之间的夹角为 360°/4＝90°。四缸四冲程发动机两同名凸轮之间的夹角为 90°，其排列顺序与工作顺序相同。同一汽缸的进排气凸轮之间的夹角取决于配气相位。

凸轮轴安装后，为防止其发生轴向窜动，都设有轴向定位装置。常用的定位装置如图 3-14 所示。为保证凸轮轴的正常转动，允许凸轮轴有一定的轴向窜动量，所以定位圈的厚度比止推片厚度略大，两者的差值称为凸轮轴的轴向间隙，此间隙一般为 0.08～0.20mm。

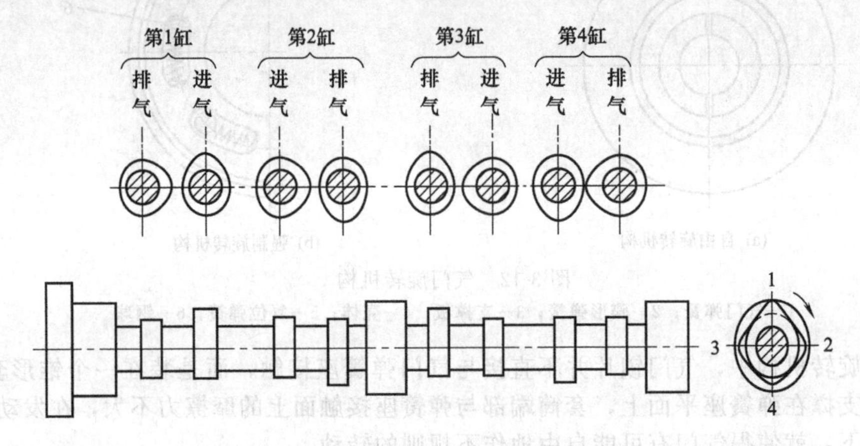

(a) 各凸轮相对角位置图　　(b) 进(排)气凸轮的投影图

图 3-13　四缸四冲程发动机凸轮轴

(2) 挺柱

挺柱的功用是将凸轮的推力传给推杆或直接传给气门，并承受凸轮轴旋转时所施加的侧向力。

目前，挺柱可分为机械挺柱和液力挺柱两大类，而每类又可以分为平面挺柱和滚轮式挺柱等结构。

① 机械挺柱　普通的平面挺柱一般应用在下置或中置凸轮轴式发动机配气机构中，它结构简单，重量较轻，适宜于在高速柴油机上采用，大多数发动机上装用的普通平面挺柱都是筒式结构，如图 3-15 所示。平面挺柱的下底面，即与凸轮接触的底面，是与凸轮之间点接触或线接触的高速滑动摩擦表面，摩擦力较大。底面可以是平面，但有时做成一个半径很大的球面，安装时使挺柱轴线相对于凸轮轴线偏移 1～3mm，当凸

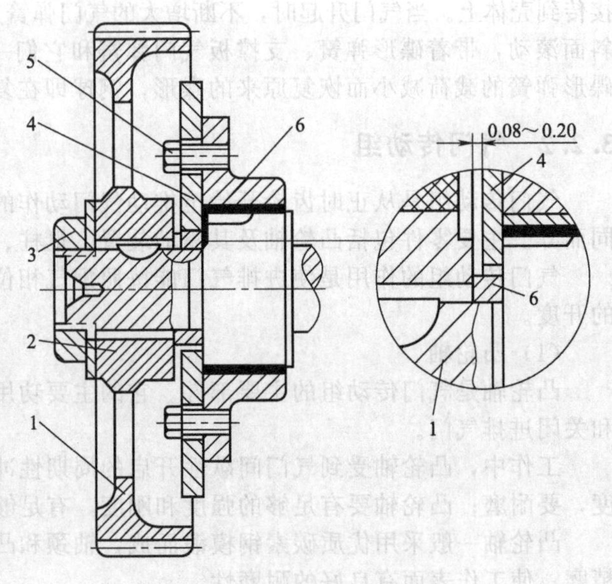

图 3-14　凸轮轴的轴向定位

1—正时齿轮；2—齿轮轮毂；3—固定螺母；4—止推片；5—螺栓；6—定位挡圈

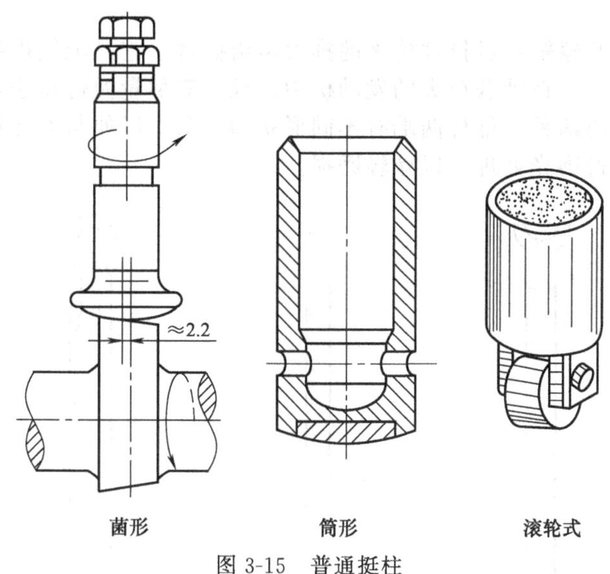

图 3-15　普通挺柱

轮轴旋转时，在挺柱被顶起的过程中，接触点的摩擦力使它绕本身轴线转动，这样可使接触面磨损均匀。滚轮式挺柱结构较为复杂，但与凸轮间的摩擦阻力小，提高了凸轮的使用寿命，但增大了挺柱的质量，使惯性力增加。适合于中速大功率发动机。

② 液力挺柱　为了消除配气机构中预留气门间隙所造成的碰撞与噪声，在现代高强化内燃机上多采用液力挺柱。

凸轮轴下置或侧置的发动机液力挺柱如图 3-16 所示。挺柱体 1 内装有柱塞 3，柱塞上端压装有推杆支座 5，支座将柱塞内腔上端封闭，柱塞弹簧 8 将柱塞向上顶起。通过卡环 4 来限制柱塞最上端的位置；柱塞下端的单向阀架 2 内装有单向阀 7，碟形弹簧 6 使单向阀封闭柱塞内腔下端。

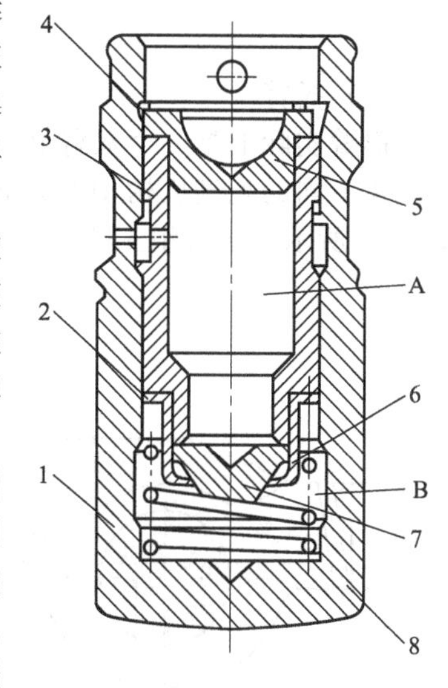

图 3-16　液力挺柱

1—挺柱体；2—单向阀架；3—柱塞；4—卡环；5—推杆支座；6—碟形弹簧；7—单向阀；8—柱塞弹簧；A—柱塞内腔；B—挺柱体内腔

当气门关闭时，润滑油经挺柱体和柱塞侧面的油孔使柱塞内腔 A 充满油液，并推开单向阀使柱塞下面的挺柱体内腔也充满油液。柱塞便在挺柱体内腔油压及弹簧力作用下与推杆压紧，消除配气机构的间隙。但由于此压力远小于气门弹簧的弹力，所以气门不会被顶开。

当凸轮顶起挺柱体时，气门弹簧的弹力通过推杆反作用在柱塞上，由于单向阀的作用使油液不能从挺柱体内腔流回柱塞内腔，所以挺柱体内腔油压升高，而液体的不可压缩性使挺柱将凸轮的推力传递给推杆，并通过摇臂使气门开启。在气门开启过程中，挺柱体内腔的油液会有少量从柱塞与挺柱体之间的间隙中泄漏，但不会影响配气机构的正常工作，而且在气门关闭后，挺柱体内腔油液会立即得到补充，使配气机构保持无间隙。

当配气机构零件受热膨胀时，挺柱体内腔的部分油液从间隙中被挤出，挺柱体内腔容积减小，挺柱自动缩短。反之，当配气机构零件冷缩时，柱塞弹簧使柱塞顶起，挺柱体内腔容积增大，气门关闭后，增加向挺柱体内腔的补油量，液力挺柱自动伸长。因此，液力挺柱能自动补偿配气机构零件的热胀冷缩，始终保持无间隙传动。

（3）推杆

推杆的作用是将凸轮轴经过挺柱传来的推力传给摇臂，它是配气机构中最容易弯曲的零件。要求有很高的刚度，在动载荷大的发动机中，推杆应尽量做得短些，如图 3-17 所示。

杆身有空心和实心两种，推杆两端有不同形状的端头，以便与挺柱和摇臂上的支座相适应，推杆的端头均经过磨光处理，以减轻磨损。

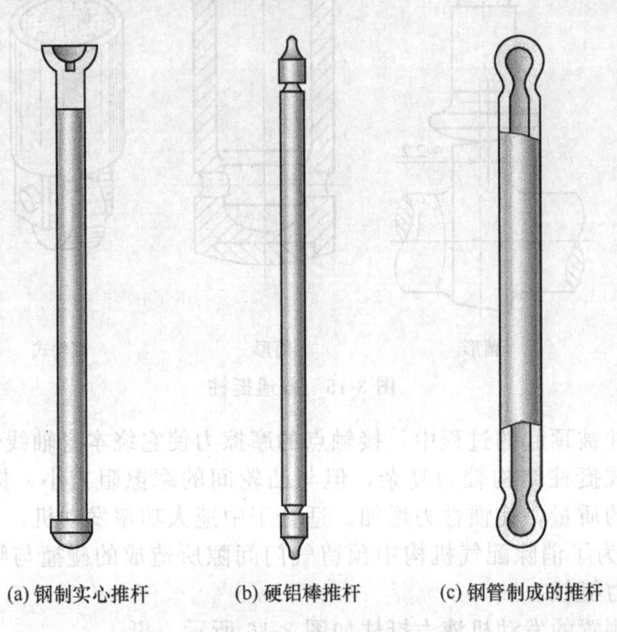

图 3-17　推杆

（4）摇臂

摇臂实际上是一个双臂杠杆，将气门传动组的推力改变方向并驱动气门开启。

在不同的配气机构中装用的摇臂也有不同的形式，常见的摇臂及摇臂组件如图 3-18、图 3-19 所示，摇臂组主要由摇臂轴、摇臂轴支座、调整螺钉等组成。

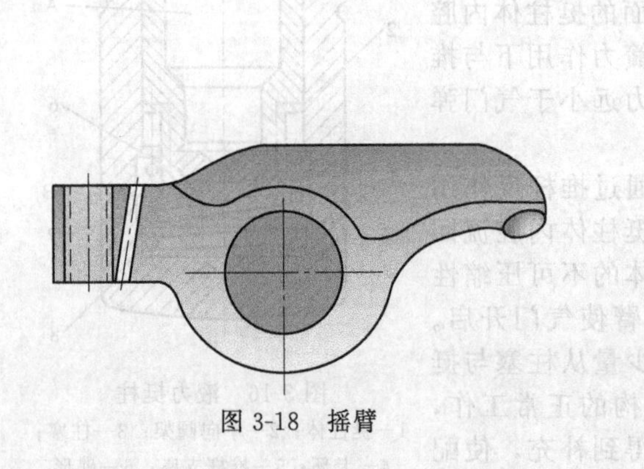

图 3-18　摇臂

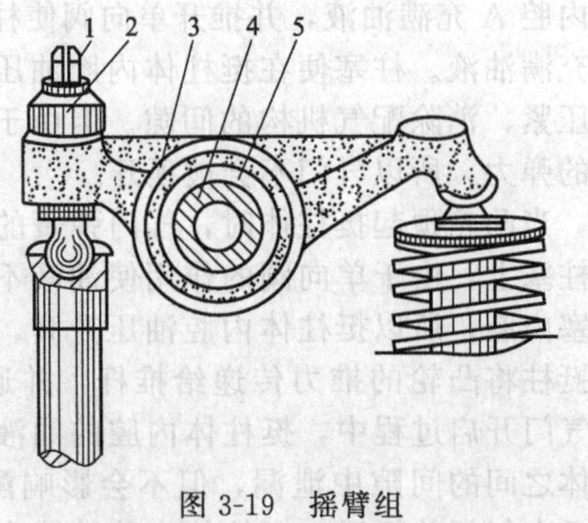

图 3-19　摇臂组
1—调整螺钉；2—缩紧螺母；3—摇臂；
4—摇臂轴；5—衬套

摇臂中间加工有摇臂轴孔，安装在摇臂轴上，长臂一端加工成与气门杆尾部接触的圆弧工作面，短臂一端则加工有螺纹孔，用以安装气门间隙调整螺钉，调整螺钉的下端加工成与推杆端头相应的球面。

摇臂通常用钢模锻造而成，也有的用球墨铸铁铸造。摇臂和摇臂轴上都加工有相应的油孔，使摇臂轴与摇臂之间及摇臂两端都能得到可靠的润滑。

3.3 配气相位和气门间隙

3.3.1 配气相位

以曲轴转角表示进、排气门的开闭时刻和开启延续时间，称为配气相位。而用环形图表示配气相位叫做配气相位图。

理论上讲四冲程发动机的进气门应当在活塞处于上止点时开启，当活塞运动到下止点时关闭；而排气门应当在活塞处于下止点时开启，当活塞运行到上止点时关闭，进气时间、排气时间各占180°曲轴转角。但实际发动机的曲轴转速都很高，活塞每一行程时间都很短，如四冲程发动机转速为3000r/min时，一个行程的时间只有0.01s，再加上凸轮驱动气门开启还需要一个过程，这样气门全开的时间就更短了。这样短时间的进气和排气，往往使得发动机充气不足或排气不干净，因而发动机功率下降。因此，为了改善换气过程，实际发动机的气门开启和关闭并不恰好在活塞的上下止点，而是适当提前开启、延迟关闭，以达到改善换气、提高动力性的目的。

如图3-20所示，在排气行程接近终了，活塞到达上止点之前，进气门便开始开启。从进气门开始开启到上止点所对应的曲轴转角称为进气提前角，用α表示，一般α为10°～30°。在进气行程过了下止点以后，活塞又上行一段，进气门才关闭。从下止点到进气门关闭所对应的曲轴转角称为进气迟后角，用β表示，一般为40°～80°。

进气门提前打开是为了保证当进气冲程开始时，进气门已有较大的开度，可以减少开始进气时的阻力，增加进入汽缸的充气量。而进气门延迟关闭，是为了在压缩冲程开始时，汽缸内压力仍然低于大气压力，可利用进气流的惯性和汽缸内外压力差，继续进气。

在做功行程后期，活塞到达上止点前，排气门便开始开启。从排气门开始开启到下止点所对应的曲轴转角称为排气提前角，用γ表示，γ一般为40°～80°。当活塞越过上止点后，排气门才关闭。从上止点到排气门关闭所对应的曲轴转角，称为排气迟后角，用δ表示，δ一般为10°～30°。

排气门提前开启，是因为做功冲程即将结束时，汽缸内的压力做功作用已经不大，但可利用汽缸内外不大的压力差实现快速自由排气，稍微早开排气门不仅不影响做功冲程，反而可以减少排气冲程所消耗的功，使汽缸内的废气能较好地排出。而排气门延迟关闭是因为活塞到达上止点时，汽缸内压力仍然高于大气压，且废气流具有一定的惯性，所以排气门适当晚关可以更多地清除汽缸内的废气。

由于进气门早开，排气门晚关，势必造成在同一时间内两个气门同时开启。把两个气门同时开启时间相对应的曲轴转角叫做气门重叠角。

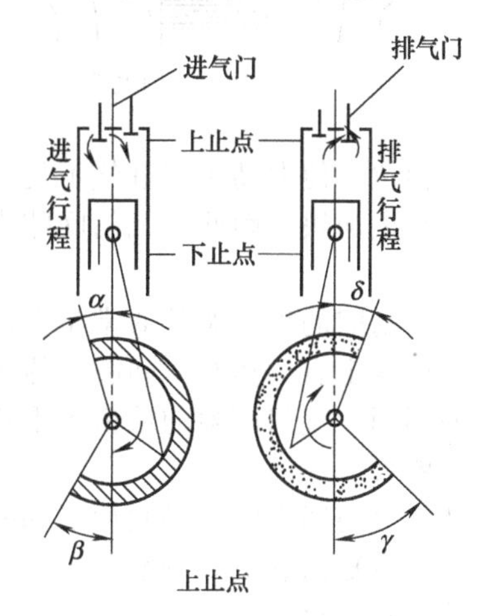

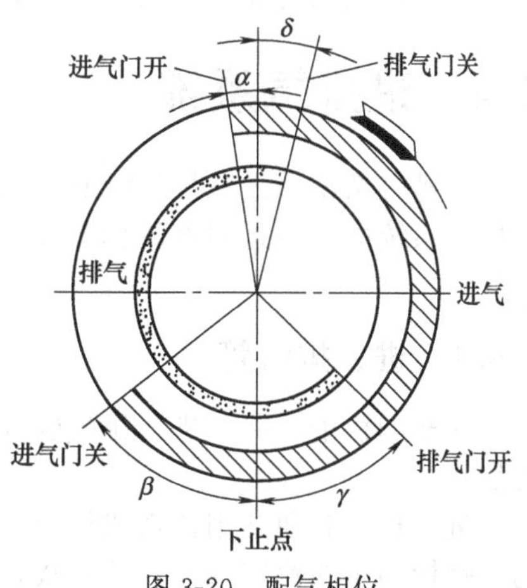

图3-20 配气相位

气门重叠期间，进、排气管与汽缸全部沟通，新鲜空气可以通过进气门到燃烧室再到排气管，这种现象称为燃烧室扫气，这样做的好处是可以将燃烧室中的残余废气尽量扫干净。另外，由于新鲜空气温度较低，当扫过燃烧室时，可以降低燃烧室周围零部件的温度。

由于气门重叠时的开度较小，且新鲜气体和废气流的流动惯性比较大，在短时间内要保持原来的流动方向因此只要气门重叠角选择适当，就不会产生废气倒流入进气管，或新鲜气体随废气排出的可能性。

3.3.2 气门间隙

发动机冷态装配时，在不装用液力挺柱的配气机构中，气门组与气门传动组之间必须留有一定的间隙，这一间隙称气门间隙，如图 3-21 所示。

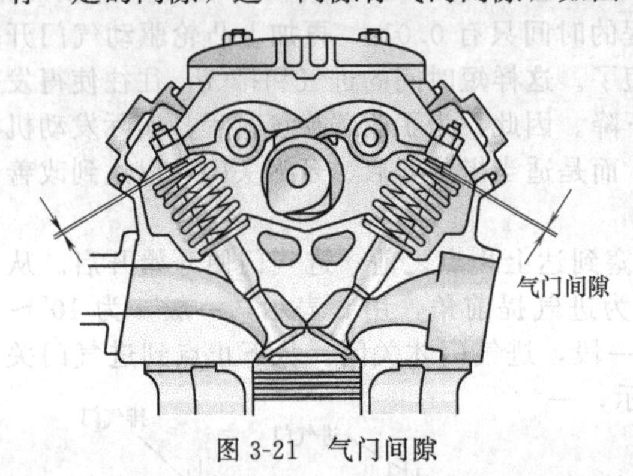

图 3-21 气门间隙

在装有液力挺柱的配气机构中，由于液力挺柱能自动伸长或缩短，以补偿气门的热胀冷缩，所以不需留气门间隙。

在发动机的使用过程中，气门间隙的大小会发生变化。如果气门间隙过小或没有气门间隙，零件受热膨胀，将气门推开，使气门关闭不严，造成漏气，功率下降，并使气门的密封表面严重积炭或烧坏，甚至气门撞击活塞。若气门间隙过大，不仅会造成配气机构产生异响，而且气门开启升程和开启持续角度也会减小，影响发动机的进、排气过程，改变了正常的配气相位，使发动机因进气不足，排气不净而功率下降，此外，还使配气机构零件的撞击增加，磨损加快。因此，气门间隙应选择适当，装配及使用维修过程中，必须根据规定进行调整。

气门间隙的检查调整通常是在冷态下进行。一般内燃机都规定有冷态的气门间隙值，也有内燃机规定有“热车”间隙。热车时的间隙比冷态时小 0.05mm。各种内燃机由于构造和温度的不同，气门间隙的数值也不相同。由于排气门温度比进气门高，所以排气门的间隙比进气门要大。

调整气门间隙时，必须使活塞处于压缩冲程上止点附近，此时进、排气门都处于关闭状态。对于多缸内燃机，一般确定第一缸上止点，调整好第一缸的气门间隙后，再根据该机的工作顺序和点火间隔角，依次对各缸的气门间隙进行调整。

3.4 进排气系统

进排气系统由进、排气管和空气滤清器等组成，见图 3-22。增压柴油机还有增压器。进排气系统的作用是向汽缸内提供新鲜气体，同时尽可能干净地排出汽缸中燃烧膨胀后的废气。

3.4.1 进、排气管

在柴油机上，一般进、排气管分别布置在柴油机的两侧，以避免进气空气受到排气高温的加热。

进、排气管通常用铸铁或铝合金铸造成形，也可以用钢板冲压后焊接制成。进、排气管均用螺栓固定在汽缸盖上，并在接合面处装有密封衬垫，以防漏气。

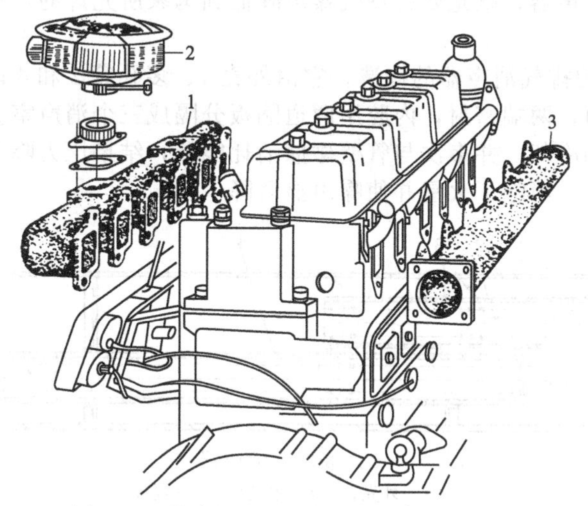

图 3-22 柴油机进、排气管及空气滤清器

1—进气管；2—空气滤清器；3—排气管

3.4.2 空气滤清器

空气滤清器的功用是清除空气中的灰尘和杂质，使汽缸内的空气清洁干净，减少由于进气带进的机械杂质对活塞、汽缸套、进气阀等组件的磨损。

对空气滤清器的基本要求是：具有高效的滤清能力；空气的流通阻力小；能长期连续工作；维护检修方便。

空气滤清器所用的滤清方法主要有三种。

① 惯性法　它利用空气中所含尘土和杂质的密度比空气密度大的特点，当汽缸吸入空气时，引导气流急剧旋转，由于离心力的作用，使较重的物质自动地从空气中甩出或分离出去。

② 油浴法　它是引导高速气流通过油液，空气杂质便沉淀于油中实现了清洗。

③ 过滤法　即通过引导气流经过滤芯，使尘土和杂质被隔离或黏附在滤芯上，达到滤清的目的。滤芯有金属丝网和纸质滤芯等几种。

近年来，纸滤芯空气滤清器在内燃机上获得了较大的发展，其优点是质量小、成本低、滤清效果好。纸滤芯有干式和湿式之分，干式纸滤芯可反复使用，见图 3-23。而经过油浴后的湿式纸滤芯吸附能力强，滤清效果好，但滤芯需要定期更换。

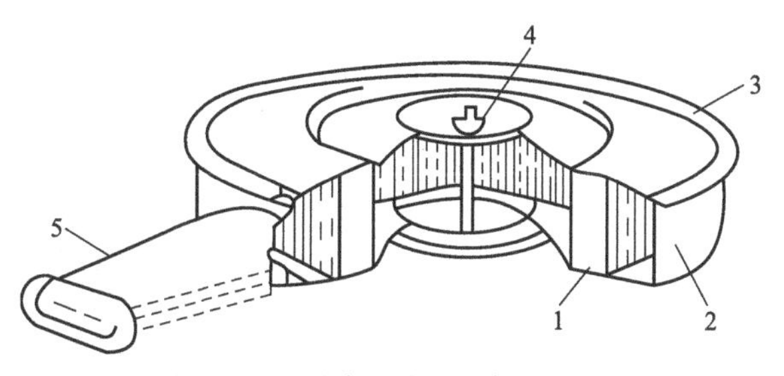

图 3-23 干式纸滤芯空气滤清器

1—滤芯；2—滤清器外壳；3—滤清器盖；4—螺母；5—进气导流管

综合采用上述几种方法的称为综合式空气滤清器。综合式滤清器的滤清效果更好，但结构复杂，成本较高。大多应用于工作环境灰尘较多的工程机械柴油机上。

3.4.3 排气消声器

发动机排气开始时，汽缸内废气的压力和温度仍比环境的压力和温度高得多，此时汽缸内的压力约为 0.4MPa。如果让废气直接排入大气中，会产生强烈、刺耳的排气噪声。在排气管的出口处安装消声器，就是要将排气噪声降低到国家所允许的水平，并消除废气中可能存在的火焰和火星。

图 3-24 为典型的排气消声器的构造。它由外壳 1、多孔管 2 和 4 以及隔板 3 等组成。外壳用薄钢板制成圆筒，两端密封，内腔用两道隔板分隔成三个消声室。废气经多孔管 2 进入消声室，得到膨胀和冷却，并多次与管壁碰撞消耗能量，结果压力降低、振动减轻，最后从多孔管 4 排入大气中，消除了火星并使噪声显著降低。

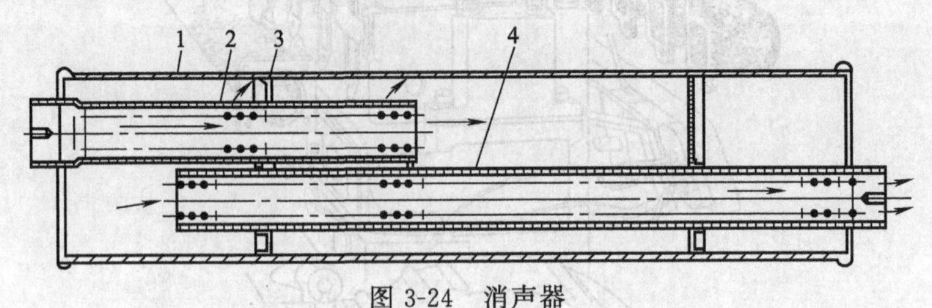

图 3-24 消声器

1—外壳；2,4—多孔管；3—隔板

第4章 柴油机燃油供给系统

柴油机燃料供给系统的任务，就是按照柴油机工作次序及不同工况的要求，在每一工作循环中，把干净的柴油按一定规律和要求供给汽缸，使其与空气形成可燃混合气并自行着火燃烧，把燃油中含有的化学能释放出来，通过曲柄连杆机构转变为机械功。

4.1 燃油供给系统的组成及燃油

4.1.1 燃油供给系统的组成

柴油机燃料供给系统主要由油箱、输油泵、低压油管及滤清器、喷油泵、高压油管、喷油器及回油管等组成，如图 4-1 所示。

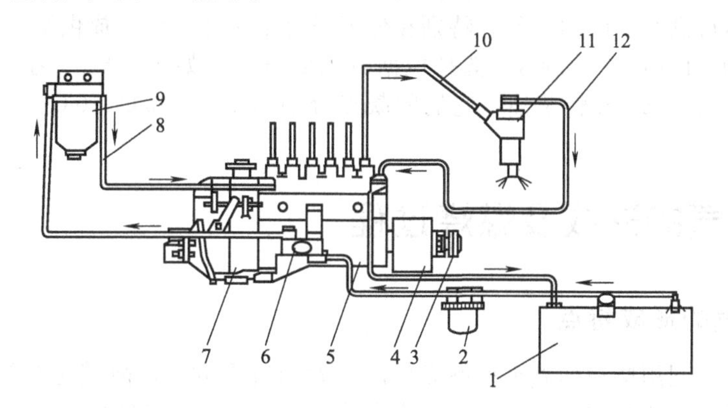

图 4-1 燃油供给装置的组成

1—燃油箱；2—粗滤器；3—连接器；4—提前器；5—喷油泵；6—输油泵；7—调速器；8—低压油管；9—细滤器；10—高压油管；11—喷油器；12—回油管

燃料供给系统可分为低压与高压两个油路。所谓低压是指从燃油箱到喷油泵入口的这段油路中的油压，因它是由输油泵建立的，而输油泵的出油压力一般为 0.15～0.3MPa，故这段油路称为低压油路。高压油路是指从喷油泵到喷油器的这段油路，该油路中的油压是由喷油泵建立的，一般在 10MPa 以上。

在低压油路中，输油泵 6 从燃油箱 1 内将柴油吸出，经燃油粗滤清器 2 滤去较大颗粒的杂质，再经柴油细滤清器 9 滤去细微杂质后进入喷油泵 5。喷油泵将低压柴油增压后，经高压油管 10、喷油器 11 以一定的压力和一定的雾化质量喷入燃烧室，形成可燃混合气。输油泵输送给喷油泵的多余柴油和喷油器泄漏的柴油经回油管 12 流回油箱。

4.1.2 柴油

柴油机使用的燃料是柴油，柴油和汽油一样都是石油制品。在石油蒸馏过程中，温度在 200～350℃之间的馏分即为柴油，含碳 87%，氢 12.6%和氧 0.4%。柴油的物理性能和化学性能，对发动机的启动性能和动力性能以及供给系的工作和寿命都有影响。柴油分为轻柴油和重柴油，工程机械多采用高速柴油机，一般都使用轻柴油。

柴油的使用性能指标主要是着火性、蒸发性、黏度和凝点。

(1) 着火性

柴油的着火性是指其自燃能力，柴油比汽油的着火性好，自燃温度较低。在通常大气压(101kPa)下，柴油的自燃温度为330～350℃。随着空气压力提高，柴油的自燃温度将相应降低。柴油的着火性好坏通常用十六烷值表示。十六烷值高的柴油，因燃烧需要的准备时间短，故着火性好，柴油机工作柔和。反之，柴油的十六烷值越低，柴油机的工作越粗暴。工程机械所用柴油机，柴油的十六烷值一般应不低于40～45。

(2) 蒸发性

柴油的蒸发性是由蒸馏试验确定的，即将柴油加热，分别测定其蒸发量为50%、90%、95%的馏出温度。馏出温度愈低，表明柴油的蒸发性愈好，愈有利于可燃混合气的形成和燃烧。

(3) 黏度

柴油的黏度决定柴油的流动性。黏度越小，流动性越好，并有利于雾化。但是，黏度若过小，将使喷油泵、喷油器精密偶件间不易形成油膜而加剧磨损。黏度大的柴油不仅流动阻力大、滤清和沉淀困难，而且严重影响从喷油器喷出时雾化。

(4) 凝点

柴油的凝点是指其冷却到开始失去流动性的温度。好的柴油应具有较低的凝点。凝点高的柴油不利于燃料供给系统的工作，特别在低温条件下工作可能造成供给系的堵塞。国产轻柴油的牌号(GB/T 19147—2003)就是根据凝点划分的，如10号、5号、0号、－10号、－20号、－35号、－50号轻柴油，它们的凝点分别为10℃、5℃、0℃、－10℃、－20℃、－35℃、－50℃。

4.2 混合气的形成及燃烧过程

4.2.1 混合气的形成特点

由于柴油机是利用柴油的着火性好而采用自燃的着火方式，故其混合气形成时间极短，混合气极不均匀。一般是在压缩行程时上止点前10°～15°曲轴转角时将柴油喷入汽缸，在上止点附近着火燃烧。若柴油机的转速为2000r/min，15°曲轴转角仅相当于(1/800)s。正因为形成混合气时间极短，致使混合气极不均匀。另外由于结构方面的原因，汽缸内有的地方柴油过多而空气较少，甚至没有空气；相反，有的地方空气多而柴油少，甚至完全没有柴油；但也有某些地方柴油与空气的混合适中，成为首先着火燃烧的火源。

柴油机混合气形成的上述特点，显然不利于燃烧。为使喷入汽缸中的柴油尽可能燃烧完全，以便提高柴油机的经济性，实际充入汽缸中的空气量要比完全燃烧理论上需要的空气量多，即要有过量的空气。通常将两者的比值称为过量空气系数α。一般$\alpha=1.2\sim1.5$。柴油机在各种工况下工作时，实际充入汽缸中的空气量基本不变，而是依据不同负荷相应改变喷油量，从而改变混合气的浓度，即改变α值。α值越大，则混合气越稀，能提高柴油机的经济性而使动力性变差；反之，α值越小，则混合气越浓，能提高动力性而使经济性变差。

4.2.2 可燃混合气的燃烧过程

在柴油机压缩和做功过程中，汽缸内气体压力随曲轴转角变化的关系如图4-2所示。根据汽缸中压力和温度的变化特点，可将混合气的燃烧过程按曲轴转角划分为4个阶段，即滞燃期、速燃期、缓燃期和后燃期。

(1) 滞燃期(着火延迟期)

指从喷油始点A到燃烧始点B之间所对应的曲轴转角。在压缩行程末期，喷入汽缸的雾状柴油从汽缸中的高温空气中吸收热量，并逐步蒸发、扩散，与空气混合，进行燃烧前的物理和化学准备。

若滞燃期过长，缸内形成的混合气数量多，一旦燃烧，会造成汽缸压力急剧升高，造成发动机的工作粗暴。

(2) 速燃期

指燃烧始点B到汽缸内产生最高压力点C之间所对应的曲轴转角。由于产生了火焰中心，并迅速向燃烧室四周传播，汽缸内压力和温度迅速上升，至C点达到最高值，最高压力点一般出现在上止点后6°～15°曲轴转角处。

(3) 缓燃期

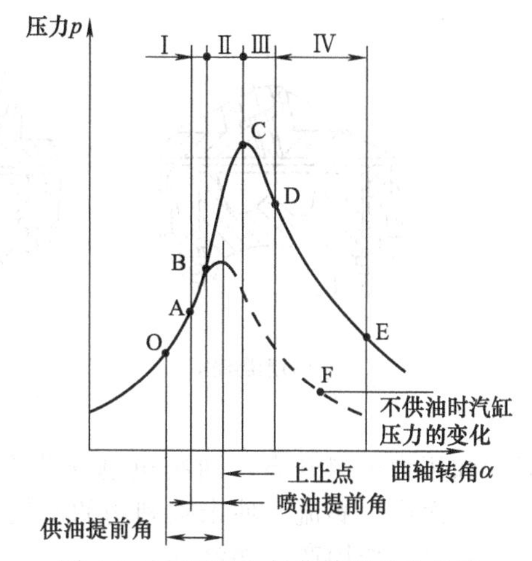

图4-2　汽缸压力与曲轴转角的关系
Ⅰ—滞燃期；Ⅱ—速燃期；Ⅲ—缓燃期；Ⅳ—后燃期

指从最高压力点C到最高温度点D为止的曲轴转角。此阶段边喷油边燃烧，开始燃烧很快，但随着氧气减少、废气增加，燃烧条件变差，燃烧逐渐减慢，而汽缸内温度却能继续升高达到最高点。最高温度出现在上止点后20°～25°曲轴转角处。喷油通常在D点之前结束。

(4) 后燃期

指从最高温度点D到燃料基本烧完为止（E点）的曲轴转角。在此期间，汽缸容积迅速增大，压力和温度均降低。

为了改善混合气的形成条件，提高混合气的形成质量，一般柴油机都采用较高的压缩比（16～22)，促进柴油蒸发，同时要求喷油器必须有足够的喷油压力，一般在10MPa以上，以利于柴油的雾化。此外，在燃烧室内形成强烈的空气运动，促进柴油与空气的均匀混合。

4.3　燃烧室

由于柴油机混合气的形成和燃烧均在燃烧室中进行，故燃烧室的结构形式直接影响形成混合气的品质和燃烧质量。对燃烧室的要求是：尽可能形成品质好的混合气，使燃烧完全、工作柔和、动力性和经济性好，并易启动。

按结构形式，柴油机燃烧室可分为两大类：统一式燃烧室和分隔式燃烧室。

4.3.1　统一式燃烧室

统一式燃烧室是由凹形活塞顶、汽缸垫间隙与汽缸底面所包围的单一内腔。采用这种燃烧室时，燃油直接喷射到燃烧室中，故又称直接喷射式燃烧室。

常见的直喷式燃烧室结构如图4-3所示，主要形状有ω形、球形和U形。

(1) ω形燃烧室

图4-3 (a) 为ω形燃烧室，主要在活塞顶部有较深的ω形凹坑。凹坑口径比汽缸直径小得多，活塞顶平面与汽缸盖底平面间的间隙较小。

当活塞进行压缩时，活塞顶周围的空气不断被挤压流入凹坑而产生涡流。待活塞上行到上止点前约8°～10°曲轴转角时，涡流速度最大，此时多孔喷油器以19.6MPa左右的压力将燃油喷入燃烧室空间。大部分燃油分布在燃烧室空间与空气形成可燃混合气，少部分燃油黏附在燃烧室壁上形成油膜。空间混合气首先完成物理、化学准备，开始着火燃烧，使凹坑中

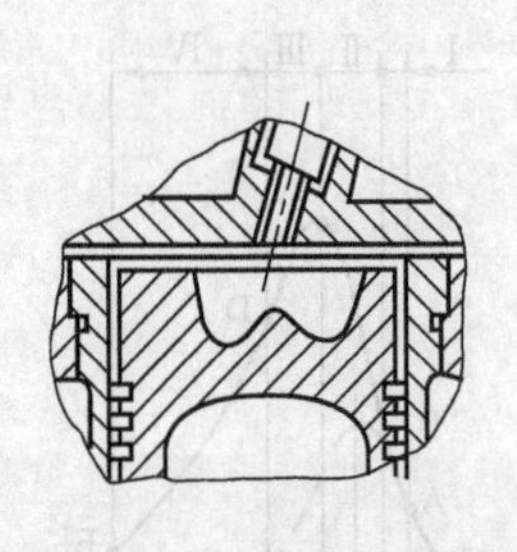

(a) ω形燃烧室

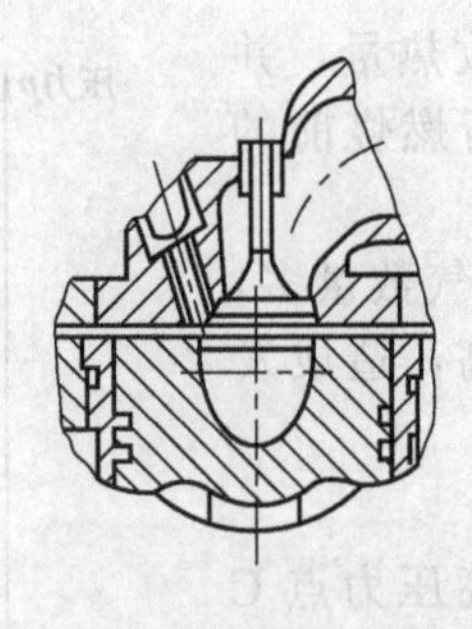

(b) 球形燃烧室

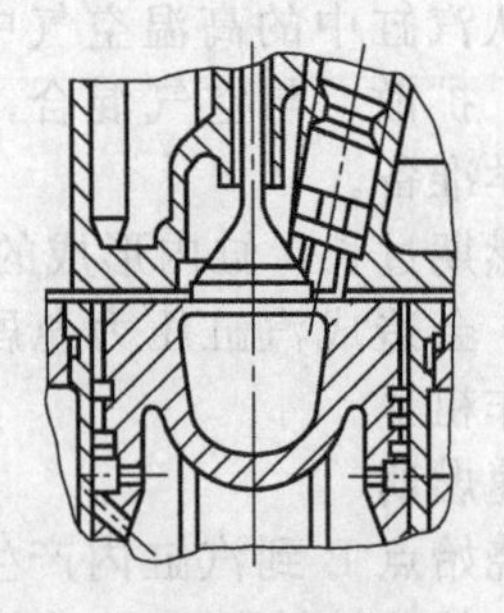

(c) U形燃烧室

图 4-3 统一燃烧室

的温度和压力迅速升高，油膜也迅速蒸发参加燃烧。当活塞开始下行时，燃气从凹坑中冲出，再一次产生涡流，使未被利用的空气进一步与燃油混合燃烧。

活塞挤气作用产生涡流的大小，一般是转速愈高，燃烧室喉口直径愈小，活塞与汽缸盖间的间隙愈小，挤气产生的涡流速度就愈大。如这种燃烧室再配以螺旋进气道，就能进一步改善混合气的形成和燃烧。采用螺旋进气道能产生较大的涡流比，故可适当降低对喷油装置的要求，使柴油机工作良好。135 系列柴油机就是 ω 形燃烧室，采用 4 孔喷油器，喷孔直径为 0.35mm，喷油压力为 17.1MPa。

ω 形燃烧室具有结构紧凑，散热面积小，热效率高、雾化良好、易启动等优点，但由于大部分燃油在滞燃期间内形成混合气，导致柴油机工作粗暴。

(2) 球形燃烧室

图 4-3（b）为球形燃烧室，主要在活塞顶部有 3/4 的球形凹坑。

球形燃烧室配以螺旋进气道，会产生强烈的进气涡流和挤压气流，将燃油顺着气流方向喷向燃烧室壁面，形成比较均匀的油膜。飞溅到空气中的少量燃油首先与空气混合燃烧，起引燃作用。随着燃烧的进展，燃烧室内的温度和气流的速度越来越高，使油膜顺次迅速蒸发与空气均匀混合燃烧。

球形燃烧室的主要特点是：

① 混合气开始形成很慢，在滞燃期内形成的混合气量少，故柴油机工作柔和。

② 高速的空气涡流不仅能加速油膜的蒸发，而且还能促使空气与废气分离。因为在旋转的气流中，高温废气因密度小趋向涡流中，而密度较大的空气在离心力的作用下甩向涡流的四周，与壁面上蒸发的燃油及时混合燃烧，使燃烧进行得比较完善，故动力性与经济性都较好。

③ 对燃油供给装置的要求不高，不要求喷注雾化良好，反倒要求喷注具有一定的能量，故可用单孔、双孔喷油器。

④ 因工作不粗暴，对燃油要求不高，可使用不同牌号的燃油。120 系列柴油机采用球形燃烧室配用双孔喷油器，喷孔直径为 0.42mm，喷油压力为 17.1MPa。这种燃烧室的主要缺点是燃烧室成为一个高温的热球，活塞容易过热，启动性能差。

(3) U 形燃烧室

图 4-3（c）所示为 U 形燃烧室，亦称复合式燃烧室，主要在活塞顶部有 U 形凹坑。

U 形燃烧室混合气形成和燃烧过程与球形燃烧室相比，主要特点是：喷射燃油的方向基本与空气流动的方向垂直，只有很小的顺流趋势；燃油的一部分是靠旋转的气流甩洒在燃烧室壁面上形成均匀的油膜，然后蒸发形成混合气燃烧；燃油的另一部分分散在高温的空气中，首先形成混合气燃烧。形成油膜的燃油量的多少，与气流的旋转速度有关。柴油机在高速时，以油膜蒸发燃烧为主，类似于球形燃烧室；工作柔和平稳，而且高速旋转的气流亦有分离废气与新鲜空气的作用。当柴油机在低速或启动时，由于空间形成混合气的燃油量增多，类似于ω形燃烧室，雾化良好、易启动。这种燃烧室对燃油喷射装置要求较低，可使用单孔轴针式喷油器，喷射压力为11.76MPa左右。105系列柴油机采用U形燃烧室。

4.3.2 分隔式燃烧室

分隔式燃烧室是把燃烧室的容积分隔成两个部分，两者中间由通道连接。根据通道结构的不同及形成涡流的差别，分隔式燃烧室又可分为涡流式燃烧室及预燃式燃烧室两种，如图4-4所示。

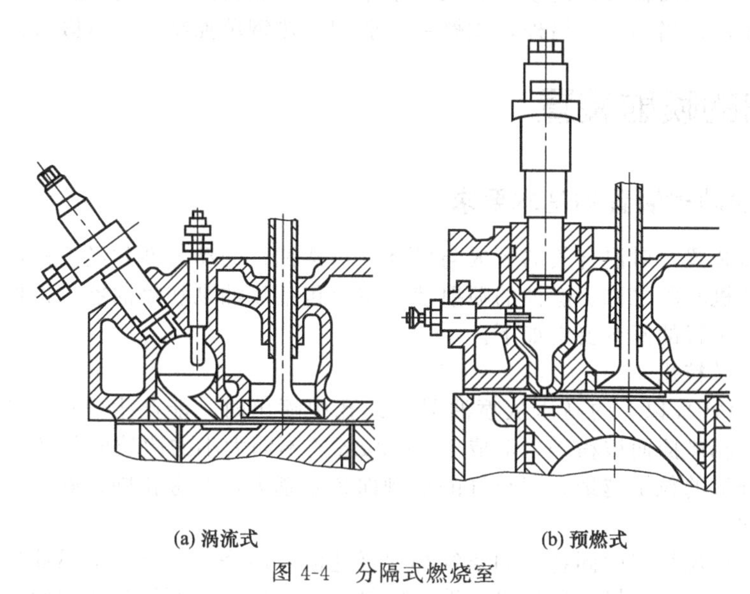

(a) 涡流式　　(b) 预燃式

图4-4 分隔式燃烧室

(1) 涡流式燃烧室

涡流式燃烧室由两部分组成，即在汽缸盖或汽缸体上的球形或钟形的涡流室及在活塞顶的主燃烧室，如图4-4 (a) 所示。

涡流室的容积为燃烧室总容积的70%～80%，由一个或几个通道面积较大的与其相切的通道连通主燃烧室。

当活塞向上止点运动时，汽缸内被压缩的空气沿着主燃烧室与涡流室连接通道的切线方向进入涡流室，形成强烈的、有规则的压缩涡流运动。喷入涡流室的燃油靠这种强烈的涡流与空气迅速地基本完成混合，部分燃油即在涡流室内燃烧，未燃部分在做功行程初期与高压燃气通过切向孔道喷入主燃烧室，进一步与空气混而燃烧。在这种燃烧室内，压缩涡流强度与柴油机的转速成正比，转速越高，混合气形成越快，两者相互适应。这就是涡流式柴油机能适应高速运转（转速高达5000r/min）的原因。4125型柴油机即为涡流式燃烧室。

(2) 预燃式燃烧室

这种燃烧室亦由两部分组成，即汽缸盖上的预燃室与活塞顶部的主燃烧室，两者之间由一个或几个小孔通道（或称喷孔）相连，预燃室的容积约为总燃烧室的30%～40%，如图4-4 (b) 所示。在压缩过程中，汽缸内一部分被压缩的空气从主燃烧室挤入预燃室，这时由于通道的节流作用而产生压差，预燃室内的压力要比主燃烧室内低0.3～0.5MPa。由于连接通道不与预燃室相切，所以压缩行程期间，并不产生有序的涡流，只是空气流过通道时会产生强烈的紊流。

接近压缩终了时，喷油器将燃油喷入预燃室内与高温空气相遇，很快着火燃烧。着火后预燃室中的压力和温度迅速升高，巨大的预燃能量形成的压力差将未燃烧的大部分燃油连同燃气高速喷入主燃烧室，在主燃烧室内形成强烈的燃烧紊流，促使大部分燃料在主燃烧室与大部分空气混合而燃烧。

分隔式燃烧室的特点是，由于主燃烧室内燃烧是在副燃烧室以后，因此主燃烧室内压力升高要延迟很多，处于活塞下行及汽缸容积不断加大的条件下，而燃烧又主要以扩散燃烧形式进行。所以主燃室内压力升高率明显比直喷式要低，工作平稳，噪声小，缸内温度也相对要低些。因此 NO_x 排放量也比直喷式少；分隔式燃烧室分别有强烈的压缩涡流或燃烧紊流，促进了油和气的良好混合。因此，燃烧过程的好坏并不主要依靠喷射能量，所以对喷油系统要求不高。由于散热面积大，流动损失大，故燃油消耗率较高，启动性较差。为了解决启动困难，需把压缩比适当加大。另外，预燃室一般用耐热钢单独制造，再嵌入汽缸盖内。

4.4 燃油的喷射装置

4.4.1 对燃油喷射装置的基本要求

燃油的喷射装置，对混合气的形成与燃烧，对柴油机的动力性和经济性都有着决定性的影响，故有柴油机心脏之称。燃油的喷射装置主要包括喷油泵和喷油器。根据柴油不易汽化的特点，对喷射装置的基本要求如下。

(1) 雾化或微粒化

当燃油以 10MPa 以上的高压从喷油器的细孔中喷出时，能产生速度为 100m/s 流，同压缩空气的分子相碰撞而被粉碎，形成 1～100μm 的不同大小的微粒而分散在燃烧室内。同量的燃油，其分散的粒子越细，同空气的接触面积就越大，其雾化则越好。

(2) 贯穿性

为使燃油能在燃烧室中同各处的空气都很好地混合燃烧，不仅要求燃油的雾化要好，而且要求燃油的贯穿性也要好。所谓贯穿性，即是燃油飞散粒子所能到达的距离。雾化时贯穿性有很大的影响，如雾化好，则粒子的运动能量和速度小，其贯穿性就差。

(3) 分布性

由于柴油机压缩比高，燃烧室狭小，扁平而复杂，故燃油在燃烧室中均匀分布是困难的。结果势必在燃烧室中某些地方由于油多而空气少，使燃油不能完全燃烧而冒烟。另外一些地方又由于燃油过少，一些空气未被利用就排出汽缸。因此，应尽可能使燃油在汽缸中均匀分布。

应该指出，上述这些要求单靠喷射装置本身是难以实现的，实际上是由不同结构形式的燃烧室与相应的喷射装置来共同实现。

4.4.2 喷油泵

(1) 喷油泵的功用和要求

① 喷油泵的功用　喷油泵是柴油机燃料供给系的关键部件，它的工作好坏直接影响柴油机的动力性、经济性和排放性能。它的功用是将输油泵送来的柴油，根据发动机不同工况的要求和工作顺序，定时、定量、定压地向喷油器输送高压柴油。四行程柴油机供油凸轮轴转速为曲轴转速的 1/2，二行程柴油机二者转速相同。供油凸轮轴每转一周，各缸供油一次。

② 对多缸柴油机喷油泵的要求

a. 按发动机工作顺序逐缸供油，各缸的供油提前角相同，误差小于 0.5°～1°曲轴转角。

b. 各缸的供油量均匀，不均匀度在额定工况下不大于 3%～5%。

c. 向喷油器供给的柴油应具有一定的压力，以获得良好的喷雾质量。

d. 供油开始和结束要求迅速干脆，避免喷油器产生滴油现象或不正常喷射现象。

(2) 喷油泵的类型

喷油泵种类很多，在车用柴油机上得到广泛应用的有直列柱塞式喷油泵、转子分配式喷油泵和泵—喷油器等，见表4-1。

表4-1 喷油泵的类型及应用

直列柱塞式喷油泵	分配式喷油泵	泵—喷油嘴
A型泵	VE泵	PT泵
柱塞式喷油泵创制、发展和应用的历史比较久远，性能良好，工作可靠，多用于中型柴油发动机，为大多数汽车柴油机所采用	国外20世纪50年代后期开始推广使用的喷油泵，多用于轻型柴油发动机。上图为单柱塞分配式喷油泵。另外还有对置柱塞转子分配式喷油泵	多用于大型柴油发动机，如康明斯柴油机PT燃油喷射系统

(3) 柱塞式喷油泵

① 柱塞式喷油泵系列　柱塞式喷油泵根据柴油机单缸功率范围对喷油泵供油量的要求不同，以柱塞行程、泵缸间中心距和结构形式为基础，把喷油泵分成几个系列，再分别配以直径尺寸不同的柱塞，组成若干种在一个工作循环内供油量不等的喷油泵，以满足各种柴油机的需要。国产系列柱塞式喷油泵主要有：A、B、P、Z和Ⅰ、Ⅱ、Ⅲ号等系列。喷油泵系列化有利于喷油泵的制造和维修。

② 柱塞式喷油泵的工作原理　柱塞式喷油泵利用柱塞在柱塞套内的往复运动吸油和压油，每一副柱塞和柱塞套只向一个汽缸供油。多缸发动机的每组泵油机构称为喷油泵的分泵，每只分泵分别向各对应的汽缸供油。

图4-5所示为柱塞式喷油泵分泵的结构。它主要由柱塞偶件（柱塞和柱塞套）、出油阀偶件（出油阀和阀座）、柱塞弹簧、出油阀弹簧等组成。柱塞下端固定有调节臂，用户调节柱塞和柱塞套的相对角位置。

柱塞式喷油泵的工作原理如图4-6所示。柱塞表面上铣有直线形（或螺旋形）的斜槽，斜槽内腔和柱塞上面的泵腔用柱塞中心孔道相连通，柱塞套上的进油孔和泵体上的低压油腔相通。

a. 吸油过程。当柱塞下移到图4-6（a）所示位置，燃油从低压油腔经进油孔被吸入并充满泵腔。

b. 压油过程。在柱塞自下止点上移的过程

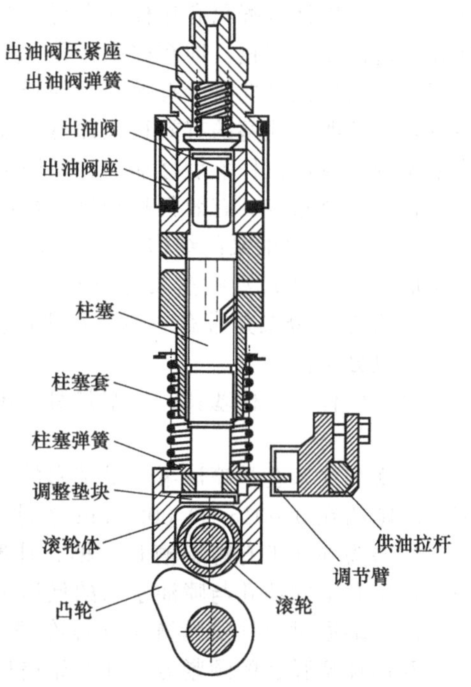

图4-5　柱塞式喷油泵分泵的结构

中，起始的部分燃油从泵腔挤回低压油腔，直到柱塞上部的圆柱面将 2 个油孔完全封闭为止，如图 4-6（b）所示。此后柱塞继续上升，柱塞上部的燃油压力迅速增高到足以克服出油阀弹簧的作用力，出油阀即开始上升。当出油阀的圆柱环形带离开出油阀座时，高压燃油便自泵腔通过高压油管流向喷油器。当燃油压力高出喷油器的喷油压力时，喷油器即开始喷油。

c. 回油过程。当柱塞继续上移到图 4-6（c）所示位置时，斜槽与油孔开始接通，于是泵腔内油压迅速下降，出油阀在弹簧压力作用下立即回位，喷油泵停止供油。此后柱塞仍继续上行，直到凸轮达到最高升程为止，但不再泵油。

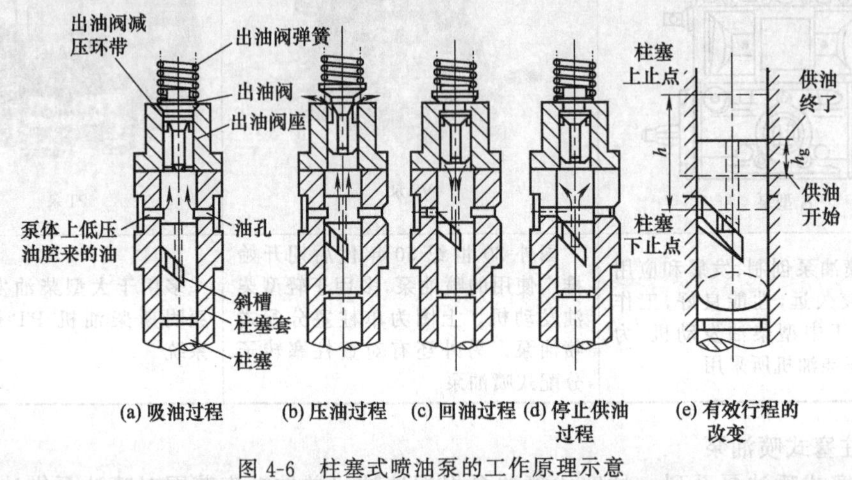

图 4-6 柱塞式喷油泵的工作原理示意

d. 停止供油过程。当柱塞转到如图 4-6（d）所示位置时，柱塞在上行的全过程中均不可能完全封闭油孔，因而有效行程始终为零，即喷油泵处于不供油状态。由上述泵油过程可知，柱塞上、下运动的行程 h 如图 4-6（e）所示，虽是由驱动凸轮的最大矢径决定的，但喷油泵的实际供油行程只有在柱塞上行完全封闭 2 个油孔之后才开始，而上行到柱塞斜槽和回油孔接通便立即停止，即在柱塞行程 h_g 内是泵油过程，h_g 称为柱塞有效行程。显然，喷油泵每次泵出的油量取决于有效行程的长短。因此，欲使喷油泵能随柴油机工况不同而改变供油量，只须改变柱塞的有效行程即可。通常采用改变柱塞斜槽和柱塞套油孔的相对位置的方法来实现。供油拉杆前后移动，柱塞即可绕自身轴线转动。将柱塞朝图 4-6（e）中箭头所示方向转动一个角度，有效行程和供油量即增加；反之，则减小。

③ 柱塞式喷油泵的结构 柱塞式喷油泵由分泵、油量调节机构、传动机构、泵体四部分组成。下面以 A 型喷油泵为例来介绍柱塞式喷油泵的结构，如图 4-7 所示。

a. 分泵。分泵是带有一副柱塞偶件的泵油机构。A 型喷油泵上共有结构和尺寸完全相同的 6 只分泵。

分泵由柱塞、柱塞套、柱塞弹簧、出油阀、出油阀座、出油阀弹簧和出油阀紧座等零件组成。

柱塞和柱塞套是喷油泵中最精密的偶件，用优质合金钢制作，并经过精密加工选配，其配合间隙约在 0.0015～0.0025mm 之间。柱塞偶件在使用中不能互换。

柱塞头部加工有螺旋槽和直槽，柱塞下部加工有榫舌。柱塞套安装在喷油泵体的座孔中，柱塞套上的油孔与喷油泵内的低压油腔相通。柱塞套用定位螺钉固定，以防转动。柱塞弹簧的上端通过上柱塞弹簧座支撑在喷油泵体上，下端则通过下柱塞弹簧座支撑于柱塞尾端，利用柱塞弹簧的预紧力使柱塞始终压紧在挺柱上的供油定时调节螺钉上，同时使挺柱的滚轮始终与喷油泵凸轮保持接触。

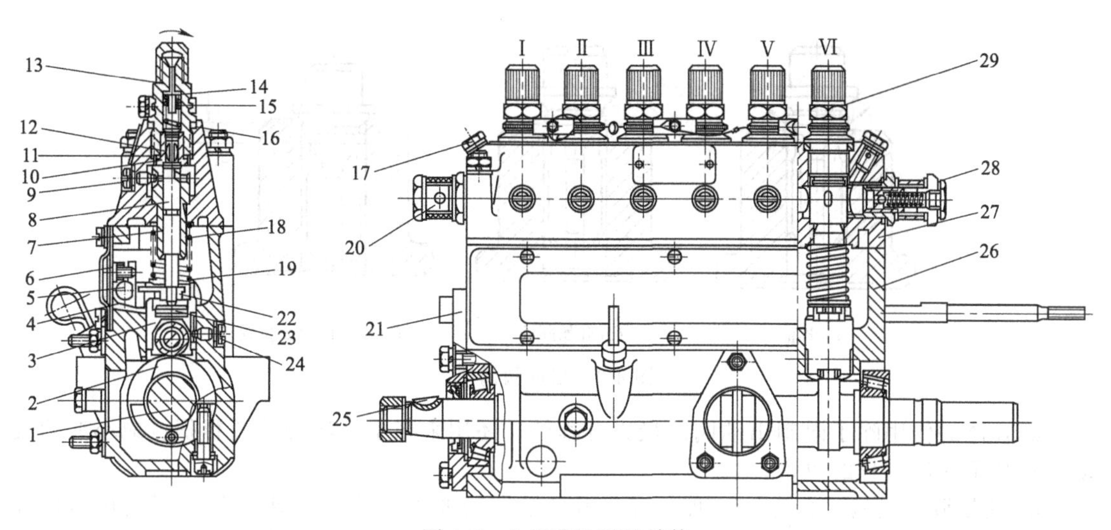

图 4-7 A 型喷油泵的结构

1—凸轮轴；2—凸轮；3—滚轮架部件；4—调节叉；5—调节拉杆；6—固定螺钉；7—柱塞套；8—柱塞；9—柱塞套定位螺钉；10—出油阀座；11—高压密封铜垫片；12—出油阀；13—出油阀紧固螺钉；14—减容体；15—出油阀弹簧；16—低压密封垫圈；17—放气螺钉；18—柱塞弹簧；19—弹簧下座；20—进油管接头；21—轴盖板；22—调节臂；23—调整垫块；24—定位螺钉；25—联轴器从动盘固定键；26—喷油泵下体；27—喷油泵上体；28—溢油阀；29—出油管接头

出油阀也是喷油泵内的精密偶件，主要由出油阀和出油阀座构成，如图 4-8 所示。它对控制喷油时刻、喷油规律、速度特性等都起着关键的作用。出油阀偶件采用优质合金钢制造，其导孔、上下端面及座孔经过精密的加工和选配研磨，配对以后不能互换。配合间隙约为 0.01mm。

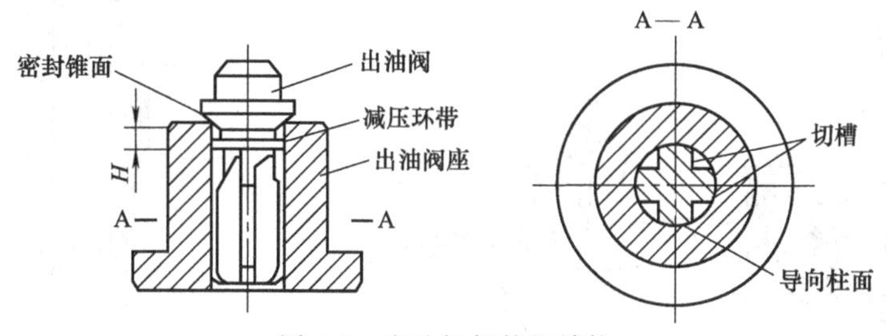

图 4-8 出油阀偶件的结构

出油阀偶件装在柱塞套的上端面，用从泵体顶部拧入的出油阀压紧座将出油阀弹簧压紧。出油阀的圆锥部是阀的轴向密封锥面，阀的尾部在导孔中滑动配合起导向作用，尾部加工有切槽，形成十字形断面，以便使燃油通过。出油阀中部的圆柱面叫减压带，它是周孔的径向滑动密封面，与密封锥面间形成了一个减压容积。

在正常工作情况下，出油阀在高压油管的油压和弹簧压力的作用下，压紧在阀座上。柱塞上升至燃料压力超过出油阀上的油压与弹簧压力后，就把出油阀向上压，但在出油阀刚开始升起时，还不能立即出油，一直要等到圆柱减压带离开导向孔后，才有燃油由泵腔进入高压油管［图 4-9（a)］。同样，在出油阀下落时，减压带一经进入座孔，就立即使燃油停止进入高压油管［图 4-9（b)］，等到出油阀再继续下降一段距离 H，出油阀才落座［图 4-9（c)］。这样，在高压油管中就增加了一部分容积，使油管中油压迅速下降，喷油就可以立即停止。如果没有减压环带，则在出油阀锥面落座时，高压油管中因油管的收缩和燃油的膨胀，存在着瞬间的高压，将使喷油器发生滴漏。

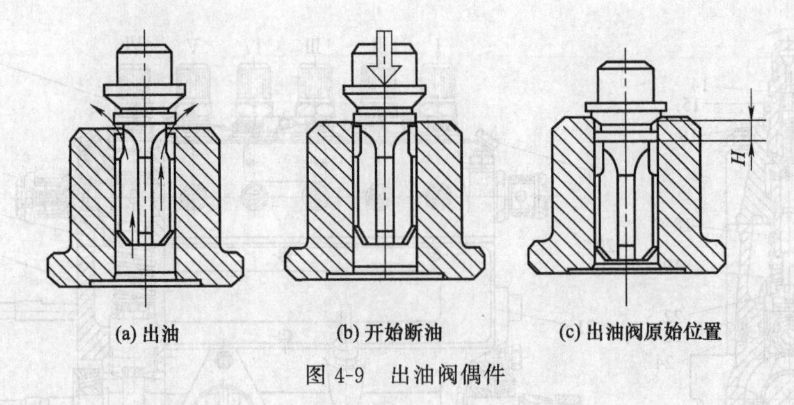

(a) 出油　　(b) 开始断油　　(c) 出油阀原始位置

图 4-9　出油阀偶件

减容体的作用除了限制出油阀的最大升程外，还用来减小高压油腔的容积、减小油的波动，有利于喷油过程的改善。

b. 油量调节机构。油量调节机构的功用是根据柴油机负荷和转速变化，相应转动各缸柱塞以改变喷油泵的循环供油量，并保证各缸供油量一致。常见的油量调节机构有拨叉式和齿条式两种，如图 4-10 所示。

（a）拨叉式油量调节机构如图 4-10（a）所示。柱塞 2 下端压配的调节臂 1 的球头插入调节叉 7 的凹槽中，各调节叉用螺钉固定在同一拉杆 4 上。随着工况的变化，只要左右移动拉杆，就可同时转动各分泵的柱塞，使各缸供油量同时改变。为防止拉杆相对调节叉和壳体转动，其上铣有定位平面。此外，拉杆上还装有停油销子 6。扳动停车手柄，通过停油销拨动拉杆停止供油，使柴油机熄火。放开手柄，拉杆便在弹簧作用下复位。

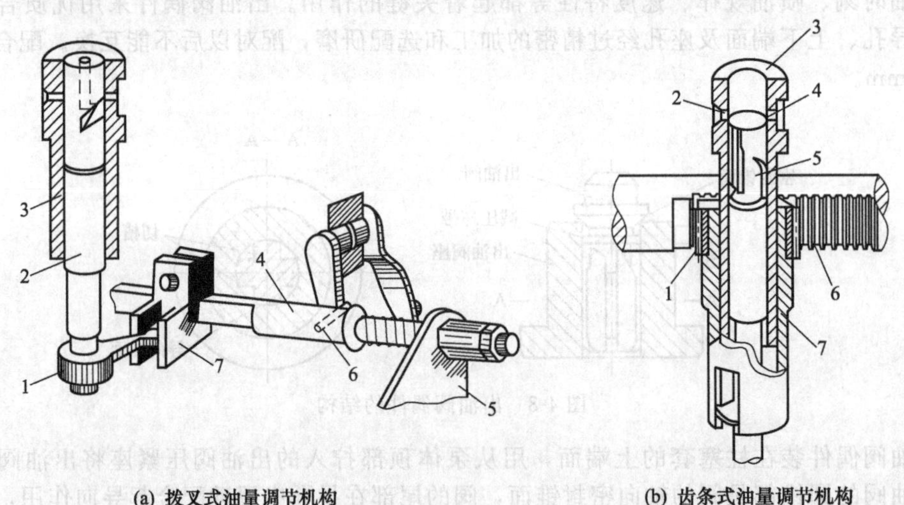

(a) 拨叉式油量调节机构

1—调节臂；2—柱塞；3—柱塞套；4—拉杆；
5—供油拉杆传动板；6—停油销；7—调节叉

(b) 齿条式油量调节机构

1—齿环；2，4—油门；3—柱塞套；5—柱塞；
6—齿条；7—传动套

图 4-10　油量调节机构

各缸供油均匀性的调整，可通过改变调节叉在拉杆上的位置来实现。如某一缸供油量不合适，可松开该缸的调节叉，将其在拉杆上移动一个适当的位置，使该缸柱塞相应转动一个适当的位置，使该柱塞相应转动一个适当的角度，从而改变这个缸的循环供油量。

（b）齿条式油量调节机构如图 4-10（b）所示。柱塞 5 下端带有凸块，将其嵌入传动套 7 的切槽中。传动套是松套在柱塞套 3 上的，在其上部固定有与齿条 6 相啮合的齿环 1。对于多缸柴油机，各缸齿环均与同一齿条相啮合。当移动齿条时，各缸柱塞同时转动，以改变供油量。如若某一缸供油量不均匀，可将其齿环松开转一适当角度，亦即使柱塞转一适当角度加以调整。

拨叉式油量调节机构与齿条式的相比较，具有结构简单、制造容易、调整方便等优点，国产Ⅰ、Ⅱ、Ⅲ号系列喷油泵均采用这种结构。齿条式油量调节机构结构较复杂；制造成本较高，调整不太方便，但传动平稳，工作可靠；国产A、P、Z系列采用这种调节机构。

c. 传动机构。喷油泵的传动机构由凸轮轴及滚轮传动部件组成。其功用是保证喷油泵按一定次序和规律供油。

(a) 凸轮轴。凸轮轴是传递动力并使柱塞按一定规律供油的主要零件，凸轮轴上的凸轮数目与缸数相同，排列顺序与柴油机的工作顺序相同。

四行程柴油机喷油泵的凸轮轴转速和配气机构的凸轮轴转速一样，都等于曲轴转速的1/2，也就是曲轴转2周凸轮轴转1周，各分泵都供油一次。凸轮轴的两端是支撑在圆锥滚柱轴承上，其前端装有联轴器，后端与调速器的传动轴套连接。

(b) 滚轮体传动件。传动机构由凸轮轴和滚轮传动部件组成。它的功用是推动柱塞往复运动，并保证供油正时。滚轮传动部件有2种形式：调整垫块式和调整螺钉式，如图4-11所示。A型泵采用调整螺钉式，如图4-11 (b) 所示。滚轮的内孔中压有衬套，衬套松套在滚轮轴上。滚轮轴装在滚轮架的座孔中，滚轮架一侧的圆柱面上镶有导向块，与泵体上相应的长槽相配合，使滚轮架只能上下移动而不能转动。可通过转动调整螺钉来调整供油提前角，将调整螺钉逆时针旋出，供油提前角加大；反之，供油提前角减小。

喷油泵的凸轮轴是由柴油机的曲轴通过一组正时齿轮驱动的。凸轮轴两端用圆锥滚子轴承支撑在泵体上，前端装有联轴器和机械离心供油提前角自动调节器，后端和调速器相连。

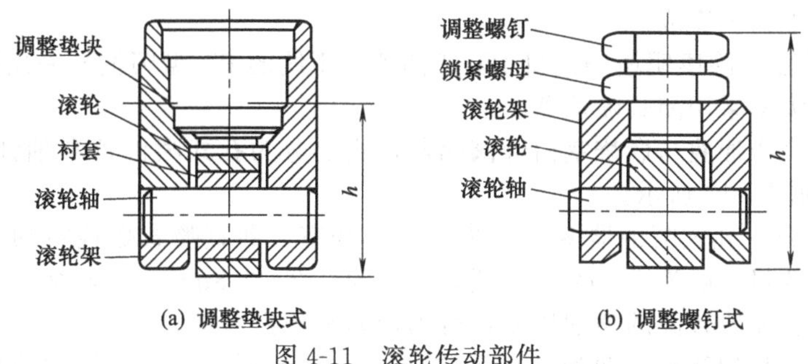

图4-11　滚轮传动部件

喷油泵供油提前角的调整方法有两种：一是改变喷油泵凸轮轴与柴油机曲轴的相对角位置，它是通过调整联轴器或供油提前角自动调节器来实现的；二是改变滚轮传动部件的高度，它是通过转动调整螺钉或换用不同厚度的调整垫块来实现的。当松开锁紧螺母拧出调整螺钉或换用厚调整垫块时，滚轮传动部件的高度增大，于是柱塞封闭柱塞套上进油孔的时刻提前，即供油提前角增大；反之，供油提前角减小。

应当指出，上述方法只用来对个别分泵的供油提前角进行调整，且能改变凸轮的供油区段，影响供油特性。根据柴油机工况的要求，对各缸的供油提前角同时进行调整时，是通过改变喷油泵的凸轮轴与柴油机曲轴的相对位置来实现的。

d. 泵体。泵体是喷油泵的基础件，供油机构、油量调节机构及传动机构都装在泵体内。泵体分组合式和整体式两种，多用铝合金或铸铁铸成。

组合式泵体分上体和下体两部分，用螺栓连接在一起。在上泵体有纵向油道与柱塞套周围的低压油腔相通，低压油腔压力为0.04～0.07MPa。当油压超过规定值时，装在油道的回油口处的溢流阀便打开，多余柴油又返回输油泵，下泵体被一水平隔壁分为上下两室。隔壁的垂直孔用来安装滚轮体总成。下室中装有润滑油，用来润滑传动机构，并与调速器壳体内的润滑油相通。

整体式泵体可使刚度加大，在较高的喷油压力下工作而不致变形。而分泵和传动件等零件的拆装较麻烦。

4.4.3 喷油器

(1) 喷油器的功用及要求

① 喷油器的功用 喷油器的功用是将喷油泵供给的高压燃油以一定的压力、速度、方向和形状喷入燃烧室，使喷入燃烧室的燃油雾化成细小油粒，并均匀地分布在燃烧室中，以利于混合气的形成和燃烧。柴油机要求燃油颗粒细微适当、大小均匀一致，能充满整个燃烧室空间，以保证燃油与空气混合均匀，使燃烧室内空气得到充分利用，燃料完全燃烧。

柴油机燃料供给系统里最末端的器件是喷油器，即喷油泵的各种功能最终是通过它来实现的。因此，喷油器的品质和技术状况的好坏在相当大的程度上反映燃料供给系统的其他重要参数，决定混合气形成的质量，最终关系到柴油机的功率指标、经济指标和环保指标。

② 对喷油器的要求

a. 具有一定的喷射压力。

b. 一定的射程。

c. 合理的喷射锥角。

d. 停油彻底、不滴漏。

(2) 喷油器的类型

喷油器分为开式和闭式两种。

① 开式喷油器 开式喷油器高压油腔与燃烧室相通，能将喷油的定时、雾化、计量和升压都集中在喷油器内完成。

② 闭式喷油器 除康明斯柴油机 PT 燃油喷射系统的 PT 型喷油器采用组合型开式喷油器以外，柴油机大多采用闭式喷油器。

闭式喷油器高压油腔与燃烧室由针阀隔断，主要分为孔式喷油器和轴针式喷油器两种，分别如图 4-12 和图 4-13 所示。

a. 孔式喷油器。孔式喷油器多用于统一式燃烧室，即直喷式燃烧室的柴油机上。孔式喷油器喷油孔的数目一般为 1～12 个，喷孔直径为 0.2～0.8mm。孔越多、孔径越小，则雾化越好，但小喷孔需要较高的喷油压力，否则极易被积炭堵塞。

孔式喷油器有长型和短型两种结构形式，如图 4-14 所示。前者将喷油嘴加长，针阀的导向部分远离燃烧室，以减少针阀受热及变形，从而避免针阀卡死在针阀体内，所以长型喷油器多用于热负荷较高的柴油机上。

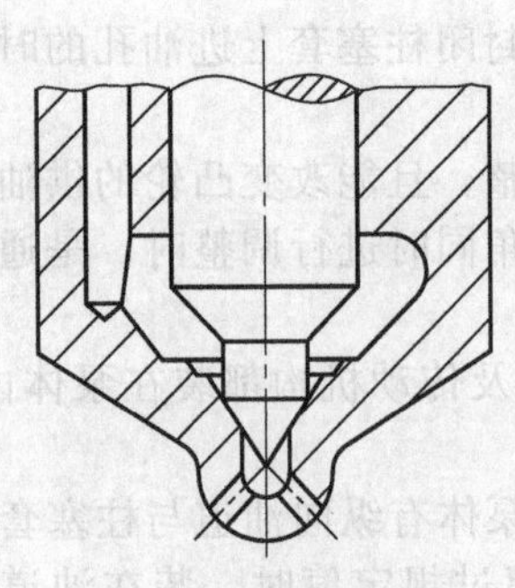

图 4-12 孔式喷油器

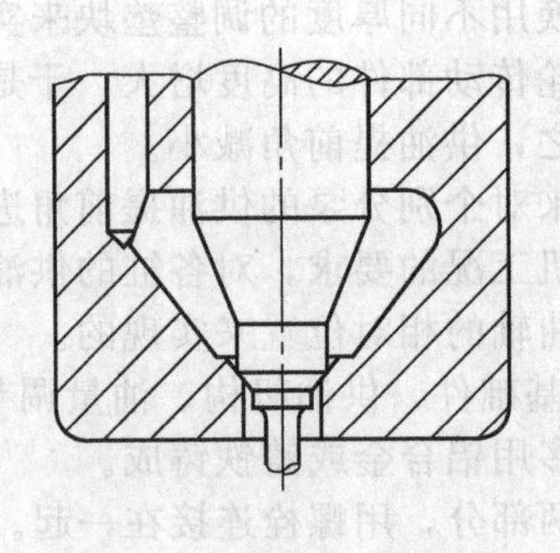

图 4-13 轴针式喷油器

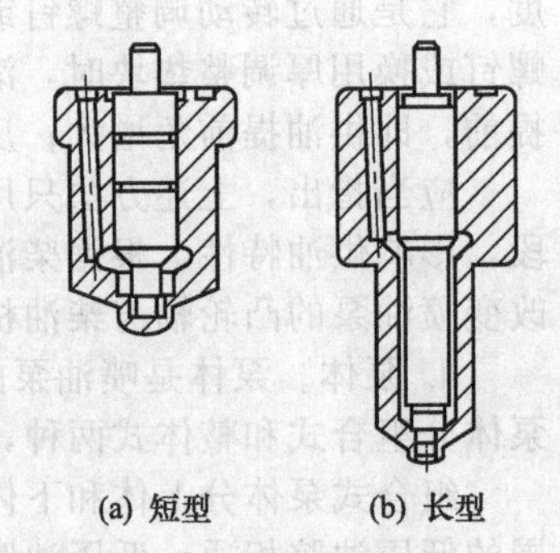

图 4-14 孔式喷油器

b. 轴针式喷油器。轴针式喷油器多用于分隔式燃烧室的柴油机。轴针式喷油器密封锥面以下还伸出一个轴针，形状有倒锥形、圆柱形。喷油时，油柱呈空心的锥状或柱形，孔径为 1～3mm，油压为 10～14MPa，喷孔不易堵塞，工作可靠。

(3) 喷油器的结构与工作原理

① 孔式喷油器　图 4-15 所示为长型孔式喷油器的构造，它主要由针阀、针阀体、推杆、调压弹簧、调压螺钉及喷油器等零件组成，其中最主要的是用优质合金钢制成的针阀和针阀体这对精密偶件。针阀上部的圆柱表面与针阀体的相应圆柱面作高精度滑动配合，配合间隙为 0.002～0.003mm。针阀偶件的配合面通常是经过精磨后再研磨，从而保证其配合精度。所以，选配和研磨好的一副针阀偶件是不能互换的，这点应特别注意。

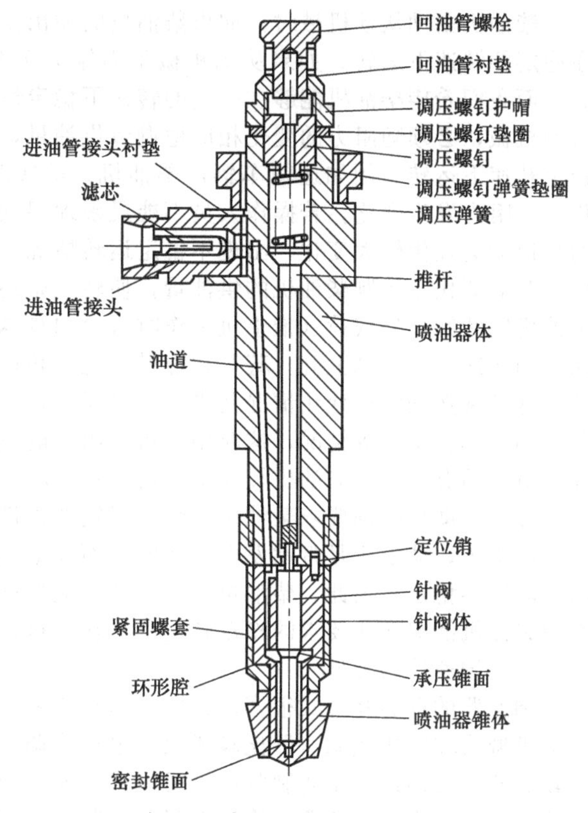

图 4-15　长型孔式喷油器的构造

柴油机工作时，喷油泵输出的高压柴油经过进油管接头和阀体内油道进入针阀中部周围的环形油室（高压油腔），油压作用于针阀锥体环带上一个向上的推力，当此推力克服调压弹簧的预紧力时，针阀上移使喷孔打开，高压柴油便经喷油孔喷出。当喷油泵停止供油时，油压迅速下降，针阀在调压弹簧作用下及时回位，将喷孔关闭。在喷油器工作期间，会有少量柴油从针阀与针阀体的配合面之间的间隙漏出，这部分柴油对针阀起润滑、冷却作用。漏出的柴油沿推杆周围的空隙上升，通过回油管螺栓上的孔进入回油管，流回到喷油泵或柴油滤清器。

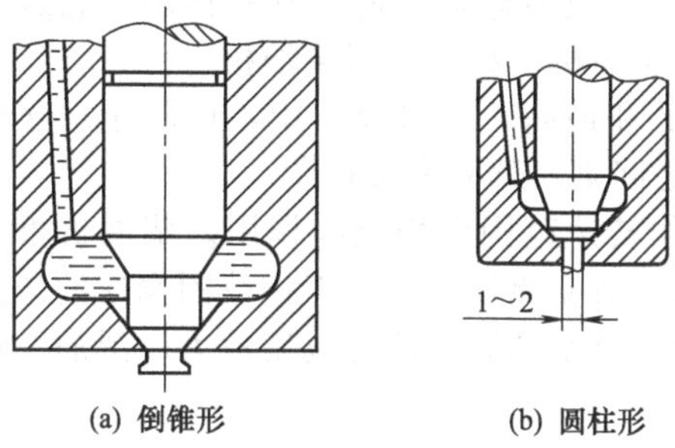

1～2

(a) 倒锥形　　(b) 圆柱形

图 4-16　轴针的种类

② 轴针式喷油器　轴针式喷油器的工作原理与孔式相同。其构造特点是针阀下端密封锥面以下还伸出一个轴针，其形状可以是倒锥形或圆柱形，如图 4-16 所示。轴针伸出喷孔外，从而形成一个圆环状的喷孔（轴针和孔壁的径向间隙为 0.005～0.25mm）。这样，喷注的形状呈空心的柱状或呈扩散的锥形，以配合燃烧室的形状。

4.5　调速器

4.5.1　调速器的功用与类型

(1) 调速器的功用

从喷油泵的工作原理可知，喷油泵的供油量可以通过转动油泵柱塞来调节。当供油量变化时，柴油机的扭矩和转速将相应发生变化。一般情况下，供油量加大，柴油机的扭矩和转速增加，反之则减少。

柴油机驱动从动机械时，如果柴油机的输出扭矩与从动机械的阻力矩相等，柴油机可以在稳定的转速下运转。如果从动机械阻力矩大于柴油机输出扭矩，转速将下降，反之会升高。而我们希望柴油机能够在一定的转速下稳定运转，因此，对于工作时阻力矩不断变化的从动机械，必须随阻力的变化相应地调节供油量，使柴油机的扭矩与外界负荷相适应，并在稳定转速下运转。例如运输车辆用柴油机，运转时由于道路坡度，风力、路面状况等的变化，其阻力发生变化，若操作人员不能灵敏地根据外界阻力的变化及时调整供油量，柴油机的转速就会发生较大变化，出现不稳定运转情况。而许多情况下，操作人员无法及时根据外界负荷的变化来控制柴油机的供油量，使转速始终保持稳定。例如，由于某种原因可能要求柴油机突然卸去外载荷（推土机工作时就会出现这种情况），这时如不立刻减小供油量，柴油机的转速就会急剧上升，甚至超过最大允许转速而造成“飞车”现象。完全靠操作人员来控制这种突然的负荷变化情况几乎是不可能的。另一方面，有时柴油机需要在最低转速下运转，如暖车、空转等情况，这时柴油机发出的能量完全消耗于内部阻力，若由于不可预见的外界阻力稍有增加，柴油机转速就会进一步下降而导致熄火。

许多从动机械都要求柴油机在转速稳定的条件下工作。机车柴油机更是如此，例如电传动内燃机车，柴油机是带动发电机运转，而发电机对转速稳定性的要求很高，否则会使所发出的电压不稳定。因此，柴油机上必须装有能根据外界负荷变化自动调节供油量的装置，从而使柴油机能够在所要求的稳定转速下运转。这种装置就是调速器。

（2）调速器的类型

调速器的种类和形式很多，按照其执行机构的不同，可分为机械式、液压式和电子式。其中机械式和液压式调速器比较成熟，电子式调速器目前只有德国、美国等少数国家的产品比较成熟，我国还处于研制阶段。机械式调速器结构简单，工作可靠，广泛用于中小功率的柴油机上。液压式调速器结构比较复杂，制造精度要求高，但调节灵敏，调节力大，多用于大、中型柴油机上。

按调速器调节的转速范围又可分为下述三种：

① 单制式调速器　这种调速器只在某一个转速（一般为标定转速）时起作用。它适合于要求工作转速恒定的柴油机，如某些发电机、空气压缩机、离心泵用柴油机。

② 双制式调速器　这种调速器只在柴油机的最低和最高转速时起作用，可防止怠速运转时熄火和高速运转时“飞车”。在最低与最高转速之间则由驾驶人员控制。

③ 全制式调速器　这种调速器在柴油机全部工作转速范围内均能起作用。柴油机可在转速范围内的任意转速下稳定运转。它适用于工作时负荷变化较大而且工作范围宽广的柴油机。如拖拉机、工程机械、船舶和内燃机车用柴油机。全制式调速器是应用最为广泛的一种调速器。

4.5.2 机械离心式调速器的工作原理

机械离心式调速器的组成主要有两个基本组成部分，即转速感应元件和与之相配合的调整供油拉杆位置的执行机构。前者是由具有一定质量、与调速弹簧相平衡的钢球（或飞锤、飞块等惯性元件）作为感应元件，后者是通过驱动执行机构与喷油泵油量调节机构相连。转速感应是通过惯性元件转动时的离心力来实现的，所以称为机械离心式调速器。

（1）单制式调速器工作原理图

图 4-17 是单制式调速器的原理示意图。凸轮轴带动传动盘一起转动，在传动盘内倾斜面的径向凹槽中装有钢球，推力盘装在支撑轴上，通过它可以带动供油拉杆左右移动。推力盘与弹簧座（固定在支撑轴上）之间装有调速弹簧，它在安装时有一定的预紧力。供油拉杆的最大供油位置由支撑轴的凸肩限制。

当喷油泵凸轮轴旋转时，传动盘、钢球一起旋转，这时推力盘的左侧是调整弹簧的作用力，而右侧是钢球旋转时产生的离心力的轴向分力，当二力相对平衡时推力盘不发生移动。相反，推力盘左右移动，从而带动供油拉杆使供油量改变。

柴油机不工作时，供油拉杆在弹簧力的作用下处于最大供油位置（图 4-17 虚线位置）。当柴油机工作后转速升高而大于标定转速 n_b 时，钢球的离心力因而增大，“破坏”了推力盘的左右平衡，钢球离心力的轴向分力迫使推力盘克服弹簧的弹力而向左移动，带动供油拉杆向减少供油的方向移动，直到供油量重新与负荷相适应时，转速便停止升高，推力盘也停止移动，调速器便在新的条件下重新获得平衡。此时，推力盘与支撑轴凸肩之间产生间隙 Δ，柴油机的转速比负荷减少前的转速稍高一些。

当柴油机负荷重新增加时，则转速会降低，其作用正好与上述相反，调速器弹簧则推动供油拉杆增加供油，直到二者重新适应为止。

(2) 双制式调速器

双制式调速器的结构形式很多，但其基本工作原理是相同的。图 4-18 所示为大飞块感应元件的双制式调速器简图。滑套套装在凸轮轴上，并可在其上相对滑动，两个飞块装在凸轮轴的十字轴上。每个飞块内装有两根弹簧，外弹簧刚度小而长，在低速时起作用，称为怠速弹簧；内弹簧刚性大而短，用来限制高速。两弹簧都具有一定的预紧度。柴油机工作时，飞块随凸轮轴旋转产生离心力，并沿十字轴产生径向位移，通过角形杠杆、滑套和浮动杠杆传到供油拉杆。此外，供油拉杆还可由驾驶员通过转动偏心轴直接控制。

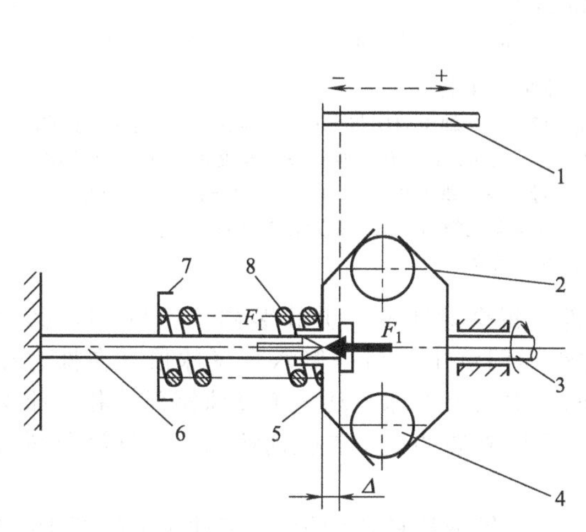

图 4-17　单制式调速器简图

1—供油拉杆；2—传动盘；3—喷油泵凸轮轴；4—钢球；5—推力盘；6—支撑轴；7—弹簧座；8—调速弹簧

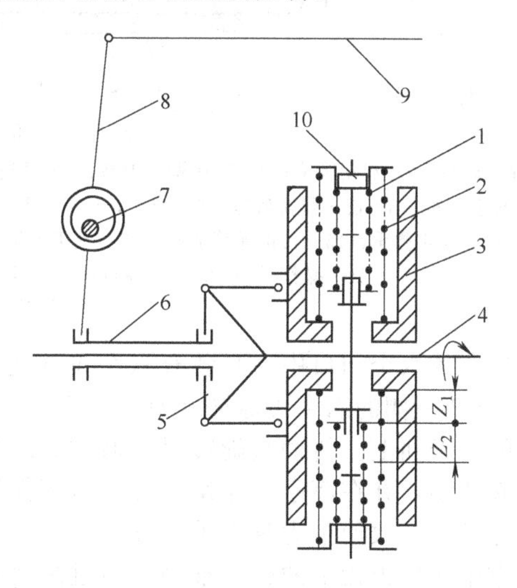

图 4-18　双制式调速器简图

1—高速弹簧；2—怠速弹簧；3—大飞块；4—喷油泵凸轮轴；5—角形杠杆；6—滑套；7—偏心轴；8—浮动杠杆；9—供油拉杆；10—调速螺帽

双制式调速器在低速和标定转速两种情况下起调速作用。柴油机在低速工况时，只有外弹簧起作用，其飞块的最大位移量为 Z_1；在高速工况时，内、外弹簧共同起作用，但以内弹簧为主，飞块的最大位移量为 Z_2；在低转速与高转速之间，外弹簧被压缩使飞快处于 Z_1 位置，但飞块的离心力还不足以克服内弹簧的预紧力，因而不起调速作用，柴油机供油量的大小必须由人直接控制。

(3) 全制式调速器

所谓全制式调速器，系指柴油机在最低至最高转速范围内均起作用的调速器。这种调速器在工程机械柴油机上应用十分广泛。图 4-19 为Ⅱ号喷油泵调速器的结构。传动轴承 14 装在喷油泵凸轮轴后端。其上固定有传动盘 12、松套有推力盘 20。在两盘中间的飞球支架 10

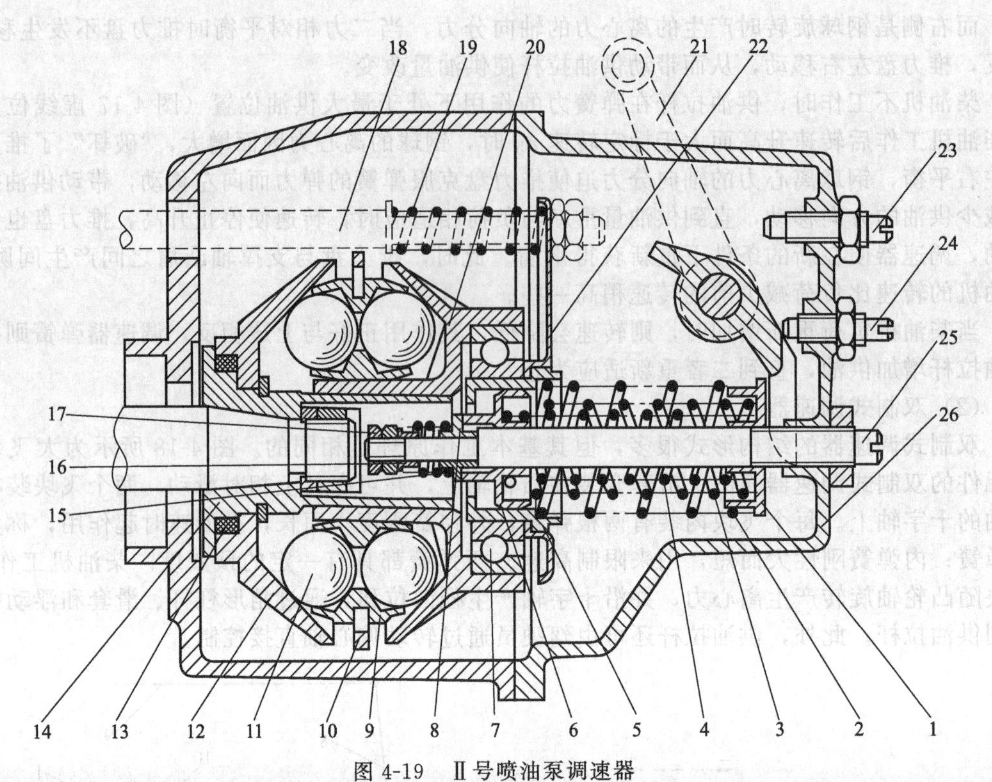

图 4-19　Ⅱ号喷油泵调速器

1—弹簧后座；2—启动弹簧；3—高速调速弹簧；4—低速调速弹簧；5—轴承内座与启动弹簧前座；6—调速弹簧前座；7—滚动轴承；8—校正弹簧后座；9—球座；10—飞球支架；11—飞球；12—传动盘；13—橡胶圈；14—传动轴承；15—校正弹簧；16—校正弹簧前座；17—校正弹簧调整螺母；18—供油拉杆；19—拉杆弹簧；20—推力盘；21—操作手柄；22—供油拉杆传动板；23—高速限制螺钉；24—低速限制螺钉；25—调节螺柱；26—后壳

径向均布的六个切口中，套装有六个飞球座部件。每个球座 9 上并排装两个飞球 11，其中传动盘 12 一侧的六个飞球嵌入盘上六个均布的锥形凹坑中，另一侧六个飞球顶靠在推力盘光滑的内锥面上。传动盘旋转时，通过嵌入其凹坑中六个飞球带动六个飞球座部件和飞球支架一起转动，并在离心力作用下飞球座部件沿着飞球支架的切口作径向移动，飞球沿着两斜盘向外滚动，致使推力盘作轴向移动。

作用在推力盘上的轴向推力，通过滚动轴承 7 和供油拉杆传动板 22 带动供油拉杆 18 向右移动，使循环供油量减少。可见，飞球的离心力总是力图减少循环供油量。

调节螺柱 25 旋装在调速器后壳 26 上，它上面套装有启动弹簧 2、高速调速弹簧 3、低速调速弹簧 4 和校正弹簧 15。启动弹簧和二调速弹簧的后端都支撑在可滑动的弹簧后座 1 上，它们的前端分别支撑在可滑动的、单向分离的启动弹簧前座 5 和调速弹簧前座 6 上。启动弹簧与低速调速弹簧较软、安装时有预紧力，高速调速弹簧较硬、安装时呈自由状态。校正弹簧后座 8 可滑动，校正弹簧前座 16 是由校正弹簧调整螺母 17 固定，并可通过调整螺母调整校正弹簧的预紧力。

驾驶员可通过操纵手柄 21 改变调速弹簧的预紧力，该力通过弹簧前座作用在供油拉杆传动板上，使供油拉杆向左移动增加循环供油量。用高速限制螺钉 23 来限制弹簧的最大预紧力，用低速限制螺钉 24 来限制弹簧的最小预紧力。

① 调速原理　为方便起见，将图 4-19 加以简化：省略启动弹簧、校正弹簧，调速弹簧用一根表示，弹簧前座是刚性凸肩。图 4-20 是操纵手柄与高速限制螺钉相碰位置的调速原理简图。此时，调速弹簧被压缩到最大程度。弹簧的预紧力用 F_E 表示，它通过弹簧前座、

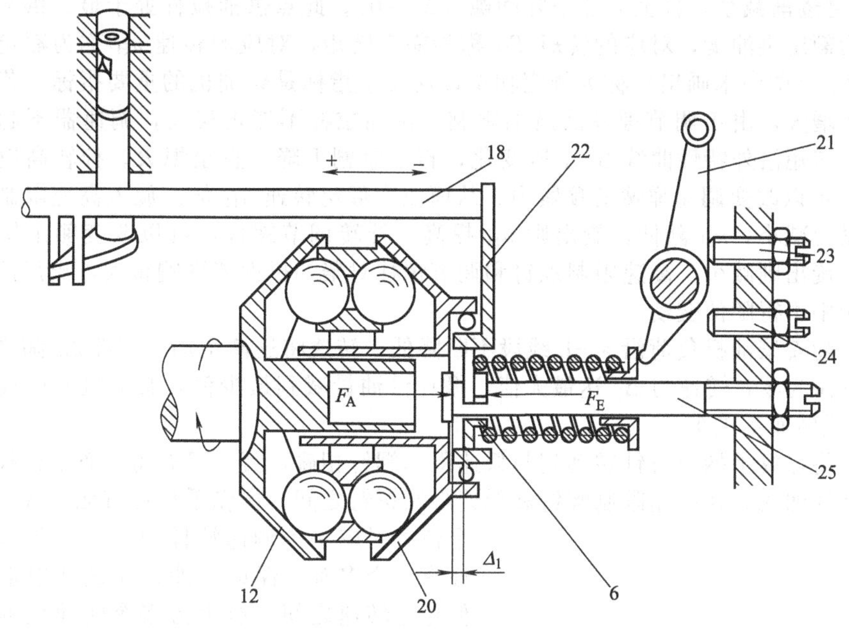

图 4-20 调速器的调速原理图（图注同图 4-19）

供油拉杆传动板，使供油拉杆左移增加循环供油量。飞球产生的离心力（其大小与转速的平方成正比）的轴向分力用 F_A 表示，它通过推力盘、供油拉杆传动板使供油拉杆右移减少循环油量。

只要柴油机的负荷一定时，总会在某一转速 n 时 F_E 和 F_A 相平衡，使柴油机稳定运转。此时，弹簧前座与调节螺柱前端凸肩之间保持有 Δ_1 间隙。假如 $F_E > F_A$ 供油拉杆将左移增加供油量，使柴油机转速增加，F_A 也随之增加，而 F_E 由于弹簧前座左移而降低，故二者逐渐趋于平衡，反之，若 $F_A > F_E$，供油拉杆右移减少供油量使转速降低，F_A 也随之降低，而 F_E 则由于弹簧进一步压缩而增加，二者又很快平衡。

当柴油机的负荷减小时，柴油机发出的转矩大于外界的阻力矩，柴油机的转速升高，飞球的轴向推力 F_A 随之增大，破坏了原来的平衡（$F_A > F_E$）。于是，供油拉杆右移减少供油量，直至某一新的转速时达到新的平衡。此时，柴油机的转速 n、F_A、F_E、Δ_1 均有所增加。

相反，当柴油机负荷增大时，柴油机发出的转矩小于外界阻力矩，轴向推力随着转速的降低而减小，使 $F_A < F_E$。这样，供油拉杆便向左移动增加供油量直到出现新的平衡为止，此时的 n、F_A、F_E、Δ_1 均有所减小。

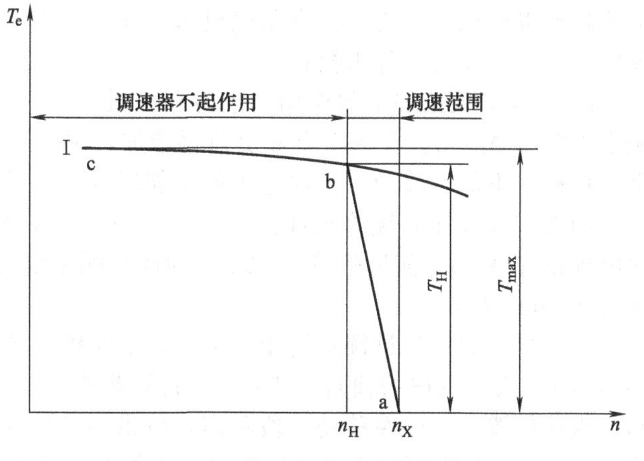

图 4-21 柴油机的调速特性曲线

由上可见，当操纵手柄位置固定在图示位置不变时，随着外界阻力矩不断变化（在一定范围内），调速器能及时自动调节供油量与其相适应，使柴油机转矩在较大范围变化时，而转速的波动却很小。图 4-21 中 a—b 线段即为调速器起作用时转矩随转速的变化规律。随着柴油机负荷沿 a—b 线段不断增加，转速则不断降低，

间隙 Δ_1 随之逐渐减小，直至 b 点消除间隙（$\Delta_1=0$）。此点供油拉杆处于最大供油位置，其供油量称为额定供油量，对应的转矩 T_H 称为额定转矩，对应的转速 n_H 称为额定转速，对应的功率 P_H（图中未画出）称为额定功率，这几个指标是柴油机的重要指标。若柴油机负荷再进一步增大，由于调节螺柱凸肩的限制，供油拉杆不能再移动，调速器不起作用。于是，柴油机转矩沿外特性曲线 b—c 段变化，转速急剧下降，直至熄火。拧转高速限制螺钉（图 4-20），可以改变调速弹簧的预紧力，从而改变额定转速 n_H 值。旋入高速限制螺钉，调速弹簧预紧力减小，n_H 降低，旋出则 n_H 提高。拧转调节螺柱，可以改变额定供油量，旋入则增加，旋出则减少。高速限制螺钉和调节螺柱对柴油机性能影响很大，出厂前调好后加铅封，使用中不得随便变动。

当然，随着柴油机负荷沿 a—b 线段不断降低，转速将逐渐增加，间隙 Δ_1 随之增大。直至 a 点，负荷为零，转速与 Δ_1 达最大值，循环供油量减到最少值，柴油机便以最高空转转速 n_X 稳定运转而不飞车。

同理，将操纵手柄逆时针转动到与低速限制螺钉相碰位置，可获得一条最低稳定转速范围的调速特性曲线。在高速限制螺钉和低速限制螺钉之间，操纵手柄可有无穷多个位置，每个位置对应一条调速特性曲线，故调速特性曲线亦有无穷多条，保证柴油机在最高稳定转速与最低稳定转速之间，有无穷多个转速范围工作，如图 4-22 所示。

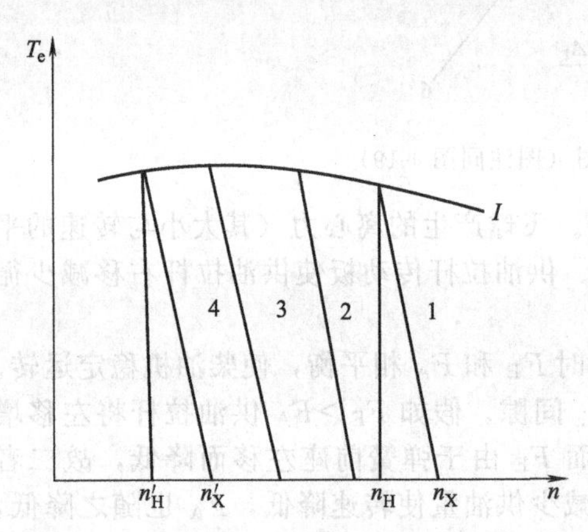

图 4-22 装全制式调速器的柴油机调速特性曲线

评价调速器的工作性能好坏，常以调速率作为指标

$$\delta=\frac{n_X-n_H}{\left(\frac{n_X+n_H}{2}\right)}\times 100\%$$

δ 值愈低，表明柴油机在负荷变化时引起的转速波动愈小，转速比较稳定。工程机械柴油机的调速器，要求额定工况下调速率 δ 值应在8%～10%以下。为了满足各种转速范围的调速率要求，采用一根调速弹簧是难以实现的。如采用一根较硬的弹簧，在高转速时 δ 值若合适，那么在低转速时 δ 值就偏高。若选用一条较软的弹簧，如在低转速时 δ 值合适，而在高转速时工作不稳定。因此，Ⅱ号喷油泵调速器采用两根调速弹簧。低速时，低速调速弹簧单独工作，高速时，高、低速弹簧共同工作。

② 校正加浓　工程机械在额定工况下工作时，常会遇到临时性的超负荷情况，使转速迅速降低以至熄火。为了提高柴油机短时间克服超负荷的能力，调速器内设置了超负荷时额外供油的加浓装置，称为校正器。

图 4-23 为校正加浓的作用原理简图。图 4-23（b）表示调节螺柱前端凸肩是刚性的，在额定工况时 $\Delta_1=0$。在额定点如负荷再增加，则转速将低于额定转速 n_H，虽然 $F_E>F_A$，但供油拉杆却不能再移动，供油量不但不能增加，而且受喷油泵速度特性的影响还略有减少。

如把调节螺柱前端的刚性凸肩改为弹性凸肩，就变成了校正器，如图 4-23（a）所示。它由校正弹簧 15、前后弹簧座 16、8 和调整螺母组成。两个弹簧座安装时的轴向间隙 Δ_2 应保持 5.5mm 左右。

当外界阻力矩超过额定转矩 T_H 时，柴油机在额定转速 n_H 以下工作，致使调速弹簧的轴向力 F_E 大于飞球的轴向力 F_A。它们的差值 F_E-F_A 将校正弹簧压缩，使供油拉杆超过额定供油位置，再向左移动一段距离，故供油量比额定供油量有所增加，柴油机发出的转矩比额定转矩 T_H 有所增大。校正弹簧的压缩量，即供油拉杆相应移动的距离 a，称为校正行

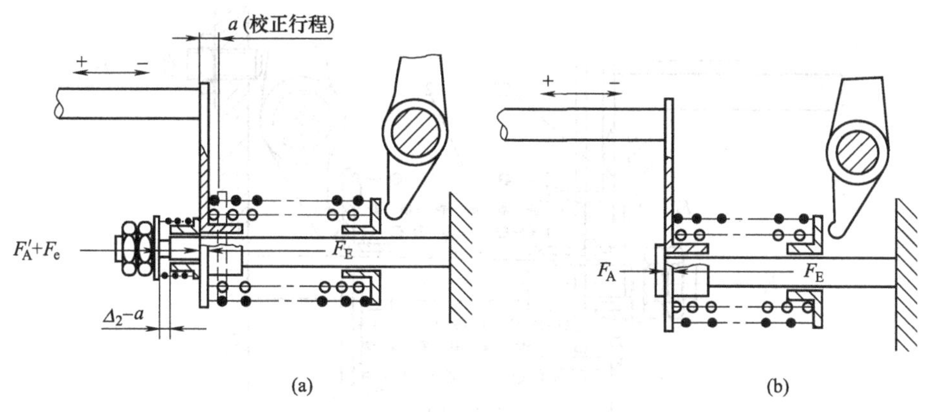

图 4-23 校正加浓的作用原理简图

程。校正行程 a 的大小，意味着校正加浓的供油量的多少，其最大值约为 2.5mm 左右。

图 4-24 为装有校正器的柴油机调速特性曲线。图示曲线表明，校正弹簧是有预紧力的。当柴油机的负荷超过额定工况点，随着转速的下降，轴向力 F_A 也减小。在 F_E-F_A 小于或等于校正弹簧预紧力（$F_E-F_A \leqslant F_s$）之前，供油拉杆位置不动。把 $F_E-F_A=F_s$。这点的转速 n_K 称为临界转速。从 n_K 点开始，转速继续下降，则 $F_E-F_A>F_A$。使校正弹簧进一步被压缩，供油拉杆开始移动增加供油量，故柴油机发出的转矩有所增加。

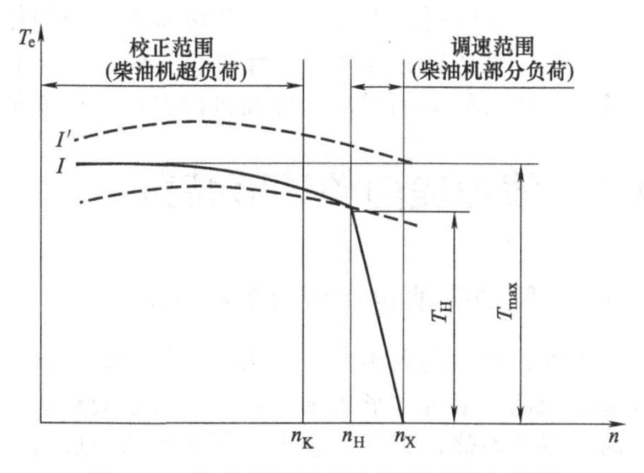

图 4-24 装校正器的柴油机调速特性曲线

由图 4-24 可见，整个特性曲线是由三段组成的：n_H-n_X 转速范围是调速弹簧起作用的调速范围；低于 n_K 的转速范围是校正弹簧起作用的校正范围，n_K-n_H 转速范围是调速弹簧和校正弹簧均不起作用的区间，转矩按外特性曲线变化。很显然，非调速区间 n_K-n_K 的大小是与校正弹簧的预紧力大小有关。预紧力愈大，此区间愈大，预紧力愈小，此区间也愈小，当预紧力为零时，临界转速 n_K 点和额定转速 n_H 点重合。通过校正弹簧的调整螺母，可以调节校正弹簧的预紧力，使临界转速 n_K 和间隙 Δ_2 同时得到改变，从而改变了校正加浓供油量。

校正范围不是柴油机的正常工作范围，只适用于短时间的超负荷工作。

③ 启动加浓 柴油机冷车启动比较困难，为使混合气浓些有利于启动，调速器上装有启动加浓装置。一般启动供油量要比额定供油量多 50%左右。

启动加浓装置的主要构造是一根弹力很弱的启动弹簧（图 4-25）。

启动时，将操纵手柄转动到与高速限制螺钉相碰的位置。由于启动时柴油机转速 $n=0$，轴向推力 $F_A=0$，所以调速弹簧的作用力 F_E 全部作用到校正弹簧上，并与校正弹簧的作用力 F_E 相平衡。此时的校正行程 a 达最大值，校正加浓供油量亦达最大值。此外，供油拉杆传动板在启动弹簧作用力 F'_E 的推动下，又向左移动一个距离 Δ_3（直至两斜盘将飞球顶靠），使供油量继续增加。启动加浓间隙 Δ_3 的大小，决定启动加浓供油量的多少，一般 Δ_3 约为 3.5mm。

柴油机启动后，轴向推力 F_A 随转速增加而不断增加。F_A 首先平衡启动弹簧作用力

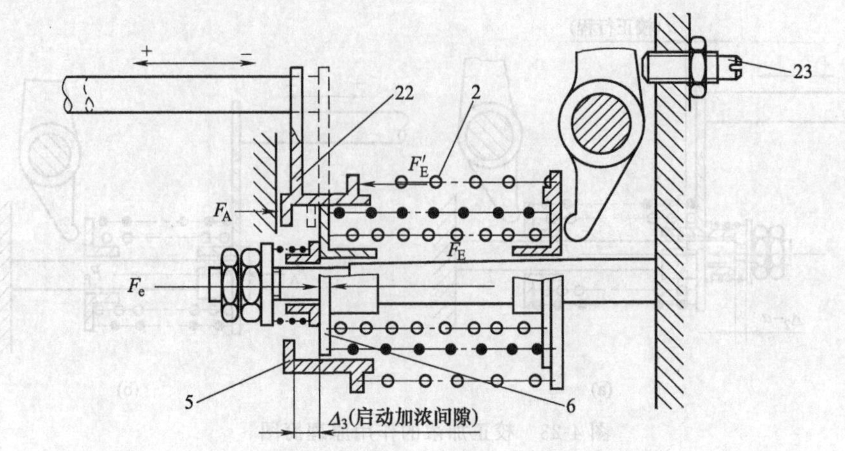

图 4-25 启动加浓的作用原理（图注同图 4-19）

F'_E，当 $F_A = F'_E$时，如 $\Delta_3 = 0$，启动加浓作用即停止。F_A 继续增加，柴油机进入校正范围工作。校正加浓行程 a 随 F_A 增加不断减小，直至 $a = 0$，即为恢复 Δ_2 间隙的额定点。从该点开始，随着转速的增加，柴油机便在正常调速范围工作。

4.6 喷油提前角调节装置

4.6.1 喷油提前角调节目的与原理

喷油提前角的大小对柴油机工作过程影响很大，喷油提前角过大时，由于喷油时缸内空气温度较低，混合气形成条件较差，滞燃期较长，将导致发动机工作粗暴。而喷油提前角过小时，将使燃烧过程延后过多，所能达到的最高压力较低，热效率也显著下降，且排气管冒烟。因此为保证发动机有良好的性能，必须选定最佳喷油提前角。

最佳喷油提前角是在转速和供油量一定的条件下，能获得最大功率及最小燃油消耗率的喷油提前角。应当指出，对任何一台柴油机，最佳喷油提前角都不是常数，而是随供油量和曲轴转速变化的。供油量愈大、转速愈高，则最佳喷油提前角也愈大。此外，它还与发动机的结构有关，例如采用直接喷射燃烧室时，最佳喷油提前角就比采用分隔式燃烧室时要大些。有些汽车柴油机是根据常用的某个工况（供油量和转速）范围的需要而确定一个喷油提前角数值（用直接喷射燃烧室时，约为 28°～35°；用分隔式燃烧室时，则为 15°～20°），在将喷油泵安装在发动机上时即已调定，发动机工作时一般不再变动。显然，这个数值仅在指定工况范围内才是最佳的。

喷油提前角实际上是由喷油泵供油提前角保证的。按作用原理，喷油提前角的调节方法有两种：一是改变滚轮传动部件的高度，即改变柱塞相对柱塞套的高度；二是改变喷油泵凸轮轴与曲轴的相对角位置。

4.6.2 供油提前角自动调节器

喷油提前角由喷油泵的供油提前角保证。为使最佳喷油提前角随转速升高而增大，近年来国内外车用柴油机常用机械离心式供油提前角自动调节器，可根据转速变化自动改变喷油提前角。

图 4-26 所示调节器位于联轴器和喷油泵之间。驱动盘与联轴器相连。驱动盘前端面压装两个销钉，两个飞块即套在此销钉上。飞块另一端各压装一个销钉，每个销钉上松套着一个滚轮和内座圈。筒状从动盘的毂部用半月键与喷油泵凸轮轴相连。从动盘两臂的弧形侧面

与滚轮接触，平侧面压在两个弹簧上。弹簧另一端支于松套在驱动盘销钉上的弹簧座上。

在发动机工作时，驱动盘旋转，飞块活动端向外甩开，滚轮则迫使从动盘相对驱动盘超前转过一个角度 α，直到弹簧力与飞块离心力相平衡为止，驱动盘与主动盘同步旋转（见图4-27）。当转速升高时，飞块活动端便进一步向外甩出，飞块上的滚轮推动从动盘相对驱动盘沿箭头所示方向再超前转动一个角度，直到弹簧的压缩弹力足以平衡新的飞块离心力为止。这样，供油提前角便相应地增大。反之，当发动机转速降低时，供油提前角相应减小。

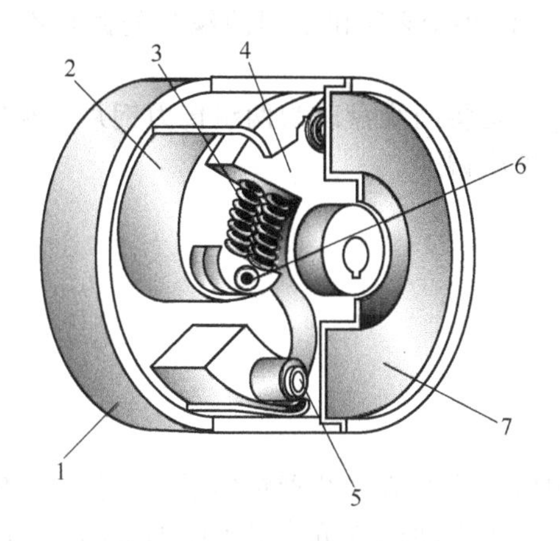

图 4-26 机械式供油提前角自动调节示意

1—驱动盘；2—飞轮；3—弹簧；4—从动盘；5—滚轮；6—销钉；7—提前器盖

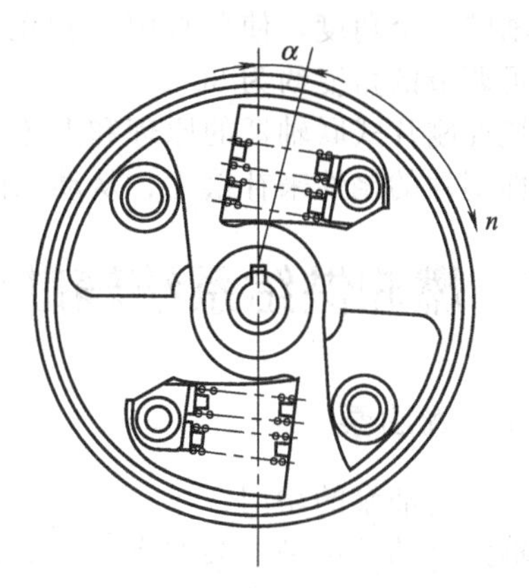

图 4-27 机械式供油提前角自动调节装置

4.6.3 喷油泵联轴器

联轴器不仅起到传递动力的作用，而且可以弥补喷油泵安装时造成的喷油泵凸轮轴和驱动轴的同轴度偏差以及利用少量的角位移来调节喷油泵的供油提前角，以获得最佳的喷油提前角。

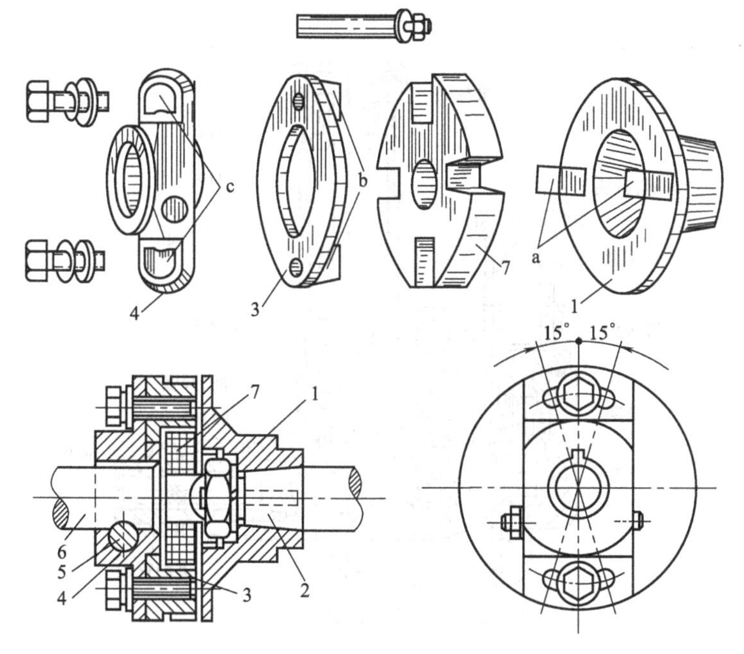

图 4-28 联轴器调节装置

1—从动凸缘盘；2—凸轮轴；3—中间凸缘盘；4—主动凸缘盘；5—销钉；6—驱动轴；7—夹布胶木垫盘

常用的联轴器有刚性“十”字胶木盘式和挠性刚片式两种。图 4-28 为联轴器调节装置。它主要由定在驱动轴 6 上的主动凸缘盘 4、中间凸缘盘 3、夹布胶木垫盘 7 及固定在凸轮轴 2 上的从动凸缘盘 1 组成。

主动凸缘盘 4 上的两个弧形孔 c 与中间凸缘盘 3 的两个螺钉孔之间用螺钉连接。中间凸缘盘的两个凸块 b 与从动凸缘盘 1 上两个凸块 a 分别插入夹布胶木垫盘 7 上的四个切口中。当松开两个螺钉时，中间凸缘盘可相对主动凸缘盘转动某一个角度，亦即使喷油泵凸轮轴相对曲轴转一个角度，使各缸喷油提前角改变。在主动凸缘盘和中间凸缘盘的圆柱面上有刻度，可调节的角度约为 30°。

挠性刚片式联轴器的原理和上述基本相同，只是将凸缘盘改为两组传力钢片，利用其圆形弹性钢片的挠性来补偿主、从动轴间少量的同轴度偏差。

4.7 燃油供给系统辅助装置

4.7.1 输油泵

(1) 输油泵的功用

输油泵的功用是给柴油产生一定的压力，用以克服滤清器及管路的阻力，保证连续不断地向喷油泵输送足够的柴油。输油泵的供油能力应为发动机全负荷最大喷油量的 3～4 倍。

(2) 输油泵的类型

输油泵有活塞式、膜片式、齿轮式和叶片式等几种。由于活塞式输油泵工作可靠，并能克服较大的滤清器阻力，目前应用广泛。YC6105QC 柴油机采用活塞式输油泵。

(3) 活塞式输油泵的构造和工作原理

图 4-29、图 4-30 所示为活塞式输油泵的结构（分别为主视图、俯视图），主要由输油泵泵体、活塞、进油阀、出油阀及手压泵组件等组成。整个油泵安装在喷油泵体上，由喷油泵凸轮轴上的偏心轮驱动。

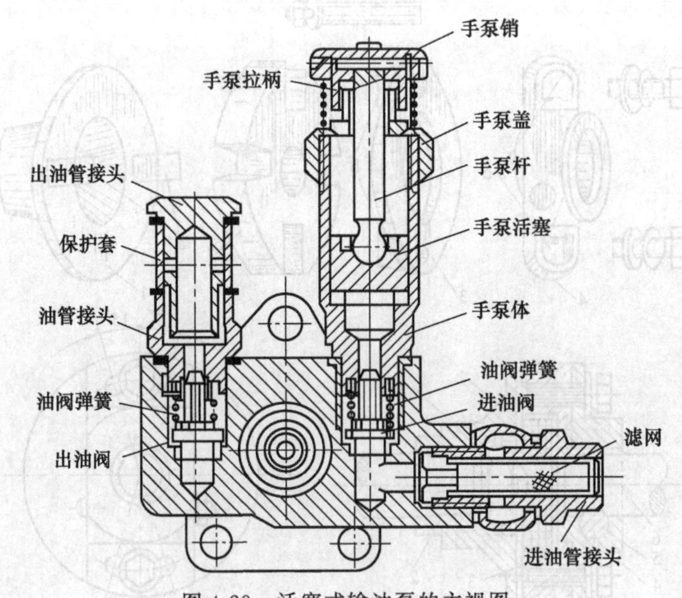

图 4-29 活塞式输油泵的主视图

活塞式输油泵的工作原理如图 4-31 所示。当滚轮架在喷油泵凸轮轴上的偏心轮推动下行时，通过推杆克服弹簧的张力推动活塞下行，使泵腔Ⅰ因容积减小而油压增高，便关闭了

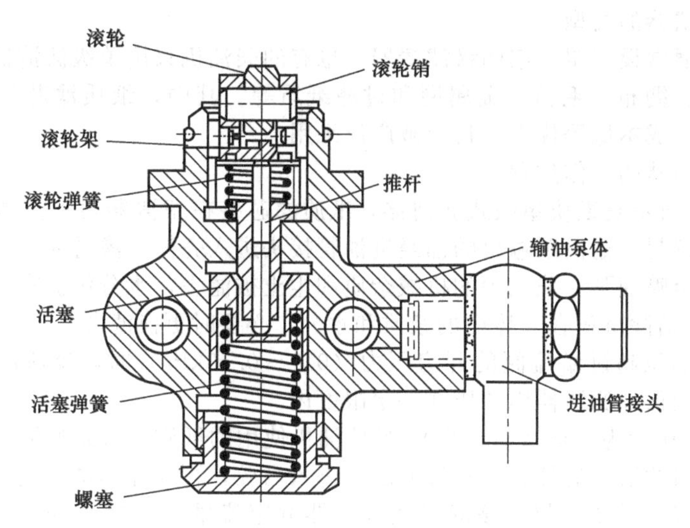

图 4-30 活塞式输油泵的俯视图

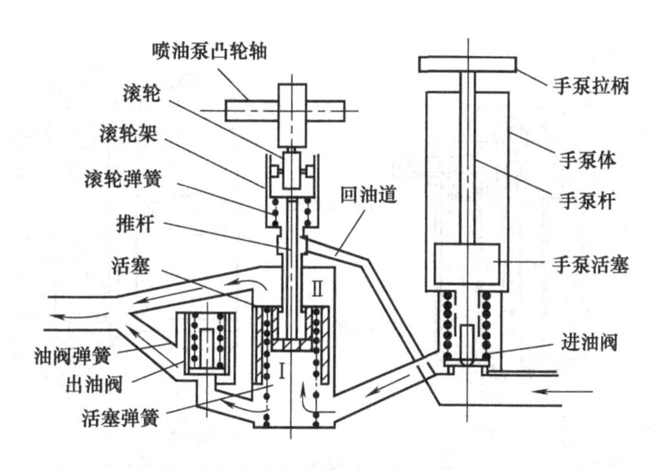

图 4-31 活塞式输油泵的工作原理

进油阀，压开出油阀，燃油便由泵腔Ⅰ通过出油阀流向泵腔Ⅱ。

当偏心轮凸起部位转离滚轮时，在弹簧作用下活塞上行，于是泵腔Ⅱ的油压增大，出油阀被关闭，燃油便经油道流向柴油滤清器。与此同时，由于泵腔Ⅰ容积变大，压力下降，进油阀被吸开，燃油便自进油口经进油阀进入泵腔Ⅰ。

输油量的多少取决于活塞的行程，当输油泵的供油量大于喷油泵的需要量时，泵腔Ⅱ的油压随之增高，活塞弹簧的作用力推动活塞上行的速度减慢，不等活塞回到上止点，偏心轮又推动活塞下行，即活塞的行程减小，从而减小了输油量。当耗油量增大时，活塞上行的位置增高，即行程增大。这样，便实现了输油量和输油压力的自动调节。

输油泵上装有手油泵。当柴油机长时间停止工作，或低压油路中有空气时，可利用手油泵输油或放气。

4.7.2 柴油滤清器

（1）柴油滤清器的功用

柴油滤清器的功用是滤除柴油在运输和贮存中混入的尘土和水分，以及由于贮存过久而产生的一些胶质，以减小柴油机供给系中精密偶件的磨损，保证喷雾质量。

（2）柴油滤清器的类型

在柴油机中通常设有粗、细两级滤清器，也有的柴油机只用单级滤清器。柴油滤清器的滤芯材料有棉布、绸布、毛毡、金属网和过滤纸质等。其中，纸质滤芯具有流量大、阻力小、滤清效果好、成本低等优点，目前被广泛采用。

（3）柴油滤清器的工作过程

图 4-32（a）所示是纸质单级式滤清器，纸质滤芯装在滤清器盖和壳体底部的弹簧座之间，并用橡皮圈密封。输油泵输出的油经进油管接头进入壳体，渗透穿过滤芯进入内腔，再经过油管接头输至喷油泵。柴油中的机械杂质和尘土被滤去，水分沉淀在壳体内。一般汽车运行 3000km，应清除沉积在壳体内的杂质和水分，必要时更换滤芯。

当滤清器内油压超过溢流阀的开启压力（0.1～0.15kPa）时，溢流阀开启，多余的柴油流回油箱，从而保证滤清器内油压在一定限度内。

图 4-32（b）所示为玉柴 YC6105QC 型柴油机使用的纸质双级式滤清器。由输油泵来的柴油先进入第一级滤清器的外腔，穿过滤芯后进入内腔，再经盖内油道流向第二级滤清器过滤，从而保证更好的过滤效果。该双级式滤清器额定流量为 0.76L/min，总成原始阻力小于 4.24MPa。

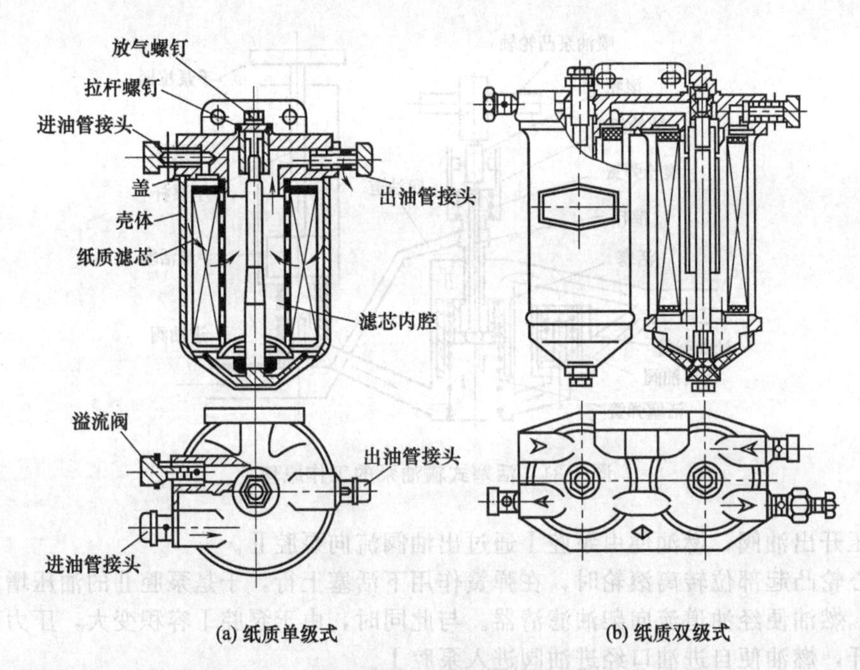

图 4-32 柴油滤清器

4.8 PT 燃油系统

4.8.1 PT 燃油供给系统的组成

P 和 T 分别是压力（Pressure）和时间（Time）的缩写，PT 燃油供给系统的主要特点是利用燃油泵的供油压力 P 和喷油器的计量时间 T 相互配合，来控制发动机每循环的供油量，此系统结构和工作原理与柱塞泵和转子泵燃油供给装置均有本质的区别，采用此系统可大大改善柴油机的动力性、经济性和适应性，美国康明斯发动机公司生产的康明斯（Cummins）柴油机均装用 PT 燃油供给系统。

康明斯柴油机PT燃油供给系统主要由主油箱1、浮子油箱2、柴油滤清器3、PT燃油泵4、喷油器5等组成，如图4-33所示。

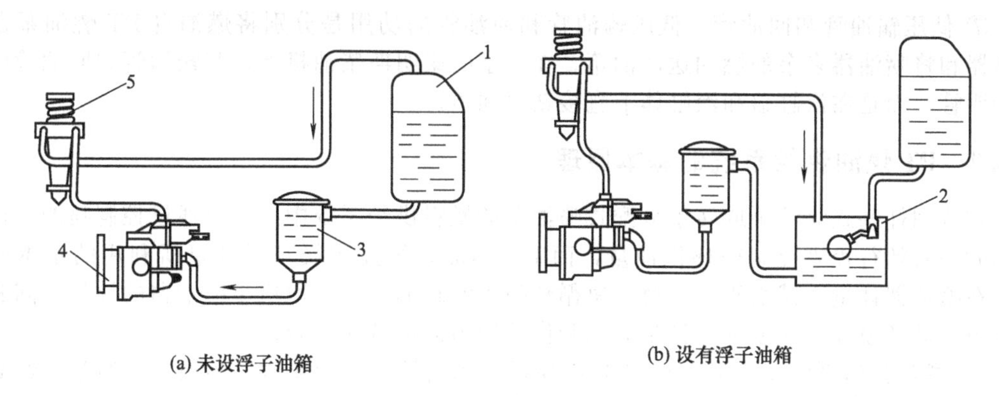

图4-33　PT燃油供给系统的组成

1—主油箱；2—浮子油箱；3—柴油滤清器；4—PT燃油泵；5—喷油器

① 主油箱　主油箱用于储存柴油，包括加油口和加油滤网、出油管和出油管滤清器、供油阀和放油阀。

② 浮子油箱　对于工程机械（如推土机）大多采用“高置式”油箱，即油箱的位置高于喷油器。为了防止停车时燃油自回油管反向经喷油器流入汽缸，在比喷油器较低的位置处设有浮子油箱。

浮子油箱内的浮子机构主要由进油阀1和浮子2组成，如图4-34所示其工作原理与化油器浮子机构相同。浮子机构使浮子油箱内燃油始终保持一定高度，也保证了PT燃油束的进油压力一定。

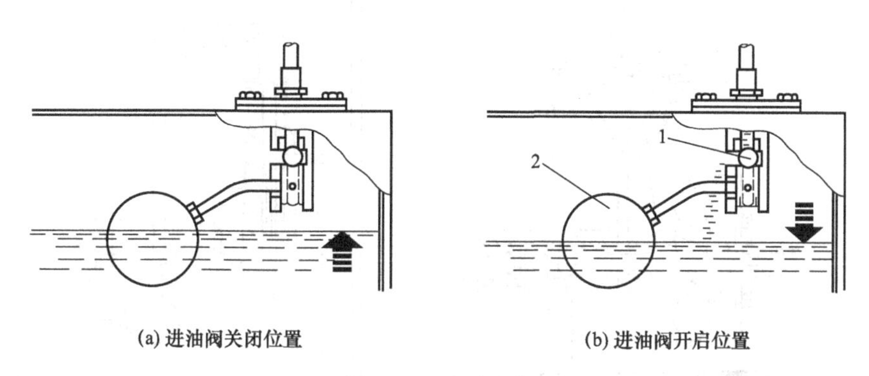

图4-34　浮子油箱

1—进油阀；2—浮子

③ 燃油滤清器　燃油滤清器装在油箱或浮子油箱与PT燃油泵之间，用于滤除燃油中的杂质、防止PT燃油泵和喷油器发生故障。

④ PT燃油泵　PT燃油泵是一个低压燃油泵，其功用主要是根据柴油机转速和负荷变化，将适当压力的燃油输送给PT喷油器，以得到所需要的循环供油量。

⑤ PT喷油器　PT喷油器具有计量、定时和喷射功用，各型康明斯柴油机上装用的喷油器工作原理是相同的，只是喷油器结构略有不同。

⑥ 齿轮泵和燃油压力脉动阻尼器　齿轮泵由一对齿轮组成，安装在PT燃油泵体内，由燃油泵主轴驱动，它向整个燃油系统输送燃油。

安装在齿轮泵上的燃油压力脉动阻尼器有一片钢质膜片，其功用主要是减轻燃油系统内的燃油压力脉动，使整个燃油系统的油流平顺。

⑦ 低压输油管和回油管　低压输油管和回油管的功用是分别将燃油自 PT 燃油泵送往喷油器和将喷油器多余的燃油送回油箱。在新型的康明斯柴油机上，其输油管和回油管已不采用明管，而是在汽缸盖和汽缸体上直接钻出油道。

4.8.2 PT 燃油供给系统的基本原理

在装用柱塞式喷油泵或转子分配式喷油泵的燃料供给系统中，均是通过控制喷油泵柱塞泵油时的有效行程来控制循环供油量，而 PT 燃油系统控制循环供油量所利用的基本原理是：在喷油器计量孔截面积一定时，每循环喷入汽缸的油量只取决于喷油器的计量时间和供油压力，循环喷油量随喷油器计量时间和供油压力的增减而增减。

PT 燃油供给系统工作原理如图 4-35 所示。当齿轮泵 3 旋转时，燃油即从油箱 1 经滤清器 2 和油管被齿轮泵 3 吸入，再由齿轮泵 3 增压后输出。齿轮泵的出口与燃油压力脉动阻尼器 4 的油道相连通，阻尼器 4 可减缓油压的脉动，使油压平稳。燃油从齿轮泵经油道送往滤网式磁性滤清器 5 进行过滤，过滤后的燃油进入 PTG 两速调速器 6，该调速器所控制的套筒上的油道有 3 个出口：一个是主油道 13 的油由节流阀 7 经断油阀 8 供往喷油器 10；另一个是怠速油道 14 的油经怠速油道、断油阀 8 到喷油器 10；第三个是旁通油道 15 的油经旁通油道返回齿轮泵的入口。调速器柱塞随柴油机转速和负荷的变化而左右移动，使进油道与上述各出油口相对位置改变，实现对 PT 燃油泵供油压力调节。

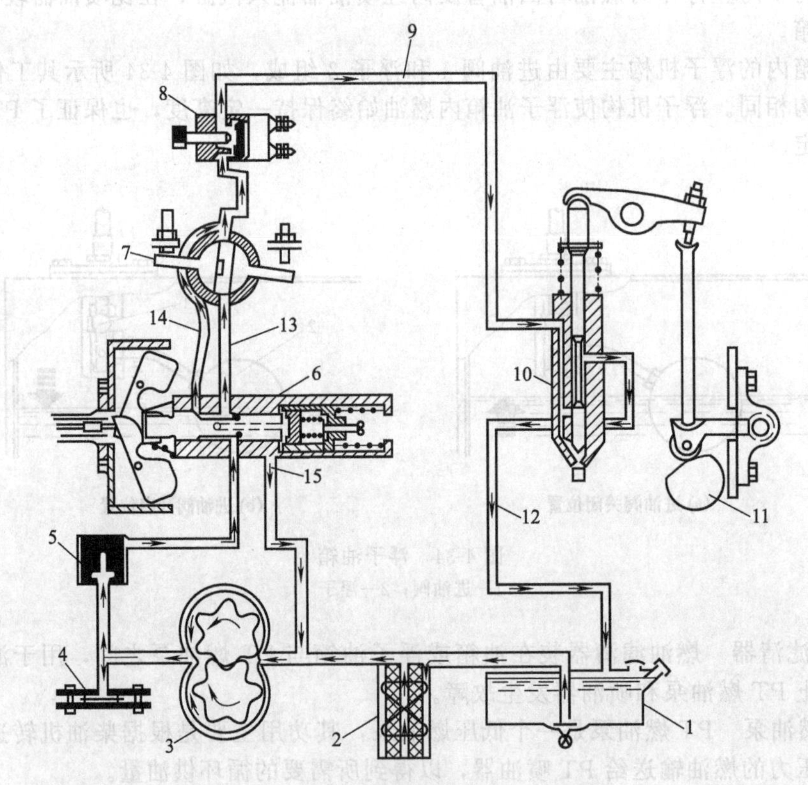

图 4-35　PT 燃油供给系统工作原理

1—油箱；2—柴油滤清器；3—齿轮泵；4—燃油压力脉动阻尼器；5—滤网式磁性滤清器；6—调速器；7—节流阀（油门）；8—断油阀；9—输油管；10—PT 喷油器；11—凸轮轴；12—回油管；13—主油道；14—怠速油道；15—旁通油道

PT喷油器由凸轮轴上的凸轮来驱动，因此，喷油器计量时间（进油时间）受凸轮轮廓和凸轮轴转速的影响。对已制造好的柴油机来说，如果不考虑磨损因素，则凸轮的外形轮廓是一定的，即控制喷油器计量时间的凸轮转角不变。但当柴油机转速增加时，由于喷油器的计量时间缩短，而使PT燃油供给系统循环供油量减少，柴油机转速降低时则循环供油量增加。

供给PT喷油器的燃油压力就是PT燃油泵的供油压力，供油压力取决于PT燃油泵中的节流阀（转阀式油门）的开度和调速器的出油压力。当节流阀开度一定时，PT燃油泵的供油压力随着调速器的出油压力的增减而增减，调速器的出油压力则随着调速器飞块的离心力的增减而增减，而离心力的大小又与柴油机转速的平方成正比，所以PT燃油泵的供油压力随柴油机转速的增减而增减。当改变节流阀开度时，则可改变PT燃油泵的供油压力，节流阀开度增大，供油压力增高，循环供油量增加；反之，节流阀开度减小，供油压力减低，循环供油量减少。

由以上分析可得如下结论：

① 当节流阀的开度不变时，若柴油机转速增加（或降低），喷油器计量时间缩短（或延长），而供油压力增加（或减小），由供油压力和计量时间的共同作用，结果使PT燃油供给系统的循环供油量基本保持不变，即循环供油量基本不受柴油机转速的影响。

② PT燃油供给系统的循环供油量主要取决于节流阀（油门）开度，供油量随节流阀开度的增减而增减。

应当指出的是，康明斯柴油机可通过在调速器中选择不同的弹簧长度和刚度、飞块的尺寸、怠速柱塞受力面积，来改变PT燃油泵的供油压力与柴油机转速之间的关系，从而获得不同的供油特性，以满足不同工作条件的需要。

4.8.3　PT燃油泵的构造

(1) PT燃油泵总体构造

康明斯柴油机装用的PT燃油泵有很多类型，但其结构和工作原理基本相同，只是装用的调速器有两速调速器和全速调速器两种。此外，在车用增压式康明斯柴油机装用的PT燃油泵上，还带有空燃比控制装置（AFC装置）。

在PT燃油泵中，PT（G）型燃油泵应用最广泛，结构最有代表性，G表示调速器——控制（Govenor-Controlled）。PT（G）型燃油泵的结构主要由齿轮泵5、阻尼器7、滤清器2、节流阀（油门）11、断油阀4、调速器等几部分组成，如图4-36所示。

① 齿轮泵和燃油压力脉动阻尼器　齿轮泵总成用4个螺钉安装于燃油泵体上，齿轮泵由一对齿轮和齿轮泵体、齿轮泵盖等组成，其功用是向整个燃油系统输送燃油；齿轮泵的输出油量和供油压力随齿轮泵转速的增加而增大，齿轮泵的输出油量通常是燃油泵额定工况所需燃油量的4～5倍。齿轮泵的结构和工作原理与齿轮式机油泵基本相同。

齿轮泵出油口的前端直接与泵体进油道相通，齿轮泵出油口后端的油流通往燃油压力脉动阻尼器。阻尼器为膜片式，其结构和工作原理与汽油喷射系统中装用的阻尼器基本相同。

② 滤网式磁性滤清器　滤网式磁性滤清器的功用是再次滤除齿轮泵所输出燃油中的杂质和铁屑。滤网有单级和双级两种，双级滤网（粗、细两级）用在装有MVS全速调速器的PT燃油泵上，其他泵均采用只有粗滤网的单级滤网。

双级滤网式磁性滤清器主要由盖1、上滤网3、下滤网7、磁芯5、弹簧2等组成，如图4-37所示。下滤网带有磁铁，用于除去燃油中的铁锈和铁屑。下滤网网眼较粗，为粗滤器，上滤网网眼较细，为细滤器。装配时，上滤网有孔的侧板必须朝下，否则燃油无法通过。柴油机每工作500h后，应该维护磁性滤清器，维护时取下盖和滤网，先用清洁柴油清洗滤网，再用压缩空气吹净。

③ PTG两速调速器　PTG两速调速器也叫车用调速器，其功用是稳定怠速和限制最高

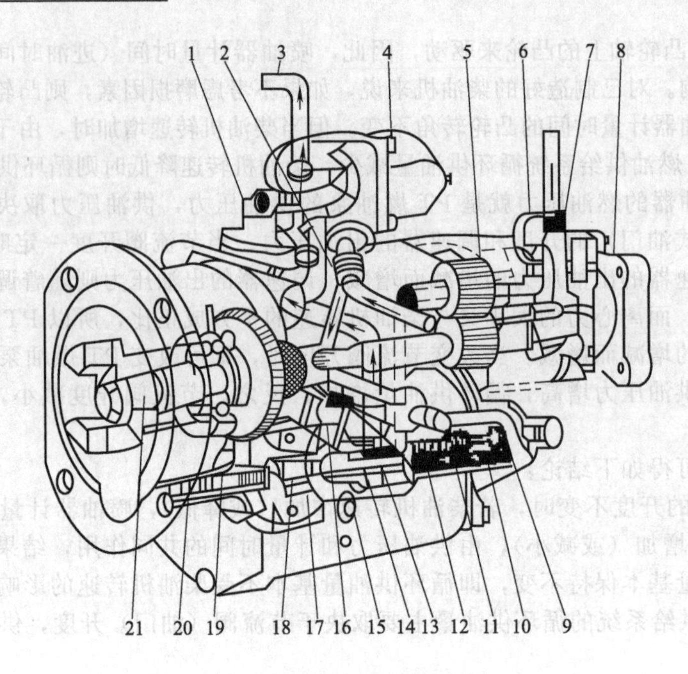

图 4-36 PT(G) 型燃油泵

1—转速表；2—滤网式磁性滤清器；3—输油管接头；4—断油阀；5—齿轮泵；6—带止回阀的加油管接头；7—燃油压力脉动阻尼器；8—阻尼器盖；9—怠速调整螺钉；10—调速弹簧；11—节流阀；12—怠速弹簧；13—调速器进油道；14—调速器主出油道；15—调速器怠速油道；16—调速器柱塞；17—飞块支架总成；18—高速扭矩校正弹簧；19—飞块辅助柱塞；20—飞块辅助弹簧；21—驱动轴

转速，并能随柴油机转速和负荷的变化自动调节供油压力，从而调节供油量。在中间转速时，由司机改变节流阀（油门）开度来控制供油量，从而控制柴油机转速。

④ 节流阀　节流阀也叫油门，在装用PTG两速调速器的PT燃油泵中，节流阀供驾驶员按不同转速和负荷条件的需要，用手来控制柴油机转速。

在PT燃油泵中，燃油首先经过调速器而后流向节流阀（见图4-35）。在加装有MVS全速调速器的PT燃油泵中，节流阀在试验台经调定后，在使用中不允许调动，驾驶员靠改变MYS全速调速器的操纵手柄位置来控制供给喷油器的油压。

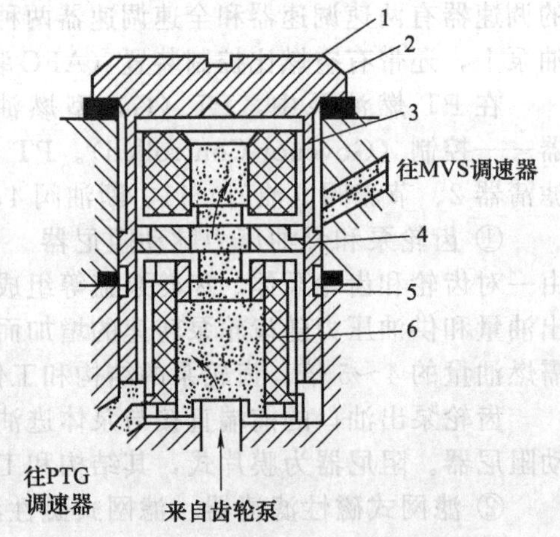

图 4-37　双级滤网式磁性滤清器

1—盖；2—弹簧；3—上滤网；4—护圈；5—磁铁；6—下滤网

⑤ 断油阀　在燃油泵的上部燃油出口处，安装有断油阀，用于切断燃油的供给，使柴油机熄火。

断油阀通常为电磁式，也可以用手操纵。启动开关转到接通位置时，必须将手动控制旋钮按逆时针方向转到头，以便电磁阀能打开断油阀。在紧急情况下，如当电气系统出现故障时，可顺时针转动手动旋钮使燃油通过断油阀。

⑥ 泵体　泵体是PT燃油泵的主体，用铝合金铸造成形。泵体分为右转泵体和左转泵体。其区别是：从齿轮泵后端看，右转泵体中从齿轮泵到滤网的油道在驱动轴的右边，左转泵体则在驱动轴的左边。

在泵体上装有铝制的铭牌。由铭牌可知柴油机编号（型号）及零件号等重要内容。各个时期生产的PT泵的铭牌内容略有不同。从柴油机上拆下油泵时，要检查油泵铭牌上的CPL号（控制件表）必须与柴油机铭牌的CPL号相同，如果两个号不匹配，应将燃油泵标定代号（调试规范代号）改为与柴油机铭牌功率要求相配后，再将燃油泵重装在柴油机上。如果油泵标定改变，油泵铭牌也必须改变，以表示出新标定代号和CPL号。

⑦ 前盖总成　前盖总成包括盖、传动机构、调速器飞块机构、转速表传动机构，盖的前端固定在空气压缩机上，后端与泵体相连，并与泵一起组成密封腔。

传动机构（见图4-36）由驱动轴21、接合器、油封、轴承和驱动齿轮组成。在驱动轴的前端装有接合器，中部有转速表驱动齿轮及驱动齿轮，在驱动轴的后端装有带花键孔的接合套，它与齿轮泵的主动轴外花键相啮合，驱动齿轮泵。调速器飞块总成位于驱动轴的下方，通过飞块齿轮与驱动齿轮相啮合。转速表传动轴位于驱动轴的后上方，通过下端的齿轮与驱动轴上的转速表驱动齿轮相啮合。

不同的康明斯柴油机，PT燃油泵的安装位置也有区别，有些安装在空气压缩机后面，有些则安装在PT泵驱动机构上。柴油机上的空气压缩机曲轴（或PT燃油泵传动轴）通过接合器、转速表驱动齿轮、驱动轴、驱动齿轮、接合套依次驱动转速表传动轴、调速器飞块机构和齿轮泵工作。此外，在装VS全速调速器的PT泵上，驱动齿轮还通过中间齿轮驱动VS调速器飞块齿轮。为了防止泄漏，在驱动轴上装有两个油封，一个密封由接合器处窜过来的机油，一个密封泵体内的柴油。在两个油封之间的壳体上钻有一个小孔，以监视油封的好坏。

⑧ MVS和VS全速调速器　在一些康明斯柴油机装用的PT燃油泵上，除采用离心式两速调速器外，还加装有MVS或VS全速调速器。

MVS全速调速器是用油压控制的全速调速器，它通过操纵杆来改变调速器柱塞的位置，使进油口断面变化，以调节输油压力，而VS调速器是机械离心式的全速调速器，其与MVS全速调速器的区别主要是：利用离心飞块产生的离心力作用在调速器柱塞上，结构上多了一套飞块总成。加装全速调速器的PT燃油泵多用于特种用途和负荷频繁变化的汽车和工程机械柴油机上。

加装有MVS或VS全速调速器的燃油泵，即PT（G）MVS型或PT（G）VS型燃油泵，有两个可操纵的油门杠杆，即节流阀（转阀式油门）杠杆和调速器油门杠杆，通常只需根据车辆的使用条件选择其中一个油门杠杆来控制柴油机车速和负荷，但应注意不使用的一个油门杠杆必须固定在最大供油位置上。

加装有VS全速调速器和AFC装置的PT燃油泵——PT（G）VSAFC型燃油泵原理图如图4-38所示。与单纯的PT（G）

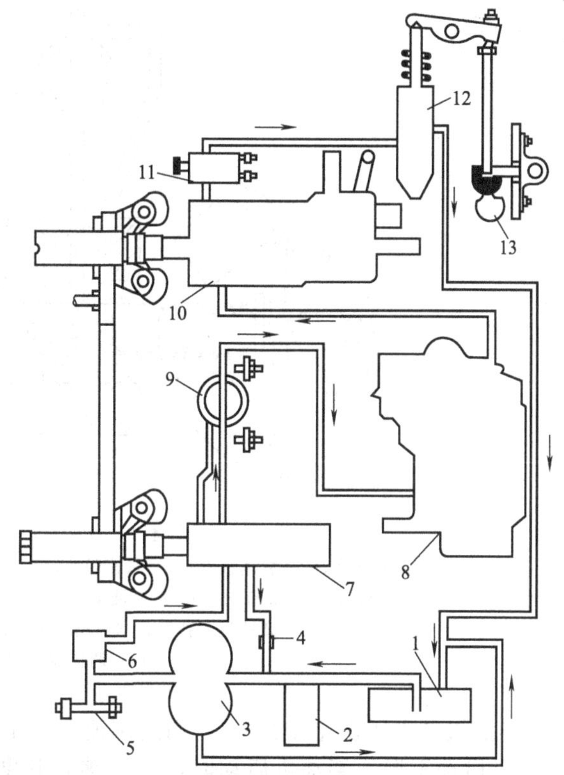

图4-38　PT（G）VSAFC型燃油泵原理

1—油箱；2—柴油滤清器；3—齿轮泵；4—压力调节阀；5—燃油压力脉动阻尼器；6—磁性滤清器；7—两速调速器；8—AFC装置；9—节流阀；10—VS全速调速器；11—断油阀；12—PT喷油器；13—凸轮轴

型燃油泵相比，只是增加了 VS 全速调速器和 AFC 装置，VS 全速调速器与两速调速器串联工作。

⑨ AFC 装置 AFC 装置仅装用在康明斯增压柴油机上，其功用是协调 PT 燃油泵与增压器的工作，使 PT 燃油泵的供油压力随柴油机进气增压的压力大小而变化，防止柴油机供油量与进气量不适应而导致排气冒烟。

(2) PT (G) 两速调速器

PT (G) 调速器是机械离心式两速调速器，其构造如图 4-39 所示。调速柱塞 1 可在调速器套筒内旋转并同时作轴向移动。它的左面承受由飞块 12 离心力所产生的轴向推力，而右侧承受怠速弹簧 3 和高速弹簧 4 的弹力。调速套筒上有 3 排油孔，分别与进油道 15、怠速油道 9 和主油道 7 相通。主油道上有一个节流阀 8，由驾驶员控制。调速柱塞 1 中部直径较小，当柱塞左右移动时，油道与调速柱塞 1 中部直径较小部分连通则油道开启，而直径较小部分越过油道后，则将油道关闭。调速柱塞 1 的右端是空心的，并借径向油孔 17 与进油道 15 和节流阀 8 相通，因而其内腔的油压与齿轮泵输出油压基本相同。怠速柱塞 2 位于调速柱塞 1 的一端，由于燃油压力的作用，两柱塞端面并不相接触，而保持一定的间隙，部分燃油即从此间隙和旁通油道 16 流回齿轮泵。在飞块 12 的左端和右端分别设有低速校正弹簧 10 和高速校正弹簧 13，对供油量起校正作用。

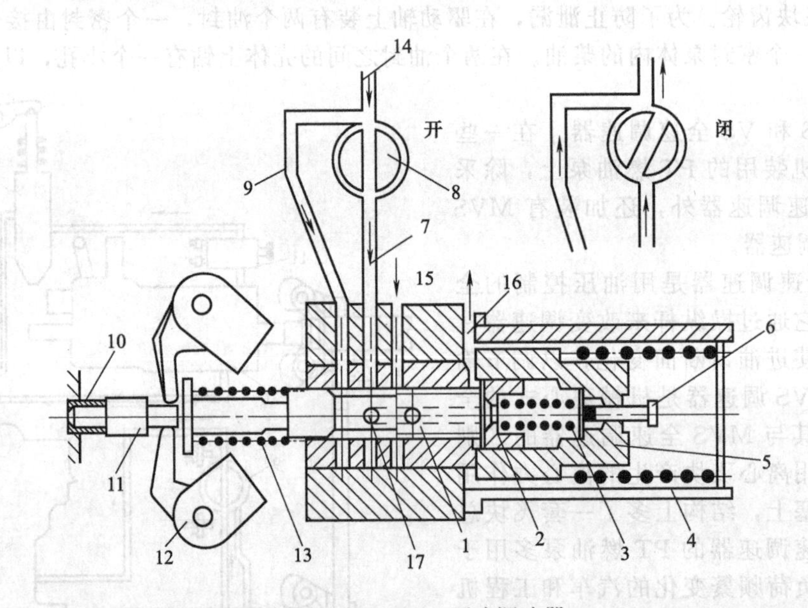

图 4-39 PT (G) 两速调速器

1—调速柱塞；2—怠速柱塞；3—怠速弹簧；4—高速弹簧；5—弹簧座；6—怠速调整螺钉；7—主油道；8—节流阀；9—怠速油道；10—低速校正弹簧；11—助推柱塞；12—飞块；13—高速校正弹簧；14—输油道；15—进油道；16—旁通油道；17—调速器柱塞径向油孔

柴油机各种工况下 PT (G) 两速调速器的工作过程如下。

① 启动工况 柴油机启动时，节流阀 8 开度较大，由于转速很低，调速柱塞 1 处在极左位置，而且齿轮泵的流量和压力极小，不能使调速柱塞 1 和怠速柱塞 2 分开，旁通油道 16 处于关闭状态，来自齿轮泵的全部柴油由怠速油道 9、主油道 7 和节流阀 8 经输油道 14 供往喷油器。

② 怠速工况 柴油机启动后，在飞块离心力的作用下使调速柱塞 1 稍向右移，使进油道 15、怠速油道 9 和主油道 7 均与调速柱塞 1 中部直径较小部分相通，但由于怠速时，驾

驶员将节流阀关闭，柴油不能由主油道7流出，所以来自齿轮泵的柴油经怠速油道9绕过节流阀供往喷油器。由于怠速转速较低，齿轮泵来的油压也低，压力油经径向油孔17进入调速柱塞1中空的内腔，并推动怠速柱塞2使怠速弹簧稍有压缩，从而使调速柱塞1与怠速柱塞2略有分开，少量的柴油从旁通油道16流回齿轮泵，其余的油则通过怠速油道9供往喷油器。在此怠速位置时，调速柱塞1的位置只保持怠速油道9部分开启，循环供油量取决于怠速油道的开度。

如果由于某种外界原因使柴油机转速下降，由于飞块离心力减小，调速柱塞因左侧推力瞬时小于两个柱塞端面间的油压而向左移动，使怠速油道9开度增大。与此同时，怠速弹簧便推动怠速柱塞2也向左移动，由于怠速弹簧伸长而弹力减小，使两柱塞之间的旁通间隙增大，经旁通油道的回油量也相应增加，使供油压力减小，此压力下降对循环供油量的影响与因转速下降，而使喷油器计量时间延长对循环供油量的影响相互抵消，但由于怠速油道开度增大，供油压力仍有所提高，使循环供油且增加，柴油机转速相应回升。反之，如果柴油机转速升高，调速柱塞右移，怠速油道开度减小，供油压力减小，循环供油量减少，而使柴油机转速回降。

由此可见，在怠速时，由于高速弹簧刚度较大，弹簧座5的位置不动。调速柱塞和怠速柱塞的位置取决于飞块离心力、两柱塞之间的油压和怠速弹簧的弹力，三者平衡时，柴油机便在一定的怠速转速下稳定运转。油门开度不变，柴油机转速变化时，上述平衡关系被破坏，两柱塞位置改变，使怠速油道的开度和旁通间隙改变，PT燃油泵的供油压力也随之改变，从而根据柴油机转速变化调节循环供油量，以保持怠速稳定。拆下调速器右端螺塞，拧动怠速调整螺钉6可调整柴油机怠速转速，拧进螺钉可使怠速转速提高，拧出螺钉可使怠速转速降低。

③ 中等转速　柴油机在中速时，驾驶员控制使节流阀8开度增大，调速柱塞1在飞块离心力作用下右移使怠速油道关闭，由于两柱塞间油压提高而使怠速弹簧3完全压缩，怠速柱塞顶靠在弹簧座5的凸肩上，而刚度较大的高速弹簧不能被压缩，调速器在中速时不起作用。此时，调速柱塞1与怠速柱塞2的间隙比怠速时大，从旁通油道16回流的油量比怠速时也稍有增加，其余的柴油则从主油道7、节流阀8、输油道14供往喷油器，供往喷油器的燃油流量和压力均比怠速时高。

④ 最高转速的限制　随着柴油机转速的升高，在飞块的较大离心力作用下，调速柱塞1向右移动，在接近最高转速时，高速弹簧4被压缩，通往节流阀8的主油道7即被柱塞逐渐关小，如果转速继续升高，主油道7接近完全关闭，由于节流作用，使供油压力急剧下降，使喷油量减少，从而限制了最高转速。此时，如果转速下降，飞块离心力减小，调速弹簧又将调速柱塞推向左移，主油道开度和供油压力增加，使柴油机转速回升。

柴油机的最高转速由高速弹簧的预紧力所决定，其大小可利用垫片调整。增加垫片，最高转速升高；减少垫片，最高转速下降。

在调速柱塞右端还设有一个径向的旁通油孔（图中未画出），当柴油机转速升高到额定转速时，调速柱塞移向右端极限位置，柱塞通往节流阀的主油道关闭，同时柱塞上的旁通油孔露出，并对准旁通油道，使大量柴油旁通流回齿轮泵，从而使供油压力迅速下降，几乎停止供油，以防止柴油机超速。

⑤ 高速校正　在调速柱塞1左端的推力垫圈与调速器套筒之间设有高速校正弹簧13，当柴油机低速时，调速柱塞因飞块离心力小而处于较左的位置，高速校正弹簧处于自由状态，其右端不与柱塞套筒接触；当转速升高到最大扭矩点时，柱塞右移，高速校正弹簧的右端就开始压在套筒端面上；转速再上升，调速柱塞继续右移，高速校正弹簧被压缩，使柱塞受向左的推力，调速柱塞右侧的油压和高速校正弹簧弹力之和与飞块离心力平衡，使供油压力随转速增加缓慢，从而使柴油机扭矩随转速上升略有下降，以改善柴油机高速适应性。

⑥ 低速校正 低速校正弹簧10安装在飞块助推柱塞11的左端，当柴油机转速高于最大扭矩转速时，调速柱塞靠向右方，此时的低速扭矩校正弹簧处于自由状态；当转速降到小于最大扭矩转速时，调速柱塞向左移动，便压缩低速扭矩校正簧，此弹簧使飞块助推柱塞和调速柱塞均受一向右推力。由于调速柱塞所受向右的推力增大，使供油压力随转速下降变缓，从而减缓了柴油机低速时扭矩减小的速率，提高了柴油机低速时的适应性。

综上所述，PT（G）两速调速器可自动限制最高转速及维持怠速稳定运转。在高速和怠速之间调速器不起作用，由驾驶员操纵转阀式油门（节流阀）的开度而实现加油和减油。由于调速器装有扭矩校正弹簧，所以提高了柴油机外特性的适应性。

(3) MVS全速调速器

MVS全速调速器是由液压控制的调速器，其结构如图4-40所示。MVS全速调速器串联在节流阀与喷油器之间的油路中，调速柱塞10中部直径较小，来自节流阀的柴油通过调速柱塞10的中部与套筒的空隙供往喷油器，从MVS调速器输出的油压取决于出油孔2的开度，出油孔2的开度随调速柱塞10的位置而变化。双臂杠杆5通常由驾驶员通过油门操纵机构来控制，以改变调速弹簧的弹力。

当驾驶员使双臂杠杆5固定在某一位置（加速踏板位置固定）时，调速柱塞左侧所承受的来自齿轮泵的油压与右侧的调速弹簧弹力平衡，调速柱塞在某一位置保持调速器出油压力不变，柴油机在某一转速下运转。若由于其他因素使柴油机转速升高时，齿轮泵因转速提高而使其输出油压提高，此油压作用在调速柱塞10上使柱塞向右移动，出油孔2开度减小，调速器输出油压降低，供油量减少而使柴油机转速回降；反之，柴油机转速下降时，调速弹簧使柱塞向左移动，供油量增加使柴油机转速回升，这样即可保持柴油机转速稳定。

当驾驶员踩下加速踏板时，调速弹簧弹力增加，推动调速器柱塞向左移动，回油孔开度增大，供油量增加而使柴油机转速提高；同时，柴油机转速提高后，齿轮泵输出油压也提高，使调速器柱塞在调速弹簧弹力较大的位置保持平衡，柴油机在某一相应的高速下稳定运转。反之，驾驶员放松加速踏板时，柴油机则在某一较低的转速下保持稳定运转。

怠速弹簧较软，只在怠速工况下起调速作用，超过怠速转速之后，怠速弹簧被完全压缩，高速弹簧起作用。柴油机的怠速转速和最高转速可通过限位螺钉4和3来调整。

(4) VS全速调速器

VS全速调速器的结构如图4-41所示。其结构和工作原理与MVS调速器基本相同，只是增加了一套飞块总成，作用在调速柱塞左侧的是飞块离心力，而不是来自齿轮泵的油压。

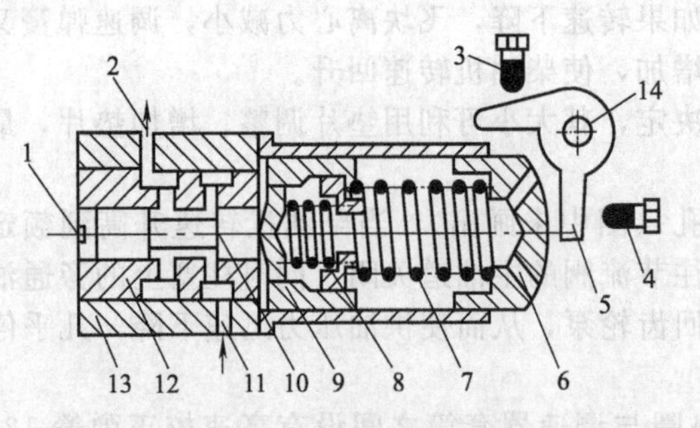

图4-40 MVS全速调速器

1—来自齿轮泵的油压；2—出油孔；3—高速限位螺钉；
4—低速限位螺钉；5—双臂杠杆；6—高速弹簧座；
7—高速弹簧；8—怠速弹簧；9—怠速弹簧座；
10—调速柱塞；11—进油孔；12—套筒；
13—调速器壳体；14—杠杆轴

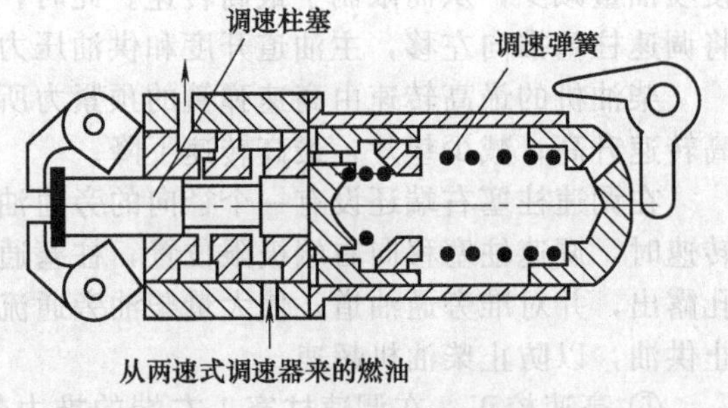

图4-41 VS全速调速器

（5）节流阀（转阀式油门）

在柴油由 PT（G）两速调速器供往喷油器的油路中设有节流阀，如图 4-42 所示。

油门轴 1 的中部有一径向直通的油道，用于连通来自调速器的主油道和通往喷油器的输油道 2，油门轴 1 的外端与加速踏板用杠杆相连，驾驶员踏动加速踏板时，带动油门轴转动，油门轴上的径向油道位置改变，从而改变节流阀的节流作用，以调节供油压力改变循环供油量，实现对柴油机负荷和转速的控制。

油针 5 伸入油门轴的径向油道，其伸入部分为锥形，增减调整垫片 4 或改变油针伸入油道的位置，以调整油门全开时的燃油流通阻力，从而可调整额定供油量。

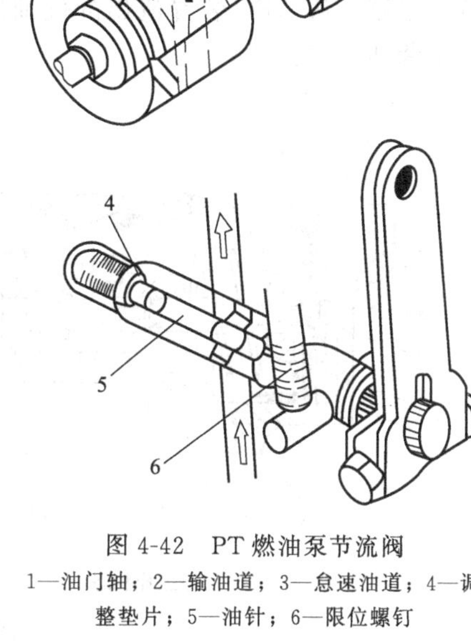

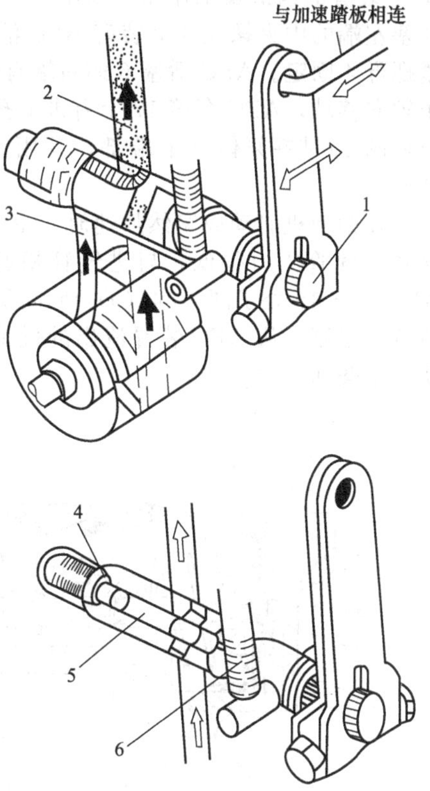

图 4-42 PT 燃油泵节流阀

1—油门轴；2—输油道；3—怠速油道；4—调整垫片；5—油针；6—限位螺钉

（6）断油阀

断油阀安装在 PT 燃油泵的燃油出口，通常是既能电操纵也能手操纵，其功用是切断通往喷油器的燃油通路，以便使柴油机熄火。断油阀的结构如图 4-43 所示。

打开启动开关，使电磁阀通电时，阀片 3 被吸向右方，断油阀开启；柴油机需熄火停机时，关闭启动开关，电磁阀断电，阀片 3 在回位弹簧 4 的作用下压向座，燃油被切断。

断油阀有两个接线柱，长的接蓄电池，短的搭铁。如果电气系统发生故障，打开启动开关而断油阀不能开启时，可拧进手动螺钉 5，使阀片 3 开启；停车时则将螺钉拧出，使阀片 3 在回位弹簧作用下关闭，以切断燃油供给。

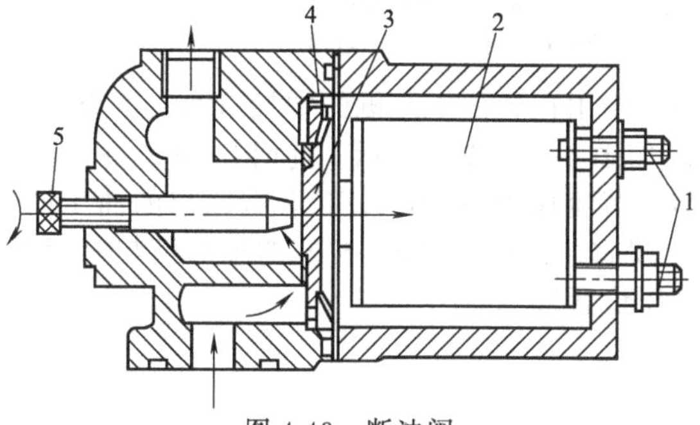

图 4-43 断油阀

1—按线柱；2—电磁铁；3—阀片；4—回位弹簧；5—手动螺钉

应注意：汽车行驶中，如果关闭启动开关，则断油阀片处于关闭位置，此时柴油机曲轴和 PT 燃油泵轴仍在汽车惯性带动下转动，阀片 3 因受燃油压力的推压，即使重新将启动开关打开，电磁铁也无法吸开阀片，在此情况下，只能将车停下，再重新启动。

（7）空燃比控制装置（AFC）

康明斯增压柴油机的新型 PT 燃油泵，均以 PT（G）燃油泵为基础，加装了 AFC 空燃比控制装置，称为 PT（G）AFC 燃油泵。有些柴油机并不要求对空燃料比进行控制，这时 PT（G）型燃油泵的壳上装 AFC 装置的位置用一个堵塞来代替。

在增压柴油机上，空气是经过增压后送入汽缸的，但柴油机在启动或加速时，由于增压器的惯性而滞后起作用，使空气量瞬时相对减少，混合气变浓，燃烧不完全，柴油机排出大量的黑烟，不仅功率下降，而且污染严重。AFC 空燃比控制装置的功用就是在上述工况下，相对地减小燃油的压力，使供油量相对减小，从而，保证较理想的空燃比。

AFC 装置的构造及工作原理如图 4-44 所示。AFC 柱塞 16 安装在 AFC 套筒 17 中，在 AFC 柱塞左端的中央螺栓 3 上装有 AFC 活塞 6，活塞 6 的前端装有膜片 1 和密封垫 2，并通过锁紧螺母 4 固定。AFC 活塞 6 的右端有弹簧 7 支撑在泵体上，AFC 柱塞 16 可在 AFC 套筒 17 中轴向移动，AFC 套筒 17 上有进油孔 A 与进油道 E 相通，出油孔 B 与出油道 D 相通。调节针阀 10 装在泵体 9 上端部，并用锁紧螺母 12 固定，可用来调节 AFC 装置输出的最高油压。

在柴油机启动或突然加速时，由于增压器的惯性而不能马上相应增加所需要的空气量，导致进气管压力很低，与进气管相通的 AFC 膜片 1 左侧气压不足以克服弹簧 7 的弹力，AFC 柱塞 16 处于图 4-44（a）所示的位置。此时，AFC 柱塞正处于关闭套筒上进油孔 A 的位置，限制了从 AFC 装置流出的燃油压力，使喷油器的喷油量减少，避免了混合气过浓，防止了柴油机冒黑烟。

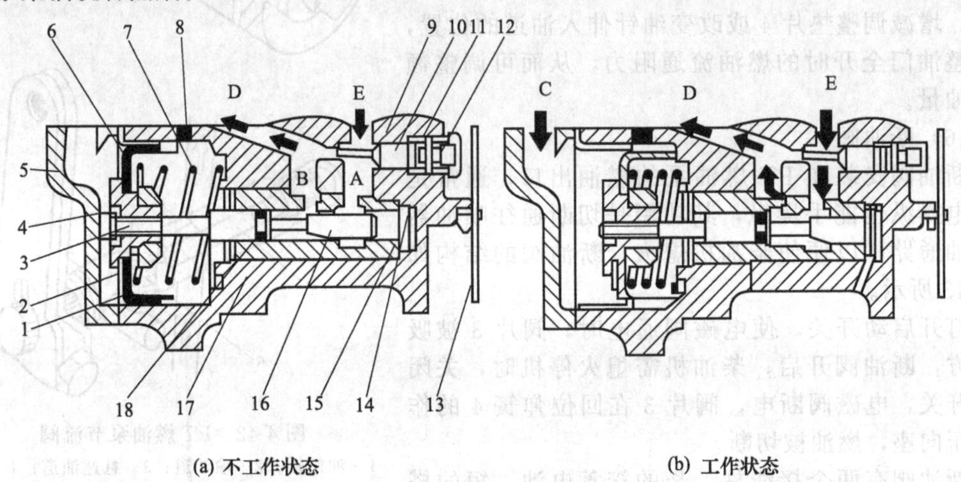

图 4-44 AFC 装置

1—膜片；2—密封垫圈；3—中央螺栓；4—锁紧螺母；5—盖板；6—AFC 活塞；7—弹簧；8—回油管接头安装孔；9—泵体；10—调节针阀；11—密封圈；12—锁紧螺母；13—油门盖板；14—泄油孔；15—套筒弹簧；16—AFC 柱塞；17—AFC 套筒；18—柱塞 O 形密封圈；A—进油孔；B—出油孔；C—增压空气道；D—出油道；E—进油道

当增压器转速上升使进气管中气压增高时，作用在膜片 1 左侧的空气压力大于弹簧 7 的弹力，使膜片 1 连同 AFC 柱塞 16 向右移动，如图 4-44（b）所示。此时，AFC 柱塞 16 上的环形槽逐渐打开 AFC 套筒 17 上的进油孔 A，节流作用减弱，AFC 装置输出的油压增加。当进气管中空气压力继续增加时，AFC 柱塞继续右移，直到 AFC 柱塞的环形槽与套筒所构成的过油断面达最大时为止，此位置称“全气压位置”。

4.8.4 PT 喷油器的构造

（1）PT 喷油器的类型

PT 喷油器可分为两种基本类型：一种是法兰型 PT 喷油器，另一种是圆柱型 PT 喷油器。

法兰型 PT 喷油器是用螺栓通过法兰固定在汽缸盖上，并通过外部的进、回油管分别与 PT 燃油泵和油箱连接。圆柱型 PT 喷油器为改进型的康明斯柴油机喷油器，它用安装板或夹箍固定在汽缸盖上，进、回油道均加工在汽缸盖内部，无外部油管。

（2）PT 喷油器的构造及工作原理

各种类型的 PT 喷油器只是结构略有不同，但其工作原理基本相同。法兰型 PT 喷油器（如图 4-45）主要由喷油器阀体 2、柱塞 10、柱塞回位弹簧 9、喷油器罩 15、调整垫片 14、进油量孔3、回油量孔12和计量孔13等组成，如图4-45所示。PT喷油器工作时，在驱动机构和柱塞回位弹簧9的作用下，柱塞10在喷油器阀体2内上下往复运动。进油量孔3是可调的，装用不同孔径尺寸的量孔，可调节进入喷油器的油量。

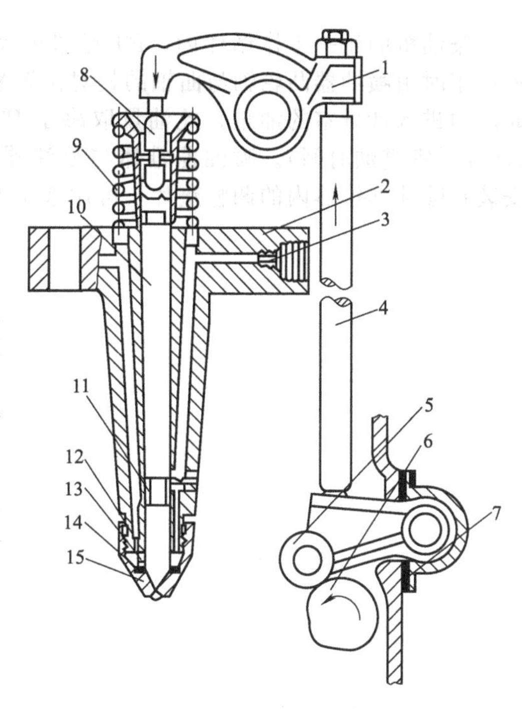

图4-45 PT喷油器及驱动机构

1—摇臂；2—喷油器阀体；3—进油量孔；4—推杆；5—随动轮；6—凸轮；7—调整垫片；8—柱塞杆头；9—柱塞回位弹簧；10—柱塞；11—环槽；12—回油量孔；13—计量孔；14—调整垫片；15—喷油器罩

PT喷油器驱动机构如图4-45所示。当凸轮6的凸起部分转到与随动轮5接触时，通过随动轮5、推杆4、摇臂1等来驱动喷油器柱塞7向下运动，凸轮1的凸起部分转过后，喷油器柱塞10在回位弹簧9作用下上升回位。PT喷油器的驱动机构与下置凸轮轴式配气机构中的气门传动组基本相同，只是在配气机构中设有气门间隙，而在喷油器柱塞与摇臂之间不允许有间隙，此外在喷油器驱动机构中采用摆动式挺杆。

PT喷油器的工作原理如图4-46所示。喷油器凸轮转过之后，在回位弹簧作用下使喷油器柱塞8上升，来自PT燃油泵的柴油经进油道1、环形油道2和垂直油道流入进油腔4，在柱塞8没有让开计量孔5之前，进油腔4内的柴油不能经计量孔5流入计量室9，而是经回油量孔6和回油道7流回油箱［图4-46（a）］。随柱塞8继续上移，计量孔6开启时，进油腔4内的部分柴油经计量孔5进入计量室9，喷油器计量开始［图4-46（b）］，多余的柴油仍流回油箱。喷油器柱塞8上升到上止点后，又由驱动机构驱动其下行，直到柱塞8下行至某一位置将计量孔5关闭时，进油腔4内的柴油不再流入计量室，喷油器计量结束［图4-46（c）］，由于柱塞8继续下行，使计量室9内的柴油压力迅速升高，并经喷孔以雾状喷入燃烧室。喷油器凸轮转至顶端位置时，喷油器柱塞下行到下止点位置，喷油器喷油结束［图4-46（d）］，此时柱塞以一定压力与喷油器锥体压紧，以便使计量室内的柴油完全喷出，防止残余柴油形成积炭，影响喷油器正常工作。

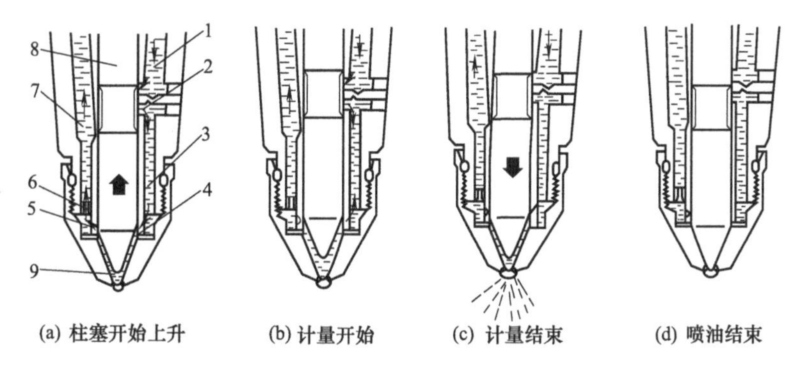

图4-46 PT喷油器工作原理

1—进油道；2—环形油道；3—油道；4—进油腔；5—计量孔；6—回油量孔；7—回油道；8—柱塞；9—计量室

柴油机的每一工作循环内，PT 喷油器都完成一个进油、计量、升压和喷油的全过程。喷油正时由喷油器凸轮轴与曲轴的相对位置来保证。PT 喷油器每循环的喷油量就是在计量时间内进入计量室的油量，此油量取决于 PT 燃油泵的供油压力、计量孔直径和计量时间（即计量室进油时间）。喷油器锥体与喷油器体用螺纹连接，并装有 O 形密封圈加以密封。安装在喷油器锥体内的调整垫片，可用来调整喷油器的最大喷油量。

第5章 润滑系统

5.1 概述

5.1.1 润滑系统的功用

发动机工作时，传力零件的相对运动表面，如曲轴轴颈与轴承、活塞与汽缸壁、气门杆与气门导管、正时齿轮等之间都要产生剧烈的摩擦。如不进行润滑，各相对运动件表面将因摩擦磨损而失去配合精度；摩擦产生的大量热可能会导致某些零件表面烧损，严重时致使发动机不能正常运转；另外摩擦阻力会增加发动机内部的功率消耗。因此，为保证发动机正常工作，必须对相对运动件表面进行润滑，即在摩擦表面上形成一层薄薄的油膜，把摩擦副金属表面隔开，以减小摩擦阻力，降低功率损耗，减轻机件磨损，延长发动机的寿命。

发动机的润滑是由润滑系统来实现的。其基本功用是将机油输送到各运动件的摩擦表面，形成油膜层，减少零件的摩擦磨损。流动的机油不仅可润滑、冷却摩擦表面，而且还可以清除摩擦表面上的磨屑等杂质。除此之外，机油还可以防止零件生锈；活塞与汽缸壁上的油膜还能起到提高汽缸的密封作用。

5.1.2 润滑油

发动机所使用的润滑剂有两种：机油和润滑脂。机油的主要使用性能是黏度，黏度大，容易形成油膜，但是摩擦阻力大，发动机冷启动困难，冷却作用差；黏度小，则润滑不可靠，摩擦面易于磨损。机油的黏度是随温度的变化而变化的，因此使用时应根据季节和地区的变化来选择机油的牌号。比如，夏季气温高时应用黏度较大的机油，而冬季气温低时要用黏度小的机油。我国国家标准 GB/T 14906—1994《内燃机油黏度分类》把内燃机油的黏度分为 11 个级号，其中 6 个含 W，即 0W、5W、10W、15W、20W、25W，是低温黏度级号；不含 W 的有 5 个级号，即 20、30、40、50、60，是 100℃运动黏度级号。

此外，我国石油产品国家标准（GB 11122—2006）规定柴油机润滑油分为 CC、CD、CF、CF-4、CH-4 和 CI-4 六个质量等级。其选择原则是：根据柴油机制造商的推荐、柴油机的机械负荷和热负荷、工作条件的苛刻程度、燃料性质等来确定。

机油的选用主要是从质量等级和黏度牌号两方面进行，首先选择合适的质量等级，如 CF-4；然后根据使用地区的环境温度选择需要的黏度等级，如 15W 等。

发动机所用润滑脂分为钙基润滑脂、铝基润滑脂、钙钠基润滑脂及合成钙基润滑脂等。使用时也必须根据不同季节和各类润滑脂的特点按有关标准选用。

5.1.3 润滑方式

由于发动机各运动零件的工作条件不同，对润滑强度的要求也就不同，因而要相应地采取不同的润滑方式。

① 压力润滑　利用机油泵，将具有一定压力的润滑油源源不断地送往摩擦表面。例如，曲轴主轴承、连杆轴承及凸轮轴轴承等处承受的载荷及相对运动速度较大，需要以一定压力将机油输送到摩擦面的间隙中，方能形成油膜以保证润滑。这种润滑方式称为压力润滑。

② 飞溅润滑　利用发动机工作时运动零件飞溅起来的油滴或油雾来润滑摩擦表面的润滑方式称为飞溅润滑。这种润滑方式可使裸露在外面承受载荷较轻的汽缸壁，相对滑动速度较小的活塞销，以及配气机构的凸轮表面、挺柱等得到润滑。

③ 定期润滑　发动机辅助系统中有些零件则只需定期加注润滑脂（黄油）进行润滑，例如水泵及发电机轴承就是采用这种方式定期润滑。近年来在发动机上采用含有耐磨润滑材料（如尼龙、二硫化钼等）的轴承来代替加注润滑脂的轴承。

5.1.4　润滑系统的组成

润滑系统一般由机油泵、油底壳、机油滤清器、机油散热器、各种阀、传感器和机油压力表、温度表等组成。发动机润滑系统的组成及油路布置方案大致相似，只是由于润滑系统的工作条件和具体结构的不同而稍有差别。

5.2　典型油路分析

发动机主要润滑零件有曲柄连杆机构、配气机构和传动齿轮。

现代发动机的润滑油路方案大致相似。当发动机工作时，曲轴箱内的润滑油经集滤器初滤后进入油泵，被机油泵压出的机油分为两路：一路从机油泵到粗滤器，进入主油道后到达各润滑点，另一路从机油泵到细滤器然后回到油底壳。

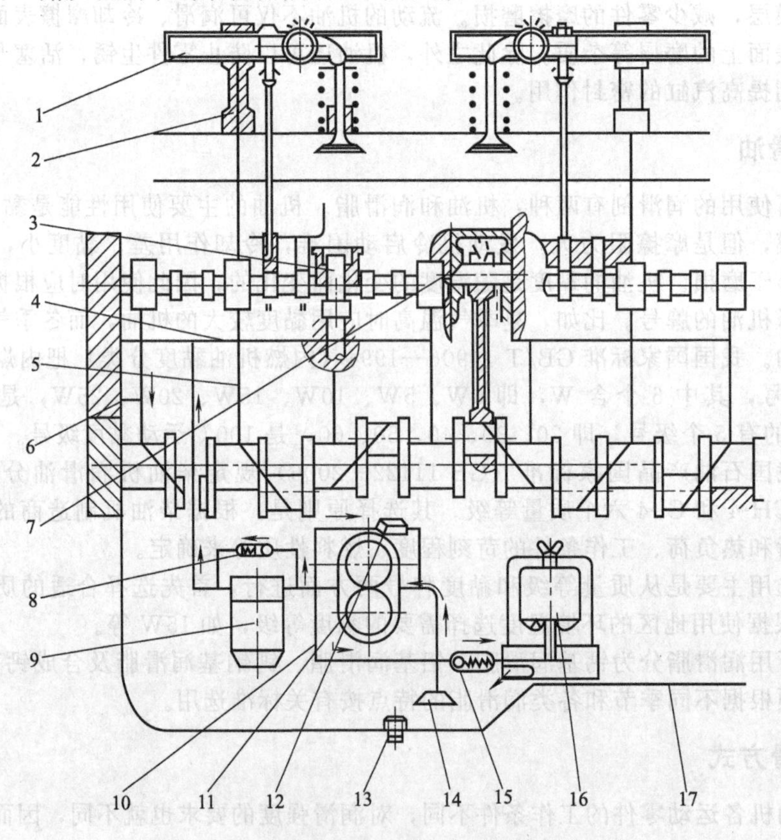

图 5-1　东风 EQ6100-1 型发动机润滑系统示意

1—摇臂轴；2—上油道；3—机油泵传动轴；4—主油道；5—横向油道；6—喷油嘴；
7—连杆小头油道；8—机油粗滤器旁通阀；9—机油相滤器；10—油管；
11—机油泵；12—限压阀；13—磁性放油螺塞；14—固定式集滤器；
15—机油细滤器进油限压阀；16—机油细滤器；17—油底壳

5.2.1 东风EQ6100-1型发动机润滑系统

图5-1为东风EQ6100-1型发动机润滑系统示意图。发动机工作时，机油泵11经固定式集滤器14从油底壳中吸取机油。经机油泵机油分为两路。

大部分的机油经粗滤器9滤去较大的机械杂质后流入主油道4，通过曲轴箱中的七条并联的横向油道5分别润滑主轴颈和凸轮轴轴颈，并通过曲轴中的斜向油道从主轴颈流向连杆轴颈，同时也从凸轮轴的第二、第四轴颈处，经两个上油道2通向摇臂支座，润滑摇臂轴、推杆球头和气门端部。第二条横向油道通向机油泵传动轴3。在第一、第二横向油道之间还有油管从主油道接出，在润滑了空压机的连杆轴颈后，由回油管流回到油底壳中。另外一小部分机油，经限压阀15流入机油细滤器16内，滤去较细的机械杂质和胶质后流回油底壳。

实践表明，一般汽车每行驶50km左右，全部机油可通过细滤器一次。

如果润滑系统中油压过高，将会增加发动机功率损失，为防止油压过高，在机油泵端盖设置了限压阀12，当机油泵出油压力超过0.6MPa时，阀门将被顶开，一部分机油流回到机油泵的进油口，在机油泵内进行小循环。

为显示润滑系统的工作状况，在主油道中装有机油压力传感器和油压过低报警传感器，通过导线与驾驶室内的机油压力表和机油压力过低警告灯相连。

另外在此润滑系统中，机油散热器安装在冷却小散热器的前面，在机油细滤器的下面设置了可接机油散热器的阀门。在高温季节，当发动机长时间大负荷高转速工作时，驾驶员可将阀门打开，使部分机油流入机油散热器进行散热。

5.2.2 6135Q型柴油机润滑系统

图5-2为6135Q型柴油机润滑系统示意图。机油泵泵出的机油绝大部分经粗滤器进入主油道，少量的机油经细滤器流回油底壳，整个曲轴制成空心，其空腔形成润滑油道，机油经

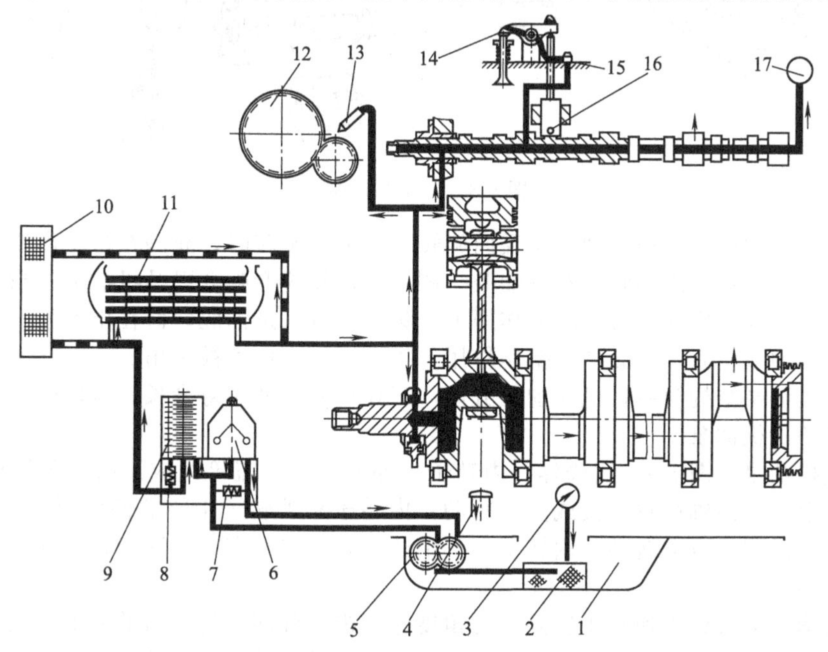

图5-2 6135Q型柴油机润滑系统示意

1—油底壳；2—集滤器；3—机油温度表；4—加油口；5—机油泵；6—离心式机油细滤器；7—调压阀；8—旁通阀；9—机油粗滤器；10—风冷式机油散热器；11—水冷式机油散热器；12—齿轮泵；13—喷嘴；14—气门摇臂；15—汽缸盖；16—气门挺柱；17—油压表

此分别润滑各个连杆轴承（曲轴主轴承是滚动轴承，用飞溅方式润滑）。用以润滑气门传动机构的机油，沿由第二个凸轮轴轴承引出的油道，一直通到汽缸盖上气门摇臂轴的中心油道中，并由此流向各个摇臂的工作面，然后沿推杆流到挺柱内，挺柱下部两个油孔流出的机油及飞溅的机油润滑凸轮工作面。

5.3 润滑系统的主要部件

润滑系统的主要部件有机油泵、机油滤清器，各种阀，机油散热器以及检视设备。机油泵的功用是提高机油压力，保证机油在润滑系统内不断循环。为了保证输送到各运动零件表面的润滑油的清洁，在润滑系统中还设有机油滤清器。

5.3.1 机油泵

机油泵的作用是提高机油压力，保证机油在润滑系统内不断循环。目前发动机润滑系统中广泛采用的是外啮合齿轮式机油泵和内啮合转子式机油泵两种。

(1) 齿轮式机械泵

齿轮式机油泵（图 5-3）由主动轴、主动齿轮、从动轴、从动齿轮、壳体等组成，两个齿数相同的齿轮相互啮合，装在壳体内，齿轮与壳体的径向和端面间隙很小。主动轴与主动齿轮用键连接，从动齿轮空套在从动轴上。

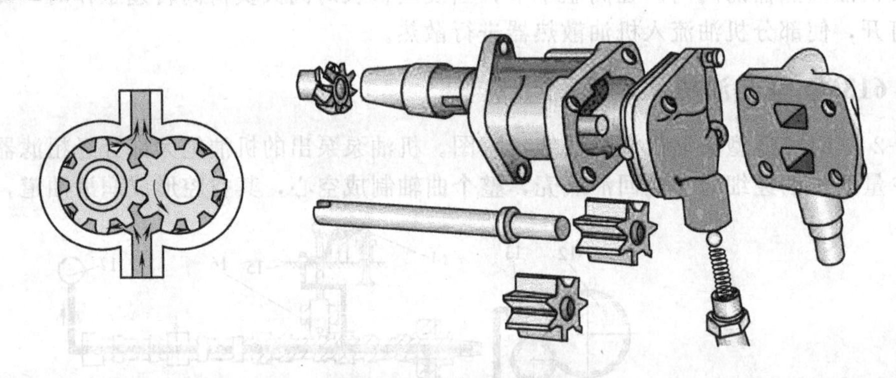

图 5-3 齿轮式机油泵

工作时，主动齿轮带动从动齿轮反向旋转。两齿轮旋转时，充满在齿轮齿槽间的机油沿油泵壳壁由进油腔带到出油腔，在进油腔一侧由于齿轮脱开啮合以及机油被不断带出而产生真空，使油底壳内的机油在大气压力作用下经集滤器进入进油腔，而在出油腔一侧由于齿轮进入啮合和机油被不断带入而产生挤压作用，机油以一定压力被泵出。

齿轮式机油泵结构简单，机械加工方便，工作可靠，使用寿命长，应用较广泛。

(2) 转子式机油泵

转子式机油泵（图 5-4）由壳体、内转子、外转子和泵盖等组成。内转子用键或销子固定在转子轴上，由曲轴齿轮直接或间接驱动，内转子和外转子中心的偏心距为 e，内转子带动外转子一起沿同一方向转动。内转子有 4 个凸齿，外转子有 5 个凹齿，这样内、外转子同向不同步旋转。

转子齿形齿廓设计得使转子转到任何角度时，内、外转子每个齿的齿形廓线上总能互相成点接触。这样内、外转子间形成 4 个工作腔，随着转子的转动，这 4 个工作腔的容积是不断变化的。在进油道的一侧空腔，由于转子脱开啮合，容积逐渐增大，产生真空，机油被吸入，转子继续旋转，机油被带到出油道的一侧，这时，转子正好进入啮合，使这一空腔容积减小，油压升高，机油从齿间挤出并经出油道压送出去。这样，随着转子的不断旋转，机油

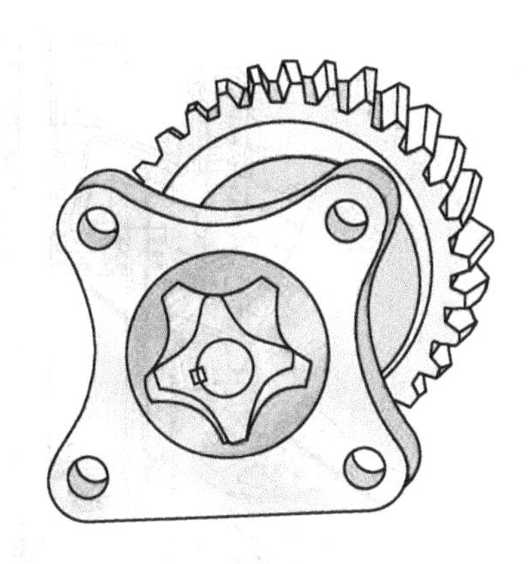
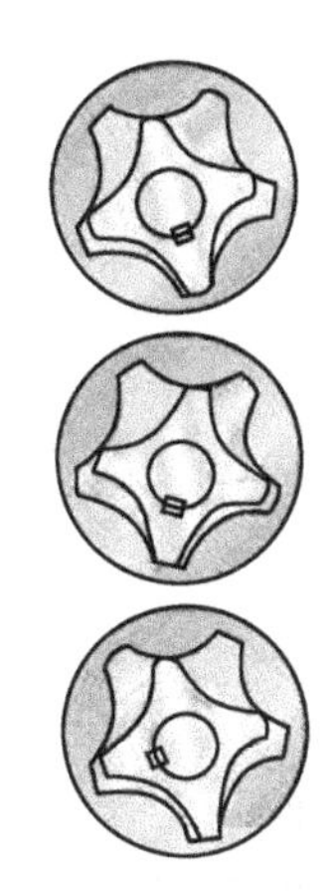

图 5-4 转子式机油泵

就不断地被吸入和压出。

转子式机油泵结构紧凑，外形尺寸小，重量轻，吸油真空度较大，泵油量大，供油均匀度好，成本低，在中、小型发动机上应用广泛。

5.3.2 机油滤清器

发动机工作时，金属磨屑和大气中的尘埃以及燃料燃烧不完全所产生的炭粒会渗入机油中，机油本身也因受热氧化而产生胶状沉淀物，机油中含有这些杂质。如果把这样的脏机油直接送到运动零件表面，机油中的机械杂质就会成为磨料，加速零件的磨损，并且引起油道堵塞及活塞环、气门等零件黏结。因此必须在润滑系统中设有机油滤清器，使循环流动的机油在送往运动零件表面之前得到净化处理。保证摩擦表面的良好润滑，延长其使用寿命。

一般润滑系统中装有几个不同滤清能力的滤清器，集滤器、粗滤器和细滤器，分别串联和并联在主油道中。与主油道串联的滤清器称为全流式滤清器，一般为粗滤器；与主油道并联的滤清器称为分流式滤清器，一般为细滤器，过油量约为10%～30%。

(1) 集滤器

集滤器（图5-5）是具有金属网的滤清器，安装于机油泵进油管上，其作用是防止较大的机械杂质进入机油泵。浮式集滤器飘浮于机油表面吸油，能吸入油面上较清洁的机油，但油面上的泡沫易被吸入，使机油压力降低，润滑欠可靠，目前应用不多。固定式集滤器淹没在油面之下，吸入的机油清洁度较差，但可防止泡沫吸入，润滑可靠，结构简单，逐步取代浮式集滤器。

(2) 机油粗滤器

粗滤器用于滤去机油中粒度较大的杂质，机油流动阻力小，它通常串联在机油泵与主油道之间，属于全流式滤清器。粗滤器是过滤式滤清器，其工作原理是利用机油通过细小的孔眼或缝隙时，将大于孔眼或缝隙的杂质留在滤芯的外部。根据滤芯的不同，有各种不同的结构形式。传统的粗滤器多采用金属片缝隙式和绕线式，现在多采用纸质式和锯末式。

① 金属片缝隙式粗滤器　如图5-6所示，这种粗滤器的滤芯是由薄钢片制成的滤清片、隔片和刮片等组成。它们交错叠放套在滤芯轴上，用上、下盖板及螺母压紧。由于滤清片之间有隔片，形成了一定的间隙，机油可通过此间隙流入滤芯，再经上盖出油道流向主油道，机油流动方向如图中箭头所示。在上盖设有旁通阀，当滤芯堵塞时，旁通阀被机油压力顶开，润滑油不经滤芯而直接流入主油道，保证供油不会中断。

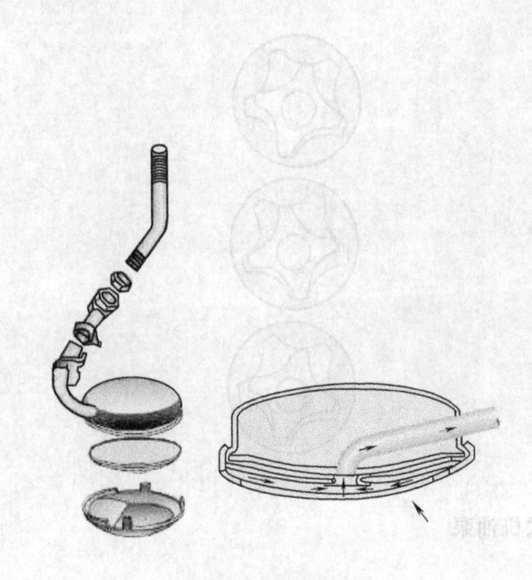

图 5-5 集滤器

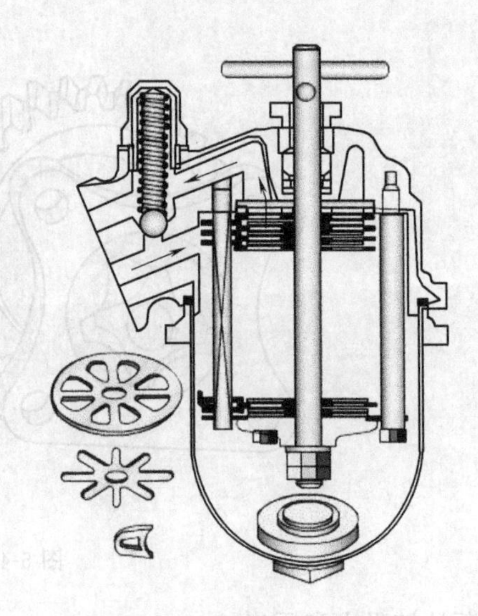

图 5-6 金属片缝隙式粗滤器

② 纸质滤芯式机油粗滤器 金属片式粗滤器是一种永久性滤清器。由于它具有质量大、结构复杂、制造成本高等缺点，已基本被淘汰。纸质滤清器（图 5-7）的滤芯是用微孔滤纸制成的，为了增大过滤面积，微孔滤纸一般都折叠成扇形和波纹形（图 5-8）。微孔滤纸经过酚醛树脂处理，具有较高的强度、抗腐蚀能力和抗水湿性能，具有质量小、体积小、结构简单、滤清效果好、过滤阻力小、成本低和保养方便等优点，得到了广泛地应用。

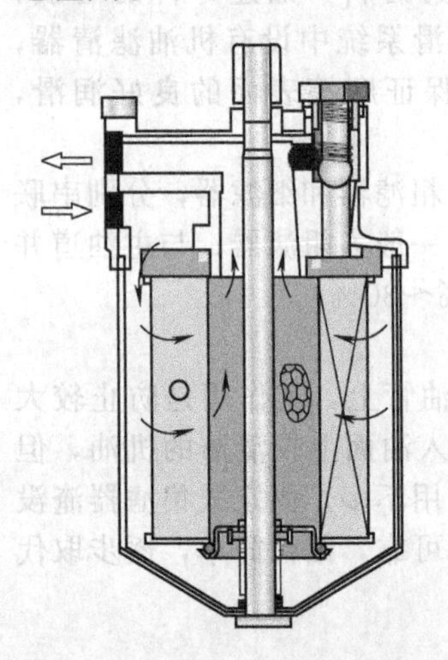

图 5-7 纸质滤芯式机油粗滤器

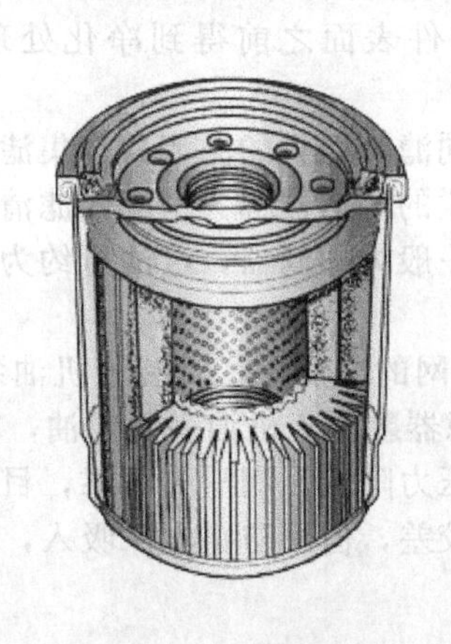

图 5-8 纸质滤芯

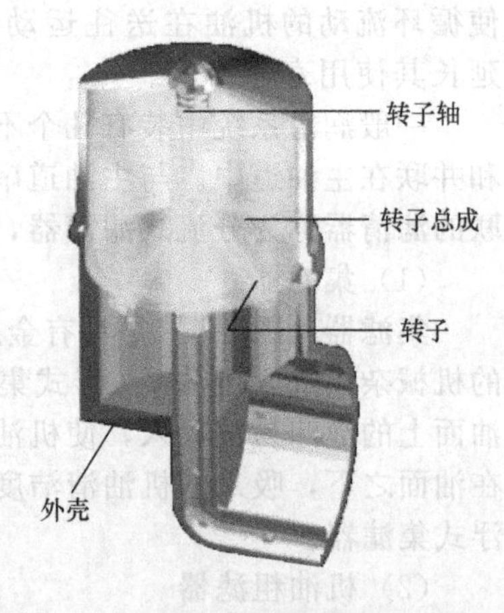

图 5-9 机油细滤器

③ 锯末滤芯式机油粗滤清器 锯末滤芯式粗滤器滤芯为酚醛树脂黏结的锯末滤芯，它阻力小，滤清效果好，使用寿命长。

(3) 机油细滤器

机油细滤器（图 5-9）用以清除细小的杂质，这种滤清器对机油的流动阻力较大，故多做成分流式，它与主油道并联，只有少量的机油通过它滤清后又回到油底壳。细滤器有过滤式和离心式两种，过滤式机油细滤器存在着滤清能力与通过能力的矛盾。为此多数发动机采用离心式细滤器。

5.3.3 机油散热器和冷却器

发动机运转时，由于机油黏度随温度的升高而变稀，降低了润滑能力。因此，有些发动机装用了机油冷却器。机油冷却器有两种形式：风冷式和水冷式，通常把风冷式称为机油散热器。其作用是降低机油温度，保持润滑油一定的黏度。

（1）机油散热器

机油散热器（图 5-10）由散热管、限压阀、开关、进出油管等组成。其结构与冷却水散热器相似。

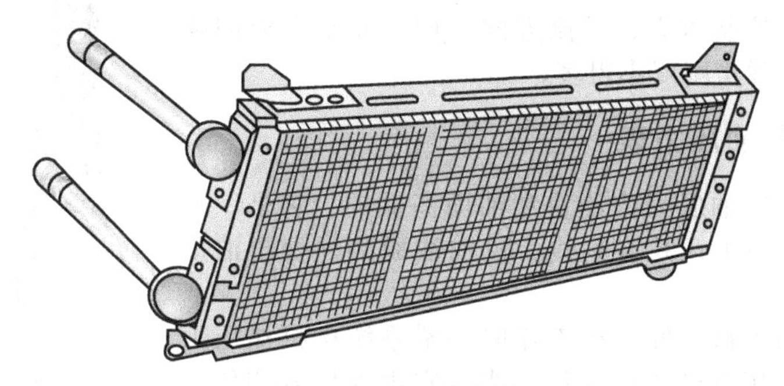

图 5-10 机油散热器

机油散热器一般安装在冷却水散热器的前面，与主油道并联。机油泵工作时，一方面将机油供给主油道，另一方面经限压阀、机油散热器开关，进油管进入机油散热器内，冷却后从出油管流回机油盘，如此循环流动。

（2）机油冷却器

将机油冷却器置于冷却水路中，利用冷却水的温度来控制润滑油的温度。当润滑油温度高时，靠冷却水降温，发动机启动时，则从冷却水吸收热量使润滑油迅速提高温度。机油冷却器由铝合金铸成的壳体、前盖、后盖和铜芯管组成，如图 5-11 所示。为了加强冷却，管外又套装了散热片。冷却水在管外流动，润滑油在管内流动，两者进行热量交换。也有使油在管外流动，而水在管内流动的结构。

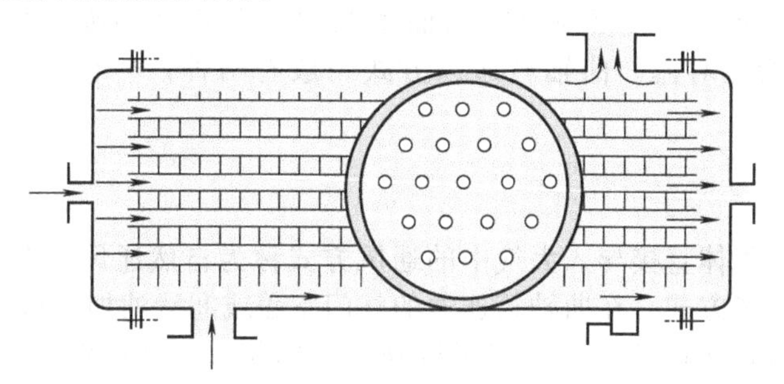

图 5-11 机油冷却器

5.3.4 阀门

在润滑系统中都设有几个限压阀和旁通阀（图 5-12），以确保润滑系统正常工作。

（1）限压阀

供油压力是随发动机转速增加而增高的，并且当润滑系统中油路淤塞、轴承间隙过小或使用的机油黏度过大时，也将使供油压力增高。因此，在润滑系统机油泵和主油道中设有限压阀，限制机油最高压力，以确保安全。

当机油泵和主油道上机油压力超过预定的压力时，克服限压阀弹簧作用力，顶开阀门，一部分机油从侧面通道流入油底壳内，使油道内的油压下降至设定的正常值后，阀门关闭。

(2) 旁通阀

旁通阀用以保证润滑系统内油路畅通，当机油滤清器堵塞时，机油通过并联在其上的旁通阀直接进入润滑系统的主油道，防止主油道断油。旁通阀与限压阀的结构基本相同，只是其安装位置、控制压力、溢流方向不同，通常旁通阀弹簧刚度要比限压阀弹簧刚度小得多。

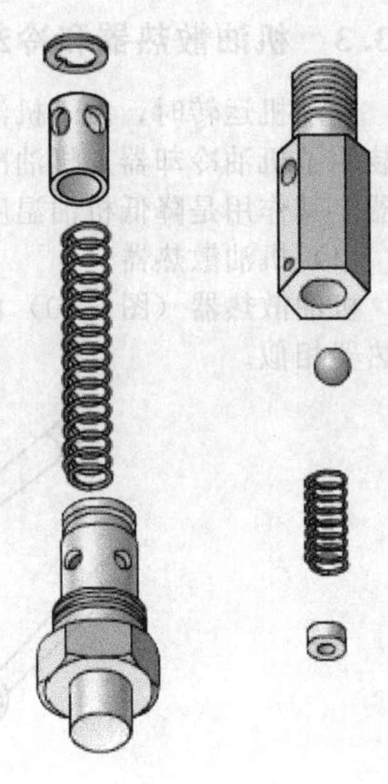

图 5-12 阀门

5.3.5 油尺和机油压力表

油尺是用来检查油底壳内油量和油面高低的。它是一片金属杆，下端制成扁平，并有刻线。机油油面必须处于油尺上下刻线之间。

机油压力表用于指示发动机工作时润滑系统中机油压力的大小，一般都采用电热式机油压力表，它由油压表和传感器组成，中间用导线连接。传感器装在粗滤器或主油道上，它把感受到的机油压力传给油压表。油压表装在驾驶室内仪表板上，显示机油压力的大小值。

5.4 曲轴箱通风

发动机工作时，一部分可燃混合气和废气经活塞环泄漏到曲轴箱内。泄漏到曲轴箱内的汽油蒸气凝结后，将使润滑油变稀。同时，废气的高温和废气中的酸性物质及水蒸气将侵蚀零件，并使润滑油性能变坏。另外，由于混合气和废气进入曲轴箱，使曲轴箱内的压力增大，温度升高，易使机油从油封、衬垫等处向外渗漏。为此，一般汽车发动机都有曲轴箱通风装置，以便及时将进入曲轴箱内的混合气和废气抽出，使新鲜气体进入曲轴箱，形成不断地对流。曲轴箱通风方式一般有两种，一种是自然通风，另一种是强制通风。

5.4.1 自然通风

从曲轴箱抽出的气体直接导入大气中的通风方式称为自然通风（图 5-13）。柴油机多采用这种曲轴箱自然通风方式。在曲轴箱连通的气门室盖或润滑油加注口接出一根下垂的出气管，管口处切成斜口，切口的方向与汽车行驶的方向相反。利用汽车行驶和冷却风扇的气流，在出气口处形成一定真空度，将气体从曲轴箱抽出。

5.4.2 强制通风

从曲轴箱抽出的气体导入发动机的进气管，吸入汽缸再燃烧。这种通风方式称为强制通风（图 5-14），汽油机一般都采用这种曲轴箱强制通风方式，这样，可以将窜入曲轴箱内的混合气回收使用，有利于提高发动机的经济性。

强制通风可以回收利用混合气，减少环境污染，汽油机上一般多采用。目前工程机械用的柴油机一般是采用自然通风，通风口位于加机油的口上或摇臂室盖上，并加有滤网装置，防止灰尘和杂质侵入曲轴箱。

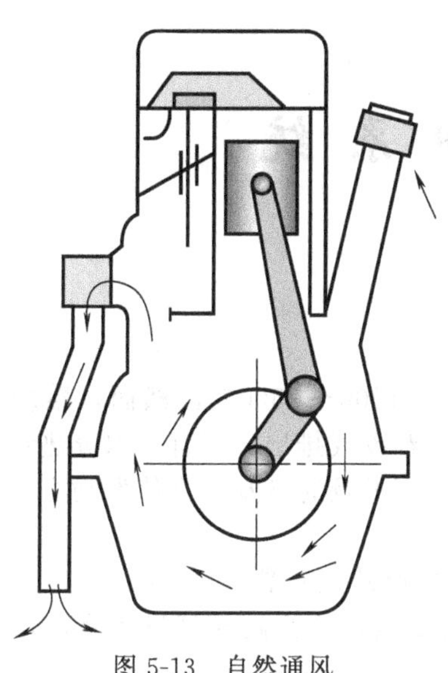

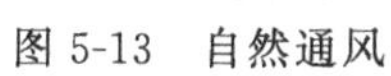

图 5-13 自然通风

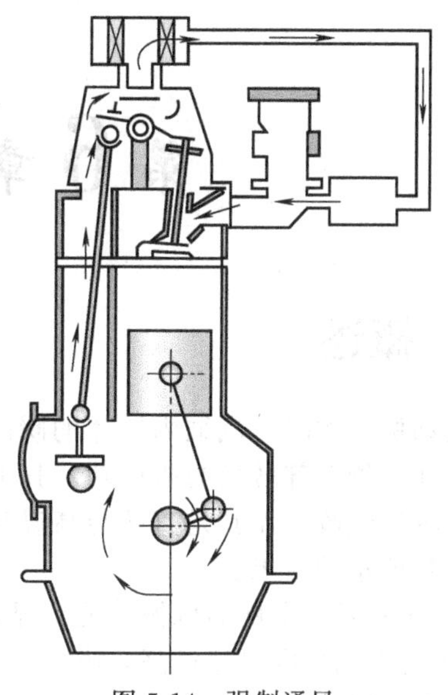

图 5-14 强制通风

第6章 冷却系统

6.1 概述

发动机工作时，汽缸内气体的瞬时最高温度可高达1900～2500℃，然而，燃烧所发出的热量并不能全部转换为机械功，其中一部分热量会随着废气排出，还有一部分热量会被发动机的零件吸收。尤其是直接与高温气体接触的零件，若不及时冷却，会使发动机过热而产生一系列严重的后果。

① 在高温下零件的机械性能会显著下降，易发生变形甚至破裂。

② 由于汽缸内温度过高，吸入的工质因为高温而膨胀，使汽缸充气量下降，从而导致发动机功率下降。

③ 温度过高破坏了各零件间的正常配合间隙，使其无法正常工作，甚至造成卡死现象。

④ 高温下润滑油黏度大幅度下降，并易于氧化变质，使润滑条件恶化，运动间磨损加剧。

所以，为保证发动机的正常工作就必须设置冷却系统，但发动机冷却系统的冷却强度必须适宜，冷却不足会使发动机过热，冷却过度则会产生以下不良后果。

① 汽缸内温度过低，使燃料的雾化蒸发性能变差，不利于混合气的形成和燃烧，从而使耗油量增加。

② 温度过低，机油黏度增大，运动阻力增加，从而使发动机功率下降。

③ 燃烧废气中的水蒸气和硫化物低温下会凝结成酸性物质，造成零件的腐蚀和磨损。

④ 汽缸内温度过低，导致转变为有用功的热量减少，从而使发动机热效率和输出功率降低。

因此，发动机无论过热或过冷都不好，冷却程度一定要适当。冷却系统的主要功用是把受热零件吸收的部分热量及时散发出去，保证发动机在最适宜的温度状态下工作。

冷却系统按照冷却介质的不同可以分为风冷和水冷两种冷却方式，见图6-1。

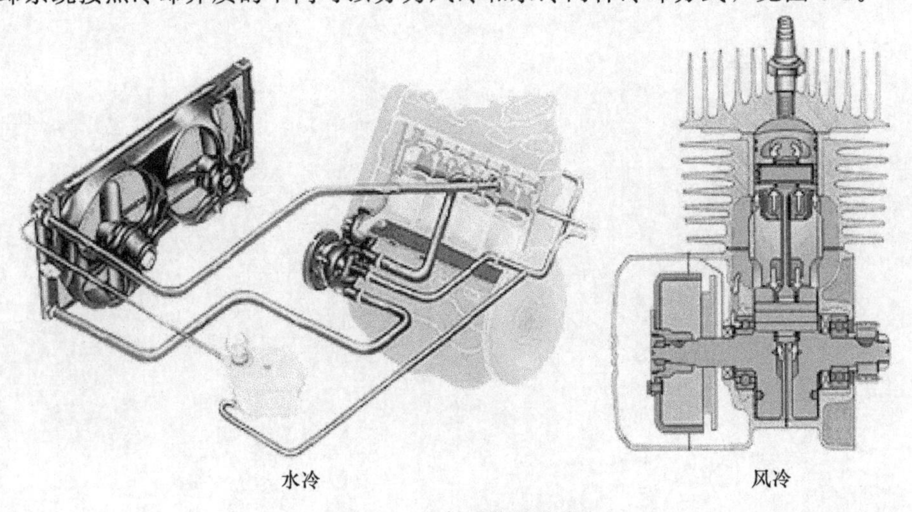

图6-1 冷却系统的分类

把发动机中高温零件的热量直接散入大气而进行冷却的装置称为风冷系统。风冷式发动机的汽缸盖与机体等处有散热肋片，直接利用环境空气进行冷却，冷却效果较差，一般只用于热负荷较小的发动机。但是它有一个优点，即可以省去较复杂的冷却水系统，在干旱无水地区就很适用。

把发动机中高温零件的热量先传给冷却水，然后再散入大气而进行冷却的装置称为水冷系统。水冷系统冷却均匀，效果好，而且发动机运转噪声小，目前工程机械和车用发动机上广泛采用水冷系统。

6.2 水冷却系统

6.2.1 水冷系统的组成及工作原理

水冷系统是以水作为冷却介质，把发动机中高温零件的热量先传给冷却水，然后再散入大气而进行冷却。根据散热部分的结构和热量散出方式的不同，水冷方式有蒸发冷却式、流通冷却式和强制循环冷却三种。蒸发式水冷却系统只需要一个结构十分简单的蒸发水箱与缸体和缸盖中的水套相通，水箱口通大气，水吸收热量后沸腾蒸发。流通冷却式由外水源将冷却水泵入或自然流入发动机内部的冷却管路和高温零件周围的冷却水腔，对受热零件进行冷却后排到周围环境中去。上述两种方式只用于少数小型柴油机和少数船用柴油机。目前发动机上采用的水冷系统大都是强制循环式水冷系统，宏观上没有冷却水的流失。

强制循环式水冷系统利用装在水循环通路内的水泵所形成的水的压差，使冷却水在发动机内循环流动。在发动机受热零件处吸收热量，在散热器处将热量散出。这种冷却系统的散热效率高，节省水资源，广泛应用于各种类型的发动机中。其缺点是结构比较复杂，系统中需要较多的部件来完成水的循环和控制。

强制循环式水冷系统由散热器、水泵、风扇、冷却水套和温度调节装置等组成，见图6-2和图6-3。

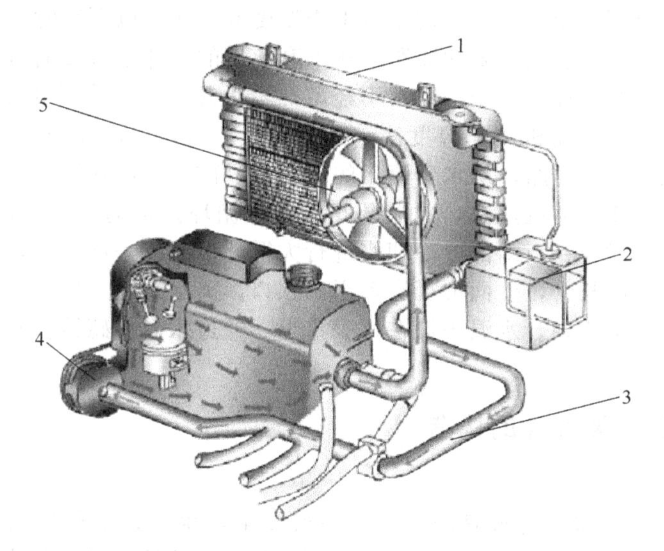

图 6-2 水冷系统的组成
1—散热器；2—水箱；3—水管；4—水泵；5—风扇

水套是直接铸造在汽缸体和汽缸盖内相互连通的空腔，水套通过软管与固定在发动机前端的散热器相连，形成封闭的冷却水循环空间，水泵安装在水套与散热器之间。发动机工作

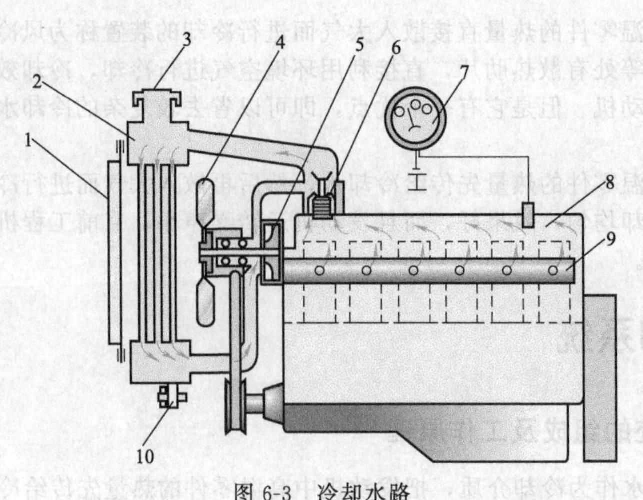

图 6-3 冷却水路

1—百叶窗；2—散热器；3—散热器盖；4—风扇；5—水泵；6—节温器；
7—水温表；8—水套；9—分水管；10—放水阀

时，水套和散热器内充满冷却水，曲轴驱动水泵工作，使冷却水经水泵加压后通过分水管压送到汽缸体和汽缸盖水套内，冷却水在吸收了机体的大量热量后经汽缸盖出水孔流回散热器。由于有风扇的强力抽吸，增大了流经散热器的空气流量和速度。因此，受热后的冷却水在流过散热器芯的过程中，热量不断地散发到大气中去，冷却后的水流到散热器的底部，又被水泵抽出，再次压送到发动机的水套中，如此不断循环，把热量不断地送到大气中去，使发动机不断地得到冷却。

百叶窗安装在散热器前面，通过控制其开度，可以控制流经散热器的空气量，调节冷却强度。

节温器安装在水套出水口处，根据发动机工作温度，它可自动控制通向散热器和水泵的两个冷却水通路，以调节冷却强度。发动机工作温度低（70℃以下）时，节温器自动关闭通向散热器的通路，而开启通向水泵的通路，从水套流出的冷却水直接通过软管进入水泵，并经水泵送入水套再进行循环，由于冷却水不经散热器散热，可使发动机工作温度迅速升高，此循环路线称小循环。发动机工作温度高（80℃以上）时，节温器自动关闭通向水泵的通路，而开启通向散热器的通路，从水套流出的冷却水经散热器散热后再由水泵送入水套，提高了冷却强度，以防止发动机过热，此循环路线称大循环。发动机工作温度在70～80℃之间时，大、小循环同时存在，即部分冷却水进行大循环，而另一部分进行小循环。

分水管为一扁平的长管，上面加工有若干出水口，离水泵越远出水口的尺寸越大，这样可保证发动机各缸冷却均匀。水温表设在仪表盘上，通过水温传感器检测并由水温表显示冷却水温度。

6.2.2 水冷系统主要部件的构造

（1）散热器

散热器的功用是冷却来自水套的热水。一般要求热水经过散热器后应降温10～15℃。对散热器而言，必须有足够的散热面积，而且所用材料导热性要好，散热器芯一般多用黄铜制造。因铜比较昂贵，近来铝制散热器有很大发展。为了将散热器传出的热量尽快带走，在散热器后面装有风扇与散热器配合工作。

散热器由上贮水室、散热器芯和下贮水室等组成，见图6-4。

散热器上贮水室顶部有加水口，冷却水由此注入整个冷却系统并用散热器盖盖住。在上贮水室和下贮水室分别装有进水管和出水管，进水管和出水管分别用橡胶软管和汽缸盖的出水管和水泵的进水管相连，这样，既便于安装，而且当发动机和散热器之间产生少量位移时也不会漏水。在散热器下贮水室的出水管上还有放水开关，必要时可将散热器内的冷却水放掉。

散热器芯由许多冷却水管和散热片组成，对于散热器芯应该有尽可能大的散热面积，采用散热片是为了增加散热器芯的散热面积。散热器芯的构造形式有多样，常用的有管片式和管带式两种，如图 6-5、图 6-6 所示。

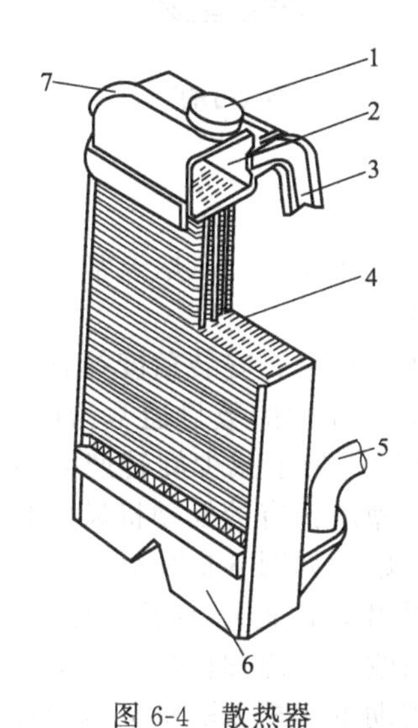

图 6-4　散热器

1—散热器；2—上贮水室；3—散热器进水管；4—散热器芯；5—散热器出水管；6—下贮水室；7—溢水管

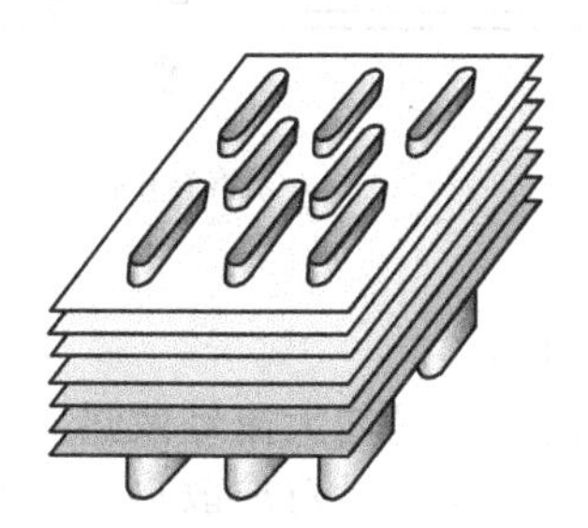

图 6-5　管片式散热器芯

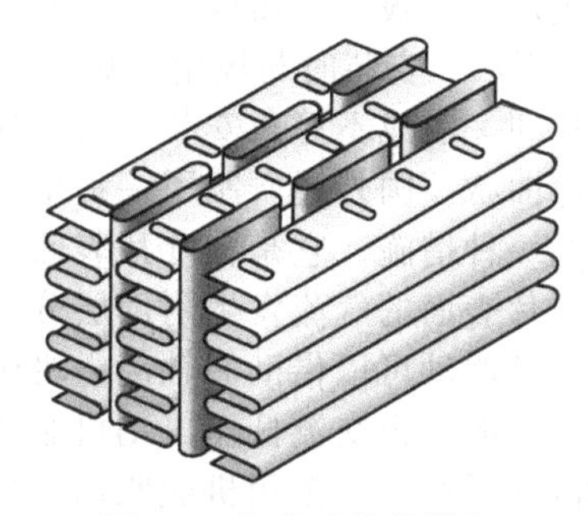

图 6-6　管带式散热器芯

管片式散热器芯冷却管的断面大多为扁圆形，它连通上、下贮水室，是冷却水的通道。和圆形断面的冷却管相比，不但散热面积大，而且万一管内的冷却水结冰膨胀，扁管可以借其横断面变形而避免破裂。采用散热片不但可以增加散热面积，还可增大散热器的刚度和强度。这种散热器芯强度和刚度都好，耐高压，但制造工艺较复杂，成本高。

管带式散热器芯采用冷却管和散热带沿纵向间隔排列的方式，散热带上的小孔是为了破坏空气流在散热带上形成的附面层，使散热能力提高。这种散热器芯散热能力强，制造工艺简单，成本低，但结构刚度不如管片式大。

在冷却系统中，散热器如果是通过溢水管等直接和大气相通的称为开式冷却系统；如果是在散热器的加水口或溢水管处装有空气蒸汽阀（见图 6-7），则称为闭式冷却系统。闭式冷却系统可以使冷却系统适应不同的气压条件，提高冷却水的沸点，减少冷却水的消耗量。目前发动机多采用闭式水冷系统。

闭式水冷系统发动机热态工作正常时，阀门关闭，将冷却系统与大气隔开。防止水蒸气逸出，使冷却系统内的压力稍高于大气压力，从而可增高冷却水的沸点。在冷却水系统内压力过高或过低时，自动阀门则开启以使冷却系统与大气相通。

由于在一般情况下，两阀均在弹簧力作用下处于关闭状态，故上贮水室与通大气的蒸气排出管隔开。当散热器中压力升高到一定数值（一般为 0.026～0.037MPa）蒸汽阀便开启而使水蒸气顺管排出。当水的温度下降，冷却系统中产生的真空度达一定数值（一般为 0.01～0.02MPa），空气阀即行开启，空气即进入冷却系统，以防止散热器及芯管被大气压瘪。

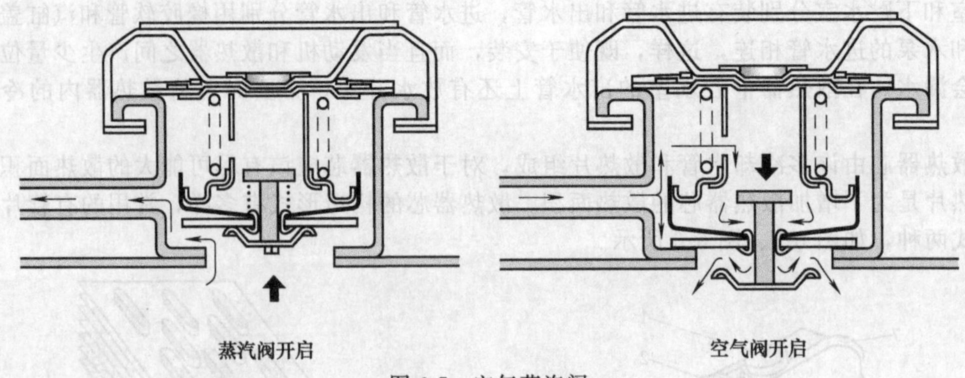

图 6-7 空气蒸汽阀

(2) 风扇

风扇的作用是增大流经散热器芯部空气的流速，提高散热能力。风扇通常安排在散热器后面，其位置应尽量对准散热器芯的中心，以提高散热效果。

风扇的风量主要与风扇的转速、直径以及叶片的形状、数量、安装角度等有关。风扇的叶片一般用薄钢板冲压而成，也有的用塑料和铝合金铸成。叶片的数目通常为四片或六片，如图 6-8 所示，安装时与风扇的旋转平面成 30°～45°，此外，为了减少旋转产生的振动和噪声，叶片间一般成不等角安装。为增加扇风量和降低工作噪声，有的发动机风扇叶片外端部冲击成弯曲状。国外还研制了一种带有辅助叶片的导流风扇，如图 6-9 所示，这也是提高风扇效率的一种措施。它是在叶片表面上铸有凸起的辅助叶片，因此增加了空气的径向流量，防止了叶片表面的气流发生附面层分离和涡流现象，从而改善了冷却性能，并降低了噪声。

风扇的驱动可以借助曲轴动力机械来驱动，也可以借助电动机来驱动。电动风扇是用蓄电池作为电源，由交流低压电动机驱动，采用传感器和电气系统来控制风扇的工作。在工程机械的冷却系统中，多用机械驱动，风扇通常与水泵同轴安装，并通过皮带直接由曲轴来驱动。这种机械驱动方式结构简单、工作可靠，但不能很好地调节内燃机的温度。

而大型柴油机的冷却风扇还可用静液压马达带动旋转，目的也是便于控制。

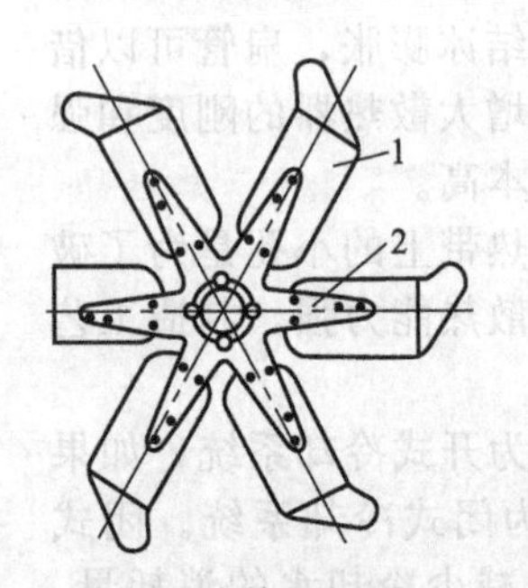

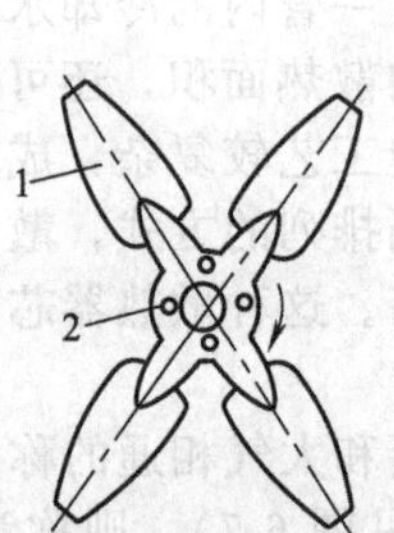

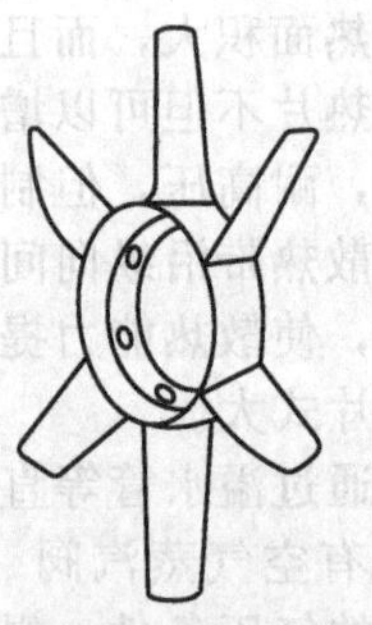

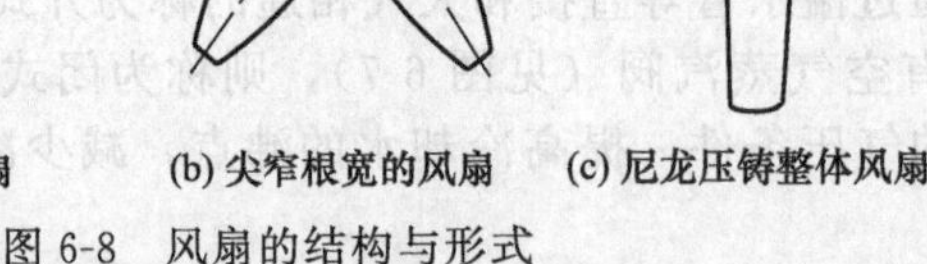

(a) 叶尖前弯的风扇 (b) 尖窄根宽的风扇 (c) 尼龙压铸整体风扇

图 6-8 风扇的结构与形式

1—叶尖；2—连接板

图 6-9 带有凸轮辅助叶片的导流风扇

(3) 水泵

水泵的功用是对冷却水加压，使水在一定的压力下在冷却系统中加速流动，以增强冷却效果。目前，在各类内燃机的冷却系统中所用水泵几乎都采用离心式水泵。因为这种水泵结构简单、尺寸紧凑而排量大，工作可靠，制造容易，而且水泵出故障时并不妨碍冷却水的自然流动。

离心式水泵主要由泵体、叶轮、水泵轴、水封等组成，见图 6-10 所示。叶轮一般是径

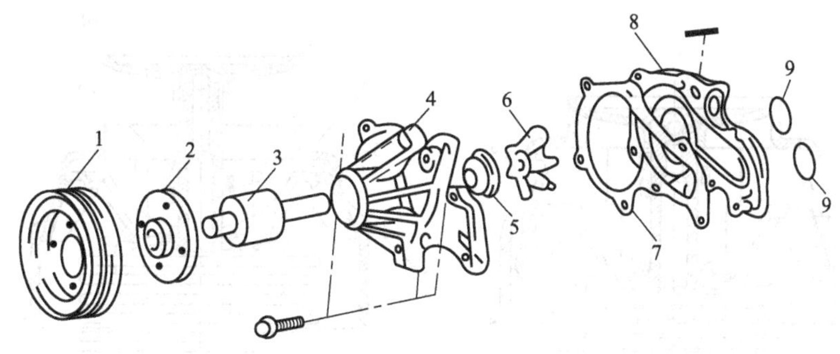

图 6-10 离心式水泵的组成

1—风扇皮带轮；2—皮带轮毂；3—水泵轴和轴承；4—泵壳；
5—水封；6—叶轮；7—衬垫；8—泵盖；9—密封圈

向或向后弯曲的。

泵壳的前半部分为水泵轴的轴承座孔，后半部分为叶轮工作室，泵壳上设有大循环进水口和小循环水管接头。泵盖和衬垫用螺钉安装在泵壳后面，用来封闭叶轮工作室。在泵盖上设有出水孔，水泵安装后出水孔与位于汽缸体水套内的分水管相通。

叶轮通过其中心孔切削平面与水泵轴配合，并用螺钉紧固。水泵轴前端伸出泵壳，皮带轮毂通过半圆键与水泵轴连接，并用螺母紧固。

水封安装在叶轮前面的泵壳座上，水封多采用石墨密封圈结构，用于防止叶轮工作室内的水漏出。

当叶轮被驱动旋转时，预先充满在叶轮周围的水，在离心力的作用下，自叶轮中心通过叶片间流道向叶轮外径流动。水流经叶轮后速度和压力同时得到增加，然后以高速进入螺旋形出水道（蜗壳），因其截面逐渐扩大，水在其中流过速度降低，压力提高。与此同时，在叶轮中心处，由于水向叶轮外径处流动，形成了低压区，具有一定的真空度，散热器中的水在压差的作用下不断从进水管流进叶轮，使吸排过程连续。因为叶轮是匀速旋转的，所以泵的排水也是均匀而连续的（见图 6-11）。如果水泵因故停止工作时，冷却水仍然能从叶轮叶片之间流过，进行热流循环，不至于很快产生过热。

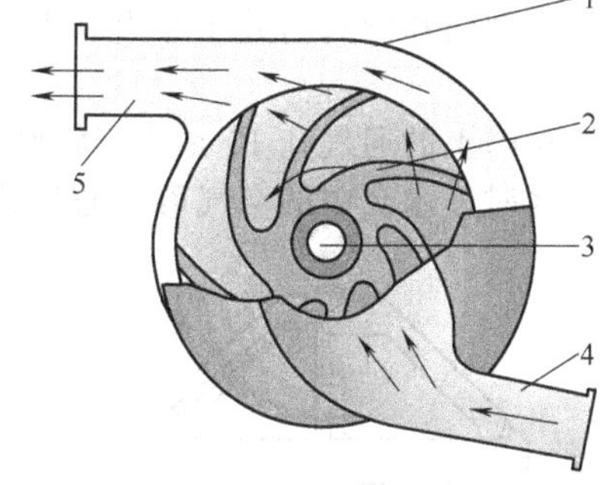

图 6-11 离心式水泵工作原理示意

1—泵壳；2—叶轮；3—泵轴；
4—进水口；5—出水口

（4）节温器

冷却水系统的容水量和管路布置方式是一定的，但环境温度和发动机工作状况是不断变化的。环境温度高或发动机在大负荷下运转时，需要从冷却水系统中散出较多的热量，反之则不必散出同样多的热量。

在冷却水循环的通路中，通常采用节温器来控制通过散热器的冷却水流量，它一般安装在汽缸盖的出水处，根据发动机负荷大小和水温的高低自动改变水的循环流动路线，以达到调节冷却系的冷却强度。

节温器主要有蜡式节温器、折叠式节温器两种，折叠式节温器是由具有弹性的、折叠式的密闭圆筒（用黄铜制成），内装有易于挥发的乙醚，见图 6-12。

当冷却水温大约低于 70℃时，折叠式圆筒内的蒸汽压力很低，使圆筒收缩到最小高度，如图 6-12（a）所示。上阀门压在阀座上，即上阀门关闭，同时侧阀门打开。此时切断了由

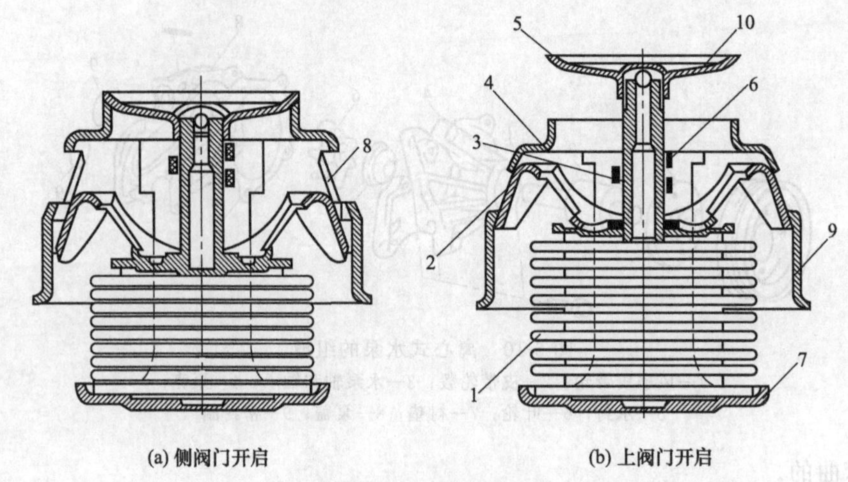

图 6-12 折叠式节温器

1—折叠式圆筒；2—侧阀门；3—杆；4—阀座；5—上阀门；6—导向支架；7—支座；8—旁通孔；9—外壳；10—通气孔

发动机水套通向散热器的水路，水套内的水只由旁通孔流出进入水泵，又被水泵压入发动机水套，此时冷却水并不流经散热器，只是在水套与水泵的小循环，从而防止发动机过冷，并使冷发动机迅速而均匀地热起来。

当水温高于 80℃时，乙醚挥发，圆筒内压力增大而伸长，此时节温器的上阀门完全开启，而侧阀门将通孔关闭，如图 6-12（b）所示。冷却水全部流经散热器，形成大循环。

当发动机的冷却水温在 70～80℃范围内，上阀门与侧阀门便处于与温度相适应的中间位置。主阀门和侧阀门处于半开闭状态，此时一部分水进行大循环，而另一部分水进行小循环。

上阀门上的通气孔 10 是用来将阀门上面的出水管的内腔与发动机水套相连通，使在加注冷却水时，水套内的空气可以通过孔 10 排出，以保证水能充满水套。

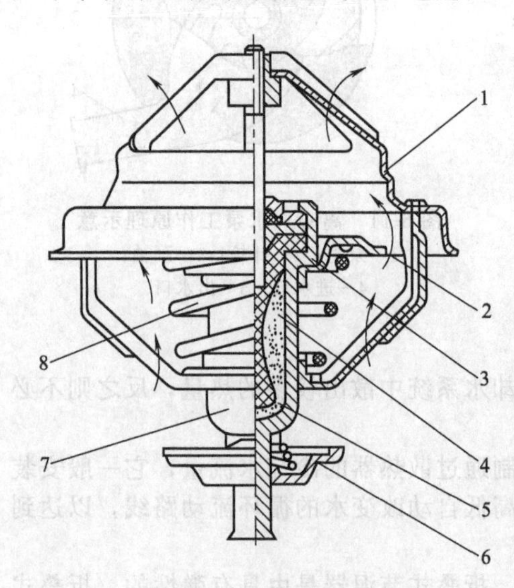

图 6-13 蜡式节温器

1—支架；2—主阀门；3—推杆；4—石蜡；5—胶管；6—副阀门；7—节温器外壳；8—弹簧

蜡式节温器的结构见图 6-13 所示，推杆的一端固定于支架处，另一端插入胶管的中心孔中。胶管与节温器外壳之间形成的腔体内装有精制石蜡。常温下石蜡呈固态，弹簧将主阀门推向上方，使之压在阀座上，主阀门关闭；而副阀门随着主阀门上移，离开阀座，小循环通路打开。来自发动机缸盖出水口的冷却水，经水泵又流回汽缸体水套中，进行小循环。

当发动机水温升高时，石蜡逐渐变成液态，其体积膨胀，迫使胶管收缩，而对推杆的锥状头部产生上举力。固定不动的推杆对胶管、节温器外壳产生向下的反推力。随着水温的不断升高，推杆对节温器外壳的反推力可以克服弹簧的预压力，阀门开始打开。当水温达到规定的温度时，主阀门全开，而副阀门正好完全关闭了小循环通路，这时来自汽缸盖出水口的冷却水沿出水管全部进入散热器冷却，进行大循环。

冷却强度调节装置是根据发动机不同工况和

不同使用条件，改变冷却系统的散热能力，即改变冷却强度，从而保证发动机经常在最有利的温度状态下工作。改变冷却强度通常有两种调节方式，一种是改变通过散热器的空气流量；另一种是改变冷却液的循环流量和循环范围。

蜡式节温器对冷却系统中压力的变化不敏感，工作可靠，寿命较长，应用普遍。

（5）硅油风扇离合器

由曲轴通过皮带驱动风扇的发动机，一般都是将风扇直接安装在皮带轮毂上，在冷却水温低时，风扇仍与发动机同步工作，不仅消耗发动机功率，而且不利于发动机迅速升温。为此，在部分发动机的风扇与皮带轮之间加装了风扇离合器，它可根据冷却水温自动控制风扇的工作状态，从而降低发动机功率损失，同时也实现了冷却强度的自动调节。

常见的风扇离合器形式有硅油风扇离合器、机械式风扇离合器、电磁风扇离合器及液力偶合器等。其中应用最广泛的是硅油风扇离合器，如图 6-14 所示。

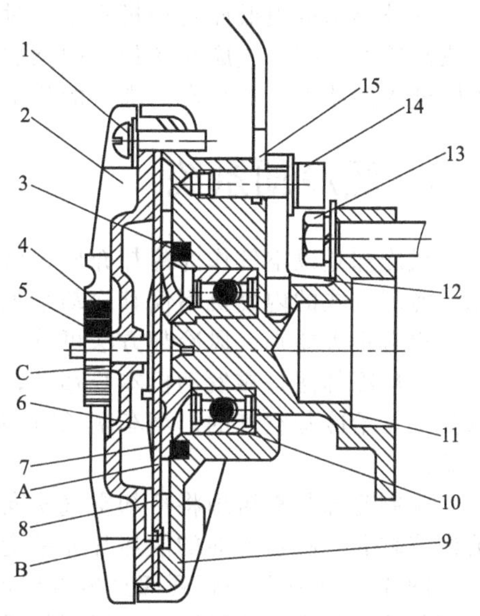

图 6-14 硅油风扇离合器

1—螺钉；2—前盖；3—密封毛毡圈；4—双金属感温器；5—阀片轴；6—阀片；7—主动板；8—从动板；9—壳体；10—轴承；11—主动轴；12—销止板；13—螺栓；14—螺钉；15—风扇；A—进油孔；B—回油孔；C—漏油孔

风扇离合器的前盖、壳体和从动板用螺钉组成一体，靠轴承安装在主动轴上。风扇安装在壳体上。从动板与前盖之间空腔为贮油腔，其中装有硅油，从动板与壳体之间的空腔为工作腔。主动板固定连接在主动轴上，主动板与工作腔壁有一定间隙，用毛毡团密封防止硅油漏出。从动板上有进油孔 A，平时靠阀片关闭，若旋转阀片，则进油孔即可打开。阀片的偏转靠螺旋状双金属感温器控制。从动板上有凸台限制阀片最大偏转角。感温器外端固定在前盖上，内端卡在阀片轴的槽内，从动板外缘有回油孔 B，中心有漏油孔 C，以防静态时从阀片轴周围泄漏硅油。

当发动机冷启动或小负荷下工作时，冷却水及通过散热器的气流温度不高，进油孔被阀片关闭，工作腔内无硅油，离合器处于分离状态。

当发动机负荷增加时，冷却水和通过散热器的气流温度随之升高，感温器受热变形而带动阀片轴及阀片转动。当流经感温器气流温度超过规定温度时，进油孔被完全打开，于是硅油从贮油腔进入工作腔。硅油十分黏稠，主动板即可利用硅油的黏性带动壳体和风扇转动。此时风扇离合器处于接合状态，风扇转速迅速提高。由于主动板转速高于从动板，因此受离心力作用从主动板甩向工作腔外缘的油液压力比贮油腔外缘的油液压力高，油液从工作腔经回油孔 B 流向贮油腔，而贮油腔又经进油孔 A 及时向工作腔补充油液。由此可见，在离合器接合，风扇转动时，硅油是在贮油腔和工作腔之间循环流动，这样可防止工作腔内的硅油温度过高，黏度下降，而影响离合器的正常工作。

当发动机负荷减小，流经感温器的气流温度低于规定值时，感温器恢复原状，并带动阀片将进油孔关闭，工作腔中油液继续从回油孔流向贮油腔，直到甩空为止，风扇离合器又回到分离状态。

6.2.3 冷却水和防冻液

发动机中使用的冷却水应是清洁的软水。因为硬水中含有大量的矿物质，在高温的作用下，这些矿物质会从水中沉淀出来产生水垢，水垢积附在管道和高温零件壁面上会造成管道堵塞使散热效果恶化。另外硬水容易使汽缸套和机体等部位产生气泡穴蚀和电化学腐蚀等损害。

自然界中的雨水和雪水可作为软水使用，而所谓硬水是指含有较多矿物质的水，井水、泉水、河水和海水等都是硬水，不可直接作为冷却水，需要进行软化处理后才可使用。冷却水的软化处理方法很多，如将水煮沸或加软化剂等，经搅拌待杂质沉淀后，取上面的清洁水使用。

柴油机使用的冷却水除必须是软水外，有时还有其他要求。如水中杂质含量应符合要求，否则要做净化处理（蒸馏或去离子）；有些冷却水如果酸度太大还要添加缓蚀剂，使冷却水保持一定的碱性，以减少对金属表面的腐蚀。

在外界温度很低而发动机不工作时，冷却系统内的水会冻结，从而导致散热器、汽缸体或汽缸盖的胀裂，故应在冷却水中添加防冻液，常用的防冻液一般是在冷却水中加入适量的可降低水的冰点且提高水的沸点的化学物质，如乙醇等。

6.3 风冷却系统

风冷却是以空气作为冷却介质，借助于空气相对于受热零件的流动将热量传送出去。采用风冷却方式的内燃机不仅其冷却系统和水冷却系统的组成完全不一样，而内燃机机体、缸盖等也有很大差别。风冷却方法可分为自然冷却和强制冷却两种。

自然冷却法是靠发动机本身移动，以致汽缸与其周围空气产生相对运动，而使热量通过散热片传给冷却空气的。当车辆长时期停止行驶，而发动机继续工作时，不能应用这种冷却方式。

强制冷却是靠风扇将冷却空气吹向受热部分，或抽吸热空气，借以使冷空气持续不断地流向汽缸和汽缸盖外面的散热片而带走必要的热量。

图 6-15 所示为一直列四缸风冷柴油机冷却系统示意图。该系统就属于吹风冷却。轴流风扇将冷空气压入导风罩，导风罩做成一定形状，基本将各个汽缸围起来。在出风侧留出导风出口，这样在导风罩的引导作用下，冷却空气就能与汽缸周围的散热片全面而均匀地接触，保证冷却效果。

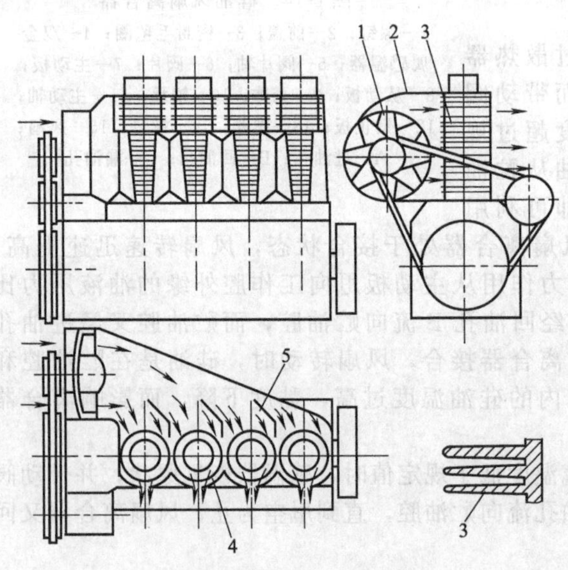

图 6-15 直列四缸风冷柴油机冷却系统示意
1—轴流风扇；2—导风罩；3—散热片；
4—出风侧；5—进风侧

风冷却系统的主要部件是冷却风扇，一般采用离心式风扇或轴流风扇。风扇的传动形式可以分为两种：一种是机械传动，风扇直接由曲轴前端的 V 带传动；另一种是液力传动，液力传动是通过液力偶合器的涡轮带动风扇叶片转动，这种传动可以随柴油机汽缸的温度不同而自动调节风扇转速来改变风量。

虽然风冷却系统与水冷却系统比较，具有结构简单、重量轻、故障少，无需特殊保养等优点，但是缺点是冷却不够可靠，功率消耗大、工作噪声大。在行驶速度较慢并且经常在大载荷下运行的工程机械内燃机，几乎不采用风冷却系统。

第7章 发动机启动系统

7.1 概述

发动机本身没有自行从停车状态开始转动的能力，必须靠外界能量转动曲轴，带动活塞不断往复运动，直到汽缸内形成可燃混合气并着火燃烧后，发动机便自动进行工作循环而正常运转，所以发动机必须要有启动系统。

使发动机从静止状态过渡到工作状态的全过程，称为发动机的启动。完成启动所需要的装置叫启动系统。

发动机启动时，必须要有足够的启动力矩去克服启动时的阻力矩，使曲轴能以一定的转速转动起来。启动时的阻力矩包括：各运动件运动时的摩擦阻力矩；使运动件由静止状态加速到某一转速时的惯性力矩；驱动喷油泵、水泵、机油泵等附件所需的力矩以及压缩汽缸内气体的力矩。在这些阻力矩中摩擦阻力矩的影响最大，而摩擦阻力矩随润滑油的黏度增大而增大，因此发动机启动性能的好坏与温度有着直接的关系。克服这些阻力所需要的转矩，称为启动转矩。

能使发动机顺利启动的最低转速，称为启动转速。汽油发动机在温度为0～20℃时，最低启动转速一般为30～40r/min。为了使发动机能在更低的温度下顺利可靠地启动，要求启动转速不低于50～70r/min。若启动转速过低、气体的流速过低、压缩行程的热量损失过大，将出现雾化不良，汽缸内的混合气不易着火。

对于柴油机，为了防止汽缸漏气和热量散失过多，以保证压缩终了时汽缸内有足够的压力和温度，还要保证喷油泵能建立起足够的喷油压力，使汽缸内形成足够强的空气涡流。柴油机要求的启动转速较高，不同类型的柴油机启动转速有所不同，一般为150～300r/min，否则柴油雾化不良，混合气质量不好，发动机启动困难。直喷式燃烧室启动转速可低一些，分隔式燃烧室因其壁面散热面积大，启动转速要高一些。此外，柴油机的压缩比比汽油机大，其启动转矩也大，所以柴油机所需的启动功率大。

7.2 发动机的启动方式

发动机启动方式很多，常用的启动方式有下列四种。

7.2.1 人力启动

即手摇启动或绳拉启动，其结构十分简单。启动时，只需将启动手柄端头的横销嵌入发动机曲轴前端的启动爪内，摇动手柄即可转动曲轴，使发动机启动。这种方法启动可靠，不需要专用设备，但加重了驾驶人员的劳动强度，故手摇启动只能用于小型发动机。

7.2.2 电力启动

以蓄电池为电源，供应电能给启动电动机，以电动机作为动力源，当电动机轴上的驱动齿轮与发动机飞轮周缘上的齿啮合时，电动机旋转而产生的动力，就通过飞轮传递给发动机的曲轴，使曲轴旋转、发动机启动。这种启动装置结构紧凑，操作方便，是发动机最常用的启动方法，工程机械上也广泛应用电启动方式。

电动机启动装置主要由直流电动机、操纵机构和离合机构三部分组成。

(1) 直流电动机

直流电动机常采用串励式低压直流电动机，其特点是低速时转矩很大，随着转速的升高，转矩逐渐下降，这一特征非常适合发动机启动的要求，故应用广泛。

用于柴油机的直流电动机功率较大，电压有12V或24V，但以24V居多。图7-1为一启动电机示意图。它不仅包括直流电动机，而且还包括上部的启动开关和左侧的接合器，所以一般被统称为启动装置。

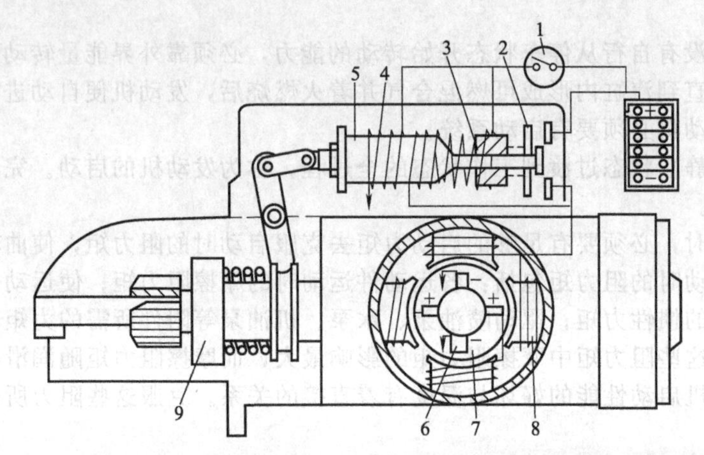

图7-1 直流电动机启动装置示意

1—启动按钮；2—接触盘；3—吸引线圈；4—保持线圈；5—铁芯；6—电刷；7—电枢；8—磁极；9—接合器

启动开关是一个电磁开关，由铁芯、保持线圈、吸引线圈和接触盘组成。保持线圈的一端接在启动按钮上，并通过启动按钮接在蓄电瓶的正极，另一端接于机壳而搭铁，即接于蓄电池负极。吸引线圈的一端也接在启动按钮上，另一端则接在一个与电动机正极接通的接线柱上。电动机的负极搭铁，另一个接线柱以粗导线接于蓄电池的正极。

铁芯的右端有接触盘，它与两根接线柱共同组成启动开关。铁芯的左端通过拉杆和杠杆连于接合器，接合器左端有小齿轮，小齿轮左移可以和飞轮齿圈啮合。

启动时，保持线圈和吸引线圈同时通电，铁芯被吸向右移，先通过拉杆和杠杆将接合器向左推，使小齿轮与内燃机飞轮上的齿圈啮合。在驱动齿轮左移的过程中，由于通过吸引线圈的较小电流也通过电动机的磁场绕组和电枢绕组，所以电动机将会缓慢转动，使驱动齿轮与飞轮齿圈的啮合更为平顺。在驱动齿轮与飞轮齿圈完全啮合时，接触盘也与触头接通，蓄电池的大电流便流经启动机的磁场绕组和电枢绕组使启动机发出转矩驱动曲轴旋转。与此同时，吸引线圈由于两端均为正电位而被短路，活动铁芯靠保持线圈的磁力保持在吸合位置。

发动机启动后，松开启动按钮，电流经接触盘、吸引线圈和保持线圈构成回路，两线圈串联通电，产生的磁通方向相反而互相抵消，铁芯在回位弹簧的作用下回至原位，使驱动齿轮退出，接触盘回位，切断启动机的主电路，启动机便停止转动。

(2) 操纵机构

操纵机构的功用是使启动机上的启动齿轮与飞轮上的齿圈进入啮合，并接通启动机电源开关。按照控制装置不同，操纵机构可分为直接操纵式和电磁操纵式两种。

直接操纵机构是由驾驶员利用脚踏或手拉直接推动操纵臂，使电动机通电旋转，并将电动机的启动齿轮推至与飞轮齿圈相啮合，带动内燃机旋转。这种方法操作不便，且当驾驶员座位距启动机较远时难以布置，目前已很少使用，但由于结构简单、使用可靠，不会因为磁力开关损坏而无法启动，因而在有的工程机械上仍被使用。

电磁操纵机构是由驾驶员通过启动开关操纵电磁开关，再由电磁开关的电磁力控制启动主电路的通断。这种方法布置灵活、使用方便、适宜于远距离操纵。工程机械上绝大多数都采用电磁开关。

(3) 离合机构

启动机应该只在启动时才与发动机曲轴相连，而当发动机开始工作之后，启动机应立即与曲轴分离。否则，随着发动机转速的升高，将使启动机大大超速，产生很大的离心力，而使启动机损坏（启动机电枢绕组松弛，甚至飞散）。因此，启动机中装有离合机构。

离合器的作用是在启动发动机时将启动机的转矩传给飞轮齿圈，而当发动机启动后，它又能自动打滑，不使飞轮齿圈带动启动机电枢旋转，以免损坏启动机。常用的离合器有滚柱式单向离合器和摩擦片式离合器。

滚柱式离合机构如图 7-2 所示。驱动齿轮与外壳连成一体，滚柱和活动柱弹簧嵌装在与传动套筒制成一体的十字块上。传动套筒通过内花键套在电枢轴的花键部分。

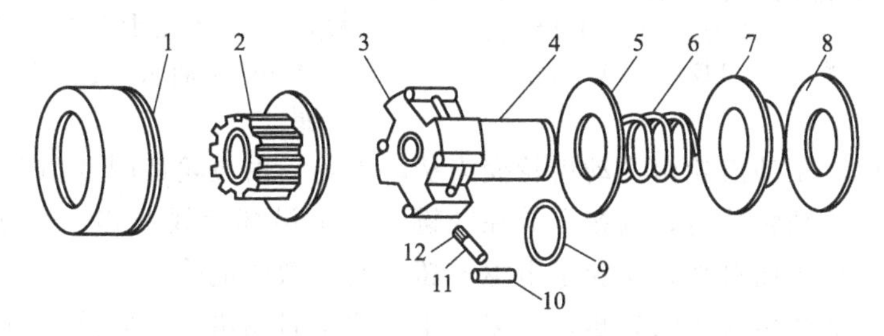

图 7-2 滚柱式单向离合器

1—外壳；2—驱动齿轮；3—十字块；4—传动套筒；5—外壳盖；6—缓冲弹簧；7—止推盘；8—止推挡圈；9—锁环；10—滚柱；11—活动柱；12—活动柱弹簧

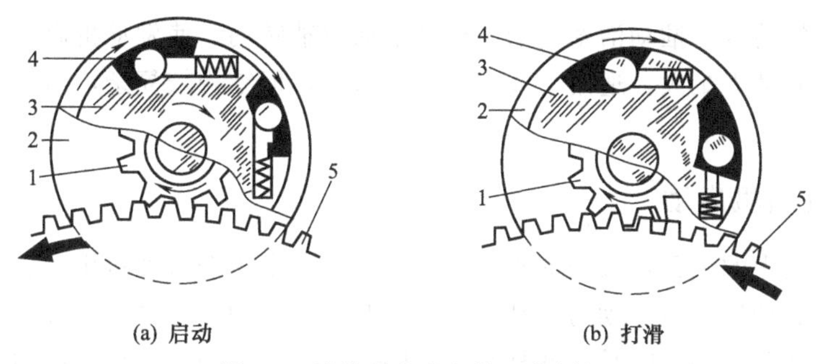

图 7-3 滚柱式离合机构工作原理

1—驱动齿轮；2—外壳；3—十字块；4—滚柱；5—飞轮齿圈

由于啮合器的外壳与十字块之间的间隙呈楔形缺口。当启动机小齿轮与飞轮齿圈啮合、启动机主电路接通时，电枢转矩由传动套筒传给十字块，使十字块随同电枢轴旋转。由于此时飞轮齿圈施加给小齿轮的阻力使滚柱滚向楔形槽的窄端而卡死，于是启动机轴上的转矩便可通过楔紧的滚子传到外壳，因此固定在外壳上的齿轮随电枢轴一同旋转，驱动飞轮齿圈而使曲轴旋转，离合器处于接合状态，启动发动机。

发动机启动后，飞轮齿圈带动驱动齿轮高速旋转，此时虽然齿轮的旋转方向不变，但已由主动轮变成了从动轮。当驱动齿轮的转速大于十字块的转速时，滚柱滚入楔形槽的宽处而打滑，见图 7-3 (b)。这样，驱动齿轮高速旋转的转矩不会传给电枢轴，从而防止了电枢超速飞散的危险。

单向滚柱式啮合器结构简单，但传递转矩的能力有限，一般应用在 1.5kW 以下的启动

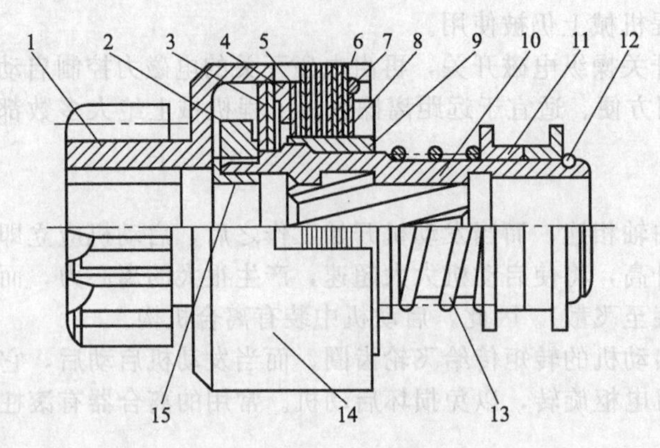

图 7-4 摩擦片式离合器

1—驱动齿轮；2—螺母；3—弹簧垫圈；4—压环；5—调整垫圈；6—被动摩擦片；7,12—卡环；8—主动摩擦片；9—内接合鼓；10—花键套筒；11—移动衬套；13—缓冲弹簧；14—外接合鼓；15—挡圈

机上。而当启动需要较大功率启动机的柴油机时，多采用摩擦片式离合器。摩擦片式离合器见图 7-4 所示。

花键套筒套在电枢轴的花键部分，在花键套筒的外表面上制有螺旋形花键，其上套着内接合鼓，内接合鼓上有轴向槽，用来插放主动摩擦片的内凸齿。被动摩擦片的外凸齿插在与驱动齿轮制成一体的外接合鼓的槽中。主、被动摩擦片相间排列。

启动发动机时，启动机驱动轴带动花键套筒旋转，内接合鼓在花键套筒上沿螺旋槽而左移，主、从动摩擦片被压紧，离合器处于结合状态，产生的摩擦力便可将启动机的转矩传递给飞轮齿圈。

发动机启动后，驱动齿轮由主动齿轮变为从动齿轮，由飞轮齿圈带动而高速旋转，当转速高于启动机的电枢轴转速时，内接合鼓在花键套筒上沿螺旋线右移，摩擦片松开，使主、从动摩擦片间压力减小而打滑，避免了电枢轴超速而飞散的危险。

摩擦片式离合器能传递较大转矩，故多用于大功率启动机。但摩擦片磨损后，摩擦力会大大降低，故需经常调整。

7.2.3 压缩空气启动

利用压缩空气的压力推动活塞运动，从而带动曲轴转动，使发动机启动。这种启动装置不需要电力，且启动力矩大，适用于大型发动机启动，但结构较复杂，需要有压缩空气的贮存与生产装置。

7.2.4 辅助汽油机启动

在有些功率较大的工程机械柴油机上还专门安装一个小型汽油机用于启动，即先将易于启动的小汽油机启动后，通过动力传动装置带动柴油机启动。这种启动方式的优点是启动次数不受限制，启动时拖动时间长，并具有足够的启动功率。同时，还可以利用启动机的冷却水和废气对柴油机进行预热，在温度较低时也能启动柴油机。而这种启动方式的缺点是结构庞大复杂，操作不便，启动时间长，机动性差。

7.3 启动辅助装置

发动机在严寒冬季启动困难，这是由于机油黏度增高，启动阻力矩增大，蓄电池工作能力降低，以及燃油汽化性能变坏的缘故。为使之便于启动，在冬季应设法将进气、润滑油和冷却水预热。

柴油机冬季启动困难尤其大，为了能在低温下迅速可靠地启动柴油机，常采用一些用以改善燃料着火条件和降低启动转矩的启动辅助装置，如电热塞、进气预热器、启动液喷射装置以及减压装置等。

7.3.1 预热装置

预热装置的功用是加热进气管或燃烧室中的空气，以改善可燃混合气形成和燃烧的条件，从而使发动机易于启动。预热的方法和类型很多，常用的有电热塞和电火焰预热器两种。

(1) 电热塞

采用涡流室或预热室式燃烧室的柴油机，由于燃烧室表面积大，在压缩过程中的热量损失较燃料直接喷射式大，启动更为困难。因此，一般在采用涡流室式或预燃室式燃烧室的发动机中装有电热塞，以便在启动时对燃烧室内的空气进行预热。

电热塞可分为电热丝包在发热体钢套内的闭式电热塞和电热丝裸露在外的开式电热塞。闭式电热塞结构如图 7-5 所示。螺旋形的电阻丝一端焊于中心螺杆上，另一端焊在耐高温不锈钢制造的发热钢套底部，在钢套内装有具有一定绝缘性能、导热好、耐高温的氧化铝填充剂。在发动机启动以前，先用专用的开关接通电热塞电路，很快红热的发热钢套使汽缸内空气温度升高，从而提高了压缩终了时的空气温度，使喷入汽缸的柴油加速蒸发且易于着火。

电热塞通电的时间，一般不超过 1min。发动机启动后，应立即将电热塞断电。

(2) 电火焰预热器

在中、小功率柴油机上常采用进气预热器作为冷启动的辅助装置。其构造如图 7-6 所示。当球阀杆装入热膨胀阀管中后，上端的球阀与阀管座上的阀座密合，下端螺栓头的两侧与阀管间形成通道，电阻丝上端经接线螺柱通过启动开关和蓄电池相连。

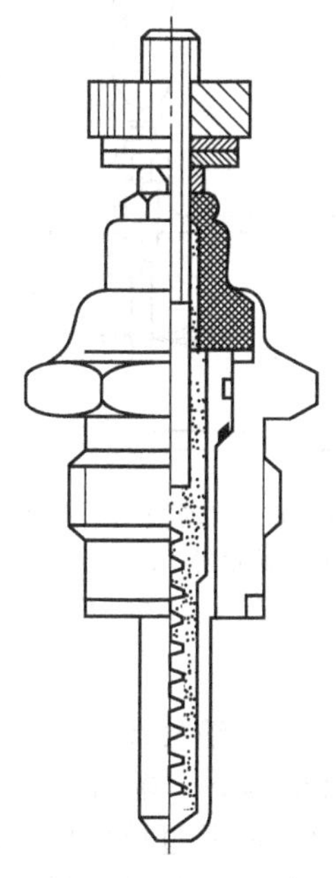

图 7-5 闭式电热塞

1—固定螺母；2—中心螺杆；3—胶黏剂；4—绝缘体；5—垫圈；6—外壳；7—填充剂；8—电阻丝；9—发热体钢套；10—弹簧垫圈；11—压紧垫圈；12—压紧螺母

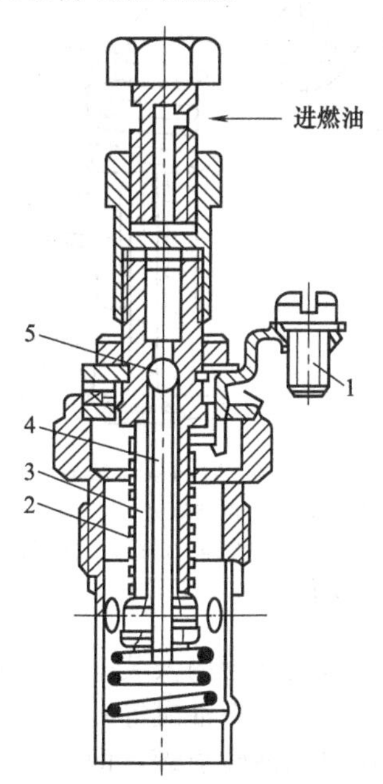

图 7-6 电火焰预热器

1—接线螺柱；2—电阻丝；3—热膨胀阀管；4—球阀杆；5—球阀

柴油机启动时，接通预热器电路后，电热丝发热，同时加热阀体，阀管受热伸长从而带动球阀杆下移，使球阀打开。燃油流入阀体内腔受热汽化，并在膨胀压力作用下从扁截面螺栓头两侧的通道喷出，并被炽热的电热丝点燃生成火焰喷入进气管，使进气得以预热。当关闭预热开关时，电路切断，电热丝变冷，阀管冷却收缩，使球阀重新落座，堵住进油孔而截止燃油的流入，预热停止。

7.3.2 减压装置

为了降低启动力矩，提高发动机转速，在某些车用柴油机上采用减压装置。如图 7-7 所示。

发动机启动时，首先通过手柄驱使调整螺钉旋转，并略微顶开气门（气门一般下降 1～1.25mm)，以降低初压缩阻力。这样在柴油机启动前启动机转动曲轴比较容易。

当曲轴转动起来后，各零件工作表面温度升高，润滑油黏度降低，摩擦阻力减小，从而降低了启动阻力矩。这时将手柄扳回原来位置，柴油机即可顺利启动。

启动减压装置可以用于进气门，也可以用于排气门。使用排气门减压会将炭粒吸入汽缸，加速汽缸磨损。因此，多采用进气门减压方式。

7.3.3 启动液喷射装置

在低温启动时，可根据需要装用启动液喷射装置，如图 7-8 所示。

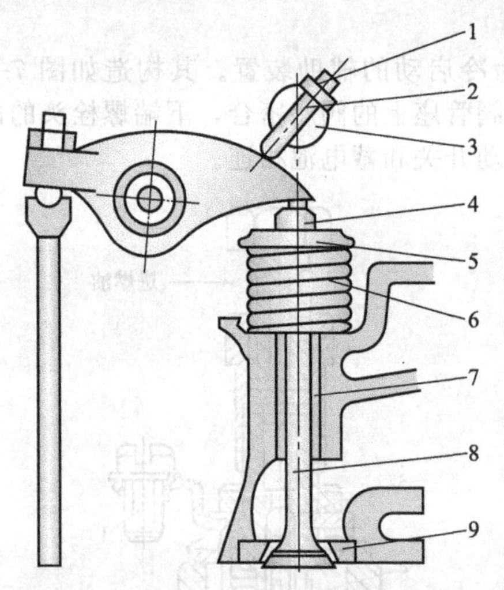

图 7-7 启动减压装置

1—锁紧螺母；2—调整螺钉；3—轴；4—气门顶帽；5—气门弹簧座；6—气门弹簧；7—气门导管；8—气门；9—气门座

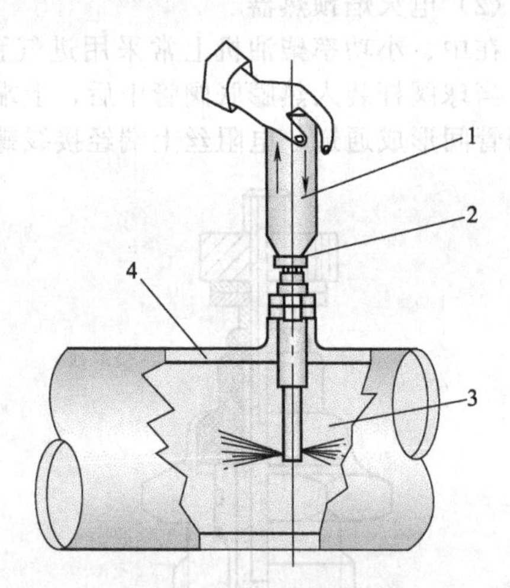

图 7-8 启动液喷射装置

1—启动液喷射罐；2—单向阀；3—喷嘴；4—发动机进气管

在柴油机进气管内安装一个喷嘴，启动液压力喷射罐内充有压缩气体（氮气）和易燃燃料（乙醚、丙酮、石油醚等)。当低温启动柴油机时，将喷射罐倒立，罐口对准喷嘴上端的管口。轻压启动液喷射罐，即打开喷射罐口处的单向阀，则启动液通过单向阀、喷嘴喷入柴油机进气管，并随同进气管内的空气一起被吸入燃烧室。因为启动液是易燃燃料，故可在较低的温度和压力下迅速着火，从而点燃喷入燃烧室的柴油。

第2篇 工程机械底盘构造

第8章 传动系统概述

8.1 传动系统的功用和类型

工程机械的动力装置与驱动轮之间传递动力的所有传动部件总称为传动系统。传动系统的功能是将动力装置的动力按需要传给驱动轮和其他操纵机构。

目前工程机械的动力装置大多数采用柴油机，这是因为工程机械功率较大，柴油机的经济性比汽油机好。当然也有用汽油机、电动机作为动力装置的。

工程机械之所以需要传动系统而不能把柴油机与驱动轮直接相连接，是由于柴油机的输出特性具有转矩小、转速高和转矩、转速变化范围小的特点，这与工程机械运行或作业时所需的大转矩、低速度以及转矩、速度变化范围大之间存在矛盾。为此，传动系统的功能就是将发动机的动力按需要适当降低转速增加转矩后传到驱动轮上，使之适应工程机械运行或作业的需要。此外，传动系统还应有按需要切断动力的功能，以满足发动机不能带载启动和作业中换挡时切断动力，以及实现机械前进和倒退的要求。

工程机械常用的传动系统类型有机械传动系统、液力机械传动系统、液压传动系统和电传动系统等四种。在铲土运输机械中多数为机械式与液力机械式传动系统。近年来在挖掘机上采用液压式传动系统较多。在大型工程机械上已出现由电动机直接装在车轮上的电动轮式传动系统，但尚未全面推广应用。

8.1.1 机械传动系统

图8-1是T220推土机的履带底盘机械式传动系统的典型布置形式。柴油机1纵向布置，通过主离合器2与联轴器3将动力传给变速箱4；变速箱4是斜齿轮常啮合，属于啮合套换挡机械式变速箱，共有五个前进挡和四个倒退挡；变速箱输出轴和主传动器5的主动锥齿轮做成一体，动力经过主传动的常啮合锥齿轮将旋转面转过90°角之后，经转向离合器7，最终传动8传递给驱动链轮9。

主传动器、转向离合器都装在同一壳体内，称为驱动桥。在柴油机与主离合器之间通过

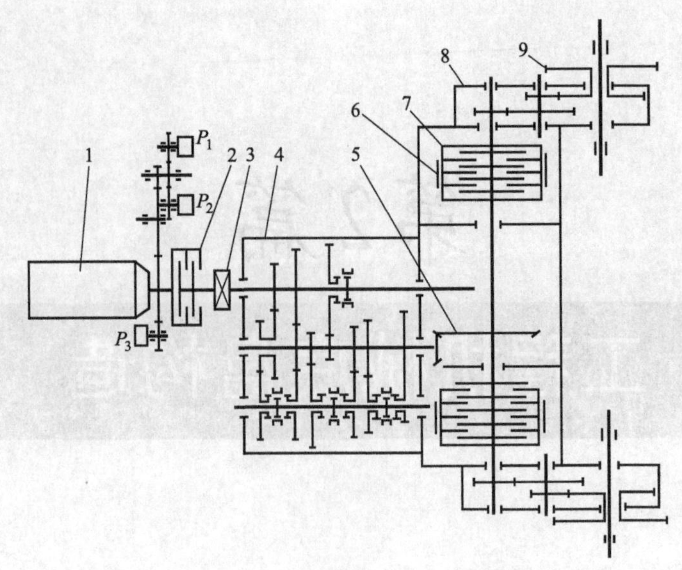

图 8-1 T220 履带推土机传动系统图

1—柴油机；2—主离合器；3—联轴器；4—变速箱；5—主传动器；6—制动器；7—转向离合器；8—最终传动；9—驱动链轮；P_1—工作装置油泵；P_2—主离合器油泵；P_3—转向泵

一组传动齿轮驱动工作装置油泵 P_1、主离合器油泵 P_2 以及转向泵 P_3。

机械传动系统具有以下优点：结构简单，制造维修方便，价格便宜，工作可靠，传动效率高，并可以利用发动机运动零件的惯性克服外界阻力等。因此在小型机械上得到了广泛应用，但在大、中型机械的传动系统中采用不多，其原因是机械传动系统的缺点非常突出，如：

① 当作业阻力急剧变化时，发动机容易过载熄火。

② 人力换挡变速箱换挡时需要切断动力，降低了发动机的功率利用率，影响了车速和生产率。

③ 车辆在循环作业时，经常需要变换方向和车速，换挡频繁，而每次换挡都需要人力操纵主离合器和换挡机构，加大了驾驶员的劳动强度。

④ 发动机的振动冲击直接传给传动系统，外负荷的冲击振动也直接到达发动机，不但造成发动机功率下降，而且也降低了所用零部件的使用寿命。

8.1.2 液力机械传动系统

图 8-2 所示为轮式装载机液力机械式传动系统图。柴油机 9 输出功率供装载机行驶和作业使用，所以，柴油机的功率分为两路向后输送，一路功率经过双涡轮液力变矩器 8 传给行星变速箱 4，由变速箱经万向传动装置将动力传给前驱动桥 3 和后驱动桥 10，由驱动桥传给轮边减速器，最后把动力传给前、后驱动车轮；另一路功率驱动转向油泵 5、变速箱和变矩器油泵 7 以及工作装置油泵 6，从而驱动工作装置。变速箱 4 中有两个行星排，两个换挡制动器和一个换挡离合器，可以实现两个前进挡、一个后退挡和一个空挡。双涡轮液力变矩器 8 起到了两挡变速的作用，故变速箱只有两个前进挡和一个后退挡即可满足装载机的使用要求，因此大大简化了变速箱的结构。

由图 8-2 中可以看到，变速箱的动力是通过一对常啮合齿轮将动力分别传给前、后驱动桥，这对常啮合齿轮及其所在壳体称为分动箱，一般与变速箱连成一体，在分动箱中，可以根据需要，把变速箱动力传给前、后驱动桥或只传给前桥。

目前，不仅大、中型工程机械采用液力机械传动系统，而且小型机械也有采用的，使用范围日益扩大。这是因为液力机械传动系统优点突出，符合工程机械的使用要求。

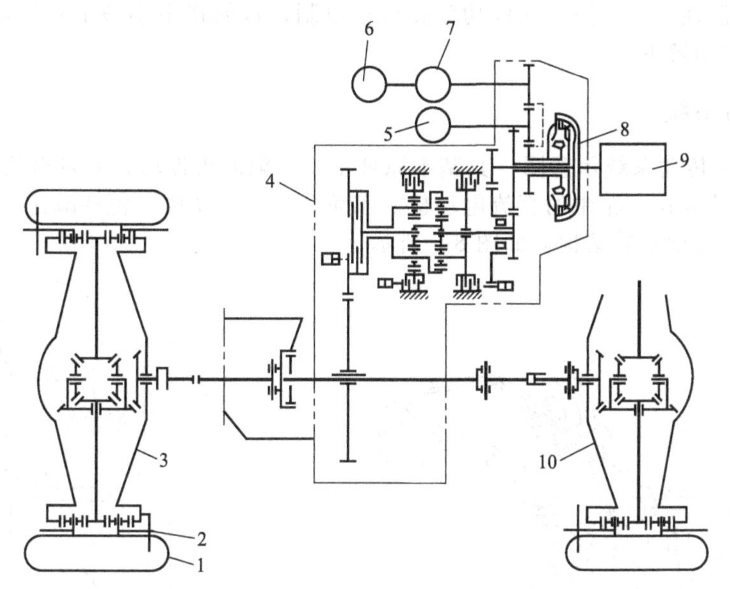

图 8-2 轮式装载机液力机械式传动系统图

1—轮胎；2—脚制动器；3—前驱动桥；4—变速箱；5—转向油泵；6—工作油泵；7—变速油泵；8—液力变矩器；9—柴油机；10—后驱动桥

液力机械传动系统的主要优点是：

① 能在规定范围内根据外界阻力的变化自动实现无级变速，使得柴油机能经常在额定工况附近工作，并能防止柴油机过载熄火。这不仅提高了柴油机的功率利用率，而且减少了换挡次数，降低了司机的劳动强度。

② 由于液力变矩器具有一定的变矩、变速能力，故在实现相同变速范围的情况下，可以减少变速箱的挡位数，简化变速箱的结构。

③ 由于液力变矩器采用液体作为传递动力的介质，变矩器的输入轴和输出轴之间没有刚性的机械连接，因而减少了发动机对传动系统的振动，也降低了由于外阻力突然变化对传动系统、发动机的反冲击，提高了机械的使用寿命。特别是对于载荷变化剧烈的工程机械，效果显著。

④ 由于液力变矩器具有自动无级变速的能力，因而可以使工程机械起步平稳，并能实现任意小的行驶速度。

液力机械传动系统的主要缺点是成本高，结构复杂，制造、安装、维修相对困难，并且在行驶阻力变化小而连续作业时，由于液力变矩器的效率较低而增加了燃油消耗率。

8.1.3 液压传动系统

在传动系统中布置一套泵-马达液压系统即为液压传动系统。图 8-3 为推土机液压传动系统示意图。由双向变量液压泵、变量液压马达、终传动等组成，通常采用双泵双回路闭式液压系统。

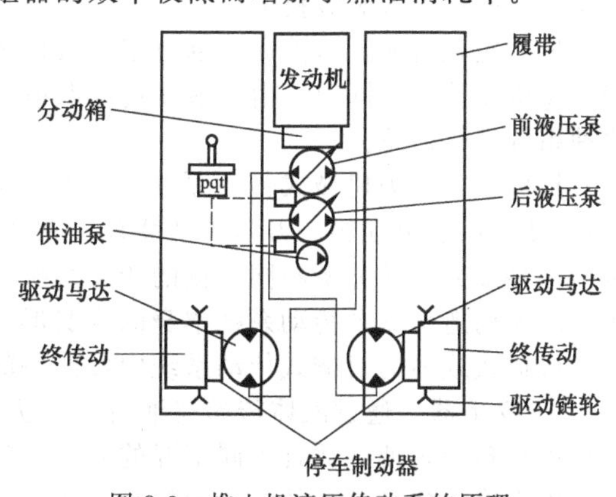

图 8-3 推土机液压传动系的原理

采用液压传动的履带推土机结构简单，不需要变矩器或主离合器、变速器、中央传动、转向离合器和制动器，布置方便，可以无级变速，调速范围宽，可充分利用发动机功率，降低燃油消耗。但受液压元件功率和价格限制，目前在中小型工程机械上广泛应用，在 500kW 以上应用较少。

8.1.4 电传动系统

如图 8-4 为电传动系统示意图。其基本原理是，由柴油机带动直流发电机，然后用发电机输出的电能驱动装在车轮中的直流电动机。车轮和直流电动机（包括减速装置）装成一体称为“电动轮”。电动轮的结构，如图 8-5 所示。

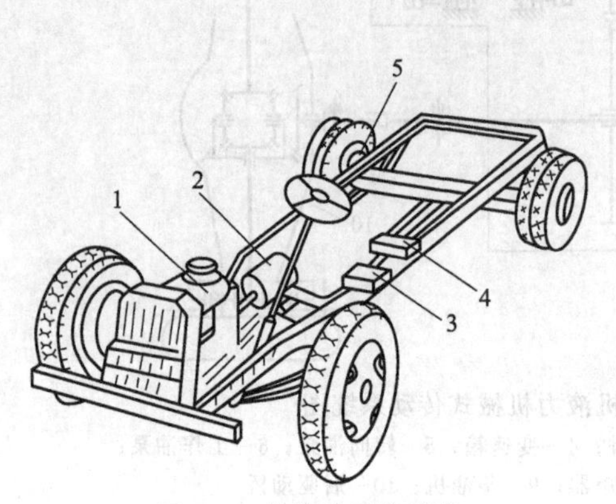

图 8-4 电传动系统示意

1—柴油机；2—发电机；

3,4—操纵装置；5—电动轮

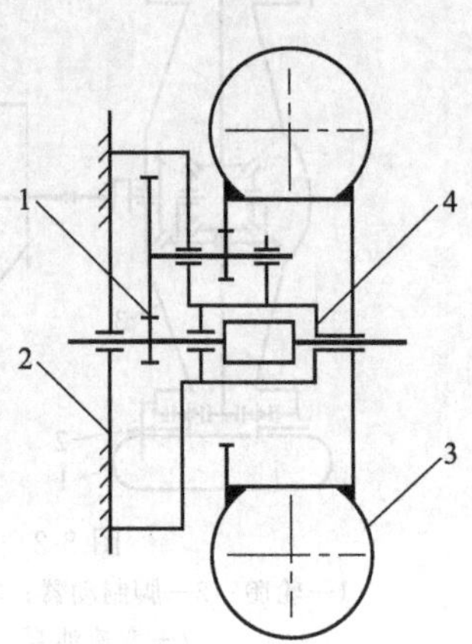

图 8-5 电动轮传动示意

1—减速器；2—车架；

3—驱动轮；4—电动机

电传动系统的优点是：

① 动力装置（柴油机—发电机）和车轮之间没有刚性联系，便于总体布置及维修。

② 变速操纵方便，可以实现无级变速，因而在整个速度变化范围内都可以充分利用发动机功率。

③ 电动轮通用性强，可简单地实现任意多驱动轮驱动的方式，以满足不同机械对牵引性能和通过性能的要求。

④ 可以采用电力制动，在长坡道上行驶时可大大减轻车轮制动器的负荷，延长制动器的寿命。

⑤ 容易实现自动化。

电传动的主要缺点是：

价格高、自重大并要消耗大量有色金属。目前电传动主要用于大功率的自卸载重汽车、铲运机及矿用轮式装载机上。

最后应该说明，目前在大部分工程机械中，尤其在铲土运输中绝大多数都采用液力机械传动及机械传动，同时，由于液压传动及电传动另有专门课程讲述，因此在本课程中仅对前两种系统进行讨论。

机械式、液力机械式传动系统一般包括：离合器、液力变矩器（机械式传动系统中没有）、变速箱、分动箱、万向传动装置、驱动桥、最终传动等部分，但并非所有传动系统都包括这些部分。从分析不同机械的传动系统可知，传动系统的组成和布置形式取决于工程机械的总体构造形式及传动系统本身的构造形式等许多因素。

机械式或液力机械式传动系统中各部件的功用可分述如下。

① 变矩器　通过液体传递柴油机的动力，并具有随工程机械作业工况的变化而自动改变转速和转矩，使之适合不同工况的需要，实现一定范围内的无级变速功能，使机械起步、运行更平稳；操作更简便，从而提高工作效率。

② 离合器 实现工程机械在各种工况下切断柴油机与传动系统之间的动力连接，起到动力接合与分离的功能，以满足机械起步、换挡与发动机不熄火停车等需要。

③ 变速箱 通过变换排挡，改变发动机和驱动轮间的传动比，使机械的牵引力和行驶速度适应各种工况的需要；变速箱中还设有倒挡和空挡，以实现倒车的需要及切断传动系统的动力，实现在发动机运转情况下，机械能较长时间停车，满足发动机启动和动力输出的需要。

④ 分动箱 分动箱的功用是将动力分配给前、后驱动桥。多数分动箱具有两个挡位，以便增加挡数和加大传动比，使之兼起变速箱的功能。

⑤ 万向传动装置 由于离合器（液力变矩器）、变速箱和前、后驱动桥各部件的输入与输出轴都不在同一平面内，而且有些轴的相对位置也非固定不变，所以需要能改变方位的万向节来连接，而不能用一般的联轴器来连接。因此，万向传动装置的功用主要是用于两不同心轴或有一定夹角的轴间，以及工作中相对位置不断变化的两轴间传递动力。

⑥ 主传动器 主传动器通过一对锥齿轮把发动机的动力旋转方向转过90°角，变为驱动轮的旋转方向，同时降低转速，增加转矩，以满足机械运行或作业的需要。

⑦ 差速器 由于机械转弯，或道路不平，或左右轮胎气压不同等原因，将导致左右车轮在相同时间内所滚过的路程不相等。因此，需要左右驱动轮能够根据不同情况，各以不同的转速旋转，实现只滚不滑的纯滚动状态，以避免轮胎被强制滑磨而降低寿命和效率。所以左右驱动轮不能装在同一根轴上，直接由主传动器来驱动，而应将轴分为左右两段（称半轴），并由一个能起差速作用的装置（称差速器），将两根半轴连接起来，再由主传动器来驱动。

主传动器、差速器和半轴装在一个共同的壳体中成为一个整体，称为驱动桥。

8.2 传动系统中传动比的分配

8.2.1 传动系总传动比的确定

传动系的总传动比 i_{Σ} 是变速箱的输入轴转速与驱动轮转速之比。即

$$i_{\Sigma}=\frac{n_e'}{n_K}$$

式中 n_e'——变速箱输入轴的转速；

n_K——驱动轮转速。

(1) 机械传动

正常情况下主离合器是不打滑的，变速箱输入轴转速 n_e' 就是发动机转速 n_e。因此

① 最高挡传动比 $i_{\Sigma H}$

$$i_{\Sigma H}=\frac{n_e}{n_{Kmax}}$$

② 最低挡传动比 $i_{\Sigma I}$

$$i_{\Sigma I}=\frac{n_e}{n_{Kmin}}$$

(2) 液力机械传动

对于液力机械传动，变速箱输入轴转速为变矩器涡轮的转速 n_{TP}。通常，按变矩器高效区的最高转速 n''_{TP} 计算最高挡传动比 $i_{\Sigma H}$；按变矩器高效区的最低转速 n'_{TP} 计算最低挡传动比 $i_{\Sigma I}$，即

① 最高挡传动比 $i_{\Sigma H}$

$$i_{\Sigma H}=\frac{n''_{TP}}{n_{Kmax}}$$

② 最低挡传动比 $i_{\Sigma I}$

$$i_{\Sigma I}=\frac{n'_{TP}}{n_{Kmin}}$$

8.2.2 传动系中传动比的分配

前面已确定了传动系统各挡的总传动比 i_Σ。i_Σ 的数值往往很大，最低挡的总传动比 i_I 可达 80～100 甚至更大，因此在通常的机械传动或液力机械传动系统中，都要经过多级减速才能实现。对于图 8-1、图 8-2 所示的传动系统

$$i_\Sigma=i_K i_o i_f$$

式中 i_K——变速箱在某挡位的传动比；

i_o——主传动器的传动比；

i_f——轮边传动（最终传动）的传动比，其中 i_o、i_f 一般为定值，而 i_K 则根据不同的挡位取不同的值。

确定 i_K、i_o、i_f 数值的一般原则是，为了减小传动系统中（除最后一级减速装置的从动件）各零件的载荷，根据功率传递的方向，应尽可能地把传动比多分配给后面的部件，甚至可先增速后减速。具体地说，应首先选取尽可能大的 i_f，然后再选取尽可能大的 i_o，最后由所需的各挡 i_Σ 确定 i_K。但在具体分配时必须考虑以下几点：

① 传动比分配应考虑结构布置的合理性和可能性。例如，为了不影响整机的宽度，在结构布置上往往要求轮边传动（最终传动）装置包在轮毂内，或履带的上方区段和支撑区段之内，因此，其传动比受到轮毂直径或履带驱动轮直径的限制。又如主传动器的大圆锥齿轮往往受到最小离地间隙的限制，因而其传动比亦不能过大等。

② 当选用较大的 i_f 和 i_o 时，在某些挡位可能出现 $i_K<1$，即变速箱在某些挡位是增速而不是减速，这是允许的。但是，i_K 的最小值受到变速箱轴承、传动轴、主传动器输入轴轴承的最高允许工作转速及齿轮的最大允许圆周速度的限制，因而 i_K 也不能过小 。

设计中，传动比的分配还可参考现有的同类型机械分配方案，结合具体情况选取。初步选定的各传动比数值是否合适，需要通过各部件的草图布置及整机总体布置进行复核，而各部件传动比的精确数值，只有在完成选配齿轮及强度计算后才能最后确定。

第 9 章　液压与液力传动

任何一部机器都由三部分组成，即动力机构、传动机构和工作机构。传动机构的基本功用是将动力机构的动力（能量）传递给工作机构。根据传动机构工作介质的不同，传动形式可分为机械传动、电力传动、气体传动、液体传动等。以液体为工作介质进行能量的传递，称为液体传动。液体传动按其工作原理的不同，又可分为液压传动和液力传动。

9.1　液压传动

液压传动是以液体作为工作介质，并利用液体压力传递能量的一种传动方式。与机械传动相比，液压传动的主要特点是：在同等功率和承载能力的情况下，传动装置的体积小，重量轻，有过载保护能力，能吸收冲击载荷，便于实现无级调速；一个油源可向所需各方向传动，实现多路复合运动，控制准确，操作轻便，易于实现远距离控制。因此液压传动已广泛用于各种工程机械上。

9.1.1　液压传动基本知识

（1）液压传动的工作原理

液压传动的基本原理可通过液压千斤顶的工作（图 9-1）来说明。它由手动柱塞泵和液压缸两部分组成。大小活塞与缸体及泵体接触面之间，要维持良好的配合。不仅要使活塞能够移动，而且要形成可靠的密封。其工作过程如下：

工作时先关闭放油阀 8，当扳动手柄 1 使手动泵内的活塞 3 上移时，活塞下腔的容积增大，形成一定的真空度，油箱 6 中的液体在大气压力的作用下，经进油单向阀 5 进入手动泵内，此时，单向阀 7 在油腔 10 中压力油的作用下关闭，如图 9-1（b）所示。当扳动手柄使手动泵活塞下行时，活塞下腔容积减小，进油单向阀 5 关闭，液体压力升高，顶开排油单向

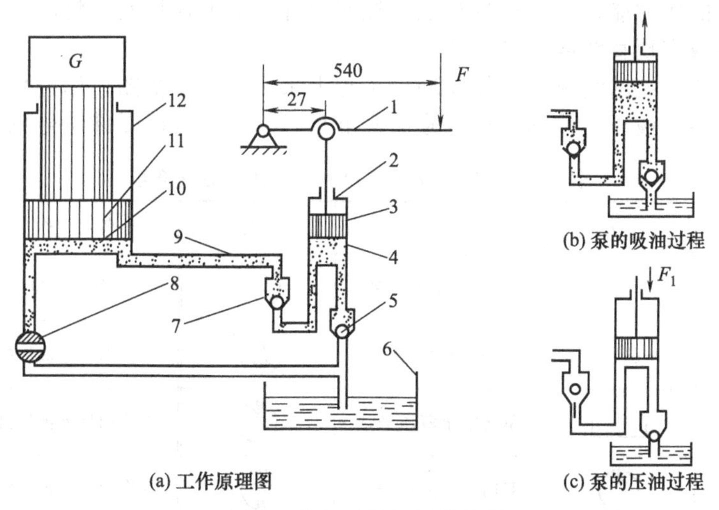

图 9-1　液压千斤顶工作原理

1—杠杆手柄；2—泵体；3,11—活塞；4,10—油腔；5,7—单向阀；6—油箱；8—放油阀；9—油管；12—缸体

阀7，具有一定压力的油液被输送到油腔10中［图9-1（b）］，迫使液压缸内的活塞11带动负载一起运动。

液压千斤顶工作时放油阀8（开关）关闭。需要将液压缸的活塞放下时打开该阀，油液即在重力作用下经此阀排回油箱。

根据帕斯卡定理可知 $F_2/F_1=A_2/A_1$

式中 F_1——作用在手动泵活塞上的力；

F_2——作用在液压缸活塞上的力；

A_1——手动泵活塞面积；

A_2——液压缸活塞面积。

由于 $A_2 \gg A_1$，所以液压千斤顶能将力放大。

从液压千斤顶的工作过程可知：液压介质起到将机械能进行转换和传递的作用。与动力源（此处为人力）相连的手动泵，将施加在杠杆上的机械能转变为液体的压力能；与工作机构相连的液压缸，将液体的压力能转变为机械能输出。

(2) 液压传动系统的组成和作用

一个完整的液压系统由动力元件、执行元件、控制元件、辅助元件和工作介质五大部分组成。

动力元件即各种液压泵，统称油泵。其作用是将动力装置（内燃机、电动机）的机械能转变为流动液体的压力能。

执行元件是指液压油缸和液压马达一类的元件。它们的作用是将液体的压力能转变为机械能输出，从而推动负载做功。液压油缸完成直线往复运动；液压马达完成旋转运动。

控制元件即液压系统的各类液压控制阀，其作用是控制、调节液压系统的压力、流量以及各油口的通断关系，以满足对传动性能的要求。常用的液压控制元件包括压力控制阀、流量控制阀和方向控制阀等。

液压辅助元件包括油管、管接头、油箱、滤油器、蓄能器、密封件等。虽然它们在液压系统中起辅助作用，但它们对液压系统的效率、寿命、可靠性等有着重要影响，是保证液压系统完整和满足正常工作必不可少的组成部分。

工作介质多为液压油，液压油用来传递能量。

一个液压系统，是以液体作为工作介质，并通过动力元件液压泵，将动力装置的机械能转变为流动液体的压力能，然后通过管道、控制元件，借助执行元件将液体的压力能转变为机械能，驱动负载实现直线或回转运动。

为了说明液压系统的组成和工作原理，工程上采用液压系统图，用符号来表示各种元件及其相互连接关系。液压元件的图形符号已标准化，常用的液压元件符号见表9-1。

表9-1 液压系统图常用液压元件的图形符号

名　称	符号	名　称	符号	名　称	符号
工作管路	——	单向变量液压泵		回转液压缸	
控制管路	----	双向变量液压泵		单作用活塞液压缸	
通油箱管路		单向定量液压马达		单作用柱塞液压缸	
单向定量液压泵		双向变量液压马达		双作用活塞液压缸	
双向定量液压泵		交流电动机	D	泄漏管路	——

续表

名 称	符号	名 称	符号	名 称	符号
连接管路		调速阀		电磁力控制	
差动液压缸		单向阀		电磁液压控制	
溢流阀		液控单向阀		压力继电器	
远控溢流阀		二位四通阀		蓄能器	
减压阀		交叉管路		粗滤油器	
顺序阀		软管		细滤油器	
节流阀		二位三通阀		冷却器	
可调节流阀		三位四通阀		手动截止阀	
单向节流阀		手动杠杆控制		压力表	

9.1.2 液压传动的主要元件

(1) 液压泵和液压马达

液压泵和液压马达都是液压系统中的能量转换装置。液压泵将原动机的机械能转换成工作液体的压力能，它是液压系统的动力源。液压马达将工作液体的压力能转换为旋转形式的机械能，属于液压系统的执行元件。

目前，液压泵和液压马达的种类很多，在工程机械液压系统的中常用的有齿轮式、叶片式和柱塞式等。

① 齿轮泵和齿轮马达

a. 齿轮泵。齿轮泵具有结构简单、体积小、质量轻、成本低、工作可靠、自吸能力好以及对油液污染不敏感，维护方便等优点，因而被广泛用于各种工程机械中。

目前齿轮泵的最高工作压力可达 32MPa，角速度达 700r/s。随着结构和制造工艺的改进，其振动、噪声已有明显降低，效率和寿命都有很大提高。

齿轮泵按啮合方式分为外啮合式和内啮合式两类，其中外啮合齿轮泵应用较多，并通常采用渐开线圆柱齿轮。

如图 9-2 所示，外啮合齿轮泵由一对相互啮合的齿轮，壳体，前、后泵盖等主要零件组成。齿轮在开始退出啮合一侧为吸油腔，即当齿轮按图中箭头方向旋转时，右侧轮齿不断退出啮合，油腔容积逐渐增大，形成局部真空，油箱中的油液在大气压力作用下，通过吸油管被吸入右侧的吸油腔，完成吸油。随着齿轮的旋转，齿间的液压油被带到齿轮进入啮合的一侧，即图中的左侧，由于齿轮进入啮合，油腔容积逐渐减少，出油腔油液压力不断升高，油液经排油孔排出。

齿轮泵的流量与转速、模数和齿数有关，提高转速，增大模数和齿数，可以增大泵的流量，但转速的提高有一定的限制，因为转速太高时，油液在离心力的作用下，不易填满齿间，会形成“空穴”现象，并会降低系统的容积效率。齿轮泵的齿数也不易太多，否则将导致泵的体积增大。若不想增大泵的体积而又要加大流量，则应尽量增大模数，减少齿数。当然齿数也不能太少，因为太少会使流量脉动率增大。

b. 齿轮马达。齿轮马达与齿轮泵的基本结构是相同的，从可逆性的原则来说，除了在结构上采取不对称限制措施的泵外，齿轮泵可作为液压马达使用。其工作原理如图 9-3 所示，图中 P 为两齿轮的啮合点，设齿轮的齿高为 h，啮合点 P 到两齿轮齿根的距离分别为 a 和 b。由于 a 和 b 都小于 h，所以当压力油作用在齿面上时（如图中箭头所示，凡齿面两边受力平衡的部分都未用箭头表示），在两个齿轮上就各有一个使它们产生转矩的作用力 $pB(h-a)$ 和 $pB(h-b)$，其中 p 为输入油液的压力，B 为齿宽。在上述作用力下，产生一定转矩，推动齿轮（克服负载的阻力矩）而转动。压力油不断地输入，并被带到回油腔排出。

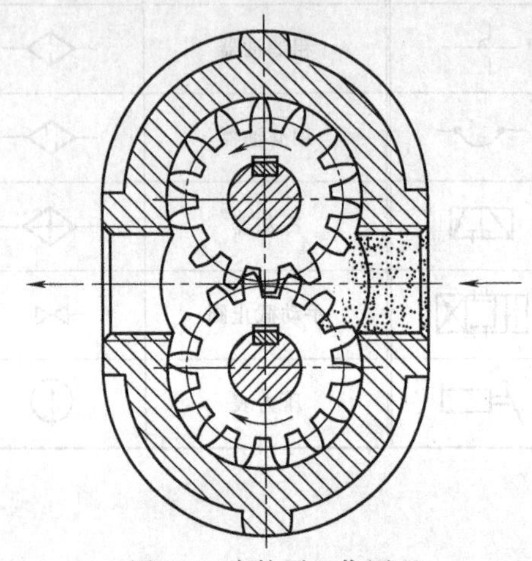

图 9-2 齿轮泵工作原理

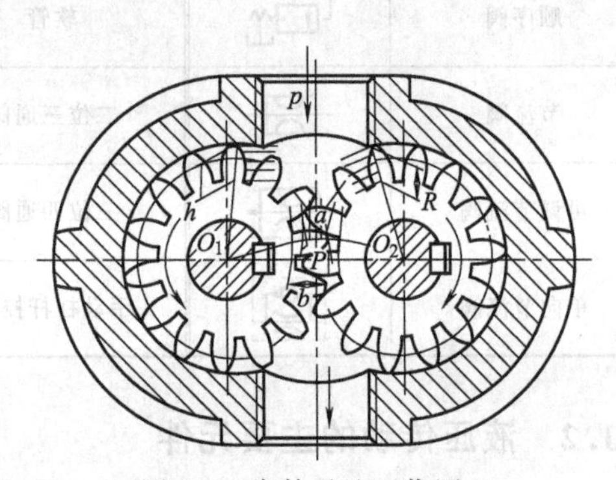

图 9-3 齿轮马达工作原理

齿轮马达具有结构简单，体积小、对液压油污染不敏感、耐冲击等优点。但它和一般的齿轮泵一样，密封性较差，容积效率较低，所以输入的油压不能过高，因而不能产生较大转矩，并且它的转速和转矩都是随着齿轮的啮合情况而脉动的，因此齿轮马达一般多用于高转速低转矩的情况下。

② 叶片泵和叶片马达

a. 叶片泵。叶片泵按每转吸油或排油的次数分为单作用叶片泵和双作用叶片泵两大类。单作用叶片泵多做成变量泵，双作用叶片泵多做成定量泵。叶片泵具有流量均匀、运动平稳、脉动小、噪声小和容积效率高等优点，但它的结构较复杂，自吸能力差，转速不易太高，对液压油的污染比较敏感。

单作用式叶片泵的工作原理如图 9-4 所示。叶片泵由转子、定子、叶片和泵体等组成。定子具有圆柱形内表面，定子和转子之间有偏心距 e，叶片装在转子槽内，可在槽内滑动。当转子旋转时，由于离心力作用（有时还在叶片槽底部通进压力油），使叶片紧靠在定子内壁，这样在定子、转子、叶片和配流盘间就形成了若干个密封的工作区间。当转子按图示方向旋转时，在图的右部，叶片逐渐伸出，叶片间的工作空间逐渐增大，从吸油口吸油，在图的左部，叶片被定子内壁逐渐压进槽内，工作空间逐渐缩小，将工作油液从排油口排出。

这种叶片泵在转子每转一转时，每个工作空间完成一次吸油和压油，因此称为单作用式叶片泵。它的缺点是转子受到来自压油腔作用的单向压力，使轴承上所受的径向载荷较大，这种泵一般不宜用在高压条件下，单作用式叶片泵一般都做成变量泵，只要改变偏心距 e，就能改变泵的排量。

双作用式叶片泵的工作原理如图 9-5 所示。泵是由转子、定子、叶片、配流盘（在两侧面）和泵体等组成。转子和定子的中心重合，定子内表面近似于椭圆形，由两段长径 R、两段短径 r 和四段过渡曲线组成。

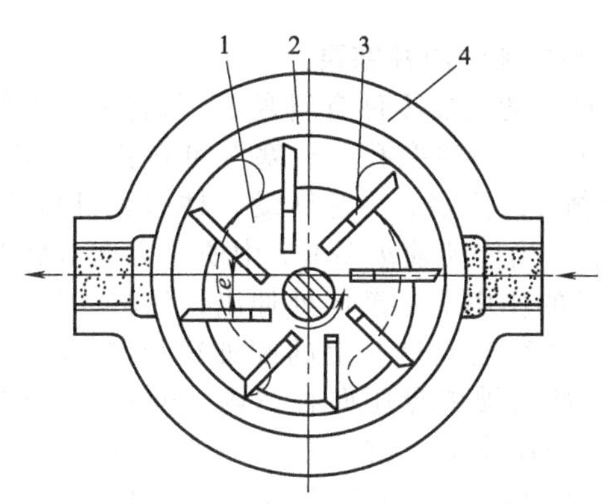

图 9-4　单作用式叶片泵工作原理

1—转子；2—定子；3—叶片；4—壳体

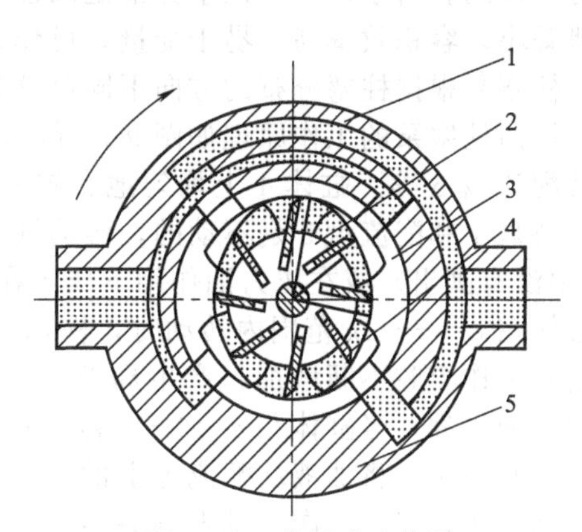

图 9-5　双作用式叶片泵

1—转子；2—定子；3—配流盘；4—叶片；5—泵体

叶片可以在转子径向叶片槽内灵活滑动，叶片槽的底部通过配流盘的油槽与压油口相连。当电机带动转子沿图示方向转动时，叶片在离心力和叶片底部压力油的双重作用下向外伸出，其顶部紧贴在定子内表面上。处于 4 段同心圆弧上的 4 个叶片分别与转子外表面、定子内表面及 2 个配流盘，组成 4 个密封工作油腔。这些密封工作油腔随着转子的转动产生由小到大或由大到小的变化，可以通过配流盘的吸油窗口（与吸油口相连）或排油窗口（与排油口相连）将油液吸入或压出。

在转子每转一圈的过程中，每个工作油腔完成两次吸油和压油，所以称为双作用式叶片泵。这种泵由于有两个吸油区和两个压油区，并且各自的中心夹角是对称的，所以作用在转子上的油压作用力是互相平衡的。为了要使径向力完全平衡，工作油腔数（即叶片数）应当是偶数。这种结构的叶片泵只能是定量泵。

b. 叶片马达。叶片马达的工作原理如图 9-6 所示。当高压油从进油口进入叶片之间时，位于进油腔中的叶片 3、5，由于两面均受压力油的作用，所以不产生转矩。叶片 1、3 和叶片 2、4 处于高压区（进油腔）和低压区（出油腔）之间，一侧受高压，另一侧受低压，因此产生转矩。叶片 1、3 产生的转矩使转子顺时针旋转，叶片 2、4 产生的转矩使转子逆时针旋转，但因叶片 1、3 伸出长，作用面积大，产生的转矩大于叶片 2、4 产生的转矩，因此转子作顺时针方向旋转。叶片 1、3 和叶片 2、4 产生的转矩差就是叶片马达的输出转矩，定子的长短径差值越大，转子的直径越大，即输入油压越高时，马达的输出转矩也越大。当改变输油方向时，马达反转。叶片马达一般是双作用式的定量马达，马达的输出转矩 M 决定于输入的油压 p，马达的转速 n 决定于输入的流量 Q。

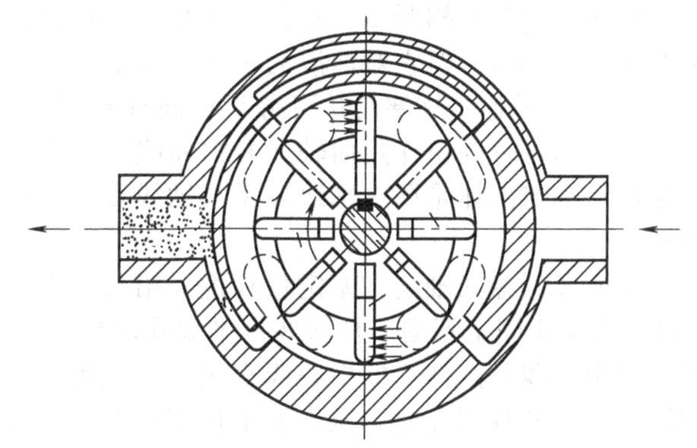

图 9-6　叶片马达的工作原理

叶片马达的体积小，转动惯量小，因此动作灵敏，可适应的换向频率高。但泄漏较大，适用于高速、低转矩以及要求动作灵敏的工作场合。

③ 柱塞泵和柱塞马达

a. 柱塞泵。柱塞泵是利用柱塞在缸体内往复运动时，缸内密封工作腔发生容积变化来进行工作的。由于柱塞与柱塞孔都是圆柱形表面，加工时，容易得到高精度的配合。因此泵的泄漏小，容积效率高，易于变量，可作为高压泵。

柱塞泵根据柱塞分布的方向不同可分为径向柱塞泵和轴向柱塞泵。

轴向柱塞泵的工作原理如图 9-7 所示。组成这种泵的主要零件有斜盘 1、缸体 4、柱塞 3 以及配流盘 5 等。缸体 4 上均匀地布置着几个轴向排列的柱塞孔，柱塞 3 可在孔中自由滑动。斜盘 1 和配流盘 5 是不动的，传动轴 6 带动缸体 4、柱塞 3 一起转动，柱塞靠机械装置(图中没有画出）或在压力油作用下压紧在斜盘 1 上。当传动轴按图 9-7 中所示方向旋转时，当缸体在 $\varphi=\pi\sim2\pi$ 范围内转动时，柱塞 3 在回程盘的作用下逐渐向外伸出，使缸体柱塞孔内密封工作容腔不断增加，产生局部真空，将液压油经配流盘 5 上的配油窗口 A 吸进来，此为吸油过程；当缸体在 $\varphi=0\sim\pi$ 范围内转动时，柱塞被斜盘压向缸体内，使密封工作腔容积不断减小，将油液从配流盘上的配油窗口 B 向外压出去。缸体每转一圈，每个柱塞往复运动一次，完成一次吸油和压油动作。改变斜盘的倾角 γ，可以改变柱塞往复行程的大小，因而也改变了泵的排量。

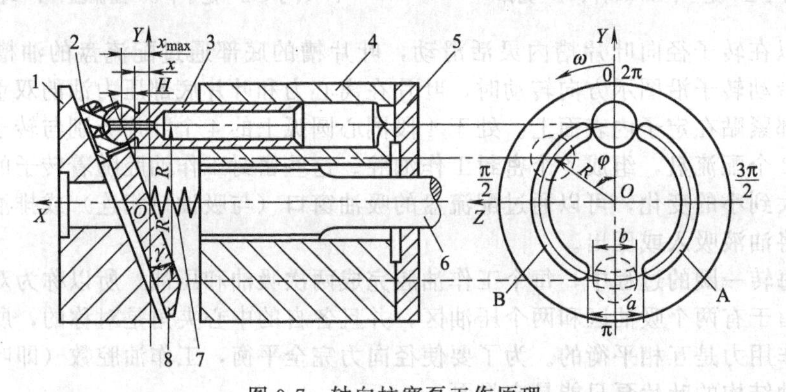

图 9-7 轴向柱塞泵工作原理

1—斜盘；2—滑靴；3—柱塞；4—缸体；5—配流盘；6—传动轴；7—弹簧；8—回程盘

轴向柱塞泵结构紧凑、径向尺寸小、质量轻、转动惯量小，易于实现变量，压力高（可达 30MPa 以上)，但它对油液的污染十分敏感。

b. 柱塞马达。柱塞马达可分为径向柱塞式液压马达和轴向柱塞式液压马达。径向柱塞式液压马达可分为单作用曲轴式和内曲线式两大类。轴向柱塞液压马达有定量和变量两类，根据传动轴与缸体是同一轴线还是与轴线相交，定量马达从结构上又可分为斜盘式和斜轴式两种。

下面以斜盘式轴向柱塞定量马达介绍其工作原理。其工作原理如图 9-8 所示。图中斜盘 1 和配流盘 4 固定不动，柱塞 3 水平放在缸体 2 中，缸体 2 和马达轴 5 相连并一起旋转。斜盘 1 的中心线和缸体 2 的中心线交成一个倾角 β。当压力油通过配流盘 4 上的配油窗口输入到缸体 2 上的柱塞孔时，压力油把柱塞孔中的柱塞 3 顶出，使之压在斜盘 1 上。斜盘 1 对柱塞 3 的反作用力 F 垂直于斜盘 1 表面，这个力的水平分量 F_x与柱塞上的液压力平衡，而垂直分量 F_y则使每个柱塞都对转子中心产生一个转矩，使缸体与马达轴作逆时针方向旋转。如果改变马达压力油的输入方向（如从配流盘右侧的配油窗口通入压力油)，马达轴就会作顺时针方向旋转。

(2) 液压缸

液压缸的种类繁多，按液压执行情况可分为单作用缸和双作用缸。根据结构形式则又可分为活塞缸、柱塞缸、摆动缸三类。活塞缸主要实现往复直线运动，输出推力和速度；摆动

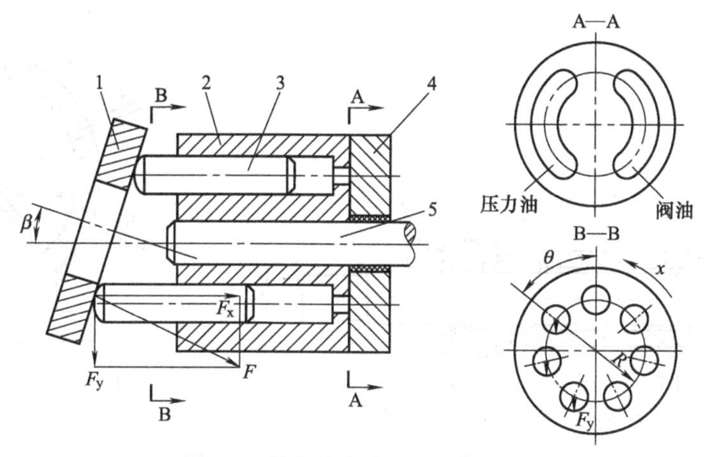

图 9-8 轴向柱塞式马达工作原理

1—斜盘；2—缸体；3—柱塞；4—配流盘；5—马达轴

缸实现往复摆动，输出转矩和角速度。

① 活塞式液压缸　单杆活塞缸的活塞只有一端带活塞杆，其结构如图 9-9 所示。其结构主要由缸底 2、缸筒 11、缸盖 15 以及活塞 8 和活塞杆 12 组成。活塞 8 与活塞杆 12 利用卡键 5、卡键帽 4 和挡圈 3 构成卡键连接，为了防止油液内、外泄露，密封部分采用 O 形密封圈 14 和 Y 形密封圈 16 分别进行静密封和动密封。在缸筒 11 与活塞 8 之间、缸筒 11 和两侧缸盖之间、活塞杆 11 与导向套 13 之间分别装了密封圈。此外在前缸盖与活塞杆之间装有导向套 13 和防尘圈 19。由于是双向液压驱动，又称为双作用缸，通常油液进入活塞一侧的无杆腔作为工作状态。

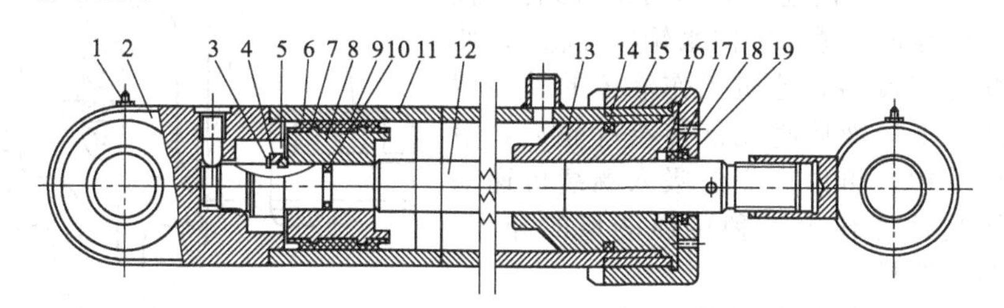

图 9-9 单杆活塞式液压缸的基本结构

1—油嘴；2—缸底；3,7,17—挡圈；4—卡键帽；5—卡键；6—小 Y 形密封圈；8—活塞；9—支撑环；10,14—O 形密封圈；11—缸筒；12—活塞杆；13—导向套；15—缸盖；16—Y 形密封圈；18—定位销；19—防尘圈

双杆活塞缸是活塞两端都有活塞杆的油缸，其基本结构与单杆双作用活塞液压缸相似。双杆活塞缸的两个活塞杆通常做成相同的直径，如果两腔分别输入相同流量和压力的液压油时，则左右两个方向运动的推力和速度都相等。这种液压缸可以采用缸筒固定或活塞固定，根据固定方式的不同，液压缸运动件的运动范围也不同。

② 柱塞式液压缸　柱塞式液压缸大多数为单作用缸，它主要由缸体 1、柱塞 2、导向套 3 和密封装置 4 等组成，如图 9-10 所示。当压力油从油孔进入时，柱塞 2 在压力油的作用下向外推出，而柱塞的返回通常要借助外力的作用。这种缸的内壁不与柱塞接触，只在柱塞与导向套孔间有配合要求，故缸筒内壁可以不加工或只作粗加工。由于其制造容易，结构简单，特别适用于行程长和作用力大的场合。

③ 摆动式液压缸　摆动式液压缸又称摆动马达，常用的摆动缸有单叶片式或双叶片式两种。图 9-11 为单叶片式摆动缸原理图。轴 3 上装有叶片 2，隔板 1 与缸体连成一体，隔板

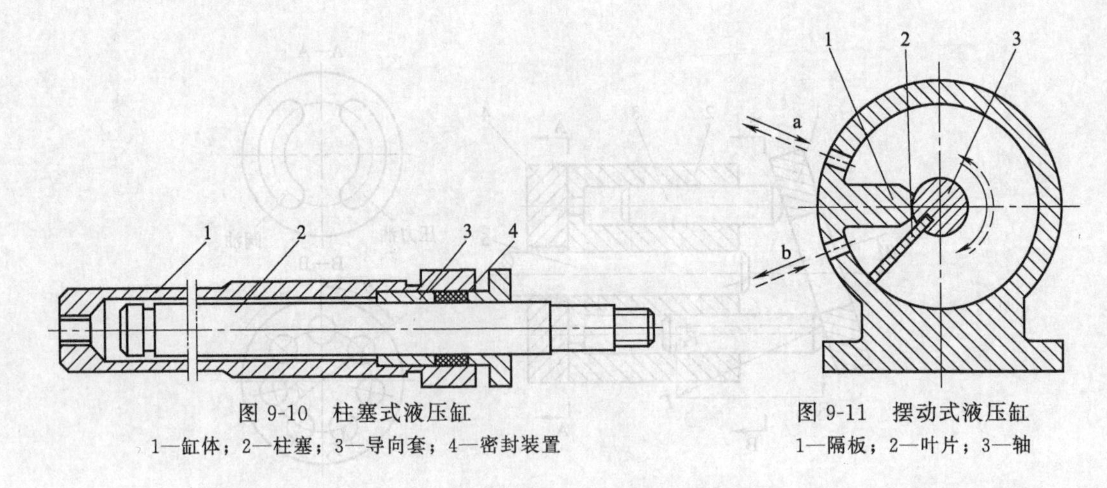

图 9-10 柱塞式液压缸

1—缸体；2—柱塞；3—导向套；4—密封装置

图 9-11 摆动式液压缸

1—隔板；2—叶片；3—轴

和叶片将缸内空间分为两腔。当压力油从油口 a 进入，油口 b 回油时，在油压力作用下，叶片 2 带动轴 3 顺时针转动并输出扭矩，直到叶片与隔板相碰为止；反之，油口 b 进油，油口 a 回油时，叶片 2 带动轴 3 逆时针回转，又直到叶片与隔板相碰为止。

9.2 液力传动

液力传动是通过液体在循环流动过程中，液体动能的变化来传递动力的传动方法，有液力偶合器和液力变矩器两大类。图 9-12 为液力传动最原始的原理简图。离心泵叶轮 2 在发动机驱动下旋转，使工作液体的速度和压力都得到提高。具有动能的液体经过管道 3 冲向水轮机叶轮 4，使叶轮 4 带动螺旋桨旋转，这时工作液体的动能就转变为机械能。工作液体将动能传给叶轮后，沿管道流回水槽 5 中，再由离心泵吸入继续传递动力，工作液体就这样作为一种传递能量的介质，周而复始，循环不断。

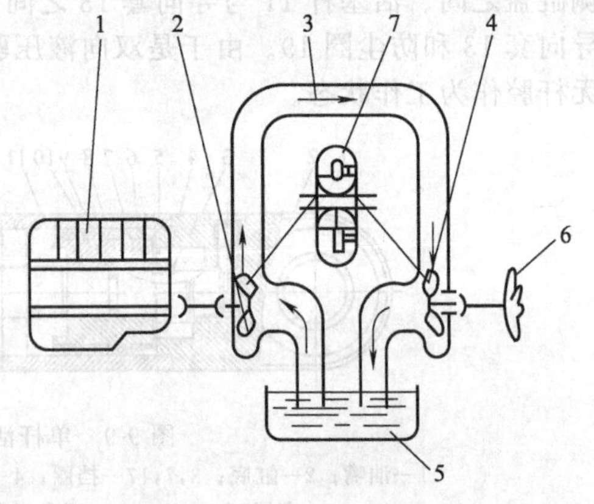

图 9-12 液力传动原理简图

1—发动机；2—离心泵叶轮；3—管道；4—水轮机叶轮；5—水槽；6—螺旋桨；7—液力变矩器简图

上述工作过程，是能量转换与传递的过程。为完成这一工作过程，液力传动装置中必须具有如下机构。

① 盛装与输送循环工作液体的密闭工作腔；

② 一定数量的带叶片的工作轮及输入输出轴，实现能量转换与传递；

③ 满足一定性能要求的工作液体及其辅助装置，以实现能量的传递并保证正常工作。

图 9-12 传动装置中的离心泵叶轮与水轮机叶轮相距较远，传动中的损失很大，效率低，把它们合在一起就创制了新的结构形式，如图 9-12 中 7 所示的液力变矩器。在这种新的结构中没有离心泵和水轮机。它由工作轮（泵轮、涡轮和导轮）所代替。

液力传动在工程机械中得到广泛应用，这是因为采用液力传动的工程机械具有如下优点。

① 能自动适应外阻力的变化，使车辆能在一定范围内无级地变更其输出轴转矩与转速，当阻力增加时，则自动地降低转速，增加转矩，从而提高了机械的平均速度与生产率。

② 提高了机械的使用寿命，液力变矩器是通过油液传递动力，泵轮与涡轮之间不是刚

性连接，能较好地缓和冲击，有利于提高机械中各零部件的使用寿命。

③ 简化了机械的操纵，变矩器本身就相当于一个无级变速箱，可减少变速箱挡位和换挡次数，加上变速箱一般采用动力换挡，故可简化变速箱结构和减轻驾驶员的劳动强度。

液力传动的缺点是效率较低，结构复杂，使机械的经济性降低，成本提高。

9.2.1 液力偶合器

(1) 液力偶合器的结构

图 9-13 为液力偶合器的结构示意图，图中由发动机曲轴通过输入轴 4 驱动的叶轮 3 为泵轮，与输出轴 5 装在一起的为涡轮 2。泵轮 3 和泵轮壳 1 一起旋转，构成液力偶合器的主动部分；涡轮 2 和输出轴 5 是偶合器的从动部分。在泵轮和涡轮的内部装有许多叶片，大多数偶合器的叶片是半圆形的径向叶片，也有倾斜的。在各叶片之间充满工作液体。两轮装合后的相对端面之间约有 3～4mm 间隙。它们的内腔共同构成圆形或椭圆形的环状主腔（称为循环圆）；循环圆的剖面示意图如图 9-13 所示，该剖面是通过输入轴与输出轴所做的截面（称轴截面）。

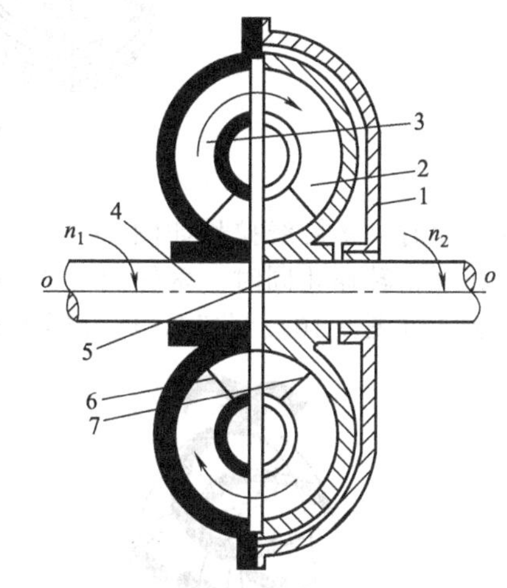

图 9-13 液力偶合器简图

1—泵轮壳；2—涡轮；3—泵轮；4—输入轴；5—输出轴；6,7—尾端切去一块的叶片

通常将偶合器的泵轮与涡轮的叶片数制成不相等的，目的是避免因液流脉动对工作轮周期性地冲击而引起振动。偶合器的叶片一般制成平面径向的，制造简单。工作轮多用铝合金铸成，也有采用冲压和焊接方法制造的，后一种制造方法成本较低，质量较轻。有的偶合器泵轮和涡轮有半数叶片在其尾部切去一块或一角（如图 9-13 中的 6、7）。这是因为叶片是径向布置的，在工作轮内缘处叶片间的距离比外缘处小，当液体从涡轮外缘经内缘流入泵轮时，液体受挤压。因此，每间隔一片切去一角，便可扩大内缘处的流通截面，减少液体因受挤压造成对流速变化的影响，使流道内的流速较均匀，从而降低损失，提高效率。

(2) 液力偶合器的工作原理

发动机带着泵轮一起旋转时，其中的工作油液也被叶片带着一起旋转，液体既绕泵轮轴线作圆周运动，同时又在离心力作用下从叶片的内缘向外缘运动。此时，外缘压力高于内缘，其压力差取决于泵轮的半径和转速。如果涡轮仍处于静止状态，则涡轮外缘与中心的压力相同，但涡轮外缘的压力低于泵轮外缘压力，而涡轮中心的压力则高于泵轮中心的压力。由于两工作轮封闭在同一壳体内运动，所以这时被甩到泵轮外缘的油液便冲向涡轮的外缘，沿着涡轮叶片向内缘流动，又返回泵轮，被泵轮再次甩到外缘。油液就这样周而复始地从泵轮流向涡轮，又返回泵轮不断循环。在循环过程中发动机给泵轮以旋转力矩，泵轮转动后使油液获得动能，在冲击涡轮时，将油液的一部分动能传给涡轮，使涡轮带动从动轴 5 旋转。这样，偶合器便完成了将油液的一部分动能转换成机械能的任务。同时，油液的另一部分动能则在油液高速流动与流道相摩擦发热而消耗了。

由于泵轮内的油液，除了随泵轮绕泵轮轴旋转（牵连运动）外，还沿循环圆作环流运动（相对运动），故油液的绝对运动是以上两种运动的合成运动，其运动方向是斜对着涡轮 2，冲击涡轮叶片，然后顺着涡轮叶片再流回泵轮 1，油液路线是一个螺旋线方向（图 9-14）。

涡轮旋转后，由于涡轮内的离心力对液体环流的阻碍作用，使油液的绝对运动方向也有

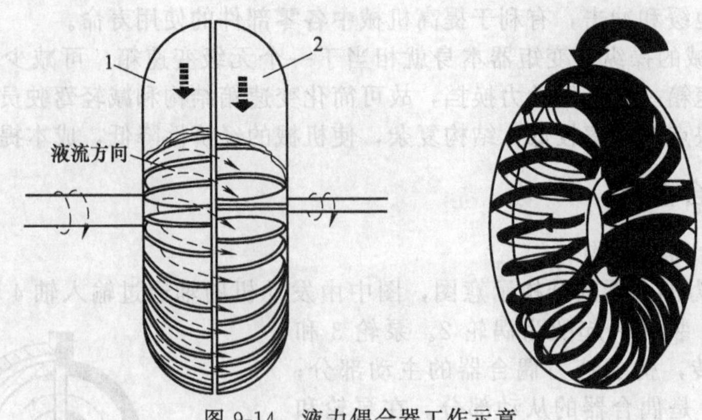

图 9-14 液力偶合器工作示意
1—泵轮；2—涡轮

改变。此时，螺旋线拉长如图 9-15 所示。涡轮转速愈高，油液的螺旋形路线拉得愈长。当涡轮和泵轮转速相同时，两轮离心力相等，油液沿循环圆流动停止，油液随工作轮绕轴线作圆周运动（图 9-16）。此时，偶合器不再传递动力。

图 9-15 涡轮转动时的油液螺旋形路线

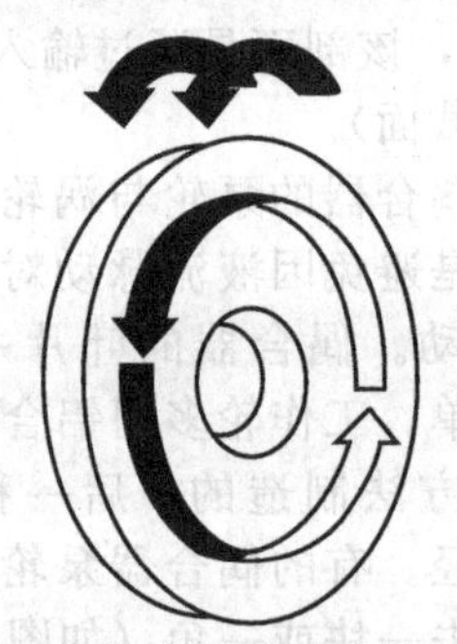

图 9-16 两工作轮转速相同时的油液流动路线

因此，为了使油液能传递动能，必须使油液在泵轮和涡轮之间形成环流运动。为此两工作轮间应有转速差，转速差愈大，两工作轮间压力差愈大，油液所传递动能也愈大。当然工作油液所能传给涡轮的最大转矩只能等于泵轮从发动机曲轴受到的转矩，而且这种情况只是发生在涡轮开始旋转的瞬间。

液力偶合器的上述特性对车辆起步很有利。因为车辆起步时，需要克服很大的阻力，这时油液传给涡轮的转矩最大，对克服启动阻力有利。当克服启动阻力后，车辆开始行驶，此后随发动机继续加速，泵轮、涡轮以及整个车辆也逐渐加速。当泵轮转速随发动机增加到额定转速后，涡轮的转速也随泵轮转速的增加而变化，但同时还受外界阻力的影响。当外阻力较大时，涡轮将随之减速，这时油液传递较大的动力以克服外阻力。当外阻力减小时，涡轮的转速也就逐渐增加而趋近于泵轮转速，这时油液传递较小的动力。当车辆下坡时，使涡轮转速增加到等于泵轮转速，这时两工作轮的离心力相等，油液停止了在循环圆内的环流运动，油液不再传递动力。如果在车辆下坡时，涡轮的转速增大到高于泵轮转速时，将反向传递动力，此时，发动机可以起一定的制动作用。

图 9-17 所示为涡轮在不同转速下工作油液的绝对运动流动路线。流动路线 1，为涡轮处于静止状态（即 $n_2=0$），工作油液流出泵轮而进入涡轮时，被静止涡轮叶片所阻挡而降速。从图中也可以看到，当工作油液自压力较高的涡轮中心，再返回到速度较快的泵轮中心进行再循环运动时，液流是对着泵轮的叶片背面冲去，因此会阻碍泵轮旋转。从三种不同涡轮转速而得到的三条工作油液流动路线 1、2、3 中可以看到，涡轮转速越小（也就是需要传递的

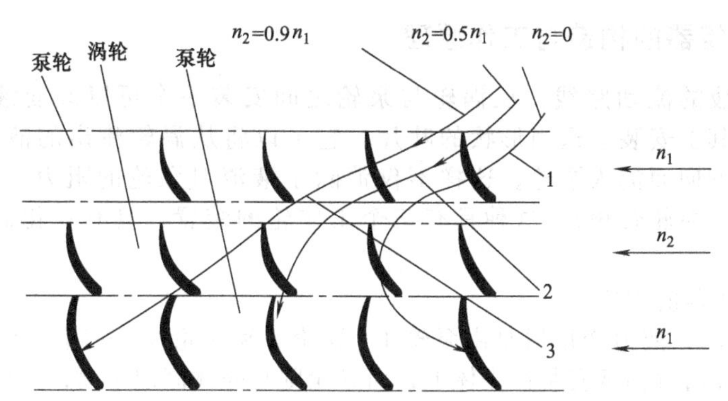

图 9-17 不同涡轮转速时液力偶合器中工作油液流动路线

n_1—泵轮转速；n_2—涡轮转速

动力越大)，工作油液经涡轮叶片返回到泵轮时，对泵轮产生的运动阻力越大，如路线 1；反之则越小，如路线 3。

(3) 液力偶合器的性能

① 液力偶合器的力矩 从受力的观点来看，偶合器中泵轮的力矩 T_1是从发动机曲轴传来的，泵轮作用于循环圆内油液上的力矩是 T_1'，则 T_1与 T_1'大小相等，方向相同。获得力矩 T_1'的油液冲击涡轮，给涡轮一个力矩 T_2，同样，力矩 T_2与 T_1'大小相等，方向相同。由此可见，涡轮力矩与泵轮力矩相同。即

$$T_1'=T_2$$

由此可知，偶合器不能改变力矩，只能将输入轴上的力矩等量地传给输出轴，因此，偶合器又有“液力联轴器”之称。

② 液力偶合器的效率 液力偶合器的效率 η 为涡轮轴上的输出功率 P_2与泵轮轴的输入功率 P_1之比，即

$$\eta=\frac{P_2}{P_1}=\frac{T_2 n_2}{T_1 n_1}=\frac{n_2}{n_1}=i$$

式中 n_1——泵轮轴的转速；

n_2——涡轮轴的转速；

i——液力偶合器的传动比，即涡轮轴转速与泵轮轴转速之比。

此式表明，偶合器的效率 η 等于它的传动比 i，当泵轮转速为常数时（n_1＝常数)，则效率 η 与涡轮转速 n_2成正比，即偶合器效率为一过坐标原点的 45°斜线，如图 9-18 所示。当传动比 i 越大，即偶合器的涡轮转速越高，则偶合器效率 η 越高。当涡轮停止不转时($n_2=0$)，传动比 i 为零，效率 η 也为零。例如车辆起步时，传动比 i 和效率 η 就等于零；因为这时涡轮没有对外输出功率。而输给偶合器的功率全部损耗掉了（损失在液体摩擦和冲击上)。其结果是引起油液发热，温度升高。当传动比 i 大于 0.985 时，涡轮轴的负荷已很小或接近于零，如图 9-18 所示，在传动比 i 接近 0.985 时，效率突然降落下来（图中虚线表示）变为零，这就是说偶合器的效率永远小于 1。通常为了提高运转的经济性，防止油温过高，偶合器很少在低传动比下长期工作。

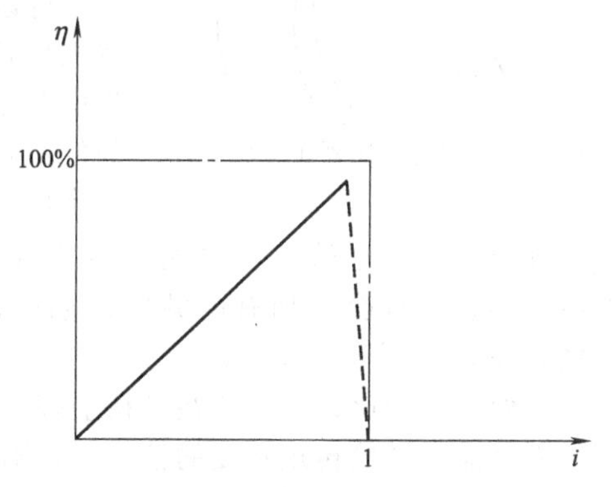

图 9-18 液力偶合器的效率特性

9.2.2 液力变矩器的构造与工作原理

为了改变油液的流动路线，在涡轮与泵轮之间安装一个可以改变液流方向的导轮，导轮固定不动，其上安装上适当形状的叶片。它可以将从涡轮流出的液流方向改变成有利于泵轮旋转的方向而流入泵轮。这样不仅消除了液流对泵轮的阻力，还增大了涡轮的转矩（并可以大于泵轮转矩）。这种具有三个工作轮的装置，具有变化涡轮转矩的功能，这就是变矩器。

(1) 液力变矩器的构造

如图 9-19 所示，液力变矩器是由泵轮 1、导轮 2 和涡轮 3 等三个工作轮及其他零件组成。泵轮和涡轮都通过轴承安装在壳体上，而导轮则与壳体固定不动；三个工作轮都密闭在由壳体形成的并充满油液的空间中。如图 9-20 所示，各工作轮中装有弯曲成一定形状的叶片，以利油液的流动。

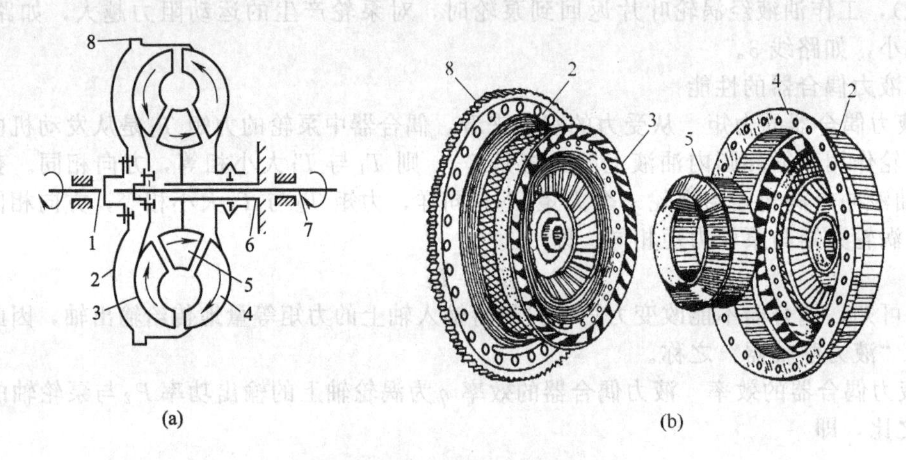

图 9-19 液力变矩器的结构

1—发动机曲轴；2—变矩器壳；3—涡轮；4—泵轮；5—导轮；6—导轮固定套管；7—从动轴（涡轮轴）；8—启动齿圈

(2) 液力变矩器的工作原理

图 9-19 (a) 所示为三元件液力变矩器简图，当发动机带动泵轮 4 旋转时，油液从泵轮一端进入泵轮叶片间的通道，自另一端流出，冲向涡轮 3 的叶片，使涡轮转动，由涡轮流出后，经导轮 5 再进入泵轮，如此循环不已，从而实现动力的传递。

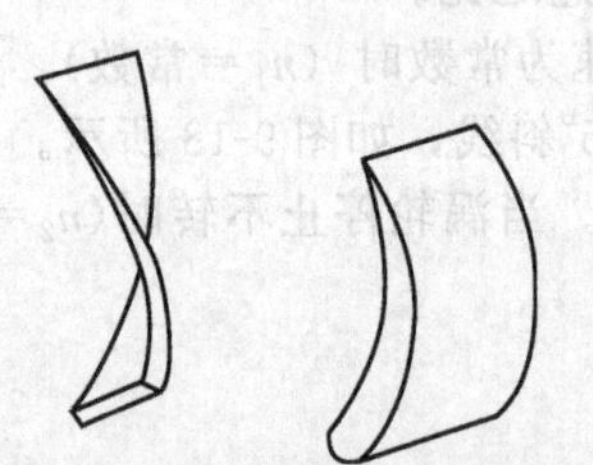

图 9-20 液力变矩器工作轮叶片

可以用两台电风扇作模拟试验，一台电风扇接通电源就像变矩器中的泵轮，另一台电风扇不接电源就像涡轮。将两台电风扇对置，当接通电源的电风扇旋转时，产生的气流可以吹动不接电源的风扇使其转动。这样两个电风扇就组成了偶合器，它能够传递转矩，但不能增大转矩。如果添加一个管道，空气就会从后面通过管道，从没有电源的电风扇回流到有电源的电风扇。这样会增加有电源电风扇吹出的气流。在液力变矩器中，导轮起到了空气管道的作用，如图 9-21 所示。

与偶合器相比，变矩器在结构上多了一个导轮。由于导轮的作用使变矩器不仅能传递转矩，而且能在泵轮转矩不变的情况下，随着涡轮转速的不同（反映工作机械运行时的阻力），而改变涡轮输出力矩，这就是变矩器与偶合器的不同点。

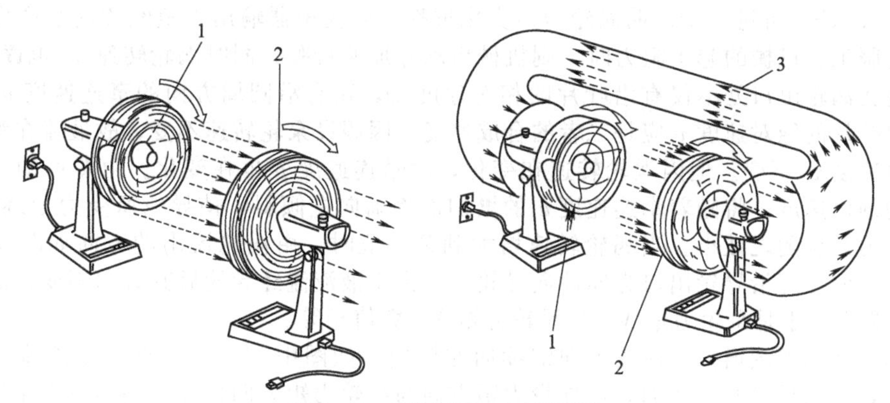

图 9-21 变矩器基本工作原理

1—接通电源电风扇；2—不接电源电风扇；3—空气管道

下面利用变矩器工作轮的展开图来说明变矩器的工作原理。如图 9-22 所示，将循环圆上的中间流线展成一直线，从而使工作轮的叶片角度显示在纸面上。为便于说明，设发动机转速及负荷不变，即变矩器泵轮的转速 n_1 与力矩 T_1 为常数。

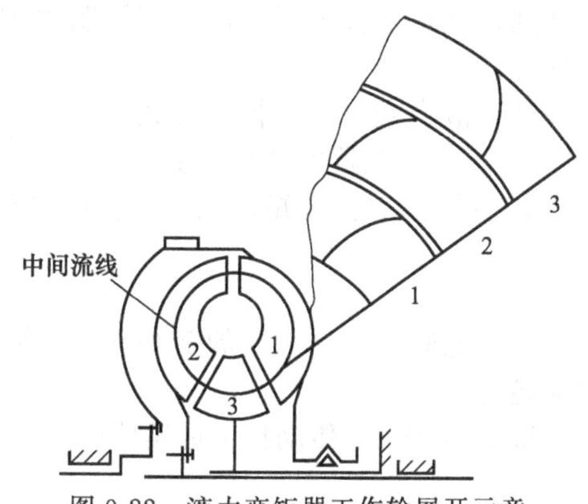

图 9-22 液力变矩器工作轮展开示意

1—泵轮；2—涡轮；3—导轮

工程机械起步之前，涡轮转速 n_2 为零，此时工况如图 9-23（a）所示。油液在泵轮叶片带动下，以一定的绝对速度沿图中箭头 1 的方向冲向涡轮叶片。因为涡轮静止不动，油液将沿着叶片流出涡轮并冲向导轮，液流方向如图中箭头 2 所示。之后油液再从固定不动的导轮叶片沿图中箭头 3 所示方向流回泵轮。

油液流过各轮叶片时，由于受到叶片的作用，其方向发生变化，即油液受到各轮力矩作用。设泵轮、涡轮和导轮对油液的作用力矩分别为 M_1'、M_2' 和 M_3'。根据油液受力平衡条件，得 $M_1'+M_2'+M_3'=0$，由此得出 $-M_2'=M_1'+M_3'$。又据作用与反作用原理，各工作轮加给油液的力矩与油液加给工作轮的力矩大小相等、方向相反，设油液加给涡轮的力矩为 M_2，则 $M_2=-M_2'$，故有 $M_2=M_1'+M_3'$。

上式说明油液加给涡轮的力矩 M_2 等于泵轮与导轮对油液的力矩之和。当导轮力矩 M_3 与泵轮力矩 M_1 同方向时，则涡轮力矩 M_2（即液力变矩器输出力矩）大于泵轮力矩 M_1（即变矩器输入力矩），从而实现了变矩功能。

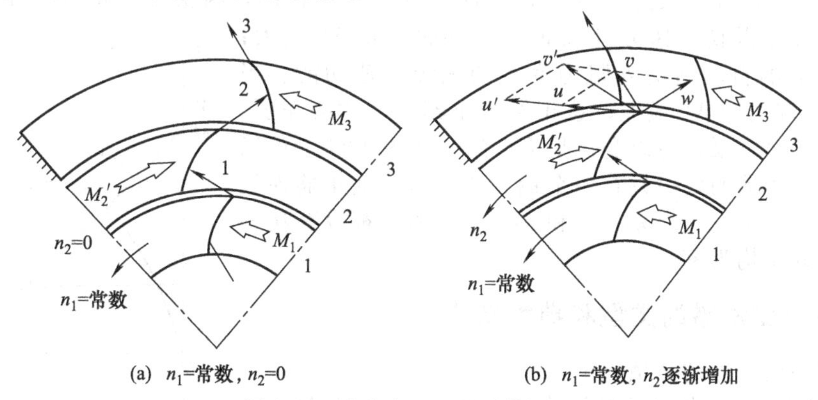

图 9-23 液力变矩器的工作原理

图 9-23（b）可进一步说明涡轮力矩变化过程：当变矩器输出力矩经传动系产生的牵引力足以克服工程机械的起步阻力时，则机械启动并加速行驶，同时涡轮转速 n_2 也逐渐增加；这时液流在涡轮出口处不仅有沿叶片的相对速度 w，还有沿圆周方向的牵连速度 u。因此，冲向导轮叶片的绝对速度 v 应是二者的合成速度；因假设泵轮转速不变，故液流在涡轮出口处的相对速度 w 不变。但因涡轮转速在变化，故牵连速度 μ 也在变化。由图可知，冲向导轮叶片的绝对速度 v 将随着牵连速度 u 的增加而逐渐向左倾斜，使导轮所受力矩逐渐减小，故涡轮的力矩也随之减小。当涡轮转速增大到某一值时，由涡轮流出的方向如图 9-23（b）中 v 所示方向正好沿导轮出口方向冲向导轮时，由于液流流经导轮后其方向不变，故导轮力矩 M_3 应为零，于是泵轮力矩 M_1 与涡轮力矩 M_2 数值相等。

若涡轮转速继续增大，液流方向继续向左倾斜，如图中 v' 所示方向，则液流对导轮的作用反向，冲向导轮叶片背面，使导轮力矩方向与泵轮力矩方向相反，则涡轮力矩为泵轮与导轮力矩之差，即 $M_2=M_1-M_3$，这时变矩器的输出力矩反而比输入力矩小。当涡轮转速增大到与泵轮转速相等时，由于循环圆中的油液停止环流运动，$M_2=0$，不能传递动力。

由上述可知，当涡轮转速降低时，即工程机械所受到的外阻力增加时，则涡轮力矩将自动增加，这正适合工程机械克服外阻力的需要，这就是液力变矩器自动适应外载荷变化的变矩性能。

（3）液力变矩器的特性参数

① 液力变矩器的特性参数

a. 变矩比 K。变矩比 K 是涡轮力矩 M_2 与泵轮力矩 M_1 之比

$$K=\frac{M_2}{M_1}$$

当涡轮转速 $n_2=0$ 时的变矩比 K_0 称为启动变矩比，K_0 越大说明车辆的启动性能与加速性能越好。

b. 传动比 i。传动比 i 是涡轮转速 n_2 与泵轮转速 n_1 之比

$$i=\frac{n_2}{n_1}$$

c. 传动效率 η。传动效率 η 是涡轮轴上输出功率 P_2 与泵轮轴上输入功率 P_1 之比

$$\eta=\frac{P_2}{P_1}=\frac{M_2 n_2}{M_1 n_1}=Ki$$

可见，传动效率 η 是变矩比 K 与传动比 i 的乘积。

② 液力变矩器的外特性曲线　当泵轮转速 n_1 一定时，泵轮力矩 M_1、涡轮力矩 M_2、传动效率 η 与涡轮转速 n_2 间的一组关系曲线称为变矩器的外特性曲线，这组曲线可通过试验测得，它反映了变矩器的主要特点。图 9-24 所示为三元件单级单相变矩器外特性曲线。

从图 9-24 的外特性曲线可见，随着涡轮转速 n_2 的提高，涡轮力矩 M_2 逐渐减小；反之，当外阻力增大使涡轮转速 n_2 下降时，则涡轮力矩 M_2 增大；这就是变矩器的自动适应外阻力变化的无级变速功能。当 $n_2=0$ 时，涡轮力矩 M_2 最大，这正符合车辆启动时的需要。涡轮转速变化时，泵轮力矩变化是不大的。从图 9-24 上可以看到，此种变矩器的效率只有一个最大值，这时变矩器损失最小，称为最佳工况。当 $n_2=0$ 和 $n_2=n_{\max}$ 时，都没有功率输出，因此效率均为零。

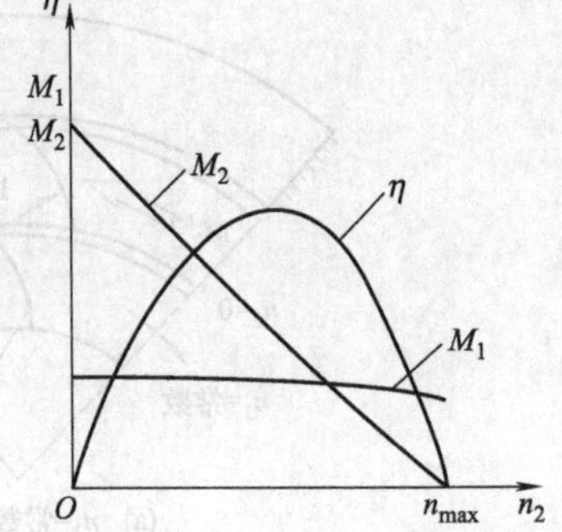

图 9-24　三元件变矩器外特性

9.2.3　液力变矩器的类型和典型结构

（1）液力变矩器的类型

① 正转液力变矩器和反转液力变矩器　在正常运转条件

下，涡轮旋转方向与泵轮一致的变矩器称为正转液力变矩器；涡轮旋转方向与泵轮相反的变矩器称为反转液力变矩器，如图 9-25 所示。

在结构上，正转液力变矩器在循环圆中各工作轮的排列顺序是泵轮 1、涡轮 2、导轮 3，也称为 123 型；而反转液力变矩器中各工作轮的排列顺序是泵轮 1、导轮 3、涡轮 2，称为 132 型，如图 9-25 所示。

132 型变矩器的导轮位于涡轮前，导轮改变了进入涡轮的液流方向，因而在正常运转情况下使涡轮反向旋转。再者涡轮位于泵轮前，负荷引起涡轮转速的改变直接影响着泵轮的入口条件，所以 132 型变矩器可透性大。此外，由于液流方向急剧改变，这种变矩器效率较低。因此，工程机械中除个别采用 132 型变矩器外，大多采用 123 型变矩器。

② 单级和多级液力变矩器　液力变矩器按照插在其他工作轮翼栅间的涡轮翼栅的列数，分为单级、二级和三级液力变矩器。多级变矩器涡轮由几列依次串联工作的翼栅组成，每两列涡轮翼栅之间插入导轮翼栅，各列涡轮翼栅彼此刚性连接，并和从动轴相连。而各列导轮翼栅则和固定不动的壳体连接。图 9-26（a）为二级液力变矩器，是由一个泵轮、两列涡轮翼栅和一个导轮组成；图 9-26（b）为三级液力变矩器，是由一个泵轮、三列涡轮翼栅和两列导轮翼栅组成。

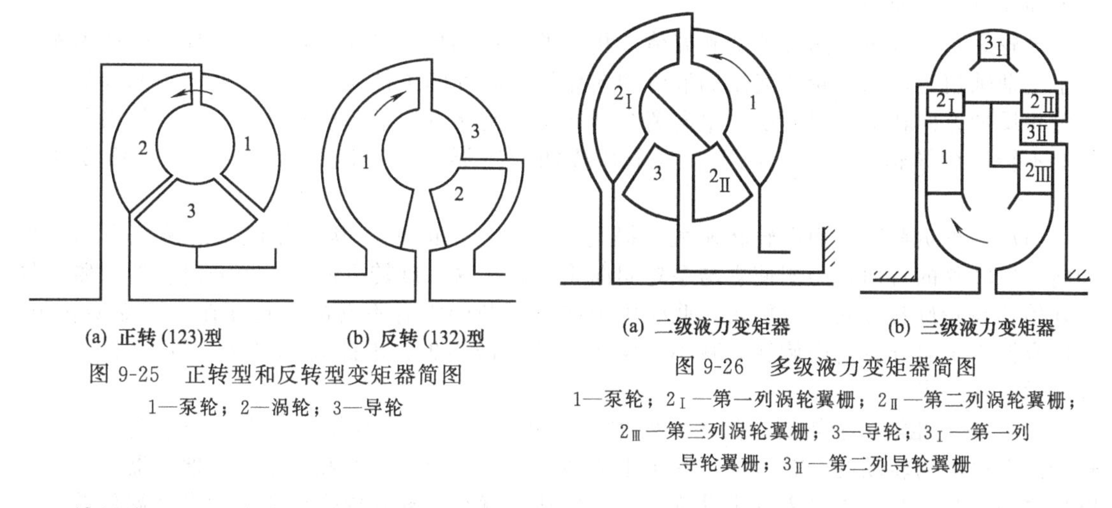

(a) 正转 (123)型　(b) 反转 (132)型

图 9-25　正转型和反转型变矩器简图

1—泵轮；2—涡轮；3—导轮

(a) 二级液力变矩器　(b) 三级液力变矩器

图 9-26　多级液力变矩器简图

1—泵轮；$2_{Ⅰ}$—第一列涡轮翼栅；$2_{Ⅱ}$—第二列涡轮翼栅；$2_{Ⅲ}$—第三列涡轮翼栅；3—导轮；$3_{Ⅰ}$—第一列导轮翼栅；$3_{Ⅱ}$—第二列导轮翼栅

单级变矩器，液流在循环圆中只经过一次涡轮和导轮叶片，它的构造简单，最高效率值高，但启动变矩系数小，工作范围窄。多级变矩器在小传动比范围内，有高的变矩系数，工作范围也较宽。但结构复杂，价格贵，并且在中小传动比范围内变矩系数和效率提高不大。因此近年来多级液力变矩器的应用范围逐渐缩小，而被效率较高的单级液力变矩器（单相或多相）所取代。

③ 单相和多相液力变矩器　按液力变矩器在工作时可组成几个工况可分为单相、二相、三相和四相等。

a. 单级单相液力变矩器。所谓单级指变矩器只有一个涡轮，单相则指只有一个变矩器的工况。图 9-19 所示就是这种类型的变矩器，这种变矩器结构简单，效率高，最高效率 $\eta_M=0.8$。但这种变矩器的高效率区较窄（$\eta=0.75$ 以上相当于 $i=0.6\sim0.8$）使它的工作范围受到限制。另外，为了使发动机容易有载启动和有较大的克服外负载能力，希望启动工况（$i=0$）变矩系数 K_0 较大。该型号变矩器的 $K_0=3$，只适用于小吨位的装卸机械。

b. 单级二相液力变矩器。图 9-27（a）为单级二相液力变矩器示意图，图 9-27（b）表示不同工况下导轮入口液流的来流方向，图 9-27（c）为原始特性曲线。它是把变矩器和偶合器的特点综合到一台变矩器上，也称为综合液力变矩器。两相变矩器在整个传动比范围内得到更合理的效率。从变矩器工况过渡到偶合器工况或相反，是由液流对导轮翼栅的作用方

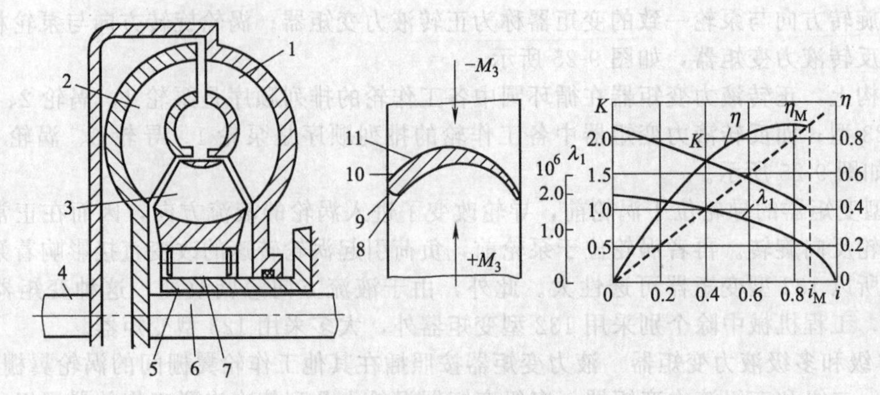

(a) 液力变矩器简图　(b) 不同工况导轮入口液流来流方向　(c) 液力变矩器特性曲线

图 9-27 单级二相液力变矩器

1—泵轮；2—涡轮；3—导轮；4—主动轴；5—壳体；6—从动轴；7—单向离合器；8,9,10,11—分别相应于$i=0$、$i=i^*$、$i=i_M$、$i>i_M$传动比时，液流作用于导轮叶片入口处的方向

向不同而自动实现的。

导轮 3 是通过单向离合器 7 和壳体 5 相连的，传动比 i 在 $0\sim i_M$范围内时，从动轴扭矩大于主动轴扭矩，从涡轮 2 流出的液流冲向导轮 3 叶片的工作面。此时，液流力图使导轮朝泵轮相反的方向转动。但是由于单向离合器在这一旋转方向下起楔紧作用，使导轮楔紧在壳体上不转。在导轮不转的工况下，整个系统如变矩器工作，达到增大转矩，克服变化的负荷。

当从动轴负荷减小而涡轮转速大大提高时（$i_M\sim i$ 范围），从涡轮流出的液流方向改变冲向导轮叶片的背面，力图使它与泵轮同向旋动。在这一旋转方向下，单向离合器松脱，导轮开始朝泵轮旋转方向自由旋转。此时由于在循环圆中没有不动的导轮存在，不变换转矩，在偶合器工况时导轮自由旋转，减小导轮入口的冲击损失，因此效率提高，图 9-27（c）充分显示了这一点。

c. 单级三相液力变矩器。如图 9-28 所示，单级三相液力变矩器是由一个泵轮，一个涡轮和两个可单向转动的导轮构成。它可组成两个液力变矩器工况和一个液力偶合器工况，所以称之为三相。泵轮由输入轴带动旋转。工作油液就在循环圆内作环流运动推动涡轮旋转并输出转矩。液流从泵轮进入涡轮，再进入第一级导轮，经第二级导轮，再回到泵轮。

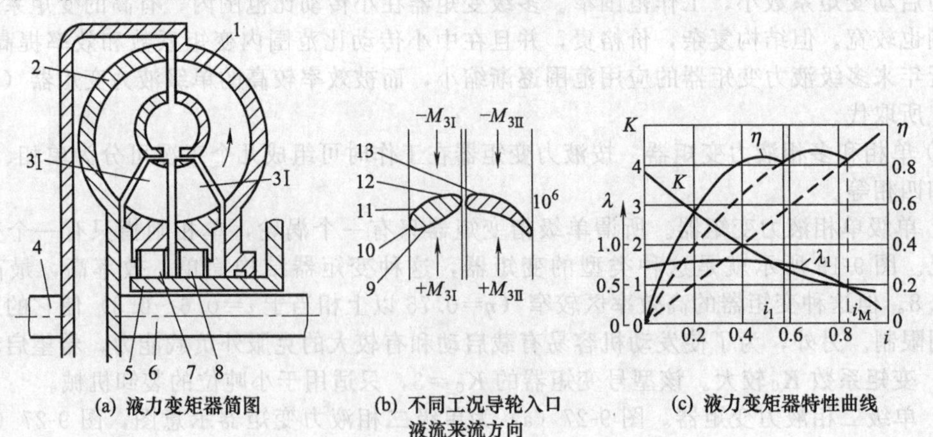

(a) 液力变矩器简图　(b) 不同工况导轮入口液流来流方向　(c) 液力变矩器特性曲线

图 9-28 单级三相液力变矩器

1—泵轮；2—涡轮；3_I—第一导轮；3_{II}—第二导轮；4—主动轴；5—壳体；6—从动轴；7,8—单向离合器；9,10,11,12,13—分别相应于$i=0$、$i=i_1^*$、$i=i_1$、$i=i_M$、$i>i_M$传动比时，液流作用于导轮叶片入口处的方向

在传动比 $i=0$ 到 $i=i_1$ 区段，从涡轮流出的液流沿导轮叶片的工作面流进，如图 9-28（b）所示，液流作用在导轮上的力矩使单向离合器 7 和 8 楔紧，两个导轮都不转，液力变矩器如简单的三工作轮变矩器一样，这是第一种变矩器工况。

随着外负荷减小，涡轮转速提高，传动比 i 增大（即 $i=i_1$ 到 $i=i_M$ 区段），从涡轮流出的液流方向改变，如图 9-28（b）所示，第一导轮 3_I 上液流作用形成的力矩使单向离合器 7 松脱，第一导轮开始自由旋转，这样第一导轮就和涡轮一起转动，而第二导轮仍不动，这是第二种变矩器工况。

若外负荷继续减小，涡轮转速 n_2 继续增大，当 $i>i_M$ 时，液流方向进一步改变，液流作用在第二导轮上的力矩使第二导轮单向离合器 8 也松脱，第二导轮开始自由旋转。于是没有固定的导轮，该传动装置就成为一个液力偶合器的工况。在高传动比下，液力偶合器的效率很高，如图 9-28（c）所示。

这种类型的变矩器综合了液力变矩器和液力偶合器的特性，它的高效区较宽，启动时变矩系数也较大，但其制造工艺比较复杂，广泛应用在工程机械上。

（2）典型工程机械用液力变矩器

① 966D 装载机液力变矩器　日本小松厂生产的 D85A-18 型、D85A-12 型、WA380 型推土机，美国生产的 966D 型装载机及国产的 TY220 推土机等所用的液力变矩器结构相差不大，都采用三元件单级单相液力变矩器。下面以 966D 型装载机的变矩器为例介绍此类变矩器的结构。图 9-29 为 966D 型装载机变矩器。

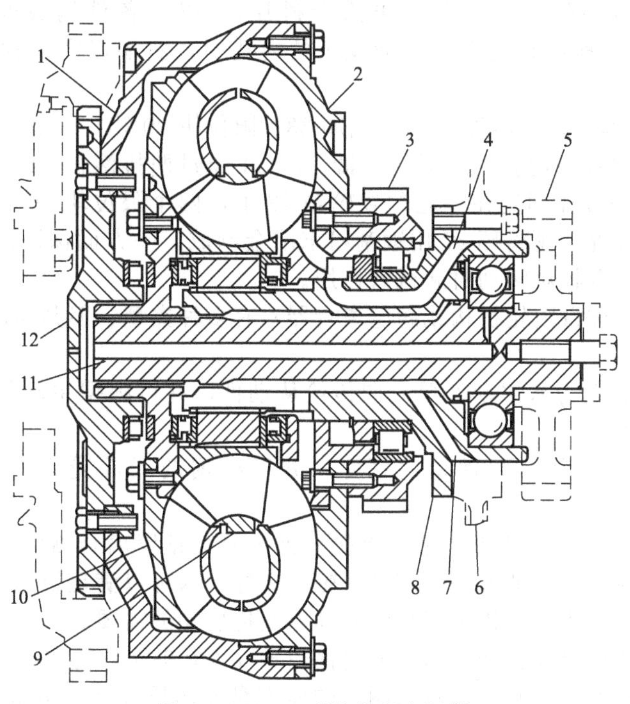

图 9-29　966D 型装载机变矩器

1—旋转壳体；2—泵轮；3—齿轮；4—油液入口；5—输出齿轮；6—变矩器壳体；7—油液出口；8—支撑轴；9—导轮；10—涡轮；11—涡轮轴；12—接盘

变矩器泵轮 2 的外缘用螺钉固定在旋转壳体 1 上，泵轮内缘用螺钉与油泵齿轮 3 相连，并通过轴承安装在支撑轴 8 上，支撑轴 8 则用螺钉固定在变矩器壳体 6 上。旋转壳体 1 则用螺钉固定在接盘 12 上，接盘 12 通过花键与飞轮相固连，发动机通过飞轮驱动泵轮旋转，这就是变矩器的主动部分。

涡轮10用螺钉与涡轮轮毂相连，涡轮轮毂通过花键与涡轮轴（即输出轴）11左端相连，并通过涡轮毂轴颈用轴承支撑在接盘12的座孔内，涡轮轴11的右端则通过滚珠轴承安装在支撑轴8上，并通过花键与输出齿轮5相连，变矩器的动力即由此输出，这是变矩器的从动部分。

变矩器的导轮9通过花键固定在支撑轴8的端部，在三元件之间用止推轴承起轴向定位作用，支撑轴上有油液进口4与出口7。

② CL7自行式铲运机液力变矩器　国产CL7自行式铲运机和PY160A型平地机变矩器是单级三相四元件，如图9-30所示。它在结构上具有两个特点：一是它具有两个导轮，这两个导轮通过单向离合器与固定的壳体相连。根据不同的工况可实现两个导轮固定；或一个导轮固定，另一个导轮空转；以及两个导轮都空转等三种状态，故称为三相。另一特点是带有自动锁紧离合器，可以将泵轮和涡轮刚性地连起来变成机械传动。

柴油机的动力由连接盘1输入，连接盘1用花键套在驱动盘4的轴颈上，泵轮15外缘用螺钉与驱动盘4外缘相连接；泵轮内缘与油泵的驱动套17相连。支撑圈11与驱动盘4用键30相连；在驱动盘4上有12个均布的驱动销7插入活塞8的相应孔中，使活塞既能随驱动盘、泵轮等一起转动，又能沿驱动销7作轴向移动，以上各件组成了变矩器的主动部分，主动部分左端以滚动轴承3支撑在变矩器外壳上，右端以滚动轴承16支撑在导轮轴18上。

涡轮12的内缘与齿圈10、花键套26铆在一起，套在涡轮轴5上，在齿圈上套有锁紧摩擦盘9（其两边烧结有铜基粉末冶金衬片），以上各件构成变矩器的从动部分。从动部分左端用滚动轴承6支撑在驱动盘4的内孔中，右端以滑动轴承支撑在变速箱轴孔内。

第一导轮13与单向离合器外圈21、挡圈23、限位块20铆在一起，同样，第二导轮14与一外圈24、挡圈铆在一起；两个导轮外圈21、24通过两排滚柱22、29装在单向离合器25上，以花键套在与壳体固定在一起的导轮轴18上，两个限位块20、28用来控制导轮与泵轴和涡轮之间的位置。隔离环27用铜基粉末冶金制成。一方面保证两导轮之间有一定间隙，另外，当两导轮有相对转动时起减磨作用。

单向离合器（又称自由轮机构或超越离合器）有多种类型，但其功能和工作原理都是相同的，它的功能如下：

a. 单向传动。将动力从主动件单方向传给从动件，并可根据主动件和从动件转速的不同而自动接合或分离。

b. 单向锁定。能将某一元件单向锁定，并可根据两元件受力的不同而自动锁定或分离。

在CL7自行式铲运机变矩器中还装有锁紧离合器，锁紧离合器的作用是将变矩器的泵轮和涡轮刚性地连在一起，就像一个刚性联轴器一样，这可以满足铲运机在高速行驶时，提高传动效率和下坡时利用发动机进行排气制动以及拖启动的需要。

锁紧离合器由液压操纵，当液压油通过涡轮轴5（图9-30）的中心孔进入活塞8的左边时，可推动活塞8右移，把套在涡轮齿圈上的摩擦盘9压紧在活塞8和支撑圈11之间，这样便将泵轮和涡轮刚性地连在一起了。

CL7式自行式铲运机变矩器特性曲线如图9-31所示。由于这种变矩器采用了两个导轮和单向离合器。当不同的导轮被单向锁定时，或两个导轮全空转时，整个变矩器就相当于两个变矩器与一个偶合器的综合工作，故其效率特性曲线由三段（1、2、3）组成。

当传动比i较低时，从涡轮出来的油液冲击导轮叶片的正面，使两个导轮都被固定，这时效率曲线具有图9-31中曲线1的形状，而变矩比K变化较快，效率较低，这是铲运机起步和低速时的工况。

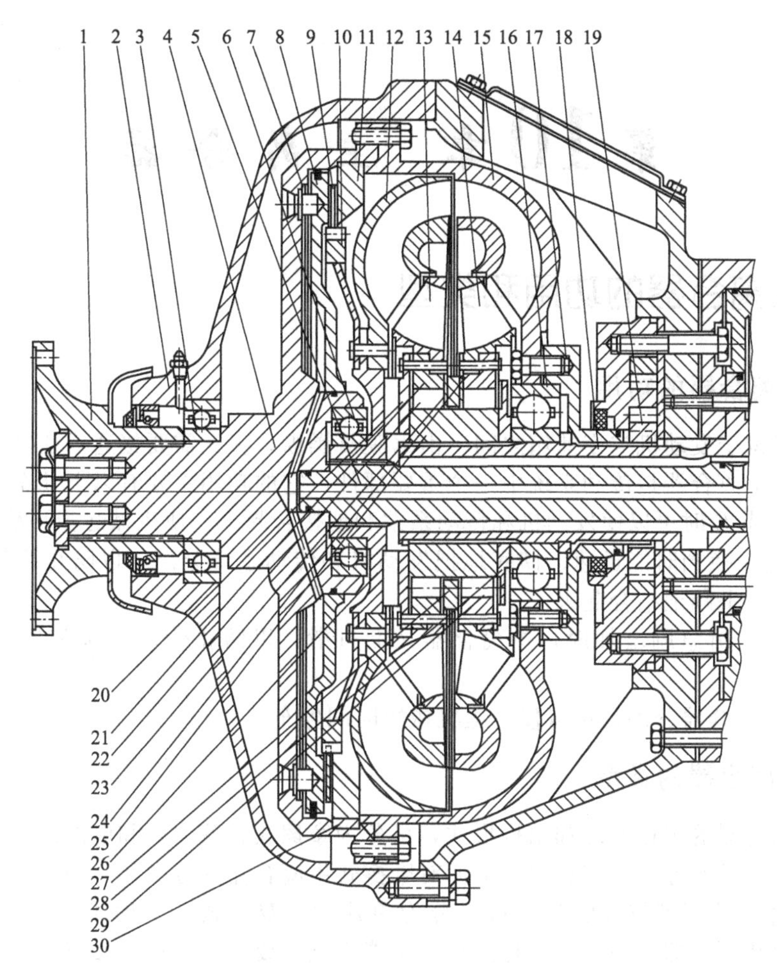

图 9-30 CL7 自行式铲运机液力变矩器

1—连接盘；2—变矩器外壳；3—滚动轴承；4—驱动盘；5—涡轮轴；6—滚动轴承；7—驱动销；8—活塞；9—锁紧摩擦盘；10—齿圈；11—支撑圈；12—涡轮；13—第一导轮；14—第二导轮；15—泵轮；16—滚动轴承；17—驱动套；18—导轮轴；19—油泵主动齿轮；20—限位块；21—单向离合器；22—滚柱；23—挡圈；24—单向离合器外圈；25—单向离合器内圈；26—花键套；27—隔离环；28—限位块；29—滚柱；30—键

当传动比 i 增加到某值范围内时，从涡轮流出的油液方向变为冲向第一导轮背面，使第一导轮空转，不起作用，由于第二导轮叶片入口角小于第一导轮叶片入口角，在较大的传动比下导轮入口油流损失较小，效率提高，这时变矩器效率曲线按曲线 2 变化。

当传动比 i 继续增大，油液冲向第二导轮叶片背面，使第二导轮也空转，于是变矩器成为一个偶合器。故效率按偶合器效率变化，如图 9-31 中曲线 3（直线）所示，效率进一步提高，这种变矩器的特性相当于两个变矩器和一个偶合器的特性的综合。

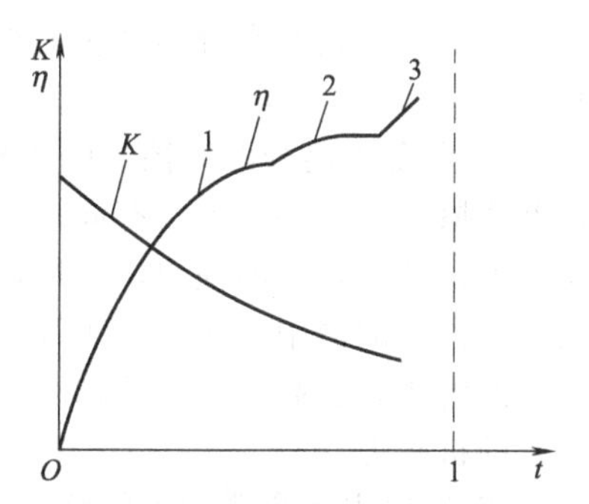

图 9-31 CL7 自行式铲运机双导轮液力变矩器特性曲线

第10章 主离合器

10.1 主离合器的功用和类型

10.1.1 主离合器的功用

主离合器位于发动机与变速箱之间，由驾驶员操纵，根据需要接通或切断发动机传给变速箱的动力。主离合器是传动系统中一个重要部件，它的功用主要有以下几个方面。

① 在机械起步时可以使发动机和传动系柔和地接合起来，使机械起步平稳。

② 在变速箱换挡时能迅速、彻底地把发动机和传动系统分离，以防止换挡时齿轮产生冲击，换挡后再平顺地结合起来。

③ 当外界负荷急剧增加时，主离合器又能打滑，以防止传动系统和发动机零件超载损坏。

④ 利用主离合器分离，可以使工程机械短时间停车。

10.1.2 主离合器的类型

根据主离合器的工作原理和结构形式，可分为摩擦式、液力式和电磁式三种。目前工程机械应用最广的是摩擦式主离合器，下面对摩擦式主离合器的分类作一简单介绍。

① 根据主离合器摩擦片的片数可以分为单片式、双片式、多片式。在可能的条件下，应尽量选用单片离合器。当采用单片离合器不能满足需要时，选用多片离合器，但必须充分考虑散热的良好性和分离的彻底性。

② 根据主离合器的压紧机构可以分为弹簧压紧式离合器和杠杆压紧式离合器。弹簧压紧式离合器当摩擦衬片磨损后，弹簧的弹力可以进行一定程度的补偿，从而保证离合器可靠工作。但当离合器传递较大的转矩时，弹簧压紧困难，难以实现较大的压紧力。一般用在摩擦面数量较少的干式离合器上。杠杆压紧式离合器可以实现较大的压紧力，多用在多片湿式离合器上。但它对离合器摩擦片的磨损补偿能力差，压盘能够轴向调整，以弥补摩擦片的磨损。

③ 根据主离合器摩擦片的工作状态可以分为干式和湿式（在油中工作）两种。干式离合器摩擦片的摩擦面上没有润滑油流过，摩擦系数大、操纵力小、结构简单。但干式离合器发热大、散热差、磨损快，一般用在离合器不需要经常操纵的设备或功率较小的设备上。湿式离合器在油液中工作，由于油液的循环流动，降低了摩擦表面的温度，带走了摩擦表面磨下来的磨屑，提高了摩擦片的寿命，但它操纵力大、结构较复杂。一般用在功率较大、接合频繁的机械上。

④ 根据主离合器的工作状态可以分为常接合式和非常接合式。常接合式主离合器在操纵机构上无外力作用时，经常处于结合状态，在分离时需要操作，可以将其操纵机构设计成脚踏板，驾驶员不用手便可以进行操作，比较方便。非常接合式主离合器在操纵机构上无外力作用时，可以长期处于分离状态，其接合分离均需施加外力。非常接合式离合器用在需要经常停车、起步、倒退的工程机械上。

⑤ 根据主离合器的操纵机构可以分为人力操纵、液压助力操纵和气动操纵等。大功率的工程机械主离合器操作频繁，多采用液压助力操纵的主离合器。

10.2 常接合式主离合器

10.2.1 常接合式主离合器的基本组成及工作原理

在自行式工程机械传动系中，广泛采用摩擦式离合器，不同形式的摩擦式离合器其作用原理基本相同，即靠摩擦表面的摩擦力作用来传递转矩。常接合式摩擦离合器的基本结构与工作原理如图 10-1 所示。飞轮 2 和压盘 4 为离合器的主动部件，从动盘 3 夹在飞轮和压盘之间。从动盘通过花键和离合器轴相连，它既可以带动离合器轴旋转，又能沿离合器轴作轴向移动。压紧弹簧 11 均匀分布在压盘右面以离合器轴为中心的圆周上。这些弹簧装配后处于压紧状态，所以弹簧总是将压盘 4、从动盘 3 和飞轮 2 压在一起，使离合器处于接合状态。分离杠杆 6、分离轴承 7、分离套筒 8 组成离合器的分离机构。分离机构一般有三套，在圆周上均匀分布。当驾驶员踩下脚踏板时，通过杠杆机构使分离套筒 8 向左移动，通过分离杠杆 6 使压盘 4 向右移动，使离合器分离。

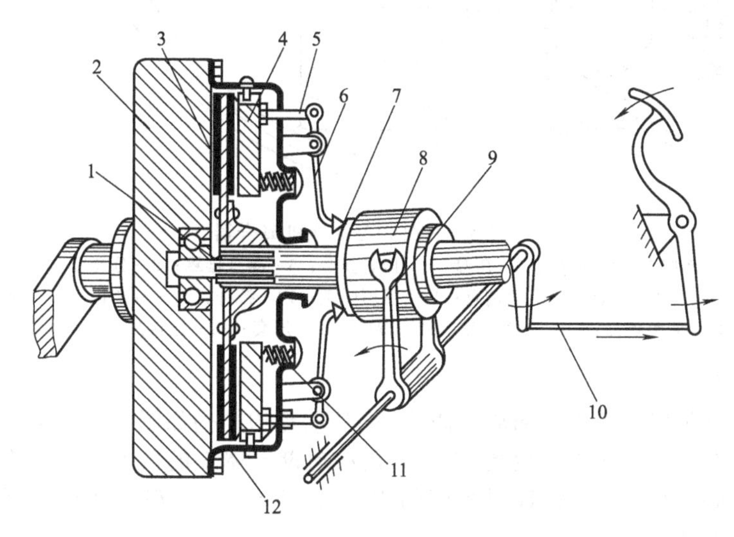

图 10-1 摩擦离合器结构原理简图

1—离合器轴；2—飞轮；3—从动盘；4—压盘；5—分离拉杆；6—分离杠杆；7—分离轴承；8—分离套筒；9—分离拨叉；10—拉杆；11—压紧弹簧；12—离合器盖

10.2.2 单片常接合式摩擦离合器结构

PY160A 平地机的主离合器（图 10-2）为单片常接合式干式摩擦离合器。该离合器由主动部分、从动部分、压紧机构和分离机构等组成。

(1) 主动部分

主动部分由主动盘 1、离合器罩 5 和压盘 3 等组成，主动盘 1 与液力变矩器的输出轴连接，离合器罩 5 由薄钢板冲压而成，它与主动盘用螺栓固定在一起。压盘 3 是通过四组沿圆周均匀分布的连接片 19 来定位与连接的。每组连接片有三片弹性钢片，其一端用铆钉铆接在离合器罩上；另一端用压套 18 和螺栓 17 固定在压盘上。这样压盘既可随主动盘一起旋转，又可沿轴向作一定距离的移动。

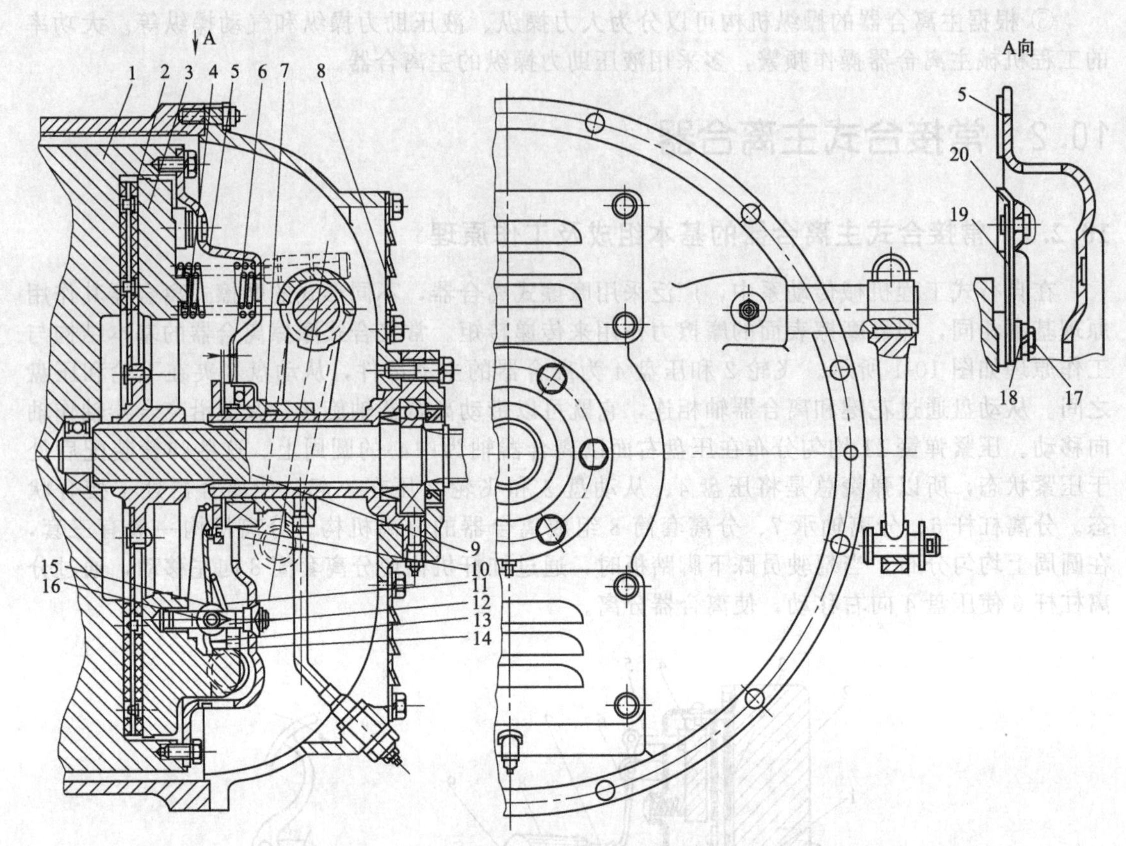

图 10-2 PY160A 平地机离合器

1—主动盘；2—摩擦盘（从动盘）；3—压盘；4—压紧弹簧；5—离合器罩；6—分离轴承；7—分离套筒；8—百叶窗；9—离合器轴；10—分离盘；11—反压弹簧；12—拉杆；13—分离板；14—分离杠杆；15—调整螺母；16—分离杆销；17—螺栓；18—压套；19—连接片；20—铆钉

（2）从动部分

从动部分主要包括从动盘 2 和离合器轴 9。从动盘的结构如图 10-3 所示，圆盘钢片用薄钢板制成，铆接在带有内花键的轮毂 11 上，在从动盘本体 5 的两面是烧结有粉末冶金的摩擦片 4，用来增大摩擦系数及保证材料间的正常接触摩擦。轮毂套在离合器输出轴的花键上，并可在花键上轴向移动。

离合器轴的左端支撑在主动盘中心孔内的滚动轴承上，右端支撑在主离合器壳上的滚动轴承上。

（3）压紧机构

在离合器罩 5 和压盘 3 之间装有 12 组压紧弹簧 4，每组压紧弹簧由内、外两个弹簧套在一起，两个弹簧螺旋方向相反，以防卡在一起。由于压盘 3 和从动盘 2 都可以作轴向移动，在弹簧的作用下将它们与主动盘 1 压紧在一起，而处于接合状态。当主动盘 1 转动时，压盘随着一起转动，通过摩擦作用将动力传到从动盘 2 和离合器轴 9 上（图 10-2）。

（4）分离机构

分离机构由分离套筒 7、分离轴承 6、分离盘 10、分离杠杆 14、拉杆 12、分离杆销 16、分离板 13 等组成。沿圆周均布着 3 个分离杠杆 14，其内端用弹簧与分离盘 10 连接在一起。外端用分离板 13 卡在压盘 3 的凸台内，杠杆的中部用分离杆销 16 与拉杆 12 铰销在一起。拉杆 12 的左端插在压盘的孔内，孔的深度留有足够的余量，允许压盘向左移动，保证分离彻底，拉杆 12 的右端制有螺纹并穿过离合器罩上的孔，用调整螺母 15 来调节拉杆的轴向位

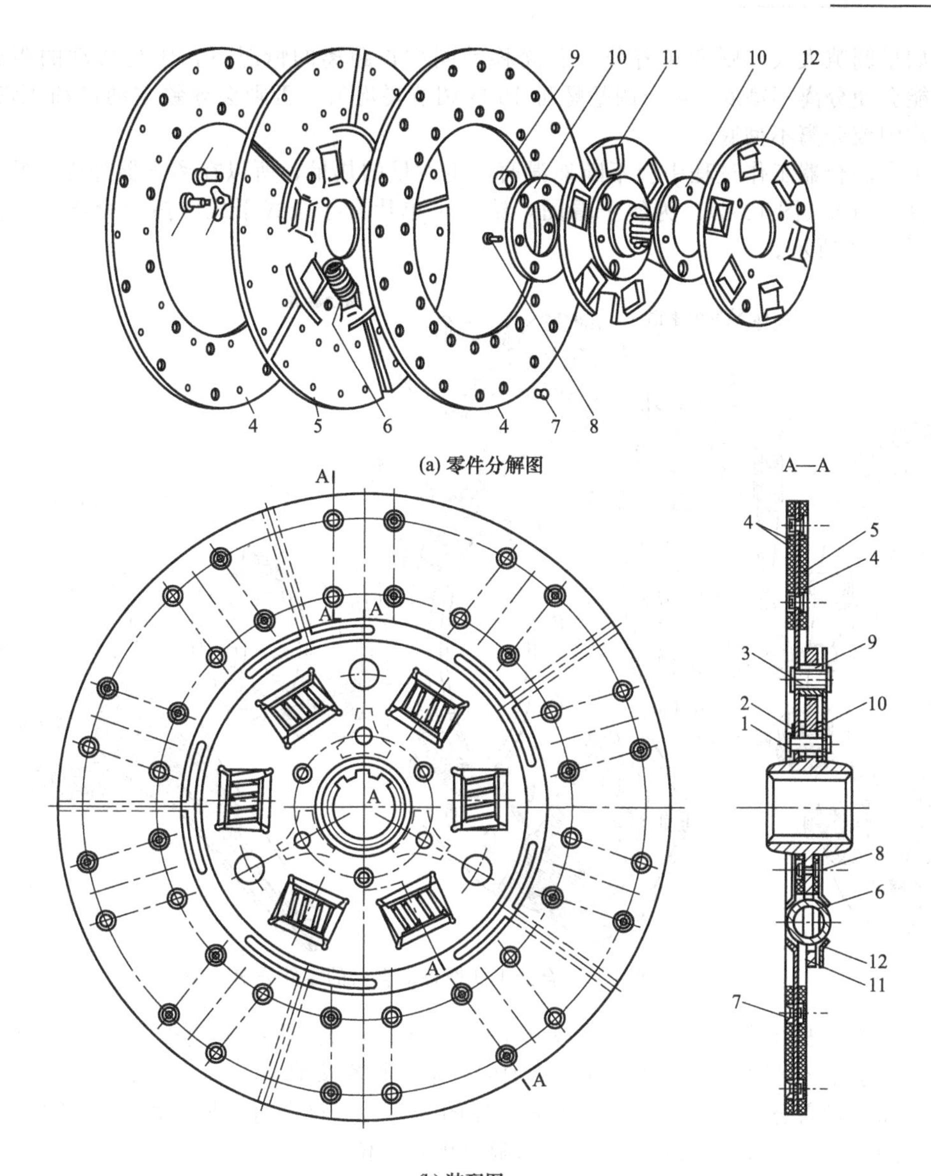

图 10-3 从动盘结构

1—阻尼弹簧铆钉；2—减振器阻尼弹簧（碟形弹簧）；3—从动盘铆钉；4—摩擦片；5—从动盘本体；6—减振器弹簧；7—摩擦片铆钉；8—阻尼片铆钉；9—从动盘铆钉隔套；10—减振器阻尼片；11—从动盘轮毂；12—减振器盘

置和承受分离杠杆 14 作用在拉杆上的拉力。

当需要离合器分离时，通过操纵机构推动滑动套，带着分离轴承向左移动，分离轴承推动分离杠杆的内端左移，使分离杠杆绕分离杆销 16 摆动，在分离杠杆的外端形成杠杆作用，通过分离板使压盘向右移动，十二组压紧弹簧被进一步压缩，使离合器处于分离状态（图 10-2）。

（5）其他

反压弹簧 11 是用来保证分离杠杆的外端紧紧顶住压盘的凸缘，以免杠杆随意摇动，但弹力不大，不会对压盘的压紧力产生影响。分离杠杆内端的分离盘与分离轴承之间有适当的间隙，该间隙若太小，在使用中由于从动盘 2 上的摩擦片会不断磨损，使得压盘与主动盘逐渐靠近，分离盘与分离轴承之间间隙会不断缩小。如果完全没了间隙，则分离盘就压在分离轴承上，压紧弹簧的压紧力就被分离轴承承担，使离合器不能正常接合，分离轴承也会加速磨损。如果间隙太大，则意味着分离套筒移动同样长距离的情况下，压盘移动的距离会缩短，可能会使分离不彻底，4 个调整螺母 15 的调节要均匀，否则会导致主动盘和压盘磨偏，接合不均匀或分离不彻底。

由于主离合器工作过程中会不断地滑磨产生大量的热量，所以在离合器外壳上装有通风散热的百叶窗 8（图 10-2）。为便于看图，给出了单片常接合式干式摩擦离合器的零件分解图，如图 10-4 所示。

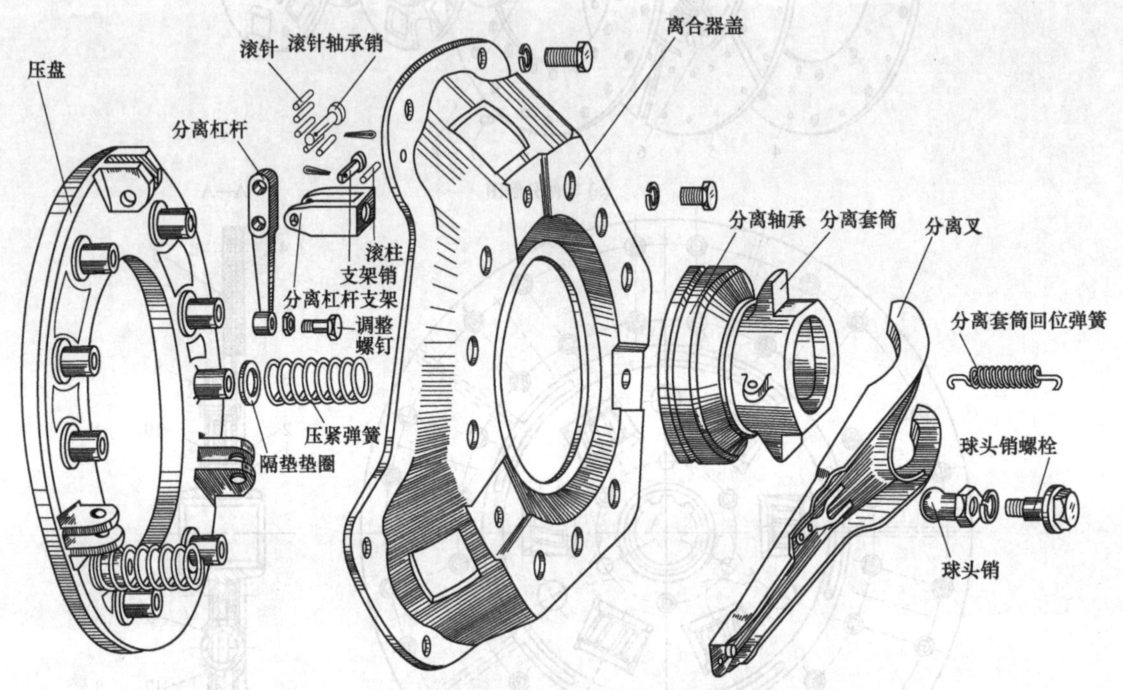

图 10-4 单片常接合式干式摩擦离合器的零件分解示意

PY160 平地机主离合器操纵方式为脚踏式（图 10-5）。当踩下踏板 1 时，推动推杆 3，使摇臂 5 带动轴 4（轴 4 插入离合器内，轴的两端支撑在离合器壳体上）和分离叉转动，推动分离套筒 8 带着分离轴承移动以实现离合器的分离，当接合时，松开踏板，踏板在复位弹簧 2 的作用下回位，在踏板的拐角 A 处用限位挡板限位。

滑动套上带的分离轴承与分离盘之间要保持适当的间隙（调节时取 2.5mm），可通过调节推杆 3 的长度实现，调好后用螺母 7 固定。实际调节时有时测量比较困难，也可通过踏板行程来控制。踩下踏板时应有一小段无负荷行程（也叫自由行程），自由行程的距离按传动比推算大约为 30mm。

当离合器分离、变速箱换挡的时候，为了避免换挡时齿轮间因相对转速不同而产生冲击，在变速箱内装有小制动器。当机器在行进时或停下来时，利用小制动器使主离合器输出轴转速降低或停下来时进行换挡。小制动器的操纵部分（图 10-5，部件 11～22）与主离合器操纵部分连在一起。当踩下踏板 1，使主离合器分离时，轴 10 也驱动摇臂 11 转动，带动接叉 12、拉杆 14、套杆 16 移动，并使曲柄螺杆 20 顺时针方向移动，推动制动闸 21 压向制动鼓 22，在摩擦力作用下使离合器输出轴减速。

套杆 16 套在拉杆 14 上，左端顶在螺母 15 上，右端用弹簧 17 压紧，弹簧的作用可使制动闸的制动作用柔和。

离合器分离与小制动器制动应有先后顺序，以避免在主离合器没有分离或未完全分离情况下制动。小制动器的调整方法是：踩下离合器踏板 1，当主离合器彻底分离后，调节螺栓

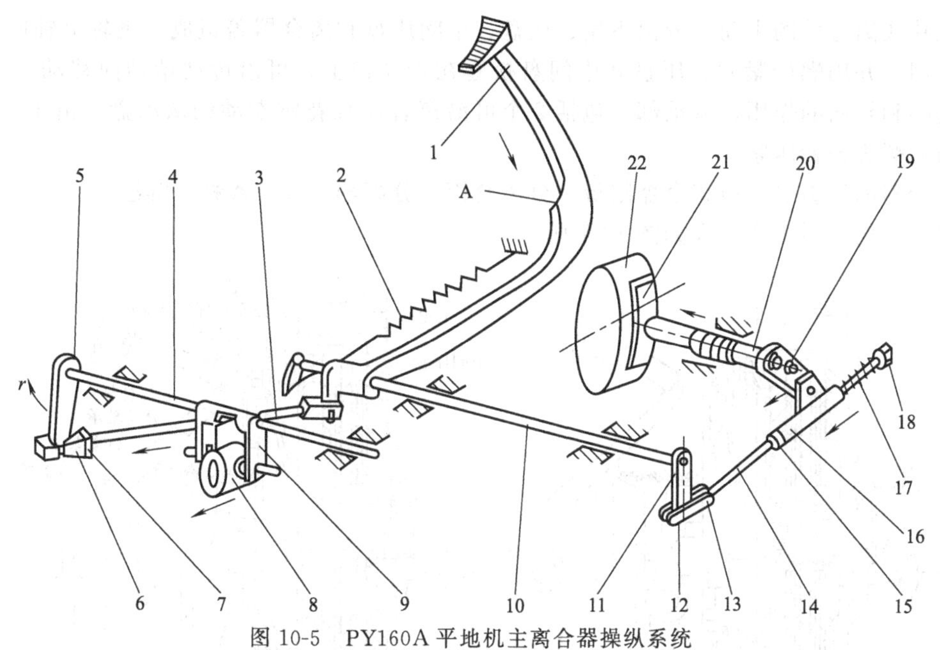

图 10-5 PY160A 平地机主离合器操纵系统

1—脚踏板；2—复位弹簧；3—推杆；4—轴；5,11—摇臂；6,12—接叉；7,13,15,18—螺母；
8—分离套筒；9—分离叉；10—轴；14—拉杆；16—套杆；17—弹簧；
19—螺栓；20—曲柄螺杆；21—制动闸；22—制动鼓

19，使制动闸 21 在压紧制动鼓 22 的情况下，螺母 15 与套杆 16 之间有 1.5～2mm 间隙。一般不应以调节螺母 13、15 来获得这个间隙，因为这样做会改变曲柄螺杆的转角位置。在踏板放松回位情况下，曲柄螺杆的曲柄与垂线夹角为 34°左右。一般是在机器装配时的一次性调整，正常使用过程中不需调节。

10.2.3 双片常接合式摩擦离合器结构

双片常接合式摩擦离合器的工作原理与单片摩擦式离合器相同，不同的部分是多了一个压盘（称为中间压盘）和一个从动盘。双片式离合器采用 2 个压盘和 2 个从动盘，摩擦片从 2 个增加到 4 个，如图 10-6 所示。

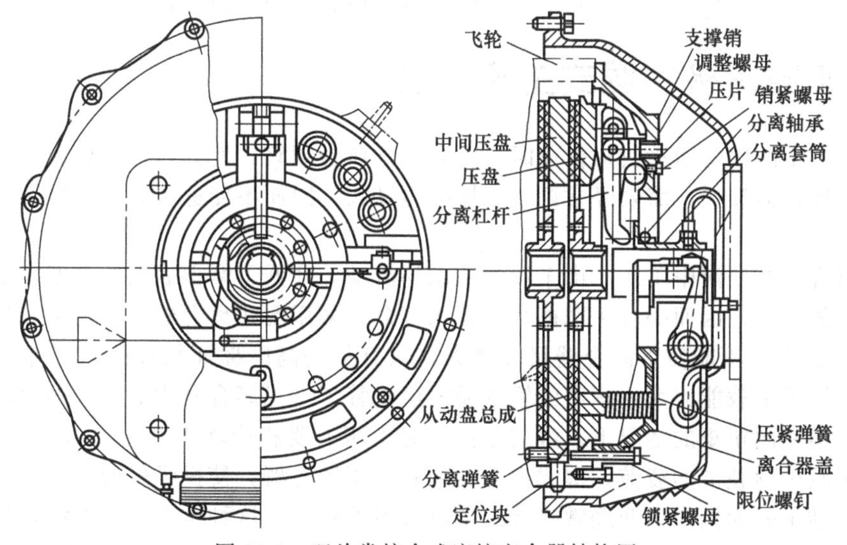

图 10-6 双片常接合式摩擦离合器结构图

双片式离合器的主动部分由飞轮、压盘、中间压盘和离合器盖组成。飞轮上轴向压入6个传动销，并用螺母紧固。压盘和中间盘松套在传动销上，可沿传动销轴向移动，起到传力、定心和导向的作用，从动部分包括2个可沿离合器轴花键滑动的从动盘，由12个沿圆周分布的螺旋弹簧压紧。

离合器的操纵机构由离合器踏板、分离套筒、分离轴承和分离杠杆等组成。

双片式离合器工作原理如图10-7所示。

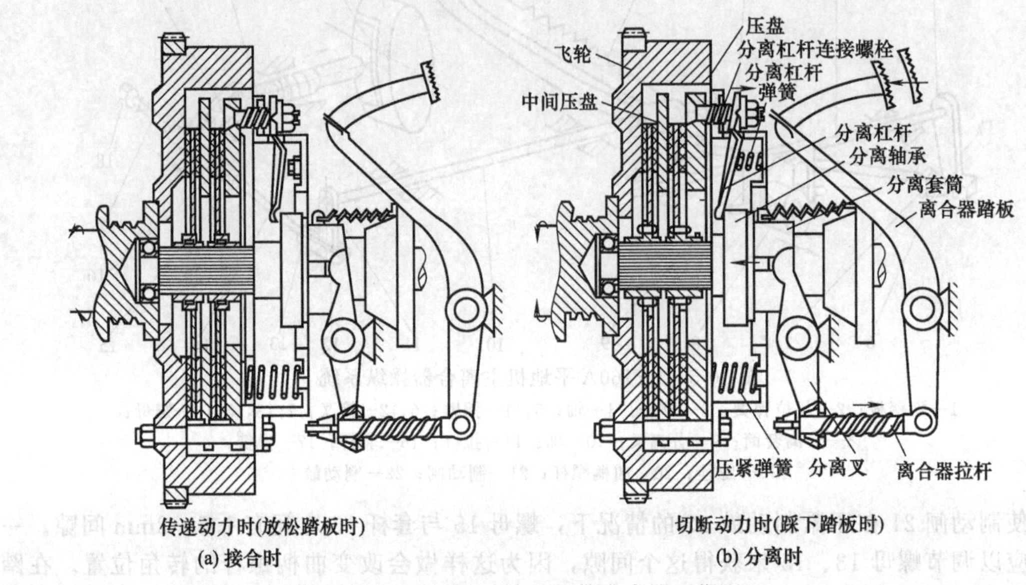

图10-7 双片常接合式摩擦离合器工作原理

① 离合器分离　当踏下离合器踏板时，离合器拉杆拉动分离叉，推动分离套筒和分离轴承，使分离杠杆向左移动，通过分离杠杆连接螺栓拉动压盘向右移。这时压盘弹簧受到压缩，压盘和中间压盘不受到压盘弹簧压紧力，摩擦片和压盘处于分离状态，飞轮转矩无法传递。

② 离合器接合　当放松离合器踏板时，在回位弹簧作用下，分离套筒和分离轴承右移。压紧弹簧压紧压盘后和摩擦片之间产生摩擦力矩，传递发动机转矩。

10.3 非经常接合湿式主离合器

工程机械中的铲土运输机械作业时，主离合器离合频繁，尤其是推土机最严重。干式离合器因为摩擦片磨损快，需要经常调整，操纵力又大，因而不能适应大功率履带式工程机械的要求。

湿式离合器在油液中工作，由于油液的循环流动，降低了摩擦表面的温度，带走了摩擦表面磨下来的磨屑，因而提高了摩擦片的使用寿命。采用湿式离合器后摩擦系数降低为原值的1/4～1/3，但又不能使主离合器尺寸增大，只有从提高摩擦面承载能力（即比压力）着手，因此采用了承载能力大、耐磨的铜基粉末层代替了干式离合器用的石棉铜丝材料。在结构相同、传递相同扭矩的情况下，湿式摩擦片的正压力要相应增大3～4倍，操纵力也相应增加，为了减少驾驶员的疲劳，湿式离合器装有油压助力器，使操纵轻便。

下面以推土机为例介绍非经常接合式主离合器的构造。这种主离合器的结构特点为：多片、湿式、杠杆压紧式的主离合器，因采用液压助力机构使操纵轻便。如图10-8所示。

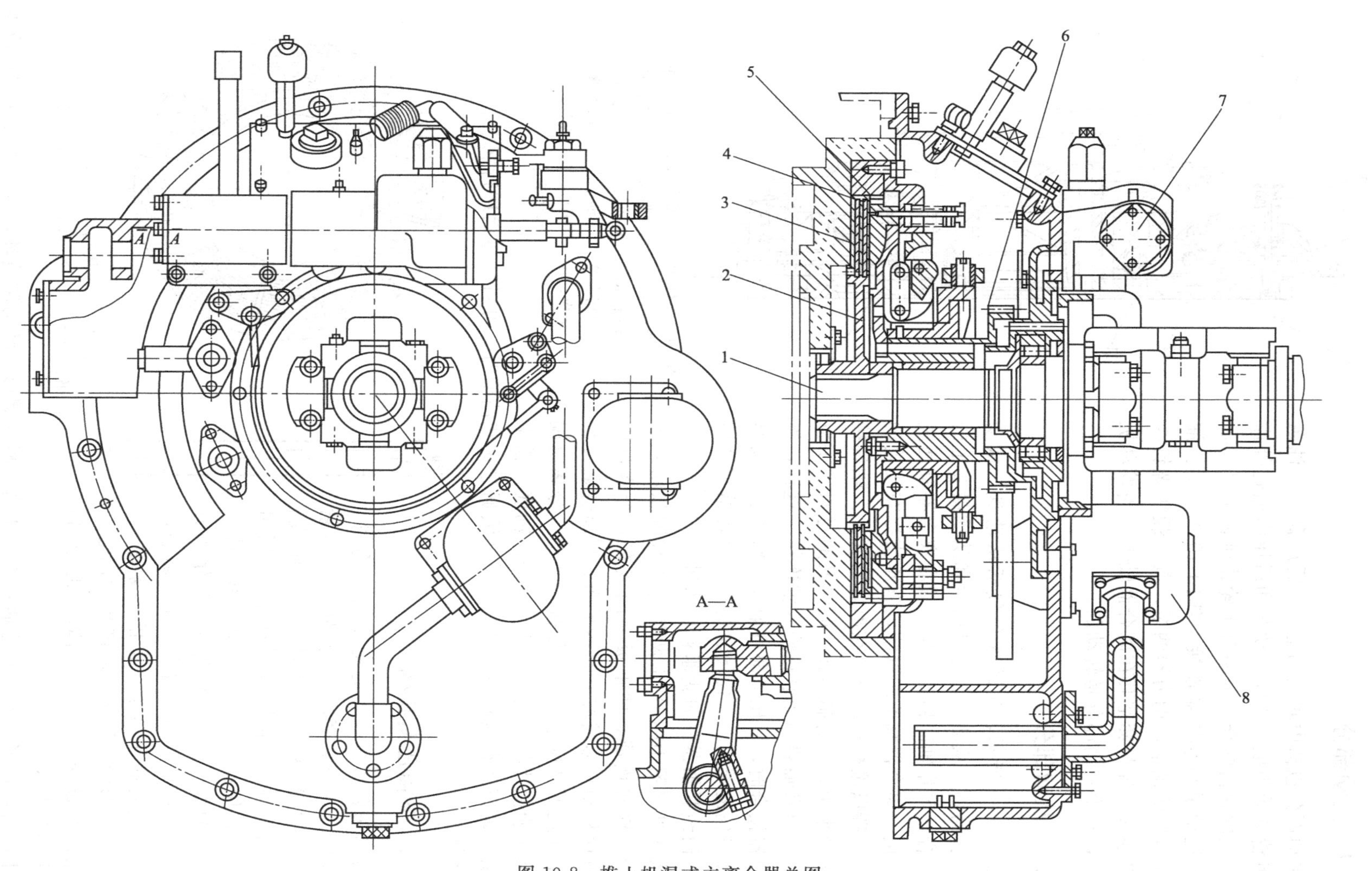

图 10-8 推土机湿式主离合器总图

1—离合器轴；2—从动毂；3—从动盘；4—中间主动盘；5—后压盘；6—油泵驱动齿轮；7—液压助力器；8—助力器油泵

10.3.1 主动部分

主动部分包括中间主动盘 4、后压盘 5 和油泵驱动齿轮 6 等组成。中间主动盘和后压盘通过外齿与飞轮上的内齿啮合，可相对飞轮作轴向移动。后压盘通过销子与承压盘连接，如图 10-9 所示。油泵齿轮可以驱动油压助力器油泵，其轮毂用螺钉与承压盘连接，经衬套空套在离合器轴上。当发动机运转时，整个主动部分是转动的。

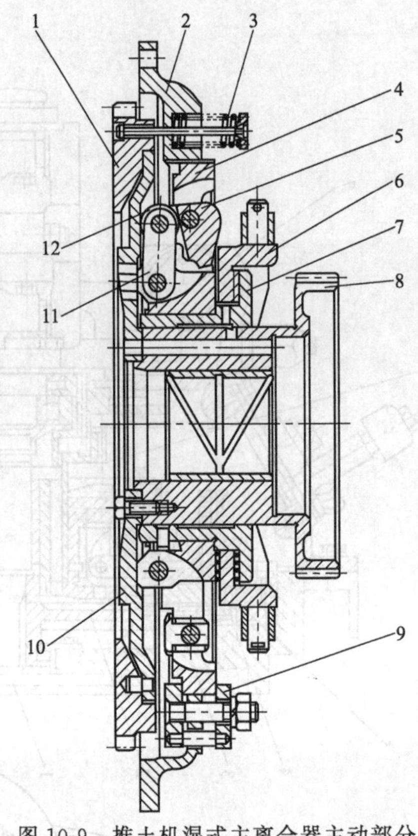

图 10-9 推土机湿式主离合器主动部分

1—后压盘；2—离合器盖；3—分离弹簧；4—调整环；5—离心块；6—分离拨叉；7—分离套筒；8—油泵齿轮；9—压紧锁板；10—承压盘；11—推杆；12—压紧滚子

10.3.2 从动部分

如图 10-8 所示，从动部分包括从动盘、从动毂和离合器轴。从动盘 3 通过内齿和从动毂 2 上的外齿啮合，可作轴向移动。从动毂和离合器轴通过花键连接，离合器轴前端以滚动轴承支撑在飞轮的孔中，后端以滚柱轴承支撑在离合器壳上。轴端接盘连接着小制动器的制动鼓。同时又通过双十字节组成的万向联轴器和变速箱输入轴连接。这样，当主离合器接合时，后压盘即可前移并将主、从动盘压紧在飞轮的端面上，使飞轮的动力可传给离合器轴，进而经联轴器驱动变速箱输入轴。

从动盘（图 10-10）由两片烧结有铜基粉末冶金的钢板铆接而成，两钢板之间装有 6 个碟形弹簧，可使从动盘形成波浪的不平面。当离合器接合时不平面逐渐被压平，从而使接合平稳；分离时碟形弹簧又能使片与片之间分开，且分离彻底。粉末冶金层外表面开有螺旋槽与径向槽，油液通过这些油槽时，可对摩擦面进行润滑、冷却并可清洗磨屑。

10.3.3 分离压紧机构

分离压紧机构主要是分离套组合件，见图 10-9，由分离套筒 7、推杆 11、压紧滚子 12、离心块 5、分离弹簧 3 等组成。分离套筒在装上分离圈（调整环 4）后组成一体，再用销子、卡环固定，离心块用销轴装在调整环上，推杆两端通过销轴分别与分离套筒和离心块相连。在与离心块相连的一端套有压紧承压盘的压紧滚子。离心块 1 的形状使旋转时所产生的离心力在压紧时帮助压紧，在分离时帮助分离，如图 10-11 所示。

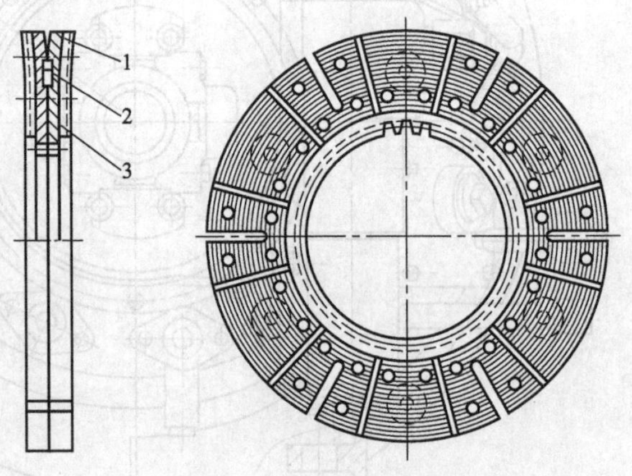

图 10-10 从动盘结构图

1—粉末冶金衬片；2—碟形弹簧；3—钢板

主离合器压紧力的调整是通过松开压紧锁板的螺母，转动调整环，改变离心块支点位置来进行。调整到主离合器操纵力在 150N 左右（无液压助力时，有液压助力时只有 20～

30N)，并能听到推杆过垂直位置清脆的响声即可。调整好后将螺母旋紧，靠压紧锁板的摩擦力防止调整环松动。调整环的外圆制有螺纹，可将其旋紧在离合器盖2上，并用内外夹板固定于合适的位置，离合器盖是用螺栓连接在飞轮上的，故离合器盖随飞轮旋转。

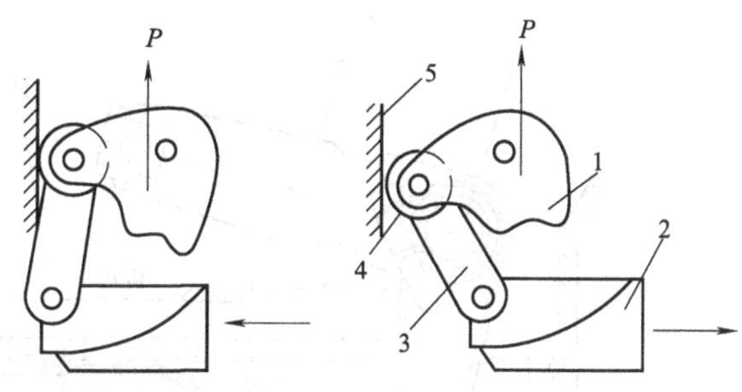

图 10-11 压紧分离机构作用原理
1—离心块；2—分离套筒调整环；3—推杆；4—压紧滚子；5—承压盘

离合器分离时，压盘靠分离弹簧3的弹力回位，分离弹簧共有3根，均匀地装在离合器盖的凹槽内，可通过螺杆将压盘拉动（图10-9）。

当离合器接合时，通过操纵机构使分离套左移，使滚轮压向压盘，离合器逐渐接合。当推杆处于垂直位置时，滚轮的压力最大，但这个位置不稳定，稍有振动就有可能分离，故应使推杆越过垂直位置3mm左右。

10.3.4 小制动器

推土机在离合器轴12上装有带式小制动器，如图10-12所示。它主要由制动鼓和制动带及制动杠杆等零件组成。装有制动衬带的制动带左端固定在离合器外壳上，制动带的另一端通过一套杠杆机构和离合器的分离机构联动。制动鼓和离合器轴一起转动，当离合器分离时，离合器操纵杠杆带动制动器操纵杠杆，拉动制动带实现制动，使离合器轴迅速地被制动而停止运转，避免变速箱换挡时齿轮产生冲击。

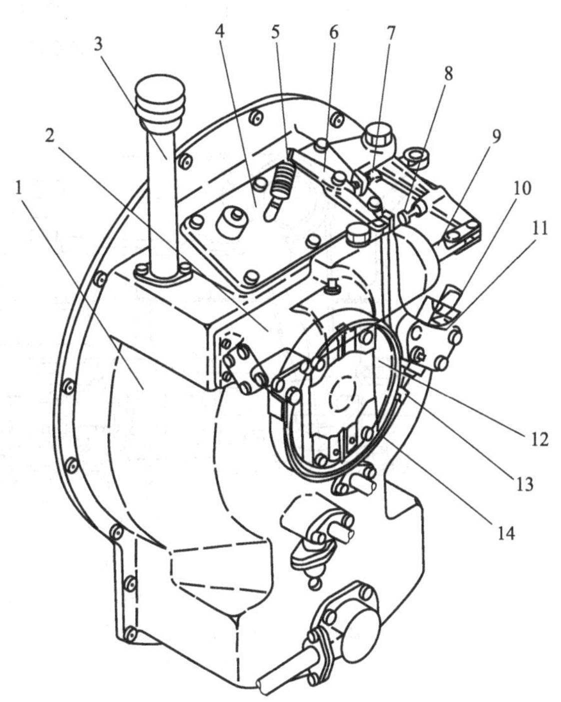

图 10-12 小制动器
1—主离合器壳；2—主离合器液压助力器；3—注油口；4—检视口盖；5—弹簧；6—制动杠杆；7—小制动器调节螺钉；8—助力器杠杆调节螺钉；9—助力器阀杆；10—调节螺钉；11—制动器杠杆；12—离合器轴；13—制动带；14—制动衬带

10.3.5 主离合器的液压助力系统

液压助力器是一个带有异形活塞的滑阀式液压随动机构，为减轻驾驶员的劳动强度而设置，结构和工作原理如图10-13所示。

阀体8横装在主离合器壳体后部的上方，内装有带中心通孔的异形活塞7，在活塞的通孔内装有滑阀6。活塞的左端连接着球座接头9，球座中装有一个球头杠杆，杠杆的另一端装在分离拨叉轴1上，轴1上又安装着分离拨叉2，它是直接拨动主离合器分离套筒使之前后移动而完成离、合动作的零件。

滑阀右端延长的阀杆通过双臂杠杆3和操纵杆相连，只要前后拨动操纵杆即可使滑阀在活塞内向左或向右移动，平时滑阀由其右端的两根大、小弹簧5来平衡，使之处于中间位置。

阀体内有进油腔H，阀体与活塞之间组成一个回油腔O和左、右两个工作腔F和R，它们都是环形空腔。在活塞内孔中有4个带径向孔的内环槽，滑阀中部具有2个台肩和3个

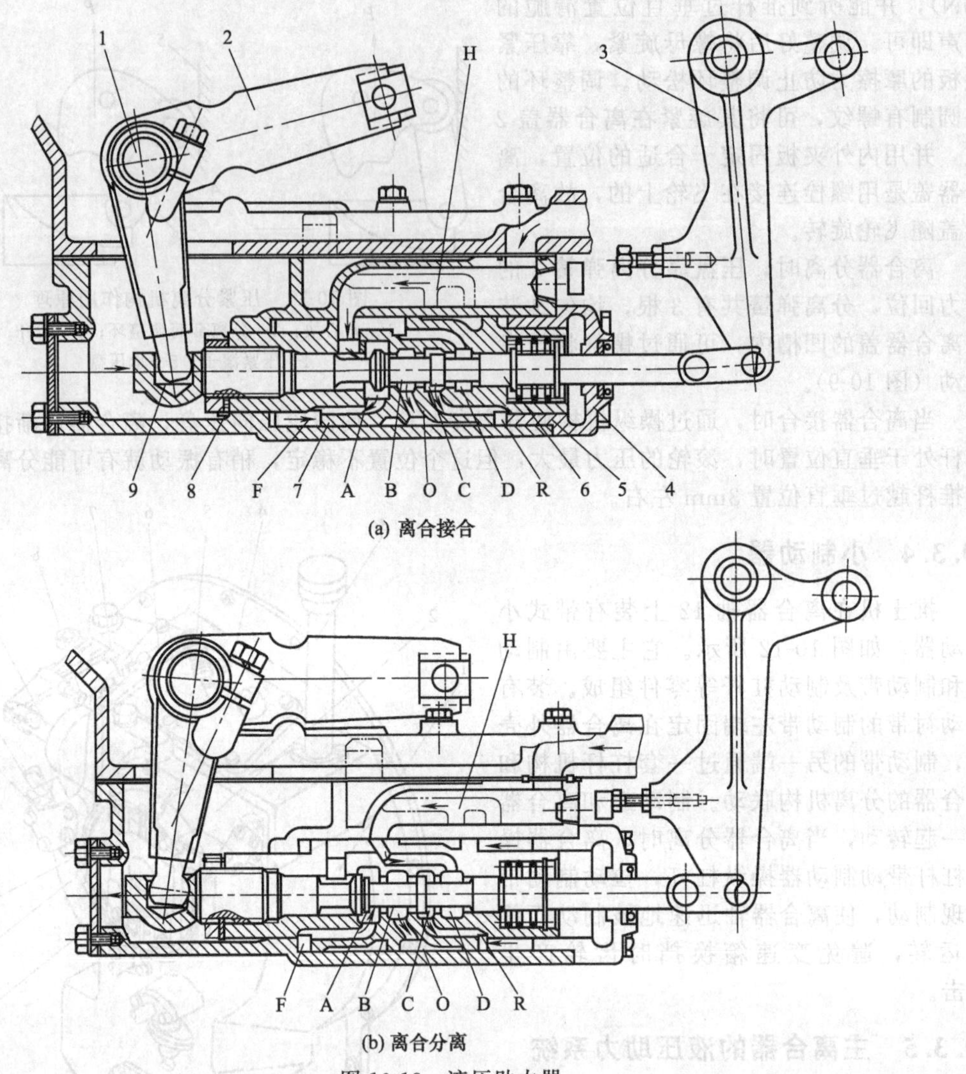

(a) 离合接合

(b) 离合分离

图 10-13 液压助力器

1—分离叉轴；2—分离叉；3—双臂杠杆；4—阀盖；5—大、小弹簧；6—滑阀；7—活塞；8—阀体；9—球座接头；A,B,C,D—阀内通道；F,R—左右工作腔；H,O—进、出油腔

直径较小的腰部，4个内环槽的两侧和滑阀分别形成4个压力油的流动通道A、B、C、D。当滑阀在活塞内移动时，由于两者所处的相对位置不同，分别启闭上述4个通道，从而改变了油流通路。

① 主离合器接合 如图10-13（a）所示，当操纵杆向后拉动，通过双臂杠杆3使滑阀克服弹簧5的弹力自中位向右移动，于是滑阀中部的两个台肩就堵住了B、C通道，并打开A、D通道，让H腔来的压力油通过通道A进入左工作腔F，推着活塞向右移动。与此同时，右腔R中的油则经通道D从回油腔O流出，活塞的右移动作通过球头杆杆和分离拨叉使分离套筒前移，从而推动压盘使主离合器进入接合状态。

活塞随动的位移量等于滑阀的移动量，也就是说活塞随滑阀移动到一定位移量后就停止了。这是因为活塞位移的结果，使它又恢复到与滑阀原来相对的中间位置，各油腔互通，作用于活塞上的油压亦恢复到原来的平衡状态。因此，欲使离合器完全接合，必须持续拉动操纵杠杆，使滑阀保持B、C通道处于关闭的位置。这样活塞左端就能继续接受油压作用，并跟随滑阀继续移动，在随动中使离合器完全接合。主离合器接合后，应立即松放操纵杆，解除对滑阀的拉力，这时滑阀在弹簧 5 的作用下向回移动，将活塞内各通道完全打开，使油压平衡，活塞不再受力。

② 主离合器分离　将操纵杆向前推 [图 10-13 (b)]，滑阀克服弹簧 5 的弹力，向左移动（弹簧可以从左边压缩，又可以从右边压缩），滑阀上的两个台肩就堵住活塞内的 A、D 通道，并打开 B、C 通道。于是压力油就经 C 通道进入右工作腔 R，推动活塞向左移动。分离拨叉即可使离合器分离套筒后移，使主离合器分离。此时左工作油腔 F 内的油经通道 B 而从回油腔 O 流出。

当主离合器接合或分离后，若离合器操纵杆不迅速回位，助力器中的滑阀将使阀口保持在关闭状态，封闭了油泵的排油通道，结果使油泵出口处油压迅速升高，将会使液压助力器或油泵损坏，故在液压助力器进油道内应设置安全阀，当油压超过 4.23MPa 时安全阀便打开卸压，以保护油泵或助力器不受损坏。

当液压系统损坏或柴油机停止运转时，油路中提供不了高压油，液压助力器不起作用。此时，主离合器仍能以机械方式操纵。但这时移动主离合器操纵杆，将需上百至几百牛顿的操纵力。在液压助力器作用时，只需要几十牛顿的操纵力即可。

第11章 变 速 箱

11.1 变速箱的功用与类型

目前工程机械多采用柴油机作为动力装置，其输出转矩和转速的变化范围比较小，无法满足工程机械在作业过程中对牵引力和行驶速度的变化要求，因此，在传动系统中设置变速箱来解决这种矛盾。

11.1.1 变速箱的功用

① 改变传动比，即改变发动机和驱动轮间的传动比，使机械的牵引力和行驶速度适应各种工况的需要，而且使发动机尽量工作在有利的工况下。

② 实现倒挡，以改变运行方向。

③ 实现空挡，可切断传动系统的动力，实现在发动机不熄火情况下，机械能较长时间停止，便于发动机启动。

11.1.2 对变速箱的要求

① 具有足够的挡位与合适的传动比，以满足使用要求，使机械具有良好的牵引性和燃料经济性以及较高的生产率。

② 工作可靠、传动效率高、使用寿命长、结构简单、维修方便。

③ 操纵轻便可靠，不允许出现同时挂两个挡、自动脱挡和跳挡等现象。

④ 对于动力换挡变速箱要求换挡离合器接合平稳、传动效率高。

11.1.3 变速箱的类型

变速箱的类型按操纵方式分为人力换挡和动力换挡两类，人力换挡变速箱又分为移动齿轮换挡和移动啮合套换挡两种结构，动力换挡变速箱按齿轮传动形式分为定轴式和行星齿轮式两种。

(1) 人力换挡

通过操纵机构来拨动齿轮或啮合套进行换挡。其工作原理，如图 11-1 所示。

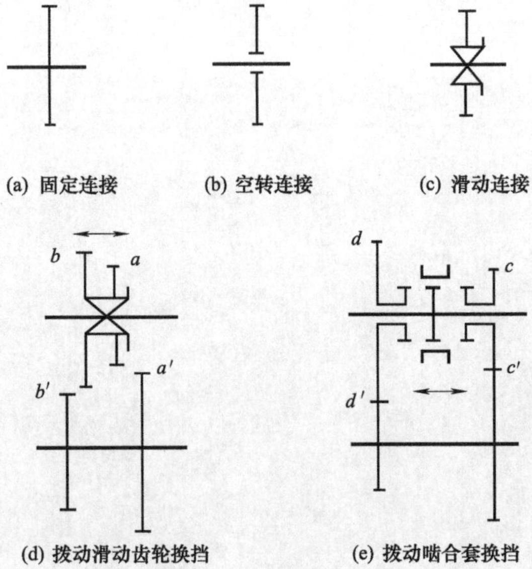

(a) 固定连接　(b) 空转连接　(c) 滑动连接

(d) 拨动滑动齿轮换挡　(e) 拨动啮合套换挡

图 11-1 人力换挡示意

在变速箱中齿轮与轴的连接情况有如下几种：

图 11-1 (a) 为固定连接，表示齿轮与轴为固定连接。齿轮一般用键或花键连接在轴上，并轴向定位，不能轴向移动。

图 11-1 (b) 为空转连接，表示齿轮通过轴承装在轴上，可相对轴转动，但不能轴向移动。

图 11-1（c）为滑动连接，表示齿轮通过花键与轴连接，可轴向移动，但不能相对轴转动。

① 移动齿轮换挡　如图 11-1（d）所示，双联滑动齿轮 ab 用花键与轴相连接，移动该齿轮使齿轮副 $a—a'$ 或 $b—b'$ 相啮合，从而改变传动比，即所谓换挡。

② 移动啮合套换挡　如图 11-1（e）所示，齿轮 c'、d' 与轴相固连；齿轮 c、d 分别与齿轮 c'、d' 为常啮合齿轮副。但因齿轮 c、d 是用轴承装在轴上，属空转连接，不传递动力。啮合套与轴相固连，通过拨动啮合套上的齿圈分别与齿轮 c（或 d）端部的外齿圈相啮合，将齿轮 c（或 d）与轴相固连，从而实现换挡。

（2）动力换挡

动力换挡工作原理，如图 11-2 所示，齿轮 a、b 用轴承支撑在轴上，与轴是空转连接。当相应的离合器接合则齿轮和轴相固连，当离合器分离则齿轮在轴上空转。

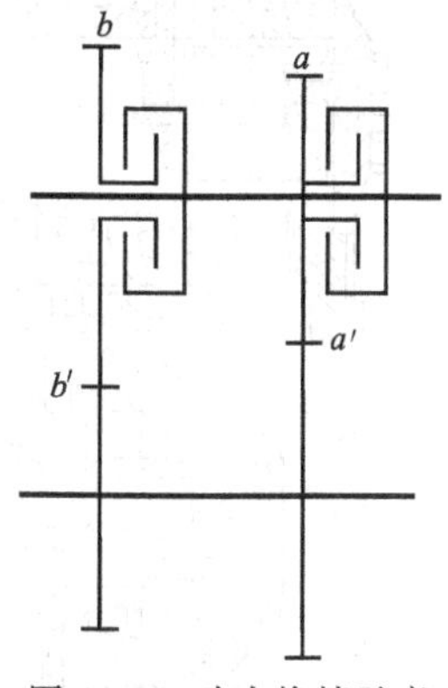

图 11-2　动力换挡示意

换挡离合器的分离与接合，一般是液压操纵；液压油是由发动机带动的油泵供给，可见换挡的动力是由发动机提供；另外，与人力换挡相比，用离合器换挡时，切断动力的时间很短暂，似乎换挡时没有切断动力，故有动力换挡之称。

动力换挡操纵轻便，换挡快；换挡时切断动力的时间很短，可以实现带负荷不停车换挡，对提高生产率很有利。

11.2　人力换挡变速箱

11.2.1　变速传动机构

T220 履带推土机变速箱的结构，如图 11-3 所示。它是由箱体、齿轮、轴和轴承等零件组成的，具有五个前进挡和四个倒挡，采用啮合套换挡的空间三轴式变速箱。

T220 推土机变速箱共有三根轴：输入轴、中间轴和输出轴。这三根轴呈空间三角形布置，以保证各挡齿轮副的传动关系，如图 11-3 所示。

① 输入轴 50　前端有万向接盘 1，由此接盘通过万向节与主离合器相连。后端伸出箱体外，伸出端上有花键，做功率输出用。

前进挡主动齿轮 11 和倒挡主动齿轮 12 通过花键装在轴 50 上，五挡主动齿轮 14 通过双金属衬套滑动轴承 17 支撑在花键套 15 上，花键套通过花键固装在轴上。啮合套毂 19 通过花键固装在轴上，其啮合齿上套着啮合套 18。

② 中间轴 31　前进挡从动齿轮 38，倒挡从动齿轮 37 和一、二、三、四挡主动齿轮 29、32、34、36 都通过双金属滑动轴承支撑在轴的花键套上，轴上还有三个啮合套。

③ 输出轴　输出轴和主动螺旋锥齿轮 25 制成一体。一、二、三、四、五挡从动齿轮 26、21、20、13、16 通过花键固装在轴上。前进挡双联齿轮 9 通过两个轴承装在轴上。该轴的轴向位置，可用调整垫片 47 来进行调整，以保证主传动的螺旋锥齿轮的正确啮合。

三根轴都是前端用双列球面滚柱轴承支撑，后端用滚柱轴承支撑。前端支撑可防止轴向移动；后端支撑允许轴向移动，以防止受热膨胀而卡死。采用双列球面滚柱轴承还可以自动调心，允许内、外圈有较大的偏斜（$<2°$），对轴线偏差起补偿作用。

双列球面滚柱轴承通过轴承座 45 装在前盖 6 上，这样装配较方便。三根轴的后端滚柱轴承的外圈分别通过卡簧或销钉加上紧固螺钉作固定。前盖 6 和箱体 28 上的轴承孔都是通孔，加工方便。

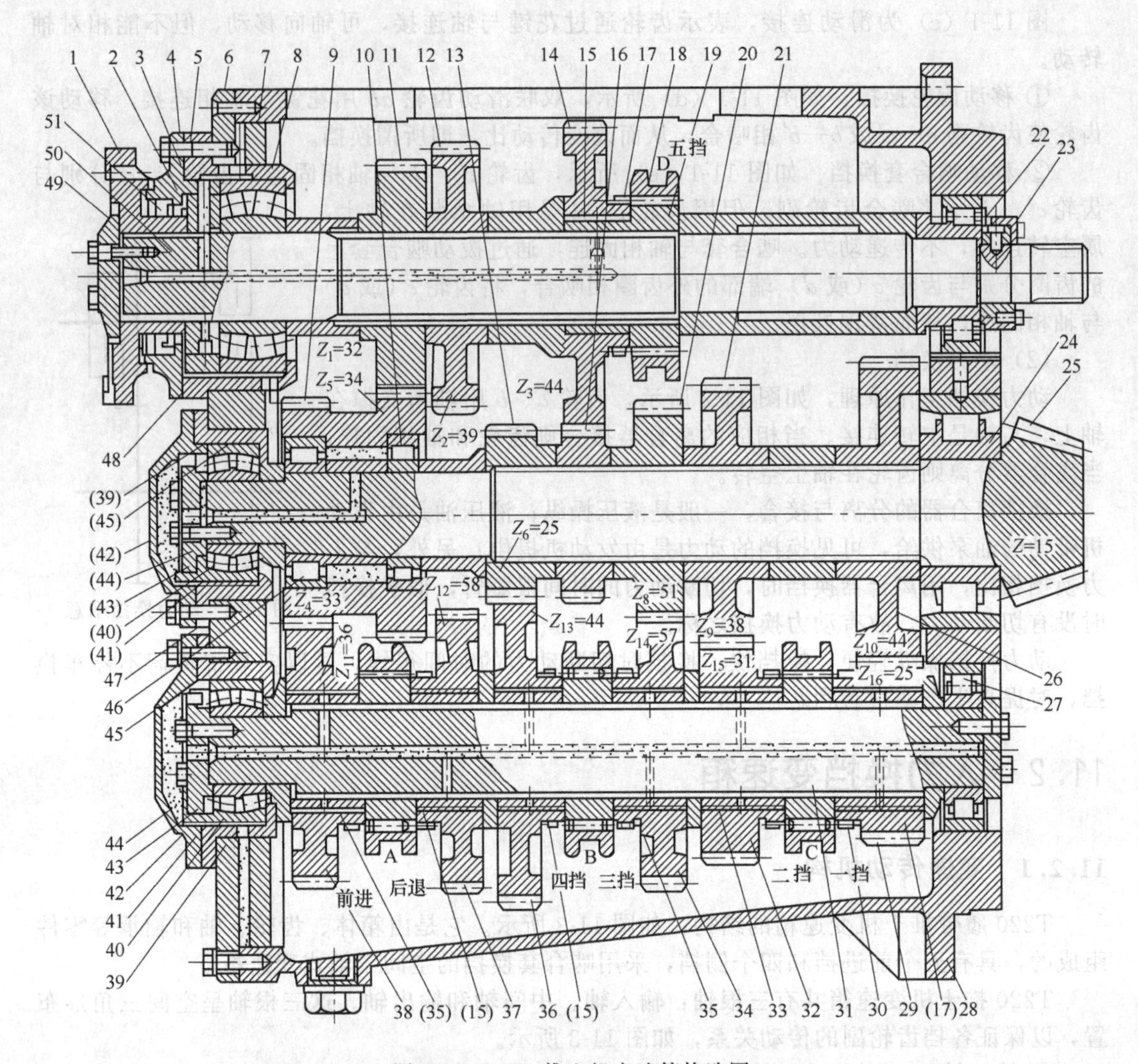

图 11-3 T220 推土机变速箱构造图

1—万向接盘；2—挡板；3,7,39,41,43,48—密封圈；4—轴承压盖；5,45—轴承座；6—前盖；8,40—双列球面滚柱轴承；9—双联齿轮；10,22,24,27,46—滚柱轴承；11—前进挡主动齿轮；12—倒挡主动齿轮；13—四挡从动齿轮；14—五挡主动齿轮；15,30,33,35—花键套；16—五挡从动齿轮；17—双金属滑动轴承；18—啮合套；19—啮合套毂；20—三挡从动齿轮；21—二挡从动齿轮；23—定位螺母；25—主动螺旋锥齿轮；26—一挡从动齿轮；28—箱体；29—一挡主动齿轮；31—中间轴；32—二挡主动齿轮；34—三挡主动齿轮；36—四挡主动齿轮；37—倒挡从动齿轮；38—前进挡从动齿轮；40—轴承；42—轴承盖；44—挡油盘；47—调整垫片；49—固定板；50—输入轴；51—油封

所有轴上的定位隔套，通过键或花键与轴连接，以防止轴套相对轴转动。

变速箱体采用前盖可卸式筒状结构，以改善箱体的工艺性；前盖 6 和箱体 28 通过止口定位，用一个销钉在圆周方向定位，用螺钉固定。

(1) T220 推土机变速箱传动路线分析

图 11-4 为 T220 推土机变速箱传动件图，由图可以看出它属于组合式变速箱，其传动部分由换向与变速两部分组成。

换向部分工作原理如下：当操纵机构的换向杆推到前进挡位置时，即拨动中间轴上的啮合套 A 左移与前进齿轮 Z_{11} 啮合，这时动力由前进主动齿轮 Z_1 经输出轴上齿轮 Z_5、Z_4 传至

中间轴上齿轮 Z_{11}，实现前进。当换向杆推到倒挡位置时，拨动啮合套A右移与倒挡齿轮 Z_{12} 啮合。此时，由倒挡主动齿轮 Z_2 与中间轴上倒挡齿轮 Z_{12} 啮合传动而实现倒退挡。

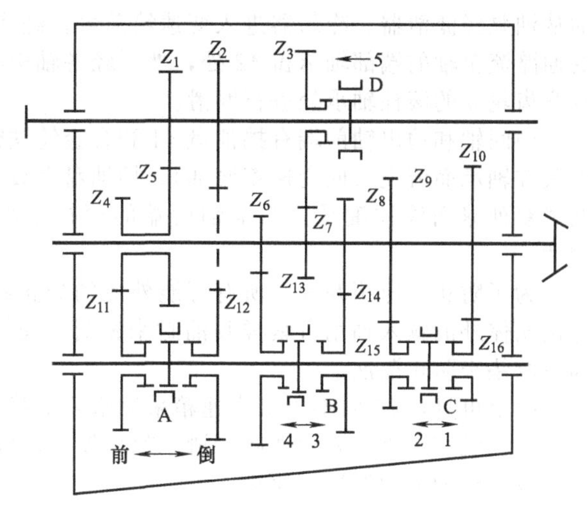

图 11-4 T220 推土机变速箱传动简图

变速部分工作原理如下：通过变速杆拨动中间轴上的啮合套C右移（或左移）与齿轮 Z_{16}（或 Z_{15}）相啮合而实现一、二挡传动比。当拨动啮合套B右移（或左移）与齿轮 Z_{14}（或 Z_{13}）相啮合而实现三、四挡；通过拨动输入轴上啮合套D左移与齿轮 Z_3 啮合即可实现前进五挡。因五挡不经过中间轴齿轮，动力直接由输入轴经齿轮 Z_3、Z_7 而传至输出轴，故五挡只有前进挡。

例如前进一挡的传动路线如下：将换向杆推到前进位置，即拨动啮合套A与齿轮 Z_{11} 啮合，再将变速杆推到一挡位置，使啮合套C与一挡齿轮 Z_{16} 啮合，使齿轮 Z_{16} 与 Z_{10} 参与传动。这时，动力从输入轴通过齿轮 Z_1、Z_5、Z_4、Z_{11}、Z_{16}、Z_{10} 传至输出轴。

若要换倒退二挡，将换向杆推到倒退位置，即拨动啮合套A与齿轮 Z_{12} 啮合，再将变速杆推到二挡位置，使啮合套C与二挡齿轮 Z_{15} 啮合，使齿轮 Z_{15} 与 Z_9 参与传动。这时，动力从输入轴通过齿轮 Z_2、Z_{12}、Z_{15}、Z_9 传至输出轴。

完全类似，拨动啮合套C，即可实现前进或倒退一、二挡，只要拨动啮合套B即可实现前进或倒退三、四挡。各挡传动路线列于表11-1中。

表 11-1 T220 推土机变速箱传动路线

方　向	挡　位	传动齿轮的组合
前进挡	一挡	$Z_1—Z_5—Z_4—Z_{11}—Z_{16}—Z_{10}$
	二挡	$Z_1—Z_5—Z_4—Z_{11}—Z_{15}—Z_9$
	三挡	$Z_1—Z_5—Z_4—Z_{11}—Z_{14}—Z_8$
	四挡	$Z_1—Z_5—Z_4—Z_{11}—Z_{13}—Z_6$
	五挡	$Z_3—Z_7$
倒退挡	一挡	$Z_2—Z_{12}—Z_{16}—Z_{10}$
	二挡	$Z_2—Z_{12}—Z_{15}—Z_9$
	三挡	$Z_2—Z_{12}—Z_{14}—Z_8$
	四挡	$Z_2—Z_{12}—Z_{13}—Z_6$

由上述可见，该变速箱换向部分的齿轮同时具有换向与变速的功能，它们在除五挡以外的前进（或倒退）一、二、三、四挡各挡传动路线中是公有的；在前进挡时齿轮 Z_1、Z_5、Z_4、Z_{11} 公用；而倒退挡时齿轮 Z_2、Z_{12} 公用。这样，便可以用较少的齿轮得到较多的排挡，使变速箱的结构较简单紧凑。因此，组合式变速箱应用十分广泛。

(2) T220 推土机变速箱的润滑和密封

该变速箱中各空转齿轮的双金属衬套滑动轴承和前盖上的三个轴承采用强制润滑。润滑油从油泵经滤清器、冷却器进入变速箱前盖。经前盖上的孔道流到各轴承座，又经轴承座上的通路流至轴的端部轴承盖 42 处，然后经各轴中心油路流至各齿轮的双金属滑动轴承处和双联齿轮 9 的滚柱轴承处进行润滑。

中间轴和输出轴前端有挡油盘 44 和合金铸铁密封圈 43 挡油，防止大量润滑油经双列球面滚柱轴承而流失（回变速箱底部）。挡油盘上设有节流小孔，适量的润滑油可经此小孔去润滑双列球面滚柱轴承。三根轴后端的滚柱轴承和所有齿轮，都是通过飞溅的润滑油来润滑。

为了防止变速箱漏油，所有可能外泄的静止结合面都用 O 形橡胶密封圈来密封。前端伸出箱体外的输入轴用自紧橡胶油封来密封。花键与万向节接盘连接处用 O 形橡胶密封圈和橡胶垫来防止漏油。

综上可见，T220 推土机变速箱采用啮合套换挡，常啮合斜齿轮，故换挡操作轻便、传动平稳、噪声较小。采用强制润滑，效果较好，可延长使用寿命。因此，这种类型变速箱是应用较广泛的人力换挡变速箱。

11.2.2 变速操纵机构

变速操纵机构包括换挡机构与锁止装置，其作用是驾驶员可根据工程机械的使用条件，随时将变速器换上或摘下某个挡位。对操纵机构的要求是：保证工作齿轮正常啮合；不能同时换入两个挡；不能自动脱挡；要有防止误换到最高挡或倒挡的保险装置；在离合器接合时不能换入到任何挡。对于每一种工程机械变速箱的操纵机构，应根据不同的作业和行驶条件来决定对它的要求，不一定都包括上述各点，同时也有可能另外有所要求。

(1) 换挡机构

换挡机构（图 11-5）主要由变速杆 1、拨叉轴 6、拨叉 7 等组成。变速杆 1 用球头 2 支撑在支座内，由弹簧将球头 2 压紧在支座内；球头 2 受销子限制不能随意旋转，以防止变速杆转动。拨叉 7 用螺钉固定在拨叉轴 6 上；拨叉轴上有 V 形槽可由锁定销 5（属锁定装置）锁定在某一位置上；拨叉轴端有凹槽 4，变速杆下端可插入其中进行操纵。换挡时，操纵变速杆通过拨叉轴 6 和拨叉 7 拨动滑动齿轮 8 以实现换挡；每根拨叉轴可以控制两个不同挡位，根据挡位的数目确定拨叉轴数目。

(2) 锁止装置

对变速箱操纵机构的要求，主要由锁止装置来实现。锁止机构一般包括锁定机构、互锁机构、连锁机构以及防止误换到最高挡或倒挡的保险装置。

① 锁定机构　锁定机构用来保证拨叉轴和拨叉能拨到合适的位置上，并锁定在此位置上，以防自动挂挡和自动脱挡。如图 11-5 所示，在每根拨叉轴上铣有三个 V 形槽，具有 V 形端头的锁定销 5 在弹簧压力下嵌在 V 形槽中，锁定了拨叉轴 6 的位置，从而保证了不会自动脱挡。当拨动拨叉轴换挡时，V 形槽的斜面顶起锁定销 5，然后拨叉轴 6 移动直至销 5 再次嵌入相邻的 V 形槽中，V 形槽之间的距离保证了拨叉轴在换挡移动时的距离，从而保证了工作齿轮以全部齿长进入啮合。拨叉轴上的三个 V 形槽实现了两个挡和一个空挡的位置。

锁定销也可采用钢球，但在滑杆上应制出半圆形的凹坑，如图 11-6 所示。

② 互锁机构　用来防止同时拨动两根拨叉轴而同时换上两个挡位。常用的互锁机构有框板式和摆架式。

框板式互锁机构（图 11-5 中零件 3），如图 11-7 所示，它是一块具有“王”字形导槽的铁板，每条导槽对准一根拨叉轴。由于变速杆下端只能在导槽中移动。从而保证了不会同时拨动两根拨叉轴，也就不会同时挂上两个挡。

摆架式互锁机构（图 11-8）是一个可以摆动的铁架，用轴销悬挂在操纵机构壳体内。变速杆下端置于摆架中间，可以作纵向运动。摆架两侧有卡铁 A 和 B，当变速杆 1 下端在摆

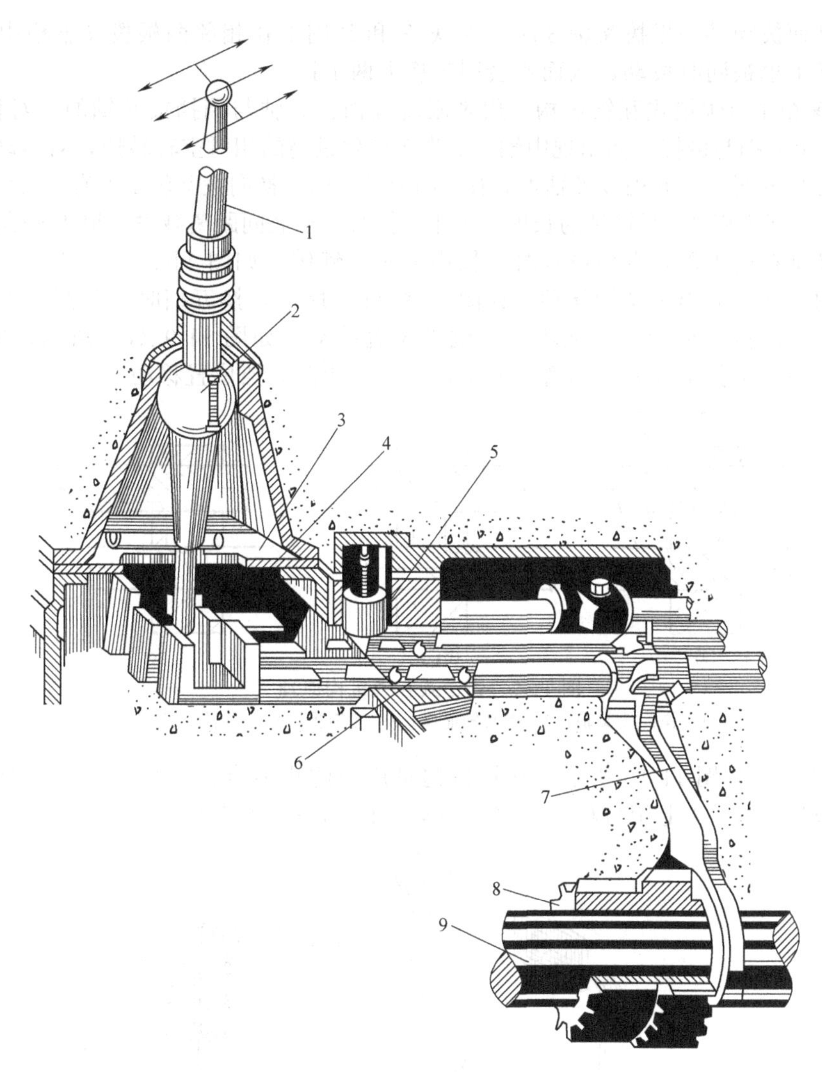

图 11-5　变速箱操纵机构

1—变速杆；2—球头；3—导向框板；4—拨叉轴凹槽；5—锁定销；6—拨叉轴；7—拨叉；8—滑动齿轮；9—变速箱轴

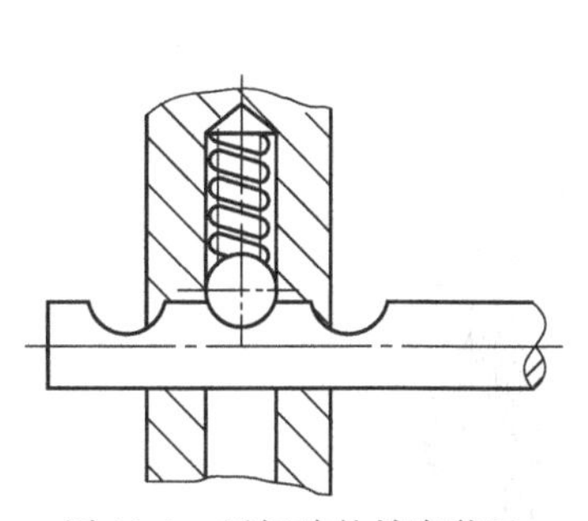
图 11-6　用钢球的锁定装置

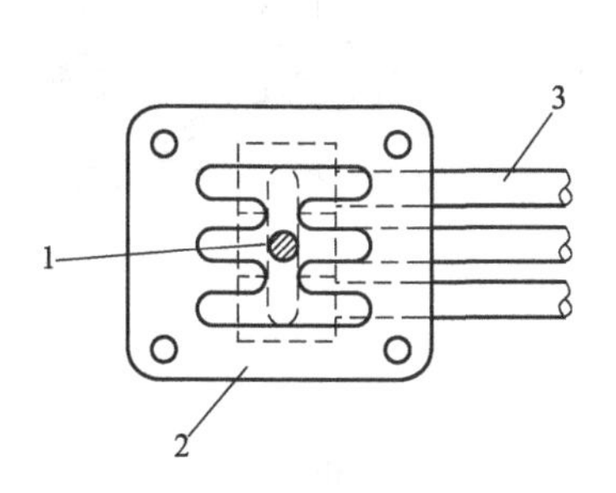

图 11-7　框板式互锁机构

1—变速杆；2—导向框板；3—拨叉轴

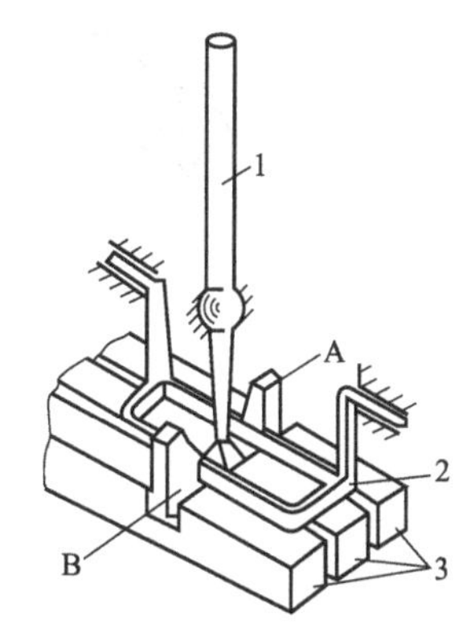

图 11-8　摆架式互锁机构

1—变速杆；2—摆架；3—拨叉轴；A、B—卡铁

架 2 中间运动而拨动某一根拨叉轴 3 时，卡铁 A 和 B 则卡在相邻两根拨叉轴槽中，从而防止了相邻拨叉轴也被同时拨动，故而不会同时换上两个挡。

T220 变速箱中有锁销式互锁机构，用来限制五挡拨叉轴与倒挡拨叉轴的相对移动位置，以避免同时换上五挡与倒挡，而出现中轴上的齿轮产生过高的相对空转转速，对传动不利。其作用原理如图 11-9 所示。五挡拨叉轴 4 上有一凹形槽，而在换向拨叉轴 1 上有一长槽，在此两拨叉轴之间有一互锁销 3。互锁销的长度应等于两拨叉轴槽底间距离减去一根拨叉轴的槽深。

换向拨叉轴在前进挡和空挡位置时，长槽都对着锁销，如图 11-9（a）所示，此时锁销一端在长槽内，允许五挡拨叉轴移动。如图 11-9（b）所示，换五挡时，五挡拨叉轴 4 移动将定位销顶入换向滑杆槽中，使之不能向倒挡位置移动。如图 11-9（c）所示，换倒挡时，换向滑杆 1 移动将定位销顶入五挡滑杆槽中，使之不能向五挡位置移动。

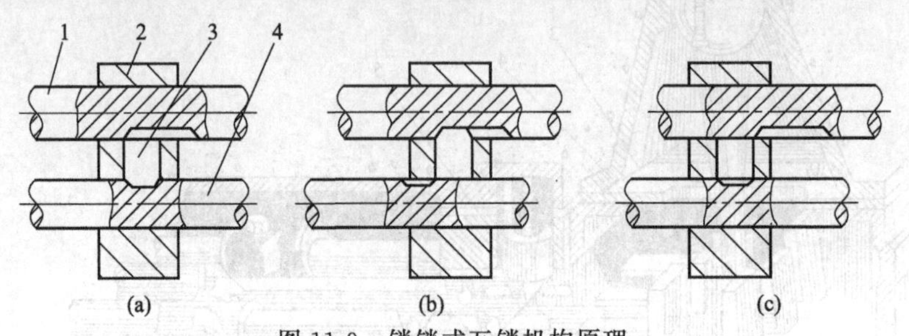

图 11-9 锁销式互锁机构原理

1—换向拨叉轴；2—拨叉轴前座；3—互锁销；4—五挡拨叉轴

③ 联锁机构 如图 11-10 所示，联锁机构是用来防止离合器未彻底分离时换挡。在离合器踏板（或操纵杆）4 上用拉杆 3 连接着摆动杠杆 1，摆动杠杆 1 固定在可以转动的联锁

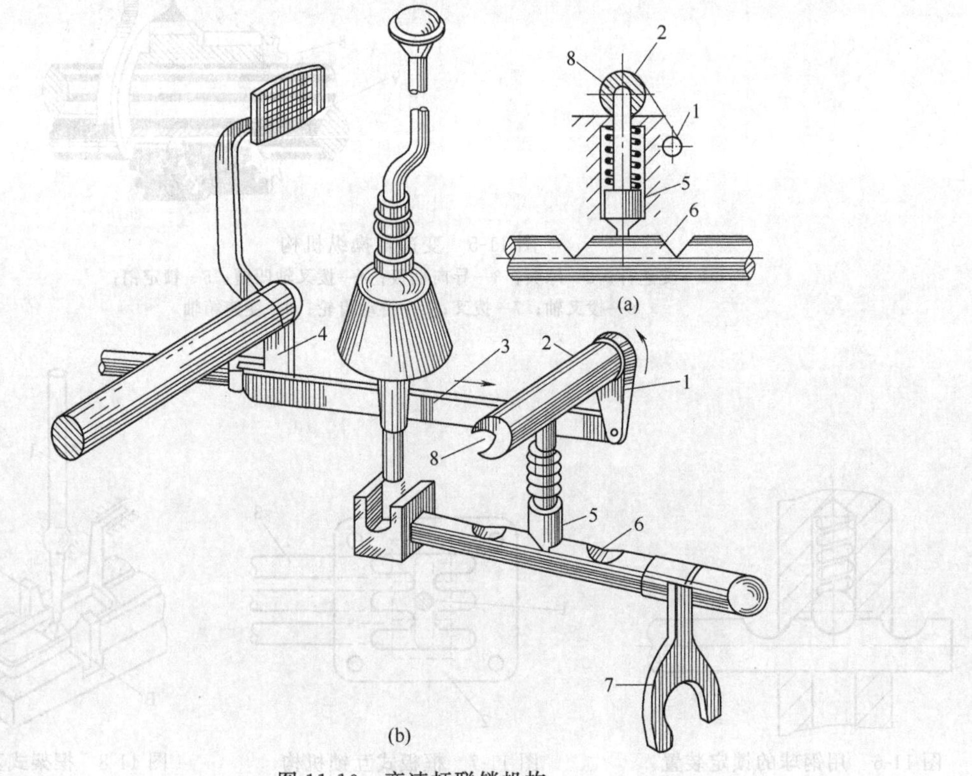

图 11-10 变速杆联锁机构

1—摆动杠杆；2—联锁轴；3—拉杆；4—离合器踏板；5—锁定销；6—拨叉轴；7—拨叉；8—铣槽

轴 2 上。联锁轴 2 上沿轴向制有槽 8，当离合器踏板完全踩下，也就是离合器分离时，通过拉杆推动联锁轴 2，使其上的槽 8 正好对准锁定销 5 的上端。此时锁定销 5 才可能被顶起，拨叉轴 6 才可能被拨动，实现换挡，如图 11-10 (a) 所示。

当离合器接合时 [图 11-10 (b)]，联锁轴 2 上的槽 8 将转过去，而用其圆柱面顶住锁定销 5 的上端，使插入拨叉轴上 V 形槽的锁定销 5 不能向上移动，这时拨叉轴 6 也就不能被拨动，自然就不能换挡。

T220 推土机变速箱的操纵机构（图 11-11）是由变速杆 9、换向杆 19、一、二挡拨叉轴 32、三、四挡拨叉轴 31、换向拨叉轴 30、五挡拨叉轴 28 及四个拨叉等零件组成。通过变速杆或换向杆操纵拨叉拨动相应的啮合套进行换挡。三个变速拨叉由变速杆 9 拨动，而另一个换向拨叉则由换向杆 19 拨动。变速杆与换向杆的换挡位置如图 11-10 所示。

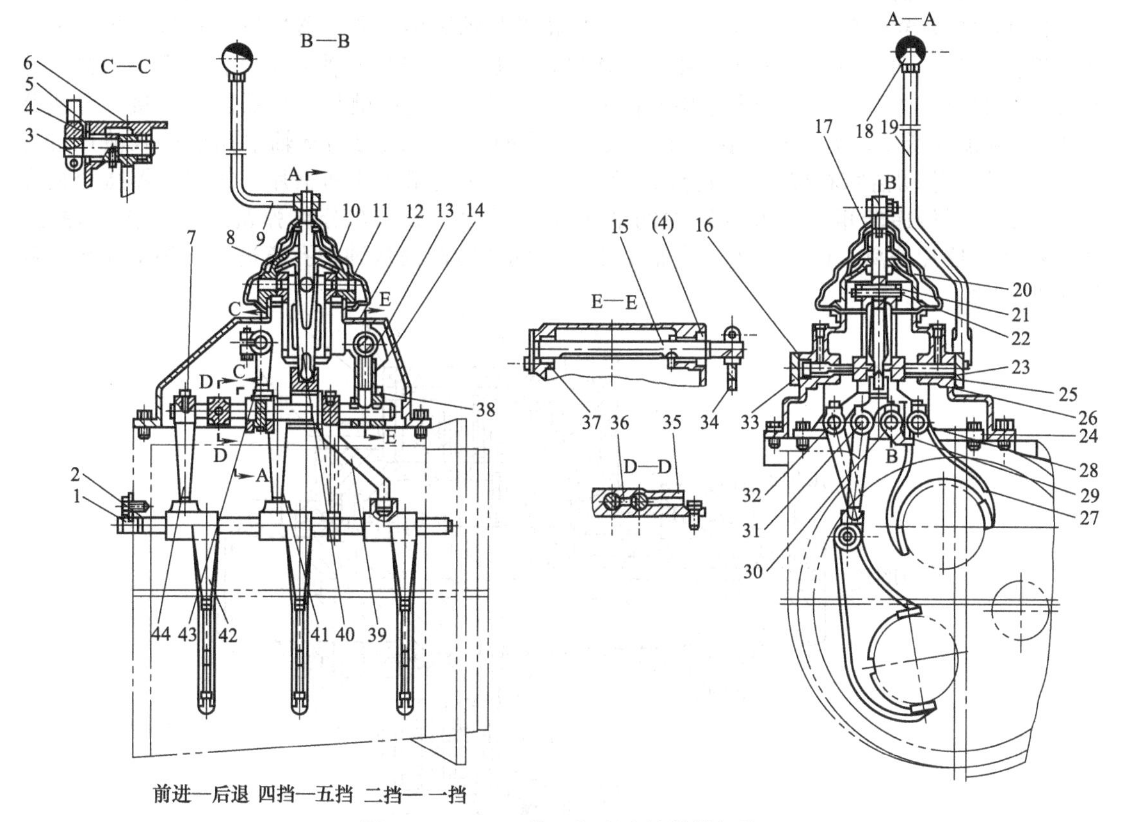

图 11-11 T220 推土机变速箱操纵机构

1—拨叉轴；2,16—O 形密封圈；3—轴；4—油封；5,6—滚针轴承；7—定位螺钉；8—盖；9—变速杆；10—衬套；11—螺栓；12—拨叉室；13—锁定销；14,17,23—弹簧；15—联锁轴；18—换向手柄；19—换向杆；20—拨叉室上盖；21,22,36—销；24—拨叉轴后座；25—止动销；26—保险卡；27—五挡拨叉；28—五挡拨叉轴；29—换向叉头；30—换向拨叉轴；31—三、四挡拨叉轴；32—一、二挡拨叉轴；33—塞；34—联锁杠杆；35—滑杆前座；37—联锁衬套；38—限位板；39—一、二挡拨杆；40—拨杆；41—三、四挡拨杆；42—拨叉；43—换向拨叉头；44—拨叉头

操纵机构中装有四个锁定销 13 定位，以防止自动跳挡。采用保险卡 26（即摆架）作为互锁机构，以防止同时换上两个排挡。

联锁机构由联锁轴 15、联锁杠杆 34 及锁定销等组成，其工作原理同前。

另外，在滑杆前座 35 中有起互锁作用的定位销 36，以限制五挡拨叉轴 28 与倒挡拨叉轴 30 的相对移动位置，以避免同时换上五挡与倒挡，而出现中轴上的齿轮产生过高的相对空转转速，对传动不利。其作用原理如图 11-9 所示。

11.3 定轴式动力换挡变速箱

定轴式动力换挡变速箱由固定轴线的传动轴、外啮合圆柱齿轮、换挡离合器、液压控制系统等组成。定轴式动力换挡变速箱与人力换挡变速箱的主要差别是用液压离合器作为操纵元件进行换挡。

11.3.1 换挡离合器形式

换挡离合器按其组成可分为单离合器和双离合器。

(1) 单离合器

图 11-12 为单离合器的结构。齿轮 1 通过花键与轴固接，离合器外鼓 2 和齿轮焊接成一体，摩擦钢片 3 和压板 4 通过花键和外鼓连接，压板 4 由卡环 5 轴向定位。离合器内鼓 7 与空套齿轮制成一体。带粉末冶金摩擦衬面的摩擦片 6，通过花键与离合器内鼓连接。分离弹簧 12 一端顶住活塞，另一端抵在由卡环限位的垫圈上。当压力油从轴中孔道进入液压缸腔室 v、V 中，推动活塞右移，克服分离弹簧的压力，压紧摩擦片和钢片，使离合器接合而在内、外鼓之间传递转矩。当液压缸中的油压泄掉以后，活塞在分离弹簧作用下恢复原位，主、被动摩擦片分离，内鼓齿轮 7 在轴上空转。润滑冷却油从轴中孔道进入，润滑摩擦片和轴承等零件。

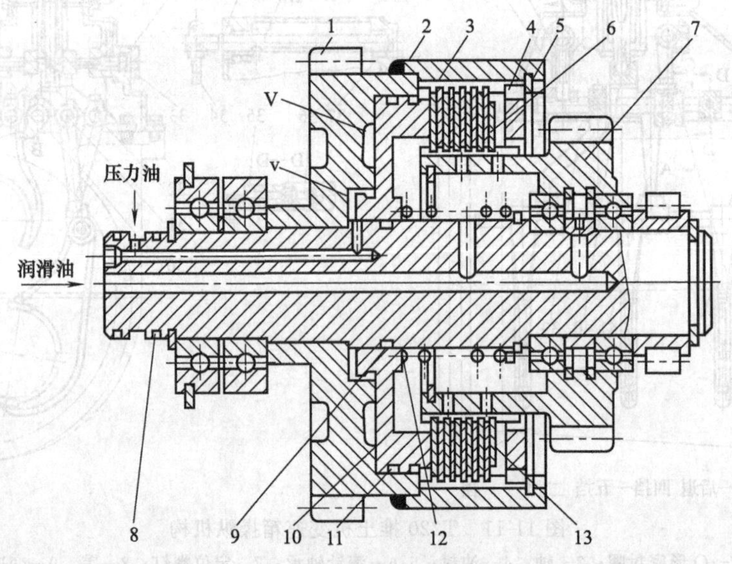

图 11-12 单离合器

1—齿轮；2—外鼓；3—钢片；4—压板；5,13—卡环；6—摩擦片；7—内鼓齿轮；
8,9,11—密封圈；10—活塞；12—分离弹簧；13—卡环

(2) 双离合器

双离合器就是两个离合器的外鼓连成一体装在同一根轴上，如图 11-13 所示，作用原理同单离合器。

11.3.2 WA380-3 型装载机定轴式动力换挡变速箱

图 11-14 为小松常林工程机械有限公司生产的 WA380-3 型轮式装载机液力机械传动结构图。图中液力变矩器 4 采用常见的单级三元件结构形式；变速箱采用定轴式动力换挡变速

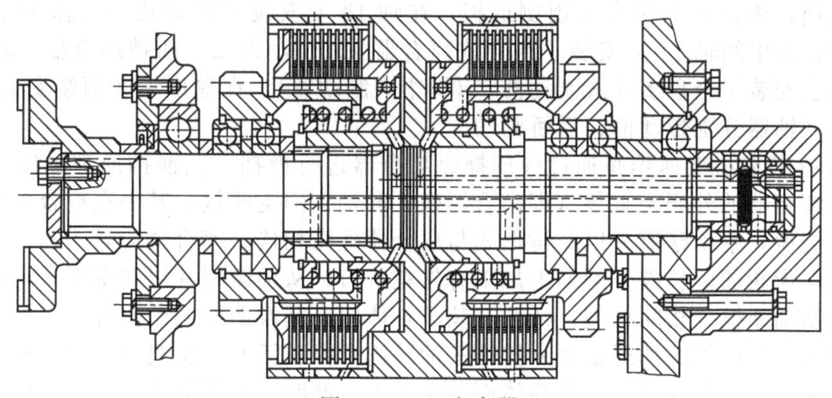

图 11-13 双离合器

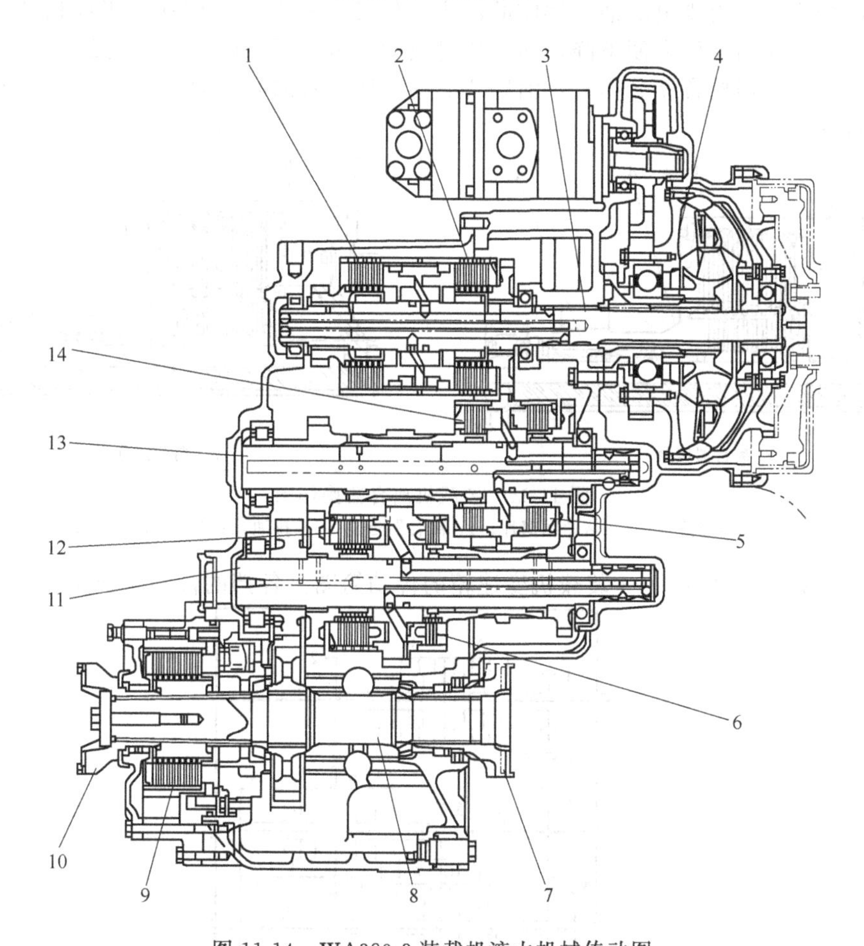

图 11-14 WA380-3 装载机液力机械传动图

1—倒挡离合器；2—前进挡离合器；3—输入轴；4—液力变矩器；5—第三挡离合器；6—第四挡离合器；7—后联轴器；8—输出轴；9—制动器；10—第二、四挡轴；11—中间轴；12—第二挡离合器；13—第一、三挡轴；14—第一挡离合器

箱，变矩器的动力输出轴也就是变速箱的动力输入轴。变矩器和变速箱组装在一起构成了该装载机的液力机械传动。

WA380-3 装载机的定轴式变速箱是平行四轴常啮合齿轮式，可实现前进四挡和倒退四挡。在输入轴 3 上安装了组合式离合器 1、2，该两离合器是实现换向离合器。离合器 2 接合实现前进挡，离合器 1 接合实现倒退挡；在轴 13 上安装了组合式离合器 14、5，为一、三挡离合器；在中间轴 11 上安装了组合式离合器 12、6，为二、四挡离合器。轴 8 为输出轴，在该轴上安装了全盘多片式制动器 9（即中央制动器），在输出轴 8 两端安装了联轴器，动力经该两联轴器分别带动前、后桥驱动。

WA380-3 装载机变速箱是通过液压操纵离合器进行换挡，其换挡原理如图 11-15（a）、（b）所示，离合器的外壳与缸体（即离合器鼓）和轴 1 固定连接，其中在离合器外壳内圆面上加工有花键齿，主动摩擦片以花键形式与离合器外壳相连。离合器齿轮 4 通过轴承套装于轴 1 上，并在齿轮的延长鼓外圆面上加工有外花键齿，从动摩擦片以花键形式与离合器齿轮相连，主、从动摩擦片相间排列。活塞 6 装于缸体内，其端面压向摩擦片。来自变速操纵阀的高压油通过轴 1 内侧的油通道进入缸体的油腔内，推动活塞，将离合器主、从动摩擦片压紧，使轴 1 和离合器齿轮形成一个整体而传递动力。此时，从排油孔 5 排油，但是，绝不影响离合器的操作，因为排出的油比供应的油少。松开离合器时，变速操纵阀切断压力油路，作用在活塞 6 背面的油压力便下降，活塞通过波状弹簧 7 返回到原来的位置，致使轴 1 和离合器齿轮 4 分离。当离合器分离时，活塞背面的油便凭着离心力通过排油孔 5 排出，以防止离合器保持局部啮合。

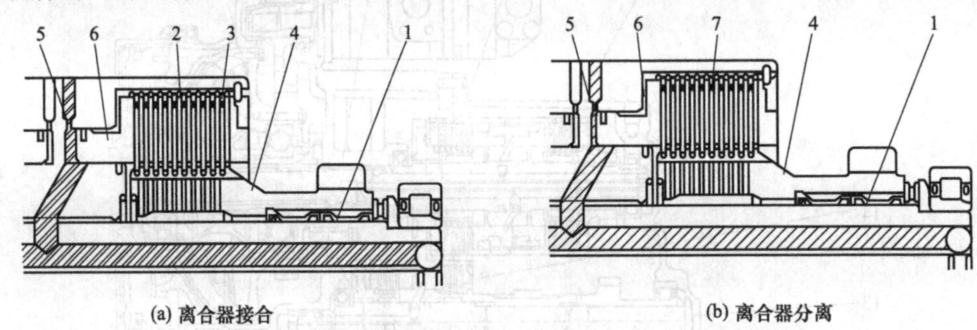

图 11-15 装载机离合器操作图

1—轴；2—主动摩擦片；3—从动摩擦片；4—离合器齿轮；5—排油孔；6—活塞；7—波状弹簧

图 11-16 所示为 WA380-3 装载机变速箱的传动简图。各挡的传动路线见表 11-2。

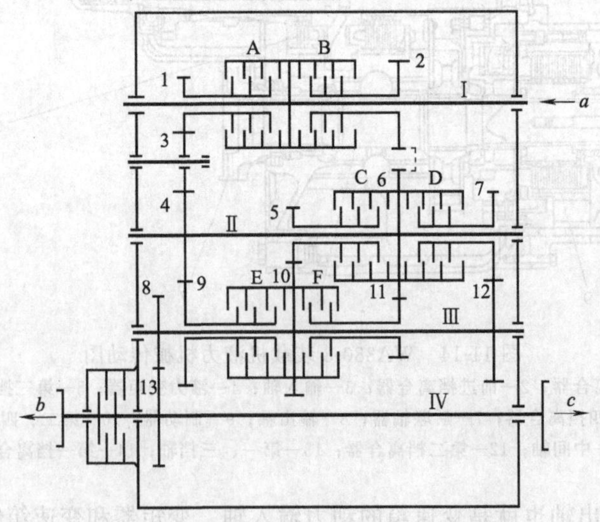

图 11-16 WA380-3 装载机变速箱传动简图

1,2,3,4,5,7,8,9,11,12,13—齿轮；6,10—缸体齿轮；

Ⅰ—输入轴；Ⅱ—一、三挡离合器轴；Ⅲ—二、四挡离合轴；Ⅳ—输出轴；

A,B—前进、倒退离合器；C,D—一、三挡离合器；E,F—二、四挡离合器

表 11-2 WA380-3 装载机各挡传动路线

挡位		接合的离合器	传动路线
前进	一	B,C	2—6—5—10—8—13
	二	B,E	2—6—4—9—8—13
	三	B,D	2—6—7—12—8—13
	四	B,F	2—6—11—8—13
倒退	一	A,C	1—2—3—4—5—10—8—13
	二	A,E	1—3—4—9—8—13
	三	A,D	1—3—4—7—12—8—13
	四	A,F	1—3—4—6—11—8—13

综上所述，该变速箱采用了双离合器结构，并将所有离合器安装在变速箱体内。具有离合器轴受载较好，结构较紧凑的优点，但维修保养不大方便。

采用定轴式动力换挡变速箱的机械较多，但原理基本相同。

11.4 行星式动力换挡变速箱

行星式动力换挡变速箱（简称行星变速箱）具有结构紧凑、载荷容量大、传动效率高、轮齿间负荷小、结构刚度大、输入输出轴同心以及便于实现自动换挡等优点，所以在工程、矿山、起重等机械和汽车上，获得广泛的应用。

11.4.1 简单行星排

如图 11-17 所示，简单行星排是由太阳轮 t、齿圈 q、行星架 j 和星行轮 x 组成。其中图 11-17（a）是带有单行星轮的行星排，图 11-17（b）是带有双行星轮的行星排。由于行星轮轴线旋转与外界连接困难，故在行星排中只有太阳轮 t，齿圈 q 和行星架 j 三个元件能与外界连接，并称之为基本元件。在行星排传递运动过程中，行星轮只起到传递运动的惰轮作用，对传动比无直接关系。

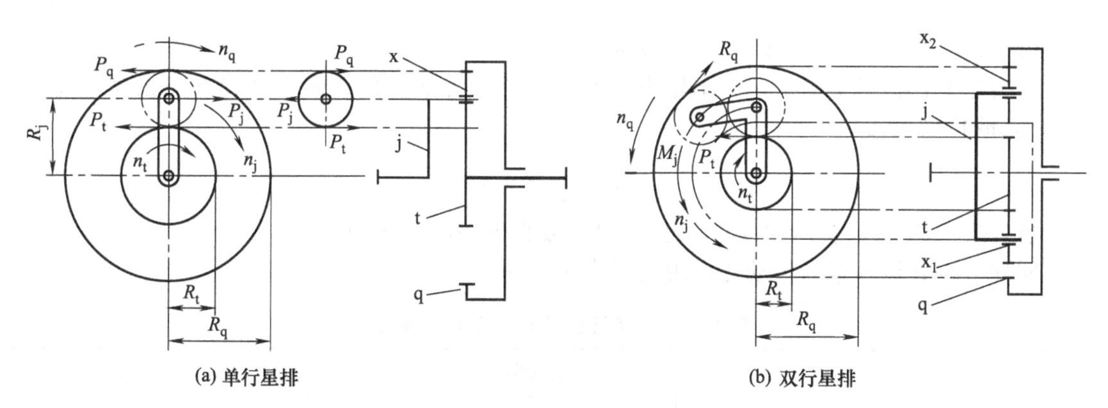

图 11-17 简单行星排简图

由《机械原理》中对单排行星传动的运动学分析可得出，行星排转速方程为（也称特征方程）：

单行星轮行星排

$$n_t + a n_q - (1+a) n_j = 0 \tag{11-1}$$

双行星轮行星排

$$n_t - an_q + (a-1)n_j = 0 \tag{11-2}$$

综合为

$$n_t \pm an_q - (1 \pm a)n_j = 0 \tag{11-3}$$

式中 n_t——太阳轮转速；

n_q——齿圈转速；

n_j——行星架转速；

$a=\frac{Z_q}{Z_t}$——行星排特性参数；为保证构件间安装的可能，a 值的范围是$\frac{4}{3} \leqslant a \leqslant 4$；

Z_q——齿圈的齿数；

Z_t——太阳轮的齿数。

通过对单排行星传动的运动学分析可知，这种简单的行星机构具有三个互相独立的构件，而仅有一个表征转速关系的三元一次线性方程，故而其具有两个自由度。当以某种方式（如应用制动器制动）固定某一元件后，则行星排变成一自由度系统，即可由转速方程式（11-3）确定另外两构件的转速比（即行星排传动比）。这样，通过将行星排三个基本构件分别作为固定件、主动件、从动件或任意两构件闭锁，则可组成6种方案（对于单行轮行星排），见图11-18。由式（11-1）不难求得这些方案的传动比。

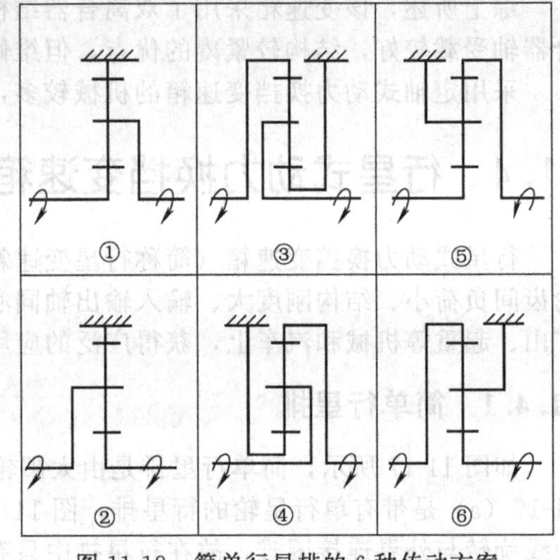

图 11-18　简单行星排的 6 种传动方案

例如：方案①中，约束齿圈，太阳轮为主动件，行星架为从动件，两者旋转方向一致，此时因齿圈转速 $n_q=0$，由式（11-1）即得

$$n_t - (1+a)n_j = 0$$

故传动比为

$$i_{tj} = \frac{n_t}{n_j} = 1 + a$$

由于 $a>1$，故 $i_{tj}>1$，即为减速运动。

方案⑤中，行星架固定，太阳轮为主动件，齿圈为从动件，两者旋转方向相反，此时，$n_j=0$，故传动比为

$$i_{tq} = \frac{n_t}{n_q} = -a$$

负号表示 n_t 与 n_q 转向相反，由于 $a>1$，故为倒挡减速运动。

同理可得其他方案的传动比，现列于表 11-3 中。

表 11-3　简单行星排 6 种方案的传动比

传动类型	齿圈固定		太阳轮固定		行星架固定为倒转	
	太阳轮主动为大减（方案①）	太阳轮从动为大增（方案②）	齿圈主动为小减（方案③）	齿圈从动为小增（方案④）	太阳轮主动为减速（方案⑤）	齿圈主动为增速（方案⑥）
传动比	$1+a$	$\frac{1}{1+a}$	$\frac{1+a}{a}$	$\frac{a}{1+a}$	$-a$	$-\frac{1}{a}$

若使用闭锁离合器将三元件中的任何两个元件连成一体，则第三元件转速必然与前二元件转速相等，即行星排中所有元件（包括行星轮）之间都没有相对运动，就像一个整体，各元件以同一转速旋转，传动比为1，从而形成直接挡传动。

这也可用式（11-1）得到证明，例如使太阳轮和齿圈连成一体，则 $n_t=n_q$，代入式（11-1）即得

$$n_j=\frac{n_t+an_t}{1+a}=n_t=n_q$$

同理，当 $n_q=n_j$ 或 $n_t=n_j$ 时，都可得出同一结论。

如果行星排中三个基本元件都不受约束，则各元件处于运动不定的自由状态，此时行星排不能传递运动。

由上述可见，一个简单行星排可给出6种传动方案，但其传动比数值因受特性参数 a 值的限制，尚不能满足机械的要求，因此，行星变速箱通常是由几个行星排组合而成，以便得到所需的传动比。

11.4.2 ZL50型装载机行星式动力换挡变速箱

ZL50装载机是我国装载机系列中的主要机种。如图11-19所示，与该变速箱配用的液力变矩器具有一级、二级两个涡轮（称双涡轮液力变矩器），分别用两根相互套装在一起的并与齿轮做成一体的一级、二级输出齿轮（轴），将动力通过常啮齿轮副传给变速箱。由于常啮齿轮副的速比不同，故相当于变矩器加上一个两挡自动变速箱，它随外载荷变化而自动换挡。再由于双涡轮变矩器高效率区较宽，故可相应减少变速箱挡数，以简化变速箱结构。

ZL50装载机的行星变速箱，由于上述特点而采用了结构较简单的方案，由两个行星排组成，只有两个前进挡和一个倒挡。输入轴12和输入齿轮做成一体，与二级涡轮输出齿轮4常啮合；二挡输入轴26与二挡离合器摩擦片31连成一体。前、后行星排的太阳轮、行星轮、齿圈的齿数相同。两行星排的太阳轮制成一体，通过花键与输入轴12、二挡输入轴26相连。前行星排齿圈与后行星排行星架、二挡离合器受压盘32三者通过花键连成一体。前行星排行星架和后行星排齿圈分别设有倒挡、一挡制动器39、38。

变速箱后部是一个分动箱，输出齿轮25用螺栓和二挡油缸28、二挡离合器受压盘32连成一体。同变速箱输出齿轮23组成常啮齿轮副，后者用花键与前桥输出轴24连接。前、后桥输出轴通过花键相连。

（1）ZL50装载机行星变速箱的传动路线

ZL50装载机行星变速箱传动简图如图11-20所示，该变速箱两个行星排间有两个连接件，故属于二自由度变速箱。因此，只要接合一个操纵件即可实现一个排挡，现有两个制动器和一个闭锁离合器共可实现三个挡。

（2）前进一挡

当接合制动器11时，实现前进一挡传动。这时，制动器11将后行星排齿圈固定，而前行星排则处于自由状态，不传递动力，仅后行星排传动。动力由输入轴5经太阳轮从行星架、二挡受压盘10传出，并经分动箱常啮齿轮副C、D传给前、后驱动桥。

由于只有一个行星排参与传动，故速比计算很简单。这里是齿圈固定，太阳轮主动，行星架从动，属于简单行星排的方案①，由表11-3即得前进一挡行星排的传动比 $i_1'=1+a$。

因为该变速箱的输入端有两对常啮齿轮副3、4，由两个涡轮随外载荷的变化，通过不同的常啮齿轮副3、4将动力传给变速箱输入轴5。变速箱的输出端还有分动箱内的一对常

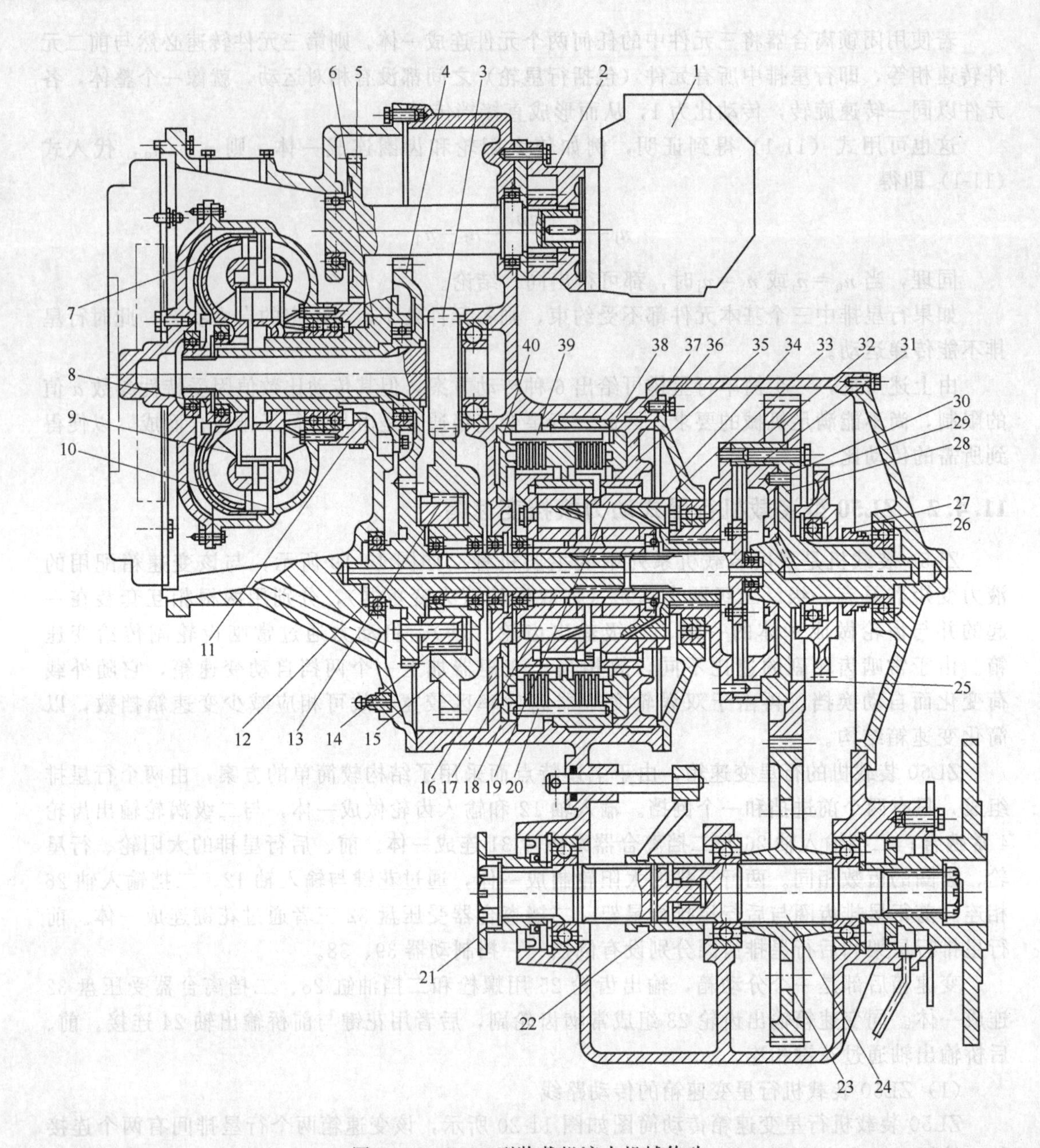

图 11-19 ZL50 型装载机液力机械传动

1—工作油泵；2—变速油泵；3—一级涡轮输出齿轮；4—二级涡轮输出齿轮；5—变速油泵输入齿轮；6—导轮座；7—二级涡轮；8—一级涡轮；9—导轮；10—泵轮；11—分动齿轮；12—变速箱输入齿轮（轴）；13—单向离合器滚子；14—单向离合器凸轮；15—单向离合器外环齿轮；16—太阳轮；17—倒挡行星轮；18—倒挡行星架；19—一挡行星轮；20—倒挡齿圈；21—后桥输出轴；22—前后轴离合套；23—变速箱输出齿轮；24—前桥输出轴；25—输出齿轮；26—二挡输入轴；27—离合套；28—二挡油缸；29—“三合一”机构输入齿轮；30—二挡活塞；31—二挡摩擦片；32—二挡离合器受压盘；33—倒挡、一挡连接盘；34—一挡行星架；35—一挡油缸；36—一挡活塞；37—一挡齿圈；38—一挡制动器摩擦片；39—倒挡制动器摩擦片；40—倒挡活塞

啮齿轮 C、D，故变速箱前进一挡总传动比为

$i_1 = i_4 \times i_1' \times \frac{Z_C}{Z_D}$（当齿轮副 4 参与传动时） 或 $i_1 = i_3 \times i_1' \times \frac{Z_C}{Z_D}$（当齿轮副 3 参与传动时）

式中　i_3、i_4——分别为齿轮副 3 或 4 的传动比；

Z_C、Z_D——分别为齿轮 C、D 的齿数。

(3) 前进二挡

当闭锁离合器 12 接合时，实现前进二挡。这时闭锁离合器将输入轴 5、输出轴和二挡受压盘 10 直接相连，构成直接挡，此时行星排传动比 $i_2'=1$，故变速箱前进二挡总传动比为

$$i_2=i_4\times1\times\frac{Z_C}{Z_D}\quad 或 \quad i_2=i_3\times1\times\frac{Z_C}{Z_D}$$

(4) 倒退挡

当制动器 6 接合时，实现倒退挡。这时，制动器将前行星排行星架固定，后行星排空转不起作用，仅前行星排传动。因为行星架固定，太阳轮主动，齿圈从动，属于简单行星排方案⑤，由表 11-3 的行星排传动比 $i_{倒}'=-a$，故得变速箱倒退挡传动比为

$$i_{倒}=i_4\times i_{倒}'\times\frac{Z_C}{Z_D}\quad 或 \quad i_{倒}=i_3\times i_{倒}'\times\frac{Z_C}{Z_D}$$

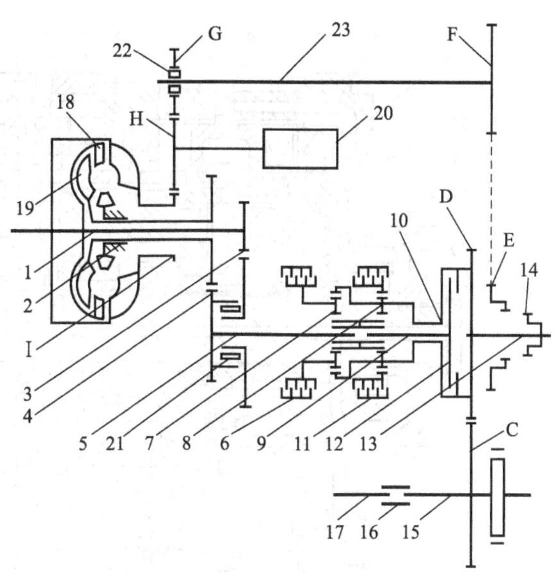

图 11-20　ZL50 装载机液力机械传动简图

1—一级涡轮输出轴；2—二级涡轮输出轴；3—一级涡轮输出减速齿轮副；4—二级涡轮输出增速齿轮副；5—变速箱输入轴；6,11—制动器；7,8—前、后行星排；9—二挡输入轴；10—二挡受压盘；12—闭锁离合器；13—二挡油缸轴；14—离合套；15—前桥输出轴；16—前、后桥离合器；17—后桥输出轴；18—一级涡轮；19—二级涡轮；20—转向泵；21,22—单向离合器；23—轴

装载机行星齿轮式变速箱中有两种不同形式的换挡元件，一种是制动器，另一种是闭锁（或换挡）离合器。二者的主要区别是：制动器的油缸是固定的，离合器的油缸是旋转的；制动器是把某一个旋转构件固定在箱体上实现制动，而离合器是把两个旋转构件刚性地连接在一起实现整个组成的闭锁。

11.4.3　美国 966D 型装载机行星式动力换挡变速箱

如图 11-21 (a)、(b) 所示，该变速箱采用组合式变速箱方案，由五个行星排组成，前面第一、二行星排构成换向部分（或称前变速箱）；后面第三、四、五行星排构成变速部分（或称后变速箱），整个变速箱实际上是由前变速箱与后变速箱串联组合而成。应用五个制动器与一个闭锁离合器实现四个前进挡和四个倒退挡。通过液压系统操纵进行换挡。

该变速箱安装在变矩器与输出齿轮箱之间，动力由变矩器经输入齿轮 29 输入，由输出轴 22 输出。

变速箱共有两根轴线重合的轴（套轴），输入轴 28 端用花键与输入齿轮 29 相连，该齿轮与变矩器涡轮轴上的输出齿轮相啮合，从而将动力输入变速箱。输入轴 28 的中部和右端通过轴承安装在输出轴 22 的孔内；输入轴的左端则通过滚柱轴承安装在箱体上；输出轴 22 右端则通过离合器毂 23 和滚珠轴承安装在箱体上；输出轴左端通过轴承套装在输入轴上，并用花键与第三、四行星排的太阳轮 8、12 相连。动力由输入轴 28 输入，由输出轴 22 经第六行星排的行星架 20 凸缘上的花键输出。

下面对各行星排的构造作简单介绍。

第一行星排：太阳轮 30 用花键固装载在输入轴 28 上，行星架 31 通过其上的外齿圈 1 与制动器①的主动片相连；当制动器①接合时，行星架 31 固定不动；齿圈 2 通过花键与第二、三排行星架 7 相连。

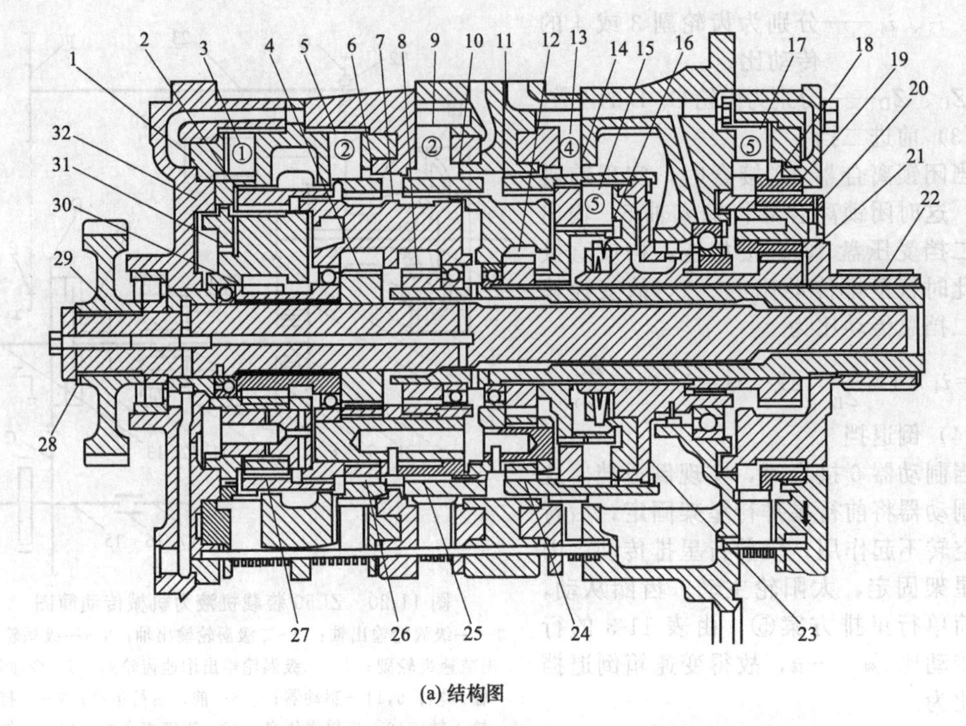

(a) 结构图

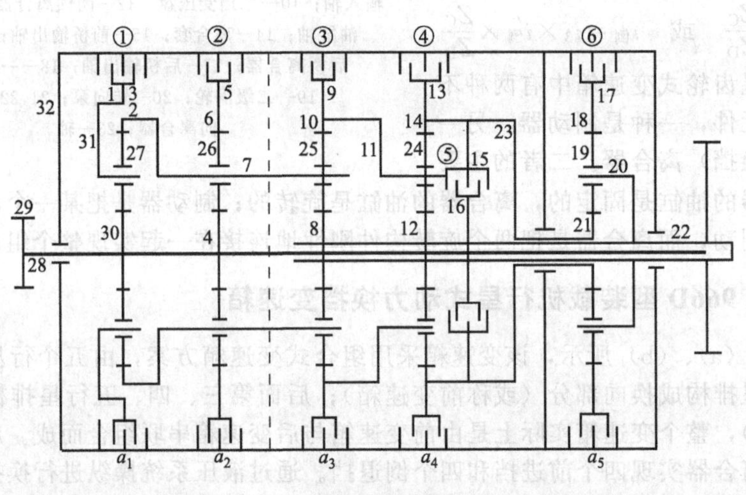

(b) 传动简图

图 11-21 966D 装载机行星变速箱

1—制动器①外齿圈；2,6,10,14,18—齿圈；3,5,9,13,17—制动器①、②、③、④、⑥；
4,8,12,21,30—太阳轮；7,11,20,31—行星架；15—闭锁离合器⑤；16—轮毂；
19,24,25,26,27—行星轮；22—输出轴；23—闭锁离合器毂；
28—输入轴；29—输入齿轮；32—箱体

第二行星排：太阳轮 4 通过花键与输入轴 28 固连，行星架 7 与第三排行星架做成一体；齿圈 6 上的外花键与制动器主动片相连，当制动器②接合时，则齿圈 6 被固定。

第三行星排：太阳轮 8 通过花键与输出轴 22 相连，齿圈 10 上的外花键与制动器③的主动片相连，当制动器③接合时，则齿圈 10 被固定；齿圈 10 通过花键与第四排行星架 11 相连。

第四行星排：太阳轮 12 通过花键装在输出轴 22 上，齿圈 14 通过外花键与制动器④的主动片相连，当制动器④接合时，则齿圈 14 固定。

闭锁离合器⑤：转毂 16 通过花键与输出轴 22 相连，通过其上的外花键与闭锁离合器⑤的主动片相连；闭锁离合器毂 23 空套在输出轴 22 上，并通过轴承支撑在箱体上，再通过花键与第四排齿圈 14 以及第五排太阳轮 21 相连。当闭锁离合器⑤接合时，则第四排齿圈 14 经轮毂 16、输出轴 22 与太阳轮 12 连成一个整体。

第五行星排：太阳轮 21 通过花键与闭锁离合器毂 23 相连。齿圈 18 上的外花键与制动器⑥的主动片相连；当制动器⑥接合时，则齿圈 18 固定；行星架 20 通过花键与输出轴 22 相连。

各行星排的制动器以及闭锁离合器因装在变速箱内部，其径向尺寸受到限制，但其传递的转矩则不小，故做成多片式。摩擦片表面烧结有粉末冶金，为保证散热良好，都浸在油中工作。

由上述的结构及变速箱传动简图［图 11-21（b）］可见，该变速箱除了二、三排之间只有一个连接件外，其他各排之间均有两个连接件，因此，换向部分与变速部分均属二自由度变速箱，整个变速箱由这两部分串联组成；只要这两部分中各接合一个操纵件，则整个变速箱成为一个自由度而实现一个排挡，值得指出的是，该变速箱中闭锁离合器⑤可把④排的行星架、齿圈、⑥排的太阳轮及输出轴 22 连到一起，从而使变速部分实现一个排挡，其传动比为 1。结合变速部分每个行星排的制动器可实现一个排挡，故可实现前进四挡与倒退四个挡。各挡位时操纵件的组合情况见表 11-4。

表 11-4 966D 装载机行星变速箱各挡位时操纵件组合情况与传动比

方向	挡位	接合的制动器或闭锁离合器	传动比
	空挡	③	
前进	一挡	②和⑥	$\frac{1+a_2}{1+a_3}\left[1+a_3\left(\frac{1+a_4(1+a_5)}{1+a_4}\right)\right]$
	二挡	②和⑤	$1+a_2$
	三挡	②和④	$\frac{1+a_2}{1+a_3}\left(1+\frac{a_3}{1+a_4}\right)$
	四挡	②和③	$\frac{1+a_2}{1+a_3}$
倒退	一挡	①和⑥	$-\frac{a_1}{1+a_3}\left[1+a_3\left(\frac{1+a_4(1+a_3)}{1+a_4}\right)\right]$
	二挡	①和⑤	$-a_1$
	三挡	①和④	$-\frac{a_1}{1+a_3}\left(1+\frac{a_3}{1+a_4}\right)$
	四挡	①和③	$-\frac{a_1}{1+a_3}$

由上述可见，装载机行星变速箱属于一种组合式变速箱，其传动方案是由换向与变速两部分组成，在前进与倒退挡时，变速部分是公用的。从而可用较少的行星排实现较多的挡位，从而简化了结构，降低了成本，提高了工效，是一种较好的传动方案。这种变速箱可与结构较简单的三元件液力变矩器配合使用，以便提高传动效率并简化变矩器结构。因此，这种传动方案得到了广泛应用。

第12章 万向传动装置

12.1 概述

万向传动装置一般由万向节和传动轴组成。其功用主要是用于两轴不同心或有一定夹角的轴间，以及工作中相对位置不断变化的两轴间传递动力。

万向传动装置在工程机械上的应用场合如下。

(1) 变速器与驱动桥之间

在发动机前置后轮驱动车辆上，如图 12-1 (a) 所示，常将发动机、离合器和变速器连成一体安装在车架上，而驱动桥则通过具有弹性的悬架与车架连接。在车辆行驶过程中，由于路面不平而引起悬架系统中弹性元件变形，使驱动桥的输入轴与变速器输出轴相对位置经常变化。所以在变速器与驱动桥之间必须采用万向传动装置。在两者距离较远的情况下，一般将传动轴分成两段，并加设中间支撑。

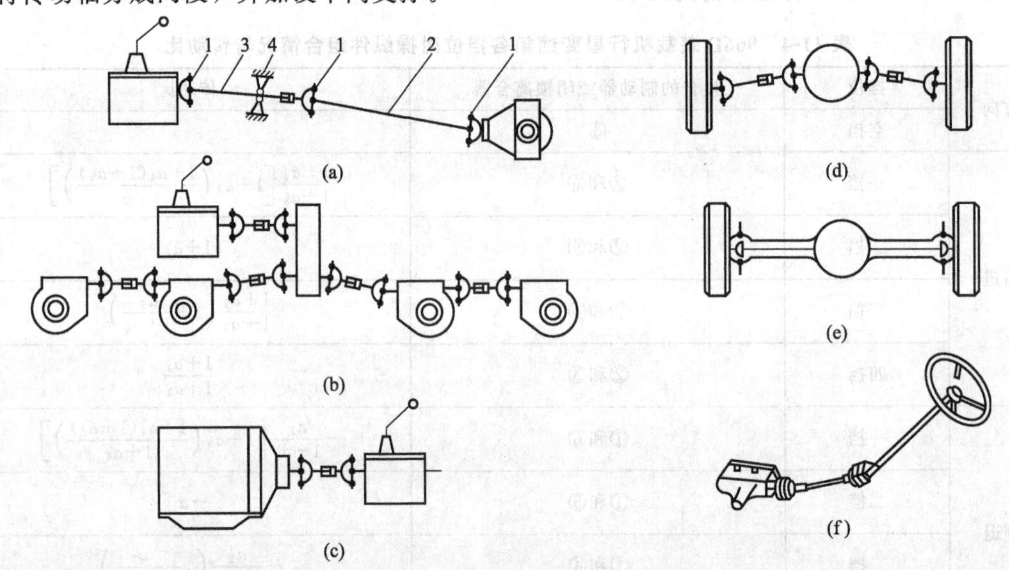

图 12-1 万向传动装置在车辆上的应用

1—万向节；2—传动轴；3—前传动轴；4—中间支撑

(2) 分动器与驱动桥之间或驱动桥与驱动桥之间

在多轴驱动的车辆上，在分动器与驱动桥之间或驱动桥与驱动桥之间也需要采用万向传动装置，如图 12-1 (b) 所示。

(3) 发动机与变速器之间

虽然发动机与变速器都支撑在车架上，而且在设计时，使其轴线重合，但为了消除制造、装配误差以及车架变形对传动的影响，在其间也常设有万向传动装置，如图 12-1 (c) 所示。

(4) 转向驱动桥中主减速器与转向驱动轮之间

对于转向驱动桥，既是转向轮又是驱动轮。作为转向轮，要求它能在最大转角范围内任意偏转某一角度；作为驱动轮，则要求半轴在车轮偏转过程中不间断地把动力从主减速器传到车轮。因此转向驱动桥的半轴不能制成整体而要分段，用万向节连接，以适应车辆行驶时半轴各段的交角不断变化的需要。若采用独立悬架，则在靠近主减速器处也需要有万向节，如图 12-1 (d) 所示；若前驱动轮用非独立悬架，只需在转向轮附近装一个万向节，如图 12-1 (e) 所示。

除了传动系外，在车辆的动力输出装置和转向操纵机构中也常采用万向传动装置，如图 12-1 (f) 所示。

12.2 十字轴式万向节

12.2.1 十字轴式万向节的构造与工作原理

在工程机械传动系统中用得较多的是普通十字轴式万向节。这种万向节结构简单，工作可靠，两轴间夹角允许达到 15°～20°。其缺点是当万向节两轴夹角 α 不为零的情况下，不能传递等角速运动。

图 12-2 所示为普通十字轴式刚性万向节。它一般由一个十字轴 4，两个万向节叉和四个滚针轴承组成。两万向节叉 2 和 6 上的孔分别套在十字轴 4 的两对轴颈上。这样当主动轴转动时，从动轴既可随之转动，又可绕十字轴中心在任意方向摆动。为了减少摩擦损失，提高传动效率，在十字轴轴颈和万向节叉孔间装有滚针 8 和套筒 9 组成的滚针轴承。然后用螺钉和轴承盖 1 将套筒 9 固定在万向节叉上，并用锁片将螺钉锁紧，以防止轴承在离心力作用下从万向节叉内脱出。为了润滑轴承，十字轴上一般装有注油嘴并有油路通向轴颈，润滑油可从注油嘴注到十字轴轴颈的滚针轴承处。

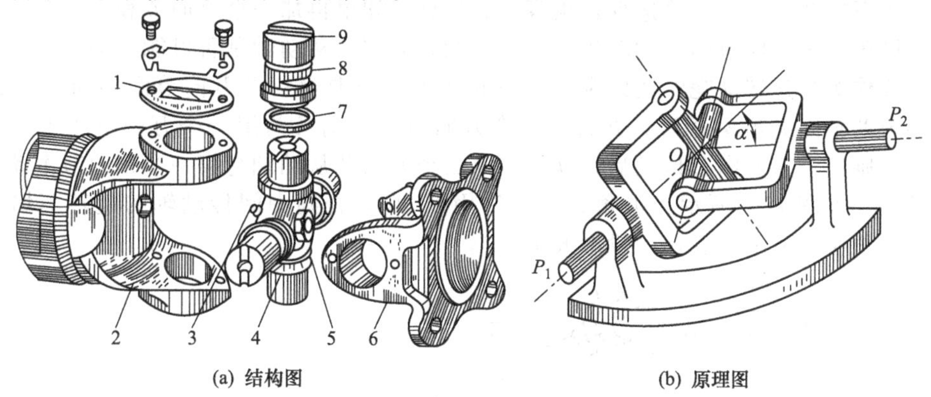

图 12-2 普通十字轴式万向节

1—轴承盖；2,6—万向节叉；3—油嘴；4—十字轴；5—安全阀；7—油封；8—滚针；9—套筒

单个十字轴式万向节在输入轴和输出轴有夹角的情况下，其两轴的角速度是不相等的。下面以图 12-3 来说明单万向节不能等角速传动的特性。

如图 12-3 (a) 所示，当主动叉 2 处于垂直位置时，十字轴 3 上的点 6 在运动中既绕主动轴 1 转动，又绕从动轴 5 转动。点 6 绕主动轴 1 的旋转半径为 r_1 (旋转半径垂直于旋转轴线)，而绕从动轴 5 的旋转半径为 r_5，显然 $r_1>r_5$。但点 6 的线速度是一致的，也就是说它绕主动轴和绕从动轴转动的线速度是相同的。线速度等于角速度乘旋转半径，由于点 6 这时绕从动轴 5 转动的旋转半径 r_5 比 r_1 小，所以这一瞬间，从动轴 5 的角速度必然要大于主动轴 1 的角速度。

如图 12-3 (b) 所示，当旋转 90°使万向节叉处于水平位置时，十字轴上的点 7 绕从动

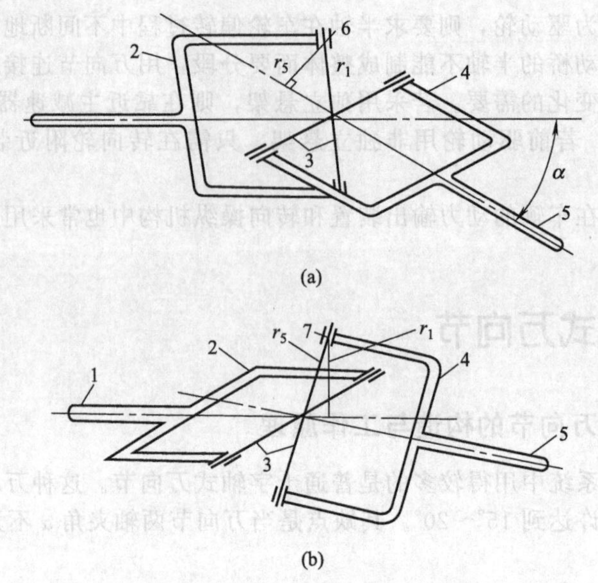

图 12-3 普通万向节传动特性分析

1—主动轴；2—主动叉；3—十字轴；4—从动叉；5—从动轴；6,7—十字轴上的一点

轴 5 转动的旋转半径 r_5 大于绕主动轴 1 转动的旋转半径 r_1。所以这时从动轴 5 的角速度必然要小于主动轴 1 的角速度。由此得出结论，从动轴 5 的角速度周期性地变化，将使从动轴及与它相连的传动件产生扭转振动，从而产生附加的反复载荷，影响部件寿命。为此，人们在实践中探索如何实现等速万向传动。

从一个万向节传动的不等速性，很容易联想到，如果再加一个万向节和第一个万向节相对安装，则第二个万向节的主动轴将是不等速的，而它的从动轴是否可能与第一个万向节的主动轴一样作等角速转动呢？实践和理论分析表明：只要第一个万向节两轴间夹角 α_1 与第二个万向节两轴间夹角 α_2 相等，并且第一个万向节的从动叉与第二个万向节的主动叉在同一平面内，则经过双万向节传动后，就可使第二个万向节从动轴与第一个万向节主动轴一样作等速转动。如图 12-4 所示，夹角 α 仅允许用到 30°，否则中间传动轴的旋转不均匀度太大，所以 α 角应尽量小一点，一般不大于 20°。

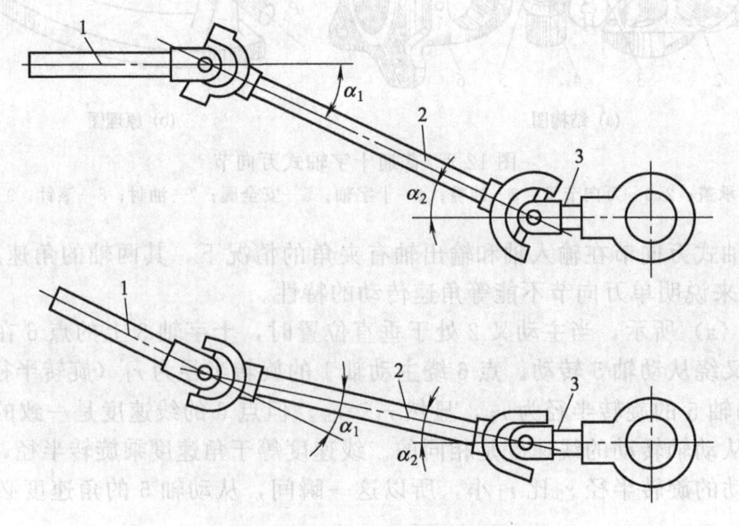

图 12-4 双万向节等速传动布置图

1—主动轴；2—传动轴；3—从动轴

图 12-4 为双万向节等速传动的两种布置方案简图。主、从动轴的相对位置是由整机的总体布置和总装配确定的；传动轴两端万向节叉的相对位置则由装配传动轴时保证。因此，在安装时必须注意传动轴两端的万向节叉要在同一平面上。

采用双万向节传动虽能近似解决等速传动问题，但在某些情况下，例如转向驱动桥，由于受到空间位置的限制，要求万向传动装置结构紧凑，尺寸小。而转向轮的最大转角受作业机械机动性的要求，常达到 30°～40°，甚至更大。此外，直线行驶时，又要求两侧转向轮作等速转动。这时，普通十字轴万向节传动很难满足要求。可采用下节介绍的等角速万向节。

12.2.2 铰接式车架万向节的布置

车架铰点 O 必须布置在纵向中心线上，但究竟是靠近前轴好一点？还是靠近后轴好一点？或者与前后轴等距离好一点？现在还没有定论，因此可以由总体布置时各机构配置的具体需要来确定。不过铰点如与前后轴等距离，则转弯时前后轮沿同一车辙滚动，否则就有内轮差，行驶时要注意。另外，也使机械运行阻力增加。

至于铰点下方万向节轴的布置，如图 12-5（a）所示，万向节铰点 A 与 B 应与 O 点等距离，这样铰接车架前后部偏转一个角度 α 时，由于 $AO=BO$，则 $\alpha_1=\alpha_2=\alpha/2$［图 12-5（b）］，满足瞬时速度相等的传动条件。如不布置在中间，偏离较大时［图 12-5（c）］，则车架偏转时 $\alpha_2>\alpha_1$，不能满足等速传动条件。因此万向节铰点 A 与 B 应与 O 点等距离布置。

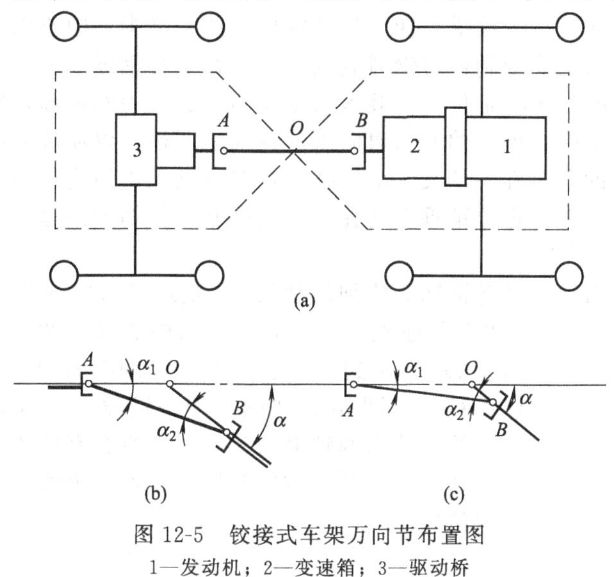

图 12-5 铰接式车架万向节布置图

1—发动机；2—变速箱；3—驱动桥

12.3 等角速万向节

等角速万向节的基本原理是从结构上保证万向节在工作过程中，其传力点永远位于两轴交点的平分面上。目前工程机械上采用较广泛的球叉式万向节和球笼式万向节，其结构和工作原理如下。

12.3.1 球叉式等角速万向节

图 12-6 为球叉式等角速万向节的工作原理图。万向节的工作情况与一对大小相同的锥齿轮传动相似，其传力点永远位于两轴夹角平分面上。图 12-6（a）表示一对大小相同的锥齿轮传动情况，两齿轮接触点 P 位于两齿轮轴线夹角 α 的平分面上；由 P 点到两轴的垂直

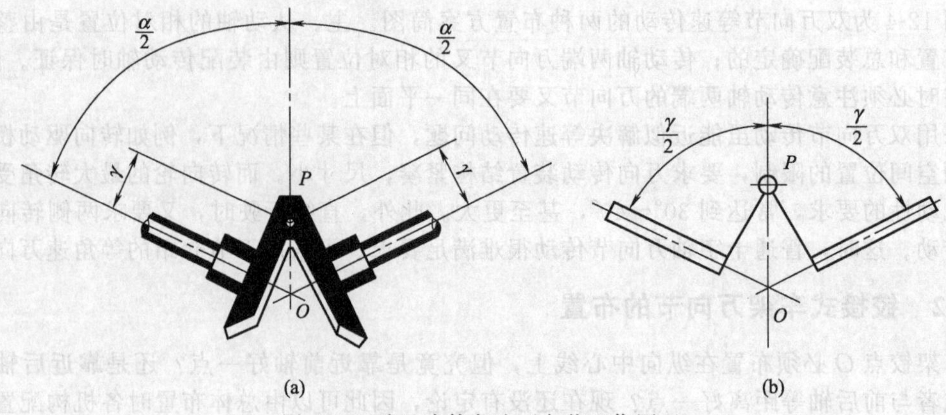

图 12-6 球叉式等角速万向节工作原理

距离都等于 r。由于两齿轮在 P 点处的线速度是相等的，因而两齿轮的角速度也相等。与此相似，在其夹角变化时，若万向节的传力点 P 始终位于角平分面内［图 12-6（b）］，则可使两万向节叉保持等角速关系。

球叉式等角速万向节就是根据这种工作原理做成的，它的构造如图 12-7 所示。主动叉 1 与从动叉 5 分别与内、外半轴制成一体。在主、从动叉上，各有四个曲面凹槽，装合后形成两个相交的环形槽，作为钢球滚道。四个传动钢球 3 放在槽中，中心钢球 6 放在两叉中心的凹槽内，以定中心。为了能顺利地将钢球装入槽内，在中心钢球 6 上铣出一个凹面，凹面中央有一深孔。当装合时，先将定位销 7 装入从动叉内，放入中心钢球，然后在两球叉槽中放入三个传动钢球，再将中心钢球的凹面对向未放钢球的凹槽。以便放入第四个传动钢球，之后，再将中心钢球 6 的孔对准主动叉 1 上的孔，提起主动叉 1 使定位销 7 插入球孔内，最后将锁止销 8 插入从动叉上与定位销垂直的孔中，以限制定位销轴向移动，保证中心钢球的正确位置。

主动叉 1 的作用力是经过各钢球 3 传到从动叉 5，钢球沿着曲线槽 2 和 4 移动，曲线槽 2 和 4 分别在万向节叉 1 和 5 中对称地配置着，曲线槽的中心线是两个以 O_1 和 O_2 为中心的半径相等的圆，如图 12-7 所示，O_1 和 O_2 到万向节中心点 O 的距离相等。曲线槽的中心线在旋转时组成两个球面，两个球面相交于圆 nn，此圆周即是钢球 3 的运动轨迹。由于在两个万向节叉上曲线槽的位置是对称的，故当两轴夹角为 α 时，所有钢球的中心点始终位于 α 角的等分平面上，故能实现等速传动。当以某一方向旋转时，作用力经一对钢球传递，当向另一方向旋转时，则经另一对钢球传递。

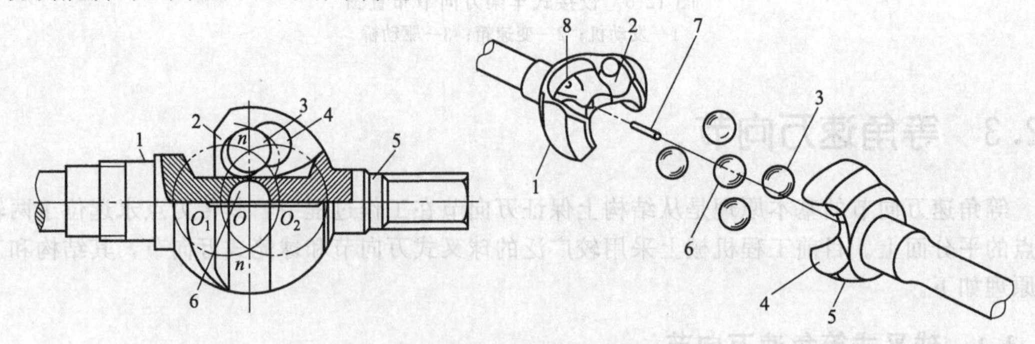

图 12-7 球叉式等角速万向节

1—主动叉；2—曲线槽；3—传动钢球；4—曲线槽；5—从动叉；6—中心钢球；7—定位销；8—锁止销

球叉式等角速万向节工作时，只有两个钢球参加传力。因此，钢球与曲面凹槽之间的压力较大，易磨损。此外，使用中钢球易脱落；曲面凹槽加工较复杂。其优点是结构紧凑、简单。球叉式等角速万向节的主、从动轴间夹角可达32°～33°，较好地满足了转向驱动桥的要求，使用较广泛。

12.3.2　球笼式等角速万向节

球笼式万向节的结构如图12-8所示。星形套7以内花键与主动轴1相连，其外表面有六条弧形凹槽，形成内滚道。球形壳8的内表面有相应的六条弧形凹槽，形成外滚道。六个钢球6分别装在由六组内外滚道所围成的空间里，并被保持架4限定在同一个平面内。动力由主动轴1及星形套经钢球6传至球形壳8输出。

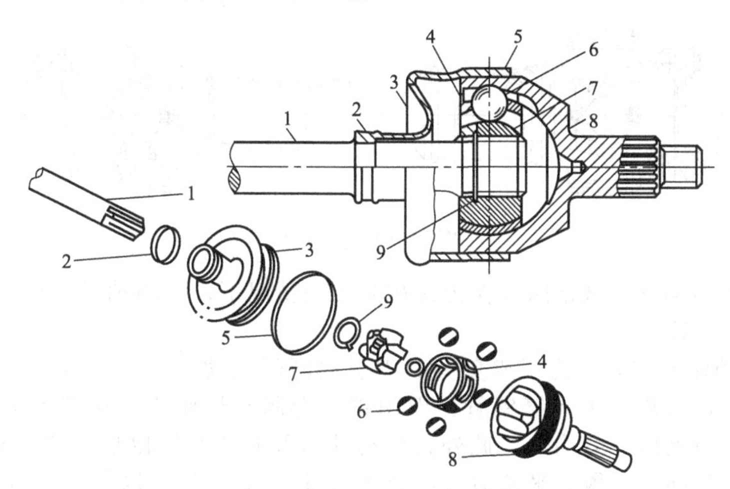

图12-8　球笼式等速万向节

1—主动轴；2,5—钢带箍；3—外罩；4—保持架（球笼）；6—钢球；7—星形套（内滚道）；8—球形壳（外滚道）；9—卡环

球笼式万向节的等速传动原理见图12-9。外滚道的中心A与内滚道的中心B分别位于万向节中心O的两边，且与O等距离。钢球在内滚道中滚动和钢球在外滚道中滚动时，钢球中心所经过的圆弧半径是一样的。图中钢球中心所处的C点正是这样两个圆弧的交点，所以有$AC=BC$。又由于有$AO=BO$，$CO=CO$，导出$\triangle AOC\cong\triangle BOC$，因而$\angle AOC=\angle BOC$，也就是说当主动轴与从动轴成任一夹角$\alpha$（当然要在一定范围内）时，$C$点都处在主动轴与从动轴轴线的夹角平分线上。处在$C$点的钢球中心到主动轴的距离$a$和到从动轴的距离$b$必然是一样的（用类似的方法可以证明其他钢球到两轴的距离也是一样的），从而保证了万向节的等速传动特性。

在图中上下两钢球处，内外滚道所夹的空间都是左宽右窄，钢球很容易向左跑出。为了将钢球定位，设置了保持架。保持架的内外球面、星形套的外球面和球形壳的内球面均以万向节中心O为球心，并保证六个钢球球心所在的平面（主动轴和从动轴是以此平面为对称面的）经过O点。当两轴交角变化时，保持架可沿内外球面滑动，这就限定了上下两球及其他钢球不能向左跑出。

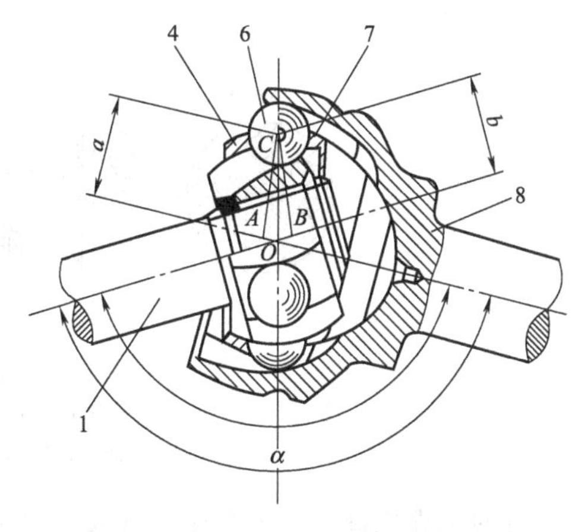

图12-9　球笼式万向节等角速传动原理

图注同图12-8

球笼式等速万向节内的六个钢球全部传力，承载能力强，可在两轴最大交角为42°情况下传

递转矩，同时其结构紧凑、拆装方便，因而被广泛应用。

12.4 传动轴

传动轴是万向传动装置的组成部分之一，如图 12-10 所示。这种轴一般长度较长，转速高；并且由于所连接的两部件（如变速箱与驱动桥）间的相对位置经常变化，因而要求传动轴长度也要相应有所变化，以保证正常运转。为此，传动轴结构一般具有以下特点。

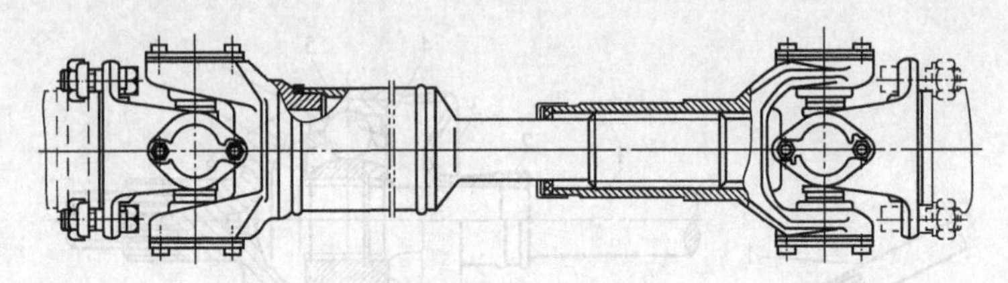

图 12-10 传动轴

① 采用空心传动轴。这是因为在传递相同转矩情况下，空心轴具有更大的刚度，而且质量较轻，可节省钢材。

② 传动轴的转速较高。为了避免离心力引起剧烈振动，故要求传动轴的质量沿圆周均匀分布。为此，通常不用无缝钢管，而用钢板卷制对焊而成。这是因为无缝钢管壁厚不易保证均匀，而钢板厚度均匀。此外，传动轴与万向节装配以后，要进行动平衡试验，用加焊小块钢片的办法平衡。平衡后应在叉和轴上刻上记号，以便拆装时保持原来二者的相对位置。

③ 传动轴上通常有花键连接部分，如图 12-11 所示传动轴的一端焊有花键接头轴，使之与万向节套管叉的花键套管连接。这样传动轴总长度允许有伸缩变化。花键长度应保证传动轴在各种工况下，既不脱开，也不顶死。传动轴另一端则与万向节叉焊成一体。

为了减少花键轴与套管叉之间的摩擦损失，提高传动效率，有些机械上采用滚动花键来代替滑动花键，其构造如图 12-11 所示。由于花键轴与套管叉之间是用钢球传递动力，当传动轴长度变化时，因钢球的滚动摩擦代替花键齿的滑动摩擦，从而大大减小了摩擦损失。

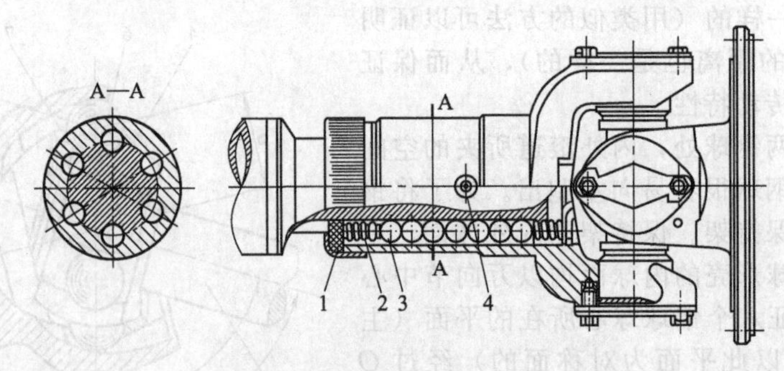

图 12-11 滚动花键传动轴

1—油封；2—弹簧；3—钢球；4—油嘴

有的工程机械，由于变速箱（或分动箱）到驱动桥主传动器之间距离较长，如果用一根传动轴，因其过长，在运转中容易引起剧烈振动。为此，将传动轴分成二根或三根，中间加支撑点，如图 12-12 所示。

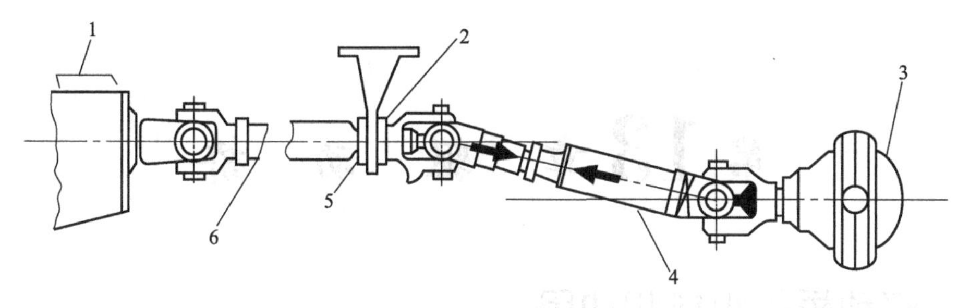

图 12-12　两段传动轴

1—变速箱；2—中间支撑；3—后驱动桥；4—后传动轴；5—球轴承；6—前传动轴

第13章 驱动桥

13.1 驱动桥的组成和功用

驱动桥是指变速箱或传动轴之后，驱动轮或驱动链轮之前的所有机件与壳体的总称。根据行驶系的不同，驱动桥可分为轮式驱动桥（如轮式装载机）和履带式驱动桥（如履带推土机）。

13.1.1 轮式驱动桥

如图13-1所示，轮式驱动桥由主传动器、差速器、半轴、最终传动（轮边减速器）和桥壳等零部件组成。主传动器为一对锥齿轮，它与差速器组成一个整体，安装在桥壳中。由变速箱传来的动力经主传动器、差速器、左右半轴齿轮和左右半轴分别传至左右最终传动，又经最终传动的太阳轮、行星齿轮和行星架最后传动到驱动轮上，驱动机械行驶。

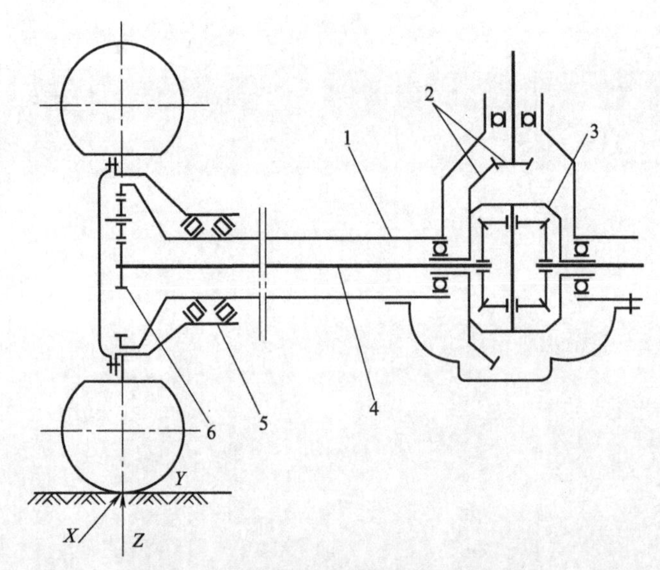

图13-1 轮式机械驱动后桥的基本组成

1—桥壳；2—主传动装置；3—差速器；4—半轴；5—轮毂；6—轮边减速器

13.1.2 履带式驱动桥

如图13-2所示，履带式驱动桥由主传动器、转向离合器、转向制动器、最终传动和桥壳等零部件组成。变速箱传来的动力经主传动器的一对锥齿轮传到左右转向离合器，再经半轴传到左右最终传动齿轮，最后传到驱动链轮上，卷绕履带，驱动机械行驶。

13.1.3 驱动桥的功用

驱动桥的功用是通过主传动器改变转矩旋转轴线的方向。通过主传动器和最终传动将变速箱输出轴的转速降低、转矩增大。通过差速器实现两侧车轮的差速作用，保证两侧车轮以

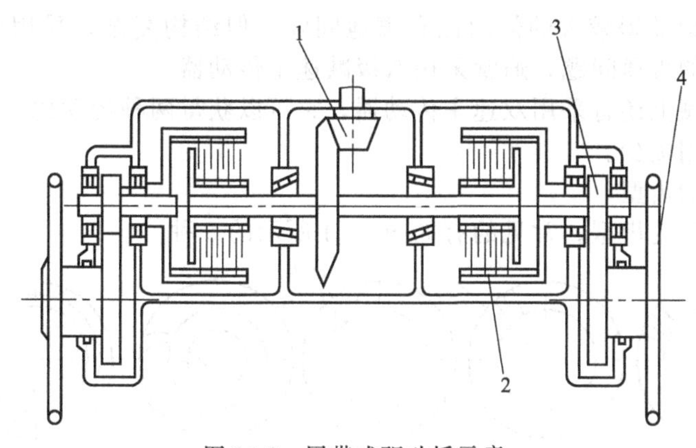

图 13-2 履带式驱动桥示意

1—主传动器；2—转向离合器；3—最终传动；4—驱动链轮

不同转速前进，以减小轮胎磨损和转向阻力，从而协助转向。履带式驱动桥通过转向离合器既传递动力，又执行转向任务。另外，驱动桥壳还起支撑和传力作用。

13.2 主传动器

无论是轮式驱动桥，还是履带式驱动桥，都有主传动器，它是驱动桥内第一个传力部件。它的功用是把变速箱传来的动力进一步降低转速，增大转矩；把变速箱传来的纵向动力改变为横向动力后经差速器或转向离合器传给最终传动。

主传动器位于变速箱之后，所承受的负荷较大，而且锥齿轮的受力情况也较复杂，不仅有切向力、径向力，还有轴向力，所以要求主传动器齿轮有较高的承载能力，即轮齿不易折断和不易磨损的能力，这些都与齿轮形式有关。

13.2.1 主传动器的类型

(1) 按主传动器的减速形式

① 单级减速主传动器 单级减速主传动器［图 13-3 (a)］由一对圆锥齿轮组成。由于结构简单，因此一般机械均采用这种传动形式，但由于主动小锥齿轮的最少齿数受到限制，传动比不能太大，否则从动锥齿轮及其壳体结构尺寸大，离地间隙小，机械通过性能差。

② 双级减速主传动器 双级主传动器通常由一对圆锥齿轮副和一对圆柱齿轮副组成

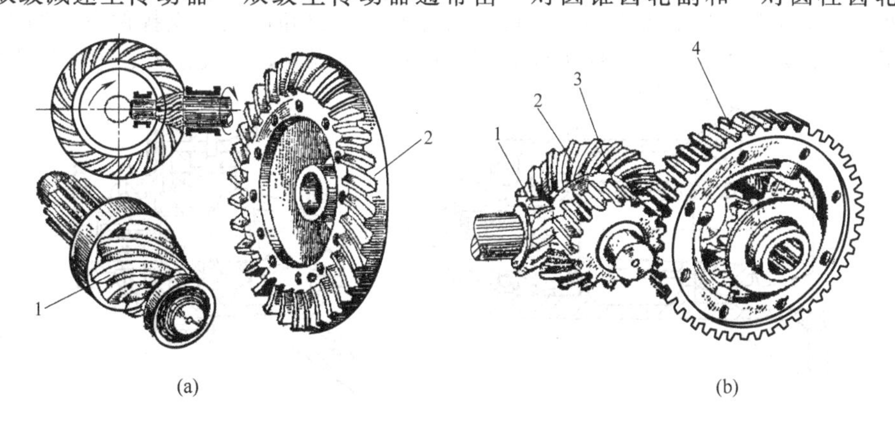

图 13-3 单级、双级主传动

1—主动锥齿轮；2—从动锥齿轮；3—主动圆柱齿轮；4—从动圆柱齿轮

[图 13-3 (b)]，可以获得较大的传动比和离地间隙，但结构复杂，采用较少。在贯通式驱动桥上，为解决轴的贯通问题，通常采用双级减速主传动器。

另外在个别机械上还有采用双速主传动器，它可以获得两种传动比，但由于这种构造形式过于复杂，故使用极少。

(2) 按锥齿轮的齿型

主传动器锥齿轮的齿型，常见的有如图 13-4 所示的 5 种。

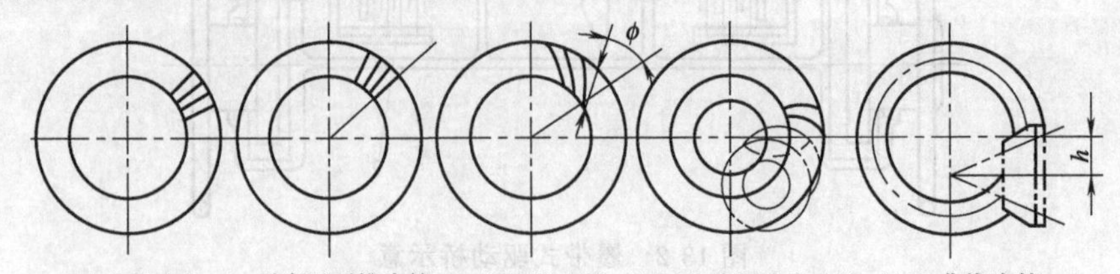

(a) 直齿锥齿轮 (b) 零度圆弧锥齿轮 (c) 螺旋锥齿轮 (d) 延伸外摆线锥齿轮 (e) 双曲线齿轮

图 13-4 主传动器的齿轮形式

① 直齿锥齿轮 直齿锥齿轮 [图 13-4 (a)] 齿线形状为直线，制造简单，轴向力小，没有附加轴向力；但它不发生根切的最少齿数多（最少 12 个），齿轮重叠系数小，齿面接触区小，故传动噪声大，承载能力小，在主传动器上使用较少。

② 零度圆弧锥齿轮 齿型是圆弧形 [图 13-4 (b)]，螺旋角（在锥齿轮的平均半径处，圆弧的切线与过该切点的圆锥母线之间的夹角）等于零。它的轴向力和最少齿数同直齿锥齿轮，传动性能介于直齿锥齿轮和螺旋锥齿轮之间，即同时啮合的齿数比直齿锥齿轮多，传递载荷能力较大，传动较平稳。

③ 螺旋锥齿轮 齿型是圆弧形 [图 13-4 (c)]，螺旋角 ϕ 不等于零，这种齿轮最少齿数可为 5～6 个，故结构尺寸小，且同时啮合齿数多，重叠系数大，传动平稳，噪声小，承载能力高，使用广泛。缺点是由于有附加轴向推力，因此轴向推力大，加大了支撑轴承的负荷。

④ 延伸外摆线锥齿轮 齿线开头为延伸外摆线 [图 13-4 (d)]，其性能和特点与螺旋锥齿轮相似。

⑤ 双曲线齿轮 这种齿轮最少齿数可少到 5 个 [图 13-4 (e)]，啮合平稳性优于螺旋锥齿轮，噪声最小。另外它的主、从动齿轮轴线不相交，而偏移一定距离 h，因此在总体布置上可以增大机械离地间隙或降低机械重心，从而提高机械的通过性或稳定性。它的缺点是传动过程中齿面间有相对滑动，传动效率低，必须使用特种润滑油。

另外，按主动锥齿轮的支撑形式又可分为悬臂式支撑和垮置式支撑两种（图 13-5)。前者结构简单，容易布置，但承载能力受限制；后者支撑刚度好，故在大、中型轮式机械上采

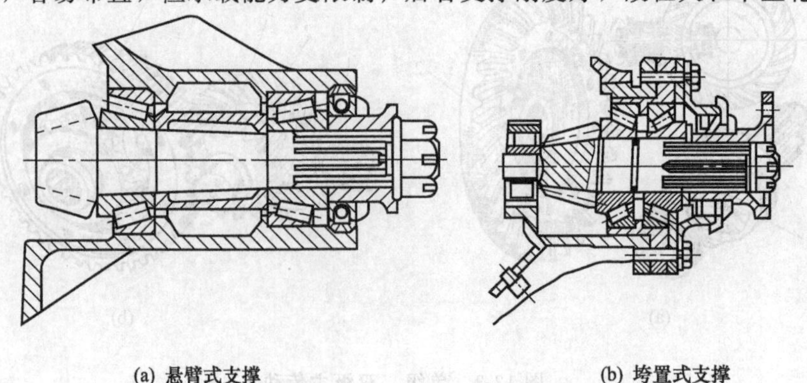

(a) 悬臂式支撑 (b) 垮置式支撑

图 13-5 主动锥齿轮的支撑形式

用较多，但结构复杂。

13.2.2 几种典型的主传动器

(1) 966D 装载机的主传动器

966D 装载机前、后驱动桥的主传动器形式相同，都是由一对螺旋锥齿轮组成的单级主传动器，轴线垂直相交，如图 13-6、图 13-7 所示。它们之间的区别在于：前驱动桥采用圆锥齿轮差速器，后驱动桥采用牙嵌式自由轮差速器（NOSPIN 差速器）。

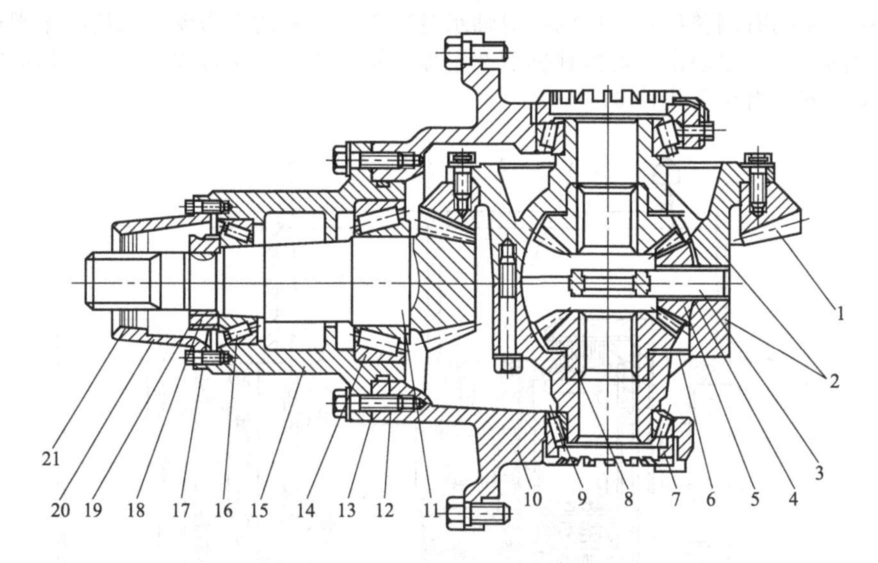

图 13-6 966D 装载机前驱动桥的主传动器与差速器

1—从动锥齿轮；2—差速器壳；3—十字轴；4—行星齿轮垫片；5—行星齿轮；6—半轴齿轮垫片；7—调整螺母；8—半轴齿轮；9,14,16—锥柱轴承；10—主传动器壳体；11—主动锥齿轮；12—密封圈；13—调整垫片；15—托架；17,19—螺母；18—衬垫；20—密封盖；21—油封

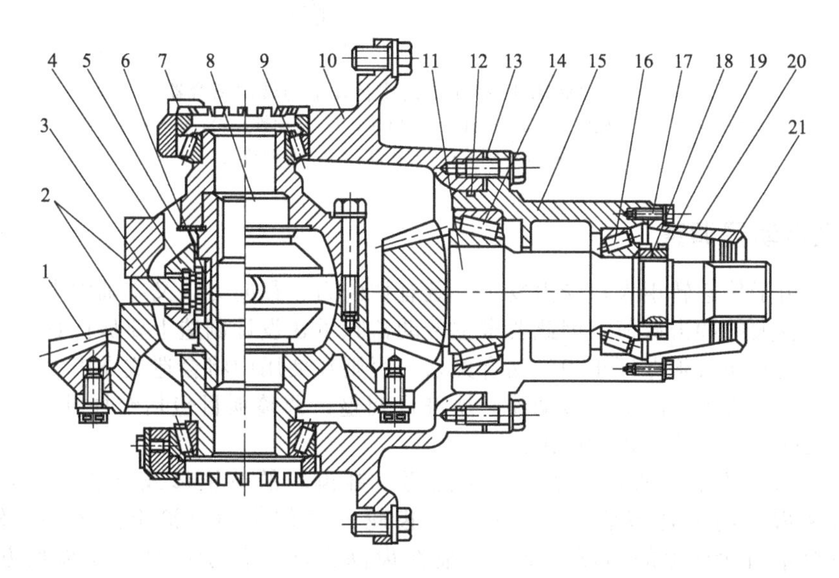

图 13-7 966D 装载机后驱动桥的主传动器与差速器

1—从动锥齿轮；2—差速器壳；3—主动环；4—从动环；5—花键毂垫片；6—弹簧；7—调整螺母；8—花键毂；9,14,16—锥柱轴承；10—主传动器壳体；11—主动锥齿轮；12—密封圈；13—调整垫片；15—托架；17,19—螺母；18—衬垫；20—密封盖；21—油封

驱动桥中的主动锥齿轮 11 和轴制成一体，通过一对大、小锥柱轴承 14 和 16 悬臂支撑在托架 15 上，托架与主传动器壳体 10 用螺钉连成一体，中间装有调整垫片 13，主传动器壳体又用螺栓固装在驱动桥壳上，从动锥齿轮 1 用螺栓固定在差速器壳 2 上，差速器壳通过一对锥柱轴承 9 安装在主传动器壳体 10 的座孔中。

(2) D85A-18 推土机主传动器

D85A-18 推土机的主传动器见图 13-8 所示。它由一对螺旋锥齿轮组成。主动锥齿轮（图中未示出）与变速箱的输出短轴制成一体，由安装在变速箱的输出端盖和轴承盖（两盖由螺钉连接，中间有调整垫片）中的一对轴承悬臂支撑。从动锥齿轮 5 的齿圈用螺栓 4 固定在横轴 3 的凸缘上，横轴由一对锥柱轴承 2 支撑。轴承座 1 用螺钉固定在主传动器室两侧的隔板上，中间安装有调整垫片 6。

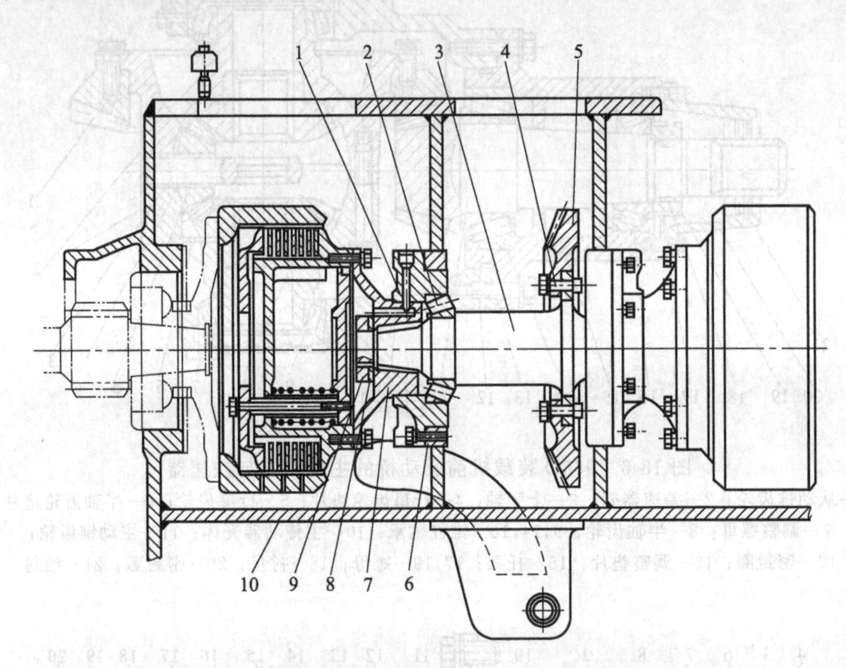

图 13-8 D85A-18 推土机的主传动器与转向离合器

1—轴承座；2—锥柱轴承；3—横轴；4—螺栓；5—从动锥齿轮；6—调整垫片；7—接盘；8—锁片；9—螺母；10—驱动桥壳

13.2.3 主传动器调整

主传动器由于传递转矩大，受力复杂，既有切向力、径向力，又有轴向力，在机械作业中有时还产生较大的冲击载荷，因此要求主传动器除了在设计制造上要保证具有较高的承载能力外。在装配时还必须保证正确的啮合关系，否则在使用中将会造成噪声大、磨损快、齿面剥落，甚至轮齿折断，故对主传动器必须进行调整，调整项目包括锥柱轴承的安装紧度，主从动锥齿轮的啮合印痕和齿侧间隙。

所谓主传动器的正确啮合，就是要保证两个锥齿轮的节锥母线重合。其判断方法通常采用检查两齿轮的啮合印痕，即在一个锥齿轮的工作齿面上涂上红铅油，转动齿轮，检查在另一个锥齿轮面上的印痕，要求印痕在齿高方向上位于中部，在齿长方向上不小于齿长之半，并靠近小端，这样当齿轮承载后，小端变形大，使实际工作印痕向大端方向移动，而趋向齿长中间。啮合印痕不合适时，可通过前后移动小锥齿轮或左右移动大锥齿轮来调整。

齿侧间隙检查方法一般是在锥齿轮的非工作齿面间放入比齿侧间隙稍厚的铅片，转动齿轮后，取出挤压过的铅片，最薄处的厚度即是齿侧间隙。新齿轮的齿侧间隙一般为0.2～0.5mm，如966D装载机和D85A-18推土机主传动器锥齿轮的齿侧间隙分别为0.3mm±0.1mm和0.25～0.33mm。必须注意的是，工作中因齿面磨损而使齿侧间隙增大是正常现象，这时不需要对锥齿轮进行调整。否则调整后反而会改变啮合位置，破坏正确啮合关系。齿侧间隙调整可通过左右移动大锥齿轮实现。

锥齿轮传动由于有较大轴向力作用，因此一般采用锥柱轴承支撑。但这种轴承当有少量磨损时对轴向位置影响却较大，这将破坏锥齿轮的正确啮合关系。为消除因轴承磨损而增大的轴向间隙，恢复锥齿轮的正确啮合关系，故在使用中要注意调整轴承紧度。

主传动器的调整顺序一般是先调整好锥轴承的安装紧度，然后调整锥齿轮的啮合印痕，最后检查齿侧间隙。

966D装载机主传动器（图13-6、图13-7）的主动锥齿轮支撑轴承14、16的安装紧度调整通过适当拧紧螺母19来进行，从动锥齿轮及差速器壳体支撑轴承9的安装紧度通过适当拧紧调整螺母7来进行；主动锥齿轮的前后移动通过增减托架与主传动器壳体之间的调整垫片13的厚度来进行，从动锥齿轮的左右移动可通过左、右调整螺母7，一边扭松多少，另一边相应扭紧多少的方法来进行。

D85A-18推土机主传动器（图13-8）的从动锥齿轮支撑轴承的安装紧度通过增减轴承座与后桥壳隔板间的调整垫片6的厚度来进行；主动锥齿轮的前后移动通过增减支撑轴承盖与变速箱输出端盖间的调整垫片的厚度来进行；从动锥齿轮的左右移动可通过将轴承座处的调整垫片6从一侧取出一定数量而将厚度加到另一侧的方法来进行。

13.3 差速器

差速器的功用是当工程机械转弯行驶或在不平路面上行驶时，使左右驱动轮以不同的转速滚动，即保证两侧驱动轮作纯滚动运动。

当工程机械转弯行驶时，内外两侧车轮中心在同一时间内移过的曲线距离显然不同，即外侧车轮移过的距离大于内侧车轮。若两侧车轮固定在同一根刚性转轴上，两轮角速度必然相等，则此时外轮必然是边滚动边滑移，内轮必然是边滚动边滑转。

同样，工程机械在不平路面上直线行驶时，两侧车轮实际移过曲线距离也不相等。即使路面非常平直，但由于轮胎制造尺寸误差，磨损程度不同，承受的载荷不同或充气压力不等，各个轮胎的滚动半径实际上不可能相等。因此，只要各车轮角速度相等，车轮对路面的滑动就必然存在。

车轮对路面的滑动不仅会加速轮胎磨损，增加动力消耗，而且可能导致转向和制动性能的恶化。所以，在正常行驶条件下，应使车轮尽可能不发生滑动。为此，在结构上必须保证各个车轮有可能以不同角速度旋转，若主减速器从动齿轮通过一根整轴同时带动两侧驱动轮，则两轮角速度只能是相等的。因此，使两侧驱动轮的驱动轴断开（称为半轴），而由主减速器从动齿轮通过一个差速齿轮系统——差速器分别驱动两侧半轴和驱动轮。这种装在同一驱动桥两侧驱动轮之间的差速器称为轮间差速器。

基于同样原因，在多桥驱动桥之间也会产生上述轮间无差速器的类似情况，造成驱动桥间的功率循环，导致传动系中增加附加载荷，损伤传动零件，增大功率消耗和轮胎磨损，因此多桥驱动桥间也需安装轴间差速器。

无论是轮间差速器还是轴间差速器，按其工作特性均可分为普通差速器和防滑差速器。普通齿轮式差速器分为圆锥行星齿轮式和圆柱齿轮式两种。目前，圆锥行星齿轮式差速器得到广泛应用。

13.3.1 普通锥齿轮差速器

普通锥齿轮式差速器如图 13-9 所示。它主要由左右两半组成的差速器壳 2、十字轴 4、左右半轴齿轮 3、5 和行星齿轮 10 组成。左右差速器壳 2 用螺钉连为一体，在分界面处固定安装着十字轴 4，两端通过锥柱轴承支撑在主传动器壳体上，行星齿轮 10 与左右半轴齿轮 3、5 啮合，行星齿轮空套在十字轴 4 上。齿轮背面加工成球形，便于对正中心，并装有球形垫片。半轴齿轮的颈部滑动支撑在差速器壳 2 的座孔中，并通过内孔花键和半轴相连，齿轮背面与壳体之间安装有垫片。差速器壳体上有窗孔，靠主动传动器壳体内的润滑油经由窗孔来润滑各零件。

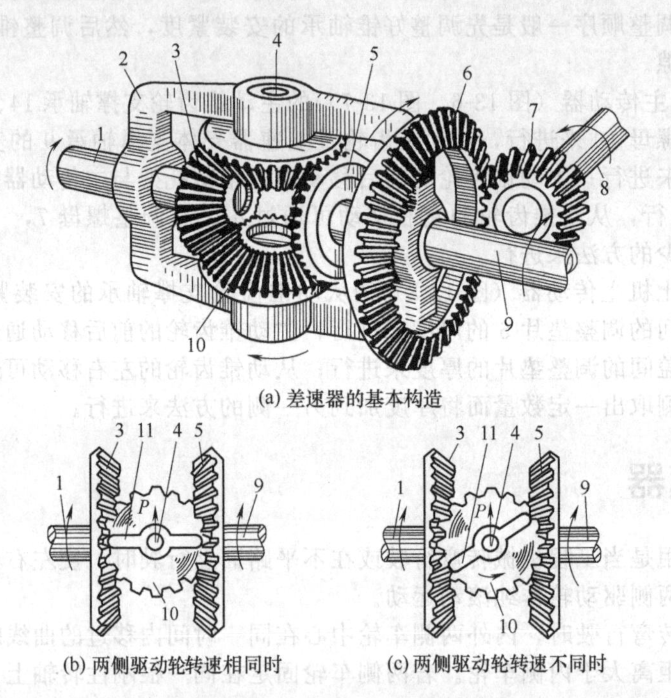

(a) 差速器的基本构造

(b) 两侧驱动轮转速相同时　(c) 两侧驱动轮转速不同时

图 13-9 差速器的工作原理

1—左半轴；2—差速器壳；3—左半轴齿轮；4—十字轴；5—右半轴齿轮；6—主传动从动锥齿轮；7—主动锥齿轮；8—主动轴；9—右半轴；10—行星齿轮；11—示意传力杠杆

普通锥齿轮差速器的工作原理可由图 13-9（b）、（c）来说明。当机械沿平路直线行驶时，两侧驱动轮在同一时间滚过的路程相等，因此，差速器壳 2 与两半轴齿轮 3 和 5 的转速相等，这时，行星齿轮 10 没有自转，两侧驱动轮就像用一根整轴连起来一样以相同转速旋转。

当机械转弯时，内侧驱动轮因滚过的路程较短而旋转得较差速器壳慢；外侧驱动轮因滚过较长的路程而旋转得较差速器壳快。这时，与两侧半轴齿轮相啮合的行星齿轮便开始自转，允许两侧半轴齿轮产生一定的转速差，从而实现了在转弯时两侧驱动轮以相应的不同转速而只滚不滑地旋转。

如图 13-9（c）所示，机械向左转弯，设左半轴齿轮 3、右半轴齿轮 5 和行星齿轮 10 的齿数分别为 Z_1、Z_2 和 Z_3，差速器壳转速为 n_0，行星齿轮自转的转速为 n_3，则左半轴齿轮转速应减少为

$$n_1 = n_0 - n_3 \frac{Z_3}{Z_1} \tag{13-1}$$

而右半轴齿轮的转速则应增大为

$$n_2=n_0+n_3\frac{Z_3}{Z_2} \tag{13-2}$$

通常两半轴齿轮的齿数相等，即 $Z_1=Z_2$。因此式（13-1）与式（13-2）相加可得出

$$n_1+n_2=2n_0 \tag{13-3}$$

式（13-3）称为普通锥齿轮式差速器的运动特性方程。特性方程表明两半轴齿轮的转速之和恒等于差速器壳转速的2倍，分析方程式可知

① 机械在平路上直线行驶时，因为 $n_1=n_2=n_0$，所以也满足特性方程 $n_1+n_2=2n_0$。

② 当 $n_1=0$（或 $n_2=0$）时，则 $n_2=2n_0$（或 $n_1=2n_0$）。说明当一侧半轴齿轮转速为零时，另一侧半轴齿轮的转速等于差速器壳转速的2倍。此时相当于一侧车轮陷入泥泞中打滑时，另一侧车轮在附着性能较好的路面上静止不动，而陷入泥泞中的打滑车轮则以2倍差速器壳的转速高速旋转。

③ 当 $n_0=0$ 时，则 $n_1=-n_2$。说明当差速器壳转速为零，两半轴齿轮则以相反方向同速旋转。此时相当于中央制动器紧急制动时，差速器壳不转。由于两侧驱动轮的附着力不同，则将使两侧驱动轮沿相反方向转动，造成机械偏转甩尾。

差速器在传递运动的同时，还将主传动从动齿轮传给差速器壳的扭矩通过十字轴、行星齿轮、两侧半轴齿轮、半轴和最终传动而传给驱动轮，从而推动机械行驶。

如图13-9（b）所示，行星齿轮相当于一个等臂杠杆，当机械在平路上直线行驶时，由主传动传来的扭矩显然平均分配给两半轴齿轮。

当转弯或其他情况时，使行星齿轮发生自转［图13-9（c）］，则行星齿轮孔与十字轴之间有摩擦力矩产生，此摩擦力矩将影响作用在两半轴齿轮上的扭矩。但因表面光滑并有充分的润滑，故此摩擦力矩非常微小，对于半轴齿轮的受力情况几乎没有什么影响，故可忽略不计。这样，即使在行星齿轮有自转的情况下，扭矩仍然可以认为是平均分配给两半轴齿轮，这就是差速器“差速不差扭”的传力特性。

这种特性在某些情况下给机械带来缺陷。例如当一侧驱动轮掉入泥坑中，由于附着力小而产生滑转，则牵引力很小；另一侧驱动轮虽然在好的路面上，本来能够提供较大的附着力，但因差速器平均分配转矩的特性，使这侧驱动轮也只能得到与滑转侧驱动轮相同的很小转矩，故机械得到的总牵引力很小，于是一侧车轮静止，另一侧车轮以差速器壳的2倍转速滑转，机械不能前进。

为了克服普通锥齿轮差速器的上述缺陷，提高车辆的通过性，因此出现了不同形式的防滑差速器。

13.3.2 强制锁住式差速器

强制锁住式差速器是在普通锥齿轮差速器上安装差速锁，当一侧车辆打滑时，接合差速锁，使差速器不起差速作用。

一般差速锁的结构如图13-10所示。带牙嵌的滑动套2与半轴1以滑动花键相连接，在差速器壳上有固定牙嵌3，图示位置为差速锁不起作用位置，差速器处于正常工作情况。

当一侧车轮打滑时，通过操纵杆移动牙嵌滑动套2，使它与差速器壳上的固定牙嵌3接合，则差速器壳与半轴被锁在一起，行星齿轮不能自转，差速器失去作用，两半轴即被刚性地连在一起。这样两侧驱动轮便可以得到由附着力决定的驱动力矩，从而充分利用不打滑侧车轮的附着力，驱动车辆前进，驶出打滑地段。当然如果两侧附着力都比较小，即便锁住差速器，而行驶所需要的牵引力还是大于附着力时，则车辆仍无法前进。

要特别注意，当驶出打滑地段后，应及时脱开差速锁，使差速器恢复正常工作。这种强制锁住式差速器结构简单，使用广泛，这种差速器也叫带刚性差速锁的差速器。

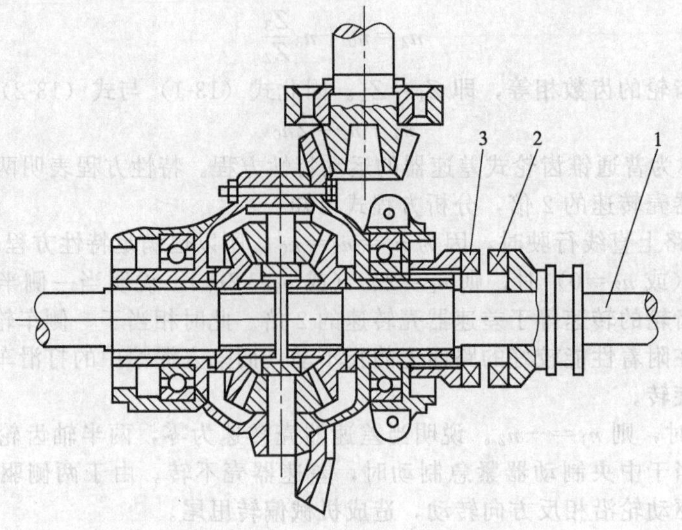

图 13-10 强制锁住式差速器

1—半轴；2—带牙嵌的滑动套；3—差速器壳上的固定牙嵌

13.3.3 带非刚性差速锁的差速器

这种差速器用液压控制的湿式多片摩擦离合器作为差速锁，如图 13-11 所示。外摩擦片 6 与差速器壳 3 用花键相连，内摩擦片 5 与右半轴齿轮 9 也用花键相连。需要差速锁起作用时，活塞 7 在油压力作用下将内外摩擦片压紧，利用摩擦力将右半轴齿轮与差速器壳锁在一起从而使左右半轴不能相对转动。

这种差速锁的特点是，不论两根半轴处在任何相对转角位置都可以随时锁住；当一侧车轮突然受到过大外阻力矩时，摩擦片有打滑缓冲作用；此外，液压操纵非常方便，通过操纵

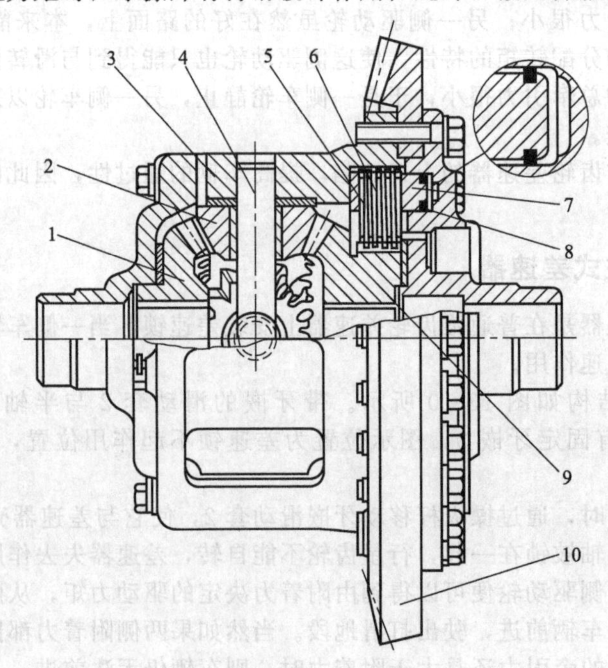

图 13-11 带非刚性差速锁的差速器

1—右半轴齿轮；2—行星锥齿轮；3—差速器壳；4—十字轴；5—内摩擦片；6—外摩擦片；7—活塞；8—密封圈；9—右半轴齿轮；10—大锥齿轮

电磁控制阀可随时将差速锁打开或关闭。

差速器还有其他各种各样的形式，比如限滑差速器、圆柱行星齿轮式差速器等，这里就不一一介绍了。

13.4 转向离合器与转向制动器

履带式机械的转向离合器和制动器左右各一个，分装在后桥左右两个转向离合器室内。

13.4.1 转向离合器

履带式机械的转向离合器一般采用片式摩擦离合器。由于经过变速箱、中央传动几次减速增扭，加上又要考虑发动机的全部力矩经过一个转向离合器传给一侧的履带来确定离合器的设计容量，所以转向离合器传递的转矩比主离合器大得多。而且由于受后桥壳尺寸的限制不可能将直径做得过大，因而一般均采用多片摩擦离合器。目前国内外各种履带式推土机的转向离合器多采用湿式结构，可以减少磨损，增加使用寿命。

转向离合器的作用是：当两侧转向离合器均接合时，机械直线行驶；分开某一侧转向离合器时，动力只经由被接合一侧的转向离合器驱动该侧履带，这时机械转向行驶；若将被分离的一侧转向离合器的从动鼓用制动器制动，则机械可在原地做急转弯动作。

根据离合器分离接合的作用方式不同，转向离合器分为单作用式和双作用式两种。当分离靠液压，压紧靠弹簧，这种转向离合器称为单作用式；当转向离合器分离靠油压，压紧既靠弹簧又靠油压，则称为双作用式。双作用式转向离合器如图 13-12 所示。

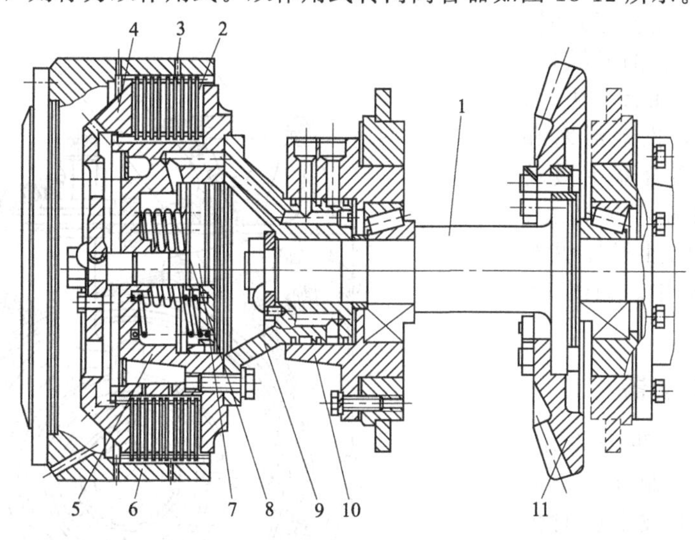

图 13-12 T220 型推土机的双作用式转向离合器

1—大圆锥齿轮轴；2—从动盘；3—主动片；4—压板；5—内鼓；6—制动鼓；7—活塞；8—弹簧；9—接盘；10—轴承座；11—大圆锥齿轮

双作用式转向离合器压紧弹簧的压紧力只占总的压紧力的 25%左右，此压紧力所产生的摩擦力矩只够用于启动时带动发动机转动。在正常作业时，要供入 1MPa 的油压以保持离合器处于接合或分离状态。图 13-13 为双作用式转向离合器的工作原理图。

当机械直行时，左右转向离合器处于接合状态，操纵离合器操纵杆，压力油从左右操纵阀经油管、轴承壳、接盘和内鼓，进入液压缸小腔，如图 13-13 (a) 所示。活塞经活塞杆用螺母和压板连接，压板将主被动片紧紧压成一体，动力得以传递。这时液压缸大腔的油经操纵阀回入转向箱。

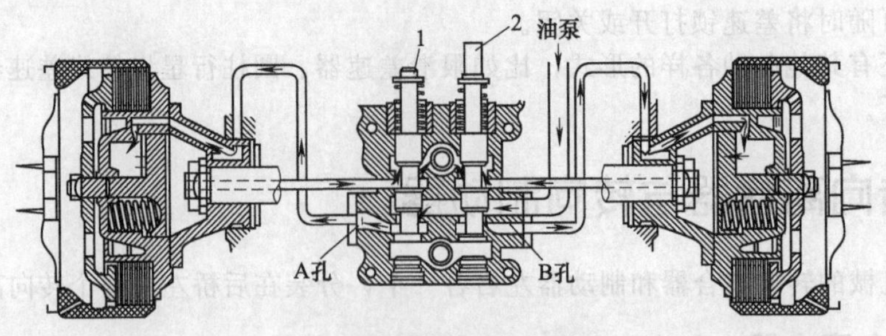

(a) 左右转向离合器接合(直行)

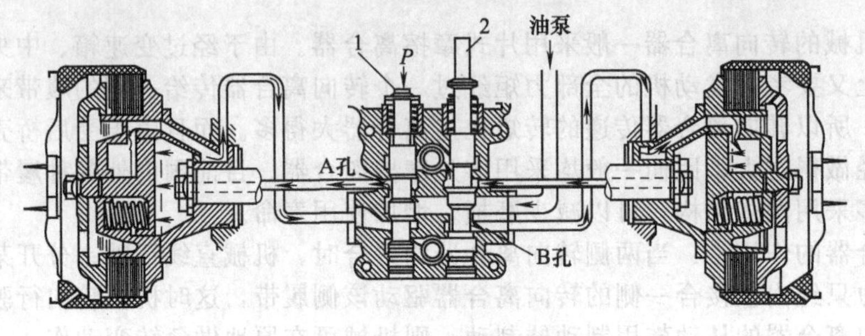

(b) 转向离合器左分右合(左转弯)

图 13-13 双作用转向离合器的工作原理

1—左操纵阀；2—右操纵阀

当机械转弯（左转弯）时，拉动左离合器操纵阀的操纵杆，压力油从操纵阀经油管、法兰，进入液压缸大腔，推动活塞和压板向左移动，离合器主被动片间没有压紧力而不能传力。这时液压缸小腔的油经操纵阀回入转向离合器箱中。如图 13-13（b）所示。

13.4.2 转向制动器

转向制动器有两个作用：一是用于转急弯时制动一侧履带，二是用于在纵坡上临时停车或停放。

履带式推土机多采用带式制动器（如图 13-14），因为多片式转向离合器的从动鼓正好可用于带式制动器的制动鼓。带式制动器和其他形式的制动器相比，结构简单、尺寸紧凑、包角大、制动力矩大；但磨损不均匀、本身散热情况不好、制动器轴受弯。

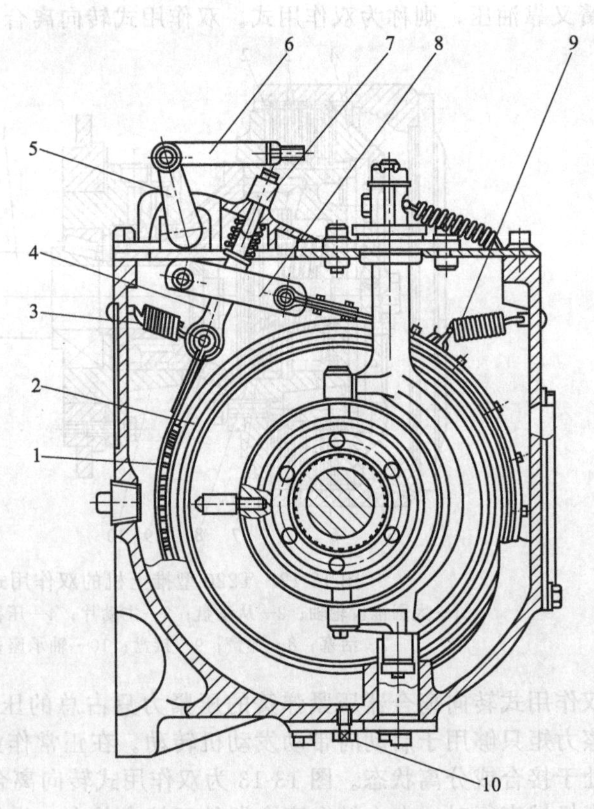

图 13-14 单端拉紧式制动器

1—制动带；2—制动鼓（转向离合器被动鼓）；3,9—弹簧；4—内拉杆；5—上曲臂；6—外拉杆；7—调整螺母；8—连接柄；10—螺栓

13.5 最终传动

最终传动是传动系最后一个减速增扭机构，它可以加大传动系总的减速比，满足整机的行驶和作业要求。同时由于可以相应减少主传动器和变速箱的速比，因此降低了这些零部件传递的转矩，减小了它们的结构尺寸，故在几乎所有的履带机械上和大部分轮式机械上都装有最终传动。

13.5.1 轮式机械的最终传动

现代轮式工程机械通常采用行星齿轮式最终传动。现以966D装载机为例，介绍其结构（如图13-15）。

在驱动桥壳两端分别由螺钉固定住花键套4，在它的外圆花键上安装着齿圈架5，二者由挡圈7通过螺钉6连接在一起。齿圈8与齿圈架5通过齿形花键连接，并用卡环18限制齿圈轴向移动，因此齿圈8是固定件。

太阳轮9通过花键安装在半轴外端，端头由卡环定位（图中未示出）。行星齿轮16通过滚针轴承支撑在与行星架15固装的行星轮轴13上，它分别与太阳轮9和齿圈8啮合。行星架15和轮毂17用螺钉固定在一起，轮毂通过一对大、小锥柱轴承支撑在花键套4上，从差速器和半轴传来的转矩经太阳轮9、行星齿轮16、行星架15，最后传到轮毂17（即驱动轮）上，使驱动轮旋转，驱动机械行驶。

最终传动采用闭式传动，它的外侧由固定在行星架上的端盖10封闭，端盖上安装有挡销12，防止半轴向外窜动；还加工有螺塞孔，用来加注润滑油并控制油面高度，平时由螺塞11封堵，轮毂内侧与花键套之间安装着浮动油封3，防止润滑油漏入制动器中。

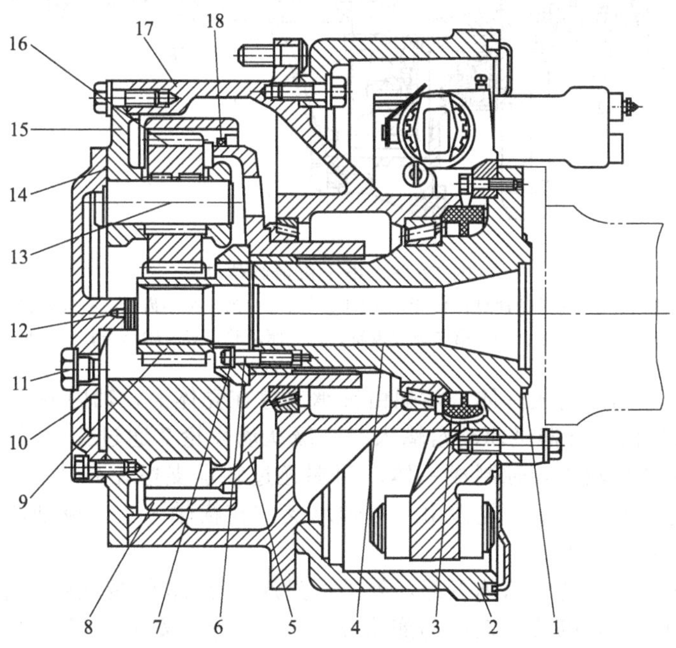

图13-15 966D装载机的最终传动

1,14—密封圈；2—制动鼓；3—浮动油封；4—花键套；5—齿圈架；6—螺钉；7—挡圈；8—齿圈；9—太阳轮；10—端盖；11—螺塞；12—挡销；13—行星齿轮轴；15—行星架；16—行星齿轮；17—轮毂；18—卡环

13.5.2 履带式机械的最终传动

履带式机械运行速度低，牵引力大，传动系统总的减速比大，同时为了降低中央传动和离合器以及整个传动系统所传递的力矩，以减小零部件尺寸，总是希望增加最终传动的减速比。履带式机械的最终传动，常见的有两种结构形式，外啮合圆柱齿轮式最终传动（有一级减速和两级减速两种）和行星齿轮式。

(1) 两级外啮合圆柱齿轮式最终传动

多数履带式推土机的终传动采用这种形式的最终传动，其结构如图 13-16 所示。

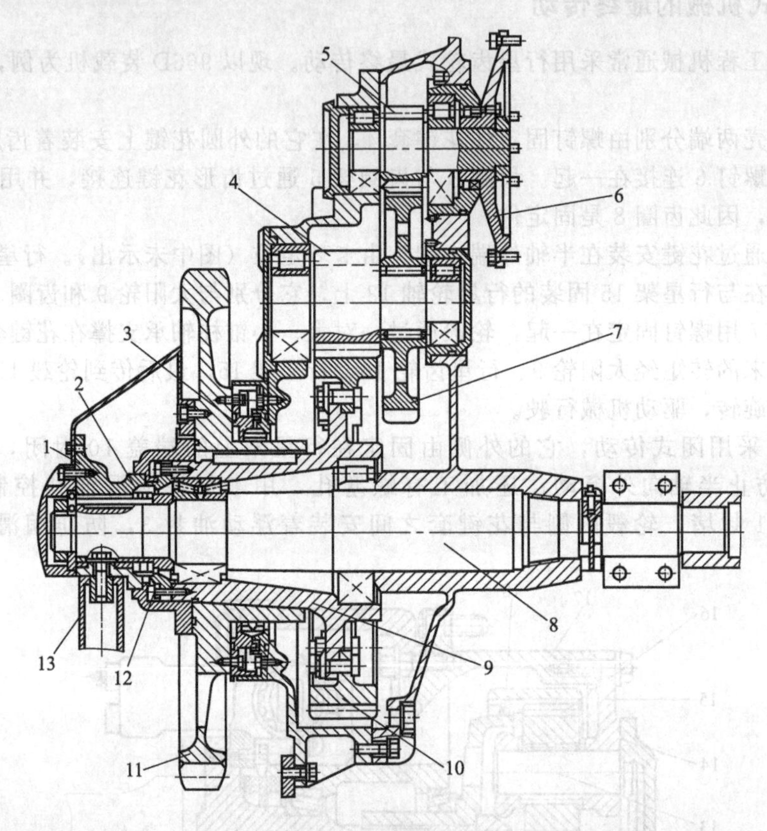

图 13-16 推土机最终传动

1—轴承；2—外浮动油封；3—内浮动油封；4—第二级小齿轮；5—第一级小齿轮；6—驱动盘；7—第一级大齿轮；8—横轴；9—轮毂；10—第二级大齿轮；11—驱动轮；12—轴承盖；13—履带架

一级主动齿轮 5 和轴制成一体，两端由轴承支撑在壳体上，轴内端通过锥形花键固定着驱动盘 6，动力由转向离合器经驱动盘输入。一级从动齿轮 7 通过三个平键固装在二级主动齿轮轴上，二级主动齿轮 4 和轴制成一体，两端通过轴承支撑在壳体上，二级从动齿轮 10 的齿圈用螺栓固定在轮毂 9 上，轮毂由一对轴承支撑在横轴 8 上，驱动轮 11 的轮毂通过内孔锥形花键固定在轮毂 9 上。

横轴 8 内端压装在驱动桥箱体下部，外端通过履带架 13 铰装在台车架上。在驱动轮 11 的轮毂与最终传动壳体间以及驱动轮与履带架 13 之间分别安装着浮动油封 2 和 3，防止最终传动系中润滑油外漏，同时防止外部泥水进入最终传动壳体内。

(2) 行星齿轮式最终传动

图 13-17 所示为某履带式推土机的最终传动。这种最终传动装置为二级综合减速，第一级为外啮合齿轮式减速，第二级为行星轮机构减速。第一级从动轮 10 的轮毂通过花键与第

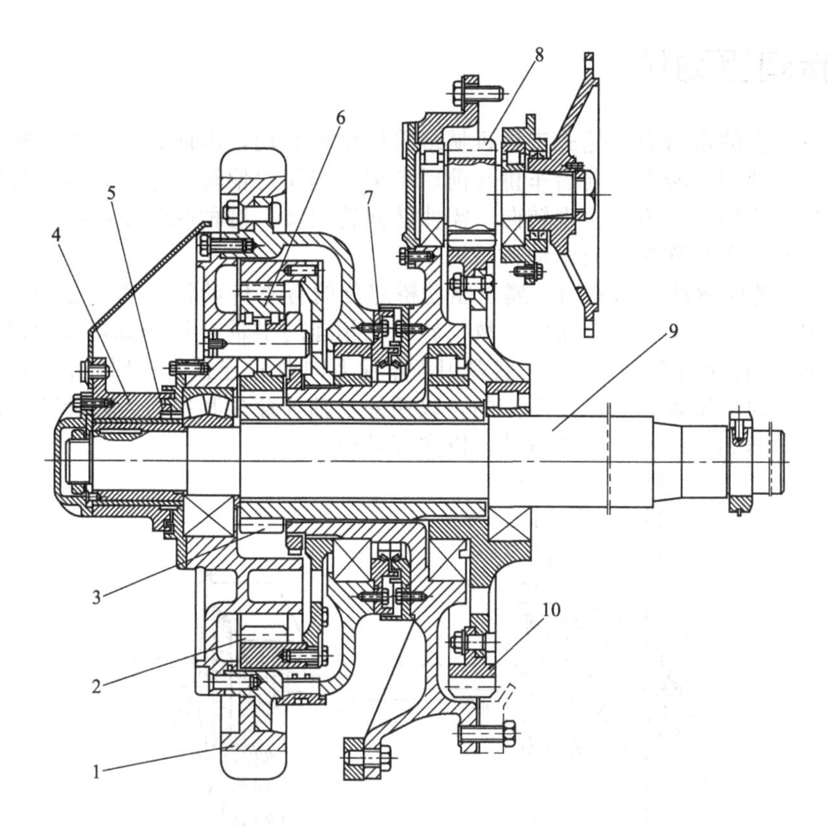

图 13-17 行星齿轮式的最终传动装置

1—驱动轮；2—第二级齿圈；3—太阳轮；4—轴承；5—外浮动油封；6—第二级行星轮；7—内浮动油封；8—第一级小齿轮；9—半轴；10—第一级大齿轮

二级行星轮机构的太阳轮 3 装在一起。三个行星轮 6 同装在一个行星轮架上，该架通过螺钉和驱动轮轮毂装在一起，并通过两对止推轴承支撑在半轴 9 上。固定齿圈 2 装在箱盖上。动力经一级减速传给太阳轮 3 后，行星轮绕太阳轮自转与公转，并带着行星轮架和驱动轮一起旋转。

履带式机械的最终传动中，一般都安装有浮动油封，这是一种效果较好的端面密封装置，其结构如图 13-18 所示。

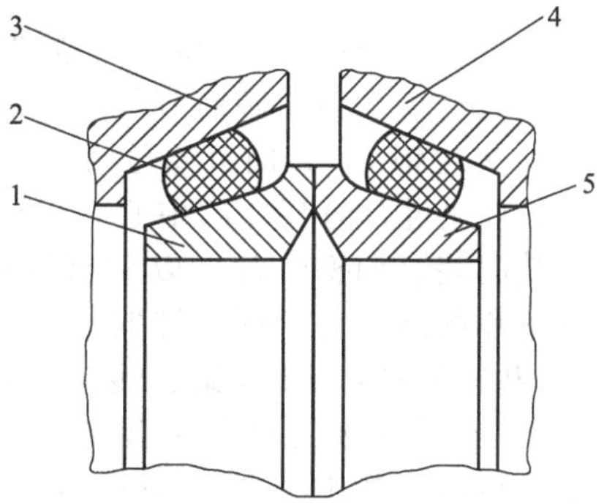

它主要由两个金属密封圆环（动环 1 和静环 5）及两个 O 形橡胶密封圈 2 组成。动环 1 和静环 5 用特种合金钢制造，外圆面为斜面，其相接触的两端面经过研磨抛光加工。两个 O 形橡胶圈 2 分别放置在动环 1 和旋转件密封支座 3 以及静环 5 和固定密封支座 4 之间的锥面处，组装后轴向上加有预紧力。因此两 O 形圈产生弹性变形被压扁，这样不仅密封了斜面处，而且两环的接触端面也因 O 形圈弹性产生的轴向压力而互相贴紧，保证了足够的密封。工作时动环 1 在 O 形圈摩擦力的作用下被带动旋转，当两环的接触端面因相对运动而磨损后，O 形圈的弹性可起到补偿作用，从而仍能达到可靠密封。由此可见，这种密封装置结构简单，密封可靠，使用寿命长，故被广泛采用。

图 13-18 浮动油封

1—动环；2—O 形橡胶密封圈；3—旋转件密封支座；4—固定件密封支座；5—静环

13.6 转向驱动桥

为了获得较大的牵引力，轮式工程机械多采用全桥驱动，即前、后桥均为驱动桥。铰接式车架的前后桥通用，转向时前后车桥与前后车架一起相对偏转。整体式车架的轮式机械在转向时，前桥不能偏转，为了实现转向，需使转向轮偏转。这种既为驱动桥，又通过转向轮偏转而实现转向的车桥称为转向驱动桥。

图 13-19 为转向驱动桥示意图。属于驱动桥部分的有主传动器 1 和差速器 3，由于转向时它的车轮需要绕主销偏转一个角度，故与转向轮相连的半轴必须分成内外两段 4 和 8（内半轴和外半轴），其间用万向节 6（一般多用等角速万向节）连接，同时主销 12 也因而分制成上下两段。转向节轴颈部分做成中空的，以便外半轴 8 穿过其中。当转动转向盘时，通过齿轮齿条式转向器和横拉杆使前轮偏转，以实现转向。

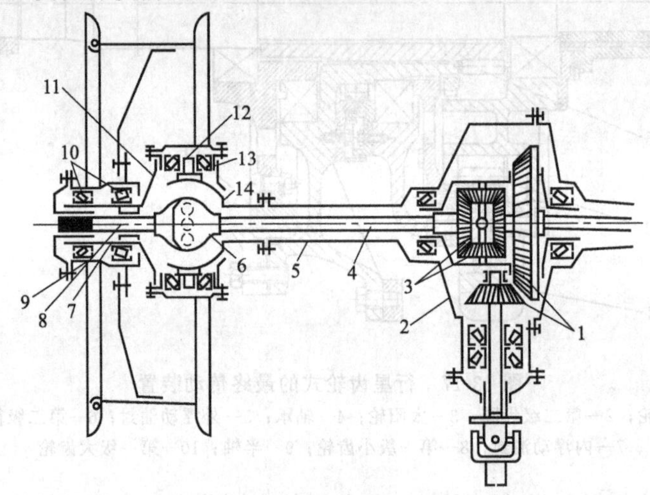

图 13-19 转向驱动桥示意

1—主传动器；2—主传动器壳；3—差速器；4—内半轴；5—半轴套管；6—万向节；7—转向节轴颈；8—外半轴；9—轮毂；10—轮毂轴承；11—转向节壳体；12—主销；13—主销轴承；14—球形支座

图 13-20 为转向驱动桥的构造图。在该种桥上，半轴套管 17 两端用螺栓固定转向节球形支座 15。转向节由转向节外壳 6 和转向节轴颈 7 组成，两者用螺钉连成一体。球形支座 15 上带有主销 4，转向节通过两个圆锥滚子轴承活装在主销 4 上，主销 4 上下两段在同一轴线上，且通过万向节 2 的中心，以保证车轮转动和转向互不干涉。两个轴用轴承盖 5 压紧，其间装有调整垫片，以调整轴承间隙；为使万向节中心在球形支座的轴线上，上下调整垫片的厚度应相同。转向节轴颈 7 外装有轮毂 13，轮毂轴承用调整螺母 10、锁止垫圈 11 和锁紧螺母 12 固紧。转向节轴颈 7 与外半轴 8 之间压装有青铜衬套 20，以支撑外半轴 8。外半轴 8 通过凸缘盘和轮毂 13 连接，从差速器传来的转矩即可通过万向节 2、外半轴 8 传给轮毂 13。为了防止半轴的轴向窜动，在球形支座 15 与转向节轴颈 7 内孔的端面装有止推垫圈 18、19。在转向节外壳 6 上还装有调整螺钉，以限制车轮的最大偏转角度。为了保持球形支座内部的润滑和防止主销轴承、万向节被沾污，在转向节外壳 6 的内端面上装有油封 14。

当通过转向节臂 16 推动转向节时，转向节便可绕主销偏转而使前轮转向。

图 13-21 为轮胎式起重机转向驱动桥的构造图。其主传动装置、差速器、轮边减速器与后桥完全相同，半轴则分为内外两段，中间用球叉式万向节连接，以便转弯时传递动力。

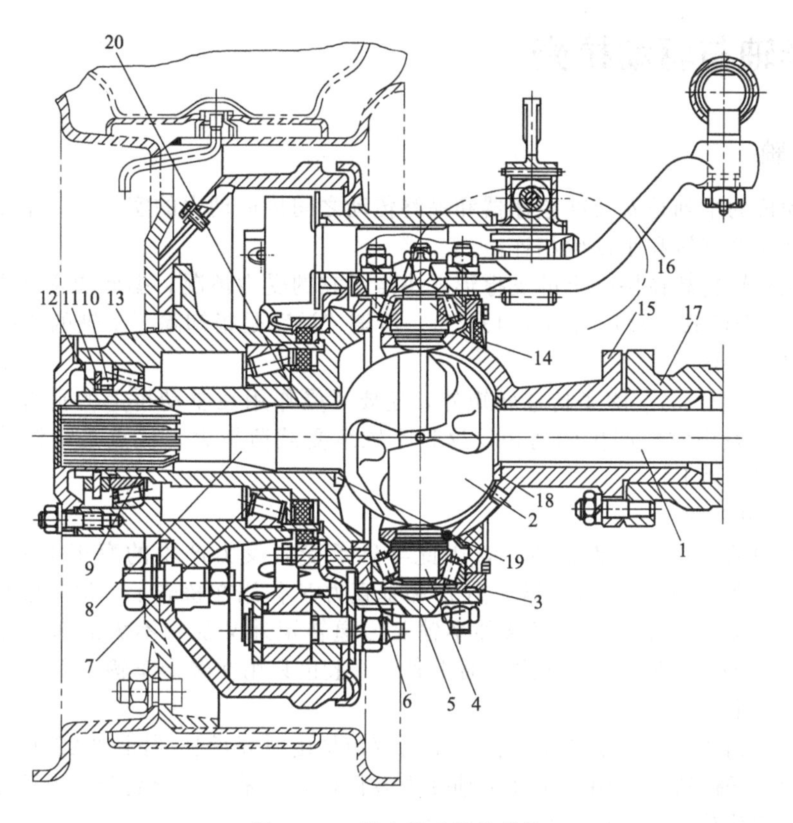

图 13-20 转向驱动桥的结构

1—内半轴；2—等角速万向节；3—调整垫片；4—主销；5—轴承盖；6—转向节外壳；7—转向节轴颈；8—外半轴（驱动轴）；9—凸缘盘；10—调整螺母；11—锁止垫圈；12—锁紧螺母；13—轮毂；14—油封；15—转向节球形支座；16—转向节臂；17—半轴套管；18,19—止推垫圈；20—青铜衬套

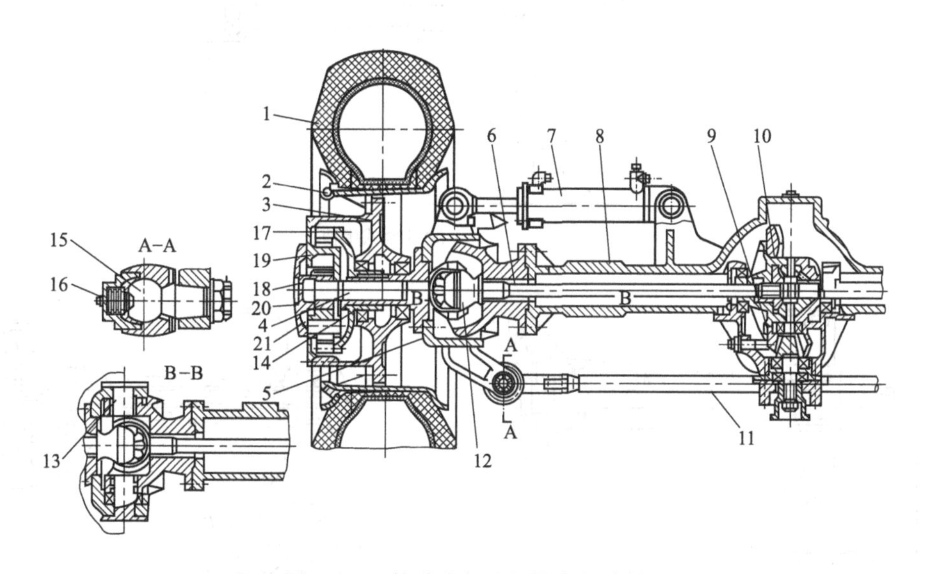

图 13-21 轮胎式起重机转向驱动桥

1—轮胎；2—轮辋；3—轮边减速器外壳；4—外半轴；5—转向节架；6—内半轴；7—转向液压缸；8—桥壳；9—主传动装置；10—差速器；11—横拉杆；12—球叉式万向节；13—转向节销；14—支撑轴；15—球头销；16—弹簧；17—齿圈；18—太阳轮；19—行星轮架；20—端盖；21—行星轮

13.7 半轴与驱动桥壳

13.7.1 半轴

轮式驱动桥的半轴是安装在差速器和最终传动之间传递动力的实心轴。不设最终传动的驱动桥，半轴外端直接和驱动轮相连。

半轴与驱动轮轮毂在桥壳上的支撑形式决定了它的受力情况，据此通常把半轴分为半浮式、3/4 浮式和全浮式 3 种形式（图 13-22）。所谓“浮”是指卸除了半轴的弯曲载荷而言。

（1）半浮式半轴

半轴［图 13-22（a）］除了传递转矩外，还要承受作用在驱动桥上的垂直力 F、侧向力 T 和纵向力 P 以及由它们产生的弯矩。这种半轴承受载荷较大，优点是结构简单，故多用在小轿车等轻型车辆上。

（2）3/4 浮式半轴

反力偏离轴承中心的距离 a 较小，因此半轴承受各反力产生的弯矩也较小［图 13-22（b）］，但即便是在 $a=0$ 时，虽然纵向力 P 和垂直力 F 作用在桥壳上，但半轴仍然承受有侧向力 T 产生的弯矩 TR 作用。由于这种半轴除传递转矩外又受到不大的弯矩作用，故称为 3/4 浮式。它承受载荷情况与半浮式半轴相似，一般也只用在轻型车辆上。

（3）全浮式半轴

驱动轮上受到的各反力及其由它们产生的弯矩均由桥壳承受［图 13-22（c）］，半轴只承受转矩而不承受任何弯矩作用。这种半轴受力条件好，只是结构较复杂。由于轮式机械和半轴需承受很大的载荷，所以通常采用这种形式的半轴。

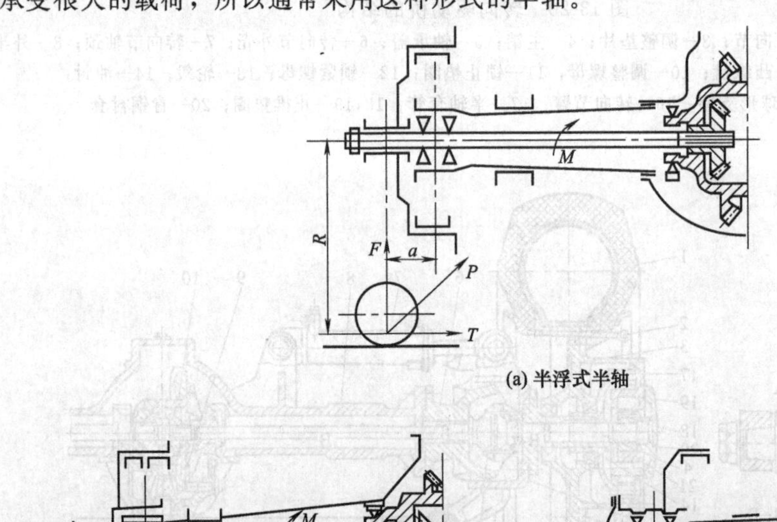

(a) 半浮式半轴

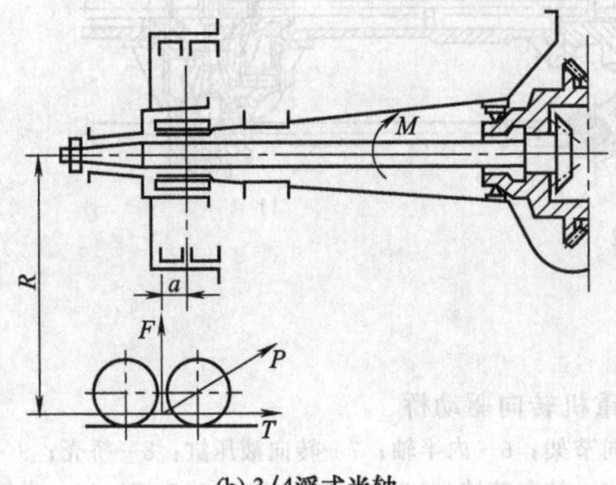

(b) 3/4浮式半轴

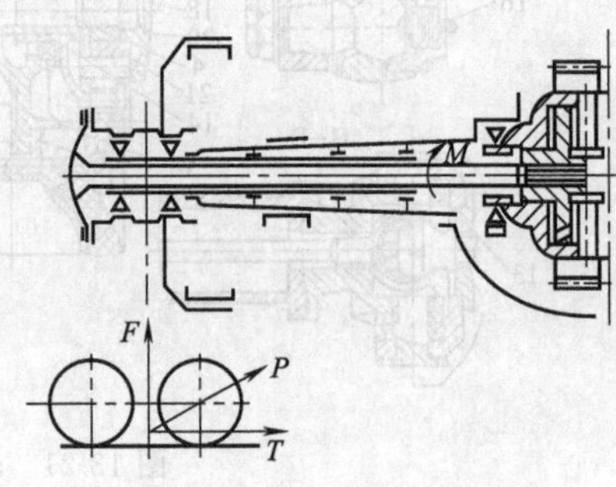

(c) 全浮式半轴

图 13-22 半轴形式

履带式机械驱动桥的半轴也叫横轴，见图 13-16 所示，用以将驱动桥和最终传动支撑在履带台车架上，不传递动力，内端压入驱动桥壳，外端通过轴瓦装在与台车架固定的支撑中，最终传动的二级从动齿轮和驱动链轮通过一对轴承支撑在半轴上。

13.7.2 桥壳

轮式机械驱动桥的桥壳是主传动器、差速器、半轴及最终传动装置的外壳，同时又是行驶系的组成部分。它承受重力并传递给车轮，又承受地面作用给车轮的各种反作用力并传递给车架。因此要求桥壳具有足够的强度和刚度，另外还要考虑主传动器的调整及拆装维修方便。

图 13-23 所示的 966D 装载机的驱动桥壳由左、中、右三段组成，螺栓连接。左、右两段相同，又称花键套（见图 13-15 中 4），用来安装最终传动和轮毂等部件。主传动器和差速器预先组装在主传动器壳体内，再将主传动器壳体用螺栓固定在驱动桥壳中段。因此，这种驱动桥壳在拆检、调整、维修主传动器等内部机件时非常方便，不需拆下整个驱动桥，故应用比较广泛。

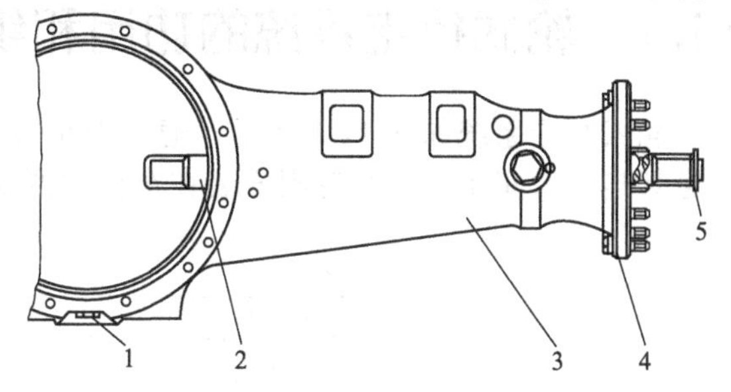

图 13-23 966D 装载机的驱动桥壳和半轴
1—螺塞；2—半轴；3—桥壳；4—连接凸缘；5—卡环

该机的后驱动桥通过桥壳与机架相铰接，允许左右两侧上下各摆动 15°，相应两侧车轮上下跳动距离为 569mm。这样不仅提高了机械的稳定性，而且当机械在不平路面上行驶或作业时，由于两侧车轮能始终和地面接触，因此又提高了牵引力。

履带式驱动桥的桥壳一般制成一个较大的箱体结构，它同时又是车架的组成部分，内部分隔为三室，中室内安装主传动器，两侧室安装转向离合器和制动器。最外两边安装着由壳体封闭的最终传动。桥壳上部安装着驾驶室、油箱等零部件。

第14章　轮式行走系统

14.1　轮式行走系统的功用和组成

轮式行走系统如图 14-1 所示，通常由车架 1、车桥 2、悬架 3 和车轮 4 等组成。车架通过悬架连接着车桥，而车轮则安装在车桥的两端。

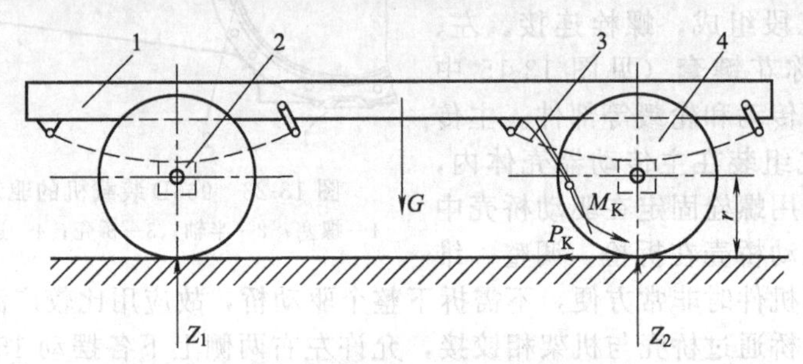

图 14-1　轮式行走系统的组成示意

1—车架；2—车桥；3—悬架；4—车轮

轮式行走系统的功用是：将整个机械构成一体，并支撑整机重量；将传动系统传来的转矩转化为车辆行驶的牵引力；承受和传递路面作用于车轮上的各种反力及力矩，吸收振动，缓和冲击，保证机械的正常行驶。

整机的重量 G 通过车轮传到地面，引起地面产生作用于前轮和后轮的垂直反力 Z_1 和 Z_2。当内燃机经传动系传给驱动轮一个驱动力矩 M_K 时，则地面便产生作用于驱动轮边缘上的牵引力 P_K。这个推动整个机械行驶的牵引力 P_K 便由行走系统来承受。P_K 从驱动轮边缘传至驱动桥，同时经车架传至前桥轴，推动车轮滚动而使整机行驶。当机械制动时，经操纵系统作用于车轮上一个制动力矩，则地面便产生作用于车轮边缘上与行走方向相反的制动力，制动力也由行走系统承受，它从车轮边缘经车桥传给车架，迫使机械减速以至停止。当整机在弯道或横坡行驶时，路面与车轮间将产生侧向反力，此侧向反力也由行走系统来承受。

对于行驶速度较低的轮式工程机械，为了保证其作业时的稳定性，一般不装悬架，而将车桥直接与车架连接，仅依靠低压的橡胶轮胎缓冲减振。因此缓冲性能较装有弹性悬架者差。对于行驶速度高于 40～50km/h 的工程机械，悬架装置有用弹性钢板制作的（如起重机），也有用气—油为弹性介质制作的。后者的缓冲性能较好，但制造技术要求高。

14.2　车架

车架是整机的基础，机械的所有零、部件都直接或间接地安装在车架上。车架承受着整个机械的大部分重量，还要承受各总成件传来的力和力矩以及动载荷的作用。此外，在各种载荷的作用下将引起车架变形，若车架发生大的变形，就会使安装在其上的各部件的相对位置发生变化，从而影响它们的正常使用。因此，车架应具有足够的强度和刚度，同时重量要尽量轻，要有良好的结构工艺性，便于加工制造；此外，为了使机械具有良好的行驶和工作稳定性，车架结构应在保证必要的离地间隙下，使机械的重心位置尽量低。车架的结构形状必须满足整机布置和整机性能的要求。

目前，轮式工程机械的车架结构形式一般可分为铰接式（折腰式）车架和整体式车架两种。

14.2.1 铰接式车架

铰接式车架在轮胎式装载机、推土机、铲运机、压路机等工程机械中广泛应用。铰接式车架通常由两段半架组成，两半架之间用铰销连接，故称为铰接式车架。图 14-2 为 ZL50 装载机的铰接式车架。它的前车架和后车架通过垂直铰销连接，可绕铰销偏转。前车架与前桥连接，后车架通过副桥与后驱动桥连接。后驱动桥可绕水平销轴转动，从而减轻了地形变化对车架和铰销的影响。

前后车架由钢板、槽钢焊接而成，受力大的部位则用加强筋板、加厚尺寸等措施来进行加固。图 14-3 为装载机铰接式车架立体图。

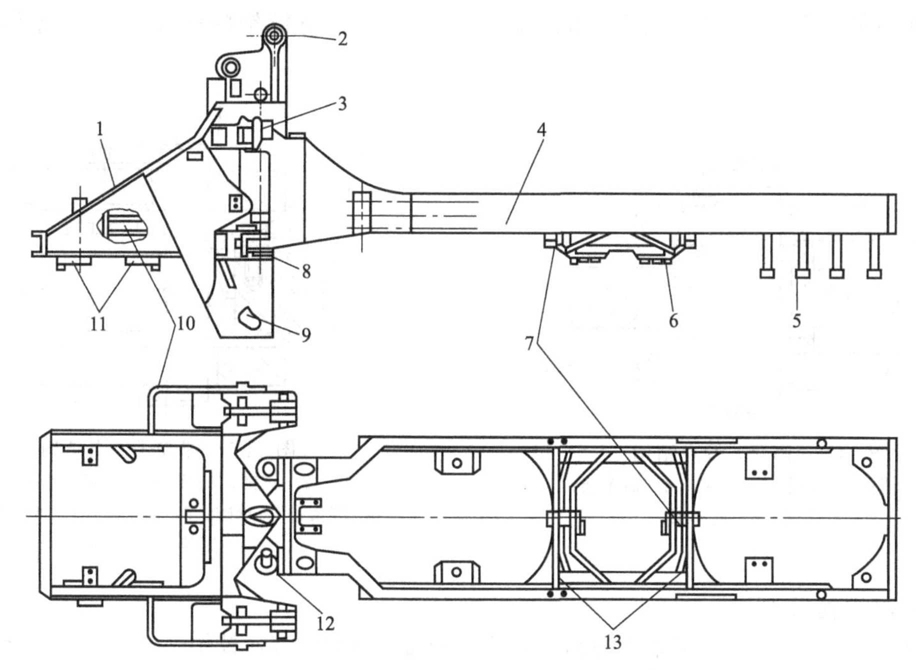

图 14-2 ZL50 装载机铰接式车架

1—前车架；2—动臂铰点；3—上铰销；4—后车架；5—螺栓；6—副车架；7—水平铰销；8—下铰销；9—动臂液压缸铰销；10—转向液压缸前铰点；11—限位块；12—转向液压缸后铰点；13—横梁

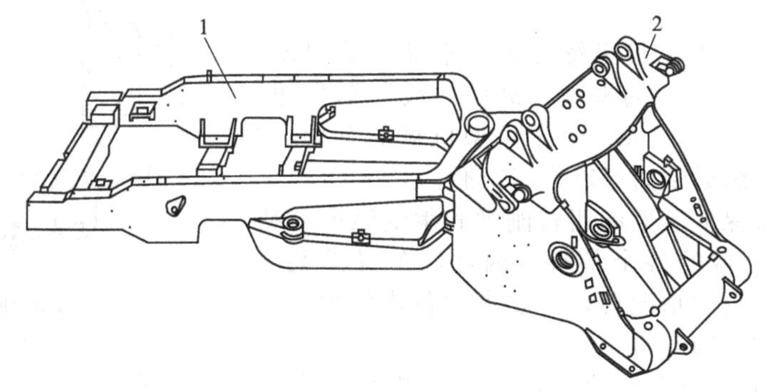

图 14-3 装载机铰接式车架立体图

1—后车架；2—前车架

前后车架以铰销为铰点形成“折腰”。前车架通过相应的销座装有动臂、动臂油缸、转斗油缸等。后车架的各相应支点则固定有发动机、变矩器、变速箱、驾驶室等零部件。

前、后车架铰接点的结构形式主要有三种，即：销套式、球铰式、滚锥轴承式。

(1) 销套式

如图 14-4 所示，前、后车架通过垂直铰销 1 连接。销套 5 压入后车架 4 的销孔中，铰销 1 插入前后车架的销孔后，通过锁板 2 固定在前车架 6 上，使之不能随意转动。垫圈 3 可避免前后车架直接接触而造成磨损。这种结构简单，工作可靠，但要求上、下铰点销孔有较高的同轴度，因此，上、下铰点距离不宜太大。目前中、小型机械广泛采用这种形式。

(2) 球铰式

如图 14-5 所示。与销套式不同的是，在前车架 8 的销孔处装有由球头 6 和球碗 7 组成的关节轴承，增减调整垫片 9 可调整球头 6 和球碗 7 之间的间隙。关节轴承的润滑油可通过油嘴 5 注入黄油来实现。这种结构由于采用了关节轴承，可使铰销受力情况得到好转，同时，由于球铰式具有一定的调心功能，因此可增大上、下铰销的距离，从而减小铰销的受力。

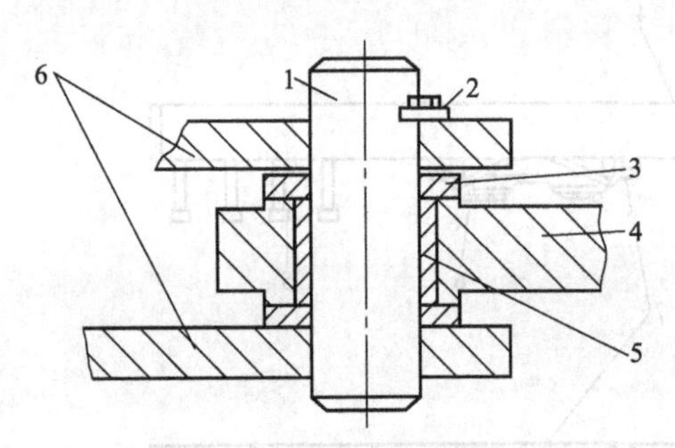

图 14-4 销套式铰点结构

1—铰销；2—锁板；3—垫圈；4—后车架；5—销套；6—前车架

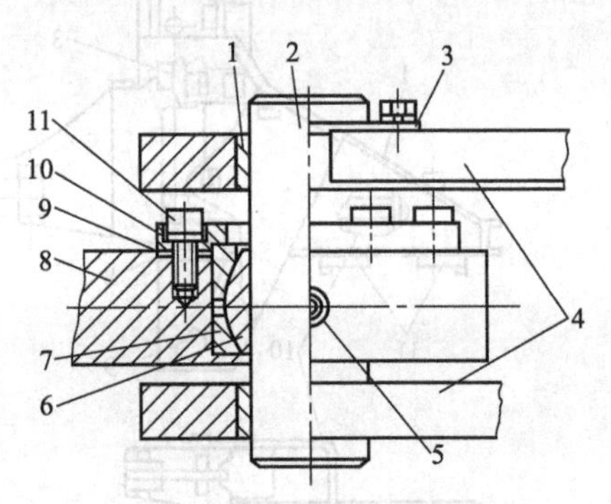

图 14-5 球铰式铰点结构

1—销套；2—铰销；3—锁板；4—后车架；5—油嘴；6—球头；7—球碗；8—前车架；9—调整垫片；10—压盖；11—螺钉

(3) 滚锥轴承式

如图 14-6 所示，在前车架 1 的销孔处装有圆锥滚子轴承 7，铰销 2 通过弹性销 8 固定在后车架 9 上。这种结构由于采用了圆锥滚子轴承，使前后车架偏转更为灵活轻便，但这种结构形式较复杂，成本也较高，目前应用较少。

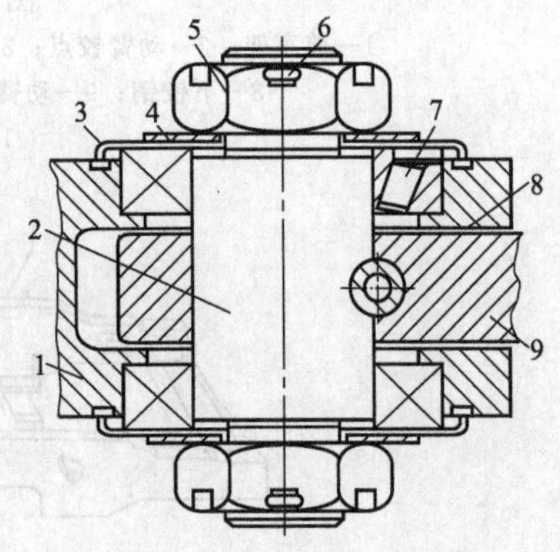

图 14-6 滚锥轴承式铰点结构

1—前车架；2—铰销；3—盖；4—垫圈；5—螺母；6—开口销；7—圆锥滚子轴承；8—弹性销；9—后车架

14.2.2 整体式车架

整体式车架一般由两根纵梁和若干根横梁采用铆接或焊接的方法连接成坚固的框架。纵梁一般用钢板冲压而成，也可用槽钢焊接而成。对于重型机械的车架，为提高其抗扭强度，纵梁断面可以采用箱形。

横梁不仅用来保证车架的扭转刚度和承受纵向载荷，而且还用来支撑机械的各个部件。因此，布置横梁时，除了要考虑车架的受力情况外，还要考虑各构件的连接、安装，以及必要的维修空间。

整体式车架通常用于车速较高的施工机械与车辆；在车速很低的施工机械（压路机）上，整体车架也得到广泛应用。

图 14-7 是 QY-16 汽车起重机的整体式车架，由两根纵梁和若干根横梁焊接而成。纵梁 5 根据受力不同，从左至右逐步加高，其断面形状左端为槽形，右端为箱形；整个纵梁有采用全部钢板焊接的，有采用部分冲压成形后焊接的。这些差异是由于车架右端承载较大所造成的。横梁的形状与位置是根据受力大小及安装的相应零部件所决定。在车架后半部负荷较大的部分为增加其强度和刚度设置了两根“X”形斜梁，而在车架尾部，为了增加车架的局部强度设置了 K 形梁。

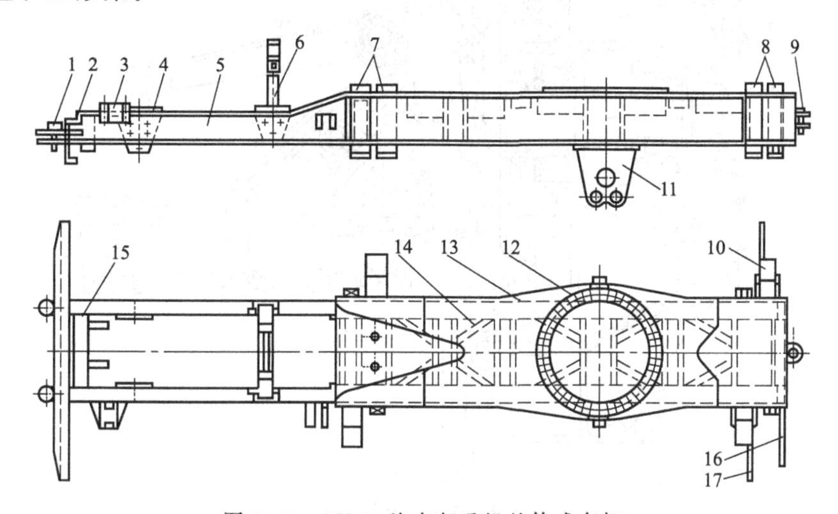

图 14-7　QY-16 汽车起重机整体式车架

1—前脱钩；2—保险杠；3—转向机构支架；4—发动机支架板；5—纵梁；6—起重支架；7,8—支腿架；9—牵引钩；10—右尾灯架；11—平衡轴支架；12—圆垫板；13—上盖板；14—斜梁；15—横梁；16—左尾灯架；17—牌照灯架

14.3　车桥

车桥通过悬架和车架（或直接和车架）相连，车轮安装在车桥的两端。车桥与车架相连以支撑机体的重量，并将车轮上的牵引力、制动力等传给车架。

工程机械的车桥可分为驱动桥、转向驱动桥、转向桥、支撑桥四种。驱动桥和转向驱动桥已在第 13 章进行过介绍；支撑桥仅起支撑机械重量和安装车轮的作用，结构较简单；这里着重介绍转向桥，它兼有支撑作用，一般用于整体式车架。

图 14-8 为汽车的转向桥，其功用是利用铰销装置使车轮可以偏转一定角度，以实现汽车的转向；转向桥除承受垂直反力外，还承受制动力和侧向力以及这些力造成的力矩。

整体式车架的轮胎式工程机械的转向桥与汽车转向桥的结构基本相同。它们主要由前轴、转向节和轮毂等三部分组成。下面就以汽车的转向桥加以说明。前桥梁 1 是用钢材锻成的，其断面为工字形，前梁的两端各有一个加粗部分，呈拳状，其上有通孔，主销 3 即插入此孔内，并用带有螺纹的楔形锁销 5 将主销固定在孔内，使之不能转动。转向节 7 具有销孔的两耳即通过主销与梁的拳部相连。转向节销孔内压入青铜衬套，衬套上的油槽与上面端部是相通的，用装在转向节上的注油嘴注入润滑脂。在转向节下耳与拳之间装有止推轴承 4，它是用可锻铸铁制成的垫圈。在转向节上耳上装有转向节臂，它将与转向纵拉杆相连接；而在下耳则装有与转向横拉杆相连接的梯形臂。车轮轮毂 10 通过两个圆锥滚子轴承 9 和 11 支撑在转向节外端的轴颈上，轴承的紧度可用调整螺母 12 加以调整；轮毂内侧装有油封 8，轮毂外边用罩盖住。

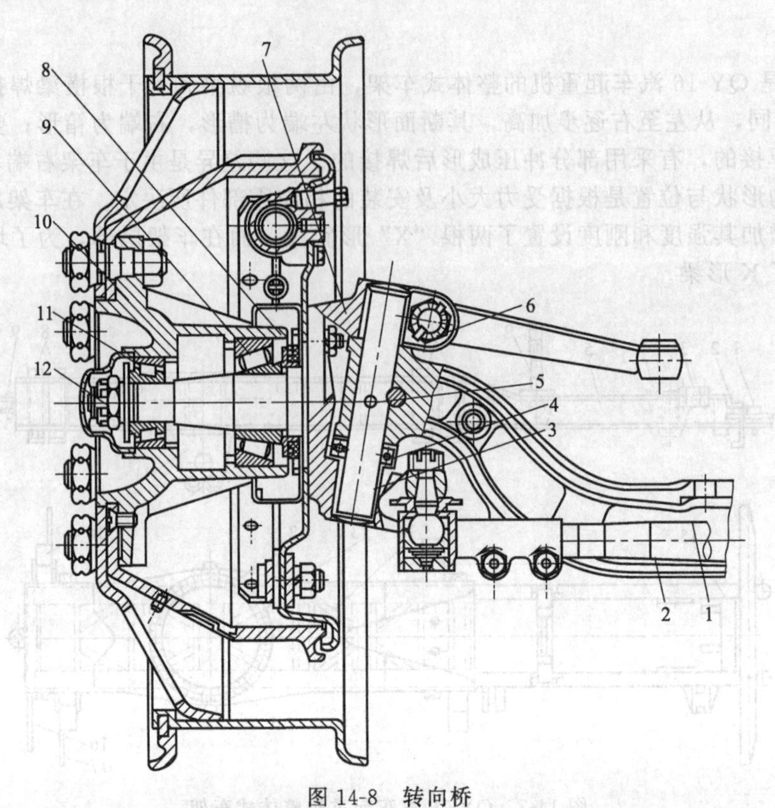

图 14-8 转向桥

1—前桥梁；2—横拉杆；3—主销；4—止推轴承；5—楔形锁销；6—调整垫片；7—转向节；8—油封；9，11—圆锥滚子轴承；10—轮毂；12—调整螺母

转向轮通常不与地面垂直，而是略向外倾，其前端略向内收拢；转向节主销也不是垂直安装在前轴上，而是其上端略向内和向后倾斜。所有这四项参数统称为转向轮定位。

（1）前轮外倾

转向轮安装后与地面并不垂直，而是保持着如图 14-9 所示的 α 倾角，α 角就叫做前轮外倾角。

如要保证汽车满载下正常行驶，对前轮来说，要求它尽可能在垂直于路面的平面内滚动。但另一方面，在主销和轴承（或衬套）之间、轮毂轴承处等有相对运动的地方都一定有间隙，才能保证自由运动，这些间隙也就会影响前轮。因此，如果在空车时，使车轮正好垂直于路面，则满载时因上述间隙和车桥受载变形的影响，车轮就会向内倾斜。前轮内倾，载荷反力将使轮毂压向前轴外端小圆锥滚柱轴承，造成小圆锥滚柱轴承和紧固螺母载荷量增大、寿命缩短。此外，使用期间零件磨损将使间隙不断增大，使前轮内倾现象更加明显，严重时会引起前轮松脱。为了解决这一问题，防止车轮出现内倾现象，在制造有关零件时便预先做成使前轮有一定的外倾角 α，以便车轮满载时接近于垂直路面但并不出现内倾现象。

因此，在设计时，就使空载的车轮保持 α 角，当满载后车轮则接近于垂直地面的纯滚动状态。一般 α 角取 1°左右。车轮外倾还具有使转向操纵轻便的作用。这是由于车轮外倾与主销内倾相配合，使车轮的着地点与主销沿长线与地面的交点的距离 a 减少，从而减少了转向操纵时的阻力矩。

（2）前轮前束

由于车轮外倾，当两车轮前进时，都有向外分开的趋势。因此，在设计时，就使转向轮保持着两轮前边缘距离 B 小于后边缘距离 A，如图 14-10 所示，称为转向轮前束。这样，用来校正由于车轮外倾所带来的问题，使车轮瞬时接近于正前方的纯滚动状态，从而减轻轮胎表面的磨损。

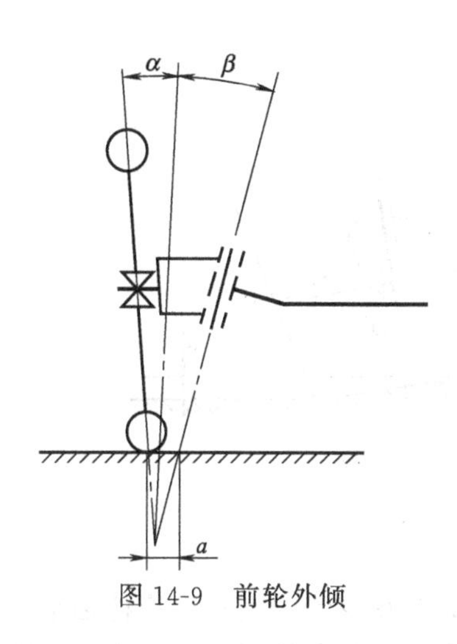

图 14-9　前轮外倾

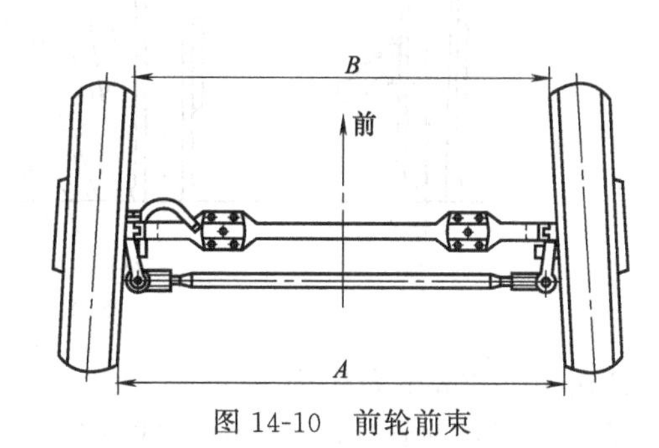

图 14-10　前轮前束

(3) 主销后倾角 γ

主销在纵向平面内向后倾斜一角度 γ，叫做主销后倾角，如图 14-9 所示。当主销有后倾角 γ 时，主销轴线与路面交点 A 将位于车轮与地面接触点 B 的前面，这样 B 点到主销轴线之间有一段距离 l。

假定这时汽车右转弯（如图 14-11），转向轮向右偏转，汽车转弯产生离心力，此力经车轮作用于地面，地面就给车轮以侧向反作用力 Y，反作用力 Y 对车轮形成绕主销轴线作用的力矩 Yl，其转向正好与车轮偏转方向相反。在此力矩作用下将使车轮回复到中间位置（即车轮“自动回正”），从而保持汽车稳定地直线行驶，此力矩称为稳定力矩。此力矩值不能过大，太大了则驾驶员操纵转向费力；此力矩的大小取决于力臂 l 的数值，故主销后倾角 γ 也不宜过大，一般 γ 角不宜超过 2°～3°。

轮胎的弹性也能产生稳定力矩，现代汽车广泛采用低压轮胎，且胎面宽度也在加大，稳定作用也就加大，因此 γ 值有逐渐减小的趋势。

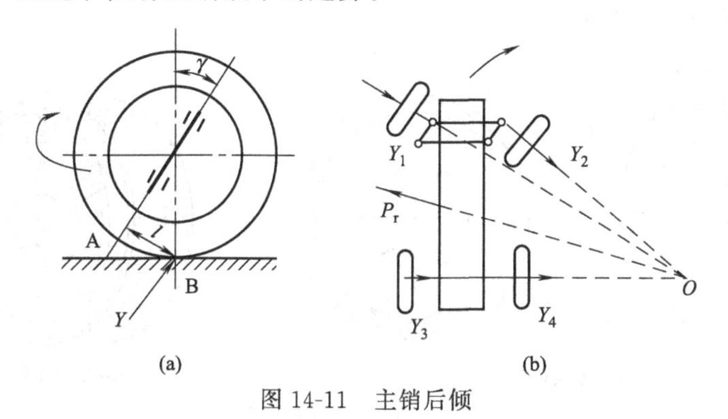

图 14-11　主销后倾

(4) 主销内倾角 β

主销除了后倾之外还兼有内倾角 β，如图 14-12 所示。主销内倾角 β 也使车轮具有“自动回正”作用。当转向轮在外力作用下偏转一角度（为了说明方便，图中画成偏转 180°，即虚线所示位置）时，此时车轮最低点将陷入路面以下，但实际上车轮下边缘不可能陷入路面以下，而是将转向轮连同整车前部向上抬起一定高度。这样，汽车的重量造成了车轮自动回正的力。此外，主销内倾还使主销轴线延长线与路面交点到车轮中心平面的距离 C 减小[图 14-12 (a)]，减小了转向阻力矩的力臂，使操作车轮偏转所需克服的转向阻力矩减少，使转向操纵轻便，同时还可以减小转向轮传到转向盘上的冲击力。通常，内倾角 β 不大于

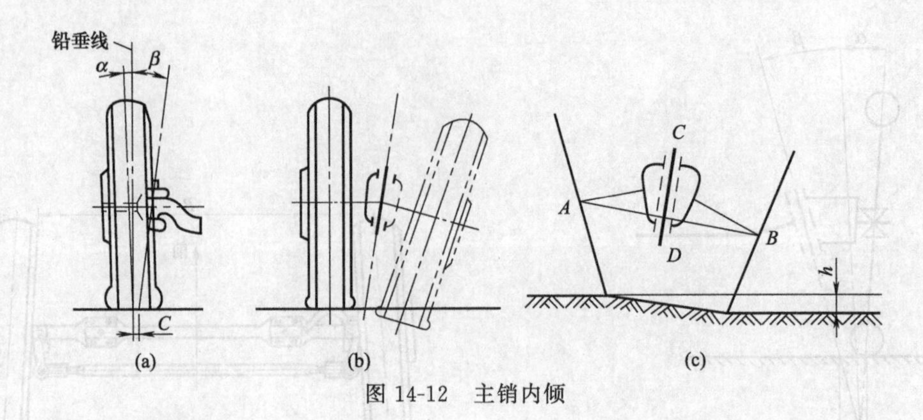

图 14-12 主销内倾

8°，C 在 40～60mm 范围内。

综上所述，前轮外倾为的是重载时车轮与地面接近于垂直及轮毂内大圆锥滚柱轴承承受轴向力。前轮前束时为了保证车轮直线运行，主销后倾是便于转弯后的回正。主销内倾既利于前轮回正，又使转向轻便。四者中除前束值可自由调整外，其余三者均由构造确定，但大修时应按规定检查其数据，必要时校正之。

14.4 车轮与轮胎

14.4.1 车轮

车轮是由轮毂、轮辋以及这两个部件之间的连接部分所组成的。按连接部分的构造不同，车轮可分为盘式与辐式两种（如图 14-13），盘式车轮在工程机械上应用较广。盘式车轮中用以连接轮毂和轮辋的钢质圆盘称为轮盘。轮盘大多数是冲压制成的，与轮辋焊成一体或直接制成一体，通过螺栓和轮毂连接起来。图中安装孔便于拆装并减轻自重，轮辋上的椭圆孔是为气门嘴伸出而设置的。

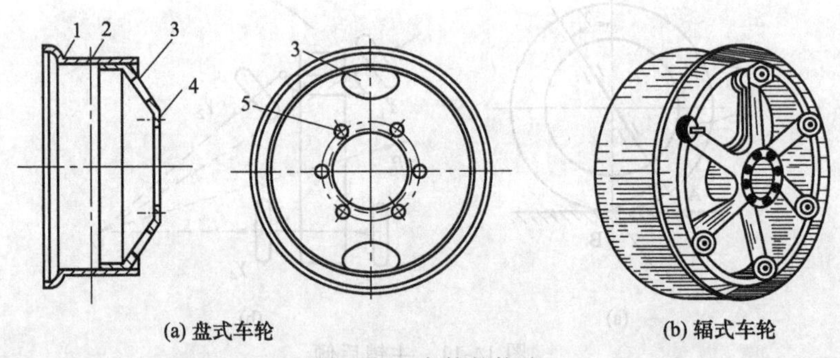

图 14-13 车轮的构造

1—轮辋；2—椭圆孔；3—安装孔；4—轮盘；5—螺栓孔

图 14-14 所示，为装载机通用车轮的构造。轮胎由右向左装于轮辋 2 之上，以挡圈 7 抵住轮胎右壁，插入斜底垫圈 6，最后以锁圈 8 嵌入槽口，用以限位。轮盘 5 与轮辋 2 焊为一体，由螺栓 3 将轮毂 1、行星架 4、轮盘 5 紧固为一体，动力是由行星架传给车轮和轮胎的。

(1) 轮辋

轮辋的常见形式主要有两种：深槽轮辋和平底轮辋（图 14-15）。此外，还有对开式轮辋、半深槽轮辋、深槽宽轮辋、平底宽轮辋、全斜底轮辋等。

深槽轮辋［图 14-15 (a)］具有带肩的凸缘，用以安放外胎的胎圈，其肩部通常略有倾斜，断面中的深槽是为便利外胎的拆装而设的。深槽轮辋结构简单而且刚度大，重量轻；对于小尺寸弹性较大的轮胎较适宜，对于尺寸较大较硬的轮胎则较难装进这样的整体轮辋内。

平底轮辋有多种形式，图 14-15（b）所示是用的较多的一种形式。挡圈 1 是整体的，用一个开口锁圈 2 来限制挡圈脱出。在安装轮胎时，先将轮胎套在轮辋上，然后套上挡圈，并将它向内推，直至越过轮辋上的环形槽，再将开口的弹性锁圈嵌入环形槽中，于是轮胎便被固定。

对开式轮辋［图 14-15（c）］是由内外两部分组成，其内外轮辋的宽度可以相等，也可以不相等，两者用螺栓连成一体。拆装轮胎时，拆卸螺母即可。

（2）轮毂

轮毂是车轮的中心，它通过内外轴承安装在车桥轴头或转向节轴上。轮毂内的轴承为圆锥滚子轴承。轮毂以其外围的凸缘固定轮盘和制动鼓。轮盘与轮毂的同轴度由轮胎螺栓的锥面和轮盘螺栓孔的锥面来保证。常用的轮毂固定方法如图 14-16 所示。为了防止行驶中螺母自动松脱，一般左车轮采用左螺纹，右车轮采用右螺纹。

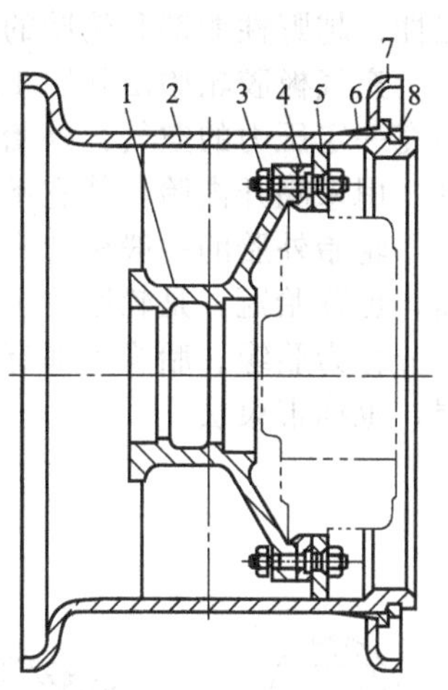

图 14-14　装载机车轮

1—轮毂；2—轮辋；3—轮毂螺栓；4—轮边减速器行星架；5—轮盘；6—斜底垫圈；7—挡圈；8—锁圈

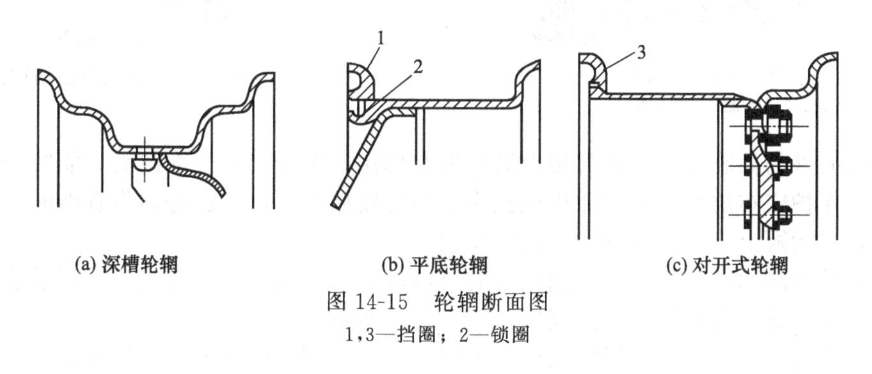

图 14-15　轮辋断面图

1，3—挡圈；2—锁圈

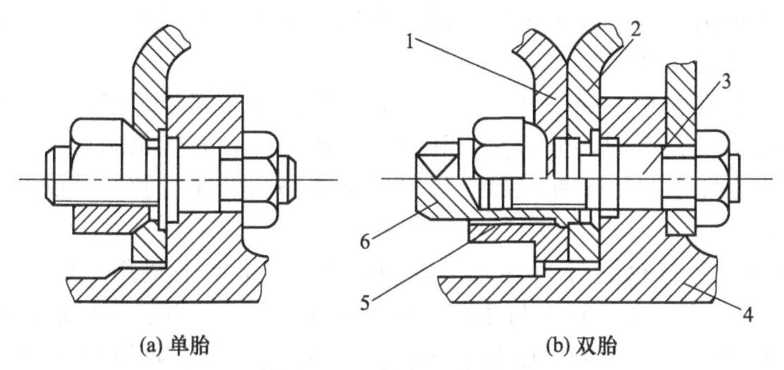

图 14-16　轮毂固定方法

1—外轮盘；2—内轮盘；3—螺栓；4—轮毂；5—螺母；6—特制螺母

14.4.2　轮胎

轮胎由橡胶制成，安装在轮辋上，直接与地面接触。轮胎应能保证车轮和路面有良好的附着性能，能缓和和吸收不平路面产生的振动和冲击。尤其是对于采用刚性悬架的工程机械，吸振缓冲的作用是完全靠轮胎来实现的。此外，车辆的牵引性能和制造性能、车辆的稳定性、越野性能都和轮胎的性能有着直接关系。

充气橡胶轮胎由外胎1、内胎2和衬带3所组成（图14-17)。内胎2是一环形橡胶管，内充一定压力的空气：外胎是一个坚固而富有弹性的外壳，用以保护内胎不受外来损害。衬带3用来隔开内胎，使它不和轮辋及外胎上坚硬的胎圈直接接触，免遭擦伤。

轮胎外胎的一般构造和各部位名称，如图14-18所示。轮胎与地面的接触部分为外胎面，也称胎冠，是轮胎的主要工作部分。胎冠与胎侧的过渡部分为胎肩。轮胎与轮辋相接触部分称为胎缘。胎缘内部有钢丝圈。外胎内侧为胎体，也称帘布层。胎体与胎冠之间为缓冲层，也称带束层。

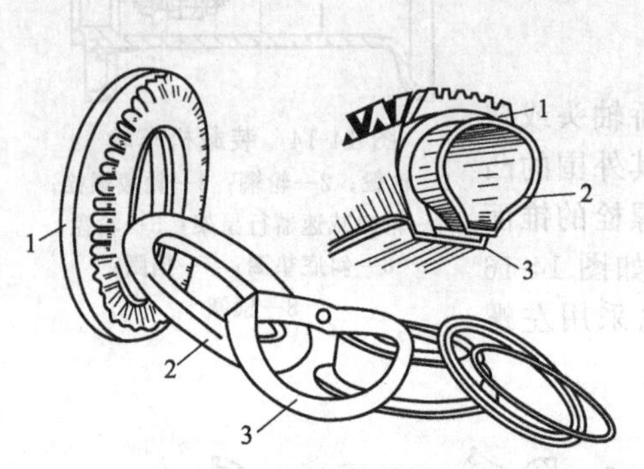

图14-17 充气轮胎的组成
1—外胎；2—内胎；3—衬带

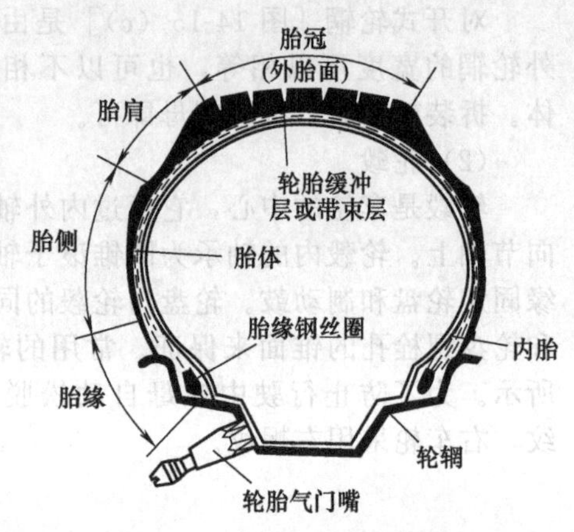

图14-18 充气轮胎结构简图

胎冠用耐磨的橡胶制成，它直接承受摩擦和作用在轮胎上的全部载荷，能减轻帘布层所受冲击，并保护帘布层和内胎免受机械损伤。为使轮胎与地面有良好的附着性能，防止纵横向滑移等，在胎冠上有着各种形状的凹凸花纹。

胎肩是较厚的胎冠与较薄的胎侧之间的过渡部分，一般也制有花纹，以利散热。

胎侧是轮胎侧部帘布层外层的胶层，用于保护胎体。

缓冲层也是若干层线层，但它仅仅在胎面下才有，用以缓和振动和抵抗尖东西刺穿。

帘布层是胎体中由并列挂胶帘子线组成的布层，是轮胎的受力骨架层，用以保证轮胎具有必要的强度及尺寸稳定性。

胎圈是轮胎安装在轮辋上的部分，由胎圈芯和胎圈包布组成，起固定轮胎作用。

轮胎根据其结构形式不同，分为实心和充气轮胎两种，充气轮胎又可分有内胎轮胎和无内胎轮胎两种。实心轮胎只用于在混凝土等坚硬平整路面低速行驶的机械，轮式工程机械主要应用充气轮胎。

根据轮胎的用途可将轮胎分为五大类，即：G——路面平整用；L——装载、推土用；C——路面压实用；E——土、石方与木材运输用；ML——矿石、木材运输与公路车辆用。

根据轮胎的断面尺寸又可将轮胎分为标准胎、宽基胎、超宽基胎三种，其断面高度 H 与宽度 B 之比如图14-19所示。

有内胎的充气轮胎根据轮胎的充气压力大小可分为高压胎、低压胎、超低压胎三种：气压为0.5～0.7MPa者为高压胎；气压为0.15～0.45MPa者为低压胎；气压小于0.15MPa者为超低压胎。目前，轮式工程机械低压轮胎应用广泛，它具有弹性好，断面宽与道路接触面大，壁薄且散热良好等优点，提高了机械行驶的平稳性和通过能力。

根据轮胎帘线的排列形式，轮胎可分为普通斜交轮胎、子午线轮胎、带束斜交胎。

帘布层和缓冲层各相邻层帘线交叉且与胎中心线呈小于90°角排列的充气轮胎，称为普

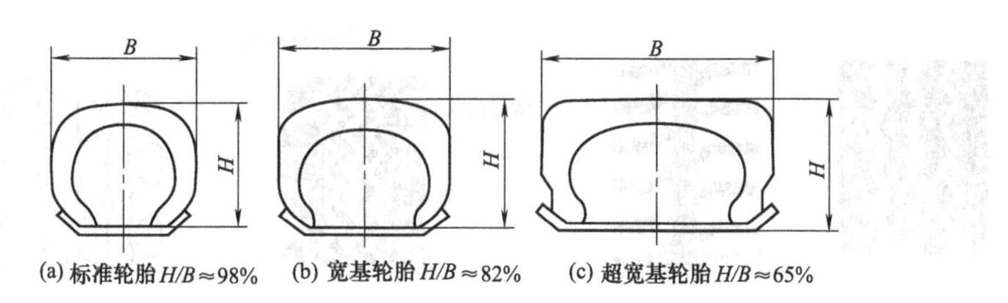

图 14-19 轮胎断面形状分类

通斜交轮胎。如图 14-20（a）所示。

子午线轮胎的帘线层则与断面中心线成 90°角排列，似地球仪上的子午线一样，称为子午线轮胎。如图 14-20（b）所示。

带束斜交轮胎的帘布层排列与斜交胎相同，带束层与子午胎相同，在结构上介于二者之间。

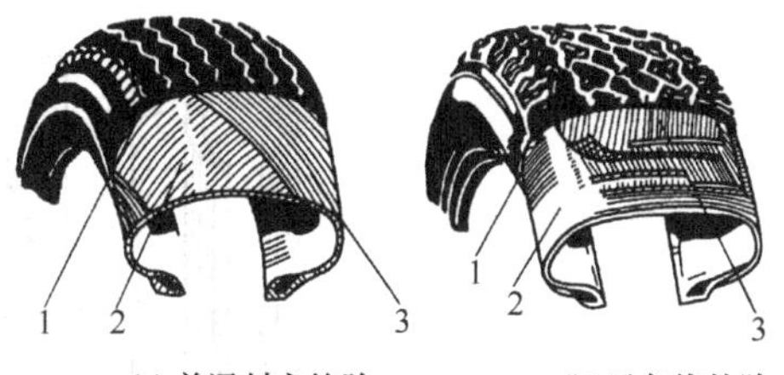

图 14-20 斜交轮胎与子午线轮胎结构比较

1—外胎面；2—胎体；3—缓冲层（带束层）

无内胎轮胎的构造如图 14-21 所示，在轮胎内壁表面上附有一层 2～3mm 的橡胶密封层，称为气密层。它省去了内胎和衬带，利用轮辋作为部分气室侧壁。其散热性好，适宜高速行驶状况。

轮胎胎面的花纹对轮胎的性能影响很大。目前，胎面花纹主要有三种基本类型：普通花纹、越野花纹和混合花纹。

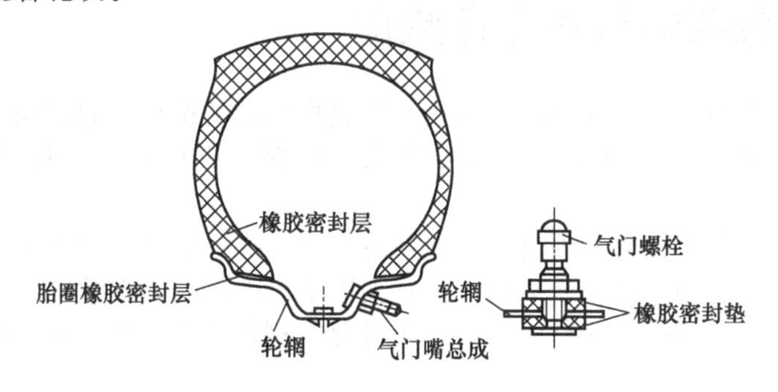

图 14-21 无内胎的充气轮胎

普通花纹用于硬路面行驶的轮胎，花纹分横向（如烟斗）和纵向（如锯齿）两种，花纹块总面积占胎面行驶面的 70%～80%，花纹应使轮胎与路面有良好的纵向和侧向抓着力，行驶低噪声和高耐磨，如图 14-22（a）所示。越野花纹用于无路面条件下行驶的轮胎。花纹分无向（如马牙）和有向（如人字）两种，花纹块总面积占胎面行驶面的 40%～60%，花纹块粗大，以使轮胎具有高行驶性能和良好的自洁性，如图 14-22（c）所示。混合花纹既用于硬路面，也用于土路面上行驶的轮胎，胎面的行驶部分由普通花纹块和越野花纹块构成，花纹块总面积占胎面行驶部分总面积的 70%左右。这种花纹的外侧可保证外胎与土壤有良好的抓着力，使车辆能在不良路面行驶，比普通花纹胎面的磨损要大，如图 14-22（b）所示。

充气轮胎根据充气压力不同标记也不同（图 14-23）。低压胎标记为 B-d，“-”表示低压，例如：17.5-25，即轮胎断面宽为 17.5in，轮胎内径 d 为 25in。高压胎标记为 D×B，“×”表示高压，例如：34×7 表示外径 D 为 34in，胎面宽为 7in。

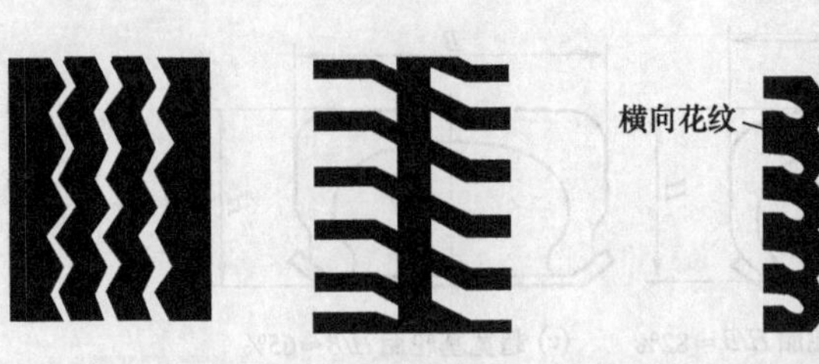

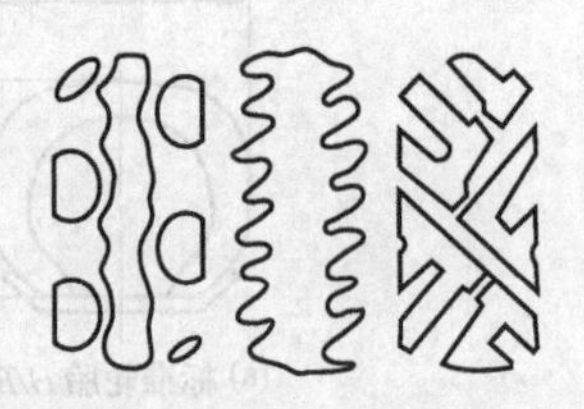

(a) 普通花纹　　(b) 混合花纹　　(c) 越野花纹

图 14-22　轮胎的花纹

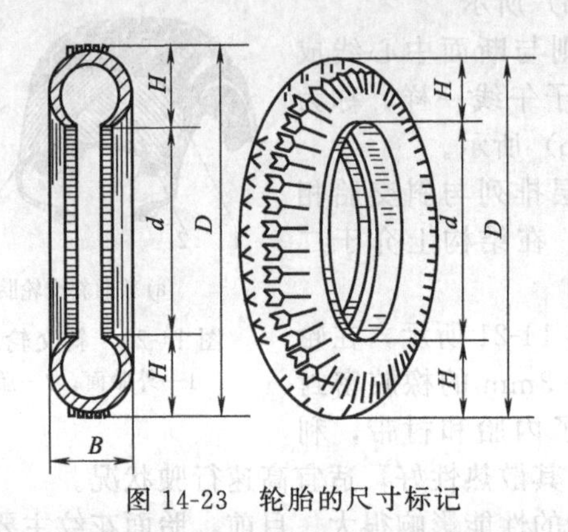

图 14-23　轮胎的尺寸标记

14.5　典型悬架结构和工作原理

悬架是用于车架与车桥（或车轮）连接并传递作用力的结构。它的功用是把路面作用于车轮上的力以及这些力所造成的力矩传给车架，以保证机械的正常行驶，同时起到减振作用。

轮式工程机械的悬架分为刚性悬架和弹性悬架两大类。弹性悬架按导向装置的结构形式不同又可分为独立悬架和非独立悬架两大类，如图 14-24 所示，前者与断开式车轴联用，后者与整体式车轴联用。按弹性元件的不同，还可分为钢板弹簧悬架、扭杆弹簧悬架、气体弹簧悬架等。

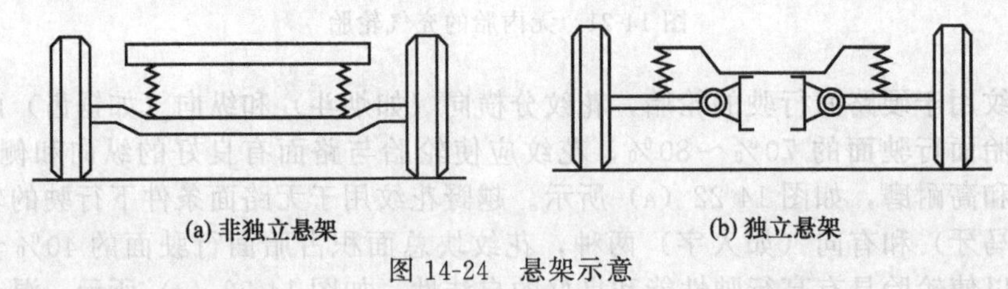

(a) 非独立悬架　　(b) 独立悬架

图 14-24　悬架示意

14.5.1　钢板弹簧悬架

钢板弹簧悬架是目前应用最广泛的一种弹性悬架的结构形式。图 14-25 所示为加装副簧的钢板弹簧悬架。它的弹簧叶片既可作为弹性元件缓和冲击，又可作为导向装置传递作用力。因此具有结构简单、维修方便、寿命长等优点。钢板弹簧由若干片曲率半径不同、长度不等、宽度一样、厚度相等或不等的弹簧钢片组合而成的一根近似于等强度的弹性梁，中部通过 U 形螺栓（骑马螺栓）和压板与车桥刚性固定，其两端用销子铰接在车架的支架上。

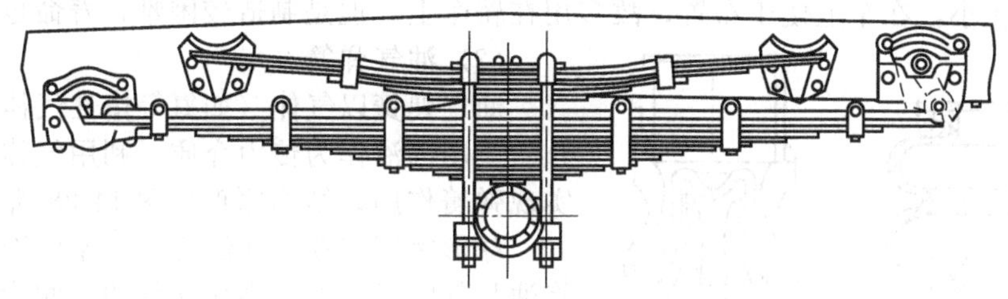
图 14-25　钢板弹簧悬架

14.5.2　扭杆弹簧悬架

图 14-26 是一种扭杆弹簧悬架的结构，扭杆作为弹性元件。扭杆弹簧是一根由弹簧钢制成的具有扭转弹性的金属杆，其断面一般为圆形，少数为矩形或管形。其两端可以做成花键、方形、六角形或带平面的圆柱形等，以便将一端固定在车架上，另一端固定在悬架的摆臂上，摆臂则与车轮相连。为了保护扭杆表面，通常涂以沥青和防锈油漆或者包裹一层玻璃纤维布，以防碰撞、刮伤和腐蚀。扭杆具有预扭应力，安装时左右扭杆不能互换。为此，在左右扭杆上刻有不同的标记。

当车轮跳动时，摆臂便绕着扭杆轴线摆动，使扭杆产生扭转弹性变形，借以保证车轮与车架的弹性连接。扭杆弹簧悬架的优点是结构紧凑、弹簧自重较轻、维修方便、寿命长；缺点是制造精度要求高，需要有一套较复杂的扭杆套等连接件。

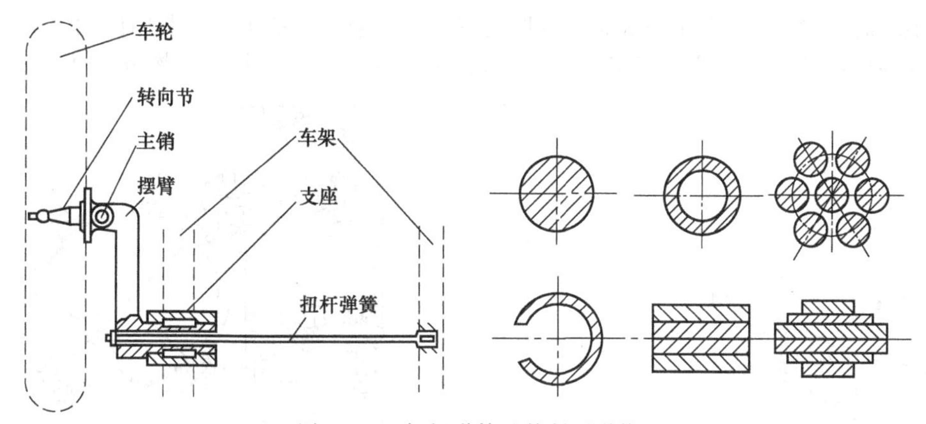

图 14-26　扭杆弹簧及其断面形状

14.5.3　气体弹簧悬架

气体弹簧是以空气作为弹性介质，即在一个密封的容器中充入压缩气体（气压 0.5～1MPa），利用气体的可压缩性实现其弹簧作用的。这种弹簧的刚度是可变的，因为作用在弹簧上的载荷增加时，容器内的定量气体受压缩，气压升高，则弹簧的刚度增大。反之，当载荷减小时，弹簧内的气压下降，刚度减小，故它具有较理想的弹性特性。

气体弹簧有空气弹簧和油气弹簧两种。空气弹簧又有囊式和膜式之别。

(1) 空气弹簧

① 囊式空气弹簧［图 14-27 (a)］　囊式空气弹簧由夹有帘线的橡胶制成的气囊和密闭在其中的压缩空气构成。气囊外层由耐油橡胶制成单节或多节，节数越多弹簧越软，节与节之间围有钢质腰环，防止两节之间摩擦。气囊上下盖板将空气封于囊内。

② 膜式空气弹簧［图 14-27 (b)］　膜式空气弹簧的密闭气囊由橡胶膜片和金属压制件组成。与囊式的相比，其弹性特性曲线比较理想，因其刚度较囊式小，车身自然振动频率较

低，且尺寸较小，在车上便于布置，故多用在轿车上。但是制造较困难，寿命也较短。

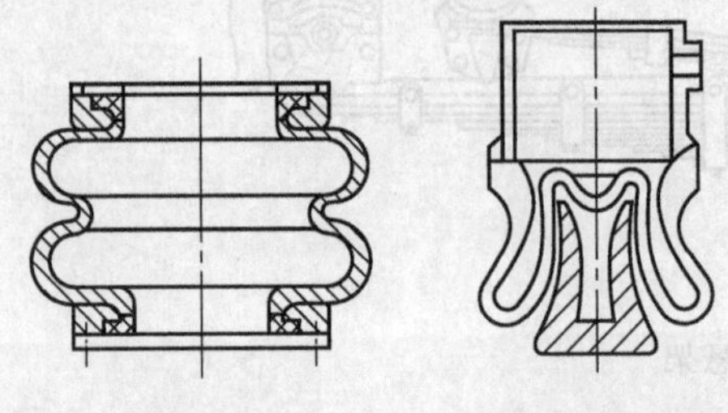

图 14-27 空气弹簧

(2) 油气弹簧

油气弹簧以气体（如氮等惰性气体）作为弹性介质，用油液作为传力介质，利用气体的可压缩性实现弹簧作用，结构原理如图 14-28 所示。

球形室固定在工作缸之上，室内腔用橡胶隔膜将油与气隔开，充入高压氮气的一侧为气室，与工作缸相同而充满油液的一侧为油室。工作缸内装有活塞和阻尼阀及阀座。

当机械受到载荷增加时，活塞向上移动，使工作缸内油压升高，打开阻尼阀进入球形室下部，推动隔膜向气室方向移动，气室受到压缩压力升高，使油气弹簧刚度增加。当载荷减小时，气室内的高压氮气伸张，使隔膜向下方（油室）移动，油液通过阻尼阀流回工作缸，活塞下移使油压降低，同时气室容积变大压力下降，使油气弹簧刚度降低。随着机械行驶中的姿态变化，工作缸内的油压与气室内的氮气压力也随之变化，此时活塞处于工作缸中的不同位置。因此，油气弹簧具有可变刚度的特性。

油气弹簧具有良好的行驶平顺性，而且体积小，质量轻。但是对密封性要求很高，维护相对麻烦。

图 14-29 所示为安装在 SH380 型矿用自卸汽车上的油气弹簧悬架的油气弹簧。它由球形气室 10 和液力缸筒 2 两部分组成。球形气室固定在液力缸的上端，其内的油气隔膜 11 将室内腔分隔成两部分：一侧为气室，经充气阀 14 向内充入高压氮气，构成气体弹簧；另一

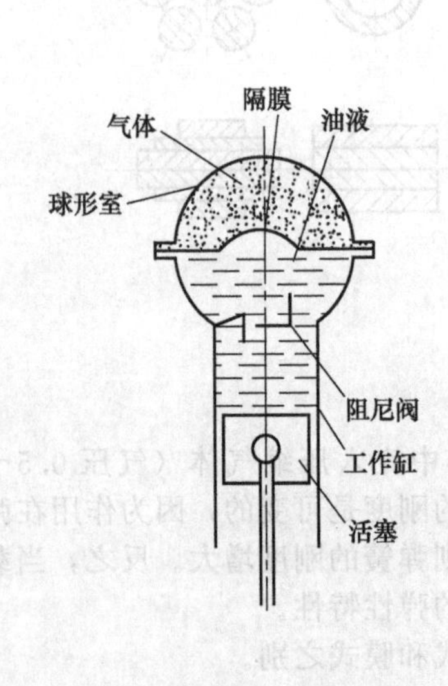

图 14-28 油气弹簧的工作原理

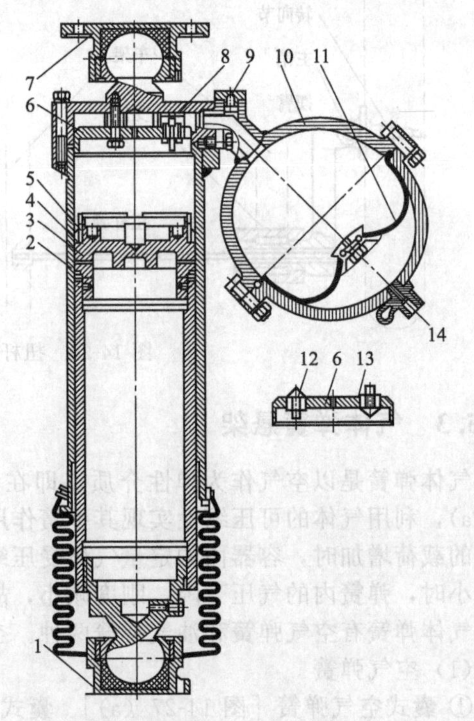

图 14-29 油气弹簧

1—下接盘；2—液力缸筒；3—活塞；4—密封圈；5—密封圈调整螺母；6—阻尼阀座；7—上接盘；8—加油阀；9—加油塞；10—球形室；11—油气隔膜；12—压缩阀；13—伸长阀；14—充气阀

侧为油室，与液力缸连通，其内充满减振油液，相当于液力减振器。液力缸由缸筒2、活塞3和阻尼阀座6等组成。活塞装在套筒上，套筒下端通过下接盘1与车桥连接。液力缸上端通过上接盘7与车架相连。

缸盖内装有阻尼阀座6，其上有六个均布的轴向小孔，对称相隔地装有两个压缩阀12，两个伸张阀13和两个加油阀8。在阀座中心和边缘各有一个通孔。静止时加油阀是开启的，从加油孔注入的油液可流入液力缸。

当载荷增加时，车架与车桥靠近，活塞上移使其上方容积减少，迫使油液经压缩阀、加油阀和阻尼阀座中心孔及其边缘上的小孔进入球形室，推动隔膜向氮气一方移动，从而使氮气压力升高，弹簧刚性增大，车架下降减缓。当外界载荷等于氮气压力时，活塞便停止下移，这时车架与车桥的相对位置不再变化，车身高度也不再下降。

当载荷减小时，油气隔膜在氮气压力作用下向油室一方移动，使油液压开伸张阀13，经阀座上的中心孔及其边缘小孔流回液力缸，推动活塞下移，从而使弹簧刚性减小，车架上升减缓。当外部载荷与氮气压力相平衡时，活塞停止下移，车身高度也不再上升。

内于氮气贮存在定容积的密封气室之内，氮气压力是随外载荷的大小而变化，故油气弹簧具有可变刚性的特性。

当油液通过各个小孔和单向阀时，产生阻尼力，故液力缸相当于液力减振器。在单向阀上装用不同弹力的弹簧可以产生不同的阻尼力，从而可改变油气弹簧的缓冲和减振作用。

第15章 履带式行走系统

15.1 履带式行走系统的功用和组成

履带式工程机械行走系统的功用是支撑机体并将发动机经由传动系统传到驱动链轮上的转矩转变成机械行驶和进行作业所需的牵引力。为了保证履带式机械的正常工作它还起缓和地面对机体冲击振动的作用。

如图15-1、图15-2所示，履带式行走系统通常是由台车架、悬架、履带、驱动轮、支重轮、托轮、张紧轮（或称导向轮）和张紧机构等零部件组成。履带式机械的上部重量通过机架传递给台车架，再通过支重轮、履带作用于地面。由发动机、传动系统传给驱动轮的驱动力矩通过履带行走装置转变为驱动力，推动机械运行。履带与其所绕的驱动轮、导向轮、托轮、支重轮总称为“四轮一带”，是各种履带式工程机械所共有的重要组成零部件，它直接影响到工程机械的工作性能和行走性能。为提高上述零部件的互换性和产品质量，我国已制定了“四轮一带”的行业标准。

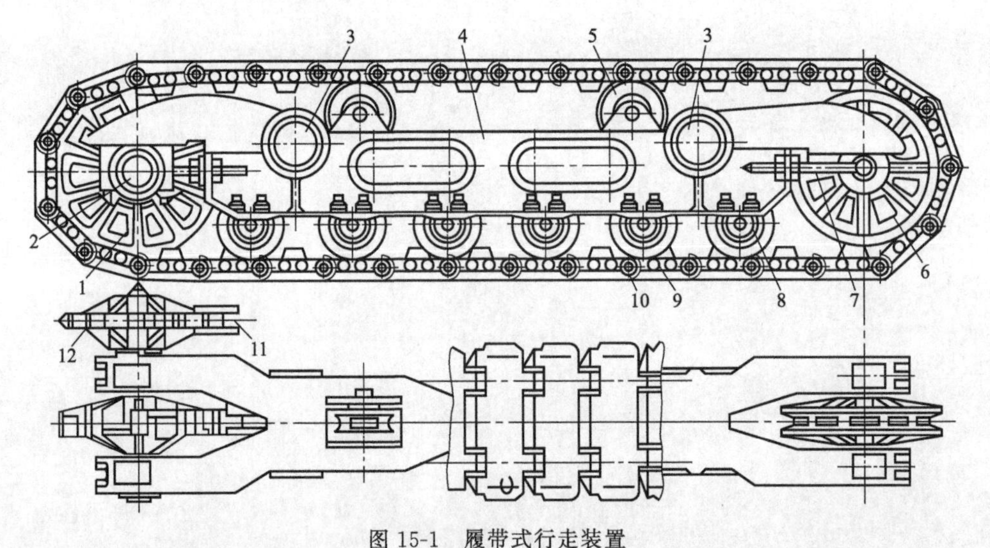

图15-1　履带式行走装置

1—驱动轮；2—驱动轮轴；3—下支撑架轴；4—台车架；5—托轮；6—引导轮；7—张紧螺杆；8—支重轮；9—履带；10—履带销；11—链条；12—链轮

履带式行走系统与轮式行走系统相比有如下特点。

① 支撑面积大，接地比压小。例如，履带推土机的接地比压为2～8N/cm²，而轮式推土机的接地比压一般为20N/cm²。因此，履带推土机适合在松软或泥泞场地进行作业，下陷度小，滚动阻力也小，通过性能较好。

② 履带支撑面上有履齿，不易打滑，牵引附着性能好，有利于发挥较大的牵引力。

③ 履带不怕扎、割等机械损伤。

④ 履带销子、销套等运动副在使用中要磨损，要有张紧装置调节履带松紧度，兼起一定的缓冲作用。

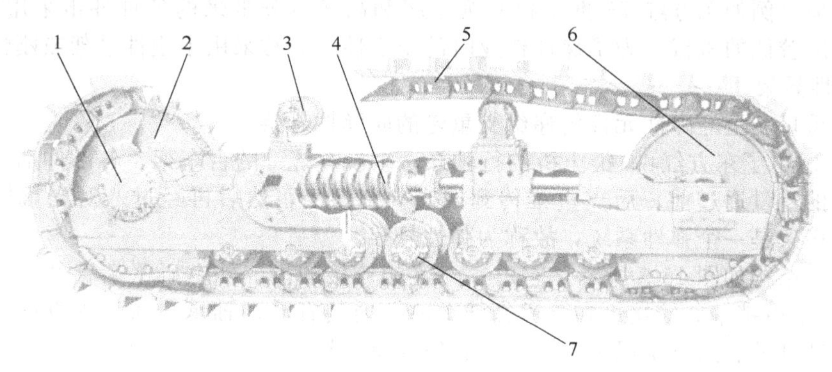

图 15-2 推土机履带的组成

1—终传动；2—驱动链轮；3—托轮；4—张紧装置；5—履带板；6—导向轮；7—支重轮

⑤ 结构复杂，重量大，运动惯性大，减振性能差，零件易损坏。因此，行驶速度不能太高，机动性差。

15.2 机架和悬架

15.2.1 机架

机架是用来支撑和固定发动机、传动系统及驾驶室等零部件的，是整机的骨架。它可分为全梁式、半梁式两种。

全梁式机架为一个整体式焊接结构，如东方红-75 拖拉机、履带式起重机等采用全梁式机架，采用全梁式机架部件拆装方便，但同时也增加了机体的重量，因此应用较少。

半梁式机架是一部分是梁架，另一部分是传动系壳体所组成的车架，这种机架广泛应用于履带推土机上，如图 15-3 所示。它以后桥箱 3 代替了机架的后半部，前面有两根箱形断面的纵梁 1，纵梁中部焊有横梁 2，横梁中央通过铰销支撑在悬架上。

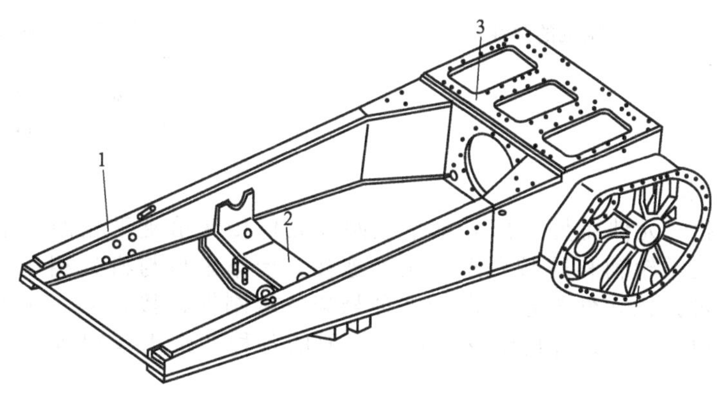

图 15-3 TY220 推土机半梁式机架

1—纵梁；2—横梁；3—后桥箱

15.2.2 悬架

悬架是机架和台车架之间的连接元件。其功用是将机架上的载荷和自重全部或部分通过悬架传到支重轮上。在行驶与作业中履带和支重轮所受的冲击也由悬架传到机架上，悬架具有一定弹性可缓和冲击力。悬架可分为弹性悬架、半刚性悬架和刚性悬架。通常对于行驶速度较高的机械（例如东方红-75 推土机）为了缓和高速行驶带来的各种冲击采用弹性悬架；对于行驶速度较低的机械，为了保证作业时的稳定性，通常采用半刚性悬架或刚性悬架。

(1) 弹性悬架

机体的重量完全经弹性元件传递给支重轮的叫弹性悬架。

图 15-4 示出了东方红-75 推土机的行驶系。它没有统一的台车架，各部件都安装在机架上；推土机的重量通过前、后支重梁传到四套平衡架上，然后再经过八对支重轮传到履带上。由于平衡架是一个弹性系统，故称为弹性悬架。

平衡架的结构如图 15-5 所示，它由一对互相铰接的内、外空心平衡臂 2、7 组成。内、外平衡臂 2、7 由销轴 3 铰接；在外平衡臂 7 的孔内装有滑动轴承，通过支重梁横轴 4 将整个平衡架安装到前、后支重梁上，并允许其绕支重梁摆动。

悬架弹簧 1 是由两层螺旋方向相反的弹簧组成，螺旋方向相反是为了避免两弹簧在运动中重叠而被卡住。悬架弹簧压缩在内、外平衡臂 2、7 之间，用来承受推土机的重量与缓和地面对机体的各种冲击。螺旋弹簧的柔性较好，在吸收相同的能量时，其重量和体积都比钢板弹簧小，但它只能承受轴向力而不能承受横向力。

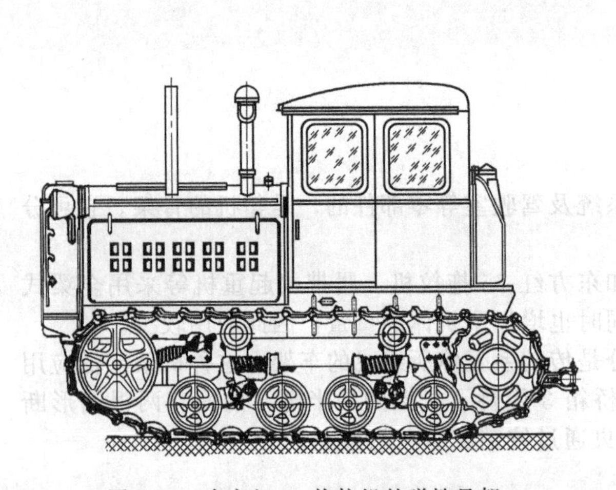

图 15-4 东方红-75 拖拉机的弹性悬架

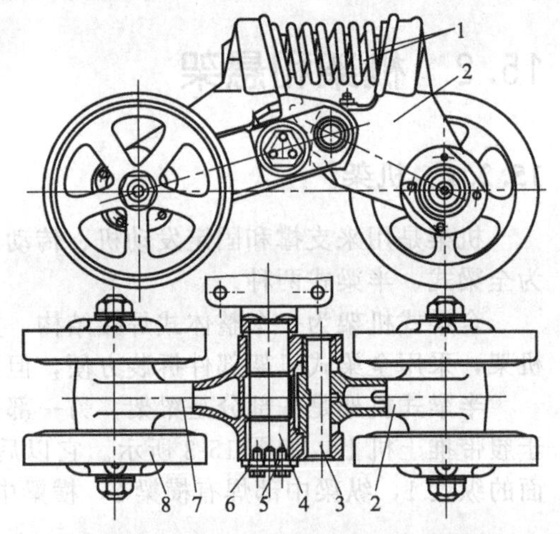

图 15-5 东方红-75 推土机的平衡架
1—悬架弹簧；2—内平衡臂；3—销轴；4—支重梁横轴；5—垫圈；6—调整垫圈；7—外平衡臂；8—支重轮

(2) 半刚性悬架

部分重量经弹性元件而另一部分重量经刚性元件传递给支重轮的叫半刚性悬架。在半刚性悬架中，支重轮轴和履带台车架刚性连接，台车架再与机架相连，其后部通过刚性连接，前部通过弹性元件相连。由于这种悬架一端刚性连接，另一端为弹性连接，故机体的部分重量通过弹性元件传给支重轮，地面的各种冲击力仅得到部分缓冲，故称为半刚性悬架。

半刚性悬架中的台车架是行驶系中一个很重要的骨架，支重轮、张紧装置等都要安装在这个骨架上，它本身的刚度以及它与机体间的连接刚度，对履带行驶系的可靠性和寿命有很大影响。若刚度不足，往往会使台车架外撇，引起支重轮在履带上走偏和支重轮轮缘啃蚀履带轨，严重时要引起履带脱落。为此，应采取适当的措施来增强台车架的刚度。

半刚性悬架的弹性元件有悬架弹簧和橡胶弹性块两种形式。图 15-6 示出了用橡胶块作为弹性元件的半刚性悬架的结构。它是由一根横置的平衡梁 1、活动支座 2、橡胶块 4、固定支座 3 以及台车架 5 等零件组成。在左右台车架的前部用螺钉安装固定支座 3，在固定支座 3 的 V 形槽左右两边各放置一块钢皮包面的橡胶块 4，在橡胶块的上面放置呈三角形断面的活动支座 2。横平衡梁 1 的两端自由地放在活动支座 2 的弧形面上，其中央用销与机架相铰接。这种悬架的特点是结构简单、拆装方便、坚固耐用，但减振性能稍差。

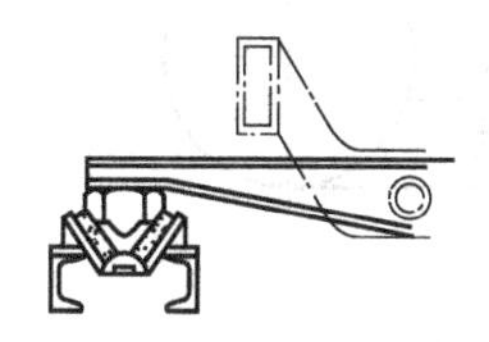

图 15-6 半刚性悬架的橡胶块弹性元件

1—横平衡梁；2—活动支座；3—固定支座；4—橡胶块；5—台车架

(3) 刚性悬架

机体重量完全经刚性元件传递给支重轮的叫刚性悬架。

对于行驶速度很低的重型机械，例如履带式挖掘机，为了保证作业时的稳定性，提高挖掘效率，通常都不装弹性悬架。如图 15-7 所示，履带式挖掘机采用刚性悬架，机架通过两根横轴 11 穿入台车架 4 的孔内固定，与台车架成刚性连接。

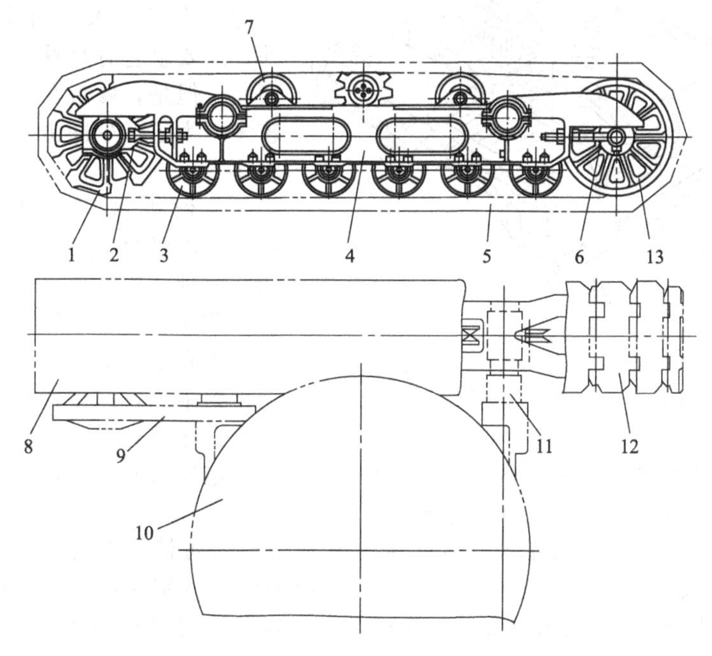

图 15-7 履带式挖掘机的行驶系

1—驱动轮；2,6—调整螺杆；3—支重轮；4—台车架；5,8—履带；7—托轮；9—链轮；10—回转台；11—横轴；12—履带板；13—张紧轮

如图 15-8 所示，有的挖掘机在行走架上布置小台车架 1，将每边的支重轮 4 和托轮 5 分别装在两个独立的小台车架上，小台车架通过轴 2 铰接在行走架上。这样，通过小台车架摆动可以适应路面的不平整。

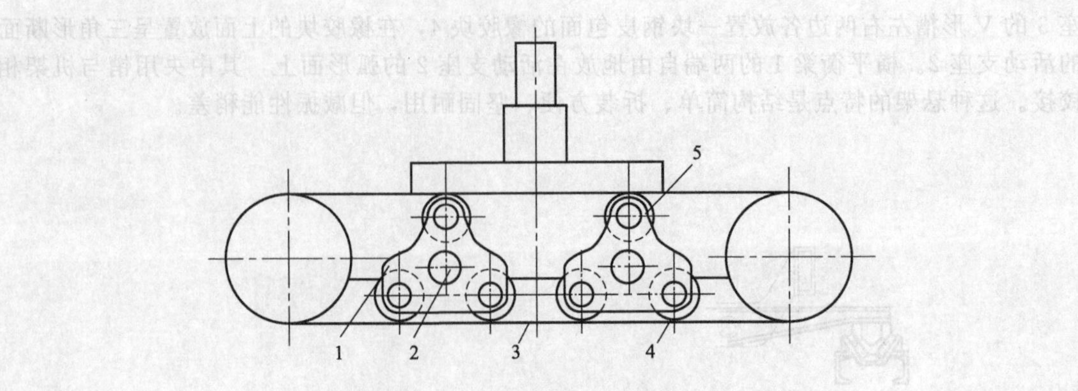

图 15-8 W100 型挖掘机的刚性悬架

1—小台车架；2—轴；3—履带；4—支重轮；5—托轮

15.3 履带和驱动链轮

15.3.1 履带

履带是用于将工程机械的重力传给地面，并保证机械发出足够驱动力的装置。履带经常在泥水、凹凸地面、石质土壤中工作，条件恶劣，受力情况复杂，极易磨损。因此，除了要求它有良好的附着性能外，还要求它有足够的强度、刚度和耐磨性。但是，履带在工作中的状态变化较多，为了减少冲击，重量应该尽可能轻些。

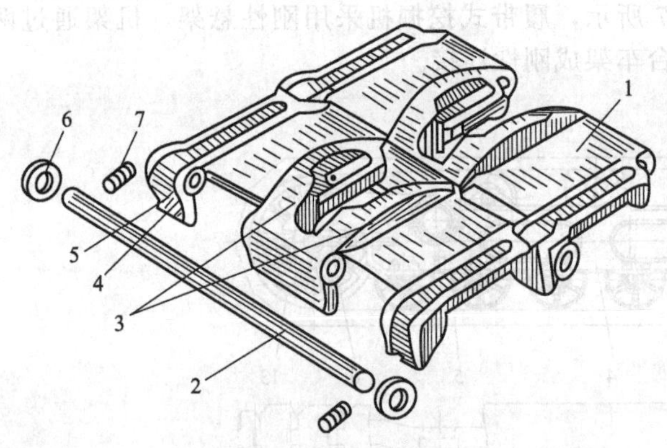

图 15-9 整体式履带

1—履带板；2—履带销；3—导轨；4—销孔；
5—节销；6—垫圈；7—锁销

工程机械用履带有整体式（图15-9）和组合式（图 15-10）两种。整体式履带结构简单，制造方便，拆装容易，质量较组合式履带轻。但由于履带销与销孔之间的间隙较大，无法采用任何密封措施，泥沙容易进入，使履带销和销孔磨损较快，且损坏后履带板只能整块更换。整体式履带可用于小型机械上（如东方红-75 拖拉机）上，以减轻重量；也可以用于运行速度较低的重型机械上（如挖掘机）。

图 15-11 所示，TY220 履带推土机的履带就是组合式履带，它由履带板 1，履带销 4，销套 5，左、右链轨 11、10 等零件组合而成。其履带板 1 分别用两个螺栓固定在左、右链轨 11、10 上，相邻两节链轨用履带销 4 连接，左、右链轨用销套隔开，销套同时还是驱动链轮卷绕的节销。链轨节是模锻成形，前节的尾端较窄，压入销套 5；后节的前端较宽，压入履带销 4；由于它们的过盈量大，所以履带销、销套与链轨节之间都没有相对运动，只有履带销与销套之间可以相对转动。销套两端装有防尘圈，以防止泥沙浸入。

为了拆卸方便，在每条履带中设有两个易拆卸的销子，这个销子称为“活销”（如图15-11中 8），其配合过盈量稍小，较易拆卸，它的外部根据不同的机型都有不同的标记，拆卸时根据说明书细心查找。

履带板是履带总成的重要组成部分，履带板的形状和尺寸，对推土机的牵引附着性能影

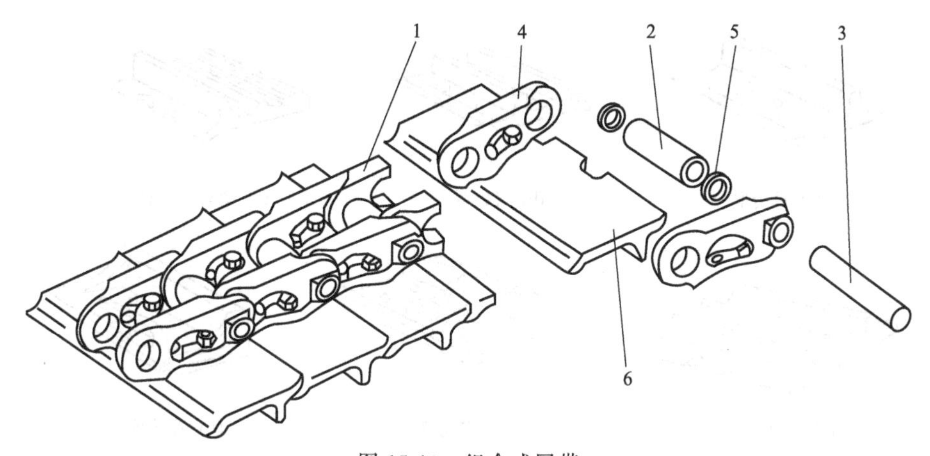

图 15-10 组合式履带

1,4—链轨节；2—销套；3—履带销；5—防尘垫圈；6—履带板

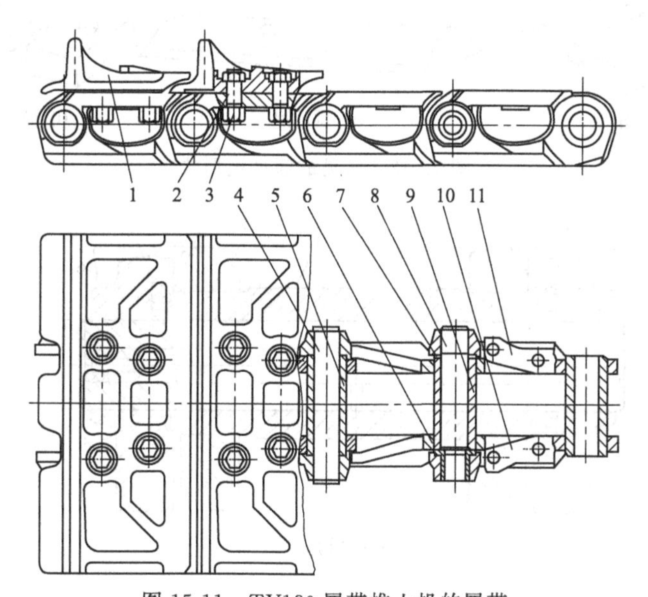

图 15-11 TY180 履带推土机的履带

1—履带板；2—螺栓；3—螺母；4—履带销；5—销套；6—弹性锁紧套；7—锁紧销垫；8—履带活销；9—锁紧销套；10—右链轨；11—左链轨

响很大。根据推土机作业要求的不同，履带板可分为多种形式，如图 15-12 所示。

为了提高履带的寿命，对履带板、链轨、履带销和销套等零件可根据不同的需要采用适当材料，并进行适当的热处理以提高表面硬度，增强耐磨性。

组合式履带具有更换零件方便的优点，当某零件损坏时，只需更换掉该零件即可，无需将整块履带板报废。因此，广泛用于推土机、装载机等多种工程机械上。

普通销和销套之间由于密封不好，泥沙容易浸入，形成“磨料”，加速磨损，而且摩擦系数也大。因此，近年来研制出“密封润滑履带”，如图 15-13 所示。履带销 2 的中心钻有贮油孔，使得履带销 2 与销套 1 之间的润滑不致中断，润滑油由履带销端头孔中注入。U 形密封圈 4 密贴于销套与链轨节之间的沉孔端面上，可有效防止润滑油外漏，并阻止杂物侵入。橡胶弹簧圈 5 由橡胶制成，起着类似于弹簧的紧固作用，由于它的压紧力使 U 形密封圈始终保持着良好的密封状态。止推环 8 用于保护密封圈使它不受销套与链轨节之间的侧向压力，保护密封件不受损坏。由于采用了密封润滑装置，使履带销与销套的寿命大大延长。

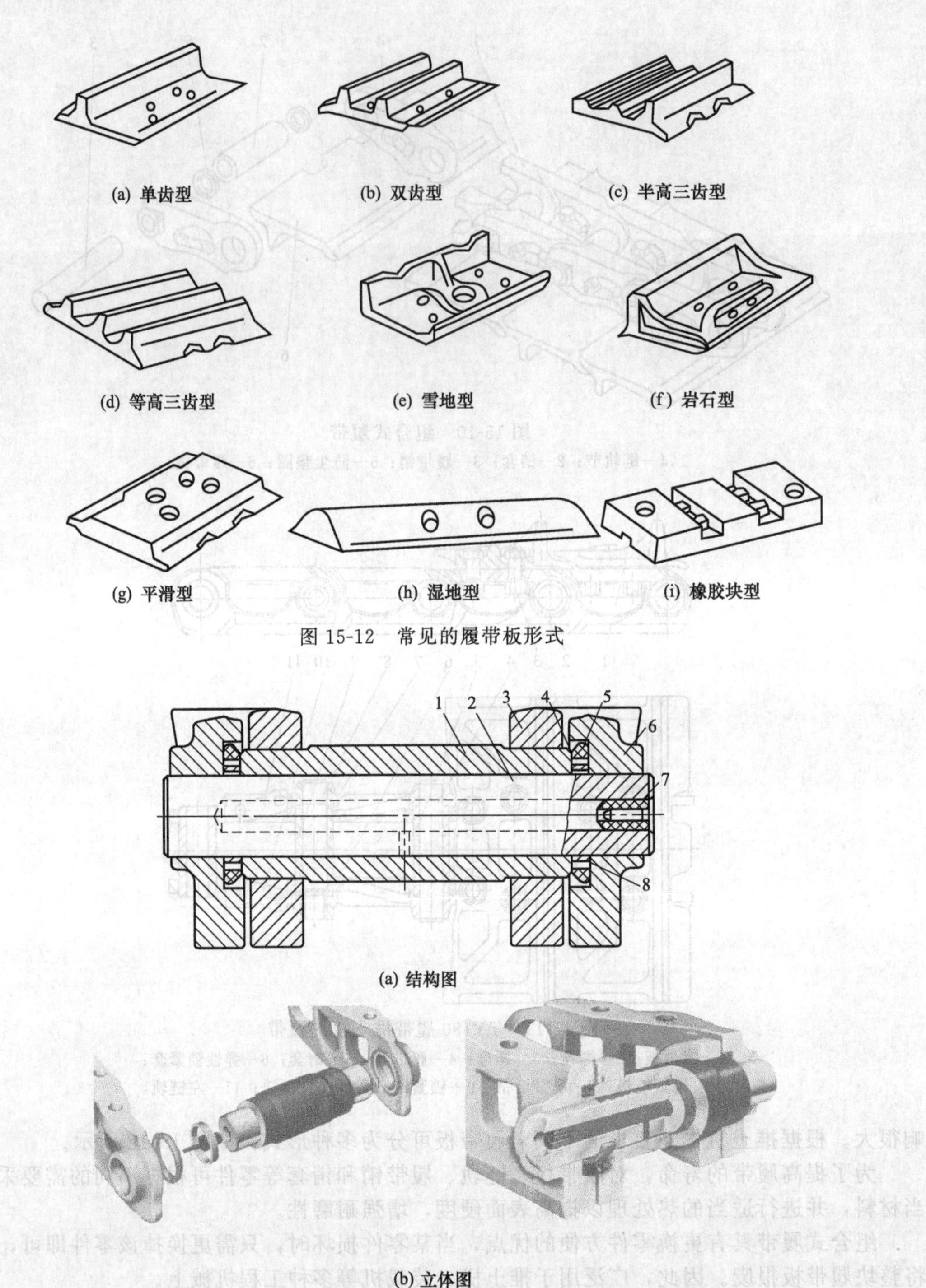

图 15-12 常见的履带板形式

图 15-13 密封润滑履带

1—销套；2—履带销；3，6—链轨节；4—U 形密封圈；5—橡胶弹簧圈；7—油封塞；8—止推环

另外，为了在维修时装卸履带的方便，某些推土机的履带链轨中有一节采用剖分式主链轨（图 15-14）。主链轨是由带有锯齿的左半链轨 1 与右半链轨 2，利用履带板螺钉 3 加以固定。在需要拆装履带时，只需装卸主链轨上的两个螺钉 3 即可，这就使拆装履带的工作十分方便。由于采用带有锯齿的斜接合面使链轨具有足够的强度。

15.3.2 驱动链轮

驱动链轮用来卷绕履带，以保证履带式机械行驶。它安装在最终传动的从动轴或从动轮毂上。驱动轮一般用碳素钢或低碳合金钢制成，其轮齿表面必须进行热处理以提高其硬度，从而延长轮齿的寿命。

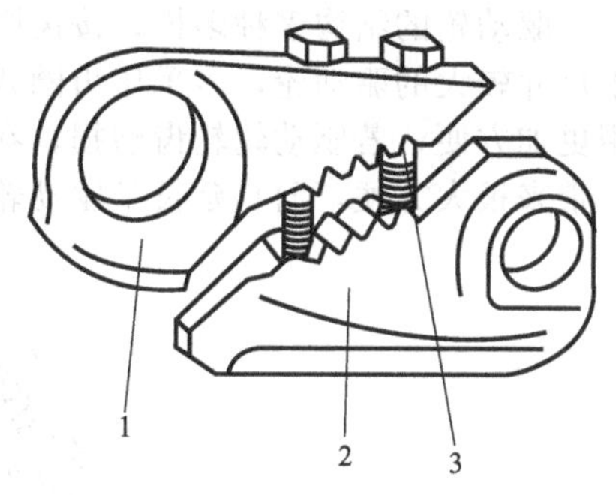

图 15-14 剖分式主链轨
1—左半链轨；2—右半链轨；3—履带板螺钉

驱动轮与履带的啮合方式一般有节销式与节齿式两种。驱动轮轮齿与履带的节销相啮合称为节销式啮合，如图 15-15 所示，TY180 推土机的驱动轮 4 与履带的履带销 5 进行啮合，就属于节销式啮合。这种啮合方式履带销所在的圆周近似地等于驱动轮节圆，驱动轮轮齿作用在履带销上的压力通过履带销中心。

在节销式啮合中，可将履带板的节距设计成驱动轮齿节距的 2 倍。这时，若驱动轮齿数为双数，则仅有一半齿参加啮合；其余一半齿为后备。若驱动轮齿为单数，则其轮齿轮流参加啮合。这样可以延长驱动轮的使用寿命。

也可以采用具有双排齿的驱动轮，相应地在履带板上也有两个履带销与驱动轮齿相啮合。由于两个齿同时参与啮合，使每个齿上受力减小一半，自然就减轻了轮齿的磨损，延长了驱动轮的使用寿命。但由于结构较复杂，应用不广泛。

节齿式啮合，即驱动轮的轮齿与履带的凸齿相啮合，如图 15-16 所示。这种啮合方式履带销所在的圆周要比驱动轮的节圆大，轮齿给节齿的作用力不通过履带销的中心，使履带销上作用着一个附加扭矩，增加了履带销的负荷。这种啮合方式多用在采用整体式履带板的重型机械上（如挖掘机）。

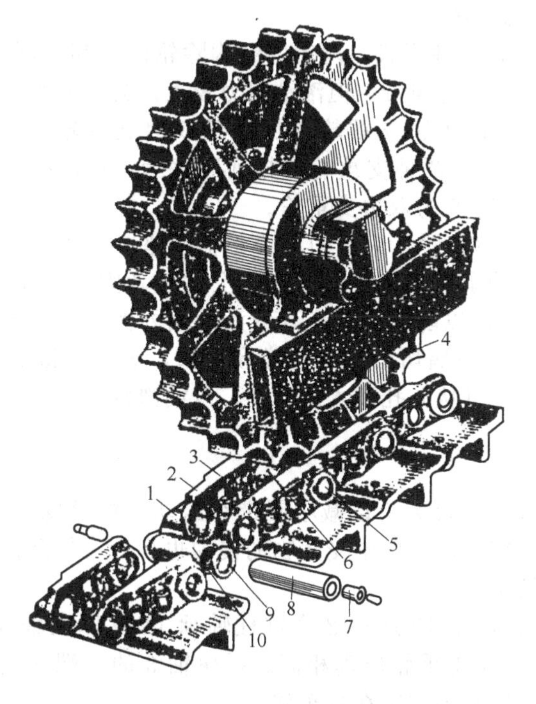

图 15-15 TY180 推土机的驱动轮
1—履带板；2—左链轨；3—右链轨；4—驱动轮；5—履带销；6,10—销套；7—锥形塞；8—活销；9—锁紧销垫

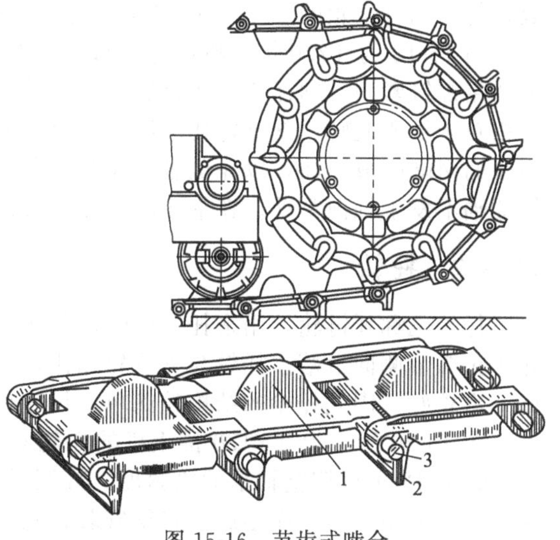

图 15-16 节齿式啮合
1—凸齿；2—锁销；3—履带销

驱动轮的结构多种多样，按齿圈的结构可分为：整体式、齿圈式和齿块拼合式三种。对于尺寸较大的驱动轮，多采用齿圈式或齿块拼合式。其中齿块拼合式（如图 15-17 所示）使用更加方便，若驱动轮轮齿磨损，在工地即可就地更换，而无需拆卸其他零件，这不仅给维修带来很大方便，而且延长了驱动轮的使用寿命，但在工艺上一定要保证安装精度。

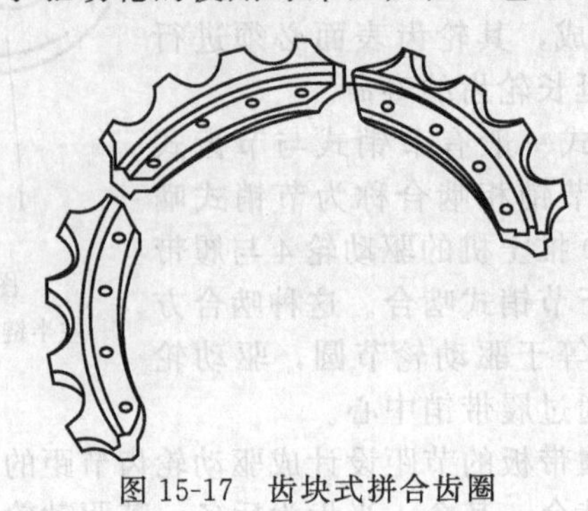

图 15-17 齿块式拼合齿圈

15.4 支重轮和托轮

15.4.1 支重轮

支重轮用来支撑机体重量，并携带上部重量在履带的链轨上滚动，使机械沿链轨行驶，还用它来夹持履带，使其不沿横向滑脱，并在转弯时迫使履带在地上滑移。

支重轮常在泥水中工作，且承受强烈的冲击，工作条件很差。因此，要求它的密封可靠，轮缘耐磨。支重轮用锰钢制成，并经热处理提高硬度。

支重轮有单边（图 15-18）和双边（图 15-19）两种形式，两者的结构除轮体外都相同，双边轮体较单边轮体多一个轮缘，因此，能更好地夹持履带，但滚动阻力较大。为了减小阻力，可以在每个台车上布置两种形式的支重轮，使单边支重轮数目多于双边支重轮。如 TY180 履带推土机每侧台车架下部装有六个支重轮，两种支重轮的排列顺序为：从前往后数，每一侧支重轮的 1、3、4、6 为单边支重轮，2、5 为双边支重轮。

图 15-18 为 T220 推土机单边支重轮，左右对称布置，为单边凸缘。轴承座 5 与支重轮体 3 用螺钉紧固。轴瓦 6 为双金属瓦，用销子与轴承座 5 固定。这样，上述三者固为一体，可相对于轴 4 旋转。支重轮孔两端装有浮动油封 8，以防止泥沙进入或润滑油外泄。支重轮轴 4 的两端削成平面，以保证轴 4 不发生转动。在一端切平面内有梯形凹槽，装入平键 11 保证轴不发生轴向窜动。在轴 4 的一端设有油孔，可从此孔注入润滑油，以润滑轴承。

15.4.2 托轮

托轮也称托链轮，用来托住履带，防止履带下垂过大，以减小履带在运动中振跳现象，并防止履带侧向滑落。托轮与支重轮相比，受力较小，工作中受污物的侵蚀也少，工作条件比支重轮好，因此托轮的结构较简单，尺寸也较小。

图 15-20 所示为 TY180 推土机的托轮总成。托轮 10 通过 2 个锥柱轴承 11 支撑在轴 3 上，螺母 12 可以调整轴承的松紧度。其润滑密封与支重轮原理相同。托轮轴 3 的一端夹紧在托轮架 2 中，另一端形成悬臂梁安装托轮，托轮架则固定在台车架上。

为了减少托轮与履带之间的摩擦损失，托轮数目不宜过多。每侧履带一般为 1～2 个。托轮的位置应有利于履带脱离驱动链轮的啮合，并平稳而顺利地滑过托轮和保持履带的张紧状态。当采用两个托轮时后面的一个托轮应靠近驱动链轮。

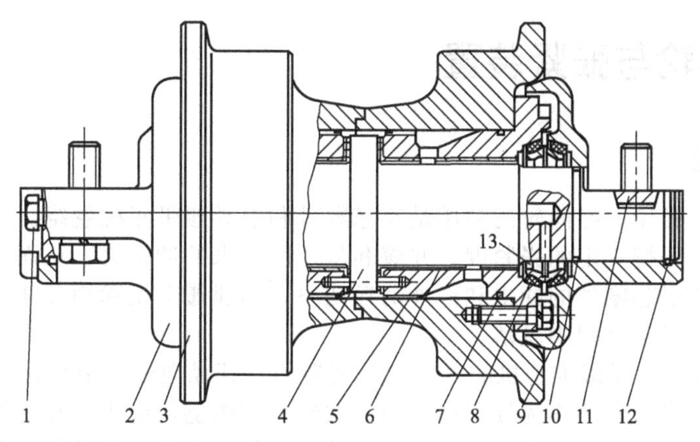

图 15-18 T220 推土机的单边支重轮

1—油塞；2—支重轮外盖；3—支重轮体；4—轴；5—轴承座；6—轴瓦；7,10—O 形密封圈；8—浮动油封；9—支重轮内盖；11—平键；12—挡圈；13—浮封环

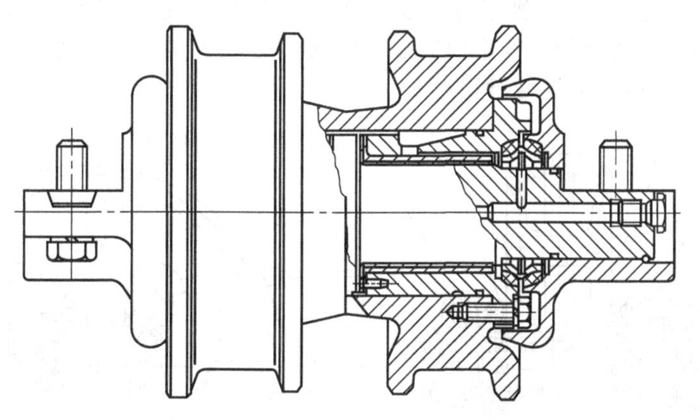

图 15-19 双边支重轮

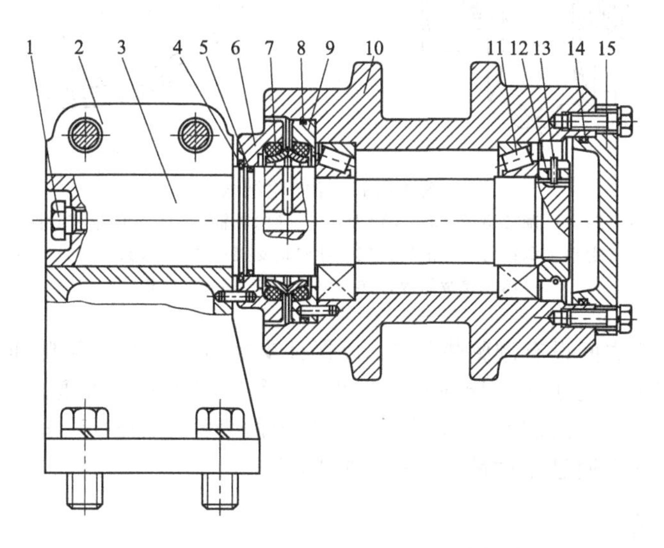

图 15-20 TY180 履带推土机托轮结构

1—油塞；2—托轮架；3—托轮轴；4—挡圈；5,8,14—O 形密封圈；6—油封盖；7—浮动油封；9—油封座；10—托轮；11—轴承；12—锁紧螺母；13—锁圈；15—托轮盖

15.5 导向轮与张紧装置

15.5.1 导向轮

导向轮也称张紧轮。导向轮的功用是支撑履带和引导履带正确卷绕。同时，导向轮与张紧装置一起使履带保持一定的张紧度，并缓和从地面传来的冲击力，从而减轻履带在运动中的振跳现象，以免引起剧烈的冲击和额外消耗功率，加速履带销和销套间的磨损。履带张紧后，还可防止它在运动过程中脱落。

如图 15-21 所示，履带推土机的导向轮是铸造的，其径向断面呈箱形。导向轮的轮面大多制成光面，中间有挡肩环作为导向用，两侧的环面支撑链轨起支重轮的作用。导向轮的中间挡环应有足够的高度，两侧边的斜度要小。导向轮与最靠近的支重轮距离越小则导向性能越好。

导向轮通过孔内的两个滑动轴承 9 装在导向轮轴 5 上，导向轮轴 5 的两端固定在右滑架 11 与左滑架 4 上。左、右滑架则通过用支座弹簧合件 14 压紧的座板 16 安装在台车架上的导向板 18 上，同时使滑架的下钩平面紧贴导向板 17，从而消除了间隙。故滑架可以在台车架上沿导板 17 与 18 前后平稳地滑动。

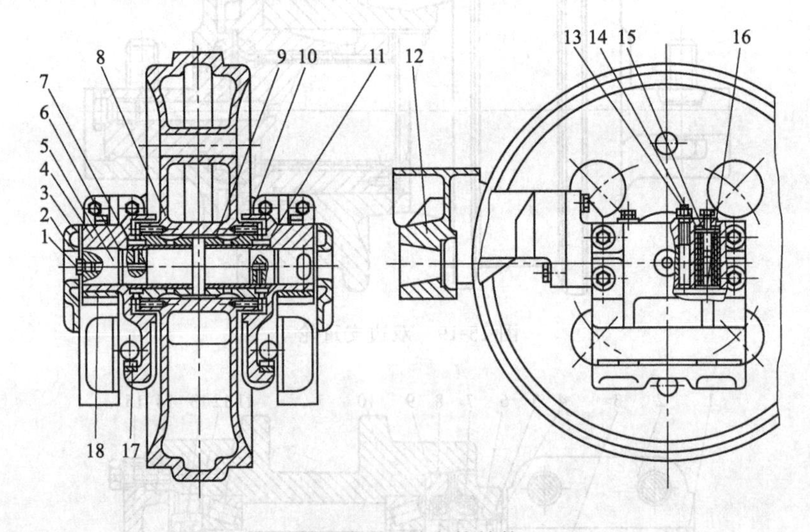

图 15-21 导向轮结构

1—油塞；2—支撑盖；3—调整垫片；4—左滑架；5—导向轮轴；6，10—O 形密封圈；7—浮动油封；8—导向轮；9—滑动轴承；11—右滑架；12—导向轮支架；13—止动销；14—支座弹簧合件；15—弹簧压板；16—座板；17，18—导向板

支撑盖 2 与滑架之间设有调整垫片 3，以保证支撑盖 2 和台车架侧面之间的间隙不大于 1mm。安装支撑盖 2 是为了防止导向轮发生侧向倾斜，以免履带脱落。

导向轮与轴 5 之间充满润滑油进行润滑，并用两个浮动油封 7 与 O 形密封圈 6、10 来保持密封。导向轮轴 5 通过止动销 13 进行轴向定位。

15.5.2 张紧装置

张紧装置的功用是保证履带具有足够的张紧度，减少履带在行走中的振跳及卷绕过程中的脱落。履带过于松弛，除了造成剧烈跳动、增加磨损之外，又容易造成脱轨现象；履带过于张紧，会加剧履带销与销套的磨损。因此，履带必须有合适的张紧度。

张紧装置可分为螺杆式张紧装置和液压式张紧装置两种。图 15-22 所示为螺杆式张紧装置。

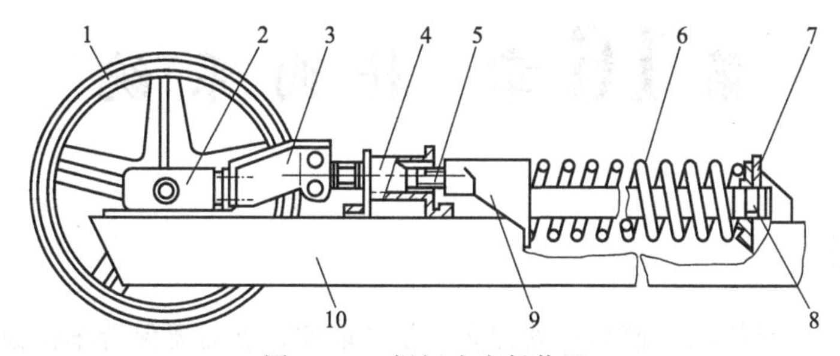

图 15-22 螺杆式张紧装置

1—导向轮；2—滑块；3—叉臂；4—螺杆托架；5—张紧螺杆；6—张紧弹簧；7—固定支座；8—调整螺母；9—活动支座；10—台车架纵梁

图 15-23 为液压式张紧装置，这种张紧装置由调整油缸和弹簧箱两大部分组成。张紧杆 1 的左端与导向轮叉臂相连，右端与液压缸 3 的凸缘相接。当需要张紧履带时，只需要通过注油嘴 12 向缸内注油，使油压增加，使液压缸 3 外移，并通过张紧杆 1、导向轮使履带张紧；如果履带过紧，可通过放油螺塞 2 放油，即可使履带松弛，调整这种装置省力省时，所以在履带机械中得到了广泛的应用。

当机械行驶中遇到障碍物而使导向轮受到冲击时，由于液体的不可压缩性，冲击力可通过活塞杆，弹簧前座 6 传到张紧弹簧 5 上，于是弹簧压缩，张紧轮后移，从而使机件得到保护。

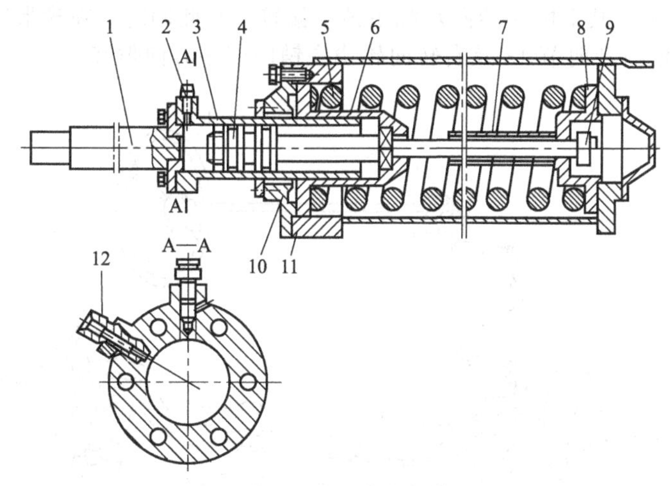

图 15-23 液压式张紧装置

1—张紧杆；2—放油螺塞；3—液压缸；4—活塞；5—张紧弹簧；6—弹簧前座
7—定位套管；8—弹簧后座；9—调整螺母；10—垫片；11—前盖；12—注油嘴

第16章 转向系统

16.1 概述

转向系统的功用是操纵车辆的行驶方向，使其能够根据需要保持车辆稳定地沿直线行驶或能按要求灵活地改变行驶方向。

16.1.1 转向系统的类型和组成

根据转向原理不同，转向系统可分为轮式和履带式两大类。履带式工程机械的转向是借助于改变两侧履带的牵引力，使两侧履带以不同的速度前进实现转向。本章重点介绍轮式工程机械的转向系统。

根据转向能源不同，转向系统可分为机械转向系统和动力转向系统两种。

机械转向系统以驾驶员的体力作为转向能源，其中所有传力件都是机械的。机械转向系统由转向操纵机构、转向器和转向传动机构三大部分组成。

图 16-1 所示为机械转向系统的组成示意图。转向时，驾驶员转动转向盘 1，通过转向轴 2 带动互相啮合的蜗杆 3 和齿扇 4，使转向摇臂 5 绕其轴摆动，再经转向纵拉杆 6 和转向节臂 7 使左转向节及装在其上的左转向轮绕主销 8 偏转。与此同时，左梯形臂 9 经转向横拉杆 10 和右梯形臂 12 使右转向节 13 及右转向轮绕主销向同一方向偏转。

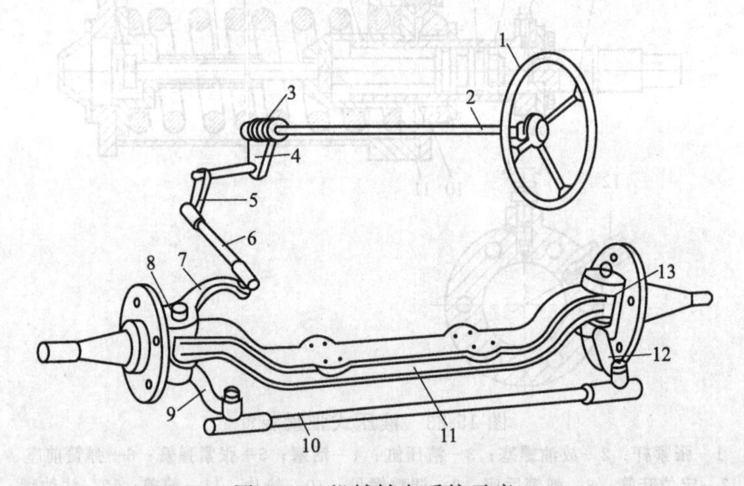

图 16-1 机械转向系统示意

1—转向盘；2—转向轴；3—蜗杆；4—齿扇；5—转向摇臂；6—转向纵拉杆；7—转向节臂；8—主销；9—左梯形臂；10—转向横拉杆；11—前轴；12—梯形臂；13—转向节

从转向盘到转向轴这一系列零部件属于转向操纵机构。转向摇臂、左右梯形臂和转向横拉杆总称为转向传动机构。梯形臂、转向横拉杆及前轴形成转向梯形，其作用是保证两侧转向轮偏转角具有一定的相互关系。

动力转向系统是兼用驾驶员体力和发动机动力为转向能源的转向系统。在正常情况下，汽车转向所需能量，只有一小部分由驾驶员提供，而大部分是由发动机通过动力转向装置提供的。但在动力转向装置失效时，一般还应当能由驾驶员独立承担转向任务。因此，动力转向系统是在机械转向系统的基础上加设一套动力转向装置而形成的。

图16-2为液压动力转向系统的组成示意图。其中属于动力转向装置的部件是：转向油罐9、转向油泵10、转向控制阀5和转向动力缸12。当驾驶员逆时针转动转向盘1（左转向）时，转向摇臂7带动转向纵拉杆6前移。纵拉杆的拉力作用于转向节臂4，并依次传到梯形臂3和转向横拉杆11，使之右移。与此同时，转向纵拉杆6还带动转向控制阀5中的滑阀，使转向动力缸12的右腔接通液面压力为零的转向油罐。油泵10的高压油进入转向动力缸的左腔，于是转向动力缸的活塞上受到向右的液压作用力便经推杆施加在横拉杆11上，也使之右移。这样，驾驶员施于转向盘上很小的转向力矩，便可克服地面作用于转向轮上的转向阻力矩。

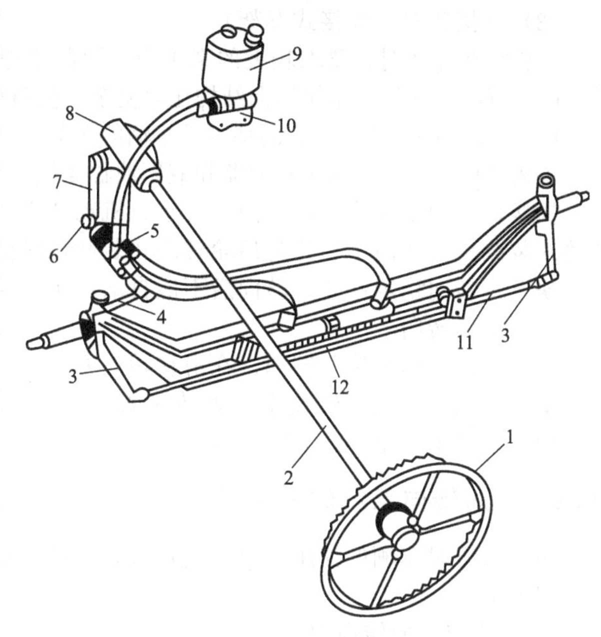

图16-2　动力转向系统示意
1—转向盘；2—转向轴；3—梯形臂；4—转向节臂；5—转向控制阀；6—转向纵拉杆；7—转向摇臂；8—机械转向器；9—转向油罐；10—转向油泵；11—转向横拉杆；12—转向动力缸

16.1.2　转向方式

轮式机械的转向方式可分为偏转车轮转向、滑移转向和铰接转向三大类。整体车架的车辆采用前两类，其转向是通过车轮相对车架偏转来实现的；铰接车辆的车架分为前、后两个车架，前、后车架用铰销连接在一起，其转向是通过相对偏转来实现的。

（1）偏转车轮转向（整体式车架）

① 偏转前轮转向　图16-3（a）所示是一种最常用的转向方式。其前轮转向半径大于后轮转向半径，行驶时，驾驶员易于用前轮来估计避开障碍物，有利于安全行驶。一般车辆都采用这种转向方式。

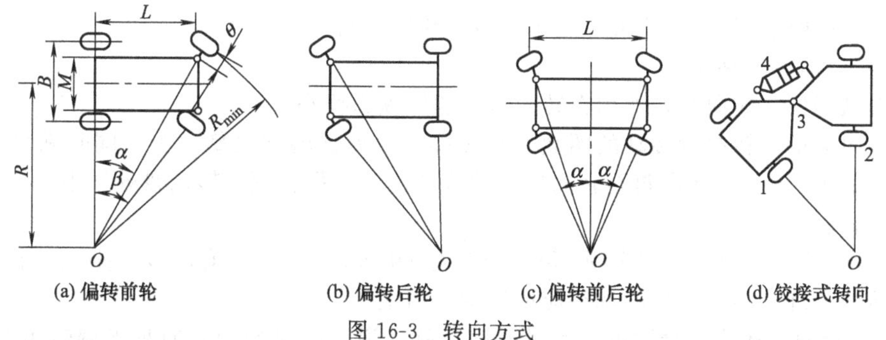

图16-3　转向方式

② 偏转后轮转向　图16-3（b）所示为偏转后轮转向方式，对于在车轮前方装有工作机构的机械，若用前轮转向，转向轮的偏转角受到影响，转向阻力矩增加。采用偏转后轮转向方式，便可解决上述矛盾。其缺点是后轮转向半径大于前轮转向半径，这样驾驶员不能按偏转前轮转向方式来估计避开障碍物和掌握行驶方向。

③ 偏转前后轮转向 图 16-3（c）所示为偏转前后轮转向方式，其优点是：转向半径小、机动性好，前后轮转向半径相同，容易避让障碍物；转向前后轮轨迹相同，减少了后轮的行驶阻力。但是，这种转向方式结构复杂。

（2）铰接转向（铰接式车架）

工程机械作业时，要求较大的牵引力，因此希望全轮驱动以充分利用机器的全部附着质量。由于偏转驱动桥上车轮转向结构比较复杂，故目前全轮驱动的工程机械趋向采用铰接式转向，如图 16-3（d）所示。它的特点是车辆的车架不是一个整体，而是用垂直铰销 3 把前后两部分车架铰接在一起。利用转向器和液压油缸 4 使前后车架发生相对运动来达到转向目的。

铰接转向的主要优点：转向半径小、机动性强、作业效率高；结构简单，制造方便。如铰接式装载机的转向半径约为后轮转向式装载机转向半径的 70%，作业效率提高 20%。

缺点：转向稳定性差；转向后不能自动回正；保持直线行驶的能力差。

（3）滑移转向

滑移转向又称为速差转向。在滑移转向方式中，车轮相对于车架是固定不动的，它是通过改变左右两侧车轮的转速来实现转向的。这种方式适用于全轮驱动、整体车架的小型车辆，如斗容量不大于 $1m^3$ 的装载机。

16.1.3 对转向系统的基本要求

转向系统对车辆的使用性能影响很大，直接影响到行车安全，不论何种转向系统必须满足下列要求。

① 形成统一的转向中心。转向时各车轮必须作纯滚动而无侧向滑动，否则将会增加转向阻力，加速轮胎磨损。由图 16-4 可知，只有当所有车轮的轴线在转向过程中都交于一点 o 时，各车轮才能作纯滚动，此瞬时速度中心 o 就称为转向中心。显然两轮偏转角度不等，且内外轮偏转角度应满足下列关系

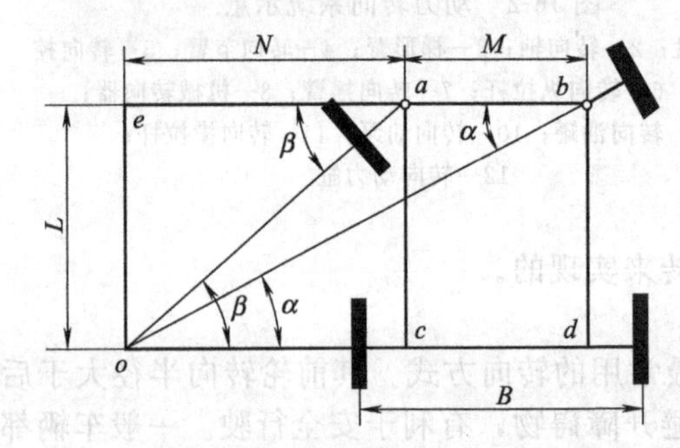

图 16-4 偏转车轮式转向示意

$$\cot\alpha=\frac{M+N}{L}$$

$$\cot\beta=\frac{N}{L}$$

$$\cot\alpha-\cot\beta=\frac{M}{L}$$

式中 M——两侧主销中心距离（略小于转向轮轮距）；

L——前后轮轴距。

② 操纵轻便。转向时，作用在转向盘上的操纵力要小。

③ 转向灵敏。转向盘转动的圈数不宜过多，以保证转向灵敏。为了同时满足操纵轻便和转向灵敏的要求，由转向盘至转向轮间的传动比应选择合理。转向盘处于中间位置时，空行程不允许超过 15°～20°。

④ 工作可靠。转向系统对车辆行驶安全性关系极大，其零件应有足够的强度、刚度和寿命。

⑤ 结构合理。转向系统的调整应尽量少而简便。

此外，转向器还应有合适的传动可逆性。就是说，不仅能用方向盘来偏转车轮；相反，车轮的偏转又可带动方向盘转动。其目的在于使偏转的车轮具有自动回正的可能性以及使驾驶员有“路感”。但也不是说可逆性愈高愈好，若过高了，路面对偏转车轮的冲击力传到方向盘上就会过大，驾驶员就容易疲劳。然而，不可逆的转向器也不理想，这样会使驾驶员失掉“路感”，而不利于正确操纵。所以说应设计出能满足使用要求的传动可逆性。一般要求

是当遇较小的冲击力时，由转向器中产生的摩擦力抵消掉而不传到转向盘；当遇到较大冲击力时，才有可能部分地传到转向盘上去。

16.2 转向系统主要部件的构造

16.2.1 转向器

转向器的功用是将转向盘的转动变为转向摇臂的摆动，并改变力的传动方向和实现一定的传动比。转向器的种类很多，工程机械广泛采用汽车转向器。蜗杆曲柄指销式转向器、球面蜗杆滚轮式转向器和循环球齿条齿扇式转向器得到了普遍采用。

转向器按传递可逆程度可分为可逆式、不可逆式和极限可逆式。

不可逆式转向器：当转向螺旋角小于或等于摩擦角时，由螺纹的自锁作用，作用力只能由转向盘传向转向摇臂，但作用在转向摇臂上的地面冲击力不能传给转向盘。在逆传动时螺旋副不能运动，地面上有多大冲击，这些零件都需经受得住，否则零件就要损坏，且驾驶员没有“路感”。因此一般不采用不可逆的螺旋副作转向器。

可逆式转向器：当转向器的螺旋角大于摩擦角时，正传动的效率比较高，且逆传动的效率大于零。这类转向器作逆传动是可能的，即逆传动可输出部分功。这种转向器称可逆式转向器。如果可逆式转向器（如循环球齿条齿扇式转向器）的逆传动效率比较高，当车轮受到地面冲击时，这种冲击大部分会反映到转向盘上，发生“打手现象”。并且容易引起驾驶员疲劳。故在工程机械上常和液压加力器结合在一起使用，利用液压系统的阻尼作用来减弱地面对转向盘的冲击作用。

极限可逆式转向器：当螺杆的螺旋角略大于摩擦角时，作用力很容易从转向盘传到转向摇臂上，但当车轮受到地面冲击时，由于传动副在逆传动时损失较大，传到转向盘上的力就明显减小。从而防止了“打手现象”，驾驶员又具有“路感”，同时作用在车轮上的稳定力矩亦能使车轮和转向盘自动回正。但这种转向器效率较可逆式低，在平坦的地面上不如可逆式的转向器轻便。球面蜗杆滚轮式和蜗杆曲柄指销式转向器属于极限可逆式，在工程机械上得到广泛的应用。

（1）蜗杆曲柄指销式转向器

蜗杆曲柄指销式转向器的结构，如图 16-5 所示。以转向蜗杆 3 为主动件，其从动件是装在摇臂轴 11 上的曲柄端部的指销 13。通过转向盘转动蜗杆时与之啮合的指销即绕摇臂轴轴线沿圆弧运动并带动摇臂轴摆动，然后通过转向传动机构使转向轮偏转。

指销 13 的端头做成锥形与蜗杆螺槽形状配合，它们之间的间隙可用曲柄轴的轴向移动来调整。由于指销轴的轴线是绕曲柄轴作圆弧摆动，当曲柄转角较大时，如用一个指销可能脱离啮合，采用两个指销时总有一个指销保持啮合状态，因此双销式转向器摇臂的转动角范围比单销式大，此外，双销式在一般情况下由于载荷分布在两个指销上，磨损减少，但其结构复杂，对蜗杆的精度要求高。

（2）球面蜗杆滚轮式转向器

图 16-6 所示为极限可逆式的球面蜗杆滚轮式转向器，球面蜗杆 1 由锥形轴承支撑在由可锻铸铁制成的壳体 5 中，后盖 6 和壳体 5 之间有垫片 7，用来调整蜗杆轴承的紧度。同转向轴 3 固定在一起的球面蜗杆 1 和滚轮 2 相啮合，滚轮 2 通过滚针轴承和销轴装在转向器摇臂轴 4 的中间部位。转向器摇臂轴的一端有调整垫片 8 和压盖 9，用以调整转向器摇臂轴的轴向位置。蜗杆和滚轮的接触点偏在一边，其偏心距为 e，减少调整垫片 8 的厚度可以减小偏心距 e。一般要求是，啮合面之间应没有间隙，但又不致卡住。

当转向盘带动球面蜗杆 1 转动时，滚轮 2 就沿着蜗杆的螺旋槽滚动，从而带动转向器摇

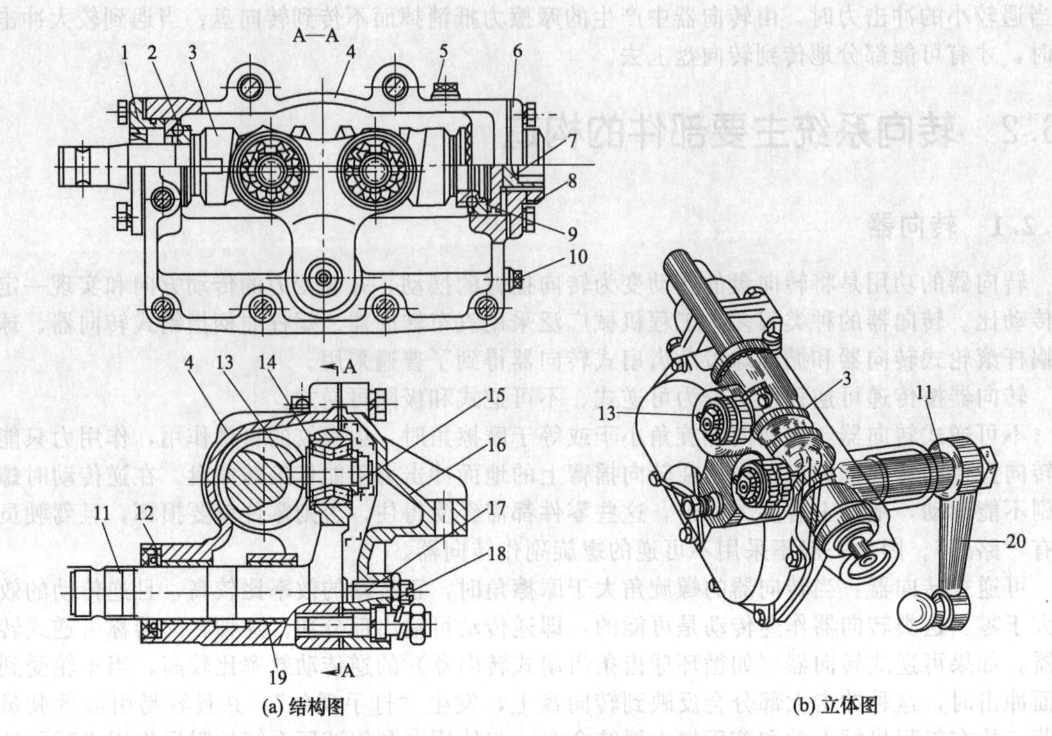

(a) 结构图 (b) 立体图

图 16-5 蜗杆曲柄指销式转向器

1—上盖；2,9—角接触球轴承；3—转向蜗杆；4—转向壳体；5—加油螺塞；6—下盖；7—调整螺塞；8,15,18—螺母；10—放油螺塞；11—摇臂轴；12—油封；13—指销；14—双列圆锥滚子轴承；16—侧盖；17—调整螺钉；19—衬套；20—转向摇臂

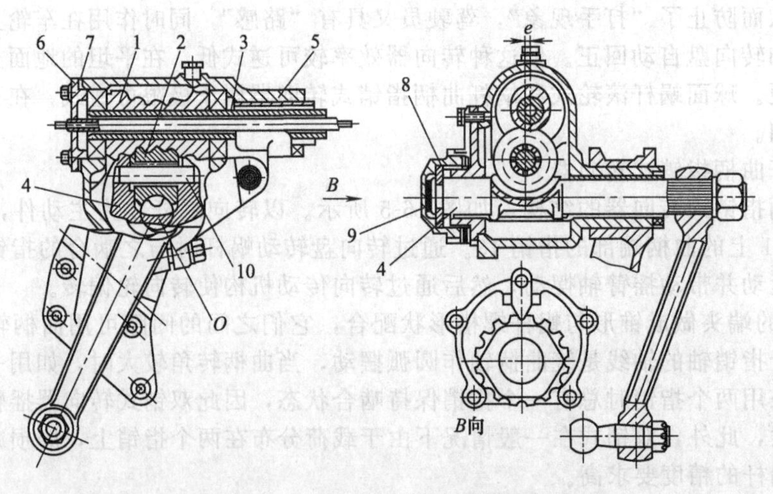

图 16-6 球面蜗杆滚轮式转向器

1—球面蜗杆；2—滚轮；3—转向轴；4—转向器摇臂轴；5—壳体；6—后盖；7—垫片；8—调整垫片；9—压盖；10—销轴

臂轴 4 转动，使转向摇臂摆动，然后通过转向传动机构使工程机械的转向轮偏转。

为了减少转向器的磨损。啮合零件应采用耐磨材料和适当的热处理，并在转向器的壳体中保证足够的润滑油。

(3) 循环球齿条齿扇式转向器

循环球齿条齿扇式转向器由两对传动副组成，一副是螺杆-螺母，另一副是齿条-齿扇，如图 16-7 所示。方形螺母 12 外侧的下平面上加工有齿条，与转向摇臂轴 11（也叫齿扇轴）上的齿扇啮合。可见转向螺母既是第一级传动副的从动件，也是第二级传动副（齿条齿扇传动副）的主动件。通过转向盘和转向轴转动转向螺杆时，转向螺母不能转动，只能轴向移动，并驱使转向摇臂轴转动。齿条齿扇的啮合间隙可以用转向摇臂轴 11 端部的调整螺钉 15 使转向摇臂轴轴向移动进行调整［图 16-7（b）］。

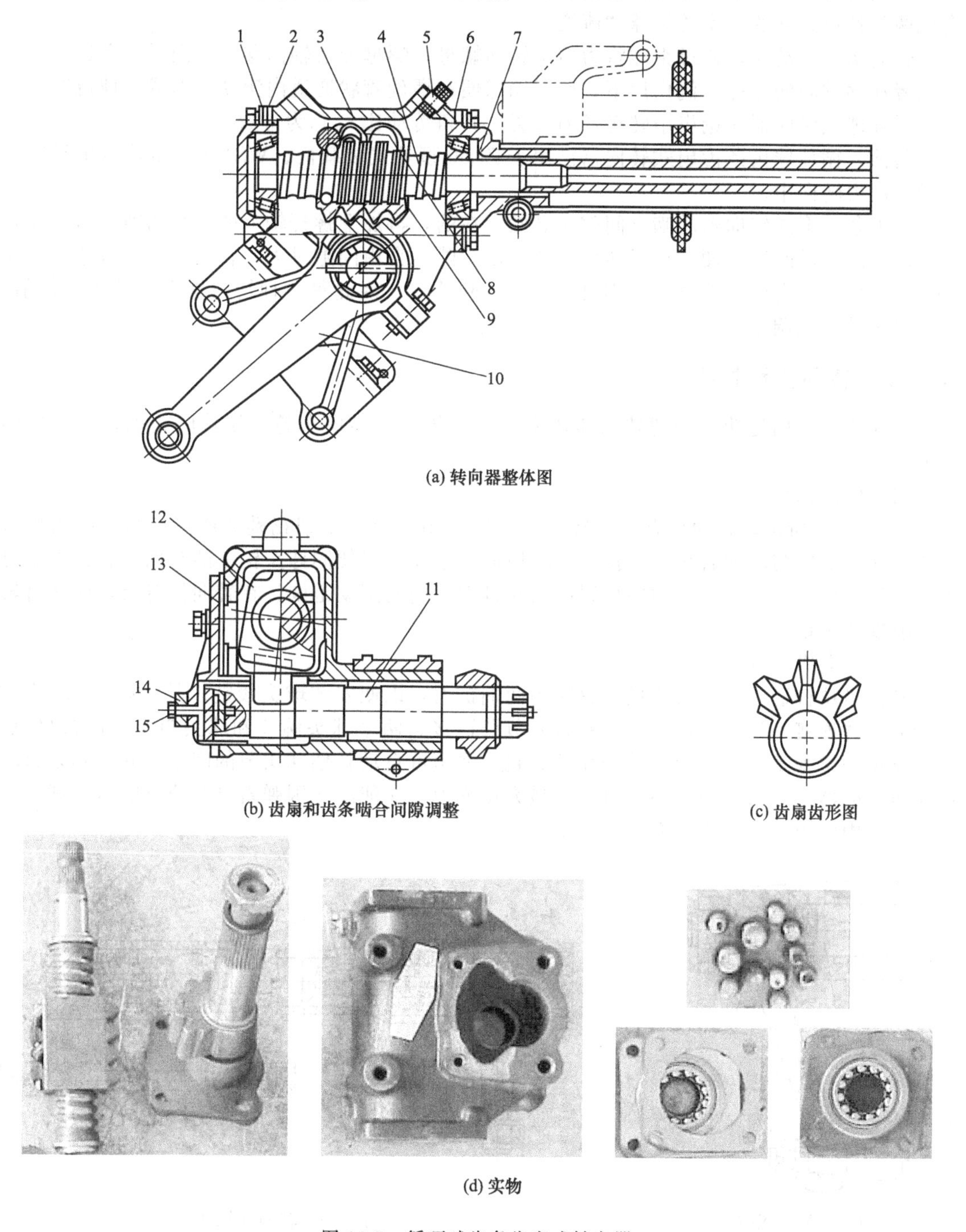

(a) 转向器整体图

(b) 齿扇和齿条啮合间隙调整

(c) 齿扇齿形图

(d) 实物

图 16-7 循环球齿条齿扇式转向器

1—下盖；2,6—垫片；3—外壳；4—螺杆；5—加油螺塞；7—上盖；8—导管；9—钢球；10—转向摇臂；11—转向摇臂轴；12—方形螺母；13—侧盖；14—螺母；15—调整螺钉

为了减少转向螺杆和转向螺母之间的摩擦，二者之间的螺纹以沿螺旋槽滚动的钢球代之，从而使滑动摩擦变为滚动摩擦。转向螺杆和螺母上都加工出断面轮廓为两段或三段不同心圆弧组成的近似半圆的螺旋槽。两者的螺旋槽能配合形成近似圆形断面的螺旋管状通道。螺母侧面有两对通孔，可将钢球从此孔塞入螺旋形通道内。两根U形钢球导管的两端插入螺母侧面的两对通孔中。导管内也装满了钢球。这样，两根导管和螺母内的螺旋管状通道组合成两条各自独立的封闭的钢球“流道”。

转向螺杆转动时，通过钢球将力传给转向螺母，螺母即沿轴向移动。同时，在螺杆与螺母两者和钢球间的摩擦力偶作用下，所有钢球便在螺旋管状通道内滚动，形成“球流”。

循环球式转向器无论齿扇转至任何位置，其角传动比 i_w 总为常数。

目前，循环球齿条齿扇式转向器已用于ZL50型轮式装载机、WS16S-1型铲运机等工程机械的动力转向中。

以上各种形式转向器的啮合间隙是必然存在的，再加上螺杆轴上的轴承间隙，传动装置中各环节之间的间隙，便构成了转向盘的自由间隙；自由间隙过大，转向不灵，应急时反应“迟钝”；反之，自由间隙过小，则机械直线行驶性差；因此每一种转向器都有其规定数值，调整时按其规定调整。

16.2.2 转向传动机构

转向传动机构的功用是把转向器传来的力矩传递给转向车轮，使转向轮偏转达到转向目的。

(1) 转向摇臂

如图16-8所示，转向摇臂2与转向摇臂轴1用锥形三角细花键3连接，其端部用螺母紧固。转向摇臂与转向直拉杆连接的一端做成锥形孔，以便同球头销4的锥面配合并以螺母紧固。为了保证转向摇臂从中间位置向两侧具有相同的摆动范围，在转向摇臂及转向摇臂轴上刻有安装标记。

(2) 转向纵拉杆

转向纵拉杆通常用钢管制成。钢管的两端扩大，以便安装球头铰链。其一端用球头销2与转向摇臂连接。另一端用球头销和转向节臂连接。两个球头碗5和球头销2组成铰接点。螺塞4可调整弹簧6的弹力，并挡住球头碗。弹簧可自动补偿球头节的间隙，并缓和来自转向轮对转向器的冲击。弹簧座7可限制最大预紧力，又能防止因弹簧过载或折断时，球头不致从管孔中脱出。其结构如图16-9所示。

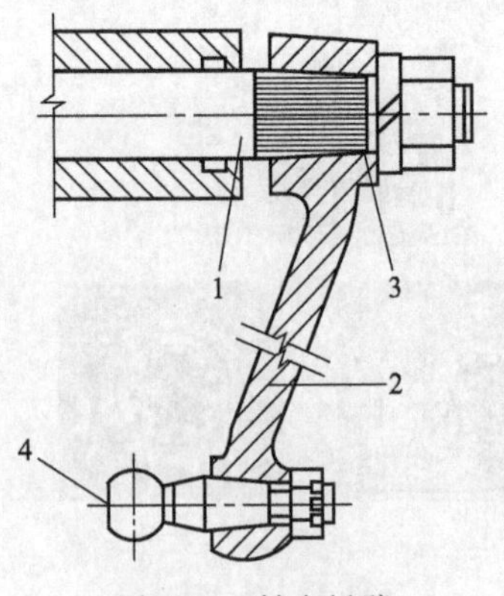

图16-8 转向摇臂

1—转向摇臂轴；2—转向摇臂；3—锥形三角细花键；4—球头销

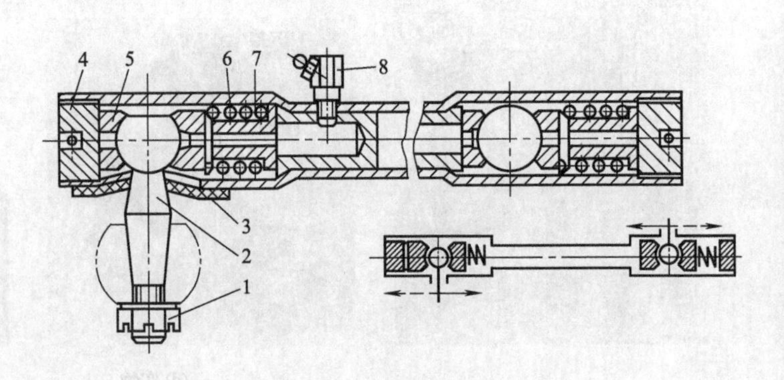

图16-9 转向纵拉杆

1—螺母；2—球头销；3—防尘盖；4—螺塞；5—球头碗；6—弹簧；7—弹簧座；8—黄油嘴

（3）转向梯形

转向梯形机构不仅把转向摇臂的作用力传给偏转车轮，同时还保证两侧偏转车轮在偏转中具有确定的角度关系。它由梯形臂 9、12 和转向横拉杆 10 组成（参看图 16-1）。

转向横拉杆（图 16-10）是用来连接左、右梯形臂的，两端有两个装着球头销的横拉杆接头 1。接头与横拉杆 2 是螺纹连接，并用夹紧螺栓 3 紧固。

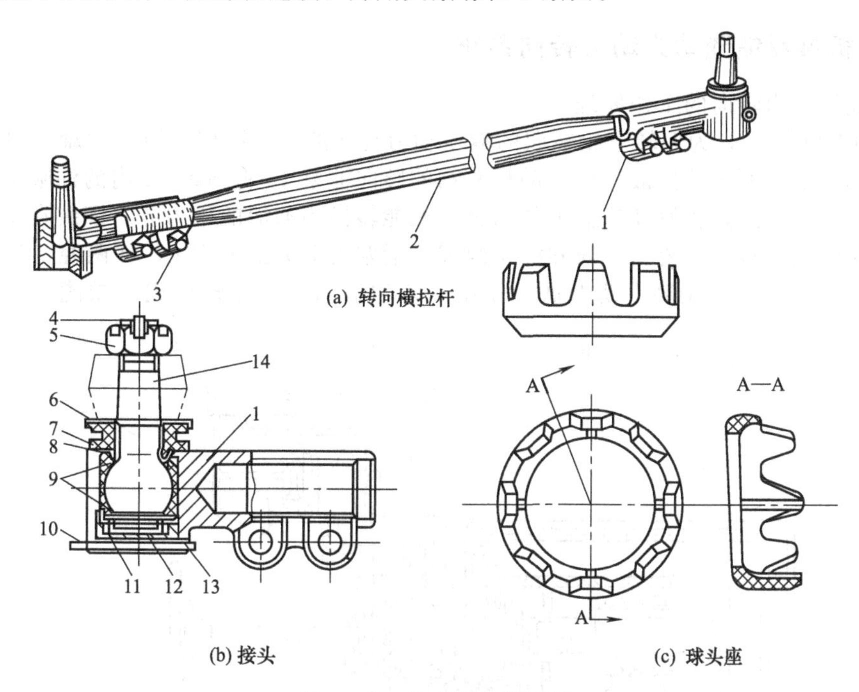

图 16-10 汽车转向横拉杆

1—横拉杆接头；2—横拉杆；3—夹紧螺栓；4—开口销；5—槽型螺母；6—防尘垫座；7—防尘垫；8—防尘罩；9—球头座；10—限位销；11—螺塞；12—弹簧；13—弹簧座；14—球头销

横拉杆两端为螺纹，一端为右旋，一端为左旋，因此可转动拉杆来改变它的总长度，从而能调整转向轮的前束值。

16.3 液压动力转向系统

轮式工程机械由于使用条件十分恶劣，经常在矿山、施工现场等不良路面及无路地带行驶，机体沉重，轮胎尺寸又较大，因此转向阻力矩很大，并且转向频繁。若用机械式转向将难以达到操纵轻便和转向迅速的目的。为了减轻驾驶员的疲劳，多数工程机械都采用液压动力转向系统。

使用液压动力转向系统，施加于转向盘上的操纵力已不再是直接迫使车轮或车架偏转的力，而是使转向助力器的转向控制阀动作的力，偏转车轮或车架所需的力是由转向油缸施加的。

动力转向系统由机械转向器和动力转向装置组成。

按传能介质不同，动力转向系统有气压式和液压式两种。液压动力转向系统按系统内部的压力状态分，有常压式和常流式两种。转向控制阀按阀体的运动方向分，有滑阀式和转阀式两种。还有的根据反馈形式不同，分为机械反馈随动式和液压反馈随动式等。

常压式液压动力转向系统无论转向盘处于中立位置还是转向位置，也无论转向盘保持静止还是运动状态，该系统工作管路中总是保持高压。

常流式液压动力转向系统在机械直线行驶时，油液经转向控制阀流回油箱，动力缸的两腔封闭，也有与回油路相通的，此时整个系统内部无高压，油泵实际上处于空转状态，只有在转向时油路中才出现高压。

常流式液压动力转向系统结构简单，油泵寿命长，漏泄较少，消耗功率也较少。因此应用广泛。

16.3.1 机械反馈随动式动力转向系统

(1) 液压动力转向的工作原理

如图 16-11 所示，为偏转车轮转向的液压动力转向的工作原理。转向油罐 14 用来储存、滤清转向动力缸 8 所用的油液。由发动机驱动的转向油泵 15 将油罐 14 内的油吸出，压送入转向控制阀，其作用是将发动机输出的部分机械能转换为油液的压力能。固装在车架（或车身）上的转向动力缸 8 主要由缸筒和活塞组成。活塞将动力缸分为 L、R 两腔，活塞杆的伸出端与转向摇臂 7 中部铰接。动力缸的作用是将油液的压力能转换成机械能，实现转向加

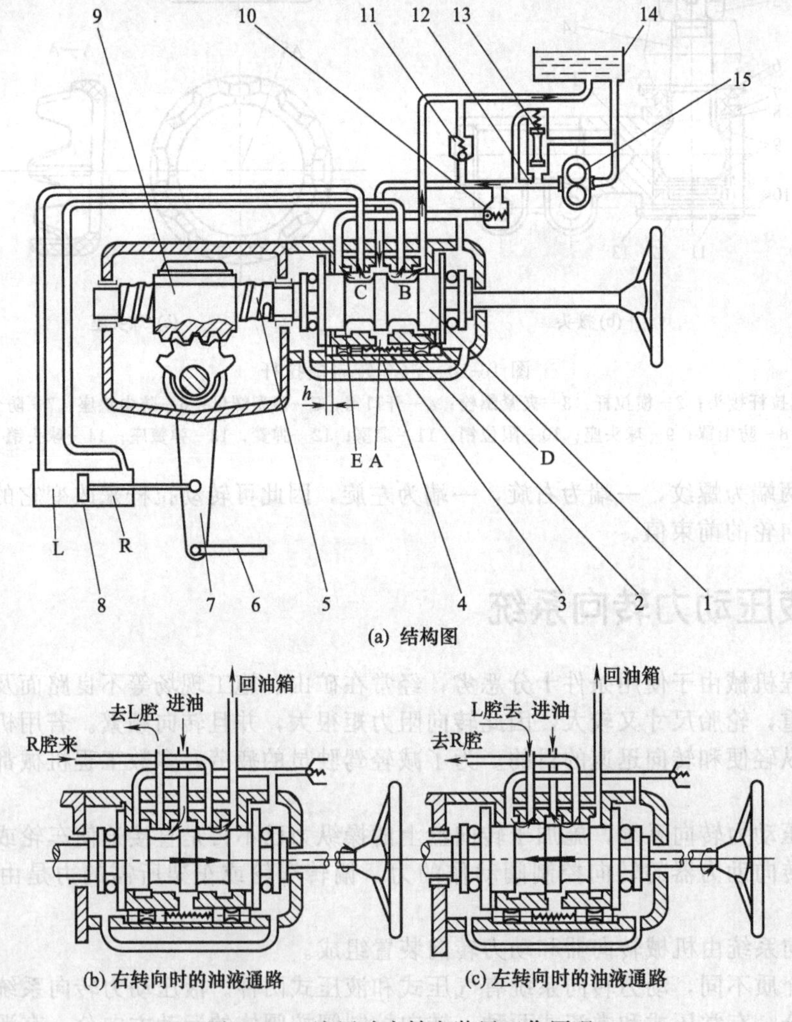

图 16-11 液压动力转向装置工作原理

1—滑阀；2—反作用柱阀；3—滑阀复位弹簧；4—阀体；5—转向螺杆；6—转向直拉杆；7—转向摇臂；8—转向动力缸；9—转向螺母；10—单向阀；11—安全阀；12—节流孔；13—溢流阀；14—转向油罐；15—转向油泵

力。由阀体4、滑阀1、反作用阀2和滑阀回位弹簧3等组成的转向控制阀是动力缸的控制部分，用来控制油泵输出油液的流向，使转向器与动力缸协同动作。转向控制阀用油管分别与油泵15、油罐14和动力缸8连通。

滑阀1与阀体4做成间隙配合。在阀体4的内圆柱面上开有三道环槽：环槽A是总进油道，与油泵15相通；环槽D、E是回油道，与油罐14相通。在滑阀1上开有两道环槽：B是动力缸R腔的进、排油环槽；C是动力缸L腔的进、排油环槽。阀体内装有反作用柱塞2，两个柱塞之间装有滑阀复位弹簧3。滑阀通过两个轴承支撑在转向轴上，它与转向螺杆5的轴向相对位置固定不变。但滑阀处于中间位置（相应于车辆直线行驶的位置）时，滑阀两端与阀体4的端面各保持h的间隙，因而滑阀随同转向螺杆5可以相对于阀体4自中间位置向两端作h的微量轴向移动。

车辆直线行驶时[图16-11 (a)]，滑阀1在复位弹簧3的作用下保持在中间位置。转向控制阀内各环槽相通，自油泵15输送出来的油液进入阀体环槽A之后，经环槽B和C分别流入动力缸8的R腔和L腔，同时又经环槽D和E进入回油管道流回油罐14，这时，滑阀与阀体各环槽槽肩之间的间隙大小不等，油路畅通，动力缸8因其左右两腔油压相等而不起加力作用。油泵泵出的油液仅需克服管道阻力流回油罐14，故油泵负荷很小，整个系统处于低压状态。

车辆右转向时，驾驶员通过转向盘使转向螺杆5向右转动。开始时，由于转向车轮的偏转阻力很大，转向螺母9暂时保持不动，而具有左旋螺纹的转向螺杆5却在转向螺母9的轴向反作用力推动下向右轴向移动，同时带动滑阀1压缩复位弹簧3向右轴向移动，消除左端间隙h[图16-11 (b)]。此时环槽C与E之间，A与B之间的油路通道被滑阀和阀体相应的槽肩封闭。而环槽A与C之间的油路通道增大，油泵送来的油液自A经C流入动力缸的L腔，形成高压油区。而动力缸R腔的油液则经环槽B、D及回油管流回油罐14，R腔成为低压油区。在压力差作用下，动力缸8的活塞向右移动，并通过活塞杆使转向摇臂7逆时针转动，从而起转向加力作用。当这一力与驾驶员通过转向器传给转向摇臂7的力合在一起，足以克服转向阻力时，转向螺母9也就随着转向螺杆5的转动而向左轴向移动，并通过转向直拉杆6带动转向车轮向右偏转。由于动力缸L腔的油压很高，汽车转向主要靠活塞的推力，所以驾驶员作用于转向盘上的力就可以大大减小。

阀芯的位移使转向油缸产生位移，而转向油缸的位移又反过来消除阀芯的位移，从而保证了转向轮的偏转角度与转向盘的转动角度保持随动关系，由此转向滑阀又称随动阀。

当动力转向系统失效时（如油泵不输油），动力转向不但不能使转向轻便，反面增加了转向阻力。为了减少这种阻力，在阀中的进油道和回油道之间装有单向阀10。在正常的情况下，进油道的油压为高压，回油道则为低压，单向阀在弹簧和油压差的作用下处于关闭状态，两油道不通。在油泵失效后转向时，进油道变为低压，而回油道却有一定的压力（由于转向油缸的活塞起泵油作用）。进、回油道的压力差使单向阀打开，两油道相通，油便从转向缸的一腔流入另一腔，这就减小了转向阻力。

反作用柱阀2靠滑阀中间的一端，在转向过程中总是充满压力油，而压力油的油压又和转向阻力成正比。在转向时要反作用阀移动，除了克服弹簧力外，还必须克服这个力，从而使驾驶员感觉到与转向阻力成比例的阻力——“路感”。

溢流阀13的作用是限制进入系统的流量，当发动机转速过高，流量超过某一定数值时，计量孔前后的压差亦增加到一定数值，迫使柱塞向上，多余的油便经溢流阀返回油箱，使转向速度不会有过大的变化。

(2) ZL50型铰接式装载机的动力转向系统

图16-12是ZL50型铰接式装载机的机械反馈随动式动力转向原理示意图。动力转向系统采用循环球齿条齿扇式转向器，它固定在后车架上。转向器螺杆10与转向随动阀9的阀

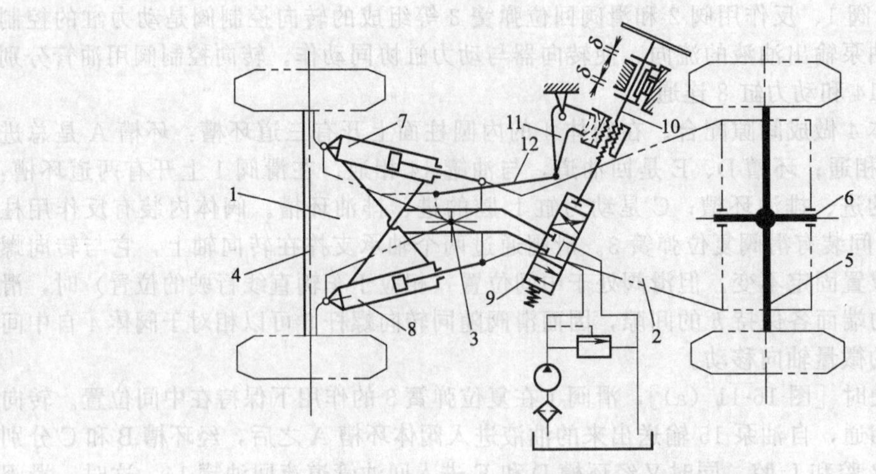

图 16-12 ZL50 铰接式装载机转向原理示意

1—前车架；2—后车架；3—垂直铰销；4—前驱动桥；5—后驱动桥；6—水平铰销；7—右转向油缸；8—左转向油缸；9—转向随动阀；10—转向器螺杆；11—转向摇臂；12—随动杆

杆固定在一起，螺杆的另一端则与转向盘轴连接。转向随动阀 9 的阀芯随转向器螺杆 10 一起作上下轴向位移，最大位移量上下各为 δ，方向盘放手时，回位弹簧使上下 δ 数值相等。随动杆 12 一端与转向摇臂 11 通过球头销铰接，另一端则与前车架铰接。驾驶员通过转向盘操纵转向随动阀 9 来改变 7、8 两个油缸前后腔的充油，使前后车架相偏转，实现装载机转向或直线行驶。

装载机直线行驶：转向随动阀 9 的阀杆靠中位弹簧保持在中间位置（如图 16-12 所示位置），左、右转向油缸与转向阀之间的油路被切断，使液压油封死在油缸中，前后车架保持在直线行驶位置。装载机作直线行驶。

装载机向右转向：驾驶员顺时针转动转向盘，由于螺母经转向器、转向摇臂和随动杆与前车架相连，螺母动不了，迫使转向器螺杆既随方向盘转动，又作轴向位移，压缩回位弹簧使转向随动阀 9 的阀杆向下移动，使阀杆上端的间隙 δ 消除。接通左右转向油缸上下腔与转向阀之间的油路。来自转向油泵的压力油便经过转向控制阀进入转向油缸。

当液体进入油缸时，由于油缸 7 的前腔与油缸 8 的后腔相通，油缸 7 的后腔与油缸 8 前腔相通，因此两个转向油缸相对于铰销 3 产生同一方向的力矩，使前、后底架相对偏转。前后底架的相对偏转，推动随动杆、转向摇臂、齿扇齿条，使螺母沿螺杆相反的位移方向带着螺杆轴向移动一 δ 距离。回复原来位置，阀芯回到中位，切断了油泵向油缸供油的通路，前、后底架停止相对偏转。只有继续转动方向盘，再次打开随动阀 9 才能继续转向。

上述过程可归结为：转动方向盘→方向杆轴向移动→开阀→压力油进入转向油缸→前后底架偏转→随动杆推动转向摇臂→螺母带动螺杆回位→关阀→转向停。这样，前、后车架偏转运动的停止是通过随动杆将阀关闭而实现的，叫做机械反馈随动系统。

图 16-13 为 ZL50 型装载机动力转向系统布置图。

图 16-14 为 ZL50 型装载机转向系统主要部件的构造。如图所示，其上部为循环球齿条齿扇式转向器，其下部液压滑阀部分为随动阀（即图 16-12 中 9）。随动阀槽路示意如图 16-14（b）所示。

如图 16-14，当随动阀阀芯在中位时，从油泵来的压力油经过油槽 3、4 与 0.5mm 的间隙流至槽 5，由槽 5 回油箱。槽 6、7 亦和油槽相通。槽 8、9 和油缸 10、11 相通。此时，阀芯在中位，油槽 8、9 既不和压力油槽 3、4 相通，又不和回油油槽 6、7 相通，因此油缸中的油液是封闭的，这就使前后底架刚性地相互连为一体。

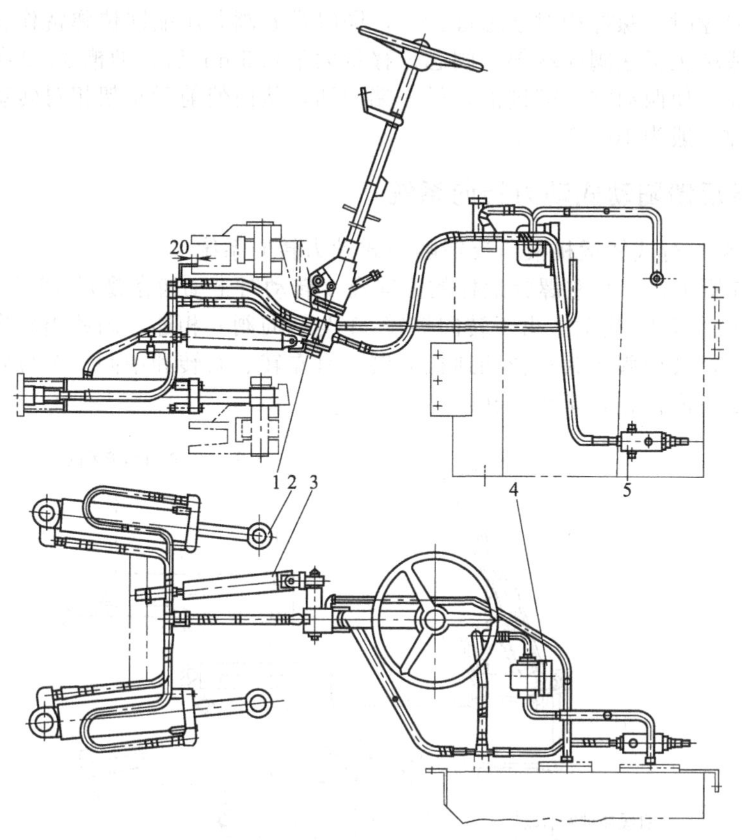

图 16-13 ZL50 装载机动力转向系统布置

1—转向器；2—转向油缸；3—随动杆；4—油泵；5—安全阀

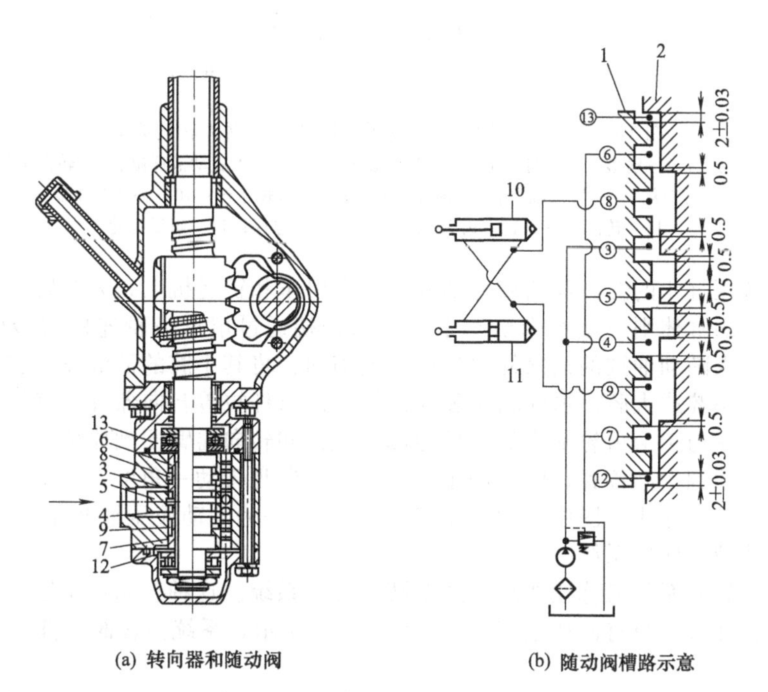

(a) 转向器和随动阀　　(b) 随动阀槽路示意

图 16-14 ZL50 装载机的转向器和滑阀式转向随动阀

1—阀壳；2—阀芯；3,4,5,6,7,8,9,12,13—槽号；10,11—油缸

当转动方向盘时，螺杆相对于螺母转动，同时带着阀芯压缩回位弹簧作轴向运动，直至阀芯止推轴承或端板抵住阀壳端部。阀芯位移量大于0.5mm后，油槽8、9各自和压力油槽及回油槽相连通，使两油缸一端进油，另一端回油，从而使前后车架相对转动。阀壳与阀芯的径向配合间隙一般为10～20μm。

16.3.2 液压反馈随动式动力转向系统

(1) 627B型自行式铲运机液压反馈随动式动力转向系统

如图16-15所示，带有左螺旋螺杆的方向盘1转动时带动齿条螺母12在转向螺杆13上转动，带动转向摇臂11摆动，由于转向摇臂11与转向阀6相连，因此当转向摇臂摆动时带动转向阀6换位，转向阀6为三位四通换向阀，有左转、右转和中间三个位置，方向盘不动时，转向阀处于中间位置，车体不转向。

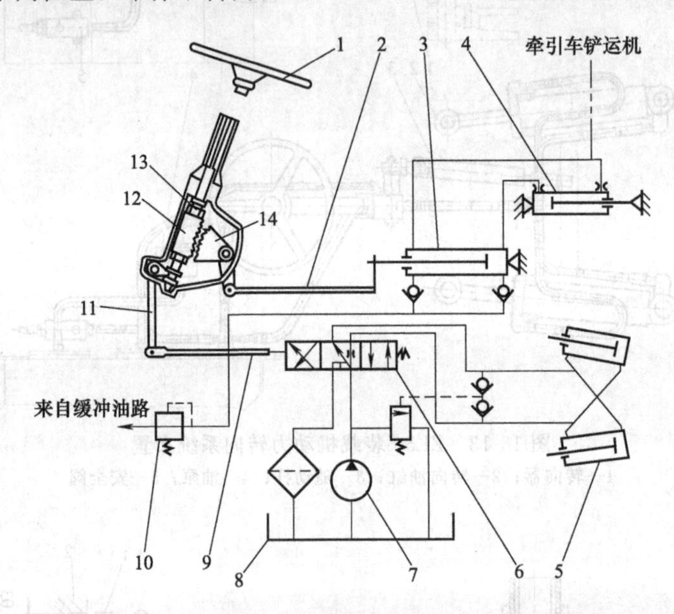

图16-15 627B型铲运机液压反馈随动式动力转向系统

1—方向盘；2—扇形齿轮连杆；3—输出随动液压缸；4—输入随动液压缸；5—转向油缸；6—转向阀；7—转向油泵；8—液压油箱；9—转向阀连杆；10—补油减压器；11—转向摇臂；12—齿条螺母；13—转向螺杆；14—扇形齿轮

输入随动液压缸4的缸体和活塞分别铰接于牵引车和铲运机上，装在转向枢架左侧。输出随动液压缸3的缸体则铰接在牵引车上，活塞杆端通过扇形齿轮连杆与转向器杠杆臂相连。转向时，输入随动油缸的活塞杆向外拉出或缩回，将其小腔的油液或大腔的油液压入输出随动液压缸的小腔或大腔，迫使输出随动油缸的活塞杆拉着转向器杠杆臂以及扇形齿轮转动一角度，从而使与扇形齿轮啮合的齿条螺母及螺杆和转向摇臂回到原位，转向阀阀杆在转向摇臂的带动下回到中间位置，转向停止。因此，方向盘转动一角度，牵引车相对铲运机转一角度，以实现随动作用。图中补油减压器10的作用是为随动液压缸补充油量。

(2) 转阀式液压转向系统

转阀式液压转向系统又称摆线转阀式全液压转向系统。这种转向系统取消了转向盘和转向轮之间的机械连接，只有液压油管连接。图16-16所示，系统由转阀、液压泵和转向液压缸等组成。

这种转向系统的转阀与计量马达构成一个整体。液压泵正常工作时，转阀起随动控制作用，即能使转向轮偏转角与转向盘转角成比例随动；当液压泵出现故障不供油时，转阀起手动泵的作用，实现手动静压转向。转阀式液压转向系统与其他转向系统相比，操作灵活、结构紧凑，由于没有机械连接，因此易于安装布置，而且具有在发动机熄火时仍能保证转向性能等优点。存在的主要问题是："路感"不明显；转向后转向盘不能自动回位以及发动机熄火时手动转向比较费力。目前在装载机、挖掘机、叉车和汽车式起重机等大中型工程机械上开始采用这种转向系统，它是一种用在中、低速车辆上很有前途的转向装置，一般用在车速为 50km/h 以下的车辆上。

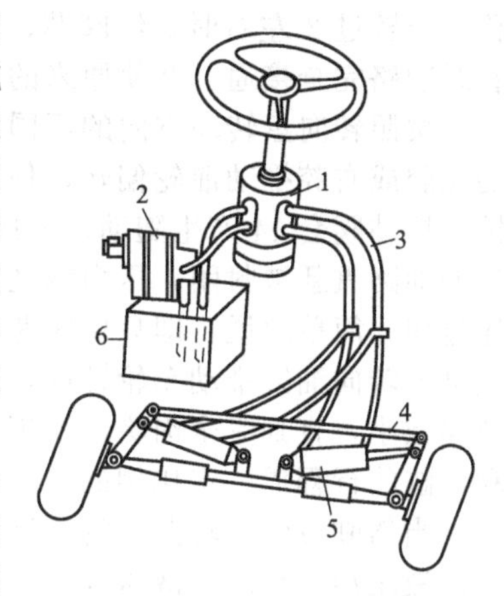

图 16-16 转阀式液压转向系统示意
1—转阀；2—液压泵；3—油管；4—转向梯形拉杆；5—转向液压缸；6—油箱

图 16-17 是全液压转向装置的构造，由转向阀和计量马达组合而成。图中隔盘 8 左边的部分是转向阀，其基本元件是阀体 1、阀芯 13、阀套 14。阀体上有四个与外管路相连通的进、出油口，图中所示的两个接油泵和油箱的进、出油口。另外两个通往转向油缸两腔，阀芯 13 用连接块 3 与转向盘连接，阀芯、阀套和联轴器 12 用拨销 5 穿在一起。但阀芯上的销孔是长条形销孔，它与阀套 14 之间可以有一定量的相对转动。隔盘 8 右边是个摆线马达，转子 11 与联轴器 12 用花键连接，定子 15、隔盘 8 和端盖 9 构成工作腔。当压力油进入液压马达时，推动转子在腔内绕定子公转（即转子中心绕定子的中心线转动)，同时转子也自转，带动联轴器 12 和阀套 14 一起转动。

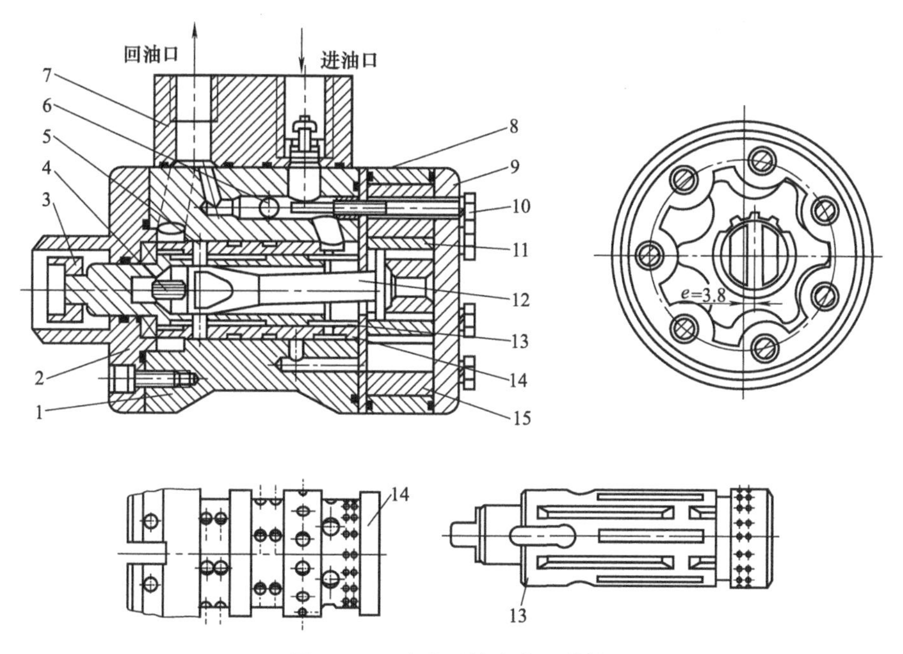

图 16-17 全液压转向装置结构
1—阀体；2—阀盖；3—连接块；4—定位碟式弹簧；5—拨销；6—单向阀；7—溢流阀；8—隔盘；9—端盖；10—调节螺栓；11—转子；12—联轴器；13—阀芯；14—阀套；15—定子

当转向盘不动时，阀芯 13 和阀套 14 在定位弹簧 4 的作用下处于中间位置，压力油进入阀体后将单向阀 6 关闭，而流入阀芯与阀套上两排互相重合的小孔进入阀芯内脏，然后再经定位弹簧 4 的长孔通过回油口流回油箱，此时转向油缸和计量马达的两腔都处于封闭状态。

当转动转向盘时，通过连接块 3 带动阀芯 13 转动，使之与阀套 14 之间产生相对转角位移，当转过 2°左右时，经阀芯、阀套、阀体和隔盘通往马达的油路开始接通，当转过 7°左右时油路完全接通，并使原来的回路完全关闭，马达进入全流量运转。

按照转向盘转动方向的不同，压力油驱动转子 11 正转或反转，使压力油进入转向油缸的左腔或右腔推动前轮偏转，使机械左转弯或右转弯。与此同时转子也通过联轴器 12、拨销 5 拨动阀套 14 产生随动，使阀套与阀芯的相对角位移消失（又回到原来的中位），液压马达的油路重新被封闭，压力油经阀直接回油箱。若继续转动转向盘一个角位移，则又重复上述过程。简单地说，即只要阀芯与阀套有 2°～7°的相对转动，油路即接通。压力油经计量马达进入转向油缸推动车轮转向，而油流通过马达的同时又推动马达，使阀芯与阀套的相对角位移减小，直到完全消除，实现反馈。因此，转向盘的转角大小总是与马达的转动角、流量和油缸的行程成一定比例的。

当驾驶员转动转向盘的速度小于供油量所对应的转子自转速度时，轮子的转向阻力基本上由液压动力克服，液压马达只作为流量计量器使用，所需操纵力很小。

当发动机熄火或油泵出现故障（供油停止）而不能实现动力转向时，转动转向盘带动阀芯 13、拨销 5、联轴器 12、转子 11 转动，这时液压马达就成了手摇泵，单向阀 6 在真空作用下打开，将转向油缸一腔里的油吸入泵内并压入另一腔，驱动转向轮转向，此时需要较大的操纵力。

第17章 制动系统

17.1 概述

17.1.1 制动系统的功用

制动是指固定在与车轮或传动轴共同旋转的制动鼓或制动盘上的摩擦材料承受外压力而产生摩擦作用，使机械减速停车或驻车，能产生这样功能的一系列专门装置称为制动系统。其功用是：使行驶中的机械按照驾驶员的要求进行强制减速甚至停车，使已停驶的机械在各种道路条件下（包括在坡道上）稳定驻车，使下坡行驶的汽车速度保持稳定。

17.1.2 制动系统的工作原理

各种类型制动系统的工作原理类似，下面用一种简单的液压控制系来说明（图 17-1）。它主要由车轮制动器和液压传动机构组成。车轮制动器由制动鼓 8、制动蹄 10、制动底板 11 等组成。制动鼓 8 固定在车轮轮毂上，随车轮一起旋转，它的工作面是内圆柱面。制动轮缸 6 和两个支撑销 12 固定在底板 11 上，底板是与车桥相连的。两个弧形制动蹄 10 的下端安装在支撑销 12 上，在蹄的外圆面上装有非金属的摩擦片 9，上端用制动蹄回位弹簧 13 拉紧压靠在轮缸活塞 7 上。制动轮缸 6 用油管与制动主缸 4 相连通。

制动系统不工作时，制动鼓的内圆面与制动蹄摩擦片的外圆面之间保留有一定的间隙，使制动鼓可以随车轮自由旋转。

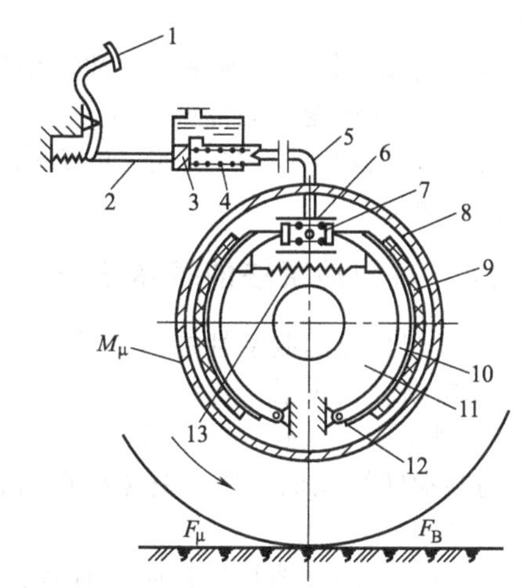

图 17-1 制动系统工作原理示意

1—制动踏板；2—推杆；3—主缸活塞；4—制动主缸；5—油管；6—制动轮缸；7—轮缸活塞；8—制动鼓；9—摩擦片；10—制动蹄；11—制动底板；12—支撑销；13—制动蹄回位弹簧

制动时，驾驶员踩下制动踏板 1，主缸活塞 3 在椎杆 2 的作用下，使制动主缸 4 中的油液以一定压力流入制动轮缸 6，通过轮缸活塞 7 使制动蹄 10 绕支撑销 12 旋转而向外张开，将摩擦片 9 压紧在制动鼓的内圆面上。这样，不旋转的制动蹄就对旋转着的制动鼓产生一个摩擦力矩 M_μ，方向与车轮旋转方向相反，迫使车轮停止转动。而车辆因惯性作用继续向前运动，由于车轮与地面间有附着作用，车轮对地面产生一个向前的切向力 F_μ，同时地面给车轮一个反作用力 F_B，正是这个 F_B 阻止车轮向前运动，称其为制动力。制动力越大，则车的减速度也越大。

当松开踏板 1 时，在制动蹄回位弹簧 13 的作用下，使两制动蹄 10 回位，摩擦力矩 M_μ 消失，则制动力 F_B 也随之消失，制动解除。

制动力 F_B 并不仅取决于制动力矩 M_μ，还取决于轮胎与地面间的附着条件。如果完全丧失附着，就不会产生制动效果，即车轮停止了转动而被抱死，汽车仍然向前滑移。不过，在讨论制动系统的结构问题时，一般都假设具备良好的附着条件。

17.1.3 制动系统的组成及分类

(1) 制动系统的四个基本组成部分

供能装置——供给、调节制动所需能量以及改善传能介质状态的各种部件。其中，产生制动能量的部分称为制动能源。在图 17-1 中是驾驶员踩踏板 1 提供制动能源的，也可由发动机提供。

控制装置——包括产生制动动作和控制制动效果的各种部件，在图 17-1 中的制动踏板机构即是一种最简单的控制装置。

传动装置——将制动能量传输到制动器的各个部件，如图 17-1 中的制动主缸 4、油管和制动轮缸。

制动器——产生制动力矩的部件，如图 17-1 中制动蹄摩擦片、制动鼓等。

(2) 制动系统的分类

① 按制动系统的功能分：

行车制动系统——使行驶中的机械减速或停车的一套专门装置，也称脚制动系统。它是行车过程中经常使用的。

驻车制动系统——使已停驶的机械驻留原地不动的一套装置，偶尔也用于紧急制动。它一般装在传动轴上或车轮轴上，也称手制动系统。

辅助制动系统——用于机械下长坡时稳定车速的一套装置，一般是装在传动轴上的液力制动或装在发动机排气管上的排气制动。

应急制动系统——在行车制动系统失效的情况下保证机械仍能实现减速或停车的一套设备。

② 按制动系统的制动能源分类

人力制动系统——以驾驶员的肌体作为唯一制动能源的制动系统。

动力制动系统——完全靠由发动机的动力转化而成的气压或液压形成的势能进行制动的制动系统。

伺服制动系统——兼用人力和发动机动力进行制动的制动系统。

③ 按照制动能量的传输方式分

机械式、液压式、气压式、电磁式和复合式（兼用两种或两种以上方式传输能量的，如电液、气液等）。

17.1.4 对制动系统的基本要求

① 具有良好的制动性能。制动系统应能保证车辆的制动减速度、制动距离和驻留能力。

② 操纵轻便灵活。操纵制动系统所需的力不用过大。

③ 制动稳定性好。同一桥上左、右车轮制动器的制动力矩应相等；前、后桥上车轮制动器的制动转矩比例合适，避免出现前轮先“抱死”，车辆失去方向性；后轮先“抱死”，车辆失去方向稳定性。

④ 制动器的摩擦片材料应具有较大的抗衰退性和较大的摩擦系数。耐磨性好，调整维修方便。

⑤ 制动器在结构上具有良好的散热性以确保制动的稳定和安全。

⑥ 制动平顺性好。制动力矩能迅速而平稳的增加，也能迅速而彻底的解除。

⑦ 避免自刹现象。当车辆转向或出现跳动时，制动系统不能自动刹车。

17.2 制动器

工程机械使用的制动器几乎都是摩擦式制动器，它是依靠固定元件与旋转元件工作表面之间的摩擦产生制动转矩而使工程机械减速或停车的。摩擦式制动器按制动器的结构形式分为：蹄式制动器、盘式制动器和带式制动器。

17.2.1 蹄式制动器

蹄式制动器的固定摩擦元件是一对摩擦蹄片，旋转元件是固定在轮毂或变速箱输出轴上的钢制圆鼓，依靠制动鼓的内圆表面与制动蹄片外表面之间的摩擦产生制动转矩。对制动蹄加力使蹄转动的装置称为制动蹄促动装置。常用的促动装置有制动轮缸、凸轮促动装置和楔形促动装置，相应的制动器称为轮缸式制动器、凸轮式制动器和楔式制动器。

蹄式制动器根据其结构和工作原理，可分为简单非平衡式、简单平衡式、自动增力式三种。

（1）轮缸式制动器

① 简单非平衡式制动器

图 17-2 是简单非平衡式制动器示意图。左右两蹄片以下端支撑销为铰支点，制动时上端由轮缸活塞借油压推开，使制动蹄压向制动鼓而产生摩擦力。旋转的制动鼓（如图 17-2 中所示逆时针旋转）对两制动蹄分别作用着法向反力 N_1 和 N_2，以及相应的切向反力 F_1 和 F_2。由于对左蹄支撑销产生力矩的方向与其促动力 P_1 产生的制动力矩方向相同，故 F_1 使左蹄增加了制动力矩；而右蹄正好相反，其 F_2 对右蹄支撑销产生的力矩与促动力 P_2（因轮缸两边活塞面积相等，所以 $P_1=P_2$）对右蹄产生的制动力矩方向相反，即减小了右蹄的制动力矩，所以把左蹄称为增势蹄，而把右蹄称为减势蹄。当机械倒驶，即制动鼓反向旋转时，左蹄成为减势蹄，而右蹄成为增势蹄。

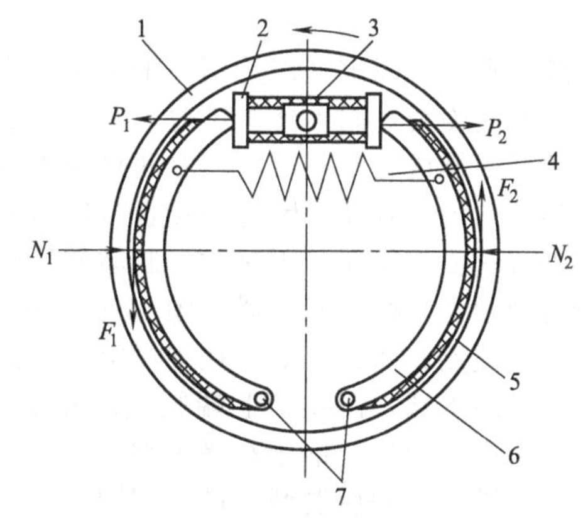

图 17-2 简单非平衡式制动器示意（单缸双活塞）
1—制动鼓；2—轮缸活塞；3—制动轮缸；4—复位弹簧；5—摩擦片；6—制动蹄；7—支撑销

由于在相同促动力下左、右蹄的法向反力 N_1 与 N_2 不等（逆时针转时 $N_1>N_2$，顺时针转时 $N_2>N_1$），故称这样的制动器为非平衡式制动器。

② 简单平衡式制动器

简单平衡式制动器有非对称式和对称式两种。如图 17-3 为简单非对称式平衡制动器示意图，左蹄支点在下端，上端由制动轮缸 1 压向制动鼓，右蹄支点在上端，下端由制动轮缸 2 压向制动鼓。因此，制动鼓如箭头所示方向旋转时，制动时左右蹄都是增势蹄，这就使两蹄对鼓的单位压力相同、合力相等，而使轮轴受力平衡，这种结构还具有左右蹄衬带磨损均匀、制动效能较高等优点。缺点是：不对称，反转时左右蹄都成了减势蹄，因此，前进制动和后退制动制动效果不同；要用两个分泵，结构较复杂。

简单对称式平衡制动器如图 17-4 所示，两蹄片均没有固定支点，当制动鼓沿箭头方向旋转时，左蹄下端支撑在下轮缸缸体上，右蹄上端支撑在上轮缸缸体上。摩擦力使两蹄都压向制动鼓，都是增势蹄。当制动鼓反转时，左蹄上端支撑在上轮缸缸体上，右蹄下端支撑在下轮缸缸体上。摩擦力同样使两蹄都压向制动鼓，也都是增势蹄。正反转制动效果相同（对称性），加上这种制动器作用力平衡、磨损均匀、制动效能较高等优点，为工程机械所采用。ZL50 型装载机的主制动器曾用过，但其结构稍复杂。

③ 自动增力式制动器

自动增力式制动器有不对称式和对称式两种。自动增力不对称式制动器如图 17-5 所示。

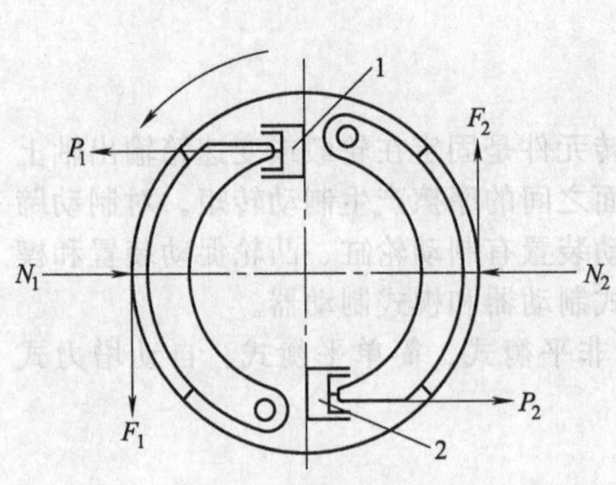

图 17-3 简单非对称式平衡制动器示意
1,2—制动轮缸

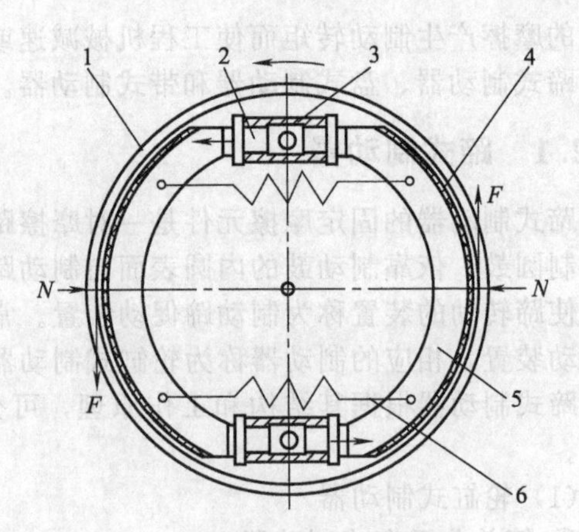

图 17-4 简单对称式平衡制动器示意
（双缸双活塞制动器）
1—制动鼓；2—轮缸活塞；3—制动轮缸；
4—摩擦片；5—制动蹄；6—复位弹簧

左右蹄下端都不固定，而是用一个可调整长度的连接杆连接，右蹄上端为铰支点。当制动鼓按箭头方向旋转，制动器作用时，左蹄上端被分泵 6 压向制动鼓，所产生的摩擦力经左蹄下端、顶杆 5 推压右蹄下端，左右两蹄均为转紧蹄，制动效能好。其缺点是：作用力不平衡，磨损很不均匀；制动时蹄与鼓接合时冲击力大，工作不平稳，对衬带的摩擦系数 μ 很敏感，对衬带材料要求很高；不对称，制动鼓反向旋转制动时，制动效能很差。

自动增力对称式制动器如图 17-6 所示，它消除了上一种不对称的缺点。两蹄片上下都没有固定支点，两蹄上端靠在支撑销 5 上。当制动鼓沿箭头方向旋转制动时，右蹄下端经连杆推压左蹄下端，而左蹄上端则抵压在支撑销 5 上，两蹄均为增势蹄。当制动鼓反转制动时，左蹄下端经连杆推压右蹄下端，右蹄上端抵压在支撑销 5 上，两蹄仍为增势蹄。这种制动器除前进制动和后退制动作用相同（对称性）外，其余优缺点与自动增力不对称式制动器相同。

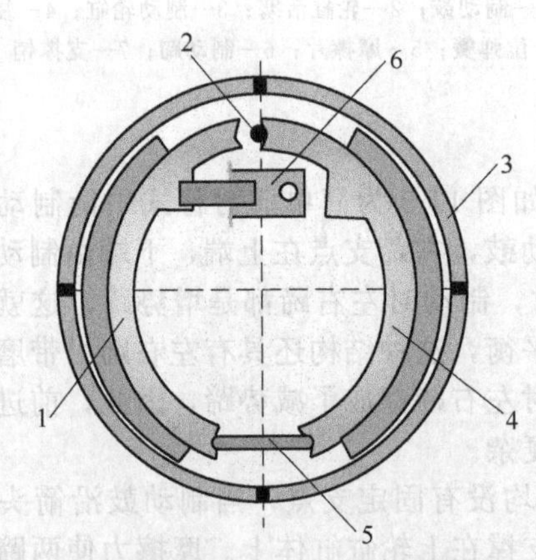

图 17-5 自动增力不对称式制动器
1—左制动蹄；2—支撑销；3—制动鼓；
4—右制动蹄；5—顶杆；6—分泵

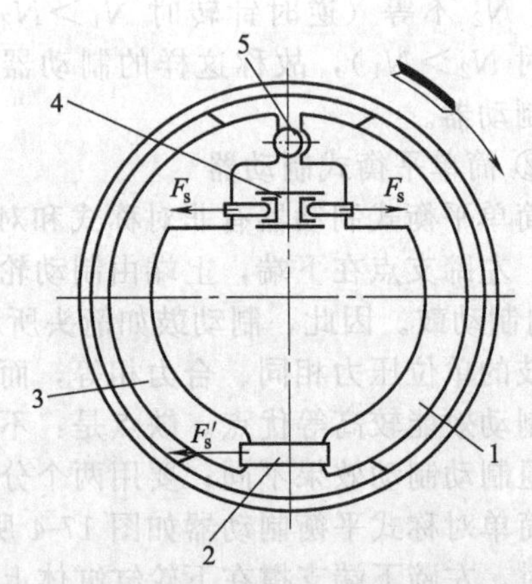

图 17-6 双向自增力对称式制动器示意
1—前制动蹄；2—顶杆；3—后制动蹄；
4—制动轮缸；5—支撑销

(2) 凸轮式制动器

图 17-7 为凸轮式制动器，推力 P_1 和 P_2 由凸轮旋转而产生。若制动鼓为逆时针旋转，则左蹄为紧蹄，右蹄为松蹄。但在使用一段时间之后，受力大的紧蹄必然磨损快，由于凸轮

两侧曲线形状对中心对称，及两端结构和安装的轴对称，故凸轮顶开两蹄的距离应相等。在经过一段时间的磨损，最终导致 $N_1=N_2$ 和 $F_1=F_2$ 使制动器由非平衡式变为平衡式。如果制动鼓反转，道理相同。

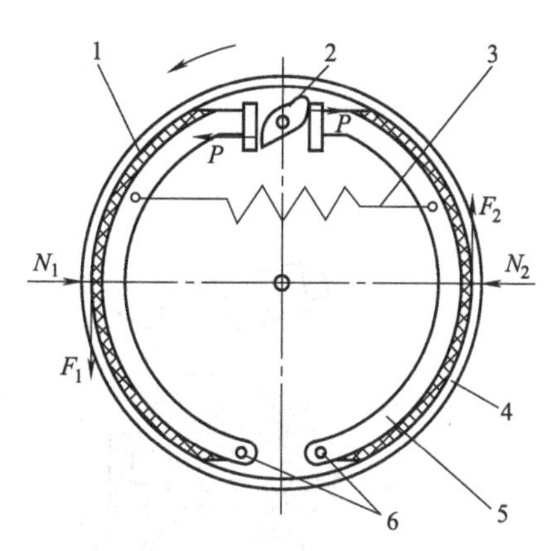

图 17-7 凸轮式制动器示意

1—制动鼓；2—凸轮；3—复位弹簧；4—摩擦片；5—制动蹄；6—支撑销

图 17-8 为 CL7 铲运机前制动器。这种制动器在制动过程中开始阶段属于非平衡式，工作一段时间之后属于平衡式，下面以 CL7 铲运机前制动器为例进行介绍。它是用可转动的凸轮迫使制动蹄张开，其工作原理与非平衡式相同。

如图 17-8 所示，制动鼓 15 与车轮固连。左、右制动蹄 12、14 下端的腹板孔内压入青铜套 22；支撑销 16 的左端活套着制动蹄 12，右端固定于制动底板 2 上；为防止制动蹄轴向脱出，装有垫板 18、锁销 23。这样，制动蹄可以绕支撑销 16 旋转。制动蹄的中部通过复位弹簧 13 紧拉左右制动蹄 12、14，使其上端紧靠在 S 状凸轮上。图中正是解除制动状态，制动蹄上的摩擦衬片与制动鼓之间保持着一定间隙。

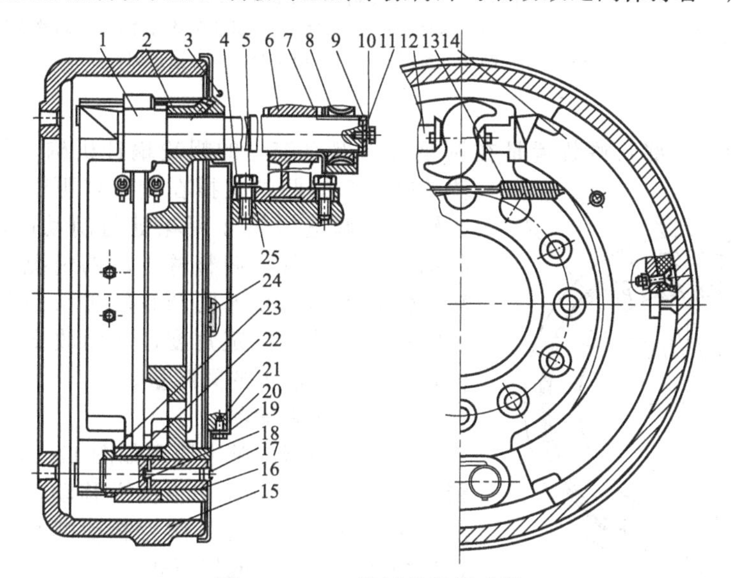

图 17-8 CL7 铲运机前制动器

1—制动凸轮；2—制动底板；3—油嘴；4,11,21—螺钉；5,10,20—弹性垫圈；6—凸轮轴支撑架；7—调整臂盖；8—调整壁内蜗轮；9—调整臂端盖；12—左制动蹄；13—复位弹簧；14—右制动蹄；15—制动鼓；16—支撑销；17—锥形螺塞；18—垫板；19—挡泥板；22—青铜套；23—锁销；24—橡胶塞；25—凸轮轴支撑调整垫片

当制动时，S 状凸轮逆时针旋转，两制动蹄便张开制动。当解除制动时，凸轮返回复位，复位弹簧 13 便使两制动蹄脱离制动鼓。

由于凸轮与轴是制成一体的，故两制动蹄所能绕支撑销转过的角度及对制动鼓施加的作用力大小完全取决于凸轮工作表面的几何形状和转角。在调整时不可能将制动蹄与鼓间的间隙达到沿摩擦衬片长度上各相应点处完全一致。因此，制动时制动凸轮使两制动蹄张开的转角即使相等，两蹄对制动鼓的压紧力及其摩擦衬片上所受单位压力也不可能完全一致。故该制动器开始使用时是非平衡式，用过一段时间后，单位压力较大的摩擦衬片磨损较大，其与制动鼓间的间隙相应增大，故制动时两蹄对鼓的压力也就逐渐趋于相等，而成为平衡式制动

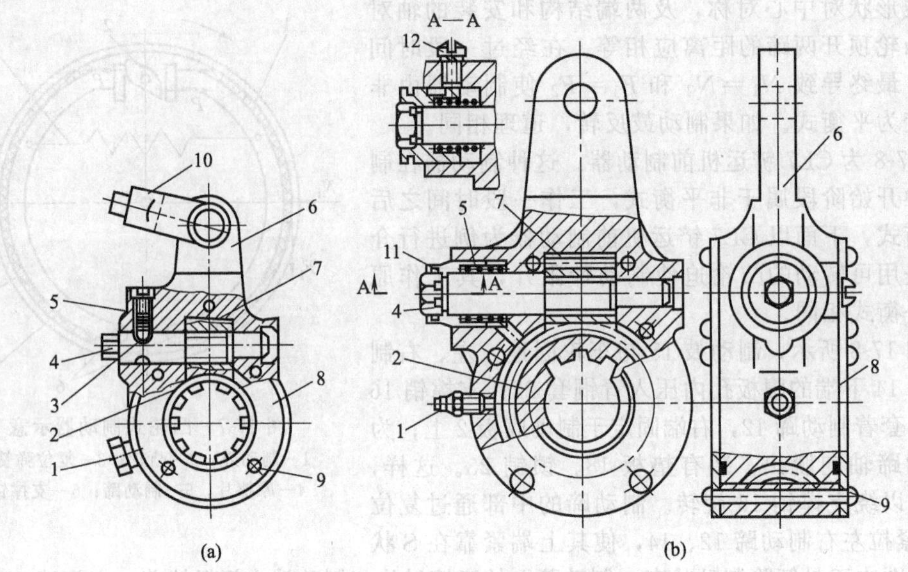

图 17-9 凸轮式制动器的调整臂

1—油嘴；2—调整蜗轮；3—锁止球；4—蜗杆轴；5—弹簧；6—制动调整臂体；7—调整蜗杆；8—盖；9—铆钉；10—制动气室推杆；11—锁止套；12—锁止螺钉

器（指前进时）。

制动器间隙的局部调整装置是在调整臂下部空腔里的蜗轮蜗杆机构，如图 17-9 所示，调整蜗杆 7 的两端支撑在调整臂下部空腔壁孔中，且能转动。调整蜗轮 2 用花键与制动凸轮轴外端连接。制动蜗杆 7 便可在调整臂不动的情况下，带动调整蜗轮 2 使制动凸轮轴连同凸轮转过某一角度，两制动蹄也随之相应转过一定角度，从而改变了两制动蹄原有位置，达到所需求的间隙量。

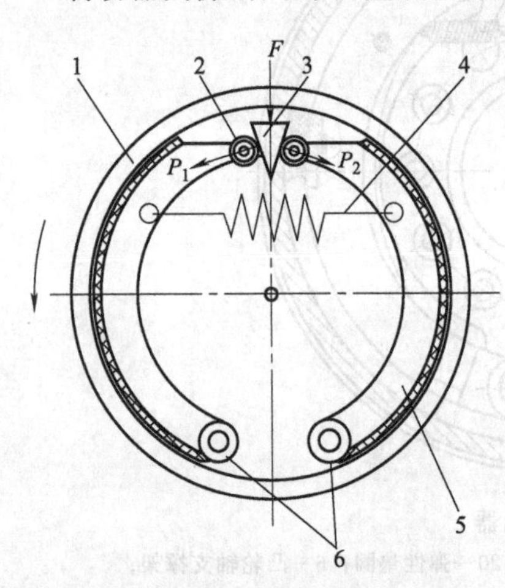

图 17-10 楔式制动器示意

1—制动鼓；2—滚轮；3—楔块；4—复位弹簧；5—制动蹄；6—支撑销

(3) 楔式制动器

楔式制动器的基本原理如图 17-10 用楔块 3 插入两蹄之间，在 F 力的作用下向下移动，迫使两蹄在分力 P 的作用下向外张开。作为制动楔本身的促动力可以是机械式、液压式或气压式。

图 17-11 为 966D 装载机车轮制动器。它是液压促动楔式制动器。它的基本结构与图17-2 完全相同，为非平衡式制动器，只是促动装置不同。制动轮缸 2、左右制动蹄 6 都安装在制动底板 4 上，底板 4 是固定在车桥上的。制动鼓 7 是固连在车轮上，随车轮一起转动。其促动装置见图 17-11（b）所示。活塞 9 上腔为压力油缸，压力油由进油口 8 进入；活塞杆 18 的中部套有复位弹簧 17，它的下端是支撑在泵体 16 上；活塞杆的下端装有两个滚轮 11，滚轮是压在柱塞 10 楔形槽的斜面上；调整套 15 的外圆面制成螺旋角较小的齿轮，其齿形为锯齿，它与卡销 14 端面的齿相啮合，弹簧 13 迫使卡销始终压在调整套 15 的外齿上。调整套外齿顶圆柱面与柱塞 10 内圆柱面为滑动配合；调节螺钉 3 与调整套是螺纹配合，其螺旋方向与调整外锯齿旋向相同。

制动时，压力油推动活塞 9 克服弹簧弹力，推动滚轮 11 下行，在楔形槽斜面的作用下，柱塞 10 通过锯齿斜面压下卡销 14 而外移，实现制动。解除制动时，压力油卸压；在活塞复

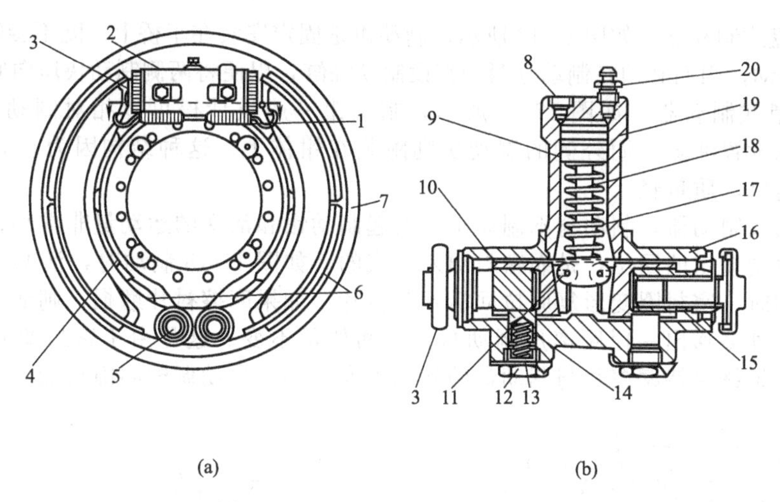

图 17-11 966D装载机车轮制动器

1—复位弹簧；2—制动轮缸；3—调节螺钉；4—制动底板；5—支撑销；6—制动蹄；7—制动鼓；8—进油口；9—活塞；10—柱塞；11—滚轮；12—固定纵塞；13—弹簧；14—卡销；15—调整套；16—分泵体；17—弹簧；18—活塞杆；19—缸体；20—放气螺塞

位弹簧 17 和制动蹄复位弹簧 1 的作用下，各部件回位，制动解除。

当摩擦衬片严重磨损时，调整套 15 的外伸量加大，卡销 14 的端面轮齿，将从调整套原来的齿槽跳入下一个相邻齿槽。由于锯齿垂直面的作用，调整套 15 回位时，无法压下卡销 14，只能在螺纹的作用下自身旋转，从而使不能转动的调节螺钉旋出，这样便自动调整了制动间隙。

17.2.2 盘式制动器

盘式制动器是以旋转圆盘的两端面作为摩擦面来进行制动的，根据制动件的结构可分为钳盘式和全盘式制动器。

(1) 钳盘式制动器

如图 17-12 为钳盘式制动器。制动件就像一把钳子，夹住制动盘，从而产生制动力矩。钳盘式制动器又可分为定钳盘式和浮动钳盘式两类。

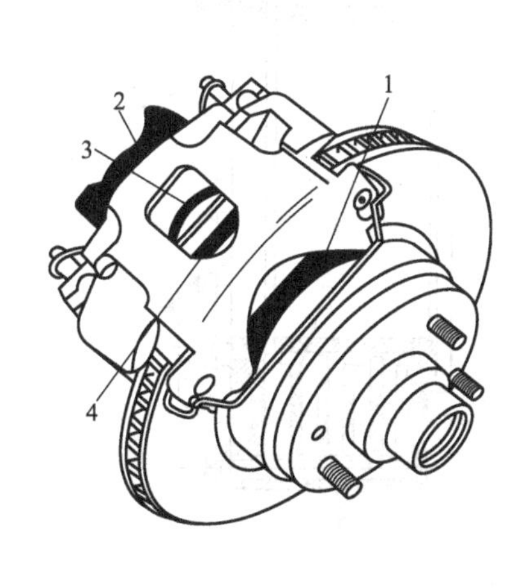

图 17-12 钳盘式制动器

1—外蹄；2—制动钳；3—活塞；4—内蹄

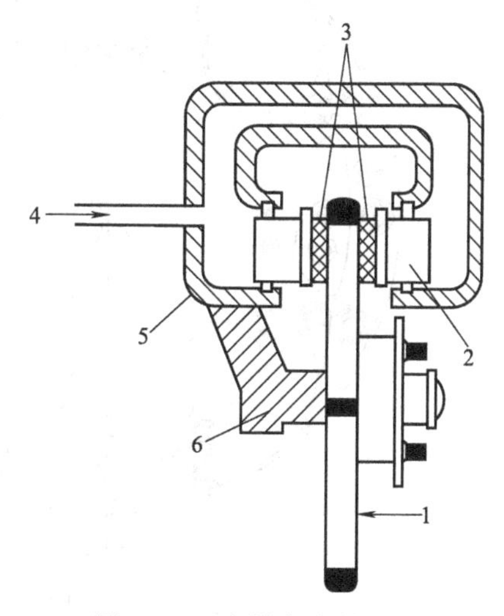

图 17-13 定钳盘式制动器

1—制动盘；2—活塞；3—制动块；4—进油口
5—制动钳；6—车桥

① 定钳盘式制动器　如图 17-13 所示，制动钳是固定安装在车桥上，既不旋转，也不能沿制动盘轴向移动，因而必须在制动盘两侧都设制动油缸，以便将两侧制动块压向制动盘。

② 浮钳盘式制动器　如图 17-14 所示，制动钳一般设计得可以相对制动盘轴向滑动，在制动盘内侧设置油缸，而外侧的制动块则附装在钳体上。这种结构因为它只有一侧有活塞，故结构简单，质量轻。

对于钳盘式制动器，制动与不制动实际引起制动钳和活塞的运动量非常小，制动力解除时，活塞相对制动钳的回位，是靠密封圈来完成的。如图 17-15 制动时，活塞密封圈变形弯曲。解除制动时，密封圈变形复原拉回活塞和衬片。如果摩擦衬片磨损，则活塞在液压力的作用下，将向外多移出一段距离压制动盘，而回位量不变。这是由于密封圈复原变形量不变。这样，可始终保持摩擦片与制动盘的间隙不变，即有自动调整间隙功能。

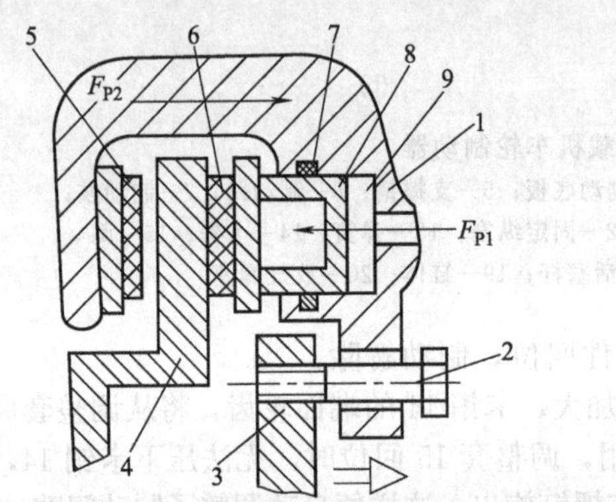

图 17-14　浮钳盘式制动器

1—制动钳；2—导向销；3—制动钳支架；
4—制动盘；5—固定制动块；6—活动制动块；
7—活塞密封圈；8—活塞；9—液压缸

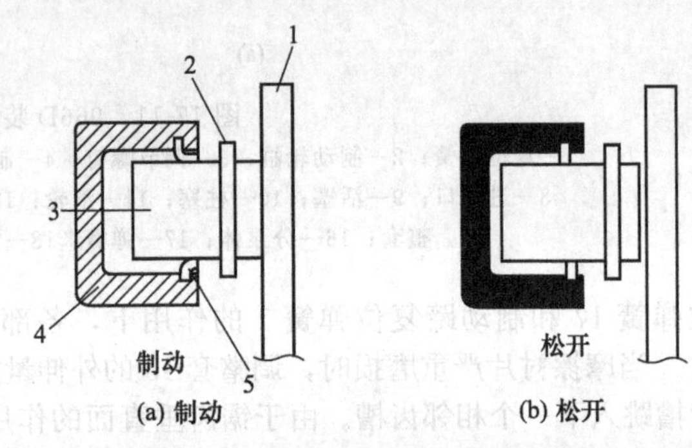

图 17-15　制动卡钳活塞密封圈的工作

1—制动盘；2—摩擦块；3—活塞；
4—制动钳缸筒；5—密封圈

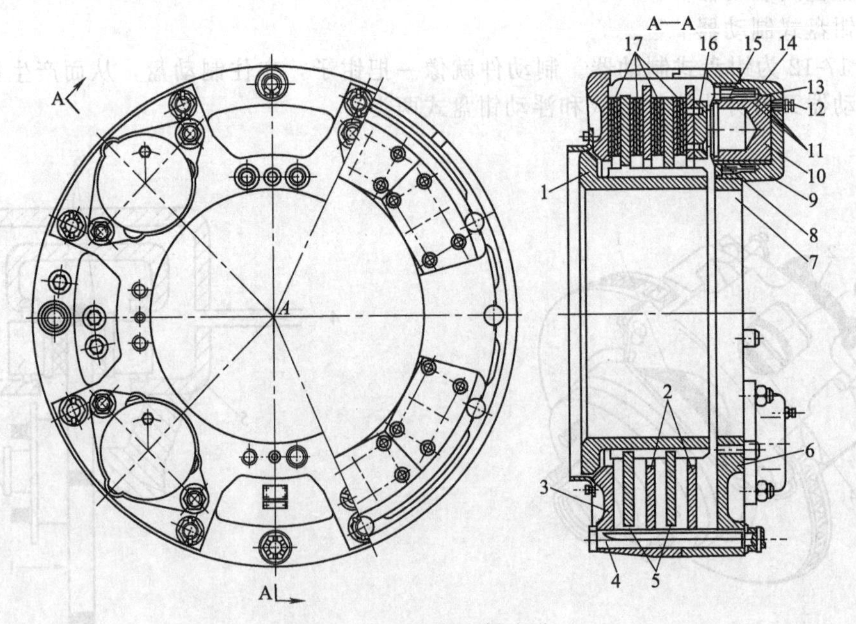

图 17-16　全盘式制动器

1—旋转花键毂；2—固定盘；3—外侧壳体；4—带键螺栓；5—旋转盘；6—内侧壳体；7—调整螺圈套；8—活塞套筒复位弹簧；9—活塞套筒；10—活塞；11—活塞密封圈；12—放气阀；13—套筒密封圈；14—油缸体；15—固定弹簧盘；16—垫块；17—摩擦片

(2) 全盘式制动器

全盘式制动器摩擦副的固定元件和旋转元件都是圆盘，其结构原理与摩擦离合器相似，如图 17-16 所示。制动器壳体由盆状的外侧壳体 3 和内侧壳体 6 组成，用十二个螺栓 4 连接，而后通过外侧壳体固定于车桥上。每个螺栓上都铣切出一个平键。装配时，两个固定盘 2 以外周缘上的十二个键槽与十二个螺栓上的平键作动配合，从而固定了其角位置，但可以轴向自由滑动。两面都铆有八块扇形摩擦片的两个旋转盘 5 与旋转花键毂 1 用滑动花键连接。花键毂则固定于车轮轮毂上。

内侧壳体上装有四个油缸。不制动时，活塞套筒 9 由复位弹簧 8 推到外极限位置。套筒 9 的台肩与固定弹簧盘 15 之间保有的间隙 Δ 等于制动器间隙为设定时完全制动所需活塞行程。带有三个密封圈 11 的活塞 10 与套筒作动配合。

制动时，油缸活塞连同套筒在液压作用下，压缩复位弹簧 8，将所有的固定盘和旋转盘都推向外侧壳体（实际上是一个单面工作的固定盘）。各盘互相压紧而实现完全制动时，油缸中的间隙 Δ 消失。解除制动时，复位弹簧 8 使活塞和套筒回位。

在制动器有过量间隙的情况下制动时，间隙 Δ 一旦消失，套筒 9 即停止移动，但活塞仍能在液压作用下克服密封圈 11 与套筒间的摩擦阻力，而相对于套筒继续移动到完全制动为止。解除制动时，套筒在弹簧 8 作用下回复原位，而活塞与套筒的相对位移却不可逆转。于是制动器过量间隙不复存在。

多片全盘式制动器的各盘都封闭在壳体中，散热条件较差。因此有些国家正在研制一种强制液冷多片全盘式制动器。这种制动器完全密封，内腔充满冷却油液。

盘式制动器与蹄式制动器相比的优点是：

① 一般无摩擦助势作用，因而制动器效能受摩擦系数的影响较小，即效能较稳定；

② 浸水后效能降低较少，而且只需要经一两次制动即可恢复正常；

③ 在输出制动力矩相同的情况下，尺寸和质量一般较小；

④ 制动盘沿厚度方向的热膨胀量极小，不会像制动鼓的热膨胀那样使制动器间隙明显增大而致制动踏板行程过大；

⑤ 较容易实现间隙自动调整，其他维护、修理作业也较简便。

盘式制动器不足之处是：

① 效能较低，故用于液压制动系统时所需制动促动管路压力较高，一般要用伺服装置；

② 兼用于驻车制动时，需要加装的驻车制动传动装置较鼓式制动器复杂，因而在后轮上的应用受到限制。

17.2.3 带式制动器

带式制动器的制动元件是一条外束于制动鼓的带状结构物，称为制动带。为了保证制动强度和解除制动时带与鼓的分离间隙，制动带一般都是由薄钢片制成，并在其上铆有摩擦衬片，以增加其摩擦力和耐磨性。由于带式制动器结构简单、布置容易，所以它常用于驻车制动器、履带式机械的转向制动器以及挖掘机和起重机上。带式制动器根据给制动带加力的形式不同，可分为单端拉紧式、双端拉紧式和浮动式。下面分别介绍。

(1) 单端拉紧式

如图 17-17 (a) 所示，铆有摩擦衬片的制动带 2 包在制动鼓 3 上，一端为固定端，而另一端为操纵端，后者连接在操纵杆 1 的 O_1 点；操纵杆 1 以中间为支点 O，通过上端的扳动，从而使旋转的制动鼓 3 得以制动。当制动鼓顺时针旋转而制动时，显然右端的固定端为紧边，左端的操纵端为松边；当制动鼓 3 反时针旋转制动时，情况恰好相反，固定端成为松边，而操纵端反成为紧边。由此可见，在操纵力相同的条件下，前者较后者产生的制动力矩大。东方红-75 推土机就是采用这种制动器。

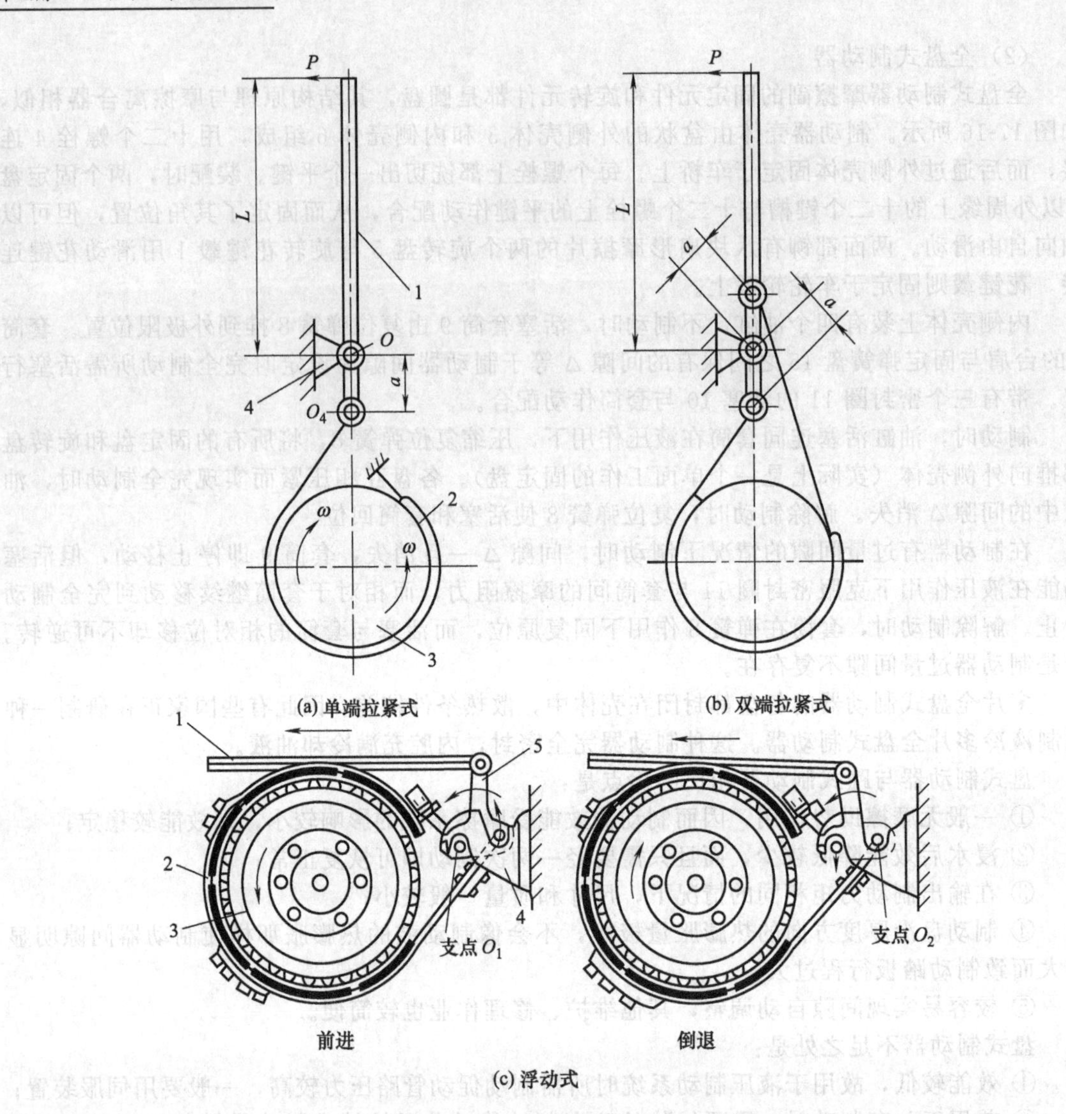

图 17-17 带式制动器工作原理

1—操纵杆；2—制动带；3—制动鼓；4—支架；5—双臂杠杆

(2) 双端拉紧式

如图 17-17（b）所示，两边都是操纵边，这样，无论制动鼓正转或反转，其制动力矩相等。若假设图中操纵力 P、力臂（L、a）以及其他有关参数与图 17-17（a）中完全相同时，则其制动力矩总是小于单边拉紧式的任一种工况。

(3) 浮动式

如图 17-17（c）所示，操纵杆 1 连接着双臂杠杆 5，而后者的下端通过两个销子与制动带的两端相连，两个销子又支靠在支架 4 的两个反向凹槽中。当机械前进行驶而制动时，双臂杠杆在操纵杆 1 的作用下以 O_1 为支点反时针旋转，右边的销子如图小箭头所示离开凹槽，拉紧制动带而制动。显然，固定端 O_1 既为双臂杠杆旋转的支点，又为制动带紧边的支撑端；如果当机械倒退行驶而制动时，情况恰好相反，O_2 点为旋转的支点和紧边的支撑端，而操纵端的销子如图中箭头所示，拉紧制动带离开凹槽向下运动。这种结构，无论制动鼓正转或反转，固定端总是制动带的紧边，而操纵端也总是制动带的松边。因此，制动力矩大而且相等，所以在履带式机械上得到广泛应用。

17.3 制动驱动系统

制动驱动系统可分为人力制动驱动系统和动力制动驱动系统两大类，如果再细分，可以分为机械式、人力液压式、动力液压式、气压式和气液综合式等类型。

人力制动驱动系统是指把驾驶员施加在脚踏板上的作用力或手柄上的作用力作为动力而实现制动的系统，它包含机械式和人力液压式两种。机械制动驱动系统是依靠机械传动机构实现制动的。人力液压制动驱动系统是在机械制动驱动系统的基础上，串联一个液压总泵和几个液压分泵组成的，依靠人力并通过连杆机构使液压油缸活塞移动而实现制动的。

动力制动驱动系统是依靠驾驶员操纵控制元件，把发动机的动力通过液压或气压装置传递给制动器而实现车辆制动的。

17.3.1 人力液压制动驱动系统

人力液压制动驱动系统一般用于总质量小于 5～8t 的车辆和小型的轮式工程机械。图 17-18 为人力液压制动驱动系统简图。该制动驱动机构主要由制动总泵 7、制动分泵 3 及油管 5、8、11 等组成。

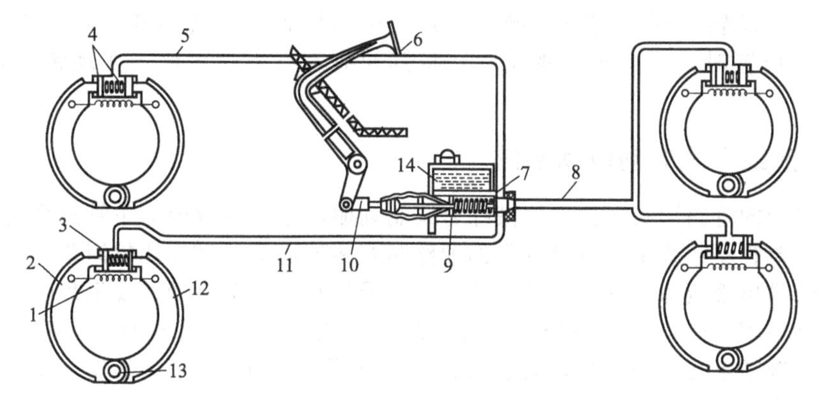

图 17-18 人力液压制动驱动系统示意

1—回位弹簧；2,12—制动蹄；3—制动分泵；4—分泵活塞；5,8,11—油管；6—制动踏板机构；7—制动总泵；9—总泵活塞；10—推杆；13—支撑销；14—储液室

当踩下制动踏板 6 时，制动总泵推杆 10 便推活塞 9 右移，于是压力油从制动总泵 7 压出，通过油管 5、8、11 分别送至各制动分泵，迫使制动分泵活塞 4 向两侧移动，从而推动制动蹄片向外胀出并压紧制动鼓，产生制动作用。松开脚踏板 6 时，由于制动蹄回位弹簧 1 的作用，分泵活塞将分泵的油液又压回总泵，同时分泵活塞回位，制动作用消除。

17.3.2 气压式制动驱动系统

气压式制动驱动系统是以压缩空气作为工作介质，通过驾驶员操纵，使压缩空气作用到制动器进行制动。图 17-19 为 CL7 自行式铲运机的气压式制动驱动系统，它由空气压缩机 1、储气筒 5、压力控制阀 3、制动控制阀 4、制动气室 6 及油水分离器 2 等部分组成。

空气压缩机 1 动作，产生的压缩空气经油水分离器 2 与压力控制阀 3 后进入储气筒 5，刹车时，踩下制动阀 4 上的踏板，连通两条回路，使储气筒 5 内的压缩空气一路进入后左气室和后右气室，另一路进入前左气室和前右气室，车轮制动器工作，制动车轮的运动，使铲运机停车。

压力控制器 3 用于保证系统内的压力处于要求的压力状态；储气筒 5 暂时储存压缩空

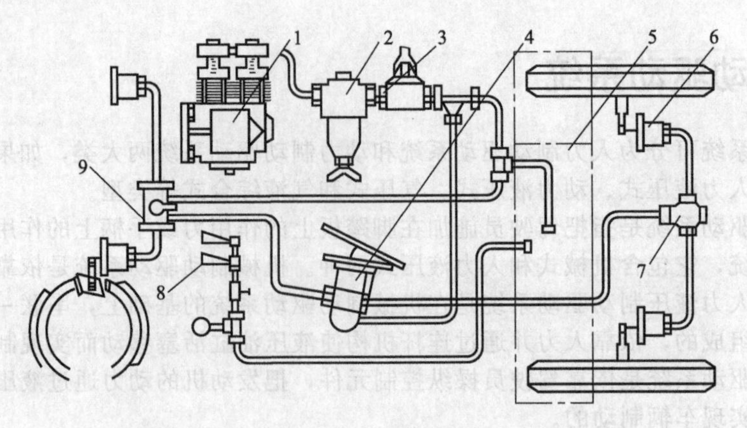

图 17-19 CL7 自行式铲运机气压制动驱动系统示意

1—空气压缩机；2—油水分离器；3—压力控制阀；4—制动控制阀；5—储气筒；6—制动气室；7—快速放气阀；8—气喇叭；9—气动转向阀

气；车轮制动器为凸轮张开式制动器，可利用凸轮迫使制动蹄张开，刹住车轮的转动；气动转向阀 9 的作用是当铲运机由于某种原因液压转向失灵时，用此转向阀制动一侧前轮达到转向的目的。气动转向阀 9 有三个操纵位置，中间位置、左转向和右转向工作位置，操纵手柄在中间位置时，铲运机实现制动；将其拉到左、右位置时，实现铲运机的左、右转向。

17.3.3 气液综合式制动驱动系统

按驱动机构的管路形式不同，气液综合式制动驱动系统可以分为单管路系统和双管路系统两种类型。单管路系统中各制动分泵的油路是互相连通的，结构比较简单，但当任何一个制动分泵或管道出现故障，整个制动系统失灵，导致车辆不能制动而发生危险，因此目前大多数工程机械采用双管路制动系统。双管路制动系统是指前、后轮的制动系统是各自独立的，假若前轮制动系统出现故障，对后轮制动系统没有影响，车辆尚能实现正常制动，反之亦然。这便大大降低了事故的发生率，提高了车辆的行驶安全性。

图 17-20 为 ZL50 型装载机气液综合式制动驱动系统，它属于双管路系统。由发动机带

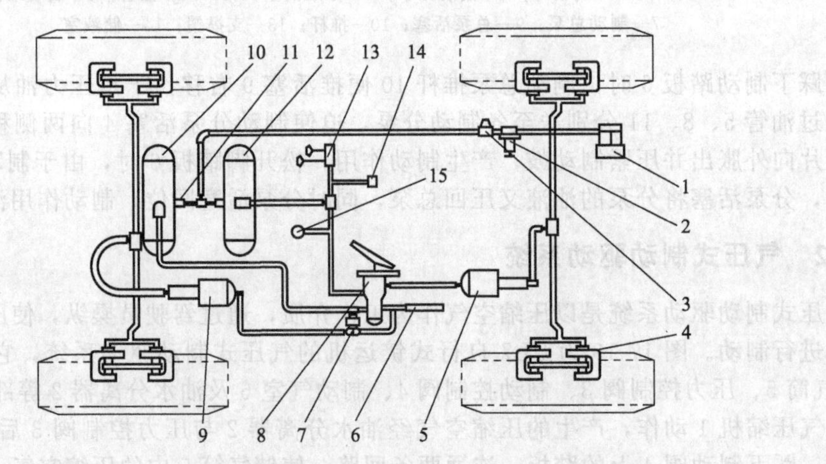

图 17-20 ZL50 型装载机气液综合式制动驱动系统示意

1—空气压缩机；2—油水分离器；3—压力控制器；4—制动分泵；5—后气推油加力器；6—接变速阀软管；7—制动灯开关；8—双管路气制动阀；9—前气推油加力器；10—前储气筒；11—单向阀；12—后储气筒；13—气喇叭；14—气刮水阀；15—压力表

动空气压缩机 1 压出的空气，经油水分离器 2 通入前、后车轮的储气筒 10、12，储气筒入口处的单向阀 11 使两个储气筒互相隔断，保持两系统的独立性。脚踏板控制双管路气动阀 8，踏下踏板时，双管路气动阀 8 同时使两个气路连通。两个储气筒中的压缩空气分别进入前、后气推油加力器 9、5，使两个加力器的油液分别进入前、后轮制动分泵，产生制动作用。放松制动踏板时，气推油加力器的空气从制动阀排气口排入大气，制动分泵的活塞复位，解除制动作用。

在双管路气制动阀后还并联有接变速阀的软管 6，其作用是踏下制动踏板实施制动时，能同时使动力换挡变速箱的换挡离合器分离，这时变速箱形成空挡，从而保证制动力矩不反向传给发动机。

ZL50 型装载机的气推油加力器构造如图 17-21 所示。活塞式加力气室 5 与制动总泵 16 用螺钉连成一体，加力气室活塞 2 与总泵活塞 13 用推杆 7 连接起来。它的作用是将压缩空气的气压能转化为总泵的油压，从而驱动分泵活塞外移，产生制动作用。

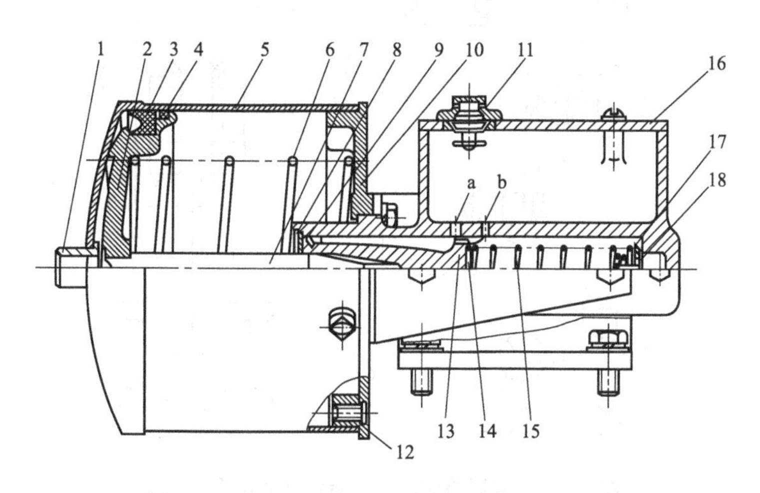

图 17-21　ZL50 型装载机的气推油加力器结构

1—气管接头；2—气室活塞；3,4—密封圈；5—活塞式加力气室；6—回位弹簧；7—推杆；8—挡圈；9—密封圈；10—气室右端盖；11—加油口盖；12—带过滤器的进气口；13—总泵活塞；14—皮碗；15—总泵活塞回位弹簧；16—总泵壳体；17—回液阀；18—出液阀；a—进油孔；b—补偿孔

当踩下制动踏板时，压缩空气经制动控制阀的出气口由气管接头 1 进入加力气室 5 的左腔，推动活塞 2 并通过位于中央的导向推杆 7 使总泵活塞 13 右移，由于这时总泵中建立起油压，通过分泵活塞的外移使制动器产生制动作用。

当放开制动踏板时，加力气室 5 的左腔通过制动控制阀与大气相通，于是气室中气压迅速消失，在回位弹簧 6 作用下，活塞 2 回复原位，总泵停止工作，制动器的制动作用被解除。

17.3.4　全液压制动驱动系统

大型工程机械，如铲斗容量为 4～5m^2 以上的轮式装载机，可采用全液压制动驱动系统。由于液压系统为全封闭，无油气排入大气，故其污染比气液综合式制动系统更少。再者，全液压制动驱动系统所用的元件少，体积小，回路简单，便于安装和维护。如图 17-22 所示的全液压制动驱动系统所需元件有：液压泵 8、安全阀 9、蓄能器 2、低压报警开关 3、踏板制动阀 4、充压阀 6、制动器 5 等。

液压泵必须考虑在低速运转时，泵的流量和压力要能达到充压阀的预置上限，如果不能，则充压阀打不开，泵就不能卸载，将导致泵体发热乃至损坏，所以一般采用效率较高的柱塞泵。

安全阀应根据制动器的最高压力与相通回路的压力及泵的额定压力来选择，蓄能器则必须考虑制动器的用油量、紧急刹车次数和最高制动压力。

充压阀控制蓄能器的充油量和压力，一旦蓄能器的压力达到其预调的上限值，充压阀会自动停止供油；当蓄能器的压力降至下限值时，充压阀将使系统中的部分油回流，给蓄能器充压。

当蓄能器的压力低于调定的下限值时，低压报警开关将感知蓄能器的压力而动作，通过铃声或可视信号提醒驾驶员注意。

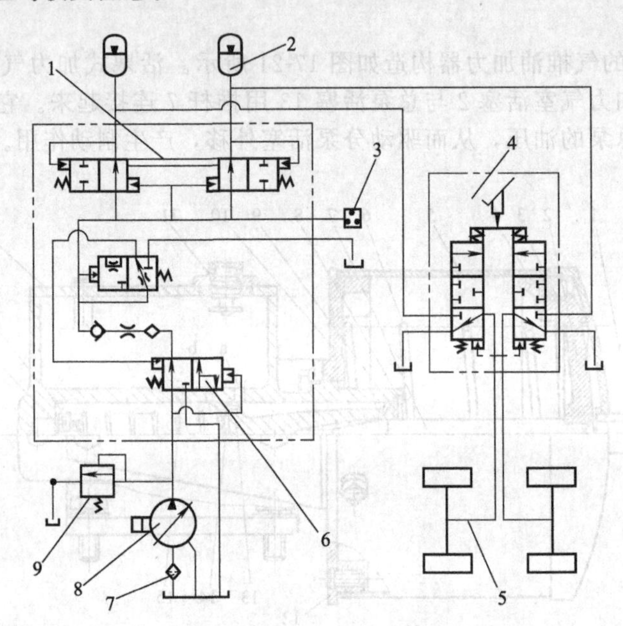

图 17-22 双回路闭式全液压制动驱动系统示意

1—内置梭子阀；2—蓄能器；3—低压报警开关；4—踏板制动阀；5—液压制动器；
6—充压阀；7—油滤清器；8—液压泵；9—安全阀

图 17-22 为双回路闭式全液压制动驱动系统示意图，其中每个回路都由一个踏板制动阀 4 和一个蓄能器 2 单独控制，充压阀同时给两个蓄能器供油，两个蓄能器则在紧急刹车时，分别给两个回路的制动器供油。既同时工作，又互不影响。

在驾驶员踩下踏板之前，系统压力与蓄能器压力相等，并保持平衡。踩下踏板后，踏板制动阀被打开，液压油通过踏板制动阀的调节，流向制动器，制动器动作产生制动力。根据驾驶员脚踏力的大小，踏板制动阀将调节制动系统的压力，从而使制动力或大或小。

第3篇

典型工程机械工作装置

第18章 推土机工作装置

18.1 概述

推土机是一种以工业拖拉机或专用牵引车为主机，前端装有推土装置，依靠主机的顶推力，对土石方或散装物料进行切削或短距离搬运的自行式土方机械，在各项工程施工中，主要用来开挖路堑、构筑路堤、回填基坑、铲除障碍、清除积雪、平整场地等，也可完成短距离内松散物料的铲运和堆集作业。通常中小型推土机的运距为30～100m，大型推土机的运距一般不应超过150m，推土机的经济运距为50～80m。

18.1.1 推土机的分类

(1) 按发动机功率分

推土机按发动机功率可分为小型推土机、中型推土机、大型推土机和特大型推土机。小型推土机的发动机功率小于40kW；中型推土机的发动机功率为59～103kW；大型推土机为118～235kW；特大型推土机的功率大于235kW。

(2) 按行走装置

推土机按行走装置分为履带式推土机和轮胎式推土机。履带式推土机与地面接触的行走部件为履带，由于它具有附着牵引力大、接地比压低、爬坡能力强以及能胜任较为险恶的工作环境等优点，因此，是推土机的代表机种。轮胎式推土机与地面接触的行走部件为轮胎，具有行驶速度高、作业循环时间短、运输转移不损坏路面、机动性好等优点。但由于牵引性能较低与接地比压较高，使其应用范围受到一定限制，从而不如履带式推土机发展快。

(3) 按用途分

推土机按用途可分为普通型推土机和专用型推土机。普通型推土机具有通用性，广泛地应用于各类土石方工程中，主机为通用的工业拖拉机。专用型推土机适用于特定工况，具有专一性能，比如湿地推土机、水陆两用推土机、水下推土机、爆破推土机、军用快速推土机等。

(4) 按铲刀形式分

推土机按铲刀形式可分为直铲式推土机和角铲式推土机。直铲式推土机也称固定式推土机，此类推土机的铲刀与底盘的纵向轴线构成直角；铲刀的切削角是可调的，对于重型推土机，铲刀还具有绕底盘的纵向轴线放置一定角度的能力。一般来说，特大型与小型推土机采用直铲式的居多，因为它的经济性与坚固性较好。角铲式推土机也称回转式推土机，此类推土机的铲刀，除了能调节切削角外，还可以在水平方向上回转一定角度（左、右最大回转角一般为±25°）称为斜铲；也可以在垂直面内倾斜一定角度（约为 8°～12°）称为侧铲，如图 18-1 所示。因此回转式推土装置应用范围较广，多用于中型推土机。

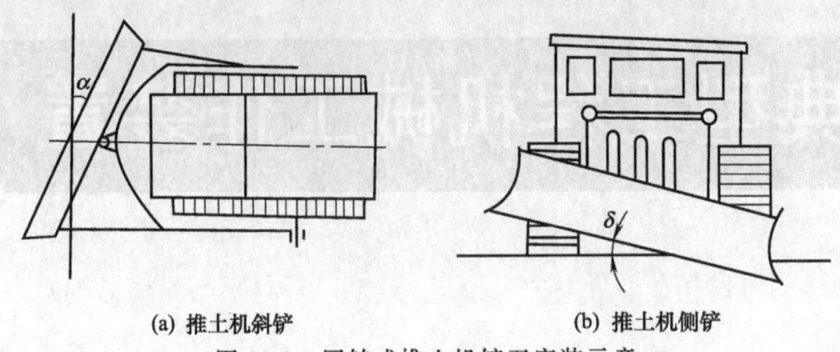

(a) 推土机斜铲　　(b) 推土机侧铲

图 18-1　回转式推土机铲刀安装示意

（5）按传动方式分

推土机按传动方式分为机械传动式、液力机械传动式、全液压传动式和电气传动式。其中液力机械传动式推土机的传动系，由液力变矩器、动力换挡变速箱等液力与机械相结合的零部件组成，具有操纵灵便、发动机不易熄火、可不停车换挡、作业效率高等优点，但制造成本较高，工地维修较困难，是目前产品发展的主要方向。

18.1.2　推土机的型号

推土机的型号表示方法如表 18-1 所示。

表 18-1　推土机的型号表示方法

组	型	代　号	代号含义	主参数	
				名称	单位表示法
推土机 T（推）	履带式	T	机械操纵式推土机	功率	kW
		TY	液压操纵式推土机		
		TSY	湿地液压操纵式推土机		
		TMY	沙漠液压操纵式推土机		
	轮胎式	TL	轮胎液压操纵式推土机		

18.2　推土机工作装置

推土机的工作装置包括推土铲、松土器、绞盘和牵引钩，在大型推土机上还配装平衡重。

18.2.1　推土铲

（1）直铲推土机的推土铲

直铲推土机用推土铲结构组成如图 18-2 所示，由推土板 3、顶推梁 6、倾斜液压缸 5、可调支撑杆 8、水平斜撑杆 4 等部件组成。顶推梁 6 通过框销 7 铰接在底盘的台车架上，铲刀在提升液压缸（图中未示出）作用下可绕其铰接支撑点 7 摆动，以实现铲刀的提升或下降。推土板3、顶推梁6、可调支撑杆8、倾斜液压缸5和水平斜撑杆4等组成一个刚性构架，以承受推土作业的负荷。在推土板的背面有两个铰座，用以安装铲刀提升液压缸。提升液压缸的缸体铰接于机架的前上方。

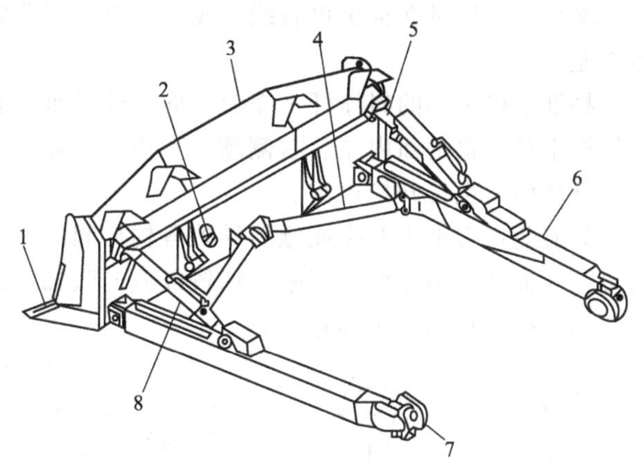

图18-2 直铲式推土机用推土铲

1—刀片；2—切削刃；3—推土板；4—推土板水平斜撑杆；5—倾斜液压缸；6—顶推梁；7—框销；8—可调支撑杆

通过等量伸长或等量缩短可调支撑杆8和倾斜液压缸5的长度，可以调整推土板的切削角，即改变刀片与地面的夹角，以适应不同土质的作业要求。

直推土铲的铲刀较角推土铲的铲刀质量轻、使用经济性好、坚固耐用、承载能力大，多用于小型推土机和承受重载作业的大型履带式推土机。为了扩大直铲推土机的作业范围，提高其工作效率，现代直铲推土机广泛采用侧铲可调新结构，反向调节倾斜油缸和可调支撑杆的工作长度，可在一定范围内改变铲刀的侧倾角，实现侧铲作业。铲刀侧斜前提升油缸应先将推土铲提起。当倾斜油缸收缩时，铲刀安装倾斜油缸的一端升高，伸长可调支撑杆的一端下降；反之，铲刀安装倾斜油缸的一端下降，可调支撑杆一端升高，从而实现铲刀的左、右侧倾。

(2) 回转式推土机的角推土铲

回转式推土机的角推土铲的结构如图18-3所示，它由推土板1、顶推门架6、推杆5和斜撑杆2等主要部件组成，可根据施工作业的需要，调整铲刀在水平和垂直平面内的倾斜角度。当两侧的推土板推杆分别铰装在顶推门架的中间耳座上时，铲刀呈直铲状态；当一侧推杆铰装在顶推门架的后耳座上，而另一侧推杆铰装在顶推门架的前耳座上时，呈斜铲状态；

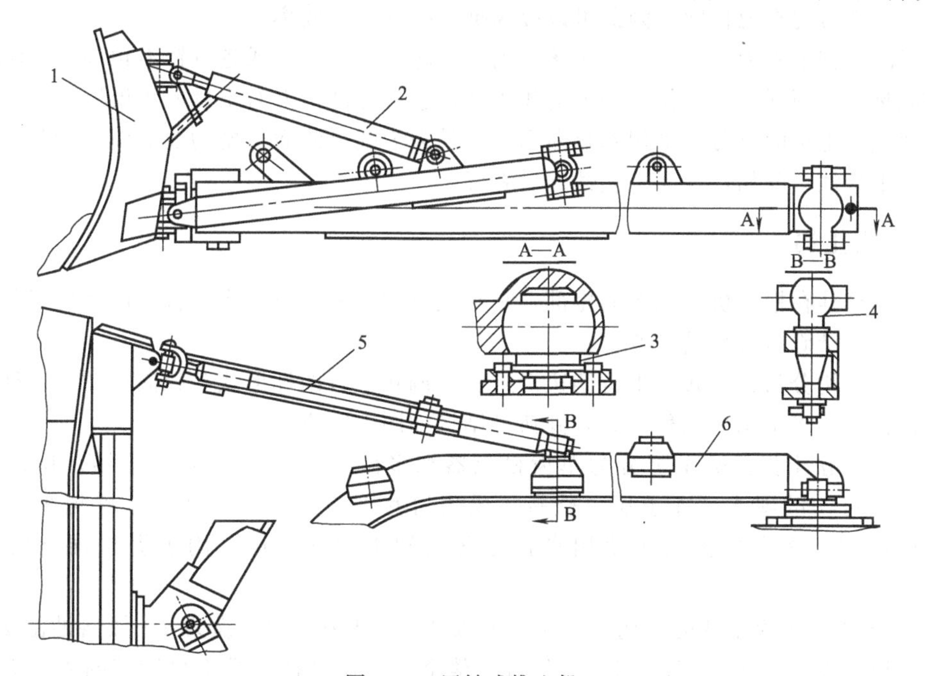

图18-3 回转式推土机

1—推土板；2—斜撑杆；3—顶推门架支撑；4—推杆球状铰销；5—推土板推杆；6—顶推门架

铲刀水平斜置后可在推土机直线行驶状态下实现单侧弃土，进行平整路面、路基和回填沟渠等作业。

将推土铲一侧的斜撑杆 2 缩短，同一侧的推杆伸长，另一侧的斜撑杆伸长，推杆缩短，可使推土铲在铅垂面内左、右侧倾，实现侧铲作业。铲刀侧倾后可在横坡上进行推铲作业，或平整坡面，也可开挖边沟。

为避免铲刀由于升降或倾斜导致各构件间的运动干涉，推土板与顶推门架前端采用球铰连接，与推杆、斜撑杆之间采用球铰或万向联轴器连接。

(3) 推土板的结构形式

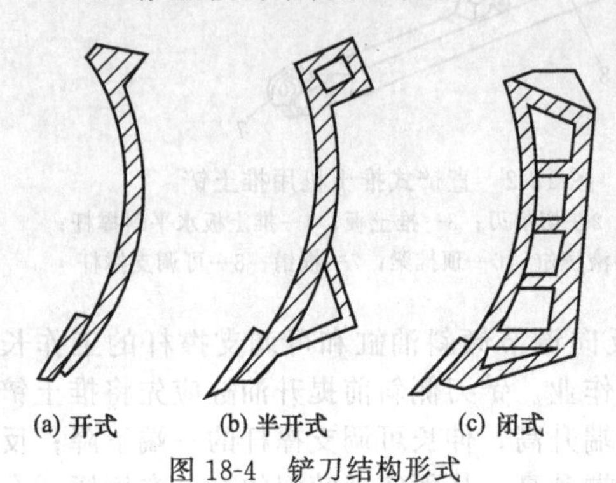

图 18-4 铲刀结构形式

推土板主要由曲面板和可卸式刀片组成，其断面有开式、半开式、闭式三种结构形式（图 18-4）。小型推土机多采用结构简单的开式推土板；中型推土机大多采用半开式推土板；大型推土机作业条件恶劣、负载重，为保证足够强度和刚度，宜采用封闭式推土板，其背面和端面均用钢板焊接成箱形结构。

推土板的横向结构外形分为直线形和 U 形两种。作业距离较短的小型推土机可采用直线形铲刀，它属于窄型推土板，宽、高比较小，比切力（切削刃单位宽度上的顶推力）大，但推土板前的积土容易从两端流失，作业距离长时会降低推土机的效率。

运距较长的推土作业宜采用 U 形铲刀，它具有积土容量大的特点，在运土过程中铲刀中部的土壤上升卷起前翻，两侧的土壤则上卷向铲刀内侧翻滚，有效地减少了土壤的侧漏现象，提高了铲刀的充盈程度，因此可以提高推土机的作业效率。

为了减少积土阻力，有利于土壤滚动前翻，防止其散胀，或越过铲刀顶部向后溢漏，通常采用抛物线或渐开线曲面作为铲刀的积土面，它可提高铲刀对土壤的积聚能力，降低能量损耗。现代推土机的铲刀多采用圆弧曲面，这是因为圆弧曲面与抛物线曲面、渐开线曲面的形状及积土特性十分相近，但工艺性比后者好。

18.2.2 松土器

松土器悬挂在推土机基础车的尾部，是推土机的一种附属工作装置，广泛用于硬土、黏土、页岩、黏结砾石的预松作业。

松土器结构分为铰链式、平行四边形式、可调式平行四杆形式和径向可调式四种基本形式。现代松土器多采用后三种形式，其典型结构如图 18-5 所示。

松土器按松土齿的数量可分为单齿松土器和多齿（2～5 个齿）松土器。单齿松土器开挖力大，可松散硬土、冻土层、软石、风化岩有裂隙的岩层，还可拔除树根，为推土作业清除障碍。多齿松土器主要用来预松薄层硬土和冻土层，用于提高推土机的作业效率。

图 18-6 为三齿松土器的结构，它由安装架 1、松土器臂 8、横梁 4、倾斜油缸 2、提升油缸 3 及松土齿（齿杆 5、齿尖 7）等组成。整个松土器悬挂在推土机后部的支撑架上。松土齿用销轴固定在横梁 8 松土齿架的齿套内，松土齿杆上设有多个小孔，改变齿杆销孔的固定位置，即可改变松土齿杆的工作长度，调节松土器的作业深度。

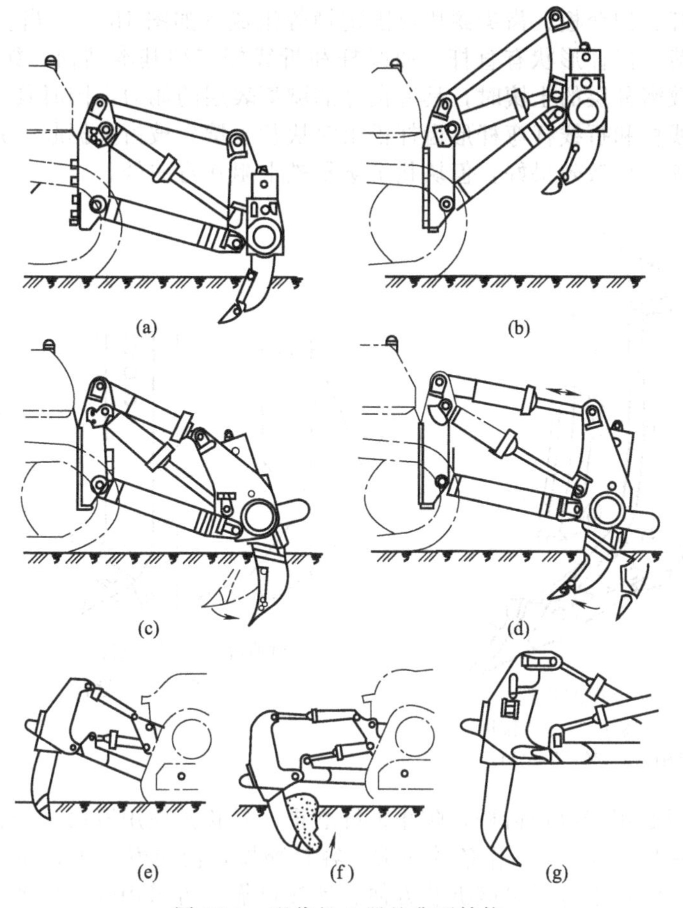

图 18-5 现代松土器的典型结构

(a)、(b) 固定式平行四杆机构松土器；(c)、(d)、(e)、(f) 可调式平行四杆机构松土器；(g) 径向可调式松土器

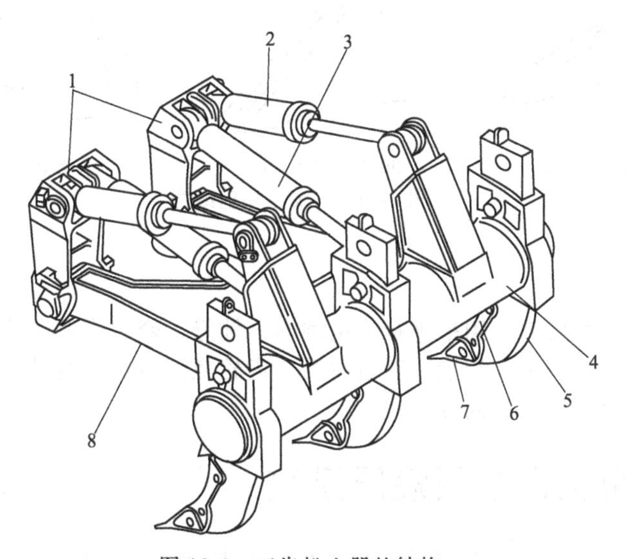

图 18-6 三齿松土器的结构

1—安装架；2—倾斜油缸；3—提升油缸；4—横梁；5—齿杆；6—护套板；7—齿尖；8—松土器臂

松土齿由齿杆、护套板、齿尖镶块及固定销等组成（如图 18-7）。齿杆 1 是主要的受力件，承受切削载荷。齿杆形状有直杆、曲线杆和折线杆三种基本结构，如图 18-8 所示。直杆形齿杆在松裂致密分层的土壤时，具有良好的剥离表层的能力，同时具有凿裂块状、板状岩层的效能。曲线杆和折线杆弯杆形齿杆松土时块状土壤先被齿尖掘起，并在齿杆垂直部分通过之前即被凿碎，松散效果好，但块状土壤易被卡阻在弯曲处。

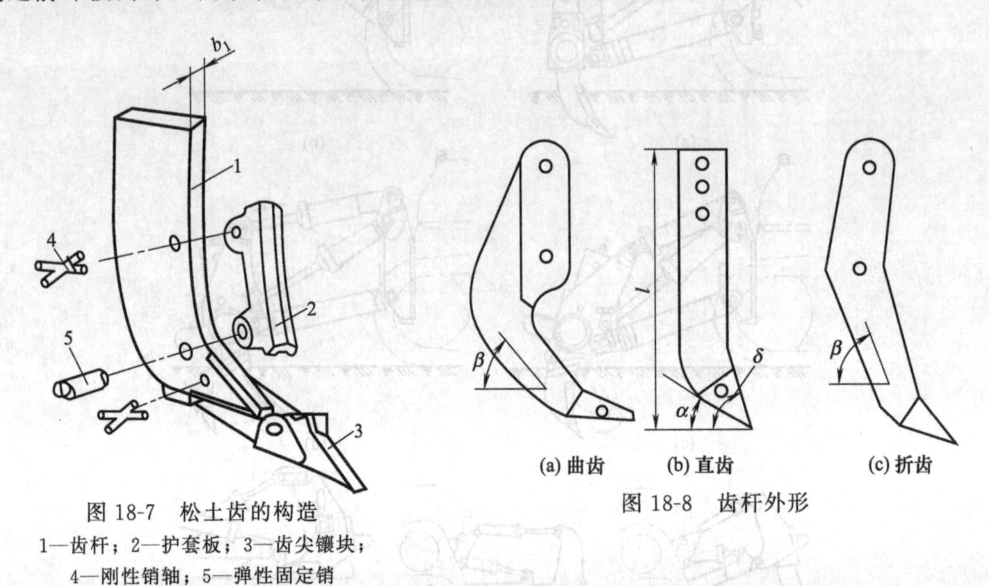

图 18-7　松土齿的构造

1—齿杆；2—护套板；3—齿尖镶块；4—刚性销轴；5—弹性固定销

(a) 曲齿　(b) 直齿　(c) 折齿

图 18-8　齿杆外形

松土齿护套板 2 用于保护齿杆，防止齿杆磨损，延长其使用寿命。护套板 2 和齿尖镶块 3 是直接松土、裂土的零件，工作条件恶劣，容易磨损，使用寿命短，需经常更换，应采用高耐磨性材料，在结构上应尽可能拆装方便、连接可靠，可采用弹性销轴、弹性固定销等。

齿尖镶块按其长度可分为短型、中型和长型三种；按其结构对称性可分为凿入式和对称式两种，如图 18-9 所示。

(a) 短型(凿入式)　(b) 中型(凿入式)　(c) 长型(对称式)

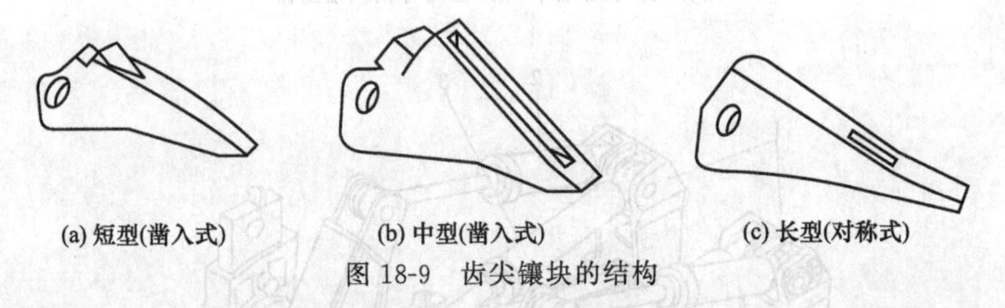

图 18-9　齿尖镶块的结构

18.2.3　绞盘

绞盘安装在推土机后部，用来进行拖曳圆木、辅管、牵引作业和简单的起重作业。动力从推土机的功率输出轴引出。绞盘一般由卷筒、齿轮减速机构、制动器和离合器等组成，用单个手柄操纵，卷筒可以正反向旋转。

18.3　推土机工作装置液压系统

推土机采用液压传动与控制系统，最大优点是切土力强，作业性能好，尤其是平地作业，质量更好。液压传动与控制具有结构紧凑、操作轻便、重量轻等优点。

推土机工作装置液压系统可根据作业需要，迅速提升或下降工作装置，或使其缓慢就位。操纵液压系统还可以改变推土铲的作业方式，调整铲刀或松土器的切削角。

下面分别以 TY180 和 TY320 履带式推土机的工作装置液压系统为例进行介绍。

18.3.1 TY180 型推土机的工作装置液压系统

液压系统由动力元件、执行元件、控制元件和辅助装置及管道等组成。图 18-10 所示为国产 TY180 型推土机的工作装置液压系统。动力元件为液压泵 3；执行元件包括松土器油缸 11 和推土铲油缸 12；控制元件为各种液压阀；辅助装置包括油箱 1、滤清器 2 及油管等。其中液压泵为齿轮泵；推土铲油缸换向阀 7 和松土器油缸换向阀 8 组成两联滑阀，构成串联油路。

为防止因松土器过载而损坏液压元件，在松土器油缸两腔的油路中均设有过载阀 9，油压超过规定值时过载阀开启而卸载。

在换向阀上设有进油单向阀和补油单向阀。其中进油单向阀的作用是防止油液倒流。例如，在提升推土铲时，若发动机突然熄火，液压泵则停止供油，此时进油单向阀使液压缸锁止，使推土铲维持在已提升的位置上，而不至于因重力作用突然落地造成事故；补油单向阀的作用是防止液压系统产生气穴现象，即推土铲下落时因重力作用会使其进油腔产生真空，此时补油单向阀工作，油液自油箱进入液压缸，从而防止了气穴现象的发生。

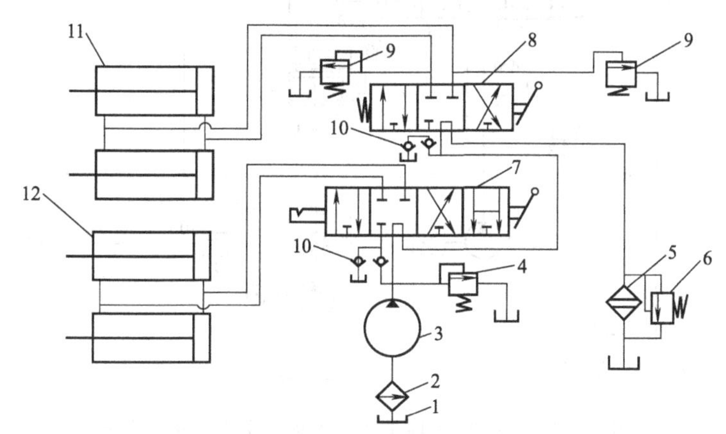

图 18-10 TY180 型推土机工作装置液压系统

1—油箱；2—粗滤油器；3—液压泵；4—溢流阀；5—精滤油器；6—安全阀；7—推土铲油缸换向阀；8—松土器油缸换向阀；9—过载阀；10—补油单向阀；11—松土器油缸；12—推土铲油缸

操纵推土铲的滑阀为四位五通阀，通过操纵手柄可以实现推土铲的上升、下降、中位（即液压缸封闭）和浮动等四种动作。其中液压缸浮动是为了推土机平整场地作业时，铲刀能随地面的起伏而作上下浮动。松土器液压缸通过三位五通阀的控制，可以实现松土器的上升、下降和中位等三种动作。

为保持油液清洁，该液压系统的所有控制阀均安装在油箱内，油箱采用封闭式结构。此外，液压泵的入口处和液压系统的回油路上设有滤油器。为使回油滤清器堵塞时不影响液压系统正常工作，该滤油器并联一个安全阀，即滤油器堵塞时会有背压使安全阀打开，使液压系统正常回油。

18.3.2 TY320 型推土机的工作装置液压系统

图 18-11 所示为 TY320 型推土机的工作装置液压系统，由推土铲升降、推土铲倾斜、松土器升降及松土器倾斜等四个回路组成。动力元件为液压泵 2；执行元件包括铲刀升降油

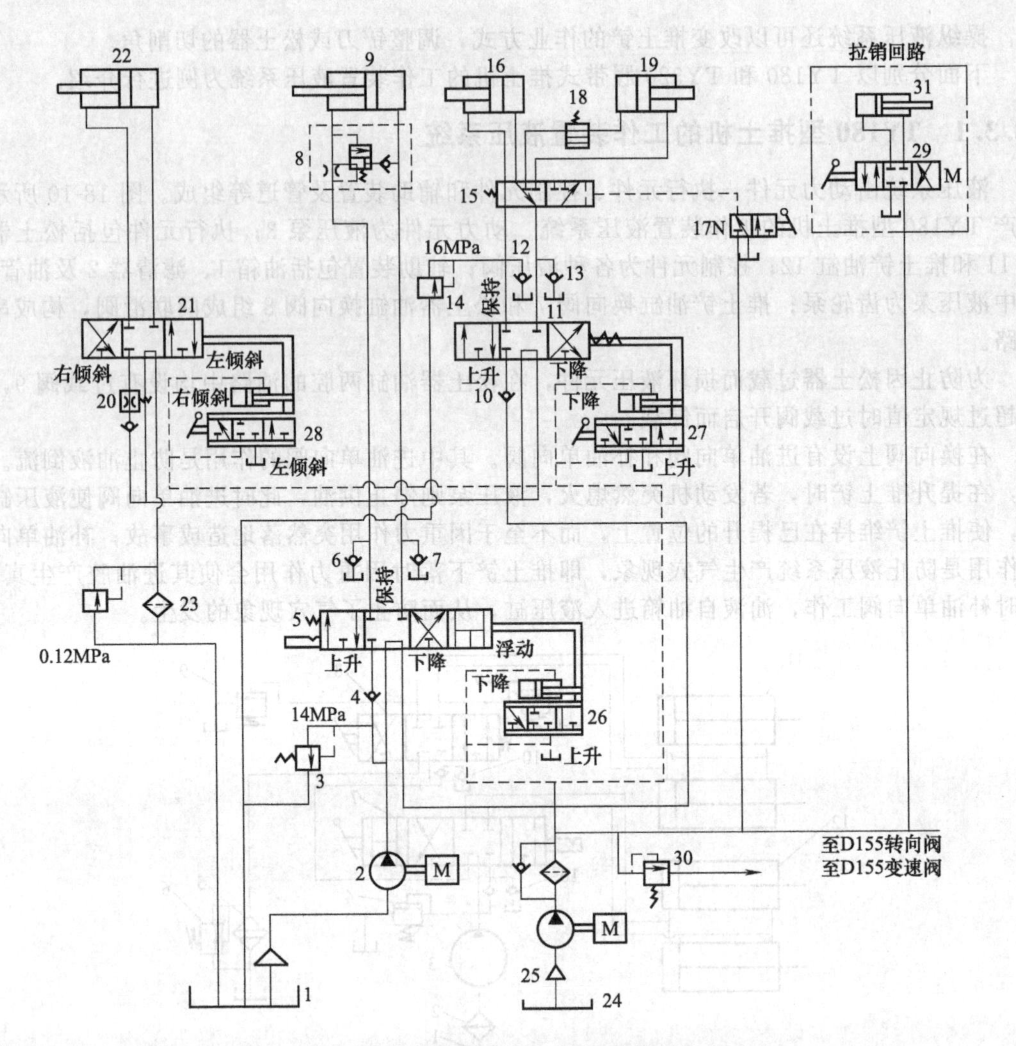

图 18-11　TY320 型履带式推土机工作装置液压系统

1，24—油箱；2—油泵；3—主溢流阀；4，10—单向阀；5—铲刀换向阀；6，7，12，13—补油阀（吸入阀）；8—快速下降阀；9—铲刀升降油缸；11—松土器换向阀；14—过载阀；15—选择阀；16—松土器升降油缸；17—先导阀；18—锁紧阀；19—松土器倾斜油缸；20—单向节流阀；21—铲刀倾斜油缸换向阀；22—推土铲倾斜油缸；23—滤油器；25—变矩器、变速器油泵；26—铲刀油缸先导随动阀；27—松土器油缸先导随动阀；28—铲刀倾斜油缸先导随动阀；29—拉销换向阀；30—变矩器、变速器溢流阀；31—拉销油缸

缸 9、推土铲倾斜油缸 22、松土器升降油缸 16 和松土器倾斜油缸 19；控制元件为各种液压阀；辅助装置包括油箱 1 和 24、滤清器及油管等。

大型推土机的液压元件尺寸较大，管路较长，若采用直接操纵的手动式换向控制阀，因受驾驶室空间的限制，布置比较困难，很难使控制元件靠近执行元件，这会增加高压管路的长度，导致管路沿程压力损失增加。现代大型履带式推土机广泛采用便于布置的先导式操纵换向控制阀。先导阀布置在驾驶室内以便操纵，而换向阀布置在工作油缸附近。用先导阀分配的控制液压油来操纵换向阀换向，减少系统功率损失，提高传动效率。先导式操纵换向控制阀具有伺服随动助力作用，操纵该阀较之直接操纵手动换向控制阀要轻便，可减轻驾驶员的疲劳程度。

操纵阀 5、11、21 均采用先导式操纵换向阀，由手动式先导随动阀 26、27、28 分别控制上述三个换向阀。与一般液动式换向阀不同，它们并不受压力油直接作用，而是通过连杆机构推动阀芯移动，连杆机构由伺服油缸带动，伺服油缸的动作是由先导阀操纵的。现在以先导阀 26 为例说明其工作过程，将手动式先导阀 26 的阀芯向左拉，右位处于工作位置，油泵 25 的压力油分别进入伺服油缸大腔（无杆腔）、小腔（有杆腔），由于面积差所以活塞外伸（右移），拉动换向阀 5 右移，在换向阀 5 右移时，连杆机构以活塞杆为支点，又带动先导阀 26 的阀体左移，从而使先导阀 26 回复中位，处于图示位置，铲刀换向阀 5 就处于左位工作。因为伺服油缸大腔关闭，小腔仍通压力油，向左推压活塞，所以活塞就固定在一个确定的位置上，主阀芯也就固定在相应的位置上。

松土器升降和倾斜两个油缸并不能同时动作，两个油缸共用一个换向阀操纵，配置一个选择阀 15，可根据作业要求，分别调节升降和倾斜。选择阀 15 由手动先导阀 17 操纵，由油泵 25 供给控制压力油。

大型推土机铲刀的升降高达 2m 以上，提高铲刀的下降速度对缩短作业循环时间、提高推土机的生产效率有着重要意义。为此，TY320 型推土机在推土铲升降回路上装有铲刀快速下降阀 8，用以降低铲刀升降油缸 9 的排油（有杆）腔的回油阻力。铲刀在快速下降过程中回油背压增大，速降阀在液控压差作用下自动开启，有杆腔的回油即通过速降单向阀直接向推土铲升降油缸的进油腔补充供油，从而加快了铲刀的下降速度。

推土铲在速降过程中，其自重对其下降速度起加速作用，但铲刀下降速度过快有可能导致升降油缸进油腔供油不足，形成局部真空，产生气蚀现象，影响升降油缸工作的平稳性。为此，在推土铲升降油缸的进油道上均设有单向吸入阀（补油阀）6、7，油缸进油腔出现负压时吸入阀开启，进油腔可直接从油箱中补充吸油。同样，松土器液压回路也具有快速补油功能，吸入阀 12、13 在松土器快速升降或倾斜时可迅速开启，直接从油箱中补充供油，实现松土器快速、平稳动作，提高松土作业效率。

过载阀 14 可在松土器突然过载时起安全保护作用。当松土器固定于某个工作位置作业时，其松土器升降油缸闭锁，油缸活塞杆受拉，如遇突然载荷，过载腔（无杆腔）油压将瞬时骤增。当油压超过安全阀调定压力时，安全阀即开启卸荷，油缸闭锁失效，从而起到保护系统的作用。为了提高安全阀的过载敏感性，应将该阀安装在靠近升降油缸的位置处，这样载荷变化能迅速反映到该阀上。过载阀的调定压力一般大于系统溢流阀调定压力的 15％～25％。

主溢流阀 3 用来控制油泵 2 的出口最大压力，当油压超过系统压力时，主溢流阀开启卸荷，保护系统安全。

在推土铲倾斜回路的进油道上，设有单向节流阀 20，它能自动调节油缸进油油量，保持稳定的倾斜速度和油缸内恒定的压力。

锁紧阀 18 安装在倾斜油缸大腔的进油管路上。松土器作业时，倾斜油缸处于闭锁状态，油缸活塞杆受压，大腔承受载荷较大，该腔闭锁压力相应较大。完全靠换向阀中位闭锁不可靠，安装锁紧阀 18 可提高松土器控制阀 11 中位锁闭的可靠性。

当配备单齿松土器时，松土齿杆高度的调整也可通过液压操纵实现，它是通过齿杆和齿架固定销上装设的拉销油缸 31 来实现的，此时，只需要在系统中并联一个简单的拉销回路即可。

第19章 装载机工作装置

19.1 概述

装载机是一种作业效率高，用途广泛的工程机械，它可以用来铲装、搬运、卸载、平整散装物料，也可以对岩石、硬土等进行轻度的铲掘工作。如果更换相应的工作装置，还可以进行推土、起重、装卸木料和钢管等作业。因此，装载机被广泛应用于建筑、公路、铁路、水电、港口、矿山及国防等工程中，对加快工程建设速度、减轻劳动强度、提高工程质量、降低成本具有重要作用。近年来，装载机无论是种类还是产量都得到迅速发展，成为工程机械的重要机种之一。

装载机按发动机功率可分为小型、中型、大型和特大型四种。小型装载机的功率小于74kW；中型装载机的功率为74～147kW；大型装载机的功率为147～515kW；特大型装载机的功率大于515kW。

装载机按行走装置不同可分为轮胎式和履带式两种。轮胎式装载机是以轮胎式专用地盘为基础，配置工作装置和操纵系统而构成。轮胎式装载机具有重量轻、速度快、机动灵活、效率高、行走时不破坏路面及维护方便等特点（图19-1）。履带式装载机是以专用底盘或工业拖拉机为基础，装上工作装置及操纵系统组成。履带式装载机因履带接地面积大，使得接地比压小，通过性好；重心低，稳定性好；重量大，附着性能好等特点（图 19-2）。

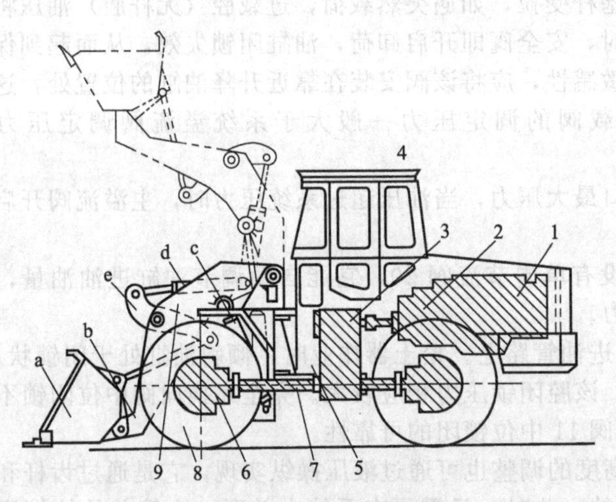

图 19-1　轮式装载机结构示意

1—柴油机；2—液力变矩器；3—变速箱；4—驾驶室；5—车架；6—驱动桥；7—铰接装置；8—车轮；9—工作装置；a—铲斗；b—动臂；c—动臂举升油缸；d—转斗油缸；e—摇臂

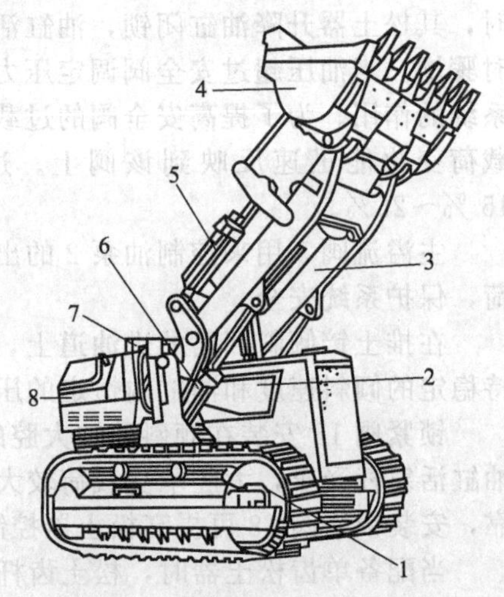

图 19-2　履带式装载机结构简图

1—行走机构；2—发动机；3—动臂；4—铲斗；5—转斗油缸；6—动臂举升油缸；7—驾驶室；8—燃油箱

装载机按传动形式不同可分为机械传动式、液力机械传动式、液压传动式和电传动式四种。目前，大中型装载机多采用液力机械式传动。

装载机按卸料方式不同可分为前卸式、回转式和后卸式。前卸式装载机结构简单，工作安全可靠，驾驶员视野好，故应用广泛。回转式装载机的工作装置可以相对底架转动一个角度，使得装载机在工作时可以与运输车辆成任意角度，装载机原地不动依靠回转卸料。因此，回转式装载机可在狭窄的场地工作，但其结构复杂，侧向稳定性不好。后卸式装载机前端装料，向后卸料。在作业时不需调头，可直接向停在装载机后面的运输车辆卸料。但卸料时铲斗必须越过驾驶室，不安全，故应用不广泛，一般用于井巷作业。

国产装载机型号标记的第一个字母 Z，代表装载机，Z 后的数字代表额定装载重量。为了区别轮胎式和履带式装载机，轮胎式装载机型号标记要在字母 Z 和数字之间加字母 L，如 ZL50 型装载机，代表额定载重量为 5t 的轮胎式装载机。

装载机的型号表示方法见表 19-1。

表 19-1　装载机的型号表示方法

组	型	代　号	代 号 含 义	主　参　数	
				名称	单位表示法
装载机 Z(装)	履带式	Z	履带式装载机	装载能力	t
	轮胎式 L(轮)	ZL	轮胎式装载机		

19.2　装载机工作装置的构造

装载机的工作装置分为有铲斗托架和无铲斗托架两类。有铲斗托架式工作装置，其铲斗装在托架上，由托架上的转斗油缸控制铲斗的转动。由于铲斗托架重量大，使得铲斗的装载重量相应减少，因此，有铲斗托架式工作装置应用较少。

无铲斗托架式工作装置，其铲斗直接装在动臂上，转斗油缸通过连杆控制铲斗的翻转。如图 19-3 所示，无铲斗托架式工作装置由动臂、摇臂、连杆、铲斗、转斗油缸和动臂举升油缸等组成。工作装置铰接在前车架上。铲斗 1 通过连杆 5 和摇臂 2 与转斗油缸 3 铰接。动臂 6 后端支撑在前车架上，前端与铲斗 1 相连，中部与动臂举升油缸铰接。铲斗的翻转和动臂的升降采用液压操纵。

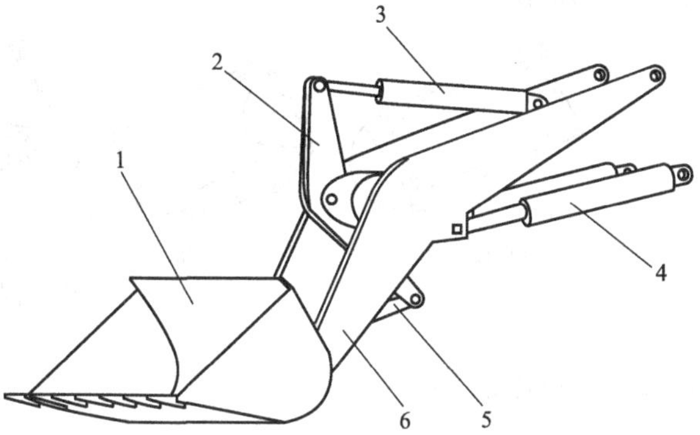

图 19-3　轮胎式装载机工作装置结构
1—铲斗；2—摇臂；3—转斗油缸；4—动臂举升油缸；5—连杆；6—动臂

19.2.1　铲斗

铲斗是装载机铲装物料的重要工具，它是一个焊接件，如图 19-4 所示，斗壁和侧板组成具有一定容量的斗体。斗壁呈圆弧形，以便装卸物料。由于斗底磨损大，在斗底下面焊加强板。为了增加斗体的刚度，在斗壁后侧沿长度方向焊接角钢 10。

在铲斗上方用挡板 9 将斗壁加高，以免铲斗举到高处时，物料从斗壁后侧撒落。斗底前缘焊有主刀板 3，侧板 7 上焊有侧刀板 6。为了减少铲掘阻力和延长主刀板寿命，在主刀板上装有斗齿 2。斗齿与主刀板之间用螺栓连接，以便在磨损之后随时更换。

如图 19-4 所示，装载机有两套连杆机构。在铲斗背面焊有与动臂和连杆连接的支撑板，即上支撑板 11 和下支撑板 13，为使支撑板与斗壁有较大的连接强度，将上、下支撑板之间用连接板 12 连接。在上、下支撑板上各有与动臂和连杆相连接的销孔。如图 19-3 所示的装载机工作装置有一套连杆机构，连杆与铲斗的铰接点在铲斗的后上方中间位置。

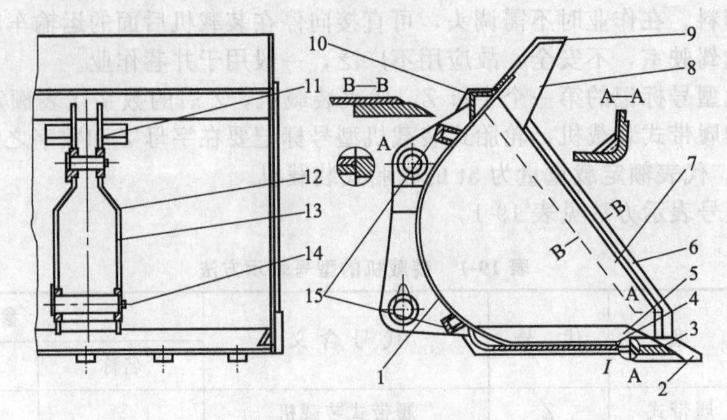

图 19-4 装载机铲斗

1—后斗壁；2—斗齿；3—主刀板；4—斗底；5，8—加强板；6—侧刀板；7—侧板；9—挡板；10—角钢；11—上支撑板；12—连接板；13—下支撑板；14—销轴；15—限位块

铲斗切削刃的形状分为四种，如图 19-5 所示。齿形分尖齿和钝齿，轮胎式装载机多采用尖形齿，履带式装载机多采用钝形齿。斗齿数视斗宽而定，斗齿距一般为 150～300mm，斗齿过密，则铲斗的插入阻力增大，并且齿间容易嵌料。斗齿结构分整体式和分体式两种，中小型装载机多采用整体式，而大型装载机由于作业条件差、斗齿磨损严重，常采用分体式。分体式斗齿由基本齿 2 和齿尖 1 两部分组成，磨损后只需更换齿尖，如图 19-6 所示。

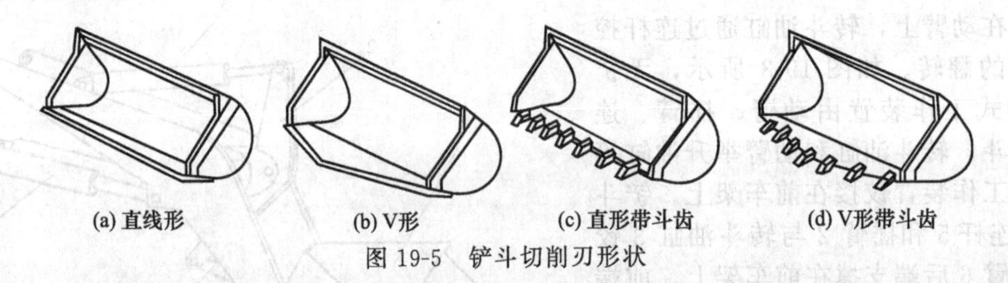

(a) 直线形　(b) V形　(c) 直形带斗齿　(d) V形带斗齿

图 19-5 铲斗切削刃形状

19.2.2 限位装置

为保证装载机在作业过程中动作准确、安全可靠，在工作装置中常设有铲斗前倾、铲斗后倾自动限位装置，动臂升降自动限位装置和铲斗自动放平机构。

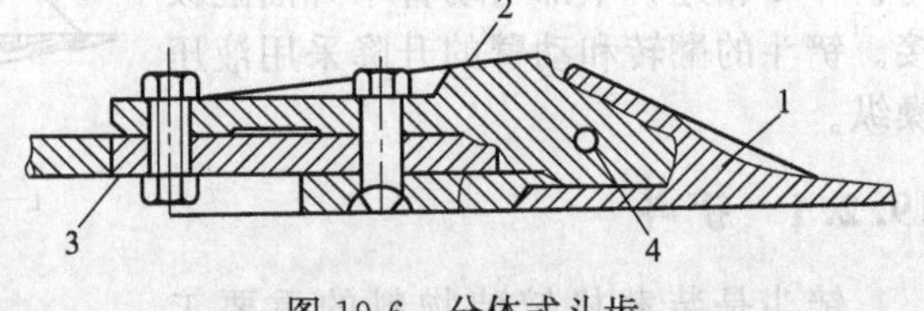

图 19-6 分体式斗齿

1—齿尖；2—基本齿；3—切削刃；4—固定销

装载机在进行铲装、卸料作业时，对铲斗的前后倾角有一定要求，因此对其位置要进行限制，常采用限位块限位方式。前倾角限位块焊接在铲斗前斗壁背面和动臂前端与之相对应的位置上，也可以将限位块放置在动臂中部限制摇臂转动的位置上；后倾角限位块焊接在铲斗后斗壁背面和动臂前端与之相对应的位置上，如图 19-4 中的上、下限位块 15。这样可以防止连杆机构超越极限位置而发生干涉现象。

动臂升降自动限位装置由凸轮、气阀、储气筒、动臂油缸控制阀等组成。其功能是使动臂在提升或下降到极限位置时，动臂油缸控制阀能自动回到中间位置，限制动臂继续运动，防止事故发生。

铲斗自动放平机构由凸轮、导杆、气阀、行程开关、储气筒、转斗油缸控制阀等组成。其功能是使铲斗在任意位置卸载后自动控制铲斗上翻角，保证铲斗降落到地面铲掘位置时铲斗的斗底与地面保持合理的铲掘角度。

19.2.3 动臂

动臂是装载机工作装置的主要承力构件，其外形有直线形和曲线形两种。曲线形动臂常用于反转式连杆机构，其形状容易布置，也容易实现机构优化。直线形动臂结构和形状简单，容易制造，成本低，通常用于正转连杆机构。

动臂的断面有单板、双板和箱形三种结构形式。单板式动臂结构简单，工艺性好，制造成本低，但扭转刚度较差，图 19-3 所示是单板式动臂。中小型装载机多采用单板式动臂，而大型装载机多采用双板式或箱形断面的动臂，用于加强和提高抗扭刚度。双板式动臂是由两块厚钢板焊接而成，这种形式的动臂可以把摇臂安装在动臂双板之间，从而使摇臂、连杆、转斗油缸、铲斗与斗壁的铰点都布置在同一平面上。箱形断面动臂的强度和刚度较双板式动臂更好，但其结构和加工均较复杂。

19.2.4 连杆机构

装载机工作时，连杆机构应保证铲斗的运动接近平移，以免斗内物料撒落。通常要求铲斗在动臂的整个运动过程中（此时铲斗液压缸闭锁）角度变化不超过 15°。动臂无论在任何位置卸料（此时动臂液压缸闭锁），铲斗的卸料角度都不得小于 45°。此外，连杆机构还应具有良好的动力传递性能，在运转中不与其他机件发生干涉，使驾驶员视野良好，并且有足够的强度和刚度。

连杆机构的类型，按摇臂转向与铲斗转向是否相同，分为正转连杆机构和反转连杆机构，摇臂转向与铲斗转向相同时为正转连杆机构，相反时为反转连杆机构。按工作机构的构件数不同，可分为四杆式、五杆式、六杆式和八杆式等。

反转连杆机构的铲起力特性适合于铲装地面以上的物料，但不利于地面以下的铲掘。由于其结构简单，特别是对于轮式底盘容易布置，因此广泛应用于轮式装载机。

正转连杆机构的铲起力特性适合于地面以下的铲掘，对于履带式底盘容易布置，一般用于履带式装载机。

（1）正转八杆机构

如图 19-7 所示为正转八杆机构，正转八杆机构在油缸大腔进油时转斗铲取，所以铲掘力较大；各构件尺寸配置合理时，铲斗具有较好的举升平动性能；连杆系统传动比较大，铲斗能获得较大的卸载角和卸载速度，因此卸载干净、速度快；由于传动比大，还可适当减小连杆系统尺寸，因而驾驶员视野得到改善，缺点是机构结构较复杂，铲斗自动放平性较差。

（2）六杆机构

六杆机构工作装置是目前装载机上应用较为广泛的一种结构形式，常见的有以下几种结构形式。

① 转斗油缸前置式正转六杆机构 如图 19-8 所示。转斗油缸前置式正转六杆机构的转斗油缸与铲斗和摇臂直接连接，易于设计成两个平行的四连杆机构，它可使铲斗具有很好的平动性能。同八杆机构相比，结构简单，驾驶员视野较好。缺点是转斗时油缸小腔进油，铲掘力相对较小；连杆系统传动比小，使得转斗油缸活塞行程大，油缸加长，卸载速度不如八杆机构；由于转斗缸前置，使得工作装置的整体重心外移，增大了工作装置的前悬量，影响整机的稳定性和行驶时的平移性，也不能实现铲斗的自动放平。

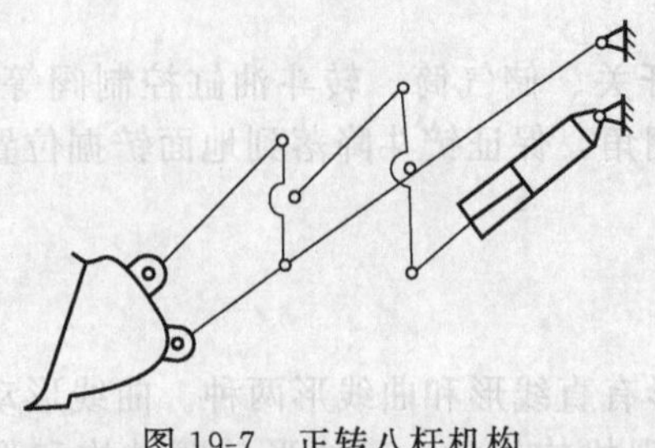

图 19-7 正转八杆机构

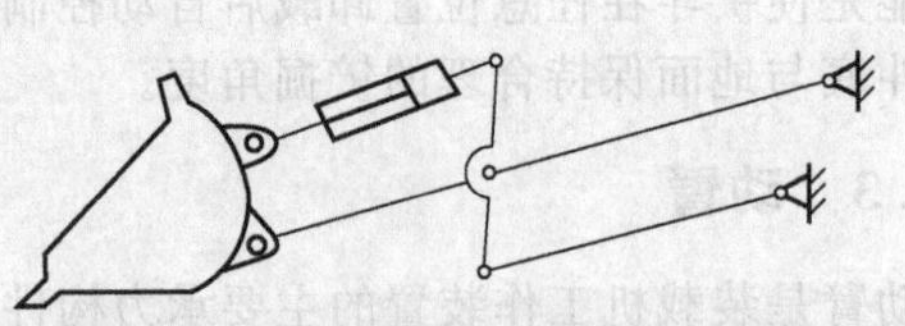

图 19-8 转斗缸前置式正转六杆机构

② 转斗油缸后置式正转六杆机构 如图 19-9 所示。转斗油缸布置在动臂的上方。与转斗油缸前置式相比，机构前悬较小，传动比较大，活塞行程较短；有可能将动臂、转斗油缸、摇臂和连杆机构设计在同一平面内，从而简化了结构，改善了动臂和铰销的受力状态。缺点是转斗油缸与车架的铰接点位置较高，影响了驾驶员的视野，转斗时油缸小腔进油，铲掘力相对较小；为了增大铲掘力，需提高液压系统压力或加大转斗油缸直径，这样质量会增大。

③ 转斗油缸后置式正转六连杆机构 如图 19-10 所示。转斗油缸布置在动臂下方。在铲掘收斗作业时，以油缸大腔工作，故能产生较大的铲掘力。但组成工作装置的各构件不易布置在同一平面内，构件受力状态较差。

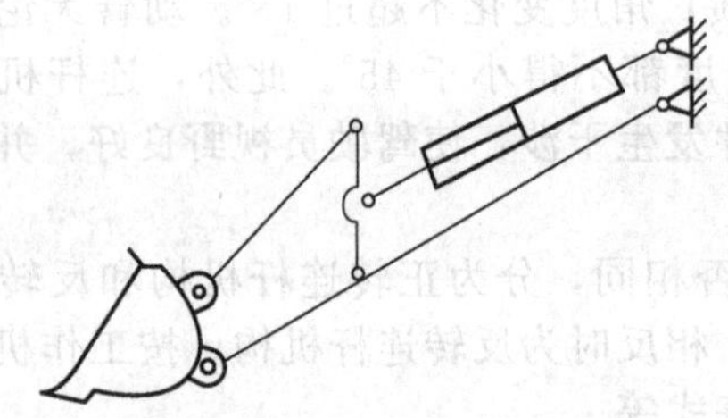

图 19-9 转斗油缸后置式正转六连杆机构

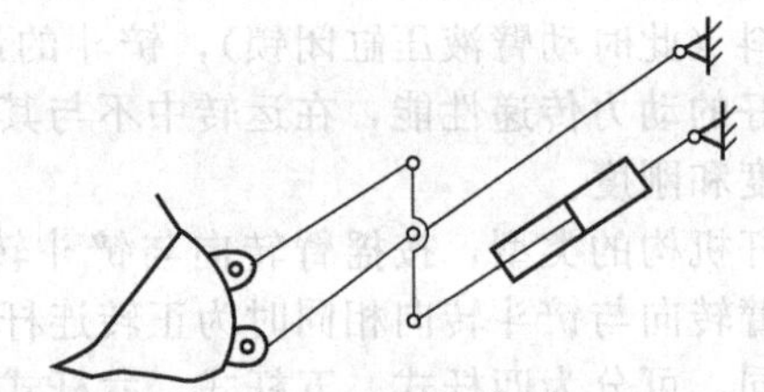

图 19-10 转斗油缸后置式正转六连杆机构

④ 转斗油缸后置式反转六杆机构 转斗油缸后置式反转六杆机构，如图 19-11 所示。转斗油缸后置式反转六杆机构有如下优点：转斗油缸大腔进油时转斗，并且连杆系统的倍力系数能设计成较大值，所以可获得较大的掘起力；恰当地选择各构件尺寸，不仅能得到良好的铲斗平动性能，而且可以实现铲斗自动放平；结构十分紧凑，前悬小，驾驶员视野好。缺点是摇臂和连杆布置在铲斗与前桥之间的狭窄空间，各构件间易于发生干涉。

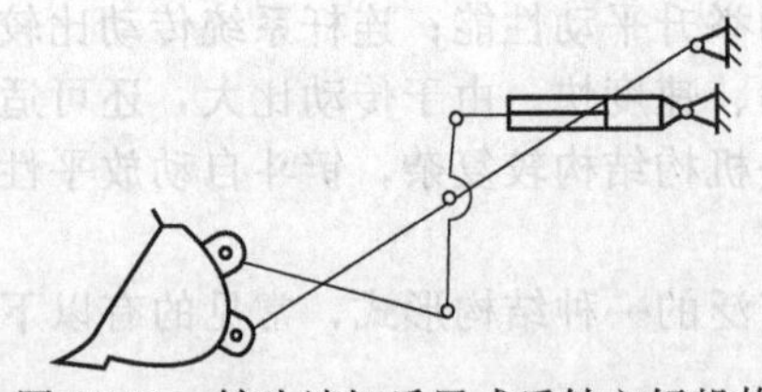

图 19-11 转斗油缸后置式反转六杆机构

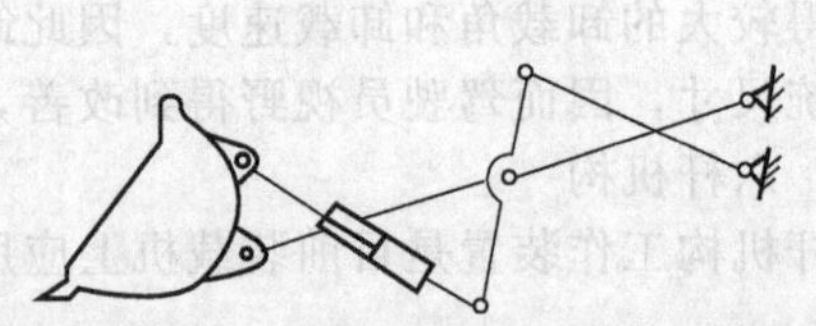

图 19-12 转斗油缸前置式反转六杆机构

⑤ 转斗油缸前置式反转六杆机构 转斗油缸前置式反转六杆机构，如图 19-12 所示，铲掘时靠小腔进油作用。这种机构现已很少采用。

(3) 正转四杆机构

正转四杆机构（如图 19-13）是连杆机构中最简单的一种，它容易保证四杆机构实现铲斗举升平动，此机构前悬较小。缺点是转斗时油缸小腔进油，油缸输出力较小，又因连杆系统倍力系数难以设计出较大值，所以转斗油缸活塞行程大，油缸尺寸大；此外，在卸载时活塞杆易与斗底相碰，所以卸载角小。为避免碰撞，需把斗底制造成凹形，这样既减小了斗容，又增加了制造困难，而且铲斗也不能实现自动放平。

（4）正转五杆机构

为克服正转四杆机构卸载时活塞杆易与斗底相碰的缺点，在活塞杆与铲斗之间增加一根短连杆，从而使正转四杆机构变为正转五杆机构，如图 19-14 所示。当铲斗反转铲取物料时，短连杆与活塞杆在油缸拉力和铲斗重力作业下成一直线，如同一杆；当铲斗卸载时，短连杆能相对活塞杆转动，避免了活塞杆与斗底相碰。此机构的其他缺点同正转四杆机构。

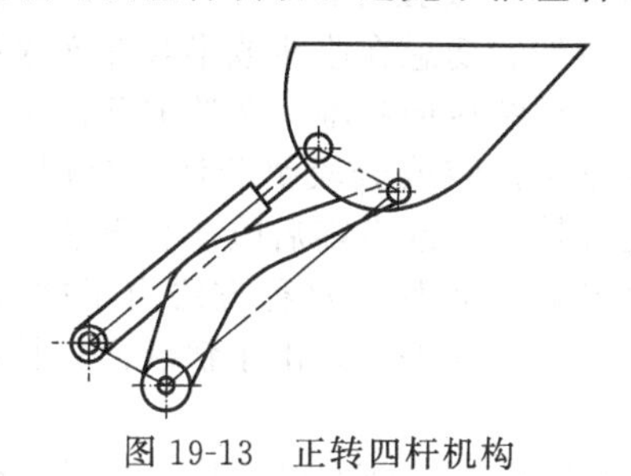

图 19-13 正转四杆机构

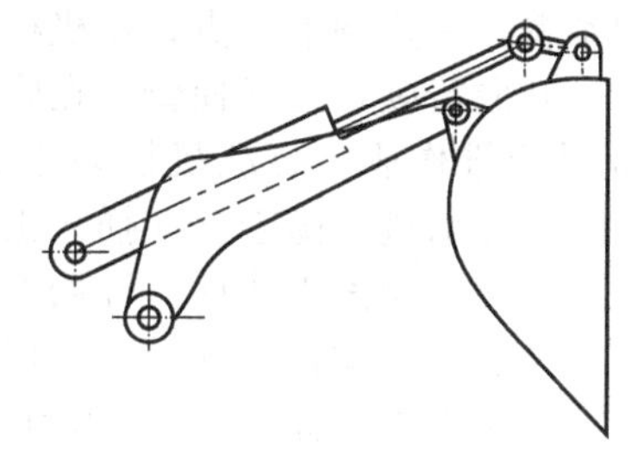

图 19-14 正转五杆机构

19.3 装载机工作装置的作业

19.3.1 装载机的使用方法

（1）作业准备

① 清理作业场地、填平凹坑、铲除尖石等易损坏轮胎和妨碍作业的障碍物。

② 进行作业时，按下操纵杆，接通四轮驱动，将车速降到 4km/h 以下。

（2）铲装作业

① 对松散物料的铲装作业　首先让铲斗保持在水平位置，使动臂下铰点距地面 200mm，以一挡速度向料堆前进。在距料堆前 1m，下降动臂使铲斗底贴地，使铲斗斗齿插入料堆。踩下油门使铲斗全力切进料堆，边前进边收斗，待铲斗装满后，将动臂升到运输位置（离地约 500mm），再驶离工作面。如遇铲装阻力较大时，可操纵铲斗上转配合动臂上升使铲斗上下颤动以达到装满斗为止。其装载作业过程如图 19-15 所示。

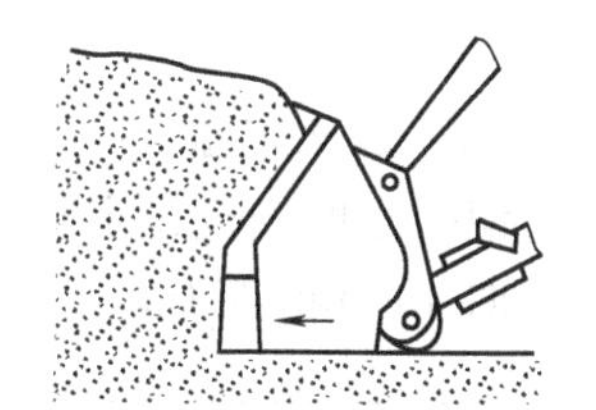

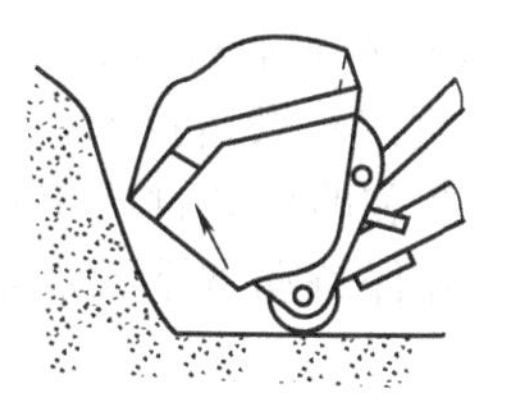

(a)边前进边收斗，装满后举升至运输位置

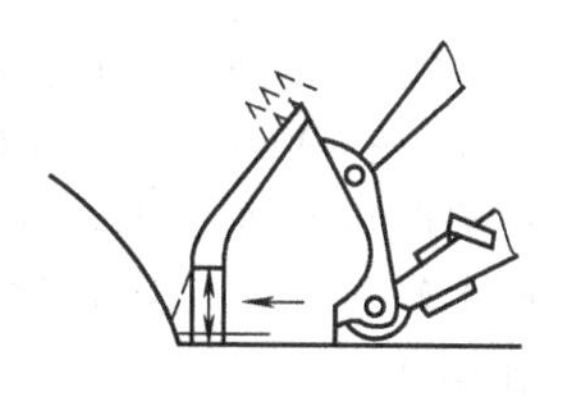

(b) 操纵铲斗上下颤动

图 19-15 装载机铲装松散物料

如所铲物料为松散物料，如图 19-15（a）所示放平铲斗；如所铲物料为碎石，稍微下翻铲斗，避免斗下有碎石，引起前轮离地、打滑。

② 挖掘作业　在铲装不太硬的土壤时，先将铲斗放下，并操纵使之具有一定铲土角，然后使装载机前进，进行切土作业，切土深度一般保持在 150～200mm。对于难挖之土，可操纵动臂操纵杆，使铲斗颤动，如图 19-16 所示。

装满铲斗后将斗收起，举起动臂使斗离地约 500mm，机械即可开始一边倒退，一边继续将动臂升到运输位置。

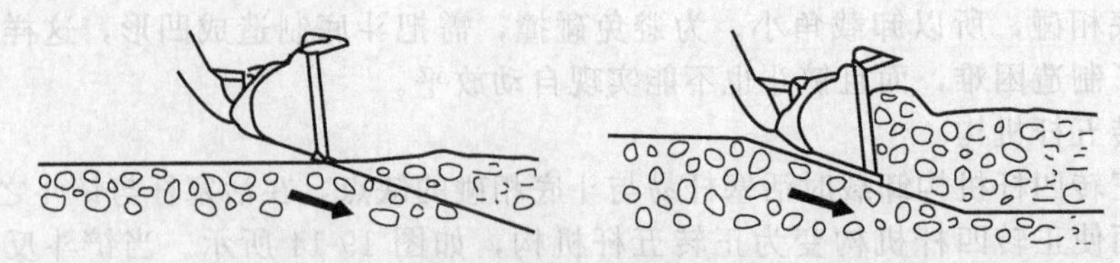

图 19-16 装载机在平地上铲挖

无论是铲装松散材料还是切土，都要避免铲斗偏载（即要按斗的全宽切入），且在收斗后要一边举臂，一边倒退一点，让机械转向行驶至卸料处。切忌在收斗或半收斗而未举臂时机械就前进转向行驶，这样使铲斗在收起或半收起状态继续压向料堆，会造成柴油机熄火。

③ 铲装土堆作业 装载机铲装土堆时，可采用分层铲装或分段铲装法。分层铲装时，装载机向工作面前进，随着铲斗插入工作面，逐渐提升铲斗，或者随后收斗直至装满，或者装满后收斗，然后驶离工作面。开始作业前，应使铲斗稍稍前倾。这种方法由于插入不深，而且插入后又有提升动作的配合，所以插入阻力小，作业比较平稳。由于铲装面较长，可以得到较高的充满系数，如图 19-17 所示。

如果土壤较硬，也可采取分段铲装法，如图 19-18 所示。这种方法的特点是铲斗依次进行插入动作和提升动作。作业过程是铲斗稍稍前倾，从坡底插入，待插入一定深度后，提升铲斗。当发动机转速降低时，切断离合器，使发动机恢复转速。在恢复转速过程中，铲斗将继续上升并装一部分土，转速恢复后，接着进行第二次插入，这样逐段反复，直至装满铲斗或升到高出工作面为止。

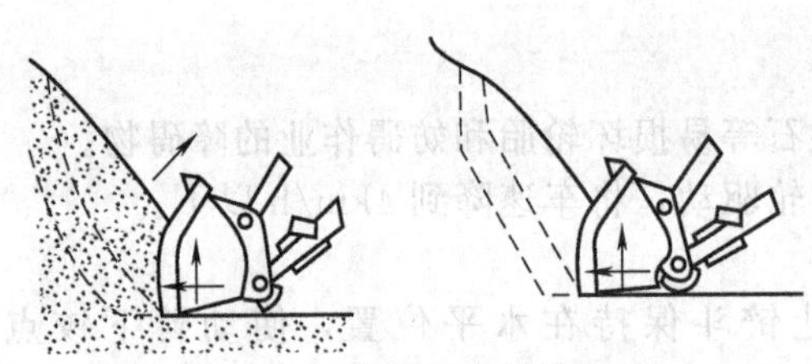

图 19-17 装载机分层铲装法

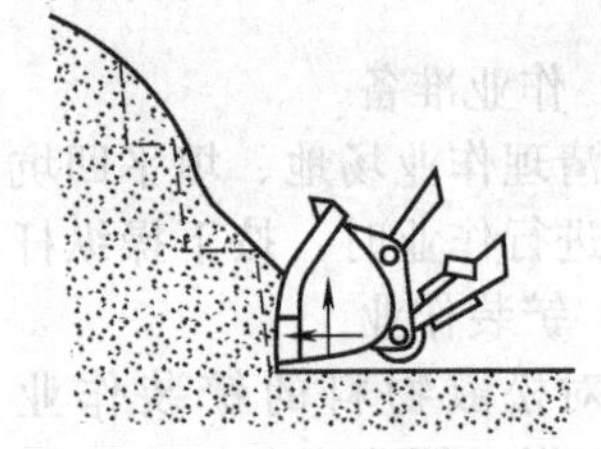

图 19-18 装载机分段铲装作业

(3) 铲运作业

装载机进行铲运作业是指装满铲斗后，运到较远距离去卸载。在下述情况下需用铲运作业：

① 路面不好，未经平整的场地汽车不能通行时。

② 搬运距离在 500m 以内，用载重汽车搬运反而浪费时间、效率不高。

装载机运输时的车速根据运输距离和路面条件决定；为使搬运时安全稳定和驾驶员有良好的视线，应上转铲斗至极限位置，并保持动臂下铰点距地面 400mm 左右。

(4) 卸载作业

装载机往载重汽车或货场倾斜物料时，应将铲斗提升到铲斗前翻时碰不到车厢或货堆高度，将铲斗操纵杆放在卸料位置，使铲斗前倾卸料，卸料时要求动作缓和，以便减轻物料对汽车的冲击。当物料黏附铲斗时，可来回扳动操纵杆，使铲斗振动脱落物料（图 19-19）。

卸载完毕后，将铲斗操纵杆拉到上转位置，动臂操纵杆推到下降位置，以准备第二次循环作业。

(5) 推运作业

装载机进行推运作业时（图 19-20），使铲斗平贴地面。踩下油门向前推进，若发现障碍物阻挡前进时，可稍提升动臂继续前进，操纵动臂升降时，操纵杆应在上升和下降两个位置之间进行，不可扳到上升或下降任一固定位置，以保证推进作业的顺利进行。

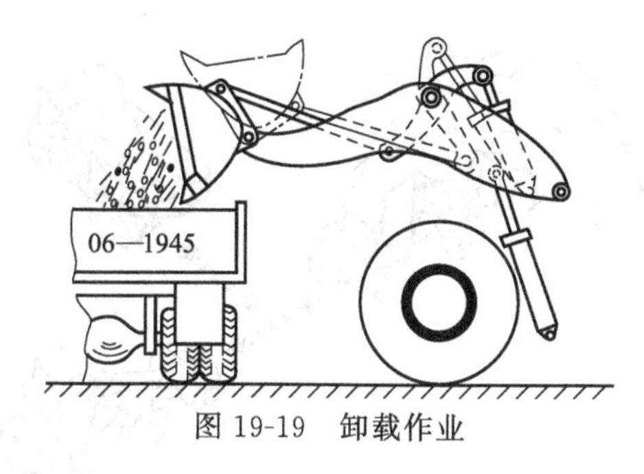

图 19-19 卸载作业

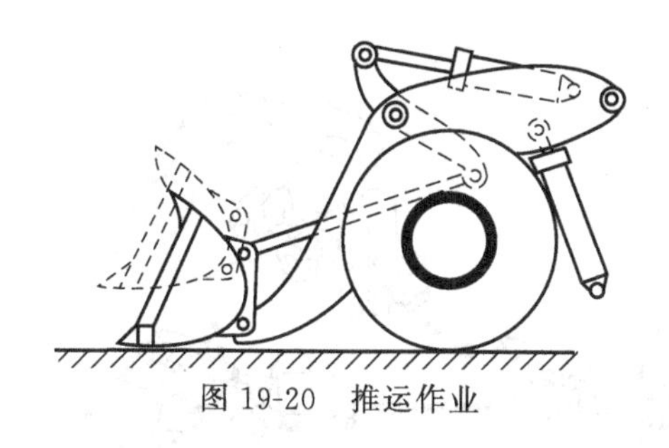

图 19-20 推运作业

(6) 刮平作业

装载机进行刮平作业时（图 19-21），应使铲斗翻转到底，使刀板触及地面。对硬质路面，动臂操纵杆应放在浮动位置，对软质路面则应放在中间位置。然后接通倒挡，装载机后退用铲刀板刮平地面。

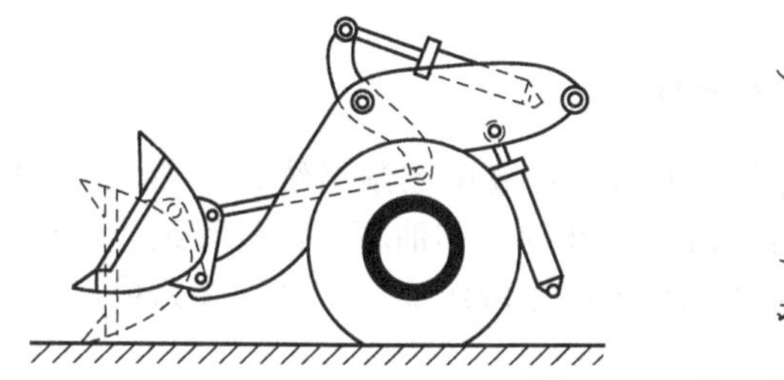

图 19-21 刮平作业

(7) 牵引作业

装载机进行牵引作业时，将拖车牢靠地连接在牵引销上，路面良好时用两轮驱动，路面差时用四轮驱动。牵引时，将工作装置置于运输状态。

起步和停车时要求动作缓慢，下坡前要注意检查制动系统，在坡度较大的道路上运输要注意设置拖车制动以保证行驶安全。

装载机在作业时，应保持四轮驱动，绝不允许前轮离地或后轮离地，以免单桥受力，负载过大而造成驱动桥主传动或传动轴损坏。

行车时务必保证动臂举升操纵手柄处于中间位置，否则工作油箱温度会急剧上升，影响液压件与密封件使用寿命。

19.3.2 施工组织

装载机与汽车配合施工时，其转移卸料的路线与车辆位置配合的好坏，对其生产率影响甚大，因此施工组织要安排得当。其基本原则是根据料场大小和物料堆积的情况尽可能做到来回行驶距离最短，转弯次数最少。下面介绍几种常用的运行路线。

(1) V形装载

将汽车停在一个固定位置，与铲装工作面斜交。装载机装满铲斗后，倒车驶离料堆工作面的同时转向，使装载机正面朝向汽车，装载机前行，将物料卸入汽车。卸料后在驶离汽车时同样转向，然后对准工作面前进，进行下一次铲装，如图 19-22 所示。

(2) 直角装载

装载机正面对准料堆，前进铲起物料后，直线倒挡行驶，然后将汽车开到装载机与料堆之间，装载机卸料完毕，汽车直线前进，装载机对准工作面前进，进行下一次铲装，如图 19-23 所示。这种工作方式装载机只在垂直工作面的方向前进、后退，汽车在平行于工作面的方向前进、后退。装载机和汽车进退距离较短，缺点是有相互等待的干扰。

图 19-22 V形装载　　图 19-23 直角装载

19.4 装载机工作装置液压系统

19.4.1 966D型装载机工作装置液压系统

966D型装载机工作装置采用反转六连杆机构，其液压控制系统，如图19-24所示。它主要由工作油泵、分配阀、安全阀、动臂油缸、转斗油缸和油箱、油管等组成。该系统采用先导式液压控制，由工作装置主油路系统和先导油路系统组成。主油路多路换向阀由先导油路系统控制，操纵比较轻便。

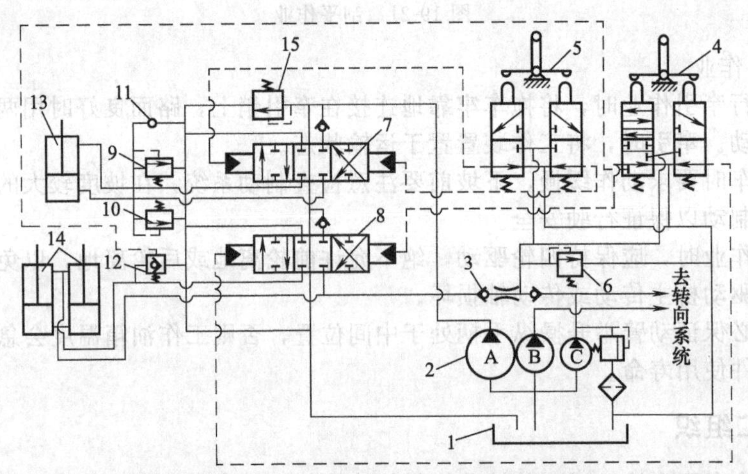

图 19-24 966D型装载机工作装置液压系统

1—油箱；2—油泵组；3—单向阀；4—举升先导阀；5—转斗先导阀；6—先导油路调压阀；7—转斗油缸换向阀；8—动臂油缸换向阀；9，10—安全阀；11—补油阀；12—液控单向阀；13—转斗油缸；14—举升油缸；15—主油路限压阀

A—主油泵；B—转向油泵；C—先导油泵

工作装置液压系统应保证工作装置实现铲掘、提升、保持和翻斗等动作，因此，要求动臂油缸操纵阀必须具有动臂提升、动臂油缸封闭、动臂下降和浮动四个位置，而转斗油缸操纵阀必须具有铲斗后倾、转斗油缸封闭和前倾三个位置。

先导控制油路是一个低压油路，由先导油泵C供油。手动操纵举升先导阀4和转斗先导阀5，分别控制动臂举升油缸换向阀8和转斗油缸换向阀7主阀芯左右移动，使工作油缸实现铲斗升降、转斗或闭锁等动作。

先导油路的控制压力应与先导阀操纵手柄的行程成比例，先导阀手柄行程越大，控制油路的压力也越大，主阀芯的位移量也相应增大。由于工作装置多路换向阀（或称主阀）主阀芯的面积大于先导阀阀芯的面积，故可实现操纵力放大，使操纵省力。通过合理选择和调整主阀芯复位弹簧的刚度，还可实现主阀芯的行程放大，有利于提高主控制回路的速度微调性能。

在先导控制回路上设有先导油路调压阀 6，在动臂举升油缸无杆腔与先导油路的连接管路上设有单向阀 3。在发动机突然熄火，先导油泵无法向先导控制油路供油的情况下，动臂举升油缸在动臂和铲斗的自重作用下，无杆腔的液压油可通过单向阀 3 向先导控制油路供油，同样可以操纵举升先导阀 4 和转斗先导阀 5，使铲斗下降、前倾或后转。

在转斗油缸 13 的两腔油路上，分别设有安全阀 9 和 10，当转斗油缸过载时，两腔的压力油可分别通过安全阀 9 和安全阀 10 直接卸荷，流回油箱。

当铲斗前倾卸料速度过快时，转斗油缸有杆腔可能出现供油不足。此时，可通过补油阀 11 直接从油箱向转斗油缸补油，避免气穴现象的产生，消除机械振动和液压噪声。同理，动臂举升油缸快速下降时，也可通过液控单向阀 12 直接从油箱向动臂油缸上腔补油。

19.4.2 ZL50 型装载机工作装置液压系统

图 19-25 为 ZL50 型装载机工作装置液压系统，它由换向阀、液压泵、动臂油缸和转斗油缸等组成。两转斗油缸和两动臂油缸分别采用并联连接，而换向阀油路则采用串并联连接，即两组执行元件的进油路串联、回油路并联，使两组执行元件不能同时动作，具有互锁功能，以防止误操作。

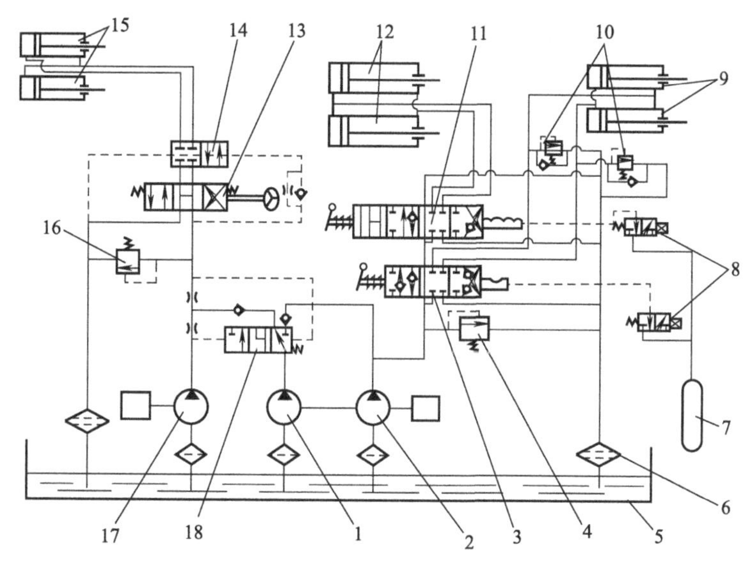

图 19-25 ZL50 型装载机液压传动系统图

1—辅助泵；2—主泵；3—铲斗转动滑阀；4—安全阀；5—油箱；
6—滤油网；7—蓄能器；8—电磁阀；9—转斗油缸；10—双作用安全阀；
11—动臂滑阀；12—动臂油缸；13，14—转向阀；15—转向油缸；
16—安全阀；17—转向油泵；18—流量控制阀

铲斗转动滑阀为三位六通阀，有铲斗上转、铲斗下转、铲斗液压缸封闭（中位）三个位置。动臂滑阀为四位六通阀，有动臂提升、动臂下降、动臂油缸封闭、动臂浮动四个位置。动臂浮动位置可以使装载机在平地上堆积作业时，工作装置能随地面情况自由浮动；在铲掘岩石作业时，可使铲斗刃避开大块岩石进行铲掘，提高作业效率。铲斗转动滑阀和动臂滑阀按顺序排列，为顺序回路。主泵来油先进入铲斗转动滑阀向转斗油缸供油，只有当铲斗转动滑阀处于中位时，动臂滑阀才能和油路接通。

两个连接在转斗油缸上的双作用安全阀 10 由过载阀和单向阀组成，其作用是：当铲斗液压缸封闭时，闭锁压力高的油打开过载阀泄油，另一侧油路上的双作用安全阀的单向阀打开向液压缸的低压腔补油，这样可避免过高的油压；双作用安全阀，可使转斗油缸的活塞杆伸出长度随动臂的运动而变化，以免连杆机构干涉造成油路损坏；卸载时，当铲斗重心越过下铰点后，铲斗在重力作用下迅速下翻，致使油泵来不及供油，这时连接在小腔油路上的双作用安全阀的单向阀打开向小腔供油，使其不致形成真空，又使铲斗快速下翻，顺势撞击限位块，实现撞斗卸料。

第20章 平地机工作装置

20.1 概述

平地机是一种装有以铲土刮刀为主，配有其他多种辅助作业装置，进行土壤的切削、刮送和整平等作业的多功能工程机械。平地机的刮刀比推土机的铲刀具有较大的灵活性，它能连续改变刮刀的平面角和倾斜角，也可以横向伸出机体，因而使用范围比推土机广。它可进行砾石路面的维修；路基路面的整形；挖沟、进行草皮或表层土的剥离；修刮边坡；材料的推移、拌和、回填、铺平；配置推土铲、耙子、松土器、除雪犁等附属装置，可以进一步扩大其使用范围，提高工作能力或完成特殊要求的作业。因此，平地机是一种效率好、作业精度高、用途广泛的工程机械，被广泛用于公路、铁路、机场、停车场等大面积场地的平整作业，也被用于农田整地、路堤整形及林区道路的整修等作业。

20.1.1 平地机的分类及特点

(1) 平地机按行走方式分类

平地机按行走方式分为拖式和自行式。拖式平地机由牵引车牵引，因其机动性差，操纵费力，自动化程度低等原因已不生产。自行式平地机由于其机动灵活，生产效率高而被广泛使用。

(2) 平地机按操纵方式分类

平地机按工作装置（刮刀）和行走系统的操纵方式，可分为机械操纵式和液压操纵式两种。由于液压操纵式平地机具有结构简单、总体布置方便，便于实现自动控制等优点，因此目前平地机多采用液压操纵。

(3) 自行式平地机按行走车轮数目分类

自行式平地机按行走车轮数目可分为四轮式平地机和六轮式平地机，四轮式用于轻型平地机，六轮式用于大中型平地机。

(4) 自行式平地机按转向方式分类

自行式平地机按转向方式可分为前轮转向式平地机、全轮转向式平地机和铰接转向式平地机。

(5) 自行式平地机按车轮对数或轴数分类（见图20-1）

其表示方法：车轮总对数（或轴数）×驱动轮对数（或轴数）×转向轮对数（或轴数）。

① 四轮式平地机有：2×1×1型——前轮转向，后轮驱动；2×2×2型——全轮转向，全轮驱动。

② 六轮式平地机有：3×2×1型——前轮转向，中后轮驱动；3×3×3型——全轮转向，全轮驱动；3×3×1型——前轮转向，全轮驱动。

平地机的驱动轮对数越多，在作业中所产生的驱动力、附着牵引力越大；转向轮对数越多，平地机的转弯半径越小。因此上述五种形式中以3×3×3型的附着性能最好，大中型平地机多采用这种形式；2×1×1型和2×2×2型多在轻型平地机上使用。

(6) 平地机按刮刀长度和发动机功率分类

平地机按刮刀长度和发动机功率可分为轻型平地机、中型平地机、重型平地机三种，见表20-1。

(7) 平地机按机架结构形式分类

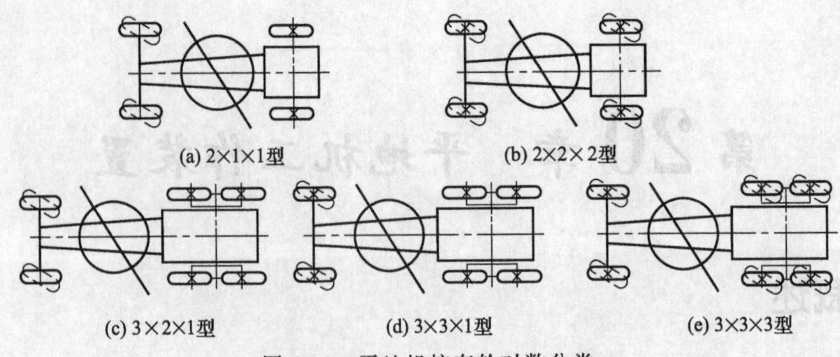

(a) 2×1×1型　(b) 2×2×2型

(c) 3×2×1型　(d) 3×3×1型　(e) 3×3×3型

图 20-1 平地机按车轮对数分类

表 20-1 平地机按刮刀长度和发动机功率分类

类　型	刮刀长度/m	发动机功率/kW	质量/kg	车轮数
轻型	<3	70 及以下	5000～9000	4
中型	3～3.7	70～125	9000～14000	6
重型	3.7～4.2	125～250	14000～19000	6

平地机按机架结构形式可分为整体式机架和铰接式机架两种。普通箱形结构的整体式机架（如图 20-2）中的弓形纵梁 2 为单桁梁，平地机的工作装置及其操纵机构就安装或悬挂在梁上。机架后部由两根纵梁和一根横梁 5 组成，其上面安装发动机、传动机构和驾驶室；下面则通过轴承座 4 固定在后桥上；机架的前鼻以铸钢座 1 支撑在前桥上。

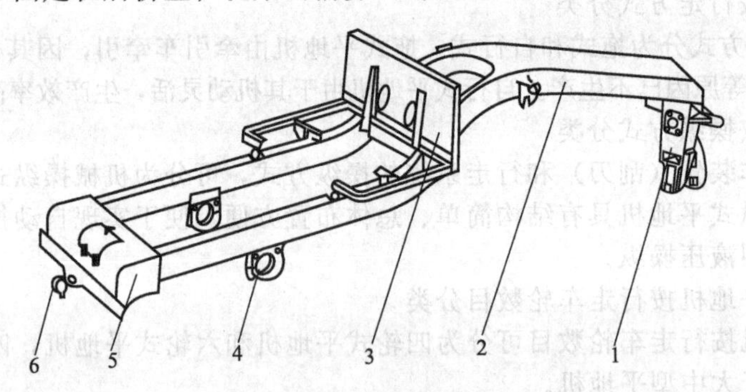

图 20-2 整体式机架

1—铸钢座；2—弓形纵梁；3—驾驶室底座；4—轴承座；5—后横梁；6—拖钩

整体式机架有较大的整体刚度，但平地机的转弯半径较大、机动性较差。传统的平地机多采用这种机架结构。与整体式机架相比铰接式机架具有转弯半径小、作业范围大和作业稳定性好等优点，所以，现代平地机大都采用铰接式机架。

20.1.2 平地机的型号

平地机的型号表示方法见表 20-2。

表 20-2 平地机的型号表示方法

组	型	特性	代号	代号含义	主参数	
					名称	单位表示法
平地机 P(平)	自行式	机械	P	机械式平地机	发动机功率	kW
		Y(液)	PY	液压式平地机		
	拖式 T(拖)	机械	PT	拖式平地机		
		Y(液)	PTY	液压拖式平地机		

20.2 平地机工作装置的组成与工作原理

如图 20-3 是平地机的外形图，在平地机的前后桥之间装有主车架 7，在主车架 7 上安装着平地机的工作装置和操纵系统。平地机的工作装置由铲刀、转盘及牵引架组成，此外在机架前部还装有松土耙（器）装置，必要时还可安装推土装置。

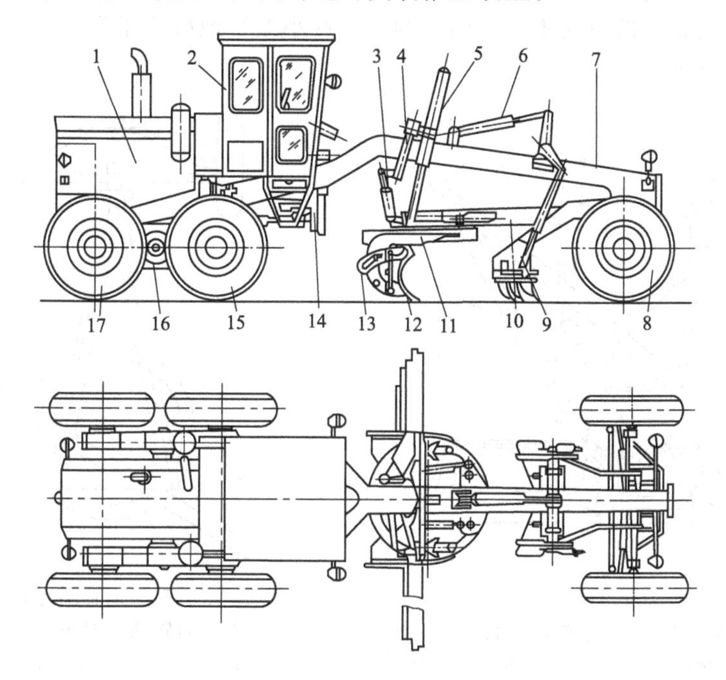

图 20-3 平地机外形图

1—发动机；2—驾驶室；3—牵引架引出油缸；4—摆架机构；5—升降油缸；6—松土器收放油缸；7—主车架；8—前轮；9—松土器；10—牵引架；11—回转圈；12—铲刀；13—角位器；14—传动系统；15—中轮；16—平衡箱；17—后轮

20.2.1 铲刀装置

平地机刮土工作装置的结构如图 20-4 所示，主要由铲刀 9、回转圈 12、回转驱动装置 4、牵引架 5、角位器 1 及几个液压缸等组成。牵引架的前端用球铰铰接在主车架端部，后面通过升降油缸 6、7 悬挂在主车架的中部，同时还与牵引架引出油缸 8 铰接（牵引架引出油缸 8 也铰接在主车架上）。在升降油缸和牵引架引出油缸共同作用下，牵引架带动回转圈和铲刀绕前球铰点可以上下摆动，使铲刀升降，调节铲刀离地高度；又可以左右摆动，使得牵引架中心线与主车架中心线成一定角度；同时还可以绕牵引架的对称轴转动，使铲刀与地面倾斜。回转圈支撑在牵引架上，在回转驱动装置的驱动下绕牵引架转动，并带动铲刀回转（图 20-5）。铲刀背面的上下两条滑轨支撑在两侧角位器 1 的滑槽上，可以在铲刀侧移油缸 11 的推动下侧向滑动。角位器与回转圈耳板下端铰接，上端用紧固螺母 2 固定，松开螺母时角位器可以摆动，并带动铲刀改变切削角（铲土角）。

平地机的铲刀在空间的运动形式比较复杂，可以完成六个自由度的运动，即沿空间三个坐标轴的移动和转动。具体来说，刮土工作装置的操纵系统可以控制铲刀作六种动作：

① 铲刀左侧提升与下降；

② 铲刀右侧提升与下降；

③ 铲刀回转；

④ 铲刀相对于回转圈左移或右移；

⑤ 铲刀随回转圈一起侧移，即牵引架引出；

⑥ 铲刀切削角的改变。

其中①、②、④、⑤由油缸控制，③采用液压马达或油缸控制，而⑥由人工调节或油缸调节，随后用螺母锁定。

不同的平地机铲刀的运动不尽相同，例如有些小型平地机为了简化结构，没有角位器，切削角是固定不变的。

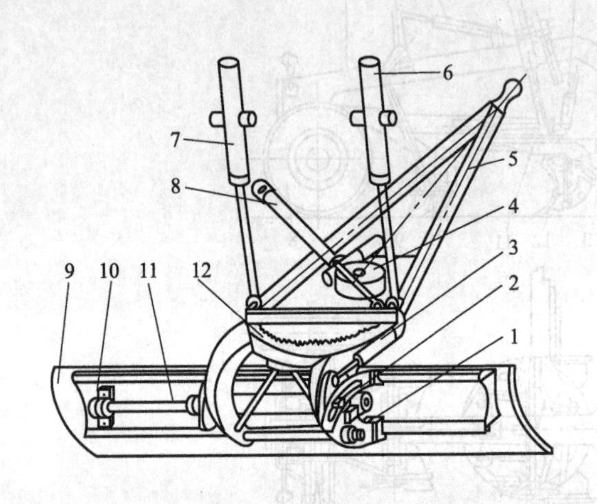

图 20-4 刮土工作装置

1—角位器；2—紧固螺母；3—切削角调节油缸；4—回转驱动装置；5—牵引架；6,7—右、左升降油缸；8—牵引架引出油缸；9—铲刀；10—油缸头铰接支座；11—铲刀侧移油缸；12—回转圈

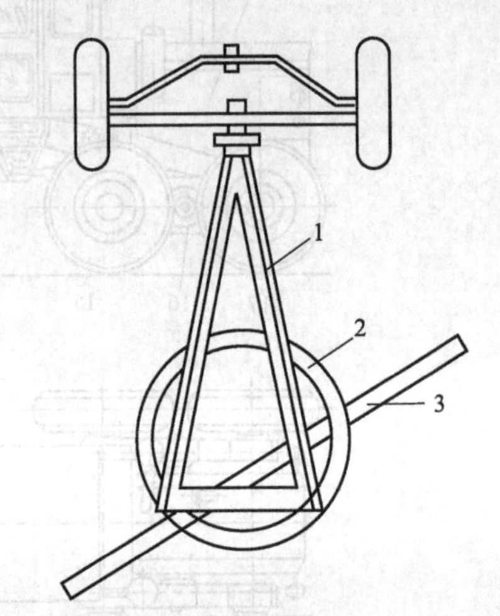

图 20-5 牵引架、回转圈与铲刀的活动连接

（图中回转圈相对于牵引架回转）

1—牵引架；2—回转圈；3—铲刀

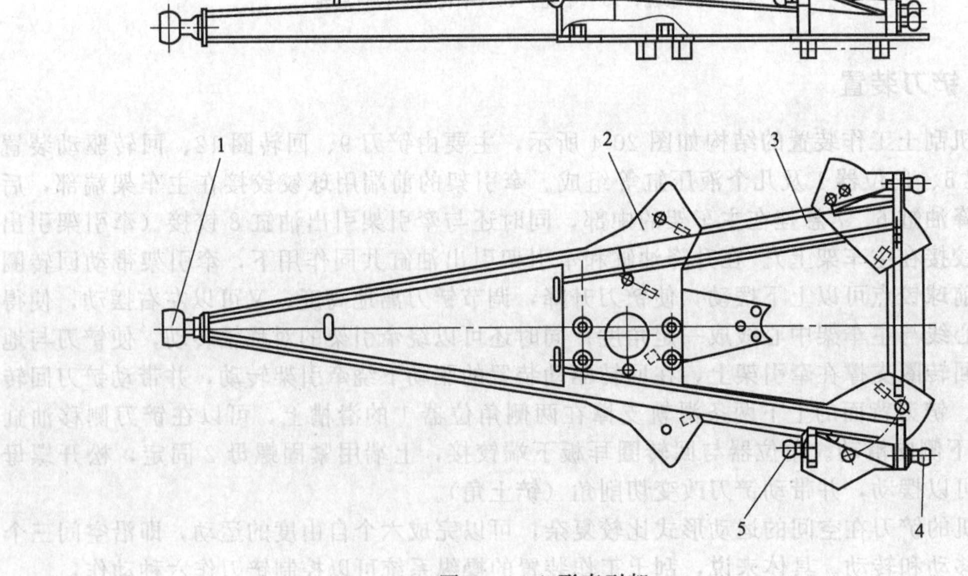

图 20-6 A形牵引架

1—牵引架铰接球头；2—底板；3—牵引架体；4—铲刀升降油缸铰接球头；5—牵引架引出油缸铰接球头

(1) 牵引架

牵引架按结构形式不同分为A形(图20-6)和T形(图20-7)两种。A形与T形是指俯视图上牵引架的形状。图20-6为A形牵引架，其前端通过球头1与弓形前机架的前端铰接，后端横梁两端通过球头4与铲刀升降油缸活塞杆铰接，并通过该油缸悬挂在前机架上。牵引架前端和后端下部焊有底板2，前底板中部伸出部分可安装回转圈驱动小齿轮。

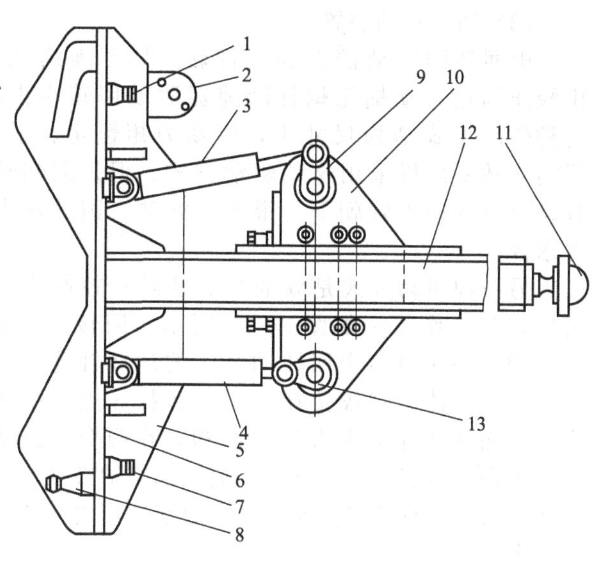

图 20-7 T形牵引架

1,7—铲刀升降油缸铰接球头；2—回转圈安装耳板；3,4—回转驱动油缸；5,10—底板；6—横梁；8—牵引架引出油缸铰接球头；9,13—回转齿轮摇臂；11—牵引架铰接球头；12—牵引杆

图20-7为T形牵引架，主要由牵引杆12、横梁6、底板5等组成。牵引杆为箱形截面结构，其优点是在回转圈前面的部分只有一根小截面杆，横向尺寸小，牵引架向外引出时不易与耙土器发生运动干涉。但它在回转平面内的抗弯刚度较低。

与T形牵引架相比，A形牵引架承受水平弯矩能力强，也便于安装回转驱动装置及松土耙等，所以A形牵引架应用较普遍。

(2) 回转圈

回转圈的结构如图20-8所示，由齿圈1、耳板2、拉杆等零件组成。平地机作业时铲刀承受的负荷都传到耳板上，因此耳板应有足够的强度。因回转圈在工作中不经常转动，所以齿圈的制造精度、配合精度要求不高，并且暴露在外。

回转圈在牵引架的滑道上回转，要求滑道与回转圈之间有适当的滑动配合间隙，并且便于调整。图20-9所示的回转支撑装置为大多数平地机所采用的结构形式，其滑动性能和耐磨性都较好，不需要更换支撑垫块。齿圈8的上表面与青铜合金衬片6接触，该衬片上有两个凸圆块卡在牵引架2的底板上；齿圈8的下表面与青铜合金衬片7接触，它有两个凸方块卡在支撑块5上。通过调整垫片3的厚度可以调节齿圈上下配合间隙，回转圈在轨道内的上下间隙一般为1～3mm。用调整螺栓1调节径向间隙(一般1.5～3mm)，用三个紧固螺栓4固定，支撑整个回转圈和铲刀装置的重量和作业负荷。该支撑装置结构简单，易于制造，成本低，因此得到普遍应用。

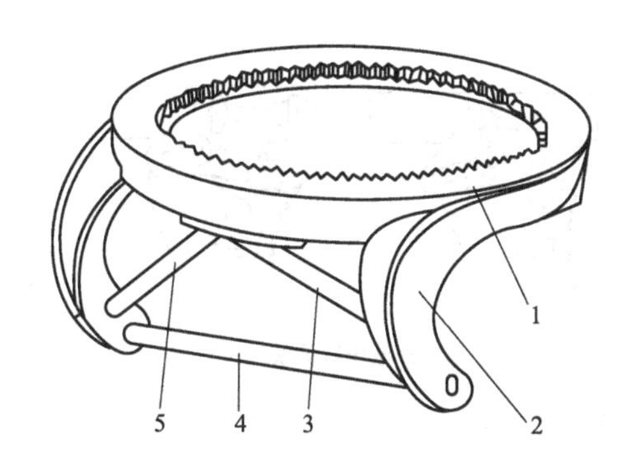

图 20-8 回转圈

1—齿圈；2—耳板；3,4,5—拉杆

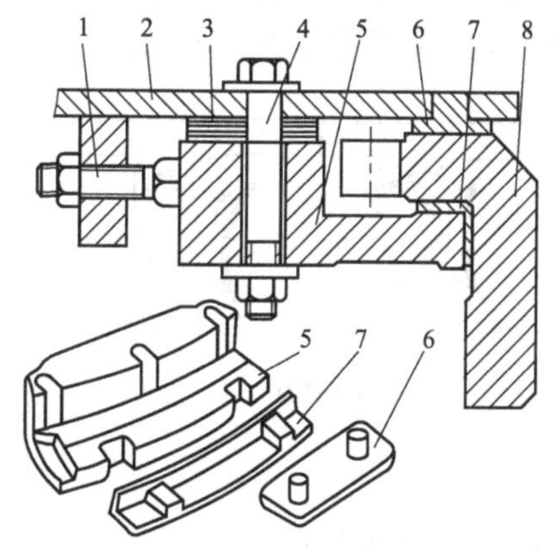

图 20-9 回转支撑装置

1—调节螺栓；2—牵引架；3,6,7—垫片；4—紧固螺栓；5—支撑垫块；8—齿圈

(3) 回转驱动装置

由回转圈带动铲刀 360°回转，属于连续驱动。由液压马达带动蜗轮蜗杆减速器驱动回转小齿轮。这种传动形式结构尺寸小，驱动力矩恒定、平稳，目前多数平地机采用这种驱动方式。但是因蜗轮蜗杆减速器的输出轴朝下，很容易漏油，因此对密封要求高。

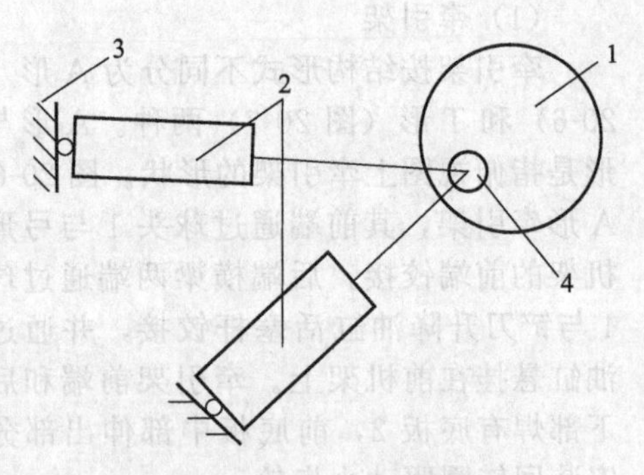

图 20-10 双回转油缸驱动机构
1—回转小齿轮；2—回转油缸；3—牵引架底板；4—偏心轴

另一种驱动方式是双油缸交替随动控制驱动小齿轮，其工作原理如图 20-10 所示。回转小齿轮 1 上的偏心轴 4 与两个回转油缸 2 的活塞杆连接。回转油缸的缸体分别铰接在牵引架底板 3 上，组成一个类似曲柄连杆机构的 V 形结构，在两个油缸活塞杆伸缩和缸体摆动的配合下，通过偏心轴带动小齿轮回转。双油缸驱动式传动过程中油缸的作用力和作用臂是交替变化的，因此驱动力矩变化幅度较大。

平地机作业过程中，当离回转中心较远的铲刀切削刃遇到障碍物，产生很大阻力时，容易引起铲刀扭曲变形或损坏。为此不少平地机在回转驱动装置上采用机械方式的缓冲保护措施，即在蜗轮减速器内用弹簧压紧的摩擦片传递动力，过载时摩擦片打滑从而起到保护作用。

(4) 铲刀

各种平地机的铲刀结构基本相似，包括刀身和刀片两部分。刀身为一块钢板制成的长方形的弧形曲面板，其下缘用螺栓装有采用特殊的耐磨抗冲击高强度合金钢制成的刀片。刀片为矩形，一般有 2～3 片，其切削刃是上下对称的，刀刃磨钝或磨损后可上下换边或左右对换使用。为了提高铲刀抗扭、抗弯刚度和强度，在刀身的背面焊有加固横条。在某些平地机上，此加固横条就是上下两条供铲刀侧伸时使用的滑轨。

铲刀相对于回转中心侧移是平地机作业中常用的操作之一，目前生产的平地机基本上都采用油缸控制铲刀侧移。为了扩大铲刀侧移的范围，刀身上一般都有两个以上油缸铰接点，可根据作业需要进行调换。

平地机刮土作业时应根据土壤性质和切削阻力大小调整其切削角。其调整方式有两种：人工调整和液压调整（图 20-11)。液压调整［图 20-11 (b)］的缸体铰接在回转圈两侧，活塞杆与角位器铰接，松开紧固螺母后操纵液压缸伸缩，即可使角位器绕下铰点转动，使切削角改变，调整后将紧固螺母紧固。

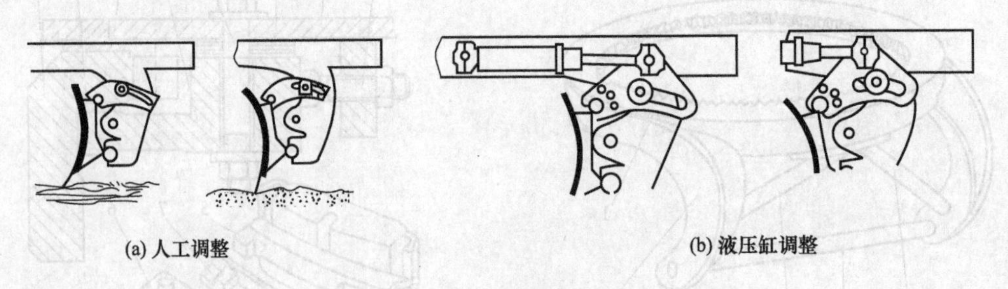

图 20-11 刮刀切削角调整方式

(5) 油缸支撑装置

牵引架升降油缸和引出油缸的支撑装置是平地机上比较重要的结构，它保证了铲刀的活动范围。支撑装置有固定式、摆动连杆式和整体摆动式等多种形式。

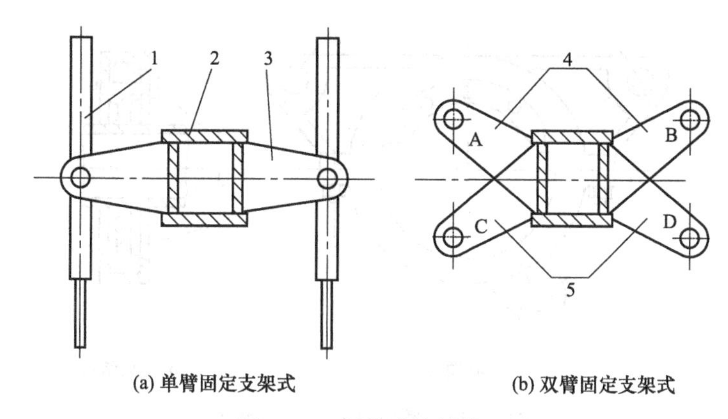

(a) 单臂固定支架式　　(b) 双臂固定支架式

图 20-12　固定式支撑装置

1—升降油缸；2—机架；3—臂架；4—上臂架；5—下臂架

① 固定式（见图 20-12）　分为单臂固定支架式和双臂固定支架式两种。其中的单臂固定支架式［图 20-12（a）］是在机架弓形梁的两侧各焊一臂架 3，臂架上铰接升降油缸 1，在臂架或机架弓形梁的下面再焊一支座，铰接着牵引架引出油缸。由于油缸的铰接点是固定的，油缸的摆动范围受到限制，因此铲刀倾斜角不大，不能进行大坡度角的刮坡作业。主要用于小型平地机。

双臂固定支架式［图 20-12（b）］是在机架弓形梁的两侧分别焊有两个不同倾斜角的臂架，即有 A、B、C、D 四个铰接点，根据需要升降油缸可调换铰接位置。牵引架引出油缸也有几个不同的铰接点供随时调换。这种结构可使铲刀的倾斜角达 90°，而且结构坚固。缺点是需要人工进行调整操作。

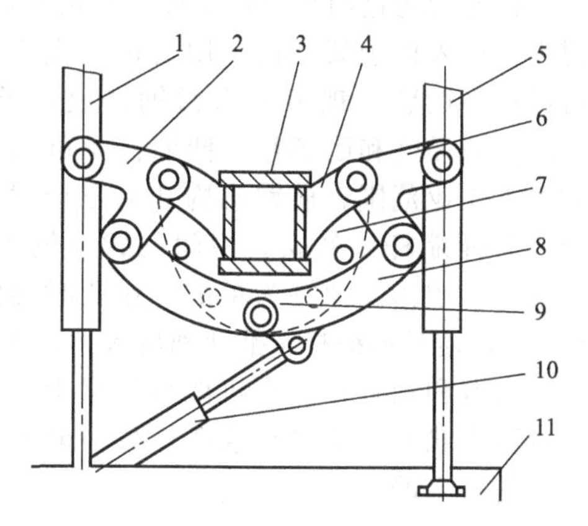

图 20-13　摆动连杆式支撑装置

1,5—升降油缸；2,6—摆臂；3—机架；4—支座；7—锁定板；8—连杆；9—锁定销；10—引出油缸；11—牵引架

② 摆动连杆式　图 20-13 为摆动连杆式油缸支撑装置，由锁定板 7，左、右摆臂 2、6，连杆 8 和锁定销机构等组成。左、右摆臂对称铰接在锁定板 7 上部的销孔中。连杆 8 分别与两个摆臂铰接成四连杆机构。连杆摆动时，左、右摆臂绕铰点转动。连杆上有铰点与牵引架引出油缸 10 铰接，连杆的中部装有气压控制的锁定销机构 9，随连杆的左右摆动锁定销 9 可插入锁定板上五个锁销孔中的一个，以起定位作用。

③ 整体摆动式　图 20-14 是整体摆动式油缸支撑装置。其摆架 1 整体围绕机架弓形梁转动，升降油缸铰接点、牵引架引出油缸铰接点以及油缸与牵引架之间的相对位置不变，它们保持着平地机设计时所选取的最佳相对工作位置。整体式摆架稳固性较好，零件数量少，结构简单，而且可以使用气动或液压控制的锁销装置定位，因而这种结构形式得到较广泛的应用。

20.2.2　松土工作装置

平地机的松土工作装置主要用于疏松比较坚硬的土壤，为铲刀切削作业做好准备。松土工作装置按作业负荷大小分为松土耙和松土器。松土耙承受负荷较小，一般布置在前轮与铲

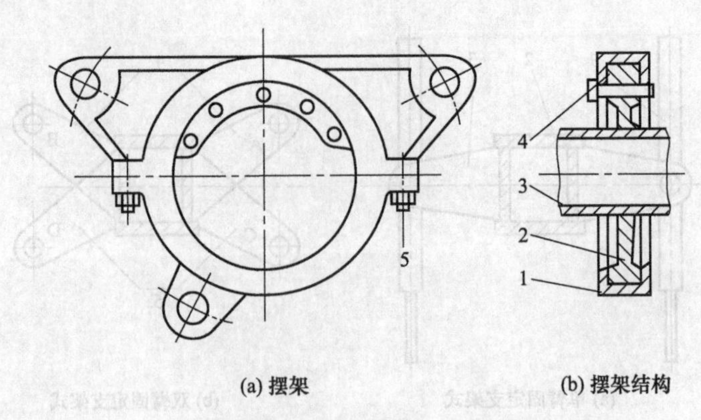

图 20-14 整体摆动式支撑装置

1—摆架；2—座圈；3—机架；4—锁销；5—螺栓

刀之间。松土器承受负荷较大，一般布置在平地机尾部，因安装位置离驱动轮近，机架刚度大，可进行重负荷的松土作业。

(1) 松土耙

松土耙的耙齿多而密，用于疏松、破碎不太硬的土壤，也可用于清除杂草，结构如图 20-15 所示。用松土耙耙过后土的块度较小，疏松效果好。

松土耙通过两个弯臂 3 铰接在机架前部的两侧，耙齿 7 插入耙子架 6 内，用齿楔 5 楔紧，耙齿磨损后可往下调整。耙齿用高锰钢铸成，经淬火处理，有较高的强度和耐磨性。伸缩杆 4 可用来调整耙子的上下作业范围。摇臂机构 2 有三个臂，两侧的两个臂与伸缩杆 4 铰接，中间的臂（位于机架正中）与油缸 1 铰接。油缸为单缸，作业时油缸推动摇臂机构 2，通过伸缩杆 4 推动耙齿入土。作业时的阻力通过弯臂和油缸作用在机架弓形梁上，使其处于不利的受力状况，所以在这个位置一般不宜设重负荷作业的松土器。

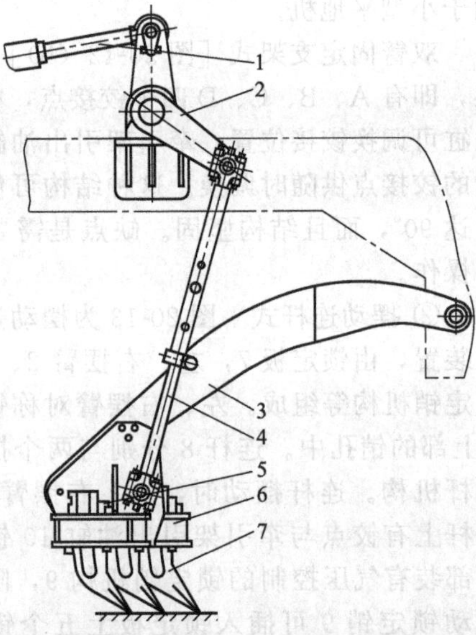

图 20-15 松土耙

1—耙子收放油缸；2—摇臂机构；3—弯臂；4—伸缩杆；5—齿楔；6—耙子架；7—耙齿

(2) 松土器

松土器通常用来疏松坚硬土壤，或破碎硬路面。松土器通常留有较多的松土齿安装孔，疏松较硬土壤时插入的松土齿较少；疏松不太硬的土壤时可插入较多的松土齿，此时则相当于松土耙。

松土器的结构有双连杆式和单连杆式两种（图 20-16）。图 20-16 (a) 为双连杆式松土器，连杆 5、6 的右端铰接在平地机尾部的连接板上，左端与松土器架 3 铰接。控制油缸 4 的缸体铰接在松土器架 3 上。松土器架的截面为箱形结构，其后面焊有松土器齿座，松土齿 1 插入齿座后用销子定位。松土齿的端部有齿套 2，齿套用耐磨耐冲击材料制成并经热处理，齿套磨损后可以随时更换。作业时油缸收缩，松土齿在松土器架带动下插入土壤内。

双连杆式松土器近似于平行四边形机构，其优点是松土齿在不同的切土深度时松土角基本不变，这对松土有利。此外，双连杆同时承载，改善了松土器架的受力情况。

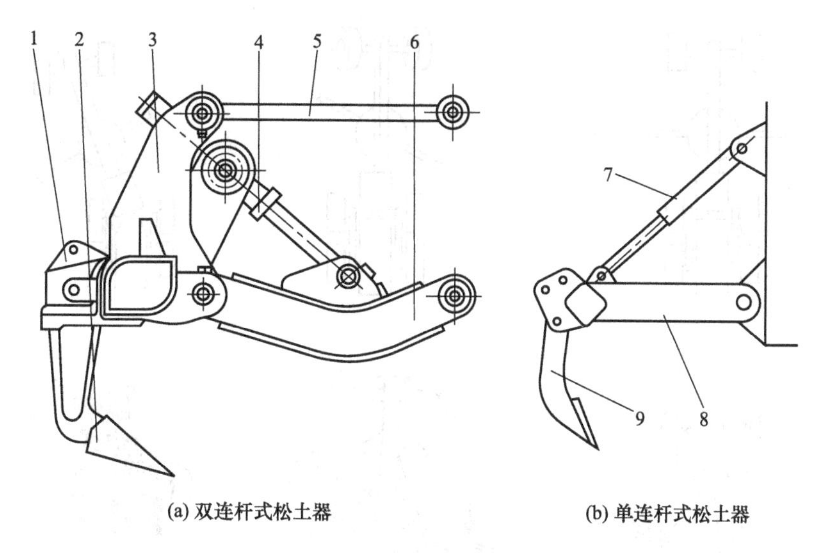

图 20-16 松土器

1,9—松土齿；2—齿套；3,8—松土器架；4—控制油缸；5—上连杆；6—下连杆；7—油缸

单连杆式松土器［图 20-16 (b)］由于其连杆长度有限，松土齿在不同的切土深度时松土角变化较大，其优点是结构简单。

松土器的松土角一般为 40°～50°，作业时松土齿受到水平方向的切削阻力和垂直于地面方向的法向阻力，法向阻力一般向下，该力使平地机对地面的压力增大，减少后轮打滑，增大了牵引力。

20.2.3 推土铲

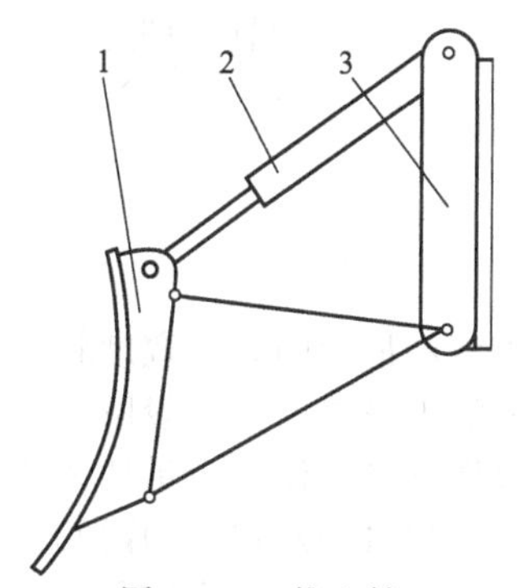

图 20-17 推土铲

1—铲刀；2—油缸；3—支架

推土铲（图 20-17）是平地机主要的辅助作业装置之一，主要用来切削较硬的土壤，填沟以及铲刀无法涉及的边角地段的刮平作业。它安装在机架前端的顶推板上，其铲刀宽度应大于前轮外侧宽度，推土铲多为箱形截面，有较大的抗扭刚度。推土铲的升降机构有单连杆式和双连杆式两种。其中，双连杆式机构近似于平行四边形机构，铲刀升降时铲土角基本保持不变；单连杆式机构较简单。由于平地机用推土铲主要是完成一些辅助作业，一般不进行大切削深度的推土作业，因此单连杆机构可以满足平地机铲土作业的需要。

20.3 平地机作业方式

正确地操纵平地机的工作装置，利用铲刀升降、引出、倾斜及回转，耙子升降，铲土角调整，前后轮转向等动作或其相互组合动作，即可得到平地机的多种作业状态，以进行平地、挖沟、刮坡、疏松、推土等各种作业。

20.3.1 平地作业

平地机的平整场地作业有多种方式，如图 20-18 所示。

(1) 正铲平整作业

刮土板垂直于平地机的纵向轴线，平地机直线前进完成平整作业。刮土板以较小的入土

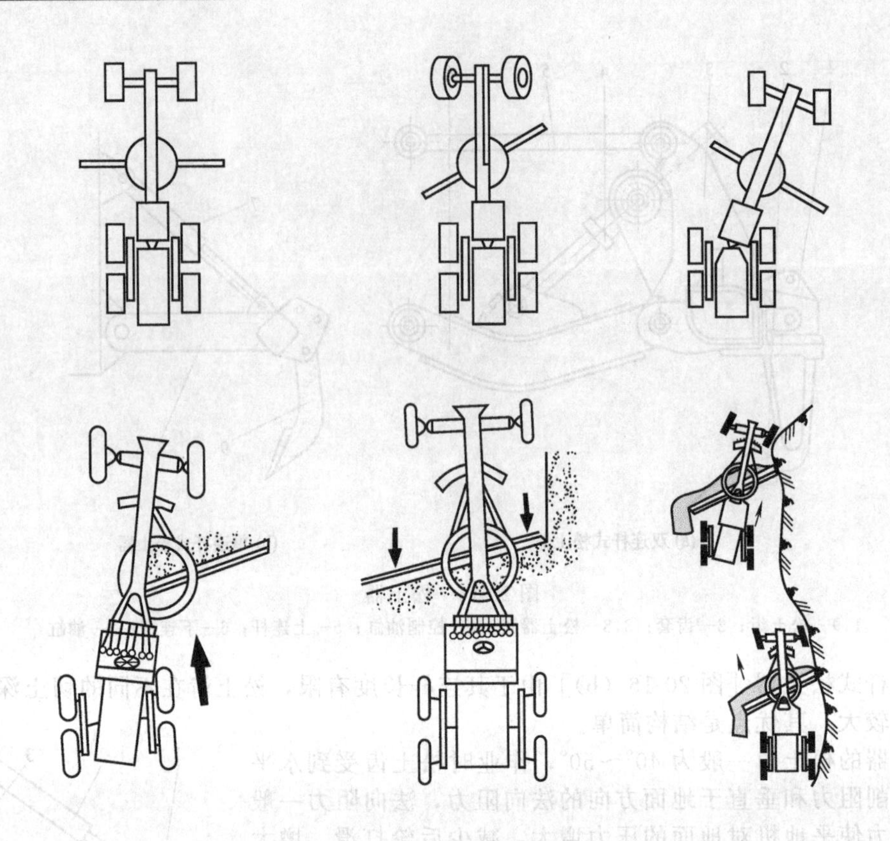

图 20-18 平地机的基本作业

深度和最大的切削宽度状态工作［图 20-18（a）］。作业前先调整铲刀的铲土角，为了增大铲刀的工作高度，一般取铲土角为 60°～70°。平地机以一挡或二挡速度前进，将铲刀两端等量慢慢下降，使之少量切入土中。被刮削的土壤堆积在铲刀前面，其中大部分随铲刀向前移动，少量的从铲刀的两端溢出。

（2）刮刀刮土侧移

这种操作方法适用于移土修整路基、平整场地、回填沟渠、路拌混合料和铺开路面材料等作业。

作业前根据施工对象的要求和土壤性质调整好铲刀角（一般为 60°～70°）和铲土角（约 45°）。平地机以二挡或三挡速度前进时，使铲刀的两端同时下放并切入土壤中。被刮起的土料就沿着刀面侧移卸于一侧形成土埂。根据铲刀侧向延伸的位置，土埂可能位于平地机的外侧，或平地机的内侧［如图 20-18（b）、（c）、（d）］，视施工要求而定。

不论土壤卸于平地机的外侧或平地机的内侧，都不能让卸下的土壤处于平地机后轮的行驶轨迹上，否则既影响平地机的牵引力，又会使铲刀抬升而形成作业面高低不平。

有时根据施工对象的不同将铲刀侧伸，同时再将转盘侧摆，如图 20-18（c）所示。对于全轮转向的平地机，也可将前后轮同时向一侧偏转，使平地机在机身斜置的状态下运行作业，如图 20-18（d）所示。

（3）退行平地

对于铲刀可以全回转的平地机，为了提高生产效率，可将铲刀前的齿耙卸下，让铲刀回转 180°，使铲刀处于平地机行驶相反方向位置，使平地机后退施工，如图 20-18（e）所示。该方法特别适宜于狭长地段的施工，可以提高生产效率，因为用于回转铲刀的时间要比平地机掉头的时间少得多。

(4) 曲折边界平地

如果被平整的地面的边界是不规则的曲线状，驾驶员可以通过同时操作转向和将刮土板引入或伸出，机动灵活地沿曲折的边界进行作业，如图 20-18 (f) 所示。

20.3.2 挖沟及刮坡作业

操纵左右两侧升降油缸不同步伸缩，使整个铲刀倾斜一定的角度，用来进行挖沟作业。当倾斜油缸与之配合时，可将铲刀连同牵引架一起偏离主车架向左或向右倾斜，进行刮修边坡的作业，如图 20-19 所示。

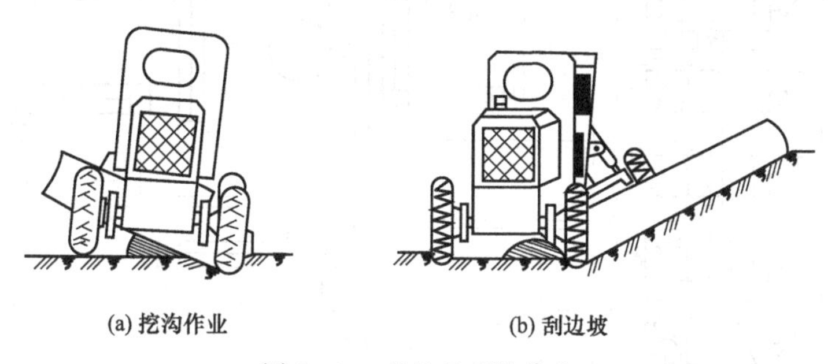

(a) 挖沟作业　　(b) 刮边坡

图 20-19　挖沟及刮坡作业

(1) 挖沟作业

挖沟时，一般将铲刀回转并倾斜一定角度后，使铲刀前端着地挖沟，后端升起，形成较大的倾斜角，被刮起的土壤沿铲刀内移，移上沟沿，如图 20-19 (a) 所示。在平地机作业过程中，根据阻力的大小，可适当调整切土深度，每次调整量不宜太大，以免开挖后的边沟产生波浪形纵断面，给下一次作业带来不便。

(2) 刮边坡作业

修筑路堤边坡时，刮土板侧向伸出并倾斜一定角度，进行边坡平整作业，如图 20-19 (b) 所示。

平地机在作业时，由于铲刀有一定回转角，或由于铲刀在机体外刮坡（图 20-19），使机器受到一个侧向力的作用，常会迫使机器前轮发生侧移以致偏离行驶方向，加剧轮胎的磨损，并对前轮的转向销轴产生很大的力矩，使前轮转向的阻力增大。这时，可以采用倾斜前轮的方法来避免，原则是前轮的倾斜总是与外力呈相抵消状态。

20.4 平地机液压系统

20.4.1 PY160 型平地机液压系统的组成

PY160 型平地机的液压系统如图 20-20 所示。该系统由工作装置液压系统和转向液压系统两部分组成，采用串联回路，共用一个泵。控制元件为多路换向阀 2，它分为两组，用于控制工作装置执行元件的动作。每一组多路阀包括四个分配阀，两组多路阀共有八个操纵杆，操纵相应的阀杆可以实现平地机的八个基本动作：左侧铲刀升降、右侧铲刀升降、铲刀左右回转、铲刀左右侧伸、铲刀向机外左右倾斜、铲土角调整、松土耙升降及中后轮调整。

根据只有串联连接的两个油缸在复合动作时才能在负荷不等的情况下获得等速运动的特点，在分配阀与工作油缸连接的布置上，采取以下方式：

① 两个铲刀升降油缸 6、15 分别与串联的两组多路阀连接。这样，既可单独操纵一个铲刀升降油缸，调整铲刀倾斜角度，又可以同时操纵两个铲刀升降油缸，使两边铲刀同步升

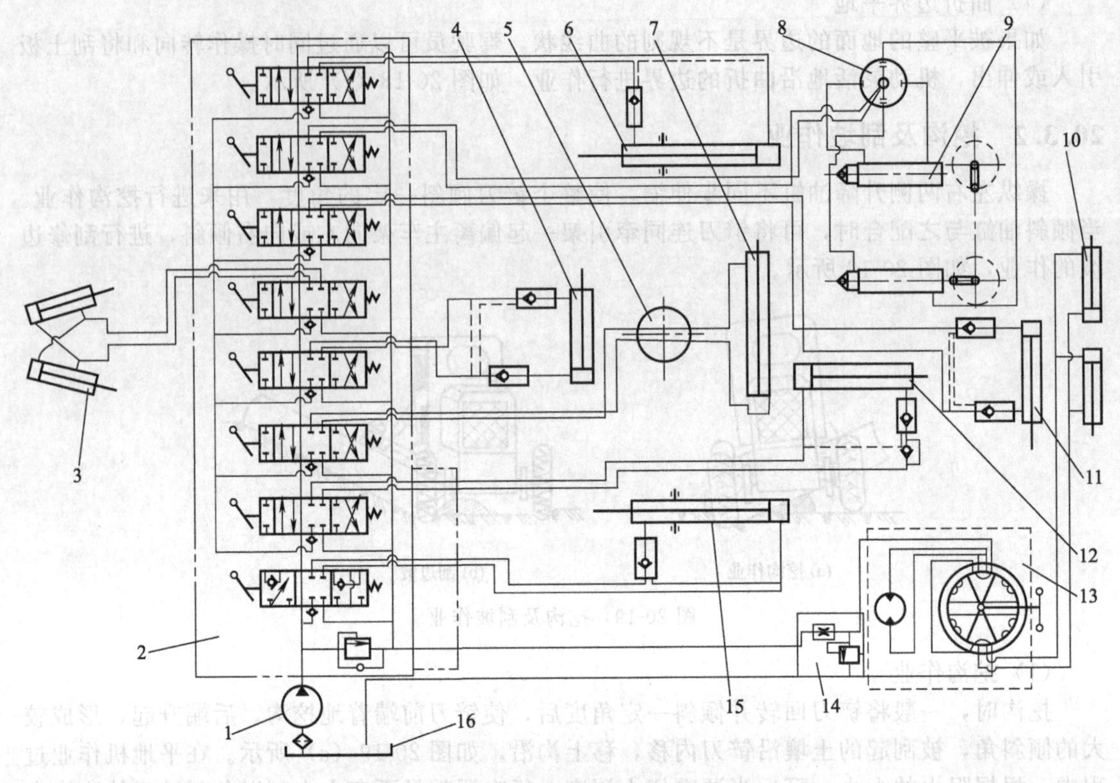

图 20-20 PY160 型平地机液压系统

1—齿轮泵；2—多路换向阀；3—后轮转向油缸；4—牵引架出油缸；5—回转接头；6—铲刀左升降油缸；7—铲刀侧移油缸；8—回转阀；9—回转驱动油缸；10—前轮转向油缸；11—前轮倾斜油缸；12—耙土器收放油缸；13—转向器；14—流量控制阀；15—铲刀右升降油缸；16—油箱

降，且两个换向阀对称地布置在多路阀的两边，便于驾驶员识别。

② 因为在使铲刀 90°直立时，需要同时操纵牵引架引出油缸和铲刀侧移油缸 7，因此，为了使两个油缸能同时等速动作，它们的操纵阀亦分别布置在串联的两组多路阀中。

③ 其余的三个操纵阀在与油缸连接上无特殊考虑，它们分别与铲刀回转油缸、铲刀铲土角变换油缸和松土耙升降油缸相连。

由于铲刀引出油缸与铲刀铲土角变换油缸的一端安装在与回转圈相连的耳板上，另一端与铲刀连接，回转圈回转时，油缸将随同回转，因此，由操纵阀到油缸的管路的中间用回转接头 5 连接。

在两组多路阀的入口各装有一个单向阀和一个溢流阀。单向阀是用来防止油缸向油泵高压油腔倒流油液的。溢流阀起安全阀作用，用来防止油泵过载。

顺便指出，第二组多路阀中的溢流阀的作用是不大的，因为液压系统在各种工作情况下的最高压力已由第一组多路阀中的溢流阀限制，在第一组多路阀工作时，进入第二组多路阀总成的工作油液，其压力就是第一组多路阀总成的回油压力。

在两个铲刀升降油缸和铲刀倾斜油缸的油路中，装有由简单节流阀和单向阀构成的流量控制阀，用来控制铲刀降落的速度，避免因铲刀降落过快而发生损坏。

20.4.2 PY180 型平地机的工作装置液压系统

如图 20-21 所示为 PY180 型平地机的工作装置液压系统，由高压双联齿轮泵 13、铲刀回转液压马达 2、操纵控制阀、动作油缸和油箱等液压元件组成。

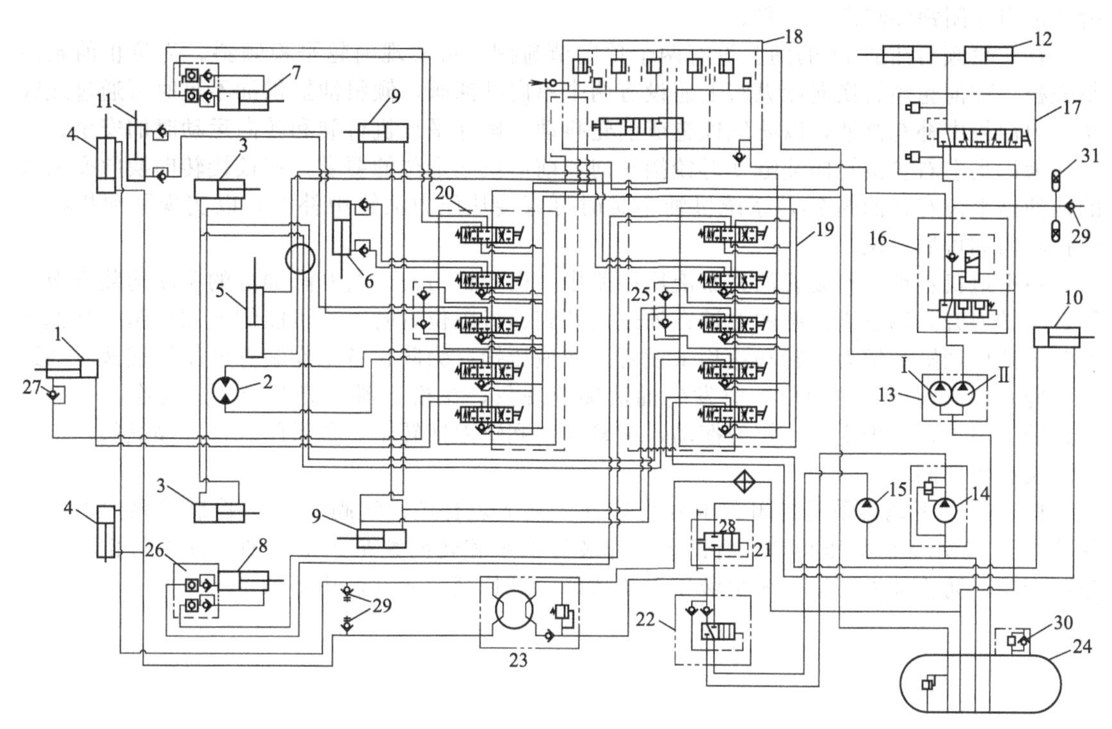

图 20-21　PY180 型平地机液压系统

1—前推土板升降油缸；2—铲刀回转液压马达；3—铲土角调整油缸；4—前轮转向油缸；5—铲刀引出油缸；6—铲刀摆动油缸；7,8—右、左铲刀升降油缸；9—转向油缸；10—后松土器升降油缸；11—前轮倾斜油缸；12—制动分泵；13—双联齿轮泵（Ⅰ、Ⅱ）；14—转向泵；15—紧急转向泵；16—限压阀；17—制动阀；18—油路转换阀组；19—多路操纵阀（上）；20—多路操纵阀（下）；21—旁通指示阀；22—转向阀；23—液压转向器；24—压力油箱；25—补油阀；26—双向液压锁；27—单向节流阀；28—冷却器；29—微型测量接头；30—进排气阀；31—蓄能器

PY180 型平地机工作装置的液压缸和液压马达均为双作用式，当操纵其中一个或几个手动换向阀进入左位或右位时，压力油将进入相应的液压缸工作腔，相关的工作装置即开始按预定要求动作，其他处于“中位”位置的换向阀全部油口被闭锁，与之相应的工作装置液压缸或液压马达也处于液压闭锁状态。任何一个液压缸或液压马达进入左位或右位工作状态时，在所对应的液压回路（泵Ⅰ或Ⅱ工作回路）中，因油路转换阀组 18 内分别设有流量控制阀，可使液压缸或液压马达的运动速度保持基本稳定，以提高平地机工作装置运动的平稳性。

双联泵中的泵Ⅱ可通过多路操纵阀（下）20 向推土铲升降油缸、铲刀回转马达、前轮倾斜油缸 11、铲刀摆动油缸和铲刀右升降油缸提供压力油。泵Ⅰ可向制动单回路液压系统提供压力油。当两个蓄能器的油压达到 15MPa 时，限压阀将自动中断制动系统的油路，同时接通连接多路操纵阀（上）19 的油路，并可通过多路操纵阀 19 分别向松土器升降油缸、铲刀铲土角调整油缸、铰接转向油缸 9、铲刀引出油缸和铲刀左升降油缸提供压力油。

双回路液压系统可以同时工作，也可单独工作。调节铲刀升降位置时，则应采用双回路同时工作，以保证铲刀左、右升降油缸同步移动，提高工作效率。

当液压系统超载时，双回路均可通过设在油路转换阀 18 内的安全阀开启卸荷，保证系统安全。因铲刀回转液压马达 2 和推土板升降油缸 1 工作时所耗用的功率较大，故在泵Ⅱ液压回路中单独增设了一个铲刀回转和推土铲升降油路的安全阀。

在铲刀左右升降油缸上设有双向液压锁 26，以防止牵引架后端悬挂重量和地面垂直载荷冲击引起闭锁油缸产生位移。

在前轮倾斜油缸 11 的两腔设有两个单向节流阀，可实现前轮平稳倾斜。为防止前轮倾斜失稳，在前轮倾斜换向操纵阀上还设有两个单向补油阀，倾斜油缸供油不足时可通过此阀从压力油箱中补充供油，以防气蚀造成前轮抖动，确保平地机行驶和转向运动时的安全。

为满足左右铰接转向油缸 9 对铰接转向和前后机架定位的要求，在铰接转向换向操纵阀的回油路上设有补油阀 25，系统供油不足时可直接从压力油箱中补油，以实现平地机稳定铰接转向和可靠定位。

在平地机各种工作装置的并联液压回路中，由于铲刀左、右升降油缸的两端均装有液压锁，故铲刀升降油缸进油腔的油液在油缸活塞到达极限位置时，不可能倒流回油箱。其他工作装置液压油缸和铲刀回转马达均未设置双向液压锁，为防止各工作装置液压缸或液压马达进油腔及换向阀进入“中位”时发生油液倒流现象，在松土器、铲刀铲土角变换，铰接转向，铲刀引出，前推土铲，铲刀摆动，前轮倾斜和铲刀回转中，负封闭式换向操纵阀的进油口均设有单向阀。

PY180 型平地机采用封闭式压力油箱 24，其上装有进排气阀 30，可控制油箱内的压力保持在 0.07MPa 的低压状态，有助于工作装置油泵和转向油泵正常吸油，并可防止气蚀现象的产生，防止油液污染，减少液压系统故障，延长液压元件使用寿命。

第21章　挖掘机工作装置

挖掘机是土方工程中的主要施工机械。在工业与民用建筑、水利、筑路、露天采矿和国防工程中都有着广泛的应用。挖掘机有循环作业式和连续作业式两大类，即单斗挖掘机和多斗挖掘机。

21.1　液压单斗挖掘机反铲结构

液压单斗挖掘机是一种采用液压传动并以一个铲斗进行挖掘作业的机械。它是在机械传动单斗挖掘机的基础上发展而来的，是目前挖掘机的主要品种。

液压单斗挖掘机由于在动力装置与工作装置之间采用容积式液压传动，靠液体的压力能进行工作。因此，与机械传动相比具有许多优点，它们是：能无级调速而且调速范围大；能得到较低的稳定转速；液压元件产生的运动惯性较小；传动平稳，结构简单，可吸收冲击和振动；操纵省力，易实现自动化控制；易实现标准化、通用化、系列化。

铰接式反铲是液压单斗挖掘机最常用的结构形式，动臂、斗杆和铲斗等主要部件彼此铰接（见图21-1)，在液压缸的作用下各部件绕铰接点摆动，完成挖掘、提升和卸土等动作。

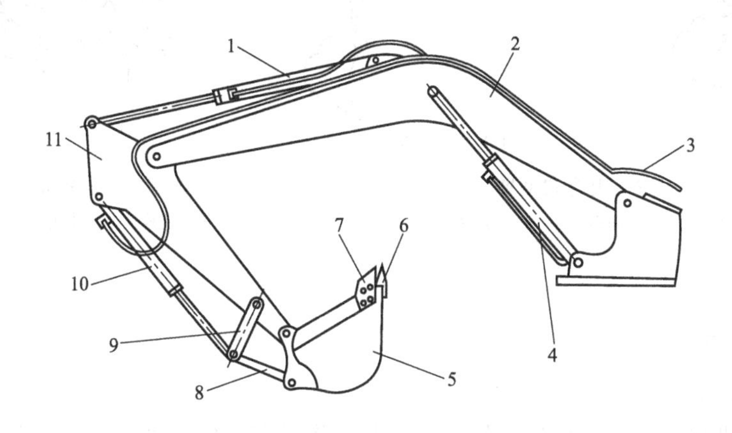

图21-1　反铲工作装置

1—斗杆油缸；2—动臂；3—油管；4—动臂油缸；5—铲斗；6—斗齿；7—侧齿；8—连杆；9—摇杆；10—铲斗油缸；11—斗杆

21.1.1　动臂

动臂是反铲的主要部件，其结构有整体式和组合式两种。

① 整体式动臂　其优点是结构简单，质量轻而刚度大。缺点是更换的工作装置少，通用性较差，多用于长期作业条件相似的挖掘机上。整体式动臂又可分为直动臂和变动臂两种。其中的直动臂结构简单、质量轻、制造方便，主要用于悬挂式液压挖掘机，但

它不能使挖掘机获得较大的挖掘深度，不适用于通用挖掘机；弯动臂是目前应用最广泛的结构形式，与同长度的直动臂相比，可以使挖掘机有较大的挖掘深度。但降低了卸土高度，这正符合挖掘机反铲作业的要求。整体式动臂结构简单、价廉、刚度相同时结构重量较组合式动臂轻。

② 组合式动臂　如图 21-2 所示，组合式动臂用辅助连杆或液压缸 3 或螺栓连接而成。上、下动臂之间的夹角可用辅助连杆或液压缸来调节，虽然使结构和操作复杂化，但在挖掘机作业中可随时大幅度调整上、下动臂之间的夹角，从而提高挖掘机的作业性能，尤其在用反铲或抓斗挖掘窄而深的基坑时，容易得到较大距离的垂直挖掘轨迹，提高挖掘质量和生产率。组合式动臂的优点是，可以根据作业条件随意调整挖掘机的作业尺寸和挖掘力，且调整时间短。此外，它的互换工作装置多，可满足各种作业的需要，装车运输方便。其缺点是质量大，制造成本高，一般用于中、小型挖掘机上。

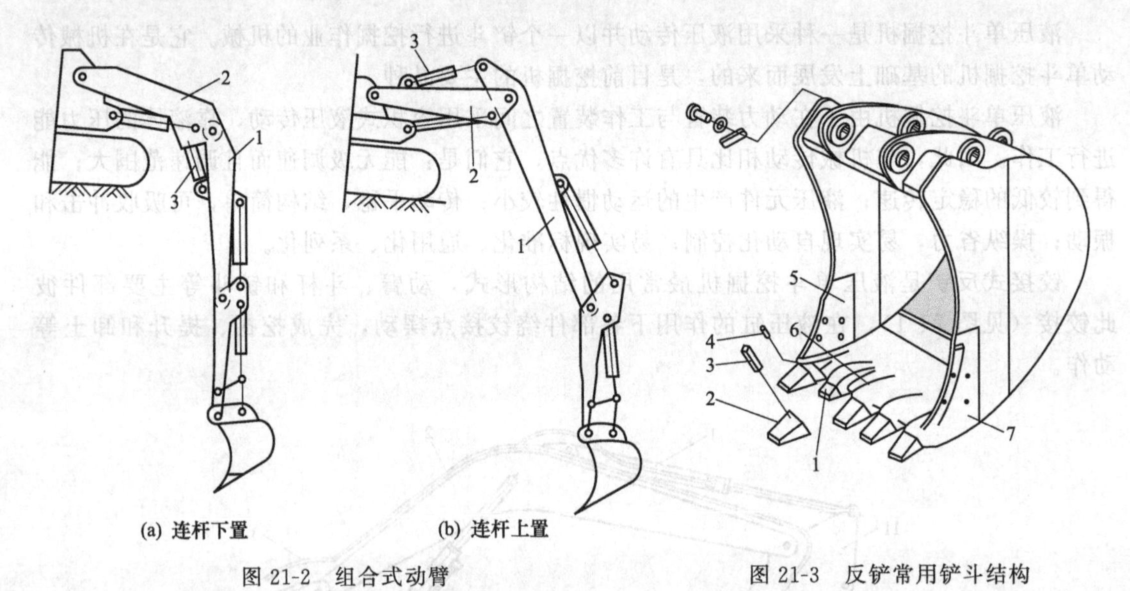

图 21-2　组合式动臂

1—下动臂；2—上动臂；3—连杆或液压缸

图 21-3　反铲常用铲斗结构

1—齿座；2—斗齿；3—橡胶卡销；4—卡销；5,6,7—斗齿板

21.1.2　反铲斗

(1) 基本要求

① 铲斗的纵向剖面形状应适应挖掘过程各种物料在斗中运动规律，有利于物料的流动，使装土阻力最小，有利于将铲斗充满。

② 装设斗齿，以增大铲斗对挖掘物料的线比压，斗齿及斗形参数具有较小的单位切削阻力，便于切入及破碎土壤。斗齿应耐磨、易于更换。

③ 为使装进铲斗的物料不易掉出，斗宽与物料直径之比应大于 4∶1。

④ 物料易于卸净，缩短卸载时间，并提高铲斗有效容积。

(2) 结构

反铲用的铲斗形式，尺寸与其作业对象有很大关系。为了满足各种挖掘作业的需要，在同一台挖掘机上可配以多种结构形式的铲斗，图 21-3 为反铲常用铲斗形式。铲斗的斗齿采用装配式，其形式有橡胶卡销式和螺栓连接式，如图 21-4 所示。

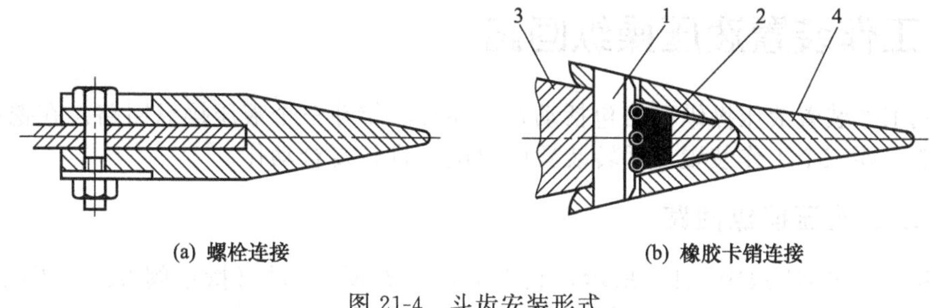

图 21-4　斗齿安装形式

1—卡销；2—橡胶卡销；3—齿座；4—斗齿

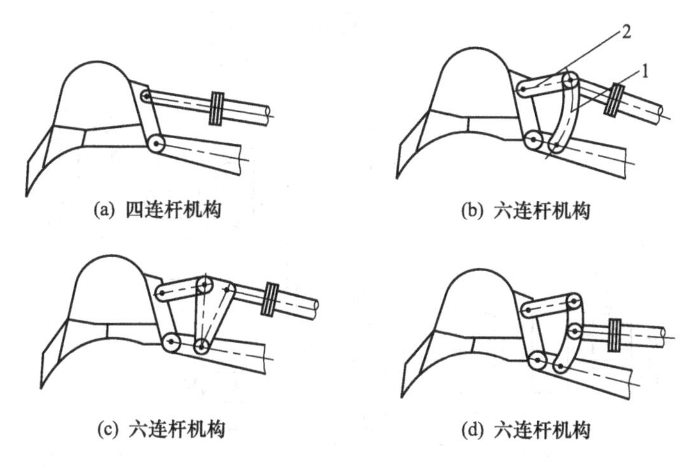

图 21-5　铲斗与液压缸连接方式

1—摇杆；2—推杆

铲斗与液压缸连接的结构形式有四连杆机构和六连杆机构，如图 21-5 所示。其中的四连杆机构连接方式是铲斗直接铰接于液压缸，使铲斗转角较小，工作力矩变化较大；六连杆机构连接方式的特点是，在液压缸活塞杆行程相同条件下，铲斗可获得较大转角，并改善机构的传动特性。

21.1.3　反铲作业过程的特点

液压反铲挖掘机可用来开挖停机面以下的土壤。工作时，先放下动臂并使铲斗外扬，然后斗杆油缸和铲斗油缸配合动作，进行挖掘。在整个挖掘过程中，斗杆绕铰接点转动，而动臂的倾角也不断改变。当铲斗挖到极限位置时，和动臂一起被升起，举升到一定高度时，回转马达就驱动转台回转到卸土处进行卸土。卸土完毕后，再使转台回转到掌子面进行第二次作业。反铲斗的运动轨迹是一复杂的曲线（见图 21-6），当动臂的倾角不变时。由于斗杆仅绕动臂端部铲接点转动，故铲斗的运动轨迹为一圆弧。但在实际挖掘过程中，动臂的倾角是变化的，因此铲斗的运动轨迹变为复杂曲线，而且这条曲线还与土壤性质、铲斗切削边的形状、斗杆和动臂的转动速度等有关。

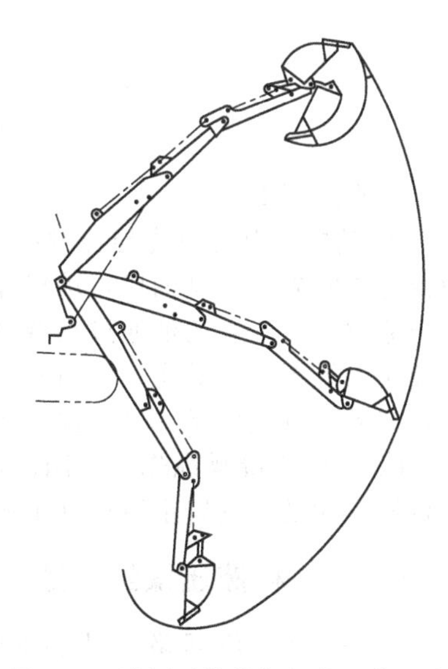

图 21-6　液压反铲挖掘机的工作示意

21.2 工作装置液压操纵回路

挖掘机工作装置液压操纵回路包括动臂、斗杆、铲斗三个液压操纵回路。在挖掘机作业过程中经常需要三个工作装置及回转装置同时配合进行复合动作。

21.2.1 动臂液压操纵回路

动臂液压操纵回路如图 21-7 所示，它由动臂合流阀 1、动臂操纵阀 2、限压阀 5、动臂支持阀 4 和动臂油缸 3 组成，先导操纵部分由先导控制阀 7、减振阀 6 组成。

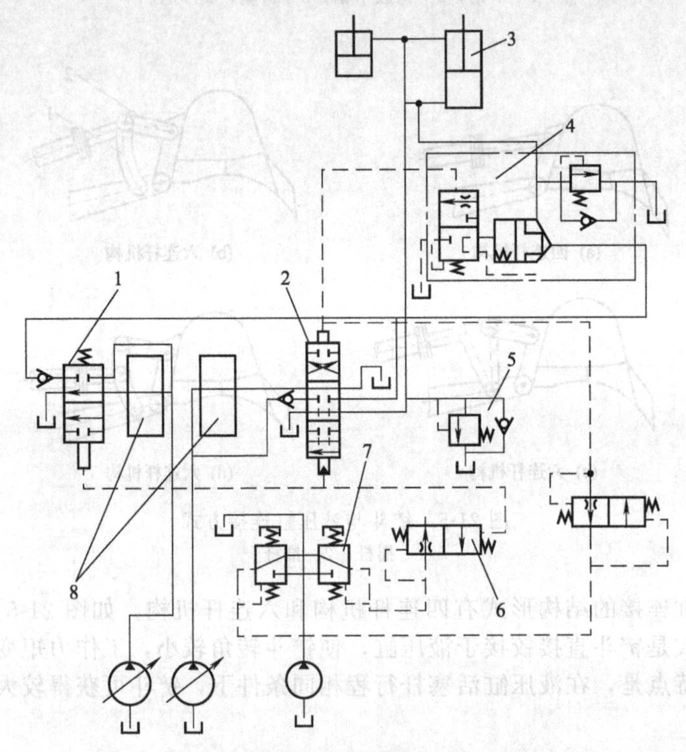

图 21-7 动臂液压操纵回路

1—动臂合流阀；2—动臂操纵阀；3—动臂油缸；4—动臂支持阀；5—限压阀；6—减振阀；7—先导控制阀；8—其他阀

工作过程如下：

① 动臂提升操纵先导控制阀 7，先导控制油经减振阀 6 进入动臂操纵阀先导控制油口和动臂合流阀先导控制油口，动臂操纵阀处于动臂下腔供油上腔回油位置，此时动臂合流阀处于合流位置，油泵的油通过动臂合流阀和单向阀与来自动臂操纵阀的油合流供给动臂下腔。从液压系统图上可看出，动臂提升时两泵都向动臂缸供油，其他液压作用元件可以同时动作，与动臂缸之间是并联供油关系。

② 动臂下降操纵先导控制阀，先导控制油经减振阀进入动臂操纵阀另一控制油口，使动臂操纵阀处于动臂上腔供油下腔回油位置，此时，动臂合流阀处于关闭状态，单泵供油。

21.2.2 斗杆液压操纵回路

斗杆液压操纵回路（图 21-8）由斗杆操纵阀 2、斗杆合流阀 8、逻辑阀 15、选择阀 9、减振阀 14、斗杆先导控制阀 13、梭形阀 12、电磁阀Ⅰ、Ⅱ（11、10）和斗杆油缸 1 等组

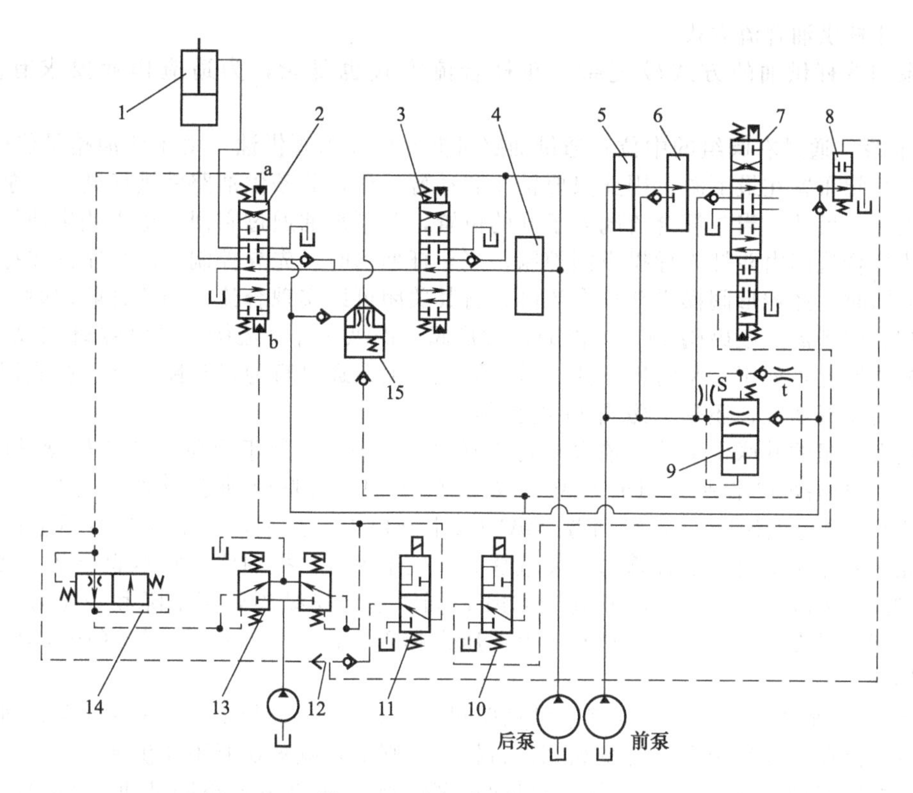

图 21-8 斗杆液压操纵回路

1—斗杆油缸；2—斗杆操纵阀；3—回转操纵阀；4,5—行走操纵阀；6—铲斗操纵阀；7—动臂操纵阀；8—斗杆合流阀；9—选择阀；10—电磁阀Ⅱ；11—电磁阀Ⅰ；12—梭形阀；13—斗杆先导操纵阀；14—减振阀；15—逻辑阀

成，其工作过程如下。

① 斗杆伸出　操纵斗杆先导控制阀 13，使先导控制油经减振阀 14 至斗杆操纵阀 2 油口 a，斗杆操纵阀 2 处于上位，斗杆油缸 1 的活塞杆腔进油，油缸大腔回油，斗杆伸出。同时先导控制油还经梭形阀 12 至斗杆合流阀 8，使该阀处于关闭状态，前泵不能通过它回油，其油可经单向阀通向斗杆操纵阀 2 合流供油。

② 斗杆收回　操纵斗杆先导控制阀，先导控制油不经减振阀直接至斗杆操纵阀油口 b，斗杆操纵阀处于下位，斗杆油缸大腔进油、活塞杆腔回油，斗杆收回，同时先导控制油还经电磁阀 11（处于 OFF 位置）和梭形阀将斗杆合流阀关闭，使前泵的油通至斗杆操纵阀合流供油。

操纵斗杆先导控制阀，先导控制油都能经梭形阀通向斗杆合流阀，使前后泵合流供油，实现斗杆收回或伸出都能合流。

21.2.3 工作装置供油和分合流

(1) 动臂供油合流方式

动臂下降不合流，单泵供油，仅动臂提升合流，采用的是并联油路方式，由动臂合流阀关闭来控制后泵向动臂油缸供油。由于动臂操纵阀提升先导控制油与动臂合流阀先导控制相通（图 21-7），因此只要动臂一提升，两泵就合流，向动臂缸下腔供油。此时工作装置其他液压作用元件（斗杆、铲斗和回转）动作时，和动臂油缸的供油连接是并联关系，按并联油路分配流量。

（2）斗杆供油合流方式

油泵向斗杆供油的方式较复杂，斗杆合流方式也复杂，为适应作业要求有多种可能性。

① 前泵 通过右阀组的中位直通供油路可向斗杆操纵阀供油，由于该油路是优先油路，而斗杆操纵阀布置在最下游，因此只要铲斗和动臂动作，此条供油路就被切断，前泵就不能向斗杆供油；另外，当斗杆合流阀处于开的位置，前泵来油通过它回油也无法供油给斗杆操纵阀。斗杆合流阀由斗杆先导操纵阀控制，当斗杆伸出时，先导控制阀的控制油在操纵斗杆操纵阀的同时，经梭形阀操纵斗杆合流阀，将其关闭可以实现合流。当斗杆收回时，先导控制阀的控制油则需经电磁阀 11，才能通过梭形阀去操纵斗杆合流阀，当电磁阀 11 处于 OFF 时控制油能通过，处于 ON 时则不能通过。因此，前泵通过直通供油路，在斗杆收回时能不能合流供给斗杆油缸，还受电磁阀 11 的控制。

通过右阀组的并联供油路，前泵也可以通过选择阀 9（处于上位）向斗杆操纵阀供油。选择阀 9 由电磁阀 10 控制，当电磁阀 10 处于 OFF 时，并联供油道的油经节流孔 S、单向阀和节流孔 t 通过电磁阀 10，经动臂操纵阀（举升位置）回油，该油经孔 S 后会产生压力差，在此压差作用下克服了弹簧力，使选择阀 9 处于下位，把油路切断不能合流。只有当电磁阀 10 处于 ON 时，或电磁阀 10 处于 OFF，同时动臂操纵阀处于下降和中位时，该油液被切断不能通过电磁阀回油，选择阀 9 上下压力相等，在弹簧作用下，选择阀 9 处于上位，可合流供油。

② 后泵 通过左阀组的中位直通供油路可向斗杆操纵阀供油，但它在行走和回转操纵阀的下游，因此只要行走和回转操纵阀进行操纵，则油路就被切断不能供油。

通过左阀组的并联供油路，后泵也可通过逻辑阀 15 向斗杆操纵阀供油。逻辑阀 15 的开和闭取决于其背面的油是否通回油，这由电磁阀 10 来控制，电磁阀 10 处于 OFF，同时动臂操纵阀在举升位置，阀 15 背面的油卸压即阀可打开，并联供油路能向斗杆操纵阀供油；阀 10 处于 ON 时，逻辑阀 15 背面的油被封闭则阀不能打开，并联供油路不能向斗杆操纵阀供油。

21.2.4 铲斗液压操纵回路和作业装置增力系统

（1）铲斗液压操纵回路

该回路较简单，在铲斗油缸两腔进回油通路上成对地设置带单向阀的限压阀。

有些挖掘机在铲斗挖掘时单向采用双泵合流，动臂在提升时也是单向采用双泵合流，两个单向合流可合用一个操纵阀，使该操纵阀一个方向去动臂合流，另一方向去铲斗合流。

（2）作业装置增力系统

挖掘机在重掘削模式碰到掘挖石块和树根等需大掘起力时，只需按操纵杆上的增力按钮（图 21-9），就输出信号给电磁阀和控制器，此时电磁阀处于左位，控制泵压力油进入主压力阀后使主压力阀升压，同时控制器输出电流给主泵的变量机构，使主泵排量减小。

只要一直按住增力按钮，增力作用就能维持，同时显示屏幕增力指示灯亮。

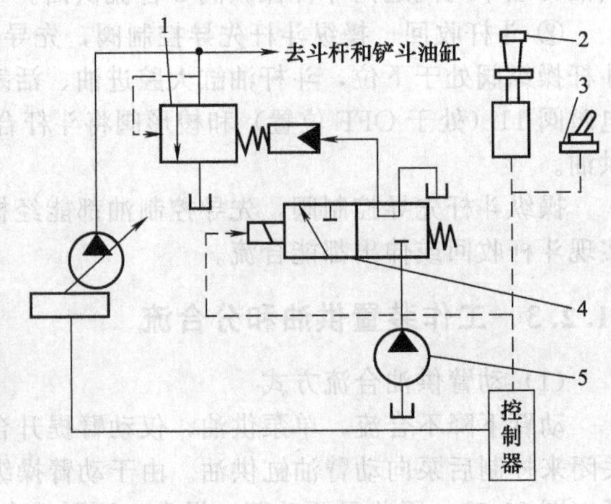

图 21-9 作业装置增力系统

1—主压力阀；2—增力按钮；3—重掘模式开；4—电磁阀；5—控制泵

21.3 液压破碎器

液压破碎器是将液压能转换成机械冲击能的打击式液压机械装置。又称为破碎锤，俗称液压镐、炮头等。一般液压破碎器与液压挖掘机、装载机及其他液压行走式工程机械结合使用。较多安装在液压挖掘机，获得令人惊叹的高效破碎作业效果。已经成为液压挖掘机不可缺少的附属液压机具。目前液压破碎器的系列，已经能与液压挖掘机大小规格完全匹配。

21.3.1 用途

土木工程、采石场、城市建设等现场的岩石、混凝土、冻土等作业对象的打击破碎，都是液压破碎器最为有效的作业对象。破碎器应用于一般混凝土破碎，岩石的切削；采石场的采石作业或者整体岩石的二次破碎；大楼拆除、建筑基础破碎；道路桥梁破碎、桥墩拆除；隧道的岩石破碎；冬季寒冷地带的冻土作业；钢铁工厂等的铁渣、炉渣的破碎，以及炼钢炉衬破碎；以及河道、海岸等的水下破碎作业。

液压破碎器在我国较早应用于城市的建筑拆除及道路破碎施工作业。总之，破碎器已经成为工程行业和采矿行业不可缺少的高效破碎作业工具。

21.3.2 液压破碎器的结构和原理

（1）破碎器本体的结构

液压破碎器由液压破碎器本体、托架等零部件组成。破碎器本体是液压破碎器的关键部件。破碎器主体构造如图 21-10 所示。

（2）液压破碎器驱动方式的分类

常见液压破碎器的工作原理，按照驱动方式可以划分为液压、气压并用方式，液压直动方式和气压驱动方式。

在液压、气压并用方式中又可分为下部常时高压上部反转和上部常时高压下部反转方式。所谓“下部常时高压上部反转”是在活塞下部作用高压油，活塞上部进行高、低压油切换，当活塞上部作用高压油时获得打击力（作用低压油时，活塞向上运动）。为了提高打击效率，减少压力波动，在活塞顶部的腔室内，充有氮气。被充较高压力氮气的视为“重气体型”；反之，被充较低压力氮气的视为“重液压型”。为了防止打击过程中液压系统压力骤然降低，蓄能器配置在进油回路。有些则简化了破碎器结构，没有蓄能器装置。

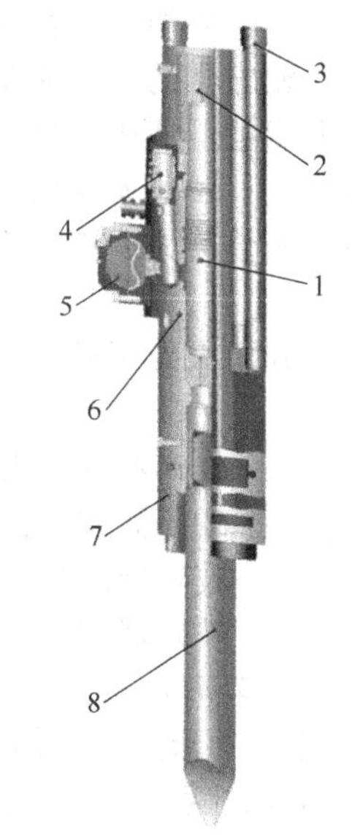

图 21-10 本体结构图

1—活塞；2—氮气室；3—贯穿螺栓；4—阀门系统；5—蓄能器；6—油缸；7—下部主体；8—钎杆

（3）破碎器的工作原理

液压破碎器将控制阀、执行器、蓄能器等元件集于一身，控制阀与执行器相互反馈控制，自动完成活塞的往复运动，将液体、气体压力能转化为活塞的冲击能最后打击钎杆，将能量传递给钎杆，钎杆在获得冲击能后便可达到将工作对象破碎的目的。

以“液压、气压并用”，“下部常时高压，上部高、低压转换”形式的反转驱动方式为例，工作原理见图 21-11 说明。

由图 21-11 可见活塞上部的 D_1 直径小于下部的 D_3 直径，分别与活塞的 S_2 直径形成了上、下不同的作用面积 S_1 和 S_2。S_1 称为上部承压面，S_2 称为下部承压面，且 $S_1 > S_2$。

作用于 S_1 的腔室称为反转腔；作用于活塞顶部 S_3 的腔室称为氮气腔。

当下部承压面 S_2 承受了来自于液压系统的高压油，换向阀处于图 21-11 所示位置时，活塞向上运动（此时反转腔为低压）。

当活塞向上运动后，切换了换向阀右端的液压先导油（从原先的低压状态切换成高压状态）。换向阀阀芯两端的作用面积与活塞相同的作用面积不同，即控制右端的作用面积大于左端的作用面积。由于阀芯两端控制面积的差异，使得换向阀切换到图 21-12 所示位置。

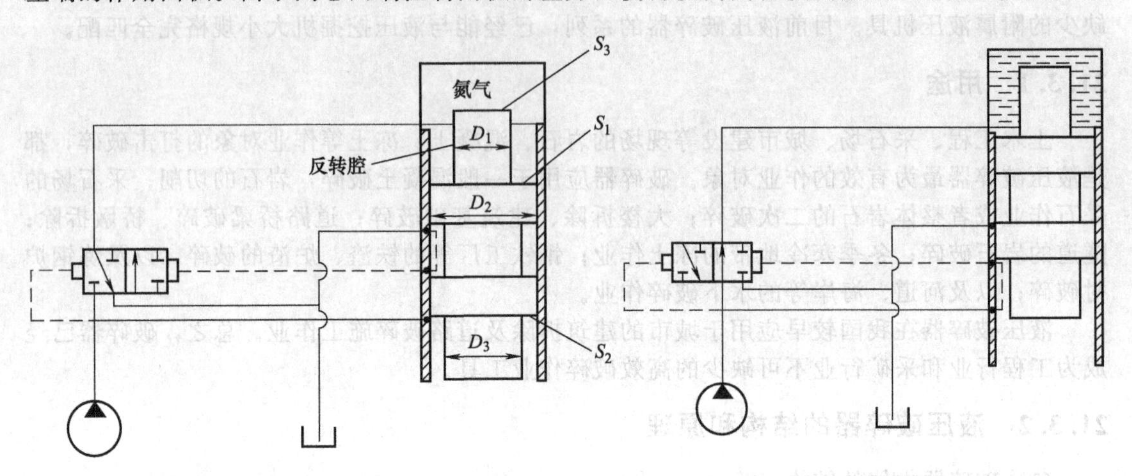

图 21-11　活塞位于底端起始工况图　　　图 21-12　活塞上升至顶端工况图

切换后的换向阀，使活塞反转腔从低压状态转换到高压状态，S_1 面积上因此受到高压。此时上、下承压面 S_1、S_2 上同时受到高压油的作用，因 $S_1>S_2$，使得活塞向下方向打击。

当活塞打击钢凿之后，此时活塞重新回复到下端工作位置，并切换了换向阀的先导油（从高压状态切换成低压状态），再次回到图 21-11 状态，破碎器以此循环打击。

打击循环中，当活塞受下部的高压油作用而向上运动时，压缩上部氮气腔内的氮气，氮气腔吸收了回程能量；在活塞向下打击时，释放氮气能量，从而提高打击力。

（4）破碎器的打击能量

打击能量是液压破碎器使用者最为关心的性能指标之一。通常小型破碎器的打击能量从 200～300N·m 到大型的 20000N·m。但是，打击能量的标定受检测方法、检测条件不同而影响，相差甚大。因此，一些生产商标定的打击能量值不能作为判定破碎器标准，只能作为参考。

为了方便大致了解液压器打击能量，这里介绍简易理论计算打击能量（E）的公式

$$E=10pq/n \tag{21-1}$$

式中 E——破碎器的打击能量，N·m；

p——破碎器的打击使用压力，MPa；

q——破碎器的打击使用流量，L/min；

n——破碎器的单位时间内的打击次数，次/min。

（5）托架形式

① 托架的形式　本体通过与托架安装，成为液压破碎器。托架按照安装的结构形式分有立式和卧式两种。立式托架［见图 21-13（a)］又被称为顶装式、竖式托架；横式托架［见图 21-13（b)］又被称为侧装式、枪式托架。

② 低噪声托架　托架增加减振橡胶结构，降低破碎器工作时的噪声，较适合于城市的夜间作业。

③ 立式托架与横式托架的优缺点

a. 立式托架优点：箱式结构形式，能较好保护破碎器本体；向上破碎作业性能好，能对水沟等狭小位置进行破碎作业；传递破碎压力较好；托架比较结实；容易实现防噪声结构。

b. 立式托架缺点：与挖掘机安装点到钢凿头部的距离远，作业定位较为困难；重量较大；维修保养稍为困难。

c. 横式托架优点：安装高度小，作业较容易定位；操作方便；重量较轻；结构简单，维修方便。

d. 横式托架缺点：托架焊接结构和安装螺栓承载力较大；实现防噪声结构困难较大。

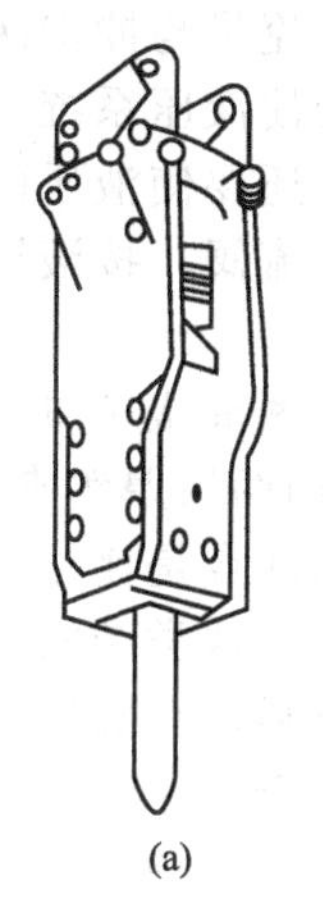

(a)

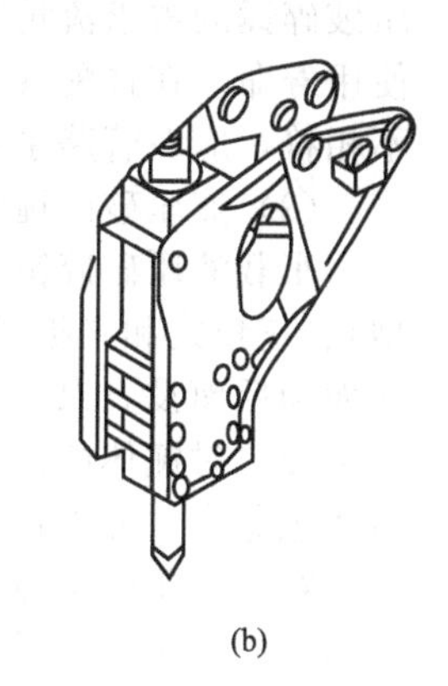

(b)

图 21-13 立式和卧式托架破碎器外形图

④ 托架形式的应用状况 托架形式不同各有各自的特点，但是托架形式的采纳，往往受使用者的使用习惯影响。因此，使用何种形式的托架与使用地域有关。欧美国家大都使用立式托架，日本大都采用横式托架。我国华北地区较早接受欧美破碎器，因而受其影响较大，大都采用立式托架。华东、华南和东北（除了黑龙江外）地区大都采用横式托架。

21.3.3 液压破碎器的选用

目前，市场上液压破碎器的外观比较相似、品牌繁多、价格高低不等，给用户在选择适合的液压破碎器方面带来了不小的困扰。了解有关液压破碎器的性能、结构和如何与挖掘机匹配的基本知识是非常重要的，合理制定一个对挖掘机有利的破碎器选择策略和标准，以免出现大马拉小车、小马拉大车或好马拉破车的现象，甚至造成挖掘机的大小臂由于振动过大，而出现提前破坏或者备压过高对挖掘机的液压系统造成损坏。液压破碎器的选择直接关系到未来破碎工程的效率和工期能否有保障。选择破碎器（锤）一般要考虑以下几个方面的问题。

(1) 挖掘机的重量和斗容

充分考虑挖掘机的重量可以防止大臂完全伸展开时破碎锤的重量过重造成挖掘机倾翻。选配的破碎锤可能造成挖掘机倾翻，过小又不能充分发挥挖掘机的功效，同时也会加速破碎锤的损坏。只有挖掘机和破碎锤的重量相匹配时才能充分发挥挖掘机和破碎锤的功效。

一般情况下，挖掘机标准斗容反映了机器重量。目前比较好的方法是根据挖掘机的斗容来计算出可选配的破碎锤的范围。斗容与液压锤重量有如下关系

$$W_h=(0.6\sim0.8)(W_4+\rho V) \tag{21-2}$$

$$W_h=W_1+W_2+W_3$$

式中 W_1——液压锤锤体（裸锤）重量；

W_2——钎杆重量；

W_3——液压锤机架重量；

W_4——挖掘机铲斗自身重量；

ρ——砂土密度，一般 $\rho=1600\text{N/m}^3$；

V——挖掘机铲斗斗容。

(2) 液压破碎锤的工作流量和压力

不同大小的液压破碎锤的工作流量是不同的。小的液压破碎锤流量可以小到每分钟只有23L，而大的液压破碎锤则可以达到每分钟超过400L。选定液压破碎锤时，一定要使液压破碎锤的流量要求与挖掘机备用阀的输出流量相符。一般来讲，流量大小决定液压破碎锤的工

作频率，即每分钟的冲击数，流量与冲击次数成正比。但是当挖掘机备用阀输出流量大于液压破碎锤的需求流量时，就会使液压系统产生过多的热量，造成系统温度过高，降低元件的使用寿命。在选配液压锤时，还要使液压破碎锤的工作压力与备用阀的限定压力相符。如果不相符，应在管路系统中加溢流阀，按液压锤的额定压力进行调整。

（3）液压破碎锤的结构

车载液压破碎锤目前有 3 种最常见的外观设计，分三角式、夹板式和箱式（也叫静音型）。三角式和夹板式通常是用两块厚钢夹板护住锤心的两侧，这样的结构对液压破碎锤的前面和后面没有保护，它们的缺点是比相同吨级的箱式液压破碎锤噪声大，两侧的钢板松动或破裂，对锤体的保护也不好，这类结构已经很少见。箱式液压破碎锤的结构是外壳完全把锤体包起来，外壳带有减振材料，在破碎锤锤体和外壳产生缓冲的同时，也能减少载体的振动。箱式液压破碎锤的优点在于工作时能够对锤体提供更好的保护、噪声小、减少对载体的振动，同时也解决了壳体松动的问题，这也是全球市场的主流和发展趋势。

参考文献

[1] 陈新轩，展朝勇，郑忠敏主编．现代工程机械发动机与底盘构造．北京：人民交通出版社，2002.
[2] 赵雨旸主编．柴油发动机．北京：化学工业出版社，2005.
[3] 曹寅昌主编．工程机械构造．北京：机械工业出版社，1986.
[4] 杨占敏，王智明，张春秋编著．轮式装载机．北京：化学工业出版社，2006.
[5] 吴永平，姚怀新主编．工程机械设计．北京：人民交通出版社，2005.
[6] 郭新华主编．汽车发动机构造与维修．哈尔滨：哈尔滨工业大学出版社，2005.
[7] 任东主编．汽车发动机．北京：机械工业出版社，2003.
[8] 刘永才，钱鸣，冯茂林等编．发动机与底盘．北京：冶金工业出版社，1994.
[9] 朱军，崔士伟编．柴油机构造与维修．北京：人民交通出版社，1999.
[10] 高秀华，郭建华编著．内燃机．北京：化学工业出版社，2006.
[11] 杨承明主编．汽车发动机构造与维修．杭州：浙江科学技术出版社，2006.
[12] 高连兴，吴明，王会明主编．拖拉机与汽车．北京：中国农业出版社，2000.
[13] 刘树山主编．工程机械．哈尔滨：哈尔滨工程大学出版社，1995.
[14] 张西振主编．汽车发动机．沈阳：辽宁科学技术出版社，2002.
[15] 李人宪编．车用柴油机．北京：中国铁道出版社，1999.
[16] 范迪彬主编．汽车构造．合肥：安徽科学技术出版社，2001.
[17] 高秀华，姜国庆等编著．工程机械结构与维护检修技术．北京：化学工业出版社，2004.
[18] 陈家瑞主编．汽车构造．北京：人民交通出版社，2004.
[19] 杨国平主编．现代工程机械技术．北京：机械工业出版社，2006.
[20] 蔡兴旺主编．汽车构造与原理．北京：机械工业出版社，2004.
[21] 唐振科编著．工程机械底盘设计．郑州：黄河水利出版社，2004.
[22] 郁录平主编．工程机械底盘设计．北京：人民交通出版社，2004.
[23] 杜海若主编．工程机械概论．成都：西南交通大学出版社，2006.
[24] 高振峰主编．土木工程施工机械使用手册．济南：山东科学技术出版社，2005.
[25] 张洪，贾志绚主编．工程机械概论．北京：冶金工业出版社，2006.
[26] 高忠民主编．工程机械使用与维修．北京：金盾出版社，2002.
[27] 唐经世编著．工程机械底盘学．成都：西南交通大学出版社，1999.
[28] 吴文琳主编．图解汽车底盘构造．北京：化学工业出版社，2007.
[29] 王存堂主编．工程机械液压系统及故障维修．北京：化学工业出版社，2007.
[30] 张铁，朱明才编著．工程建设机械机电液一体化．东营：石油大学出版社，2001.
[31] 郑训，张铁等编著．工程机械通用总成．北京：机械工业出版社，2001.
[32] 张铁．液压挖掘机结构原理及使用．东营：石油大学出版社，2002.
[33] 刘树山，陆怀民．工程机械．哈尔滨：哈尔滨工程大学出版社，1995.
[34] 黄宗益，李兴华，叶伟．挖掘机工作装置液压操纵回路（一）[J]．建筑机械化，2003，(11).
[35] 黄宗益，李兴华，叶伟．挖掘机工作装置液压操纵回路（二）[J]．建筑机械化，2003，(12).
[36] 叶德游．液压破碎器的结构原理及其应用 [J]．流体传动与控制，2007，(02).
[37] 阿特拉斯·科普柯（沈阳）建筑矿山设备有限公司．液压破碎锤的选择与使用 [J]．今日工程机械，2007，(02).